改訂増補版

反応工学

橋本健治著

培風館

本書の無断複写は，著作権法上での例外を除き，禁じられています．
本書を複写される場合は，その都度当社の許諾を得てください．

序　文

　反応工学は，化学反応や生物化学反応の速度過程を，物質移動，熱移動などの物理現象を考慮して解析し，その結果に基づいて反応装置を合理的に設計し，安全に操作するために必要な知識を体系化した工学である。
　反応工学は，物質の化学的・生物化学的変換過程を含む各種のプロセスに適用できるから，その対象は化学・石油化学工業にとどまらず，製鉄工業，バイオプロセス工業などに拡大しており，反応工学の内容も一段と豊富になっている。このようにして反応工学は，化学工学科，化学系の諸学科，金属工学科，生物工学科などの学生，ならびに化学工業をはじめとする各種のプロセス工業に従事する技術者にとって重要な工学になっている。
　さて，本書の初版が出版されたのは10年以上前であった。幸い，多くの大学や高専で教科書や参考書として採用され，また技術者の参考書としても活用されてきたことは著者として望外の喜びである。
　今回の改訂では，(1)12章：「生物化学反応」の追加，(2)練習問題の差替えと補充，(3)流動層などの新項目の追加，(4)7章：「非等温反応系の設計」などの分かりにくかった部分の書換え，補充などを行なった。
　初版での練習問題は120題あまりであったが，そこから約35題を削除し，新しい問題を約110題追加した。その結果，改訂版の練習問題の数はおよそ200題に増加した。比較的簡単な問題を多く補充した。
　本書では，まず反応速度が濃度と温度のどのような関数として表わされるかを示し，ついで均一反応を対象にして反応速度解析と反応装置の設計法を述べる。さらに，触媒反応，気固反応，気液反応などの不均一反応において物質移動が反応過程にどのような影響を与えるかを解析し，各種の工業反応装置の特徴と簡単な装置設計法について解説する。さらに，微生物反応の特性を概観し，その量論的関係と反応速度，生物化学反応装置の概要，ならびに装置の操作・設計について述べる。
　全章を通じ，反応工学の基礎事項と考え方を丁寧に解説し，基礎式の導出過程はできるだけ省略せずに示し，具体的な例題によって数式の実際的な運用法を理解できるように工夫した。そのために多数の例題を本文中に挿入し，さら

に適切な練習問題を章末に配列し，巻末に解答をまとめた．

　本書を半年の講義の教科書にする場合には，1章～7章を主として用い，余裕があれば9章の一部，あるいは12章を使用するのが適当であると思う．通年の場合にはほぼ全章を取り扱うことが可能である．また，大学院生および技術者の参考書としても役立つと思う．十分注意をして執筆したものの，著者の浅学のために不備な箇所があると懸念されるので，読者諸氏の御叱正と御教示をお願いする次第である．

　本書を執筆するにあたり，多くの方々の御教示を得るとともにご協力を頂いた．とくに，改訂版の完成に協力された増田隆夫，白井義人，河瀬元明の諸氏に感謝したい．また，内外の多くの著書と論文を参考にしたことを記して，ここに謝意を表わす．最後に，改訂版の出版に際して，お世話にあずかった培風館の野原　剛氏に心よりお礼申し上げる．

　　　1992年10月

橋　本　健　治

改訂増補にあたって

　改訂版「反応工学」には各章末に練習問題があり，各問題の答えのみが巻末に一括記載されていた．今回の改訂増補の趣旨は，それらの章末練習問題の全てに簡潔な解答を付けることにある．解答の鍵になる本文の式番号と，途中で導く必要がある数式の導出と，数値を明記してある．答えの部分には下線をつけた．同時に本文と問題設定についても再検討し，練習問題を少し整理した．これらにより，読者諸氏の学習意欲と効率が向上することを願っている．今回の改訂増補に際して，お世話になった培風館の斉藤　淳氏，山本　新氏ならびに編集担当の久保田将広氏に厚くお礼申し上げる．

　　　2018年10月

橋　本　健　治

目 次

1 化学反応と反応装置 ……………………………………………[1〜10]
   1・1 反応工学とは ……………………………………………………1
   1・2 化学反応の分類 …………………………………………………2
       単一反応と複合反応 *2*，素反応と非素反応 *3*，均一反応と不均一反応 *4*
   1・3 反応装置の分類 …………………………………………………5
       反応装置の操作法 *5*，反応装置の型式と構造 *7*，流通反応装置内の反応物質の流れ *9*

2 反応速度式 ………………………………………………………[11〜38]
   2・1 反応速度の定義 ………………………………………………11
       単一反応 *11*，複合反応 *13*，不均一反応 *14*
   2・2 反応次数と反応の分子数 ……………………………………14
   2・3 定常状態近似法による反応速度の導出 ……………………15
       定常状態の近似 *15*，連鎖反応 *18*，重合反応 *20*，酵素反応 *24*
   2・4 律速段階近似法による反応速度式の導出 …………………26
       律速段階の近似 *26*，固体触媒反応 *26*
   2・5 自触媒反応 ……………………………………………………29
   2・6 微生物反応 ……………………………………………………31
   2・7 反応速度の温度依存性 ………………………………………33
       問　題 ……………………………………………………………35

3 反応器設計の基礎式 …………………………………………[39〜60]
   3・1 量論関係 ………………………………………………………39
       限定反応成分 *39*，反応率 *40*，モル分率 *42*，定容系と非定容系 *42*，濃度と反応率の関係 *43*，相変化を伴う反応系の量論関係 *47*
   3・2 反応器の設計方程式 …………………………………………49
       反応器の物質収支式 *49*，回分反応器の設計方程式 *50*，連続槽型反応器の設計方程式 *53*，管型反応器の設計方程式 *55*
   3・3 空間時間，空間速度および平均滞留時間 …………………58
       問　題 ……………………………………………………………59

4 単一反応の反応速度解析 ……………………………………[61～81]

4・1 反応速度解析の方法……………………………………………61
4・2 回分反応器による反応速度解析………………………………62
　　　積分法 *62*, 微分法 *65*, 全圧追跡法 *68*, 半減期法 *71*
4・3 流通反応器による反応速度解析………………………………71
　　　積分反応器 *71*, 微分反応器 *75*, 連続槽型反応器 *77*
　　　問　題……………………………………………………………78

5 反応装置の設計と操作 ……………………………………[82～110]

5・1 回分反応器の設計………………………………………………82
5・2 連続槽型反応器の設計…………………………………………84
　　　代数的解法 *84*, 図解法 *86*
5・3 管型反応器の設計………………………………………………89
5・4 循環流れを伴う反応器…………………………………………90
　　　リサイクル反応器 *92*, 未反応原料の循環 *96*
5・5 自触媒反応の最適操作…………………………………………98
　　　リサイクルがない場合の最適な反応器システム *98*
5・6 半回分操作………………………………………………………102
　　　問　題……………………………………………………………105

6 複 合 反 応 ……………………………………………………[111～143]

6・1 複合反応の量論関係……………………………………………111
　　　量論式の代数式的表現 *111*, 量論式の独立性 *112*, 回分系の量論
　　　関係 *114*, 流通系の量論関係 *118*
6・2 収率，選択率，空時収量………………………………………120
6・3 複合反応の設計方程式…………………………………………121
　　　回分反応器 *122*, 連続槽型反応器 *122*, 管型反応器 *122*
6・4 複合反応の速度解析……………………………………………123
　　　反応速度の算出 *123*, 反応速度定数の推定 *127*
6・5 複合反応の反応器設計…………………………………………133
　　　反応器形式の選定 *133*, 反応器の設計と操作 *136*
　　　問　題……………………………………………………………140

7 非等温反応系の設計 ………………………………………[144～174]

7・1 反応エンタルピー………………………………………………144
　　　標準反応エンタルピー *144*, 反応エンタルピーの温度変化 *145*
7・2 化学平衡…………………………………………………………148

目　次　　　　　　　　　　　　　　　　　　　　　　　　　　　　　v

　　　　　化学平衡定数　*148*，平衡組成　*149*
　　7・3　非等温反応装置の設計 ………………………………………152
　　　　　反応装置のエネルギー収支式　*152*，非等温液相回分反応器の設計　*154*，非等温管型反応器の設計　*159*，非等温連続槽型反応器の設計　*162*
　　　　問　題 ……………………………………………………………171

8　流通反応器の流体混合 ………………………………[175〜204]
　　8・1　滞留時間分布関数 ………………………………………………175
　　　　　滞留時間分布関数の定義　*175*，滞留時間分布関数の測定法　*177*，反応器の滞留時間分布　*182*
　　8・2　非理想流れのモデル ……………………………………………185
　　8・3　混合拡散モデル …………………………………………………185
　　　　　混合拡散係数の推定法　*185*，混合拡散モデルによる反応装置の設計　*188*
　　8・4　槽列モデル ………………………………………………………191
　　8・5　組合せモデル ……………………………………………………193
　　8・6　マクロ流体の反応器設計 ………………………………………198
　　　　　ミクロ流体とマクロ流体　*198*，反応に対するセグリゲーションの影響　*198*
　　　　問　題 ……………………………………………………………201

9　気固触媒反応 …………………………………………[205〜246]
　　9・1　固体粒子と流体間の物質移動・熱移動 ………………………206
　　　　　物質移動　*206*，熱移動　*211*
　　9・2　触媒粒子内の物質移動 …………………………………………214
　　　　　毛管内の有効拡散係数　*214*，触媒粒子の細孔構造　*216*，触媒粒子内の有効拡散係数　*216*
　　9・3　固体触媒内での反応 ……………………………………………219
　　　　　球形触媒粒子の有効係数　*220*，一般化されたThiele数　*223*，粒内拡散律速下における総括反応速度　*223*，有効係数の推定法　*225*
　　9・4　気固触媒反応装置 ………………………………………………227
　　　　　固定層反応装置　*228*，流動層反応装置　*229*，移動層反応装置　*231*
　　9・5　固定層触媒反応装置の設計 ……………………………………231
　　　　　1次元的設計法　*231*，固定層反応装置の最適温度分布　*234*
　　9・6　流動層触媒反応装置の設計 ……………………………………237
　　　　　流動化現象　*237*，流動化開始速度　*238*，流動層反応装置の設計　*239*

問 題 ……………………………………………………………241

10 気固反応 ……………………………………………[247〜270]
10・1 気固反応のモデル……………………………………………247
10・2 未反応核モデル………………………………………………249
10・3 生成物層が形成されない場合の未反応核モデル…………255
10・4 全域反応モデル………………………………………………256
10・5 反応機構の推定………………………………………………257
10・6 気固反応装置…………………………………………………259
　　　気固反応装置の分類　*259*，気固反応装置内の流動状態　*261*
10・7 気固反応装置の設計…………………………………………261
　　　流動層型反応装置　*261*，移動層型反応装置　*264*
　　　問　題…………………………………………………………268

11 気液反応と気液固触媒反応 ……………………[271〜297]
11・1 気液反応の領域………………………………………………271
11・2 気液反応の総括反応速度式…………………………………274
　　　瞬間反応　*274*，擬1次迅速反応　*276*，遅い反応　*278*，総括反応
　　　速度式の成立条件　*278*，界面積基準の気液反応速度の測定　*279*
11・3 気液固触媒反応………………………………………………281
11・4 気液・気液固反応装置の設計………………………………285
　　　気液・気液固反応装置の形式　*285*，気液向流充填塔の設計方程式
　　　287，瞬間反応の場合の気液向流充填塔の設計　*289*，反応吸収法
　　　による物質移動係数と気液界面積の測定　*291*
　　　問　題…………………………………………………………294

12 生物化学反応 ……………………………………[298〜325]
12・1 微生物の特性と工業的利用…………………………………298
　　　微生物の特性　*298*，微生物反応の工業的利用　*299*
12・2 微生物反応の量論関係と収率係数…………………………300
　　　量論的関係　*300*，増殖収率　*301*，代謝産物収率　*304*
12・3 微生物反応の反応速度式……………………………………304
　　　菌体の増殖速度　*304*，基質の消費速度　*305*，酸素の消費速度
　　　306，代謝産物の生成速度　*306*
12・4 生物化学反応装置……………………………………………307
　　　菌体の培養方式　*307*，生体触媒の固定化　*307*，膜型反応器
　　　307，灌流培養　*309*

目　次　　　　　　　　　　　　　　　　　　　　　　　vii

　　12・5　槽型微生物反応器の操作・設計……………………………309
　　　　　　菌体の増殖曲線　*309*，回分培養操作　*310*，連続培養操作　*313*，
　　　　　　半回分培養操作　*317*
　　12・6　好気性微生物反応器の操作・設計……………………………319
　　　　　　菌体の呼吸速度　*319*，酸素の供給速度　*320*，好気性培養槽の設
　　　　　　計　*321*
　　　　　　問　題……………………………………………………………322

付　　録………………………………………………………[327〜332]
　　1　国際単位系(SI)………………………………………………………327
　　2　常微分方程式の数値解法……………………………………………328
　　3　標準生成エンタルピー ΔH_f° [kJ・mol^{-1}] と標準生成自由エネルギー
　　　　ΔG_f° [kJ・mol^{-1}]……………………………………………………329
　　4　気体のモル熱容量(298〜1500 K)…………………………………331
　　5　従来の慣用単位の SI への換算 ……………………………………332

解　　答………………………………………………………[333〜366]
索　　引………………………………………………………[367〜371]

おもな使用記号

A	量論係数の行列		G	流体の質量速度 [kg·m⁻²·s⁻¹]
A	伝熱面積 [m²]		$\Delta G_{fA}°$	標準生成自由エネルギー [J·mol⁻¹]
A_h	単位管長当りの伝熱面積 [m²·m⁻¹]		$\Delta G_T°$	標準自由エネルギー変化 [J·mol⁻¹]
A_j	j 番目の反応成分		H_A, H_B	A, B のエンタルピー [J·mol⁻¹]
A, B, C, D	反応成分		H_A	Henry 定数 [Pa·m³·mol⁻¹]
a	装置単位体積当りの気液界面積 [m²·(m³-装置)⁻¹]		$\Delta H_{cA}°$	A の標準燃焼エンタルピー [J·mol⁻¹]
a_b	液単位体積当りの気液界面積 [m²·(m³-液)⁻¹]		$\Delta H_{fA}°$	A の標準生成エンタルピー [J·mol⁻¹]
a_m	触媒単位質量当りの粒子外表面積 [m²·kg⁻¹]		$\Delta H_R°$	量論式(7·2)の標準反応エンタルピー [J·(mol-A)⁻¹]
a_p	液単位体積当りの固体粒子の外表面積 [m²·(m³-液)⁻¹]		$\Delta H_r°$	量論式(7·1)の標準反応エンタルピー [J]
a_{ij}	i 番目の量論式における成分 A_j の量論係数		h_p	粒子・流体間の境膜伝熱係数 [W·m⁻²·K⁻¹]
a,b,c,d	量論係数		K, K_p, K_c, K_y	反応平衡定数，式(7·24), (7·25)
C_A	A の濃度 [mol·m⁻³]		K_A, K_B	A, B の吸着平衡定数 [Pa⁻¹]
C_X	菌体濃度 [kg-乾燥菌体·m⁻³]		K_G	ガス側基準の総括物質移動係数 [mol·m⁻²·s⁻¹·Pa⁻¹]
C_{Ai}	気液界面での A の平衡濃度 [mol·m⁻³]		k	反応速度定数
C_{BL}	液本体での液成分 B の濃度 [mol·m⁻³]		$k_c\ k_c°$	濃度基準のガス境膜物質移動係数 [m·s⁻¹] 式(9·5)〜(9·7)参照
$C_F(t)$	ステップ応答 [mol·m⁻³], [kg·m⁻³]		k_G	分圧基準のガス境膜物質移動係数 [mol·m⁻²·s⁻¹·Pa⁻¹]
$C_L(t)$	インパルス応答 [mol·m⁻³], [kg·m⁻³]		k_f	流体の熱伝導度 [W·m⁻¹·K⁻¹]
C_{pA}	A の定圧モル熱容量 [J·mol⁻¹·K⁻¹]		k_L	気液間の液境膜物質移動係数 [m·s⁻¹]
$\bar{C}_{pm}$	混合物の平均定圧モル熱容量 [J·mol⁻¹·K⁻¹]		k_m	固体質量基準の反応速度定数
$\bar{c}_{pm}$	混合物の平均定圧比熱容量 [J·kg⁻¹·K⁻¹]		k_p	固液間物質移動係数 [m·s⁻¹]
$\Delta\bar{C}_p, \Delta C_p$	式(7·10-a), (7·10-b)		k_s	界面積基準の反応速度定数
D_{AB}	2成分系での A の分子拡散係数 [m²·s⁻¹]		M_A, M_{av}	A の分子量，平均分子量 [kg·mol⁻¹]
D_{Am}	気相多成分系での A の有効分子拡散係数 [m²·s⁻¹]		m	一般化 Thiele 数，式(9·48)
D_{eA}	A の粒内有効拡散係数 [m²·s⁻¹]		m	維持定数 [kg·kg⁻¹·s⁻¹]
D_{KA}	A の Knudsen 拡散係数 [m²·s⁻¹]		N	直列連続槽型反応器の槽数
D_z	軸方向の混合拡散係数 [m²·s⁻¹]		N_A	A の物質移動速度 [mol·m⁻²·s⁻¹]
d_b	気泡径 [m]		n_A	A の物質量 [mol]
d_p	粒子径 [m]		n_t	反応混合物の全物質量 [mol]
E	活性化エネルギー [J·mol⁻¹]		$\bar{p}_n, P_n$	瞬間数平均重合度，総括数平均重合度
E, [E]	酵素，酵素の濃度 [mol·m⁻³]		P_R	成分 R の空時収量 [mol·m⁻³·s⁻¹]
$E(t), E(\theta)$	滞留時間分布関数，E, E_θ とも書く		Pr	Prandtl 数，$c_p\mu/k_f$
			P_t	全圧 [Pa], [atm]
			$P°$	標準圧力=1.013×10⁵Pa=1atm
F_A	A の物質量流量 [mol·s⁻¹]		p_A	A の分圧 [Pa], [atm]
F_t	反応混合物の全物質量流量 [mol·s⁻¹]		q	$D_B C_{BL}/bD_A C_{Ai}$
$F(t), F(\theta)$	ステップ応答関数，F, F_θ とも書く		q_{O_2}	比呼吸速度 [kg·kg⁻¹·s⁻¹]

おもな使用記号

R	気体定数，$8.314\,\mathrm{J\cdot mol^{-1}\cdot K^{-1}}$
R	粒子半径 [m]
Re_p	粒子径基準の Reynolds 数，$d_\mathrm{p}u\rho/\mu$
r, r_i	量論式に対する反応速度 [mol·m^{-3}·s^{-1}]
r	A のランク，独立な量論式の数
r_A	A の反応速度 [mol·m^{-3}·s^{-1}]
r_Ab	層体積基準の A の反応速度 [mol·m^{-3}·s^{-1}]
r_AL	液体積基準の A の反応速度 [mol·(m^3-液)$^{-1}$·s^{-1}]
r_Am	固体質量基準の A の反応速度 [mol·kg^{-1}·s^{-1}]
r_As	界面積基準の A の反応速度 [mol·m^{-2}·s^{-1}]
r_c	未反応核の半径 [m]
r_pA	固体粒子1個当りの A の反応速度 [mol·s^{-1}]
Sc	Schmidt 数，$\mu/\rho D_\mathrm{AB}$
S	反応器断面積 [m^2]
S_g	固体単位質量当りの細孔表面積 [m^2·kg^{-1}]
S_p	固体粒子1個当りの外表面積 [m^2]
S_R	R の選択率
S_v	空間速度 [s^{-1}]
Sh	Sherwood 数，$k_\mathrm{c}^\circ d_\mathrm{p}/D_\mathrm{Am}$
s	反応成分の数
T	温度 [K]
t	時間 [s], [min], [h]
$\bar{t}$	平均滞留時間 [s]
t^*	反応完了時間 [s]
U	総括伝熱係数 [W·m^{-2}·K^{-1}]
u	流体線速度 [m·s^{-1}]
u_mf	流動化開始速度 [m·s^{-1}]
V	反応混合物体積，反応器体積 [m^3]
V_g	固体単位質量当りの細孔体質 [m^3·kg^{-1}]
V_p	固体粒子1個当りの体積 [m^3]
v	体積流量 [m^3·s^{-1}]
v_A	A の正味の吸着速度 [mol·kg^{-1}·s^{-1}]
$-v_\mathrm{C}$	C の正味の脱着速度 [mol·kg^{-1}·s^{-1}]
W	固体質量 [kg]
X	菌体
x_A	A の反応率
x_L	液境膜厚さ [m]
Y_R	R の収率
Y_C	炭素に関する増殖収率 [kg·kg^{-1}]
$Y_\mathrm{X/O_2}$	増殖収率(酸素基準) [kg·kg^{-1}]
$Y_\mathrm{X/S}$	増殖収率(基質 S 基準) [kg·kg^{-1}]
$Y_\mathrm{P/S}$	代謝産物収率 [kg·kg^{-1}]
y_A	A のモル分率
z	軸方向距離 [m]
z	圧縮係数 [-]
β	気液反応の反応係数
γ	循環比，式(5·9)
γ	式(11·19-b)あるいは式(11·51)
δ	$k_\mathrm{L}/a_\mathrm{b}D_\mathrm{A}$
δ_A	$(-a-b+c+d)/a$
ε	多孔性固体の空隙率
ε_A	$\delta_\mathrm{A}y_\mathrm{A0}$
ε_b	固定層(移動層)の空隙率
ε_g	気液固3相系での気相体積分率
η	触媒有効係数，または有効係数
θ	$t/\bar{t}$
θ_A	A が吸着した活性点の割合
θ_B	$n_\mathrm{B0}/n_\mathrm{A0}$(回分系)，$F_\mathrm{B0}/F_\mathrm{A0}$(流通系)
θ_V	未吸着活性点の割合
μ	粘度 [kg·m^{-1}·s^{-1}]
μ	比増殖速度 [kg·kg^{-1}·s^{-1}]
μ_max	最大比増殖速度 [kg·kg^{-1}·s^{-1}]
ν	動力学的鎖長，式(2·48)
ν_R	総括的量論係数
ξ, ξ_i	反応進行度
ρ	流体密度 [kg·m^{-3}]
ρ_B	固体成分 B のモル密度 [mol·m^{-3}]
ρ_b	固定層の見掛密度 [kg/m^3-固定層]
ρ_M	気液反応の液成分全体のモル密度 [mol·m^{-3}]
ρ_p	固体の見掛密度 [kg·m^{-3}]
σ	吸着活性点
σ_P^2	$p(t)$曲線の分散，式(8·38)
$\sigma_{E\theta}^2$	$E(\theta)$曲線の分散
τ	空間時間 [s]
τ	屈曲係数
ϕ	変形 Thiele 数，式(9·35)
$\varPhi$	$\eta\phi^2$

主要添字

b	流体本体
f	反応器出口，反応終了時
i	i 番目の量論式
j	j 番目の成分 A_j
m	CSTR
p	PFR
s	界 面
0	反応器入口，反応開始時

1 化学反応と反応装置

本章では,まず反応工学がどのような工学であるかを述べ,ついで反応工学の直接の対象である化学反応と反応装置の分類法について考える。

1・1 反応工学とは

化学工業は,粗原料に一連の物理的および化学的変化を与えて価値ある製品に変化させて行くプロセス工業である。化学工業のプロセスは複雑であるが,原料の調整工程,反応工程,および生成物の分離・精製工程から成り立っていることが多い。反応工程の前後は物理的なプロセスであり,流動,伝熱,蒸留,吸収,乾燥,機械的分離などの各種の単位操作(unit operation)より成立している。化学工学は,まず単位操作の体系化に成功し,ついで反応プロセスの工学的体系化に取り組み,反応工学と呼ばれる分野を開拓した。反応工学(chemical reaction engineering)は,合理的で経済的な反応プロセスの選定と操作条件の確立,ならびに適切な反応装置型式の選定と設計および操作に関する工学であって,化学工学を構成する重要な分野の一つである。

反応プロセスが決まり,操作条件が指定されると,まず適切な反応装置の型式を選定し,ついで装置の大きさを決定しなければならない。このような一連の作業を反応装置のプロセス設計という。反応装置の詳細な構造設計,コスト計算に基づく最適化の問題も重要であるが,これらについては本書では取り扱わない。反応工学において単に反応装置の設計といえば,反応装置のプロセス設計を意味する。

反応装置を合理的に設計するには,反応の特性を把握し,反応速度を反応成分ならびに触媒の濃度,反応温度などの関数として表式化しておく必要があ

る．反応速度のデータは実験用の小型反応装置，パイロットプラント，工業反応装置などから得られるが，これらの反応装置内では化学反応が単独で起こっているのではなく，化学反応が物質移動，熱移動，反応流体の混合などの物理的現象と複雑に絡み合った状態で進行している．したがって反応速度を解析するときには，物理的因子をできうる限り排除した条件下でデータをとり，真の化学反応速度を知らなければならない．もしもそれが不可能ならば，物理的現象を含んだデータを解析して，物理的因子の影響を分離することによって真の反応速度を求める必要がある．

　反応速度のデータを定量的に表式化できたとすると，次の問題は，所望の条件を満たす最適な反応装置を設計することである．設計方程式は，反応装置の物質収支式および熱収支式より導くことができる．それらの基礎方程式に適当な初期および境界条件を加えると，設計方程式を解くことができる．多くの化学反応速度式は，反応温度，反応成分の組成の複雑な非線形関数になるから，設計方程式の解析解を得ることは容易ではなく，数値的に解かなければならない場合が多い．近年，電算機の発達によって，非線形の設計方程式の数値解を得ることはさほど困難ではなくなってきた．

1・2　化学反応の分類

　現在，工業的に実施されている化学反応の種類は非常に多い．化学の立場からは，化学反応は無機反応，有機反応および生化学反応に大別され，それぞれが反応機構に基づいてさらに細かく分類されている．反応工学においては，反応装置の設計・操作の観点から化学反応を分類するのが適当である．本書では次の二つの分類法を採用する．
　（1）　反応の量論関係が一つの量論式で記述できる反応を単一反応，二つ以上の量論式が必要になる反応を複合反応と分類する方法．
　（2）　反応に関与する物質の相の状態に着目し，反応が均質な単一の相で起こっている場合を均一反応，二つ以上の相が関係する場合を不均一反応と分類する方法．

1・2・1　単一反応と複合反応

　反応に関係する各成分の物質量 [mol] の間の相対関係を一般に量論関係という．この量論関係を記述するのに必要な化学量論式の数が 1 個の場合を単一反応 (single reaction)，複数個の場合を複合反応 (multiple reaction) と呼ぶ．
　この分類法は，反応機構には無関係に，あくまでも独立な量論式の個数に基

づいている．また，この分類法は，主としてその数学的取扱法の難易差にも関係している．単一反応の場合は各成分間の量論的関係は反応の進行の程度を表わす反応率 x_A によって統一的に表現できて，物質収支も単一の方程式によって表わされる．それに対して，複合反応の場合は方程式が複数個必要になり，数学的取り扱いが複雑になる．

可逆反応は正反応と逆反応の二つの量論式が一応書けるが，量論関係を規定するのは二つの量論式の内のいずれか一つで十分であり，普通は正反応の量論式に着目する．従って，可逆反応は単一反応に属すると考える．複合反応の基本的な形式は，次に示すような並列反応(parallel reaction)，逐次反応(consecutive reaction)，ならびに両者の組み合わさった逐次・並列反応(consecutive-parallel reaction)である．

$$\text{並列反応} \quad A \begin{array}{c} \nearrow C \\ \searrow D \end{array}$$

$$\text{逐次反応} \quad A \longrightarrow C \longrightarrow D$$

$$\text{逐次・並列反応} \quad \begin{cases} A + B \longrightarrow C \\ C + B \longrightarrow D \end{cases}$$

1・2・2 素反応と非素反応

単一の量論式で表わされる反応においても，実際の反応機構は複雑であって，中間生成物を生成するいくつかの段階を経て反応が進行する場合が少なくない．各段階において，それ以上には分割できない反応を素反応(elementary reaction)と呼び，量論式は1個であっても，いくつかの素反応から成立する反応を非素反応(nonelementary reaction)と称している．中間生成物は反応性に富んでおり，一つの素反応によって生成した中間生成物は，別の素反応によって迅速に消費されるので，中間生成物の正味の生成速度，ならびにその濃度は非常に小さい．通常の分析法によって中間生成物を検出することも分離して取り出すことも困難である．このような意味から，非素反応における中間生成物を活性中間体と呼んでいる．

活性中間体になる物質としては，ラジカル($CH_3\cdot$, $C_2H_5\cdot$, $Br\cdot$, $H\cdot$ など)，イオン(Na^+, NH_4^+, OH^-, I^- など)，反応性に富む分子，分子間の衝突過程で生成する不安定な活性錯合体，などが考えられる．

活性中間体は量論式には現われず，反応成分の量的関係は単一の量論式によって記述できる．したがって，前節の定義によると，単一の量論式で表わされる非素反応は単一反応に分類できる．

1·2·3 均一反応と不均一反応

たとえば，ベンゼンの酸化反応と水素化反応は，化学的には全く異なった反応であり，反応機構はもとより，使用される触媒，操作条件などもそれぞれ異なっている。しかしながら，触媒は，いずれも固体粒子であり，それを管型の反応器に充填し，そこにベンゼンと空気，ベンゼンと水素をそれぞれ流し，固体触媒と接触させながら反応させる点では両反応は同一である。このようにして，二つの反応で使用する反応器の形式・構造，操作法は類似したものになり，さらに反応器設計と操作を記述する数式モデルもほぼ同じように表現できる。また，反応速度解析も二つの反応に対して同じように行なえる。したがって，この二つの反応は化学的には全く異なるが，反応工学的には同一の反応に分類する方が便利になる。すなわち，ベンゼンの酸化反応と水素化反応はともに気固触媒反応として分類される。

このように反応工学では，反応に関与する物質の相の状態に着目し，反応を分類する方法が便利であり，広く採用されている。すなわち，反応が均質な単一の相で起こっている場合を均一反応(homogeneous reaction)と呼び，これに対して反応に直接的に関与する相が二つ以上存在する場合を不均一反応(heterogeneous reaction)と呼ぶ。均一反応は気相反応と液相反応に大別できる。一方，不均一反応は気相，液相および固相の組み合わせにより，種々の反

表 1·1 化学反応の反応工学的分類

反応の分類		反応例
均一反応	気相反応	ナフサの熱分解反応，塩化水素の合成
	液相反応	エステル化反応，塊状重合反応
不均一反応	気固触媒反応	アンモニア合成反応，エチレンの酸化反応，石油の接触分解反応，アクリロニトリル合成反応
	気固反応	石炭の燃焼とガス化反応，鉄鉱石の還元反応，活性炭の製造反応，石灰石の熱分解反応
	気液反応	炭化水素の塩素化と酸化反応，反応吸収
	気液固触媒反応	油脂の水素添加反応，重油の脱硫反応
	液液反応	スルホン化反応，乳化重合反応
	液固反応	イオン交換反応，固定化酵素反応
	固固反応	セメント製造反応，セラミックスの製造反応

応に分類できる。表1·1に相の形態による反応の分類と，それぞれに属する代表的な工業反応例をあげてある。この表より工業的に重要な反応の多くは不均一反応に属していることがわかる。

1·3 反応装置の分類

工業的に使用されている反応装置の構造とその操作法は複雑であり，変化に富んでいる。それらを統一的に整理することは簡単ではない。ここでは，反応装置の基本的な姿を理解するために，現実の反応装置を単純化して考えて，主として均一反応を対象とする反応装置について（1）形状，（2）操作法，（3）温度分布，の観点より反応装置を分類してみる。不均一反応を対象とする反応装置については9章以降で取り扱う。

図1·1に示すように，反応装置は，その形状から（a）槽型，（b）管型，に大別できる。一方，操作法からは（i）回分式，（ii）連続式(流通式ともいう)，(iii) 半回分式，に分類できる。さらに図1·2に示すように，反応器が空間的あるいは時間的に等温状態にあるか，非等温状態にあるかによって，等温反応器と非等温反応器にも分類できる。

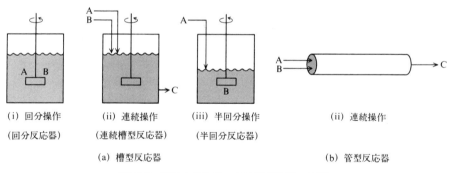

(i) 回分操作　　(ii) 連続操作　　(iii) 半回分操作　　　　(ii) 連続操作
(回分反応器)　(連続槽型反応器)　(半回分反応器)
　　　　　　(a) 槽型反応器　　　　　　　　　　　　(b) 管型反応器

図 1·1　形状と操作法による反応装置の分類

1·3·1 反応装置の操作法

回分操作(batch operation)は，反応原料をすべて反応器に仕込んでおいてから反応を開始し，適当な時間が経過した後に反応混合物全体を取り出す操作法である。普通の回分操作には槽型反応器が用いられる。連続操作(continuous operation)は流通式操作とも呼ばれ，反応原料を連続的に反応器入口に供給して反応器出口より製品を連続的に取り出す操作法である。槽型反応器および管

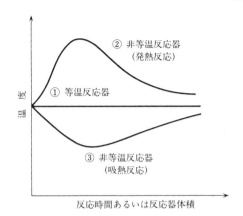

図 1·2　等温反応器と非等温反応器

型反応器はともに連続的に操作できる。半回分操作(semi-batch operation)は，回分および連続操作の中間的性格をもつ操作法である。たとえば，反応原料の一成分 B を最初に槽型反応器に仕込んでおき，そこに別の原料成分 A を連続的あるいは間けつ的に流入させながら反応を進行させる操作法は，成分 B については回分式であるが，成分 A に関しては連続式と考えられるから，半回分操作になる。

　大量生産が要求される化学工業では連続操作が有利である。連続的に操作されている反応装置内では定常的に反応が進行しているから，自動制御が容易であって均一な品質の製品が得られる。また，原料の仕込みと製品の取出しの作業工程が不要であるから労働費が節減できる。一方，製薬工業のように，生産量が少ないが多品種の製品を製造するファインケミカルズ工業においては，回分操作あるいは半回分操作が適している。また，微生物反応を利用する発酵工業では，操作中に微生物が変異したり，長期間にわたり無菌操作が困難であるなどの理由によって，連続操作の例は少ない。

　反応には必ず反応熱が伴うので，図 1·2 の曲線 ① に示すように反応器を等温状態で操作することは容易ではない。管型反応器では管壁を通しての伝熱速度が大きくないので，発熱反応では管内で発生した反応熱を管壁から完全に除去できずに，反応器入口部での温度は反応器入口温度より上昇する。しかし，反応の進行により反応物質の濃度が低下し，それに伴い発熱量が減少するので，管壁からの除熱速度が発熱量を上回り温度は下降してくる。このようにして発熱反応では，反応管内部に図 1·2 の曲線 ② に示すような最大値をもつ温

度分布ができる。一方，吸熱反応では反応初期に温度は管壁からの熱補給が十分でなく，温度は下降し，発熱反応の場合とは逆に曲線③に示すような最小値をもつ温度分布になる。これらに対して，回分反応器では，槽内の流体はよく混合されているので温度も均一であるが，反応の進行にともない発熱量が変化するので，反応器内の温度の経時変化が起こる。

このように実際の反応器は空間的あるいは時間的に非等温状態にあるのが一般的である。しかし，1章から6章にかけては，反応器が等温状態にあると仮定して，つまり等温反応器としてまず取り扱い，7章で温度の影響を考慮した非等温反応器の設計・操作について述べる。

1・3・2 反応装置の型式と構造

（a）槽型反応器　図1・3に槽型反応器の構造ならびに伝熱方式を示す。槽型反応器では一般に撹拌翼によって器内の反応流体が十分に混合されており，その濃度と温度は器内の各点で均一とみなせる。一般に，反応熱の除去（補給）は，槽の外側にジャケットをつけるか，あるいは槽内部に伝熱用のコイルを設けて，それらの中にスチームあるいは熱媒体を流すことによって行なわれる。

槽型反応器は，均一液相反応のほかに，気液反応，気液固触媒反応，液液反応などの不均一反応にも用いられ，適用範囲が広い反応器である。撹拌の目的は，槽内の均質化，物質・熱移動の促進にある。液の粘度が低い場合の均一液相反応の撹拌は特に問題はないが，重合反応などのように粘度が高くなると，撹拌翼の形状などに注意しないと撹拌の効果があがらない。

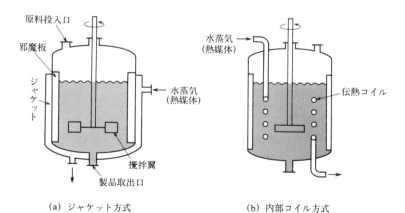

(a) ジャケット方式　　　　(b) 内部コイル方式

図 1・3　槽型反応器の構造と伝熱方式

槽型反応器を，回分操作する場合を回分反応器(batch reactor)という。一方，連続的に操作する場合を連続槽型反応器(continuous stirred tank reactor)と呼びCSTRと略記する。図1·4(a)のように数個の槽型反応器を直列に結合した直列連続槽型反応器もよく使用される。また，図1·4(b)のような槽内を仕切板によって分割して，それぞれに撹拌翼をつけた多段翼槽型反応器が採用されることもある。

　(b) **管型反応器**　図1·5に管型反応器を示す。反応管は単管[図1·5(a)]のこともあるが，図1·5(b)に示すように，多数の管を並列に配列した多管式熱交換器型の構造をもつ場合が多い。管型反応器では，反応物質の濃度は連続的に変化している。また，管壁を通じての伝熱能力が低く，反応器内の温度を

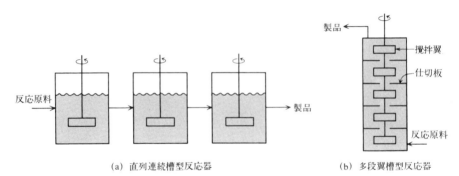

(a) 直列連続槽型反応器　　(b) 多段翼槽型反応器

図 1·4　多段式槽型反応器

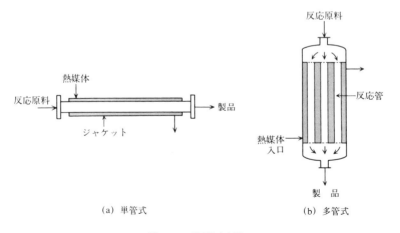

(a) 単管式　　(b) 多管式

図 1·5　管型反応器

1·3 反応装置の分類

均一に保つことは容易ではなく、管軸方向に温度分布が生じることが多い。しかしながら、本書の2章から6章においては、管型反応器内の温度変化を無視して等温状態にあると仮定する。

管内の温度を制御するために、熱媒体が反応管の外側のジャケット部に流される。また、石油留分の熱分解によってエチレンを製造する反応装置では、反応管はバーナーの放射熱によって加熱されて所定の分解温度に保たれる。

1·3·3 流通反応装置内の反応物質の流れ

連続的に操作されている反応装置を流通反応装置あるいは連続反応装置と呼ぶことにする。すでに、流通反応装置は槽型反応器と管型反応器に大別できて、それぞれの反応器内の反応物質の流れは対照的であることを述べた。図1·6に、(a) 連続槽型反応器、(b) 直列連続槽型反応器ならびに (c) 管型反応器における原料成分Aの濃度分布を示す。ただし、3種の反応器の体積はすべて等しくVであり、反応器入口濃度も等しいとしてある。槽型反応器内の濃度は均一であるが、管型反応器の濃度は連続的に変化している。一方、直列連続槽型反応器のそれぞれの反応器内の濃度は均一であるが、全体としては階段状に変化している。

連続槽型反応器に送入された反応原料成分は、迅速に分散し混合されて反応器内部の各点で一様な濃度になって反応が進行し、反応器内の濃度と温度に等しい状態で反応器外に排出される。このような反応物質の流れの状態を完全混合流れ(perfectly mixed flow、あるいは mixed flow)と呼ぶ。

一方、管型反応器においては、反応流体は一定の断面積をもった器内を完全に満たして、ピストンで押し出されるように流れる。流れに直角な方向の濃度は均一であるが、流れ方向には流体は混合されないので濃度分布が生じる。このような管型反応器内の反応流体の流動状態を押出し流れ(piston flow あるいは plug flow)と呼ぶ。管型反応器をピストン流れ反応器(piston flow

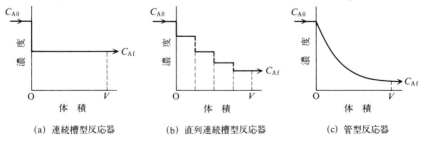

図 **1·6** 流通反応器内の原料成分Aの濃度分布

reactor)あるいは押出し流れ反応器とも呼び，PFR と略記する。

　このように，反応器内の流体の流動状態の両極限として，完全混合流れと押出し流れがあり，連続槽型反応器(CSTR)と管型反応器(PFR)内の反応流体の流動状態が，それぞれに対応している。槽型反応器と管型反応器の分類は，単なる装置形状による区分というよりは，流通反応装置内の反応流体の流動状態に対応していることを理解すべきである。

　しかしながら，完全混合流れと押出し流れという二つの流動状態は，あくまでも理想化されたものであって，CSTR と PFR は理想流れ反応器と称される。実際の反応装置内の反応流体の流れは，完全混合流れと押出し流れの中間的な性格をもつ非理想流れである。そのような反応器を非理想流れ反応器と呼んでいる。これについては，8章で述べる。

　工業的に使用されている反応装置については，以下の各章において説明するが，理想流れ反応器の特性を十分に理解しておけば，非理想流れ反応器の挙動を推測することができるし，また，非理想流れをモデル化することによって非理想流れ反応器の性能を定量的に計算することも可能である。したがって，連続槽型反応器と管型反応器を流通反応装置の基本的な形式と考えるのは十分な意味をもっている。

2 反応速度式

 反応装置を設計したり操作するには，化学反応が進行する速度，つまり反応速度を支配する因子が何であるかを知り，それらの関数関係を定量的に表現する反応速度式を決定しておかなければならない。単純な量論式で表わされる反応でも，実際は複雑な反応経路に従って進行する非素反応の場合が多く，反応速度式も複雑になる。非素反応の反応速度式を導出するときに，定常状態および律速段階の近似法が有力な武器になる。

 本章では，まず反応速度を定義し，ついで上記の近似法を用いて，連鎖反応，重合反応，酵素反応，固体触媒反応，自触媒反応，微生物反応などの反応速度式を導出する。さらに，反応速度の温度依存性について説明する。

2・1 反応速度の定義

2・1・1 単一反応

 式(2・1-a)の量論式で表わされる均一系の単一反応を考える。

$$aA + bB \longrightarrow cC + dD \qquad (2・1\text{-}a)$$

量論式の左辺の物質を原料成分(reactant)，右辺の物質を生成物成分(product)，両者を特に区別する必要がないときは反応成分あるいは単に成分と呼ぶことにする。さらに反応成分の混合物を反応混合物と呼ぶ。

 任意の反応成分，たとえば成分Aに着目し，反応混合物の単位体積および単位時間について生成するAの物質量[mol]を，Aの反応速度と呼びr_Aで表わす。r_Aの単位は$\text{mol}\cdot\text{m}^{-3}\cdot\text{s}^{-1}$である。成分B，CおよびDに対しても反応速度$r_B$, r_Cおよびr_Dがそれぞれ定義できる。反応の進行に伴い，原料成分AおよびBの量は減少するからr_Aとr_Bは負の値をとるが，生成物成分のC

とDの量は増大するからr_Cとr_Dは正の値をもつ。

各成分の量論係数a, b, cおよびdの値が異なると，対応する反応速度の絶対値も違ってくる。しかし，反応速度の絶対値を量論係数で割った値は各成分について等しくなり，その値は式(2·1-a)の量論式に対して固有な値になる。それをrで表わし，量論式に対する反応速度と呼ぶ。すなわち，次の関係が成立する。

$$r = \frac{r_A}{-a} = \frac{r_B}{-b} = \frac{r_C}{c} = \frac{r_D}{d} \qquad (2·2\text{-a})$$

上式はまた次のように書き改められる。

$$\left.\begin{array}{l} r_A = (-a)r, \quad r_B = (-b)r \\ r_C = (c)r, \qquad r_D = (d)r \end{array}\right\} \qquad (2·3)$$

すなわち，反応成分に対する反応速度r_j (j=A, B, C, D)は，量論式に対する反応速度rに，その成分の量論係数を掛ければよい。ただし，反応原料成分の場合は量論係数に負符号を，生成物成分の場合は正負号を，それぞれ付けるものとする。

反応速度を測定する場合は，まず反応成分の一つ，たとえば成分Aに着目して，その濃度変化から成分Aに対する反応速度r_Aを測定しておく。ついで式(2·3)の関係を用いて量論式に対する反応速度rを算出する。このようにして量論式に対する反応速度rが判明すると，各成分に対する反応速度が式(2·3)を用いて算出できる。

上式で定義した量論式に対する反応速度rは，成分に無関係な値であるが，量論式の書き方によって異なった値をもつ。たとえば，量論式が式(2·1-a)の代わりに

$$\frac{a}{2}\text{A} + \frac{b}{2}\text{B} \longrightarrow \frac{c}{2}\text{C} + \frac{d}{2}\text{D} \qquad (2·1\text{-b})$$

のように書かれていると，式(2·1-b)の量論式に対する反応速度r'は

$$r' = \frac{r_A}{-(a/2)} = \frac{r_B}{-(b/2)} = \frac{r_C}{c/2} = \frac{r_D}{d/2} \qquad (2·2\text{-b})$$

で定義される。各成分に対する反応速度r_A, r_B, r_Cおよびr_Dの値は，量論式が式(2·1-a)あるいは式(2·1-b)で書き表わされていようが不変である。したがって，式(2·2-a)と式(2·2-b)を比較することにより

$$r' = 2r \qquad (2·4)$$

の関係を得る。

2·1 反応速度の定義

このように反応速度には，特定の成分に着目した反応速度と，量論式に基づく反応速度の2種類の定義法が存在することに注意すべきである。

2·1·2 複合反応

二つ以上の量論式で表わされる複合反応においても，上記の二通りの反応速度が定義できる。

いま，m 個の量論式からなる複合反応を考える。たとえば，成分 A に着目すると，成分 A の反応速度 r_A は，各反応の A の生成速度；$r_{1A}, r_{2A}, \cdots, r_{iA}$, $\cdots, r_{mA}$ の総和として表わされる。すなわち

$$r_A = r_{1A} + r_{2A} + \cdots + r_{iA} + \cdots + r_{mA} = \sum_{i=1}^{m} r_{iA} \tag{2·5}$$

の関係式が成立する。ここで r_{iA} は i 番目の反応による成分 A の生成速度を表わす。ただし，量論式の両辺に成分 A が現われない反応があれば，その反応速度を 0 と置けばよい。

式(2·3)に示されるように，一般に r_{iA} は i 番目の量論式に対する反応速度 r_i と成分 A に対する量論係数（ただし，A が原料成分の時は量論係数に負符号を，生成物成分のときは正符号をつける）の積の形で表わされるから，それらを式(2·5)に代入すると，成分 A の反応速度 r_A がそれぞれの量論式に対する反応速度と量論係数の積の代数和として表わされることになる。なお，複合反応の反応速度の一般的な表現法は6章において述べる。

【例題 2·1】 次の複合反応において各成分の反応速度を量論式に対する反応速度を用いて表わせ。

$$a_1 A + b_1 B \longrightarrow c_1 C + d_1 D, \quad r_1 \quad (a)$$
$$a_2 A + c_2 C \longrightarrow d_2 D, \quad r_2 \quad (b)$$
$$a_3 A + b_3 B \longrightarrow c_3 C, \quad r_3 \quad (c)$$

【解】 式(a)に対する反応速度を r_1 とし，A, B, C および D についての反応速度をそれぞれ r_{1A}, r_{1B}, r_{1C} および r_{1D} で表わすと，式(2·3)から

$$r_{1A} = -a_1 r_1, \quad r_{1B} = -b_1 r_1, \quad r_{1C} = c_1 r_1, \quad r_{1D} = d_1 r_1$$

が成立する。式(b)および式(c)の反応に対しては

$$r_{2A} = -a_2 r_2, \quad r_{2B} = 0, \quad r_{2C} = -c_2 r_2, \quad r_{2D} = d_2 r_2$$
$$r_{3A} = -a_3 r_3, \quad r_{3B} = -b_3 r_3, \quad r_{3C} = c_3 r_3, \quad r_{3D} = 0$$

が成立する。

次に A に着目すると，A の反応速度 r_A は三つの反応の A についての反応速度 r_{1A}, r_{2A} および r_{3A} の和であるから，式(2·5)から次式が成立する。

$$r_A = r_{1A} + r_{2A} + r_{3A} = -a_1 r_1 - a_2 r_2 - a_3 r_3$$

同様にして，B，C および D についての反応速度はそれぞれ次の諸式で表わせる．
$$r_B=-b_1r_1-b_3r_3, \quad r_C=c_1r_1-c_2r_2+c_3r_3, \quad r_D=d_1r_1+d_2r_2$$

2·1·3 不均一反応

いままでは，均一反応を対象にして反応混合物の単位体積当りについて反応速度を考えてきた．しかし，不均一反応においては，必ずしも反応混合物の単位体積当りについて反応速度を定義する必要はなく，他の基準を採用するほうが便利になる場合も少なくない．気固反応の反応速度は反応固体の単位質量当りの値を採用することが多く，添字 m をつけて r_{Am} [mol·kg^{-1}·s^{-1}] と表わす．一方，気液反応ならびに気液固触媒反応においては，気液界面積基準の反応速度 r_{As} [mol·m^{-2}·s^{-1}]，あるいは液体積基準の反応速度 r_{AL} [mol·m^{-3}·s^{-1}] を採用するのが便利である．

2·2 反応次数と反応の分子数

反応速度 r は，反応成分の濃度のベキ数の積の形で表わされることが多い．たとえば，液相反応
$$(C_2H_5)_3N + C_2H_5Br \longrightarrow (C_2H_5)_4NBr$$
の反応速度式は次式で表わされる．
$$r = k[(C_2H_5)_3N][C_2H_5Br]$$
ここで $[(C_2H_5)_3N]$ は $(C_2H_5)_3N$ の濃度を表わしている．

一方，気相におけるアセトアルデヒドの分解反応
$$CH_3CHO \longrightarrow CH_4 + CO$$
の反応速度は次式によって表わせる．
$$r = k[CH_3CHO]^{3/2}$$

このように，一般に
$$A + B \longrightarrow C + D \qquad (2\cdot6\text{-a})$$
の反応速度式が
$$r=kC_A^m C_B^n \qquad (2\cdot6\text{-b})$$
のように表わせるとき，成分 A について m 次，成分 B について n 次，全体として $(m+n)$ 次の反応であるという．反応次数は整数である必要はなく，分数あるいは 0 の場合もある．k を反応速度定数と呼ぶ．

反応速度式は必ずしも式 (2·6-b) のような形はとらず，もっと複雑になることも少なくない．たとえば，

$$H_2 + Br_2 \longrightarrow 2HBr \tag{2·7-a}$$

の反応速度式は

$$r = \frac{k_1'[H_2][Br_2]^{1/2}}{k_2' + [HBr]/[Br_2]} \tag{2·7-b}$$

のような複雑な式で表わされ，もはや反応次数の考え方は適用できない。

上の例に示したように，量論式の形と反応速度式の間には直接の関係はない。量論式(2·6-a)で表わされる反応が，AとBの衝突により直ちに起こるのであれば，反応速度はAとBの濃度に比例し，$r=kC_AC_B$ のように表わされる2次反応になるであろう。それに反して反応速度が式(2·7-b)のように複雑になるのは，式(2·7-a)の反応がいくつかの素反応からなる非素反応であることを示唆している。

素反応はそれ以上に分解することはできず，そこでは，分子の衝突により反応が進行すると考えられる。素反応を表わす量論式に含まれる原料成分の数を反応の分子数(molecularity)と呼ぶ。たとえば，式(2·6-a)の i 番目の素反応が

$$A^* + B \longrightarrow D + B^* \tag{2·8}$$

のように表わされるとする。ただし A^* と B^* はそれぞれAとBの活性中間体を示すものとする。この素反応の原料成分は A^* とBであるので分子数は2であり，反応速度 r_i は

$$r_i = k_i[A^*][B] \tag{2·9}$$

のように直ちに書くことができる。

このように，量論式がいくつかの素反応に分解できると，それぞれの素反応について分子数が判明するから速度式が書け，全体としての速度式を得ることが可能である。しかしながら，そのようにして得られた速度式は複雑な関数であり，その中には活性中間体の濃度が含まれている。活性中間体は反応性に富み，反応系に存在する活性中間体の濃度は非常に小さく，通常の分析手段によっては測定が困難であるから式中に含まれるパラメーターを実験的に決定することはむずかしい。この困難を克服する有力な方法が次節で述べる定常状態の近似法である。式(2·7-b)の速度式もこの近似法を用いて導出された。

2·3 定常状態近似法による反応速度式の導出

2·3·1 定常状態の近似

いくつかの素反応からなる非素反応の反応速度式は，複雑な形をもつが，活

性中間体の反応性が非常に大きい場合には,活性中間体の濃度を消去した近似式によって精度よく表現できる。

　生成した活性中間体 A^* は直ちに消費されるから,活性中間体の正味の反応速度 r_{A^*} は非常に小さく

$$r_{A^*} = 0 \qquad (2\cdot10)$$

と近似することができる。さらに,A^* の濃度はきわめて低く,原料成分 A, B,および生成物成分 D の濃度に比較して無視できる。すなわち,次の関係が成立する。

$$[A^*] \ll [A], [B], [D] \qquad (2\cdot11)$$

　このように式(2·10)と式(2·11)が同時に満足される場合に,活性中間体 A^* について定常状態の近似(steady state approximation)が成立するという。反応速度 r_A は $[A^*]$ および量論式中の反応成分の濃度 [A], [B] および [D] などの関数であるが,式(2·10)を適用すると,$[A^*]$ は反応成分の濃度の関数として表現できて,r_A から $[A^*]$ を消去することができる。

　なお,定常状態の近似を適用するときに,式(2·11)の条件に留意する必要がある。すなわち,$[A^*]$ を表わす式に得られた速度パラメーターの数値を代入して,$[A^*]$ が反応成分の濃度に比較して十分に小さいことを確認しなければならない。この点についての考察が十分でないことが少なくない。

【例題 2·2】 $\qquad A \longrightarrow C + D \qquad (a)$

で表わされる有機化合物 A の気相における熱分解反応は,次のような素反応からなる。

$$A + A \underset{k_2}{\overset{k_1}{\rightleftharpoons}} A^* + A \qquad (b)$$

$$A^* \xrightarrow{k_3} C + D \qquad (c)$$

A^* は活性中間体である。定常状態の近似を用いて反応速度式を導け。

【解】 本反応の三つの反応はそれぞれ素反応であるから,各素反応の反応速度式は直ちに次式のように表わせる。

$$\left.\begin{array}{l} 2A \xrightarrow{k_1} A^* + A, \quad r_1 = k_1[A]^2 \\ A^* + A \xrightarrow{k_2} 2A, \quad r_2 = k_2[A^*][A] \\ A^* \xrightarrow{k_3} C + D, \quad r_3 = k_3[A^*] \end{array}\right\} \qquad (d)$$

式(2·3)の関係を適用すると,活性中間体 A^* に対する各素反応における反応速度 r_{iA^*} $(i=1, 2, 3)$ は,次の諸式によって表わされる。

2・3 定常状態近似法による反応速度式の導出

$$\left.\begin{array}{l} r_{1A^*}=(1)r_1=k_1[A]^2 \\ r_{2A^*}=(-1)r_2=-k_2[A^*][A] \\ r_{3A^*}=(-1)r_3=-k_3[A^*] \end{array}\right\} \quad (e)$$

これらの関係を式(2・5)に代入すると,活性中間体 A^* に対する反応速度 r_{A^*} を表わす式が得られ,さらに定常状態の近似を適用すると

$$\begin{aligned} r_{A^*} &= r_{1A^*}+r_{2A^*}+r_{3A^*} \\ &= k_1[A]^2-k_2[A^*][A]-k_3[A^*]=0 \end{aligned} \quad (f)$$

の関係式が得られる.この式を $[A^*]$ について解くと,

$$[A^*]=\frac{k_1[A]^2}{k_2[A]+k_3} \quad (g)$$

が得られる.この式によって活性中間体 A^* の濃度が,測定可能な成分 A の濃度を用いて表現できた.

式(2・2-a)の関係式を適用すると,量論式(a)の反応速度 r と各成分の反応速度との間には,次式の関係が成立する.

$$r=r_A/(-1)=r_C/1=r_D/1 \quad (h)$$

式(d)で表わされる各素反応の量論式と反応速度式を用いると,上式の r_A, r_C, および r_D は以下の諸式のように書き表わされる.

$$\left.\begin{array}{l} r_A=(-2)r_1+(1)r_1+(-1)r_2+(2)r_2=-r_1+r_2 \\ \quad =-k_1[A]^2+k_2[A^*][A] \\ r_C=(1)r_3=k_3[A^*] \\ r_D=(1)r_3=k_3[A^*] \end{array}\right\} \quad (i)$$

式(g)を上式に代入すると,r_A, r_C あるいは r_D が求まる.さらに,それらを式(h)に代入すると,量論式に対する反応速度 r が得られる.ここでは,計算が容易になる r_C (あるいは r_D)を用いると,r は次式のように書ける.

$$r=r_C=k_3[A^*]=\frac{k_3k_1[A]^2}{k_2[A]+k_3} \quad (j)$$

k_2 と k_3 の大小関係にも依存するが低圧領域では A の濃度が低くなって,$k_2[A] \ll k_3$ が成立する圧力領域が存在し,式(j)は

$$r=k_1[A]^2 \quad (k)$$

のように A に対して 2 次反応となる.

一方,高圧領域では,$k_2[A] \gg k_3$ となる領域があって,そこでは 1 次反応に近似できる.

$$r=(k_3k_1/k_2)[A] \quad (l)$$

このように,反応次数が圧力範囲によって変化することは知られており,アゾメタンの分解反応 $(CH_3)_2N_2 \longrightarrow C_2H_6+N_2$ では 1 atm 以上では 1 次反応であるが 0.066 atm 以下ではアゾメタンの 2 次反応になる.上記の式(b),(c)の反応機構を Lindemann 機構という.

2・3・2 連鎖反応

連鎖反応は重要な反応形式である。光化学反応，炭化水素の分解反応，燃焼反応，重合反応などは連鎖反応機構に従って進行する。連鎖反応の形式は複雑であり，上記の諸反応もそれぞれ異なった様相を示すが，連鎖反応は基本的には，（1）開始反応(initiation)，（2）伝播反応†(propagation)，ならびに（3）停止反応(termination)の三つの素反応過程より成立している。

いま A と B が反応して P を生成する反応

$$A + B \longrightarrow 2P \tag{2・12}$$

が，次に示す素反応からなる連鎖反応機構をもつとする。

開始反応： $A \longrightarrow 2R_1$, $\quad r_1 = k_1[A]$ (2・13)
伝播反応（1）： $R_1 + B \longrightarrow P + R_2$, $\quad r_2 = k_2[R_1][B]$ (2・14)
伝播反応（2）： $R_2 + A \longrightarrow P + R_1$, $\quad r_3 = k_3[R_2][A]$ (2・15)
停止反応： $2R_1 \longrightarrow A$, $\quad r_4 = k_4[R_1]^2$ (2・16)

たとえば，A が光エネルギーを吸収することによって分解して活性中間体 R_1 を生成する。この反応の速度は遅いが，生成した R_1 は反応性に富んでおり B と反応して生成物 P と別種の活性中間体 R_2 を生成し，引続き R_2 は A と反応して P と，反応の進行役である R_1 を再生する。式(2・14)と式(2・15)は一つのサイクルを形成しており，サイクルが1回転すると P が2分子生成する。R_1 と R_2 は反応性に富み，伝播反応の速度は迅速であるから，たとえ活性中間体 R_1 の濃度が低くても伝播反応のサイクルは急速度で回転し，多量の P を生成することが可能である。しかし，式(2・15)で再生された R_1 のすべてがリサイクルされるとは限らず，その一部は式(2・16)で示すような反応によって安定化し，活性中間体としての機能を失う。この反応を停止反応と呼ぶ。

上記の一連の反応の進行状況を図2・1に示す。矢印は反応の進行方向を示している。この図で表わされる連鎖反応を非分岐型と呼び，最も基本的な連鎖反応の形式である。

R_1 と R_2 は反応性に富み，それらの濃度は低く，定常状態の近似が適用できる。R_1 と R_2 に対する反応速度式を書き，それらを0とおくと次式が得られる。

$$r_{R_1} = 2k_1[A] - k_2[R_1][B] + k_3[R_2][A] - 2k_4[R_1]^2 = 0 \tag{2・17}$$

$$r_{R_2} = \qquad k_2[R_1][B] - k_3[R_2][A] \qquad = 0 \tag{2・18}$$

---

† 重合反応では生長反応と呼んでいる。

2·3 定常状態近似法による反応速度式の導出

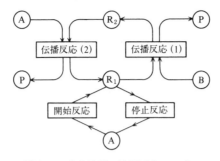

図 2·1 非分岐型の連鎖反応のモデル

一方，A, B および P の反応速度は次の諸式で表わされる．

$$r_A = -k_1[A] - k_3[R_2][A] + k_4[R_1]^2 \quad (2\cdot19)$$
$$r_B = -k_2[R_1][B] \quad (2\cdot20)$$
$$r_P = k_2[R_1][B] + k_3[R_2][A] \quad (2\cdot21)$$

式(2·17)，(2·18)を辺々加えると

$$2k_1[A] = 2k_4[R_1]^2 \quad (2\cdot22)$$

式(2·22)は，定常状態の近似を用いると，ラジカルの生成速度(この場合はラジカル R_1 の生成速度)と，その消滅速度が等しくなるという関係が得られることを示している．このように，定常状態が成立する場合は，ラジカルの種類を問わずに単にラジカルの総数が反応中に一定値に保たれているとみなせることが多い．

式(2·22)を変形すると

$$\therefore \quad [R_1] = (k_1/k_4)^{1/2}[A]^{1/2} \quad (2\cdot23)$$

が得られる．これを式(2·18)に代入すると

$$[R_2] = \frac{k_2}{k_3}\left(\frac{k_1}{k_4}\right)^{1/2}\frac{[B]}{[A]^{1/2}} \quad (2\cdot24)$$

が得られる．このように定常状態の近似を適用すると，活性中間体 R_1 と R_2 の濃度が A および B の濃度によって表現できる．これらの値を式(2·19)，(2·20)あるいは式(2·21)のいずれかに代入し，さらに

$$-r_A = -r_B = r_P/2 = r$$

の関係を用いると，量論式(2·12)に対する反応速度 r は

$$r = k_2(k_1/k_4)^{1/2}[A]^{1/2}[B] \quad (2\cdot25)$$

のように，A に対して 0.5 次，B に対して 1 次の反応として表わせる．

すでに 2·2 節で述べたように，式(2·7-a)で表わされる臭化水素の生成反応

は非素反応であって,次に示す一連の素反応から成立する連鎖反応であることが確認されている。

$$
\left.\begin{array}{ll}
\text{開始反応:} & Br_2 \xrightarrow{k_1} 2\,Br\cdot \\
\text{伝播反応:} & H_2 + Br\cdot \xrightarrow{k_2} HBr + H\cdot \\
& H\cdot + Br_2 \xrightarrow{k_3} HBr + Br\cdot \\
\text{連鎖移動反応:} & H\cdot + HBr \xrightarrow{k_4} H_2 + Br\cdot \\
\text{停止反応:} & 2\,Br\cdot \xrightarrow{k_5} Br_2
\end{array}\right\} \quad (2\cdot26\text{-a})
$$

この反応は式(2·12)の連鎖反応に比較していくらか複雑になっている。それは連鎖移動反応が新しく加わっている点である。連鎖移動反応については次の重合反応の項で述べる。定常状態の近似を用いると次式が得られる。

$$r = \frac{k_2(k_3/k_4)(k_1/k_5)^{1/2}[H_2][Br_2]^{1/2}}{(k_3/k_4) + ([HBr]/[Br_2])} \quad (2\cdot26\text{-b})$$

式(2·7-b)は上式を簡略化した式である。

2·3·3 重合反応

重合反応の機構は複雑であり,その反応形式も多岐にわたっているが,ここでは比較的簡単なビニル化合物のラジカル重合反応の速度式を導出する[1]。

ビニル化合物 $CH_2=CHX$ は以下に示すような四つの素反応からなる反応機構に従って付加重合する。

(1) 開始反応

$$I \longrightarrow 2\,R\cdot \qquad r_d = k_d[I] \qquad (2\cdot27)$$

$$R\cdot + M \longrightarrow P_1\cdot \qquad r_i = k_i[R\cdot][M] \qquad (2\cdot28)$$

(2) 生長反応

$$
\left.\begin{array}{l}
P_1\cdot + M \longrightarrow P_2\cdot \\
P_2\cdot + M \longrightarrow P_3\cdot \\
\cdots\cdots\cdots \\
P_n\cdot + M \longrightarrow P_{n+1}\cdot \\
\cdots\cdots\cdots
\end{array}\right\}
\begin{array}{l}
(2\cdot29) \\
(2\cdot30) \\
r_p = k_p[P_n\cdot][M] \\
(n=1, 2, \cdots) \\
(2\cdot31)
\end{array}
$$

(3) 連鎖移動反応

$$P_n\cdot + A \longrightarrow P_n + A\cdot \qquad r_f = k_f[P_n\cdot][A] \qquad (2\cdot32)$$

---

1) 土田英俊,"高分子の科学", p.199, 培風館(1975).

2・3 定常状態近似法による反応速度式の導出

$$A\cdot + M \longrightarrow P_1\cdot \qquad r_i{'}=k_i{'}[A\cdot][M] \qquad (2\cdot33)$$
$$(n=1, 2, \cdots)$$

（4） 停止反応
$$P_m\cdot + P_n\cdot \longrightarrow P_{m+n} \qquad r_{tc}=k_{tc}[P_m\cdot][P_n\cdot] \qquad (2\cdot34)$$
$$P_m\cdot + P_n\cdot \longrightarrow P_m + P_n \qquad r_{td}=k_{td}[P_m\cdot][P_n\cdot] \qquad (2\cdot35)$$
$$(m, n=1, 2, \cdots)$$

重合を開始するには，ラジカルを発生しやすい物質，たとえば過酸化ベンゾイルを開始剤Ⅰとして用いて，式(2・27)に示すようにラジカル $R\cdot$ を発生させる。$R\cdot$ は単量体(monomer) M と反応して式(2・28)によってラジカル $P_1\cdot$ を生じる。この二つの素反応が開始反応である。次に $P_1\cdot$ に単量体が逐次的に添加して行く生長反応が進行し，生長ラジカル $P_n\cdot (n=2, 3, \cdots)$ を次々に産出する。

2個の生長ラジカルが反応して重合が停止するが，二つの停止反応の形式が存在する。その一つは式(2・34)で表わされるように，2個の生長ラジカルが結合して1個の重合体を生成する再結合反応(recombination reaction)，もう一つは，式(2・35)に示すように，水素原子が一方の生長ラジカルから他の生長ラジカルに移動して，2個の重合体が生成する不均化反応(disproportionation reaction)である。一般には再結合による停止反応のほうが起こりやすい。

式(2・32)と式(2・33)に示すように，生長ラジカルが他の分子 A と反応して安定な重合体になると同時に新しいラジカル $A\cdot$ を生じ，それに単量体が逐次的に反応して新しい連鎖反応を起こすことがある。これが連鎖移動反応(chain transfer reaction)であり，連鎖移動を行なう分子を連鎖移動剤(chain transfer agent)という。溶媒分子，開始剤，単量体，重合体などが連鎖移動剤になる可能性がある。式(2・32)においては連鎖移動剤を A で表わした。

式(2・27)〜(2・35)の中には，各素反応式に対する反応速度式も書いてある。反応速度式を導くために次の仮定を導入する。

（1） 生長反応，連鎖移動反応および停止反応の反応速度定数の値は，ラジカル鎖の大きさによらず，それぞれ一定としてよい。

（2） 連鎖の長さは十分に長く，単量体は生長反応によってのみ消失する。

（3） 反応系の各種ラジカルは反応性に富み，定常状態の近似が成立する。

仮定(1)と(2)より，単量体の消失速度(重合速度) $-r_M$ は
$$-r_M = \sum k_p[P_n\cdot][M] = k_p[M]\sum[P_n\cdot] \equiv k_p[M][P\cdot] \qquad (2\cdot36)$$

で表わされる。ここに $[P\cdot]=\sum[P_n\cdot]$ であって $[P\cdot]$ は全生長ラジカルの濃

度を表わしている。

反応系に現われる各種ラジカルについて定常状態近似を適用すると，次の諸式が成立する。

$$r_{R\cdot} = 2k_d f[\text{I}] - k_i[\text{R}\cdot][\text{M}] = 0 \tag{2·37}$$

$$r_{P_1\cdot} = k_i[\text{R}\cdot][\text{M}] - k_p[\text{P}_1\cdot][\text{M}] - k_f[\text{P}_1\cdot][\text{A}] + k_i'[\text{A}\cdot][\text{M}]$$
$$- (k_{tc}+k_{td})[\text{P}_1\cdot]\sum[\text{P}_n\cdot] = 0 \tag{2·38}$$

$$r_{P_2\cdot} = k_p[\text{P}_1\cdot][\text{M}] - k_p[\text{P}_2\cdot][\text{M}] - k_f[\text{P}_2\cdot][\text{A}]$$
$$- (k_{tc}+k_{td})[\text{P}_2\cdot]\sum[\text{P}_n\cdot] = 0 \tag{2·39}$$

$$\cdots\cdots\cdots\cdots\cdots$$

$$r_{P_n\cdot} = k_p[\text{P}_{n-1}\cdot][\text{M}] - k_p[\text{P}_n\cdot][\text{M}] - k_f[\text{P}_n\cdot][\text{A}]$$
$$- (k_{tc}+k_{td})[\text{P}_n\cdot]\sum[\text{P}_n\cdot] = 0 \tag{2·40}$$

$$r_{A\cdot} = k_f[\text{A}]\sum[\text{P}_n\cdot] - k_i'[\text{A}\cdot][\text{M}] = 0 \tag{2·41}$$

式(2·37)の右辺第1項の f は開始剤効率(initiation efficiency)と呼ばれ，分解した開始剤の内で単量体と反応して重合反応に有効に利用される割合を表わす値である。開始剤の消失速度 $-r_I$ は $k_d[\text{I}]$ で与えられるから，重合に利用される $\text{R}\cdot$ を生成する速度は $2k_d f[\text{I}]$ と書ける。f の値は開始剤の種類と反応条件によって異なるが，過酸化ベンゾイルでは $0.9\sim1.0$ 程度の値をとる。

式(2·37)〜(2·41)を加算すると次式が得られる。

$$2k_d f[\text{I}] - (k_{tc}+k_{td})\left(\sum[\text{P}_n\cdot]\right)^2 - k_p[\text{P}_n\cdot][\text{M}] = 0 \tag{2·42}$$

上式の左辺の第3項 $k_p[\text{P}_n\cdot][\text{M}]$ は無視できる。なぜなら，停止反応によって生長ラジカルは消滅して行くから，重合度の大きい $\text{P}_n\cdot$ が生存する確率は重合度 n の増大に伴い急速に減少して行き，$[\text{P}_n\cdot]$ は無視小になる。したがって式(2·42)より

$$\sum[\text{P}_n\cdot] = [\text{P}\cdot] = \left(\frac{2k_d f[\text{I}]}{k_{tc}+k_{td}}\right)^{1/2} = \left(\frac{2k_d f}{k_t}[\text{I}]\right)^{1/2} \tag{2·43}$$

が得られる。ただし $k_t = k_{tc}+k_{td}$ である。式(2·43)を式(2·36)に代入すると，単量体の反応速度 r_M は

$$-r_M = k_p(2k_d f/k_t)^{1/2}[\text{I}]^{1/2}[\text{M}] \tag{2·44}$$

のように，開始剤と単量体の濃度に対してそれぞれ0.5次と1次である。

一方，重合体は連鎖移動反応ならびに停止反応によって生成するから，重合体の生成速度 r_P は次式から計算できる。

2·3 定常状態近似法による反応速度式の導出

$$r_\mathrm{P} = k_\mathrm{f}[\mathrm{A}]\sum[\mathrm{P}_n\cdot] + k_\mathrm{tc}\sum[\mathrm{P}_n\cdot]\sum[\mathrm{P}_m\cdot]/2 + 2k_\mathrm{td}\sum[\mathrm{P}_n\cdot]\sum[\mathrm{P}_m\cdot]/2$$
$$= k_\mathrm{f}[\mathrm{A}][\mathrm{P}\cdot] + (k_\mathrm{tc}/2)[\mathrm{P}\cdot]^2 + k_\mathrm{td}[\mathrm{P}\cdot]^2 \tag{2·45}$$

ここで $[\mathrm{P}\cdot]^2/2$ のように2で割ってあるのは,$\mathrm{P}_m\cdot$ と $\mathrm{P}_n\cdot$ の反応が2度数えられるのを避けるためである。また,k_td の前に2が乗じられているのは,不均化停止反応では1回の反応で2分子の重合体を生じるからである。

式(2·45)に式(2·43)を代入すると次式が得られる。

$$r_\mathrm{P} = k_\mathrm{f}\left(\frac{2k_\mathrm{d}f}{k_\mathrm{t}}[\mathrm{I}]\right)^{1/2}[\mathrm{A}] + \left(\frac{k_\mathrm{tc}}{2} + k_\mathrm{td}\right)\left(\frac{2k_\mathrm{d}f}{k_\mathrm{t}}[\mathrm{I}]\right) \tag{2·46}$$

高分子化合物の最も基本的な形は鎖状重合体(linear polymer)であって,一定構造の単位が規則的に繰り返された構造 [これを構造単位(structural unit)という] をもつ場合が多い。たとえば,ポリビニル化合物は

$$\cdots\mathrm{CH}_2-\underset{\mathrm{X}}{\mathrm{CH}}-\mathrm{CH}_2-\underset{\mathrm{X}}{\mathrm{CH}}-\mathrm{CH}_2-\underset{\mathrm{X}}{\mathrm{CH}}\cdots$$

という構造をもち,$-\mathrm{CH}_2-\mathrm{CHX}-$ という構造単位をもっている。1個の高分子化合物を形成している構造単位の数を重合度(degree of polymerization)と呼び $\bar{P}$ で表わす。重合度に構造単位の分子量を乗じた値が高分子化合物の分子量になる。

高分子化合物は一般に均一な分子の集団ではなく,分子量分布,つまり重合度分布が存在する。そこで,高分子の大きさを示すために平均分子量あるいは平均重合度が用いられる。平均重合度としては数平均重合度,質量平均重合度などが用いられている。たとえば,ある瞬間に1000個の単量体が重合し,10個の重合体分子が生成したとすると,瞬間数平均重合度 $\bar{p}_\mathrm{n}$ は $1000/10=100$ になる。このように,生成重合体の $\bar{p}_\mathrm{n}$ は式(2·47-a)で定義できて,式(2·44)と式(2·46)を用いると,式(2·47-b)のように書ける。

$$\bar{p}_\mathrm{n} = \frac{\text{単量体の消失速度}}{\text{重合体の生成速度}} = \frac{-r_\mathrm{M}}{r_\mathrm{P}} \tag{2·47-a}$$

$$= \frac{k_\mathrm{p}[\mathrm{M}]}{k_\mathrm{f}[\mathrm{A}] + (k_\mathrm{tc}/2 + k_\mathrm{td})(2k_\mathrm{d}f[\mathrm{I}]/k_\mathrm{t})^{1/2}} \tag{2·47-b}$$

上式で定義された $\bar{p}_\mathrm{n}$ はある瞬間における値であるが,反応装置設計では有限時間内での総括数平均重合度 $\bar{P}_\mathrm{n}$ が重要になる。$\bar{P}_\mathrm{n}$ は式(2·47-a)の $(-r_\mathrm{M})$ と r_P をそれぞれ反応時間 t について積分した値で置換した式により計算できる。

開始反応によって生成した1個の開始ラジカルが停止反応によって消滅するまでの間に反応した単量体の数を動力学的鎖長 ν(kinetic chain length)と呼

ぶ。ν は次式で表わされる。

$$\nu = \frac{\text{単量体の消失速度}}{\text{開始反応の速度}} = \frac{-r_\text{M}}{2k_\text{d}f[\text{I}]} = \frac{k_\text{p}}{(2k_\text{d}fk_\text{t})^{1/2}} \cdot \frac{[\text{M}]}{[\text{I}]^{1/2}} \qquad (2\cdot 48)$$

2・3・4 酵 素 反 応

酵素(enzyme)はタンパク質からなる高分子化合物で，基質[†](substrate)に作用して選択的に反応を進行させる触媒としての機能をもっている。生体内には各種の酵素が存在して，その触媒作用によって加水分解反応，酸化・還元反応などが選択的に秩序正しく起こっている。

回分反応器で酵素反応を行なうとき，酵素を基質溶液中に溶解させた状態で反応させた後に反応生成物より酵素を分離除去して，酵素は捨ててしまう操作方法が採られている。しかし最近では，酵素を固体に結合させた固定化酵素 (immobilized enzyme)の状態にして管型反応器に充填し，その中に基質を連続的に流通させる反応操作が注目されている。この方法では，酵素は反応生成物中に混入しないから酵素を分離する必要がなく，酵素の損失も少ない。

酵素反応においては，まず酵素 E と基質 S が反応して酵素-基質複合体 ES が形成され，この活性中間体はさらに分解して反応生成物 P を生じる。このとき酵素はもとの状態に戻り，再び触媒として作用する。上記の機構は次の反応式で表わせる。

$$\text{E} + \text{S} \underset{k_2}{\overset{k_1}{\rightleftharpoons}} \text{ES} \xrightarrow{k_3} \text{E} + \text{P} \qquad (2\cdot 49)$$

典型的な酵素反応では，酵素の濃度はおよそ 10^{-8} から $10^{-10}\,\text{kmol}\cdot\text{m}^{-3}$ の範囲内にあり，一方 基質濃度は通常 $10^{-6}\,\text{kmol}\cdot\text{m}^{-3}$ よりも大きい。これらの条件下では活性中間体 ES の濃度は基質 S の濃度よりもはるかに小さい。したがって ES に対して定常状態近似法の適用が可能になり，次式が成立する。

$$r_\text{ES} = k_1[\text{E}][\text{S}] - k_2[\text{ES}] - k_3[\text{ES}] = 0 \qquad (2\cdot 50)$$

ここで [E] は溶液中に存在する酵素濃度であり，[ES] は基質と結合している酵素濃度に等しい。したがって全酵素濃度 $[\text{E}_0]$ との間には

$$[\text{E}_0] = [\text{E}] + [\text{ES}] \qquad (2\cdot 51)$$

の関係が成立する。

式(2・50)と式(2・51)は [E] と [ES] を未知数とする連立代数方程式とみなせる。[E] について解くために，式(2・50)より [ES] を [E] で表わすと次式が得

[†] 酵素は一定の化学構造をもつ物質に対して一定の化学反応を起こさせる作用をもつ。このような酵素の作用を受ける物質を基質という。

2·3 定常状態近似法による反応速度式の導出

られる。

$$[ES] = \frac{k_1[S]}{k_2 + k_3}[E] \qquad (2 \cdot 52\text{-a})$$

この式を式(2·51)に代入して，[E]について解くと，次式が得られる。

$$[E] = \frac{[E_0]}{1 + k_1[S]/(k_2 + k_3)}$$

上式で与えられる[E]を式(2·52-a)に代入して整理すると

$$[ES] = \frac{k_1[E_0][S]}{(k_2 + k_3) + k_1[S]} = \frac{[E_0][S]}{(k_2 + k_3)/k_1 + [S]}$$

$$= \frac{[E_0][S]}{K_m + [S]} \qquad (2 \cdot 52\text{-b})$$

が得られる。ここで $K_m = (k_2 + k_3)/k_1$ で定義され，K_m を Michaelis 定数と呼ぶ。K_m は濃度の単位をもつ。

本反応の反応速度 r は反応生成物 P の反応速度 r_P に等しい。式(2·52-b)を用いると

$$r = r_P = k_3[ES] = \frac{k_3[E_0][S]}{K_m + [S]} \qquad (2 \cdot 53)$$

が得られる。上式で[S]を大きくすると，図2·2に示すように r の値は一定値 $k_3[E_0]$ に漸近する。この値は反応速度の最大値を表わしており，それを $V_{\max}$ とおくと式(2·53)は

$$r = \frac{V_{\max}[S]}{K_m + [S]} \qquad (2 \cdot 54)$$

と表わせる。この式を Michaelis-Menten の式と呼ぶ。

上式において，$[S] = K_m$ とおくと，$r = V_{\max}/2$ となる。すなわち，K_m は反応速度がその最大値の1/2になるときの基質濃度に等しい。

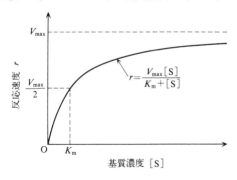

図 2·2 Michaelis-Menten の反応速度式

基質濃度が小さいときは，式(2·54)は1次反応の挙動を示す．
$$r = (V_{max}/K_m)[S] \tag{2·55}$$
一方，基質濃度が大きくなると，速度式は0次反応によって近似できる．
$$r = V_{max} \tag{2·56}$$

2·4 律速段階近似法による反応速度式の導出

2·4·1 律速段階の近似

いくつかの素反応が逐次的に進行する非素反応系において，その中のある一つの素反応の速度が他の素反応の反応速度に比較して非常に遅い場合，見掛け上その素反応によって全体の速度が決まってしまうことになる．その素反応の過程を律速段階(rate controlling step)と呼ぶ．それ以外の素反応は十分に速く部分的な平衡状態(partial equilibrium)にあるとみなせる．

定常状態法に比較して律速段階法の適用範囲は狭いが，律速段階法は次に述べる固体触媒反応の速度式の導出に適用されて成功している．

2·4·2 固体触媒反応

（a） **固体触媒反応の過程**　固体触媒は特定の反応成分に対する反応速度を促進するが，平衡状態には何も影響を与えない物質である．固体触媒は微小な細孔を含む多孔性固体であることが多い．多孔性の固体粒子内での触媒反応は，図2·3に示すように，（1）原料成分のガス境膜内の移動，（2）原料成分の細孔内の拡散，（3）原料成分の細孔内表面への化学吸着，（4）吸着した原料成分の反応，（5）生成物成分の脱着，（6）生成物成分の細孔内の拡散，ならびに（7）生成物成分のガス境膜内の移動，といった諸過程を経て進行する．これらの中で(1)，(2)，(6)および(7)は物理的な過程であり，残りの(3)，(4)および(5)が化学的過程である．物理的過程の影響については9章で考察す

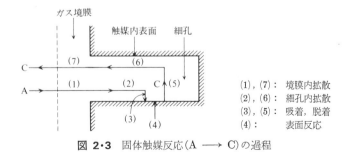

図 2·3　固体触媒反応(A ⟶ C)の過程

ることにし，ここでは固体触媒反応の中の化学的過程に注目して反応速度がどのような式で表現できるかを考える。

（b）吸着 吸着には，物理吸着（physical adsorption）と化学吸着（chemisorption）とがある。物理吸着では，ガスと固体表面は van der Waals 力によってゆるやかに結合しており，吸着分子は1層ではなく多分子層の状態で吸着される。活性化エネルギーも $4 \sim 40\,kJ \cdot mol^{-1}$ 程度であって小さい。これに対して，化学吸着では，吸着質と固体表面の間に一種の化学結合作用が働いており，活性化エネルギーの値も $40 \sim 200\,kJ \cdot mol^{-1}$ と物理吸着の場合と比較して大きい。化学吸着は活性点(active site)と呼ばれる固体表面上の特定の場所でのみ起こり，一つの活性点上に1個の分子あるいは原子しか吸着しない。これを単分子層吸着という。

ガス A が化学吸着するときの速度と平衡について考えてみる。触媒表面上には多数の活性点が存在するが，それらの一部に A が吸着し，その他の活性点は空席になっている。活性点を σ，A によって占有されている活性点の全活性点に対する割合を θ_A，空席になっている活性点の割合を θ_v で表わす。

いま，（1）活性点はすべて同一種類で一様な吸着能力をもつ。（2）吸着分子間の相互作用はない，と仮定する。A が活性点 σ 上に化学吸着される過程を一種の化学反応であると考えると，次式のように表わせる。

$$A + \sigma \underset{k_A'}{\overset{k_A}{\rightleftarrows}} A\sigma \qquad (2\cdot57)$$

上式において，右向きの吸着速度は，A の分圧 p_A と空席になっている活性点の割合 θ_v の積に比例し，左向きの脱着速度は A によって占有されている活性点の割合 θ_A に比例すると考えると，正味の吸着速度 v_A は次式で表わされる。

$$v_A = k_A p_A \theta_v - k_A' \theta_A \qquad (2\cdot58)$$

成分 A の吸着しか起こらない場合には，θ_A と θ_v との間には

$$\theta_A + \theta_v = 1 \qquad (2\cdot59)$$

の関係が成立する。

平衡状態では，式(2·58)で $v_A = 0$ とおいて，それを θ_A について解くと次式が得られる。

$$\theta_A = k_A p_A \theta_v / k_A' = K_A p_A \theta_v \qquad (2\cdot60\text{-a})$$

ここで，K_A は吸着平衡定数であって次式で定義される。

$$K_A = k_A/k_A' \qquad (2\cdot 60\text{-b})$$

式(2・60-a)を式(2・59)に代入して θ_v について解くと

$$\theta_v = 1/(1+K_A p_A) \qquad (2\cdot 61)$$

が得られる。この式を式(2・60-a)に代入すると，成分 A によって占められる触媒表面上の活性点の割合 θ_A は，次式のように成分 A の分圧 p_A の関数として表わされる。

$$\theta_A = \frac{K_A p_A}{1+K_A p_A} \qquad (2\cdot 62)$$

全活性点が成分 A によって占められたときの吸着量が，単分子層吸着における飽和吸着量を表わし，その値を q_m [kg・(kg-触媒)$^{-1}$] で表わすと，式(2・62)に対応する吸着量 q との間には $q/q_m = \theta_A$ の関係が成立する。したがって

$$q = q_m K_A p_A/(1+K_A p_A) \qquad (2\cdot 63)$$

で表わされる吸着平衡式が得られる。この式を Langmuir の吸着等温式(adsorption isotherm)と呼ぶ。式(2・63)の形から，分圧 p_A が低い領域では，吸着量 q は p_A に対して直線的に増加するが，p_A の増大にともない飽和吸着量 q_m に漸近する。

（c） **触媒反応速度式**　まず化学吸着に対する Langmuir の考え方を基礎にして，(3)～(5)の速度過程を表式化する。さらに律速段階の近似法によってそれらの中の一つの過程の速度が遅く，他の過程は平衡状態にあると近似することにより，触媒反応の速度式を導くことができる。

【例題 2・3】
$$A \rightleftharpoons C \qquad (a)$$

で表わされる触媒反応で（1）表面反応が律速，および（2）A の吸着が律速，のそれぞれの場合に対する反応速度式を導け。

【解】　A が活性点 σ に吸着して Aσ になり，それが反応して Cσ になり，さらに脱着して C と σ になると考えると，素過程とその速度は

$$A + \sigma \rightleftharpoons A\sigma, \quad v_A = k_A p_A \theta_v - k_A' \theta_A \qquad (b)$$

$$A\sigma \rightleftharpoons C\sigma, \quad r_r = k_r \theta_A - k_r' \theta_C \qquad (c)$$

$$C\sigma \rightleftharpoons C + \sigma, \quad -v_C = k_C' \theta_C - k_C p_C \theta_v \qquad (d)$$

のように書ける。ただし θ_A, θ_C および θ_v の間には次式が成立している。

$$\theta_A + \theta_C + \theta_v = 1 \qquad (e)$$

（1）**表面反応律速**　式(b)と式(d)が平衡にあるから，$v_A = 0$, $-v_C = 0$ とおくことができる。すなわち

$$\theta_A = (k_A/k_A') p_A \theta_v = K_A p_A \theta_v \qquad (f)$$

2・5 自触媒反応

$$\theta_C = (k_C/k_C')p_C\theta_v = K_C p_C \theta_v \tag{g}$$

ここに $K_A = k_A/k_A'$, $K_C = k_C/k_C'$, K_A と K_C はそれぞれ A と C の吸着平衡定数である。式(f), (g)を式(e)に代入すると, θ_v は

$$\theta_v = 1/(1 + K_A p_A + K_C p_C) \tag{h}$$

となる。式(h)を式(f), (g)に代入して後に式(c)に入れると表面反応速度 r_r が得られ, それが式(a)の反応速度 r に等しい。

$$r = r_r = \frac{k_r K_A p_A - k_r' K_C p_C}{1 + K_A p_A + K_C p_C} = \frac{k_e(p_A - p_C/K)}{1 + K_A p_A + K_C p_C} \tag{i}$$

この式が表面反応律速の場合の反応速度式である。ここに

$$k_e = k_r K_A \tag{j}$$

$$K = k_r K_A/k_r' K_C = K_r K_A/K_C \tag{k}$$

であって, $K_r (= k_r/k_r')$ は表面反応の平衡定数を表わす。k_e は見掛けの速度定数, K は熱力学的平衡定数に等しい。

(2) A の吸着律速 式(c)と式(d)は平衡にあるから, $r_r = 0$, $-v_C = 0$ とおける。まず $-v_C = 0$ より, さきに得た式(g)が得られる。すなわち

$$\theta_C = (k_C/k_C') p_C \theta_v = K_C p_C \theta_v \tag{g}$$

次に $r_r = 0$ とおき, 式(g)と式(k)をを用いることにより θ_A は次式のように表わせる。

$$\theta_A = (k_r'/k_r)\theta_C = \theta_C/K_r = (K_C/K_r) p_C \theta_v = (K_A/K) p_C \theta_v \tag{l}$$

式(g), (l)を式(e)に代入すると θ_v は

$$\theta_v = 1/[(K_A/K) p_C + K_C p_C + 1] \tag{m}$$

のように分圧 p_C によって表わせる。さらに式(m)を式(l)に代入すると次式

$$\theta_A = \frac{(K_A/K) p_C}{1 + (K_A/K) p_C + K_C p_C} \tag{n}$$

が得られる。式(m), (n)を式(b)に代入すると, A の吸着速度 v_A が求められ, これが見掛けの反応速度 r に等しい。

$$r = v_A = \frac{k_A p_A - (k_A' K_A/K) p_C}{1 + (K_A/K) p_C + K_C p_C} = \frac{k_A[p_A - (K_A/K K_A) p_C]}{1 + (K_A/K) p_C + K_C p_C}$$

$$= \frac{k_A(p_A - p_C/K)}{1 + (K_A/K) p_C + K_C p_C} \tag{o}$$

ここで K は式(k)によって定義されている。律速段階が異なると, 式(i), (o)に示したように反応速度式が異なってくる。

2・5 自触媒反応

触媒の濃度は反応中は一定に保たれているのが普通であるが, ある種の反応では, 反応生成物自身が触媒作用を示すことがある。この場合, 反応の進行に

伴って触媒作用をする物質の濃度が増大して反応が促進されることがある。このような反応を自触媒反応(autocatalyzed reaction)という。自触媒反応の典型的な例は，次式で示す酸を触媒とするアセトンの臭素化反応である。

$$\mathrm{CH_3COCH_3 + Br_2 \xrightarrow{H^+} CH_3COCH_2Br + HBr} \tag{2·64}$$

生成した HBr は強酸であるからその大部分が解離し，H^+ の濃度が反応の進行に伴い増大する。そのために反応が促進される。

この反応の速度は，Br_2 の濃度には無関係に

$$r = k[\mathrm{CH_3COCH_3}][\mathrm{H^+}] \tag{2·65}$$

のように書ける。

自触媒反応を一般に

$$\mathrm{A + B \xrightarrow{C(触媒)} C + D} \tag{2·66}$$

のように書く。生成物成分の C が触媒として作用するものとし，反応速度が

$$r = k C_A^m C_C^p \tag{2·67}$$

のように表わせるものとする。A と C の初濃度を C_{A0} と C_{C0} とおくと

$$C_C = C_{C0} + (C_{A0} - C_A) \tag{2·68}$$

の関係が成立するから，式(2·67)は C_A のみの関数として次式のようになる。

$$r = k C_A^m (C_{C0} + C_{A0} - C_A)^p \tag{2·69}$$

いま，簡単にするために $m = p = 1$ とおくと，r は C_A の 2 次関数となり最大値をもつ。そのときの r と C_A の関係を図 2·4 に示す。通常の反応の多くは，原料成分の濃度の減少に伴って反応速度も減少するが，自触媒反応では最大値が現われる。自触媒反応のこの特異な挙動は，反応装置の形式選定ならびに最適設計において興味ある問題を提起する。それらについては 5 章で解説する。

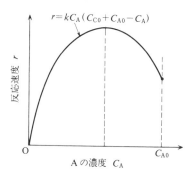

図 2·4　自触媒反応 $\mathrm{A + B \xrightarrow{触媒 C} C + D}$ の反応速度曲線 ($r = k C_A C_C$)

2・6 微生物反応

　自触媒的挙動を示す反応に微生物による反応がある。微生物反応は非常に複雑であって，反応の形式も多様であるが，ここでは最も簡単な場合について考える。微生物反応では，菌体の細胞内に存在する多種類の酵素の複雑な触媒作用によって，基質(炭素源)が変換されて代謝産物を生成すると同時に菌体自身も増殖する。これは反応の進行に伴い触媒量(酵素量)が増加することを意味し，微生物反応が自触媒反応的な特徴をもつことになる。これはあくまでも微生物反応を総括的に観察した結果であって，実際の反応は酵素による触媒作用で進行する複合反応である。その反応経路とそれぞれの反応速度を忠実に表式化することは非常に困難である。最も簡単な取扱い方法は，式(2・70)に示すように，基質である炭素源 S が菌体 X の触媒作用を受けて代謝産物 P に変換されると同時に触媒である菌体 X の生成を伴う自触媒反応であると考える方法である。

$$S \xrightarrow{X} Y_{X/S}X + Y_{P/S}P \qquad (2\cdot70)$$

ここで，$Y_{X/S}$ と $Y_{P/S}$ は，収率係数と呼ばれる。$Y_{X/S}$ は，基質の単位消費量あたりの菌体の増殖量を表わし，増殖収率とも呼ばれる。その単位は [kg-菌体・(kg-基質)$^{-1}$] あるいは [kg-菌体・(mol-基質)$^{-1}$] である。一方，$Y_{P/S}$ は基質の単位消費量あたりの代謝産物 P の生成量を表わし，代謝産物の収率係数と呼ばれる。その単位は [kg-代謝産物・(kg-基質)$^{-1}$]，あるいは [mol-代謝産物・(mol-基質)$^{-1}$] である。

　収率係数については 12 章で詳しく述べる。ここでは，化学反応式の量論係数に類似した比例定数であるとみなしておく。ただし，化学反応の量論係数とは異なり，収率係数は反応の進行中に変化し得る値であり，かつその単位に注意しなければならない。

　微生物反応では，まず菌体の増殖速度について注目し，その反応速度を定式化する。菌体の個数の増加速度は，菌体の単位時間，単位質量あたりの菌体の乾燥質量増加によって表わされる。それを比増殖速度と呼び，μ [kg・kg^{-1}・s^{-1}] で表わすことが多い。水溶液の単位体積中に存在する菌体の濃度を C_X [kg・m^{-3}] とおくと，単位液体積あたりの菌体の増殖速度 r_X [kg・m^{-3}・s^{-1}] は，次式のように書ける。

$$r_\mathrm{X}=\mu C_\mathrm{X} \tag{2.71}$$

微生物反応はいくつもの酵素反応が複雑に組み合わさった複合反応であって，その比増殖速度を単一の簡単な反応速度式で表現することは容易ではないが，Monod(モノー)によって提出された次の実験式が多くの微生物反応に適用されている．

$$\mu=\frac{\mu_\mathrm{max} C_\mathrm{S}}{K_\mathrm{S}+C_\mathrm{S}} \tag{2.72}$$

ここで，μ_max は最大比増殖速度 [kg·kg^{-1}·s^{-1}] と呼ばれ，十分な量の基質が存在するときの菌体の比増殖速度である．式中の K_S は飽和定数(単位は C_S と同一)と呼ばれ，μ_max の 1/2 の比増殖速度を与える基質濃度に等しい．

式(2.72)は，酵素反応に対する Michaelis–Menten の式(2.54)と類似の関数形であり，微生物反応と酵素反応との関連性を示唆している．

式(2.71)と式(2.72)を組み合わせると，菌体の生成反応速度式 r_X は

$$r_\mathrm{X}=\frac{\mu_\mathrm{max} C_\mathrm{S}}{K_\mathrm{S}+C_\mathrm{S}} C_\mathrm{X} \tag{2.73}$$

のように書ける．

次に基質 S の反応速度 r_S と代謝産物 P の反応速度 r_P は，式(2.70)の量論関係から

$$-r_\mathrm{S}=\frac{r_\mathrm{X}}{Y_\mathrm{X/S}}=\frac{\mu_\mathrm{max} C_\mathrm{S} C_\mathrm{X}}{Y_\mathrm{X/S}(K_\mathrm{S}+C_\mathrm{S})} \tag{2.74}$$

$$r_\mathrm{P}=r_\mathrm{X}\cdot Y_\mathrm{P/X}=\frac{Y_\mathrm{P/S}}{Y_\mathrm{X/S}}\cdot\frac{\mu_\mathrm{max} C_\mathrm{S} C_\mathrm{X}}{(K_\mathrm{S}+C_\mathrm{S})} \tag{2.75}$$

によって表わされる．

反応速度式の中には，C_S と C_X が含まれているが，両者の間には式(2.70)より

$$C_\mathrm{X}-C_\mathrm{X0}=Y_\mathrm{X/S}(C_\mathrm{S0}-C_\mathrm{S}) \tag{2.76}$$

の関係が存在し，さらに代謝産物濃度 C_P も基質濃度 C_S と次式によって関係づけられる．

$$C_\mathrm{P}-C_\mathrm{P0}=Y_\mathrm{P/S}(C_\mathrm{S0}-C_\mathrm{S}) \tag{2.77}$$

ここで，C_S0, C_X0 および C_P0 は，反応開始時における基質濃度，菌体濃度，および代謝産物濃度をそれぞれ表わす．式(2.76)を式(2.74)に代入すると，基質の反応速度が基質濃度のみによって次式のように表わされる．

$$-r_\mathrm{S}=\frac{\mu_\mathrm{max} C_\mathrm{S}[C_\mathrm{X0}+Y_\mathrm{X/S}(C_\mathrm{S0}-C_\mathrm{S})]}{Y_\mathrm{X/S}(K_\mathrm{S}+C_\mathrm{S})} \tag{2.78}$$

$Y_{X/S}$ の値が一定の場合に $-r_S$ を C_S に対してプロットすると,自触媒反応の特徴である最大値が現われる。

2・7 反応速度の温度依存性

大部分の化学反応の速度は,温度変化にきわめて敏感である。素反応過程の反応速度の温度変化は次の Arrhenius の式で表わせる。

$$k = k_0 e^{-E/RT} \tag{2.79}$$

ここで k_0 を頻度因子(frequency factor), E を活性化エネルギー(activation energy)と呼ぶ。R は気体定数($8.314\,\mathrm{J\cdot mol^{-1}\cdot K^{-1}}$), T は温度 [K] を表わしている。

反応速度定数 k の温度依存性は,分子衝突説(collision theory)あるいは遷移状態説(transition-state theory)などによっても解析されている。その結論によれば, k は

$$k = k_0 T^m e^{-E/RT} \tag{2.80}$$

のように書き表わせて, m の値は分子衝突説によれば 1/2, 遷移状態説では 1 になる。しかしながら,通常の温度範囲では T^m に対する温度変化の影響は $\exp(-E/RT)$ に対する影響に比較して無視できるので,式(2・79)を使用すれば十分である。その理由は次のようにして理解できる。式(2・80)の対数をとって T で微分すると次式が成立する。

$$\frac{d(\ln k)}{dT} = \frac{mRT + E}{RT^2} \tag{2.81}$$

たとえば上式に $E = 120\,\mathrm{kJ\cdot mol^{-1}}$, $m = 1$, $T = 300\,\mathrm{K}$, $R \cong 8 \times 10^{-3}\,\mathrm{kJ\cdot mol^{-1}\cdot K^{-1}}$ の値を代入すると $mRT = 2.4\,\mathrm{kJ\cdot mol^{-1}}$ となり,この値は E に比較して無視できるから,次式が成立して式(2・80)は式(2・79)によって近似できる。

$$d(\ln k)/dT \cong E/RT^2 \tag{2.82}$$

$$\therefore \quad k \propto e^{-E/RT} \tag{2.83}$$

このように, Arrhenius の式は分子衝突説あるいは遷移状態説から導かれる理論式に対する近似式になっている。

さて,温度を変化させて反応速度定数 k を測定すると, k_0 と E を決定することができる。式(2・79)の両辺の対数をとると次式となる。

$$\ln k = \ln k_0 - E/RT \tag{2.84}$$

$\ln k$ を $1/T$ に対してプロットすると,図2・5に示すように直線が得られ,そ

の傾きが $-E/R$ を与えるから活性化エネルギー E の値が決まる。k_0 の値は直線上の 1 点 T_1 に対して式(2·79)を適用すると算出できる。

式(2·84)より理解できるように,活性化エネルギー E の値が大きくなるほど反応速度の温度依存性は大きい。すなわち,k の値は低温領域では小さいが,温度上昇に伴い急激に大きくなる。

上記の議論は素反応における反応速度の温度変化に関するものである。非素反応では,個々の素反応の速度定数が Arrhenius の式で表わせても,反応速度式の形が複雑になっているために見掛け上の温度変化は Arrhenius の式よりずれてくることがある。たとえ Arrhenius の式の形で温度依存性が表現できても,得られた活性化エネルギーは素反応の活性化エネルギーの組み合わさ

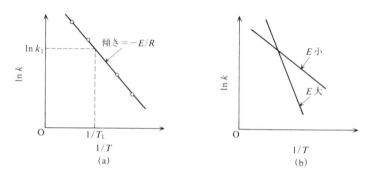

図 2·5 活性化エネルギーの決定法と反応速度の温度依存性

った値になっている。

$H_2 + Br_2 \longrightarrow 2HBr$ の反応機構は式(2·26-a)で与えられ,反応速度式は式(2·26-b)で表現できる。各速度定数 $k_1, \cdots, k_5$ の活性化エネルギーは $E_1=189.6$,$E_2=73.6$,$E_3=5.0$,$E_4=5.0$,$E_5=0$ kJ·mol^{-1} であることが明らかにされている。いま,生成物の濃度 [HBr] が小さい場合を考えると,式(2·26-b)は

$$r = k_2(k_1/k_5)^{1/2}[H_2][Br_2]^{1/2} = k_e[H_2][Br_2]^{1/2} \quad (2·85)$$

のように近似できる。上式の速度定数に Arrhenius の式を代入すると,見掛けの速度定数 k_e は

$$k_e \propto e^{-E_2/RT}(e^{-E_1/RT}/e^{-E_5/RT})^{1/2} = \exp[-(E_2+E_1/2-E_5/2)/RT]$$

のように書けるから,見掛け上の活性化エネルギー E_e は次のようになる。

$$E_e = E_2 + (E_1/2) - (E_5/2) = 73.6 + (189.6/2) - (0/2) = 168.4 \text{ kJ·mol}^{-1}$$

しかしながら,反応速度式(2·26-b)が上記のように簡単化できない場合に

は，反応速度の温度依存性は Arrhenius の式によって表わすことができなくて，もっと複雑な挙動を示す可能性がある。

固体触媒反応の速度式の中に含まれる吸着平衡定数 K_A などは，温度に対する減少関数であって

$$K_A = K_{A0} \exp(Q_A/RT) \tag{2·86}$$

のように書ける。K_{A0} は定数，Q_A は成分 A の吸着熱であって，正の値をとる。$\ln K_A$ を $1/T$ に対してプロットすると，反応速度定数とは異なって右上りの直線が得られる。

固体触媒反応の速度式の中には，温度依存性の正反対な，表面反応の反応速度定数 k_r と吸着平衡定数 K が同時に含まれており，反応速度の温度依存性は単調な増加関数とならずに最大値をもつ場合もでてくる。ニッケル触媒によるベンゼンの水素添加反応の速度は180°C 付近に極値が現われる関数になる。この反応は表面反応が律速段階であって，反応温度の上昇に伴い表面反応の速度定数は増大するが，一方 ベンゼンと水素の吸着量が減少するために，ある温度以上では後者の効果が優先して反応速度が減少することになる。

問　題

2·1　　　　　　　$\tfrac{1}{2}A + B \longrightarrow C$,　　　$r_1 = 3 C_A^{1/2} C_B$ 　　　　　　(1)

反応速度 r_A, r_B, r_C を表わす式を導け。上式の代わりに

$$A + 2B \longrightarrow 2C, \qquad r_2 \tag{2}$$

と量論式が書き表わされたとすると，そのときの r_2, r_A, r_B および r_C を表わす式を導け。

2·2　　　　　$2C_2H_4 + O_2 \longrightarrow 2C_2H_4O$,　　　　　　　　　r_1
　　　　　　　　　$C_2H_4 + 3O_2 \longrightarrow 2CO_2 + 2H_2O$,　　　　　　　r_2
　　　　　　　　　$2C_2H_4O + 5O_2 \longrightarrow 4CO_2 + 4H_2O$,　　　　　　r_3

各反応の反応速度式が r_1, r_2, r_3 で表わされる。各成分についての反応速度を表わす式を求めよ。

2·3　$H_2 + Br_2 \longrightarrow 2HBr$ の反応機構が式(2·26-a)で表わされるとき，反応速度式が式(2·26-b)で表わされることを示せ。

2·4　トルエンの気相での水素化脱アルキル反応の量論式は

$$C_6H_5CH_3 + H_2 \longrightarrow C_6H_6 + CH_4 \tag{1}$$

で表わされるが，その素反応は次式よりなる。

$$\left. \begin{array}{c} H_2 \underset{k_2}{\overset{k_1}{\rightleftharpoons}} 2H\cdot, \quad H\cdot + C_6H_5CH_3 \xrightarrow{k_3} C_6H_5\cdot + CH_4 \\ C_6H_5\cdot + H_2 \xrightarrow{k_4} C_6H_6 + H\cdot \end{array} \right\} \tag{2}$$

定常状態近似法によって反応速度式を導け。

2・5 ethyl nitrate ($C_2H_5ONO_2=A$ と略記) の熱分解反応は式(1)〜(4)の連鎖反応機構に従って進行する.

開始反応　　$C_2H_5ONO_2 \xrightarrow{k_1} C_2H_5O\cdot + NO_2$　　　　　　　　　(1)

伝播反応　　$C_2H_5O\cdot \xrightarrow{k_2} CH_3\cdot + CH_2O$　　　　　　　　　(2)

　　　　　　$CH_3\cdot + C_2H_5ONO_2 \xrightarrow{k_3} CH_3NO_2 + C_2H_5O\cdot$　(3)

停止反応　　$2C_2H_5O\cdot \xrightarrow{k_4} CH_3CHO + C_2H_5OH$　　　　　　(4)

成分 A の反応速度 $-r_A$ が A について 1/2 次反応で表わされることを示し,それが成立するための条件を書け.

2・6　　　　　　　　$2NO + O_2 \longrightarrow 2NO_2$　　　　　　　　　(1)

の反応速度 r は,次式によって表わされることが実験から明らかになった.

$$r = k[NO]^2[O_2] \quad (2)$$

しかし,反応速度 r は温度の増加にともない減少することも明らかにされた.この実験事実を説明するために,以下に示す反応機構が提出された.

$$2NO \underset{k_1'}{\overset{k_1}{\rightleftharpoons}} N_2O_2 \quad (3)$$

$$N_2O_2 + O_2 \xrightarrow{k_2} 2NO_2 \quad (4)$$

N_2O_2 を活性中間体と考え,定常状態近似法を適用して反応速度を導き,上記の事実を説明せよ.ただし,式(3)の反応は発熱反応である.

2・7　塩素 (Cl_2) を用いたオゾン (O_3) の分解反応は

$$2O_3 \longrightarrow 3O_2 \quad (1)$$

で表わされ,以下の素反応からなる.

開始反応　　$Cl_2 + O_3 \xrightarrow{k_1} ClO\cdot + ClO_2\cdot$　　　　　　　　(2)

伝播反応　　$ClO_2\cdot + O_3 \xrightarrow{k_2} ClO_3\cdot + O_2$　　　　　　　　(3)

　　　　　　$ClO_3\cdot + O_3 \xrightarrow{k_3} ClO_2\cdot + 2O_2$　　　　　　　(4)

停止反応　　$2ClO_3\cdot \xrightarrow{k_4} Cl_2 + 3O_2$　　　　　　　　　(5)

　　　　　　$2ClO\cdot \xrightarrow{k_5} Cl_2 + O_2$　　　　　　　　　　(6)

ただし,$ClO_3\cdot$,$ClO_2\cdot$ と $ClO\cdot$ は活性中間体である.

定常状態近似法を用いて,オゾンの分解反応の速度式を導出せよ.

2・8　開始反応が $M + M \longrightarrow P_1\cdot$,$r_i = k_i[M]^2$,停止反応が再結合反応 $P_m\cdot + P_n\cdot \longrightarrow P_{m+n}$,$r_{tc} = k_{tc}[P_m\cdot][P_n\cdot]$ ($m, n = 1, 2, \cdots$) で表わされ,かつ連鎖移動反応がない重合反応がある.この重合反応の単量体の消失速度(重合反応速度) $-r_M$,重合体の生成速度 r_P,瞬間数平均重合度 $\bar{p}_n$ および動力学的鎖長 ν を表わす式を求めよ.ただし,連鎖長は十分長いものとする.

2・9　拮抗型阻害剤 I が混入した場合の酵素反応は次の機構で進行する.

$$E + S \underset{k_2}{\overset{k_1}{\rightleftarrows}} ES \overset{k_3}{\longrightarrow} E + P, \qquad E + I \underset{k_5}{\overset{k_4}{\rightleftarrows}} EI$$

反応速度式が次式で表わされることを示せ。V_{max}, K_m および K_I の定義を明記すること。

$$r_P = \frac{V_{max}[S]}{[S] + K_m(1 + [I]/K_I)}$$

2・10 酵素の活性中心とは別の部位に阻害剤 I が結合して ESI なる三重複合体を作るために, 生成物 P への分解を不可能にする型の阻害反応が存在する。これを非拮抗型の阻害反応といい, 次の機構で表わせる。

$$E + S \underset{k_2}{\overset{k_1}{\rightleftarrows}} ES \overset{k_3}{\longrightarrow} E + P, \qquad E + I \underset{k_5}{\overset{k_4}{\rightleftarrows}} EI, \qquad ES + I \underset{k_5}{\overset{k_4}{\rightleftarrows}} ESI (不活性)$$

定常状態の近似法を適用すると, 反応速度は次式で表わせることを示せ。

$$r_P = \frac{V_{max}[S]}{(K_m + [S])(1 + [I]/K_I)}$$

V_{max}, K_m および K_I の定義を明記せよ。

2・11 ホスゲンの生成反応

$$CO + Cl_2 \longrightarrow COCl_2 \tag{1}$$

は次の反応機構に従って進行する。

$$Cl_2 \underset{k_1'}{\overset{k_1}{\rightleftarrows}} 2Cl\cdot \tag{2}$$

$$Cl\cdot + Cl_2 \underset{k_2'}{\overset{k_2}{\rightleftarrows}} Cl_3\cdot \tag{3}$$

$$CO + Cl_3\cdot \overset{k_3}{\longrightarrow} COCl_2 + Cl\cdot \tag{4}$$

式(2)と式(3)で表わされる素反応は迅速であって平衡状態にあり, 式(4)の反応が律速段階にあるとして, 式(1)の反応速度式を導け。

2・12 $A \rightleftarrows C + D$ で表わされる固体触媒反応が次式

$$A + \sigma \underset{k_A'}{\overset{k_A}{\rightleftarrows}} A\sigma \tag{1}$$

$$A\sigma + \sigma \underset{k_r'}{\overset{k_r}{\rightleftarrows}} C\sigma + D\sigma \tag{2}$$

$$C\sigma \underset{k_C}{\overset{k_C'}{\rightleftarrows}} C + \sigma \tag{3}$$

$$D\sigma \underset{k_D}{\overset{k_D'}{\rightleftarrows}} D + \sigma \tag{4}$$

の反応機構に従って進行する。(a) 表面反応律速, および (b) A の吸着律速, のそれぞれの場合の反応速度式を導け。さらに (c) 初期反応速度 r_0 と全圧 P_t の関係を表わす図を描け。

2・13 $A + H_2 \longrightarrow C$ で表わされる固体触媒反応において, 水素 (H_2) が $H_2 + 2\sigma \rightleftarrows 2H\sigma$ のように原子状に解離吸着し, A と同一種類の活性点に吸着する。吸着

したAの1分子に原子状に吸着したHの2個が同時に反応する過程が律速のときの反応速度式を導け。

2・14 次のデータより反応速度定数の活性化エネルギーと頻度因子を求めよ。

反応速度定数 k [s^{-1}]	2.21×10^{-4}	4.28×10^{-5}
反応温度 T [K]	1 263.2	1 107.2

（a） Arrheniusの式より E, k_0 を求めよ。
（b） 遷移状態説より E', k_0' を求めよ。
（c） 1323.2 K での速度定数 k を Arrhenius の式と遷移状態説の式より計算せよ。

2・15 CH_3CHO の熱分解反応の速度定数 k を反応温度を変えて測定し，次表を得た。速度定数が Arrhenius の式で表わせるとして，頻度因子 k_0 と活性化エネルギー E を求めよ。

T [°C]	457	517	567	637
k [m$^{3/2}\cdot$mol$^{-1/2}\cdot$s^{-1}]	35.0	347	2.17×10^3	2.00×10^4

2・16 ニッケル・ケイソウ土触媒によるベンゼンの水素添加反応の速度定数 k_m [mol/(g-触媒・h)]と温度の関係は次表で与えられる。$k_m = k_0 e^{-E/RT}$ とおき，k_0 と E を求めよ。

T [K]	413.2	433.2	453.2	473.2	493.2
k_m [mol$\cdot$g$^{-1}\cdot$h^{-1}]	2.0	4.8	6.9	13.8	25.8

2・17 2・3・3項で述べた反応機構をもつラジカル重合反応において，各素反応の温度依存性は Arrhenius の式で表わされる。いま，開始反応，生長反応および停止反応の活性化エネルギー E_d, E_p および E_t がそれぞれ 125.5, 32.6 および 10.0 kJ・mol^{-1} であるとする。重合反応速度 $-r_M$ の見掛けの活性エネルギーを求めよ。

3 反応器設計の基礎式

　化学反応の進行に伴って反応に関与する成分の物質量は変化するが，それらの間には量論式に基づく関係が存在する．それを量論関係と呼ぶ．本章ではまず反応率 x_A を導入して量論関係式を統一的に表現する．

　等温状態にある反応器の物質収支から反応器の設計に必要な方程式を導くことができる．単一反応では反応率に対する設計方程式が得られる．その方程式は，反応速度解析の基礎式にもなる．具体的な速度解析法については 4 章で，反応器設計については 5 章においてそれぞれ述べる．

3・1 量論関係

3・1・1 限定反応成分

$$aA + bB \longrightarrow cC + dD \tag{3·1}$$

で表わされる単一反応を考える．反応の進行に伴い各成分の物質量 [mol] は変化するが，式(3·1)の量論式に基づく関係が存在する．それを量論関係と呼ぶ．単一反応の場合は，特定の 1 成分，たとえば A の物質量によって，それ以外の成分の物質量が表現できる．各成分の中から任意の成分を一つ選べばよいが，いわゆる限定反応成分(limiting reactant)を特定成分として選ぶと便利である．反応器に供給される反応原料の組成は量論式によって要求される比率になっていない場合が多く，反応原料中のある成分は理論量よりも過剰に含まれている．いま，ある原料成分を基準にとって，供給原料中の各原料成分の物質量の比率を求め，それらを量論式から要求される比率と比較したとき，最も過小な比率で供給される原料成分を限定反応成分と定義する．限定反応成分がすべて反応しても，それ以外の原料成分(過剰反応成分)は残存する．

限定反応成分を A で表わし，式(3·1)の両辺を a で割ると

$$A + (b/a)B \longrightarrow (c/a)C + (d/a)D \qquad (3·2)$$

となる．このように表現すると，限定反応成分 A が 1 mol 反応したとき，他の成分が反応の進行に伴いどれだけ増減するかが直観的に把握できるので便利である．そこで，以後は単一反応の量論式は原則として式(3·2)の形で表現するようにする．

3·1·2 反応率

(a) 回分反応器の反応率の定義 限定反応成分 A に着目し，反応開始時に回分反応器内に存在した A の単位物質量 [mol] 当りについて反応した成分 A の物質量を，成分 A に対する反応率 x_A と定義する．時刻 $t=0$ に反応器内に存在した A の物質量を n_{A0} [mol]，$t=t$ において残存する A の物質量を n_A [mol] とおくと，反応率 x_A は次式によって計算できる．

$$x_A = (n_{A0} - n_A)/n_{A0} \qquad (3·3)$$

反応率 x_A を用いると，成分 A の反応量と残存量は，それぞれ

$$\text{成分 A の反応量} = n_{A0} x_A \qquad (3·4)$$

$$\text{成分 A の残存量} = n_A = n_{A0} - n_{A0} x_A = n_{A0}(1 - x_A) \qquad (3·5)$$

のように表わせる．

式(3·2)より明らかなように，成分 A が 1 mol 減少すると成分 B は b/a [mol] だけ減少するから，残存する成分 B の物質量 n_B は

$$n_B = n_{B0} - (b/a) n_{A0} x_A = n_{A0}[\theta_B - (b/a) x_A] \qquad (3·6)$$

のように表わせる．ここで n_{B0} は反応開始時($t=0$)における成分 B の物質量であり，$\theta_B = n_{B0}/n_{A0}$ である．

一方，生成物成分の C および D の物質量は，反応の進行に伴い増大し，次式のように書ける．

$$n_C = n_{C0} + (c/a) n_{A0} x_A = n_{A0}[\theta_C + (c/a) x_A] \qquad (3·7)$$

$$n_D = n_{D0} + (d/a) n_{A0} x_A = n_{A0}[\theta_D + (d/a) x_A] \qquad (3·8)$$

ただし $\theta_C = n_{C0}/n_{A0}$，$\theta_D = n_{D0}/n_{A0}$ である．もしも不活性成分 I が存在すれば，その量は不変であるから

$$n_I = n_{I0} = n_{A0} \theta_I \qquad (3·9)$$

となる．ここで $\theta_I = n_{I0}/n_{A0}$ である．

式(3·5)～(3·9)の各式の左辺と中辺をそれぞれ加算すると，時刻 t における全成分の物質量 n_t は

$$n_t = n_{t0} + [(-a - b + c + d)/a] n_{A0} x_A \qquad (3·10)$$

3·1 量論関係

のように表わせる。ここで n_{t0} は反応開始時において全成分の物質量を合計した値を示している。式(3·10)は

$$n_t = n_{t0}(1+\delta_A y_{A0} x_A) \equiv n_{t0}(1+\varepsilon_A x_A) \tag{3·11}$$

のように書くことができる。ここで δ_A, y_{A0}, ε_A は次のように表わされる。

$$\delta_A = (-a-b+c+d)/a \tag{3·12}$$

$$y_{A0} = n_{A0}/n_{t0} = 反応開始時の成分 A のモル分率 \tag{3·13}$$

$$\varepsilon_A \equiv \delta_A y_{A0} \tag{3·14-a}$$

式(3·11)に $x_A=1$ を代入して ε_A について解くと，ε_A の物理的意味が以下のように明らかになる。

$$\varepsilon_A = \frac{n_{t,x_A=1}-n_{t0}}{n_{t0}} = \frac{反応完了時での全物質量の増加}{反応開始時の全物質量} \tag{3·14-b}$$

反応の進行に伴って物質量が増加する反応では ε_A は正符号をとり，減少する反応では負符号をとる。

（**b**）**流通反応器の反応率の定義**　連続槽型反応器および管型反応器のような流通反応器内部の任意の1点における反応率 x_A は，反応器入口およびその内部における A の物質量流量 F_{A0} と F_A [mol·s^{-1}] を用いて

$$x_A = (F_{A0}-F_A)/F_{A0} \tag{3·15}$$

のように定義される。なお，反応器出口における値であることを強調するときには添字 f をつけて表わす。この式を回分反応器に対する式(3·3)と比較すると，n_A と F_A が対応していることが明らかで，各成分の物質量流量は，回分反応器とまったく同様に次式のように書ける。

$$\left.\begin{aligned}
F_A &= F_{A0}-F_{A0}x_A = F_{A0}(1-x_A) \\
F_B &= F_{B0}-(b/a)F_{A0}x_A = F_{A0}[\theta_B-(b/a)x_A] \\
F_C &= F_{C0}+(c/a)F_{A0}x_A = F_{A0}[\theta_C+(c/a)x_A] \\
F_D &= F_{D0}+(d/a)F_{A0}x_A = F_{A0}[\theta_D+(d/a)x_A] \\
F_I &= F_{I0} = F_{A0}\theta_I
\end{aligned}\right\} \tag{3·16}$$

$$F_t = F_{t0}(1+\delta_A y_{A0} x_A) = F_{t0}(1+\varepsilon_A x_A) \tag{3·17}$$

ただし，流通反応器における θ_j は回分反応器に対するそれらと類似に次式で定義される。

$$\theta_B = F_{B0}/F_{A0}, \quad \theta_C = F_{C0}/F_{A0}, \quad \theta_D = F_{D0}/F_{A0}, \quad \theta_I = F_{I0}/F_{A0} \tag{3·18}$$

3・1・3 モル分率

成分 A のモル分率 y_A は，回分反応器および流通反応器に対してそれぞれ次式で計算できる。

$$y_A = n_A/n_t \quad \text{(回分反応器)} \tag{3・19-a}$$

$$y_A = F_A/F_t \quad \text{(流通反応器)} \tag{3・19-b}$$

しかし，反応率を用いて表わすとどちらに対しても同一の式が得られる。他成分に対しても同様であり，次の諸式が成立する。

$$\left. \begin{array}{l} y_A = \dfrac{y_{A0}(1-x_A)}{1+\varepsilon_A x_A}, \quad\quad y_B = \dfrac{y_{A0}[\theta_B - (b/a)x_A]}{1+\varepsilon_A x_A} \\[2mm] y_C = \dfrac{y_{A0}[\theta_C + (c/a)x_A]}{1+\varepsilon_A x_A}, \quad\quad y_D = \dfrac{y_{A0}[\theta_D + (d/a)x_A]}{1+\varepsilon_A x_A} \\[2mm] y_I = \dfrac{y_{A0}\theta_I}{1+\varepsilon_A x_A} \end{array} \right\} \tag{3・20}$$

3・1・4 定容系と非定容系

反応器内に存在する反応混合物の体積，あるいは密度が，反応の進行に伴なって変化しない場合を定容系という。たとえば，気相反応を密閉された反応器（定容回分反応器）で行なう場合は，反応に伴ない物質量に変化があっても，反応混合物の体積は変化しないから，密度も変わらず，したがって定容系である。また，多くの液相反応は，多量の溶媒存在下で行なわれるので，反応に伴なう液体混合物全体としての体積の変化は小さく，定容系として取り扱われる。例外の一つは液相重合反応であって，反応混合物の密度は重合の進行に伴ないかなり大きく変化する。

それに対して，量論式において反応の前後で物質量 [mol] が変化する気相反応を，流通式の反応器である管型反応器，連続槽型反応器で行なうときは，反応の進行に応じて反応混合物の体積と密度は変化するから，非定容系となる。また，容積が変化する回分反応器において気相反応を行なう場合も非定容系になる。しかしながら，上記のような場合でも反応器内の圧力は一定に保持されていることが多く，非定容系であっても，定圧系として取り扱える。

一方，気相反応でも，反応の前後で物質量の変化がない反応がある。たとえば，次式で示すように水性ガスの変性反応がそのような反応の例である。

$$CO + H_2O \rightleftharpoons CO_2 + H_2$$

このような反応が等温・等圧状態で進行すると，反応の進行に伴なっても反応混合物の体積は変化しないから定容系である。ただし，反応の進行に伴ない温

度あるいは圧力に変化があるような状況では，もはや定容系として取り扱えない．

このように，定容系であるか非定容系であるかの判断は，反応混合物の体積，あるいは密度が反応の進行に伴ない変化するか，否かであって，反応器の体積でないことに留意すべきである．管型反応器，槽型反応器の体積は一定であることから，これらの反応器を使用する場合は定容系であると誤解することが多いので注意してほしい．

3・1・5 濃度と反応率の関係

反応速度の解析と反応器の設計において，反応成分の濃度を反応率の関数として表わしておくことが必要になるが，定容系と非定容系では異なった式になる．

以下において，任意の成分を A_j で表わし，添字 j によって成分 A_j についての量であることを示す．さて，回分反応器内の成分 A_j の濃度 C_j は，反応成分全体の体積を V とすると

$$C_j = n_j/V \qquad (3\cdot 21)$$

によって計算できる．一方，流通反応器内の濃度 C_j は，全成分の体積流量を v [m^3·s^{-1}]，各成分の物質量流量を F_j [mol·s^{-1}] とすると

$$C_j = F_j/v \qquad (3\cdot 22)$$

によって算出できる．

分圧 p_j は，全圧 P_t と式(3·20)のモル分率 y_j を用いて式(3·23-a)によってか，あるいは濃度 C_j が既知のときは式(3·23-b)によって計算できる．

$$p_j = P_t y_j \qquad (3\cdot 23\text{-a})$$
$$p_j = RTC_j \qquad (3\cdot 23\text{-b})$$

式(3·21)および式(3·22)における n_j と F_j の値は x_A の関数として与えられているが，V と v は定容系と非定容系では異なってくるので，それぞれについて濃度と分圧を与える式を導く．

（a）定容系での濃度と反応率 定容系の場合は，反応成分全体の体積 V は反応開始時の値 V_0 に，体積流量 v は反応器入口における値 v_0 にそれぞれ等しい．定容回分反応器について導かれた式(3·5)~(3·9)を $V=V_0$ とした式(3·21)に代入すると

$$\left. \begin{array}{ll} C_A = C_{A0}(1-x_A), & C_B = C_{A0}[\theta_B - (b/a)x_A] \\ C_C = C_{A0}[\theta_C + (c/a)x_A], & C_D = C_{A0}[\theta_D + (d/a)x_A], \quad C_I = C_{A0}\theta_I \end{array} \right\} \quad (3\cdot 24)$$

の諸式が成立する．

流通反応器が定容系とみなせる場合には，式(3・16)を $v=v_0$ とおいた式(3・22)に代入すると，式(3・24)にまったく等しい諸式が得られる．このように，定容系の濃度は，回分反応器，流通反応器の区別なく式(3・24)で表わせる．

(b) 非定容系(気相反応)での濃度と反応率 非定容回分反応器で気相反応が進行する場合を考える．反応開始時($t=0$)と，それ以後のある時刻($t=t$)における気体成分全体についての状態方程式は，それぞれ

$$P_{t0}V_0 = z_0 n_{t0} R T_0 \tag{3・25}$$

$$P_t V = z n_t R T \tag{3・26}$$

と書ける．ここで，添字 0 は $t=0$ における値を示し，P_t は全圧，T は温度，R は気体定数，z は圧縮係数を表わしている．

式(3・26)を式(3・25)で割り，圧縮係数 z の変化は小さいと仮定し，さらに式(3・11)の関係を代入すると次式が得られる．

$$\frac{V}{V_0} = \left(\frac{P_{t0}}{P_t}\right)\left(\frac{T}{T_0}\right)(1+\varepsilon_A x_A) \tag{3・27}$$

次に，気相反応を流通反応器で行なう場合を考える．全成分の体積流量を $v\,[\mathrm{m}^3\cdot\mathrm{s}^{-1}]$，物質量流量を $F_t\,[\mathrm{mol}\cdot\mathrm{s}^{-1}]$ で表わすと，反応器入口と内部の 1 点における状態方程式は

$$P_{t0} v_0 = z_0 F_{t0} R T_0 \tag{3・28}$$

$$P_t v = z F_t R T \tag{3・29}$$

のようになる．ここで添字 0 は反応器入口での値を表わす．$z \cong z_0$ とおき，上の二つの式と式(3・17)から次式が得られる．

$$\frac{v}{v_0} = \left(\frac{P_{t0}}{P_t}\right)\left(\frac{T}{T_0}\right)(1+\varepsilon_A x_A) \tag{3・30}$$

この式は回分反応器に対する式(3・27)に対応している．v と V を交換すれば，回分反応器と流通反応器の間には同一の関係式が成立している．

このようにして，非定容回分反応器内の全成分の体積比 V/V_0，および流通反応器の体積流量比 v/v_0 が，圧力比，温度比，ならびに反応率の関数として表現できた．そして両者の関数はまったく等しい形をもっている．

非定容回分反応器内の成分 A_j の濃度 C_j は，式(3・21)に式(3・27)の関係を代入することによって得られる．同様に，流通反応器内の濃度を得るには，式(3・22)に式(3・30)の関係を代入すればよい．このようにすると，両反応器に対してまったく同一の式(3・31)が得られる．各成分の濃度は次の諸式によって表わせる．

3・1 量論関係

$$\left.\begin{array}{l}C_\text{A}=\dfrac{C_{\text{A}0}(1-x_\text{A})}{1+\varepsilon_\text{A} x_\text{A}}\cdot\dfrac{P_\text{t}}{P_{\text{t}0}}\cdot\dfrac{T_0}{T},\quad C_\text{B}=\dfrac{C_{\text{A}0}[\theta_\text{B}-(b/a)x_\text{A}]}{1+\varepsilon_\text{A} x_\text{A}}\cdot\dfrac{P_\text{t}}{P_{\text{t}0}}\cdot\dfrac{T_0}{T}\\[2mm] C_\text{C}=\dfrac{C_{\text{A}0}[\theta_\text{C}+(c/a)x_\text{A}]}{1+\varepsilon_\text{A} x_\text{A}}\cdot\dfrac{P_\text{t}}{P_{\text{t}0}}\cdot\dfrac{T_0}{T}\\[2mm] C_\text{D}=\dfrac{C_{\text{A}0}[\theta_\text{D}+(d/a)x_\text{A}]}{1+\varepsilon_\text{A} x_\text{A}}\cdot\dfrac{P_\text{t}}{P_{\text{t}0}}\cdot\dfrac{T_0}{T},\quad C_\text{I}=\dfrac{C_{\text{A}0}\theta_\text{I}}{1+\varepsilon_\text{A} x_\text{A}}\cdot\dfrac{P_\text{t}}{P_{\text{t}0}}\cdot\dfrac{T_0}{T}\end{array}\right\} \quad (3\cdot31)$$

（**c**）**定圧系（気相反応）での濃度と反応率** 気相反応を管型反応器で行なうとき，ガスの流れに伴なう圧力損失が生じるために，厳密には軸方向に全圧 P_t が変化する。しかし，通常の軸方向長さをもつ管型反応器では，圧力損失は小さく，反応器内の圧力は一定とみなせる。このような状態にある系は定圧系と呼ばれる。この場合は，式(3・31)で $P_{\text{t}0}/P_\text{t}=1$ とおける。したがって，たとえば，成分 A と成分 B の濃度，C_A，C_B は次式のように書ける。

$$\left.\begin{array}{l}C_\text{A}=\dfrac{C_{\text{A}0}(1-x_\text{A})}{(1+\varepsilon_\text{A} x_\text{A})}\cdot\dfrac{T_0}{T}\\[2mm] C_\text{B}=\dfrac{C_{\text{A}0}[\theta_\text{B}-(b/a)x_\text{A}]}{(1+\varepsilon_\text{A} x_\text{A})}\cdot\dfrac{T_0}{T}\end{array}\right\} \quad (3\cdot32)$$

さらに，反応器内が等温状態の場合は，上式で $T_0/T=1$ とおける。

【**例題 3・1**】 $2\text{A}+\text{B}\longrightarrow 2\text{C}$ で表わされる液相反応を回分反応器で行なう。$C_{\text{A}0}=2$, $C_{\text{B}0}=5$, $C_{\text{C}0}=1$, $C_{\text{I}0}=10\,\text{kmol}\cdot\text{m}^{-3}$ なる初濃度から反応を開始し，A の 80% が反応したときに反応を停止させる。ただし $C_{\text{I}0}$ は反応には直接関係しない溶媒の濃度である。そのときの各成分の濃度とモル分率を求めよ。反応液の密度変化は無視できる。

【**解**】 量論式を $\text{A}+(1/2)\text{B}\longrightarrow\text{C}$ と書き改めると明白なように，反応原料の量論比は，A の 1 mol に対して B が (1/2) mol である。しかるに，反応開始時には A 1 mol に対して B が 5/2=2.5 mol 含まれているから，B が過剰に含まれており，A が限定反応成分になっている。

A が 80% 反応したときの定容系における各成分の濃度は，式(3・24)より計算できる。

$$C_\text{A}=(2)(1-0.8)=0.4\,\text{kmol}\cdot\text{m}^{-3}$$
$$C_\text{B}=(2)[(5/2)-(1/2)(0.8)]=4.2\,\text{kmol}\cdot\text{m}^{-3}$$
$$C_\text{C}=(2)[(1/2)+(2/2)(0.8)]=2.6\,\text{kmol}\cdot\text{m}^{-3}$$
$$C_\text{I}=C_{\text{I}0}=10\,\text{kmol}\cdot\text{m}^{-3}$$

まず，式(3・12)～(3・14-a)を用いて δ_A, $y_{\text{A}0}$ および ε_A の値を算出する。

$$\delta_\text{A}=(-2-1+2)/2=-1/2$$
$$y_{\text{A}0}=C_{\text{A}0}/(C_{\text{A}0}+C_{\text{B}0}+C_{\text{C}0}+C_{\text{I}0})=2/(2+5+1+10)=0.111$$
$$\varepsilon_\text{A}=\delta_\text{A} y_{\text{A}0}=(-0.5)(0.111)=-0.0555$$

$1+\varepsilon_A x_A = 1-0.0555\times 0.8 = 0.956$

これらの数値を式(3·20)に代入すると、各成分のモル分率は次のようになる。

$y_A = (0.111)(1-0.8)/0.956 = 0.0232$
$y_B = (0.111)[(5/2)-(0.8/2)]/0.956 = 0.244$
$y_C = (0.111)[(1/2)+(0.8)]/0.956 = 0.151$
$y_I = (0.111)(10/2)/0.956 = 0.581$

【例題 3·2】 固体触媒を充填した管型反応器にベンゼンと水素を 423.2 K, 506.7 kPa で供給してシクロヘキサンを製造する。水素を量論比の3倍の割合で過剰に供給する。反応器出口において未反応のベンゼンのモル分率は 0.02 であった。このときのベンゼンの反応率と、各成分の分圧ならびに濃度を求めよ。反応器内は等温・定圧に保たれている。また、副反応は無視できる。

【解】 ベンゼンを A, 水素を B, シクロヘキサンを C で表わすと、量論式は

$$A + 3B \longrightarrow C \tag{a}$$

と書ける。また式(3·20)の中で限定反応成分 A に対する第1式を x_A について解くと

$$x_A = \frac{y_{A0}-y_A}{y_{A0}+\varepsilon_A y_A} = \frac{y_{A0}-y_A}{y_{A0}(1+\delta_A y_A)} \tag{b}$$

となる。

反応器入口においては、成分 A の 1 mol に対して成分 B を量論比の3倍、つまり 3×3=9 mol の割合で供給するから、A のモル分率 $y_{A0}=1/(1+9)=0.1$ である。式(a)より $\delta_A=-3$ であり、反応器出口では $y_A=0.02$ である。これらの数値を式(b)に代入すると、反応率 x_A が算出できる。

$$x_A = \frac{0.10-0.02}{(0.10)(1-3\times 0.02)} = 0.851$$

等温・定圧系の濃度は、式(3·31)で $P_t/P_{t0}=1$ および $T_0/T=1$ とおいた式を用いて計算できる。理想気体の法則を仮定すると、A の濃度 C_{A0} は

$$C_{A0} = \frac{p_{A0}}{RT} = \frac{P_t y_{A0}}{RT}$$

$$= \frac{(506.7\times 10^3)(0.1)}{(8.314)(423.2)} = 14.40\,\mathrm{mol\cdot m^{-3}} = 0.0144\,\mathrm{kmol\cdot m^{-3}}$$

となる。さらに

$1+\varepsilon_A x_A = 1+\delta_A y_{A0} x_A = 1+(-3)(0.1)(0.851) = 0.7447$
$\theta_B = C_{B0}/C_{A0} = y_{B0}/y_{A0} = (1-0.1)/0.1 = 9$
$\theta_C = 0$

これらの数値を式(3·31)に代入すると

$C_A = (0.0144)(1-0.851)/0.7447 = 2.88\times 10^{-3}\,\mathrm{kmol\cdot m^{-3}}$
$C_B = (0.0144)[9-(3)(0.851)]/0.7447 = 1.25\times 10^{-1}\,\mathrm{kmol\cdot m^{-3}}$

3·1 量論関係   47

$$C_C = (0.0144)[0+(1)(0.851)]/0.7447 = 1.65 \times 10^{-2} \text{kmol·m}^{-3}$$

のように各成分の濃度が計算できる。

次に式(3·23-b)を用いて分圧を計算する。

$$p_A = RTC_A = (8.314)(150+273.2)(2.88 \times 10^{-3} \times 10^3)$$
$$= 10.13 \times 10^3 \text{Pa} = 10.13 \text{ kPa}$$
$$p_B = RTC_B = (8.314)(423.2)(1.25 \times 10^{-1} \times 10^3) = 439.8 \times 10^3 \text{Pa} = 439.8 \text{ kPa}$$
$$p_C = RTC_C = (8.314)(423.2)(1.65 \times 10^{-2} \times 10^3) = 58.05 \times 10^3 \text{Pa} = 58.05 \text{ kPa}$$

3·1·6 相変化を伴なう反応系の量論関係

通常の気相反応では，反応に関与する成分はすべて気体であるが，ある種の気相反応では，反応生成物の一部が凝縮して液状になったり，固体が析出する場合がある。これらの反応は相変化を伴なう系であり，気相における濃度を計算するときに注意しなければならない。例題によって，そのような場合の計算法を示す。

【例題 3·3】 モノシラン(ガス)は高温で次式にしたがって分解する。この反応は半導体の原料になるシリコンの製造法として重要である。

$$\text{SiH}_4(\text{ガス}) \longrightarrow \text{Si}(\text{固体}) + 2\text{H}_2(\text{ガス}) \tag{a}$$

101 kPa，1 073 K に保たれた管型反応器に，モノシランのモル分率が10%，残りは水素からなるガスを供給する。そのとき，反応器出口でのモノシランのモル分率は0.27%であった。モノシランの反応率を求めよ。

【解】 反応成分は3種類あるが，そのうちのシリコンは固体であり，気相中に存在するのはモノシランと水素だけである。したがって，気相成分の濃度を計算するときに必要な δ_A の値は気相成分のみに着目すればよい。すなわち

$$\delta_A = (-1+2)/1 = 1$$

モノシランの入口モル分率 $y_{A0}=0.1$ であるから，ε_A は

$$\varepsilon_A = \delta_A y_{A0} = (1)(0.1) = 0.1$$

反応器出口のモノシランのモル分率 y_{Af} は式(3·20)から計算できるから，それに既知の数値を代入すると，次の関係式が得られる。

$$y_{Af} = \frac{y_{A0}(1-x_{Af})}{1+\varepsilon_A x_{Af}} \tag{b}$$

$$= \frac{(0.1)(1-x_{Af})}{1+(0.1)x_{Af}} = 0.0027$$

この式を解くと，反応器出口におけるモノシランの反応率 x_{Af} は 0.9704 となる。

【例題 3·4】 $2\text{A} \longrightarrow \text{C}, \quad -r_A = kC_A \quad (k=2\,\text{s}^{-1}) \tag{a}$

で表わされる気相反応を管型反応器で行なう。ただし，成分Cは凝縮する可能性のある

物質である。反応は気相のみで起こり，成分Aについての1次反応である。生成する液状のCの体積は無視できるものとする。以下の順序で，反応速度式を反応率 x_A の関数として表わせ。ただし，反応原料はAのみからなり，その反応器入口での濃度 C_{A0} は $10\,\mathrm{mol\cdot m^{-3}}$，供給速度 F_{A0} は $0.2\,\mathrm{mol\cdot s^{-1}}$ である。反応器の圧力は $101.3\,\mathrm{kPa}$ に保たれ，Cの飽和蒸気圧は $20.26\,\mathrm{kPa}$ である。

（1） Cが凝縮を開始する以前の，各成分および全成分の物質量流量，ならびにAの濃度 C_A をAの反応率 x_A を用いて表わせ。

（2） Cが凝縮を開始する時のCのモル分率 y_C^* はいくらか。そのときのAの反応率 x_A^* を求めよ。

（3） Cが凝縮する以後の，各成分および全成分の物質量流量，ならびにAの濃度 C_A をAの反応率 x_A を用いて表わせ。

（4） 反応速度式を導け。

【解】 低反応率の領域では，生成した成分Cは気相のみに存在するが，その圧力がCの飽和蒸気圧に相当する $20.26\,\mathrm{kPa}$ に達すると，Cの凝縮が起こる。それ以後は気相におけるCの圧力は $20.26\,\mathrm{kPa}$ に保持される。このように，二つの領域に分けて考えねばならない。

（1） 成分Cが凝縮しない領域では，通常の気相反応として取り扱えるから，式(3·16)が適用できて，各成分の物質量流量は次式で表わされる。

$\varepsilon_A = \delta_A y_{A0} = (-2+1)/2 = -0.5$ であるから

$$\left.\begin{array}{l}成分\,A：F_A = F_{A0}(1-x_A) \\ 成分\,C：F_C = F_{A0}(0+0.5x_A) = 0.5F_{A0}x_A \\ 全成分：F_t = F_{A0}(1+\varepsilon_A x_A) = F_{A0}(1-0.5x_A) \\ 成分\,Aの濃度：C_A = C_{A0}(1-x_A)/(1-0.5x_A)\end{array}\right\} \quad (\mathrm{b})$$

（2） 成分Cが凝縮する領域では，成分Cの分圧 p_C が $20.3\,\mathrm{kPa}$ になると，凝縮が始まる。そのときの成分Cのモル分率を y_C^* で表わすと，次の関係式が成立する。

$$y_C^* = F_C/F_t = p_C/P_t = 20.3/101.3 = 0.2 \quad (\mathrm{c})$$

さらに，そのときの反応率 x_A^* は(1)で得た物質量流量を用いた次の関係式から求められる。

$$y_C^* = \frac{F_C}{F_t} = \frac{F_{A0}(0.5x_A^*)}{F_{A0}(1-0.5x_A^*)} = \frac{0.5x_A^*}{1-0.5x_A^*} = 0.2 \quad (\mathrm{d})$$

この式を解くと，$x_A^* = 0.333$

（3） 成分Cが凝縮する領域での物質量流量は次式のように表わされる。

$$\left.\begin{array}{l}成分\,A：F_A = F_{A0}(1-x_A) \\ 成分\,C：F_C = F_t y_C^* \\ 全成分：F_t = F_A + F_C = F_{A0}(1-x_A) + F_t y_C^*\end{array}\right\} \quad (\mathrm{e})$$

成分 A については未凝縮領域と全く同一であり，成分 C の物質量流量は全成分についての物質量流量 F_t と凝縮開始時の成分のモル分率を用いて表わされる。全成分については成分 A と成分 C を加算している。式(e)の第3式を F_t について解くと

$$F_t = \frac{F_{A0}(1-x_A)}{1-y_C^*} \qquad (\text{f})$$

この式を式(e)の第2式に代入すると，成分 C の物質量流量 F_C は次のような式で表わされる。

$$F_C = \frac{F_{A0}(1-x_A)}{1-y_C^*} y_C^* \qquad (\text{g})$$

各成分の濃度を求めるには体積流量 v を表わす式が必要である。体積流量は全成分の物質量流量 F_t に比例するから

$$v = v_0 \frac{F_t}{F_{t0}} = \frac{v_0 F_{A0}(1-x_A)}{F_{t0}(1-y_C^*)} = \frac{v_0 y_{A0}(1-x_A)}{1-y_C^*} \qquad (\text{h})$$

この v_0 を用いると，成分 A の濃度は次式で表わされる。

$$C_A = \frac{F_A}{v} = \frac{F_{A0}(1-x_A)(1-y_C^*)}{v_0 y_{A0}(1-x_A)} = \frac{C_{A0}}{y_{A0}}(1-y_C^*) = \frac{10}{1}(1-0.2) = 8 \text{ mol·m}^{-3} \qquad (\text{i})$$

上式から明らかなようこの領域では成分 A の濃度は反応率に無関係に一定値をとる。

(4) 反応速度は，各領域での成分 A の濃度を用いて次式のように表わされる。

未凝縮領域 $(x_A < x_A^* = 0.333)$

$$-r_A = kC_A = k\frac{C_{A0}(1-x_A)}{1+\varepsilon_A x_A} = \frac{20(1-x_A)}{1-0.5 x_A} \qquad (\text{j})$$

凝縮領域 $(x_A \geq x_A^* = 0.333)$

$$-r_A = kC_A = k\frac{C_{A0}}{y_{A0}}(1-y_C^*) = 2(10)(1-0.2)/1 = 16 \qquad (\text{k})$$

3・2 反応器の設計方程式

3・2・1 反応器の物質収支式

　反応器の設計に必要な基礎方程式は，任意の反応成分 A_j に対する物質収支から導ける。化学反応を伴うときの物質収支は物質量の単位で考えるのが便利である。図3・1に示すように反応器内に閉じた空間を系として指定し，その系における物質収支をとる。系の取り方は任意であるが，その内部における反応成分の濃度が均一に近くなるように系を選定すると，物質収支式は簡単になる。槽型反応器内の濃度は均一であるから，反応器全体を系と考える。これに対して管型反応器内の濃度は，断面内で均一であるが軸方向には連続的に変化しているから，図3・5に示すように，管軸方向に垂直な二つの断面に囲まれた

微小体積要素 ΔV を系に指定する。ΔV 内部の濃度は近似的に均一と考えることができる。

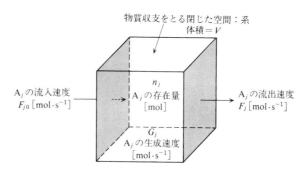

図 3·1 成分 A_j についての物質量基準の物質収支

図 3·1 に示した体積 V の系において，成分 A_j について物質量基準で物質収支をとると，次式が成立する。

$$\begin{pmatrix} \text{系内への成分} \\ A_j \text{の流入速度} \\ F_{j0} \text{[mol·s}^{-1}\text{]} \end{pmatrix} - \begin{pmatrix} \text{系外への成分} \\ A_j \text{の流出速度} \\ F_j \text{[mol·s}^{-1}\text{]} \end{pmatrix} + \begin{pmatrix} \text{系内での反応} \\ \text{による成分} A_j \\ \text{の生成速度} \\ G_j \text{[mol·s}^{-1}\text{]} \end{pmatrix} = \begin{pmatrix} \text{系内での成分} \\ A_j \text{の蓄積速度} \\ dn_j/dt \text{[mol·} \\ \text{s}^{-1}\text{]} \end{pmatrix}$$

(3·33)

すなわち

$$F_{j0} - F_j + G_j = dn_j/dt \tag{3·34}$$

系内の各点において，反応速度が均一であるとすると，G_j は

$$G_j = r_j V \tag{3·35}$$

となる。ここで G_j と r_j はともに成分 A_j の生成速度を正にとっていることに注意する。

次に，式 (3·34) を各種の反応器に対して適用する。

3·2·2 回分反応器の設計方程式

(a) **定容回分反応器** 定容回分反応器 [図 3·2(a)] に対しては

$$F_{j0} = F_j = 0, \quad G_j = r_j V$$

が成立する。この関係を式 (3·34) に代入すると

$$dn_j/dt = r_j V \tag{3·36}$$

が得られる。ここで V は回分反応器内に存在する反応混合物の体積を表わし，普通は簡単に反応器体積と呼ばれている。定容回分反応器では，V は反応の進行に伴っても変化しないから，式 (3·36) は次式のように変形できる。

3・2 反応器の設計方程式

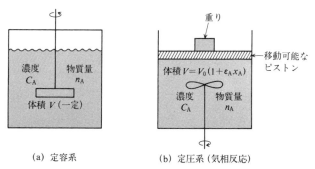

(a) 定容系　　　(b) 定圧系（気相反応）

図 3・2 回分反応器の物質収支

$$\frac{d(n_j/V)}{dt} = \frac{dC_j}{dt} = r_j \tag{3・37}$$

上式を成分 A に対して適用し，積分すると

$$t = \int_{C_{A0}}^{C_A} \frac{dC_A}{r_A} = \int_{C_A}^{C_{A0}} \frac{dC_A}{-r_A} \tag{3・38}$$

が得られる。ここで C_{A0} は反応開始時($t=0$)の濃度であり，$-r_A$ は限定反応成分 A の消失速度を表わし，正の値をもつ。

濃度の代わりに反応率 x_A を変数にする場合には，式(3・24)の第1式を式(3・37)に代入すると次式が得られる。

$$C_{A0}(dx_A/dt) = -r_A \tag{3・39}$$

$-r_A$ は濃度 C_A, C_B, … などの関数であり，定容系に対して導かれた式(3・24)を用いると各濃度は x_A の関数として表現できるから，式(3・39)は変数分離形の微分方程式になり，次のように積分できる。

$$t = C_{A0} \int_0^{x_A} \frac{dx_A}{-r_A(x_A)} \tag{3・40}$$

この式によって回分反応器の反応率が x_A になるのに必要な反応時間 t を計算することができる。

【例題 3・5】　　　　　$2A \longrightarrow C, \quad -r_A = kC_A^2 \tag{a}$

で表わされる液相反応を回分反応器で行なう。反応時間と反応率の関係を求めよ。

【解】 液相反応であるので定容系とみなせる。式(3・24)を用いて $-r_A$ を x_A で表わすと

$$-r_A = kC_{A0}^2(1-x_A)^2 \tag{b}$$

となる。この式を式(3・40)に代入すると

$$t = C_{A0} \int_0^{x_A} \frac{dx_A}{kC_{A0}^2(1-x_A)^2} = \frac{1}{kC_{A0}} \cdot \frac{x_A}{1-x_A} \tag{c}$$

が得られる。あるいは次式のようにも書ける。

$$\frac{1}{C_{A0}} \cdot \frac{x_A}{1-x_A} = kt \tag{d}$$

濃度 C_A と反応率の間には $C_A = C_{A0}(1-x_A)$ の関係が成立するから，式(d)を C_A を用いて表わすことも可能である。すなわち

$$(1/C_A) - (1/C_{A0}) = kt \tag{e}$$

この関係は式(3·38)に $-r_A = kC_A^2$ を代入して積分することによっても得られる。

表3·1に，比較的簡単な反応について，回分反応器の反応率あるいは濃度と反応時間との関係式を示した。

反応速度が複雑になると，式(3·38)あるいは式(3·40)の積分を解析的に行なうことが困難になり，数値積分法によらなければならない。x_A を横軸に，$C_{A0}/(-r_A)$ を縦軸にとると，図3·3に示すような曲線が得らる。その曲線と x_A 軸で囲まれた斜線部分 DOBE の面積が，式(3·40)の右辺の積分値を与え，所要時間 t に等しい。

多くの場合，$-r_A$ は限定反応成分 A の濃度 C_A の増加関数，すなわち反応率 x_A に対しては減少関数になるから，$C_{A0}/(-r_A)$ 対 x_A の曲線は図3·3に示すように増加関数になる。しかし，反応速度は反応率の減少関数であるとは限

表 3·1 定容回分反応器に対する基礎式の積分形

量 論 式	反応速度式	積 分 形
任意の量論式	$-r_A = k$	$C_{A0} - C_A = C_{A0}x_A = kt \quad (t < C_{A0}/k)$ $C_A = 0 \quad (t \geq C_{A0}/k)$
	$-r_A = kC_A$	$-\ln(C_A/C_{A0}) = -\ln(1-x_A) = kt$
	$-r_A = kC_A^n$	$C_A^{1-n} - C_{A0}^{1-n} = C_{A0}^{1-n}[(1-x_A)^{1-n} - 1] = (n-1)kt$
$A + bB \longrightarrow C$	$-r_A = kC_AC_B$	$\ln\dfrac{C_{A0}C_B}{C_{B0}C_A} = \ln\dfrac{\theta_B - bx_A}{\theta_B(1-x_A)} = C_{A0}(\theta_B - b)kt$ $(\theta_B = C_{B0}/C_{A0} \neq b)$
$A + B \longrightarrow C$	$-r_A = kC_A\sqrt{C_B}$	$\ln\left[\left(\dfrac{\sqrt{\theta_B} - \sqrt{\theta_B - 1}}{\sqrt{\theta_B} + \sqrt{\theta_B - 1}}\right)\left(\dfrac{\sqrt{\theta_B - x_A} + \sqrt{\theta_B - 1}}{\sqrt{\theta_B - x_A} - \sqrt{\theta_B - 1}}\right)\right]$ $= k\sqrt{C_{A0}(\theta_B - 1)}\, t \quad (\theta_B \neq 1)$
$A \rightleftharpoons C$	$-r_A = k(C_A - C_C/K_c)$	$\ln\left[\dfrac{1 - \theta_C/K_c}{(1-\theta_C/K_c) - (1+1/K_c)x_A}\right] = k\left(1 + \dfrac{1}{K_c}\right)t$

3·2 反応器の設計方程式

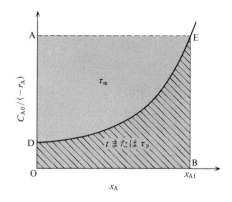

図 3·3 反応器の性能の比較（反応速度が反応率 x_A の増大に伴い単調に減少する場合）

らない．自触媒反応のように，極大値をもつ場合も起こりうる．そのような挙動を示す場合の $C_{A0}/(-r_A)$ 対 x_A の曲線は単調増加関数ではなく，最小値をもつ曲線になる．

（b）定圧回分反応器（気相反応） 気相反応を一定温度のもとで定圧回分反応器［図3·2(b)］で行なう場合を考える．式(3·36)に式(3·5)と式(3·27)を代入すると

$$d[n_{A0}(1-x_A)]/dt = r_A V_0(1+\varepsilon_A x_A)$$

となり，整理すると次式が得られる．

$$\frac{C_{A0}}{1+\varepsilon_A x_A} \cdot \frac{dx_A}{dt} = -r_A \tag{3·41}$$

この式を積分すると

$$t = C_{A0} \int_0^{x_A} \frac{dx_A}{(1+\varepsilon_A x_A)(-r_A)} \tag{3·42}$$

が得られる．ただし，反応速度式の中に含まれる各成分の濃度は，定圧系に対する式(3·31)で $T_0/T=1$ とおいた諸式を用いて，x_A の関数として表わす必要がある．

3·2·3 連続槽型反応器の設計方程式

定常状態で操作されている連続槽型反応器(図3·4)を考える．器内の濃度は出口流体のそれに等しいから，式(3·34)は

$$F_{j0} - F_j + r_j V = 0 \tag{3·43}$$

となる．r_j について解くと次の関係が得られる．

$$r_j = (F_j - F_{j0})/V \tag{3.44}$$

式(3·16)の第1式,および $F_{A0} = v_0 C_{A0}$ の関係を用いて,上式を書き換えると

$$\tau \equiv \frac{V}{v_0} = C_{A0} \frac{x_A}{-r_A} \tag{3.45}$$

となる。ここで $\tau = V/v_0$ は時間の単位をもっている操作変数であって,空間時間(space time)と呼ばれている。$-r_A$ は x_A の関数であるから,式(3·45)は反応器出口における反応率 x_A を未知数にする代数方程式であって,C_{A0} と τ が与えられると解ける。ただし,$-r_A$ の中の各成分の濃度を x_A の関数として表現するとき,液相反応であれば式(3·24)を,気相反応では式(3·31)を,それぞれ使用する。

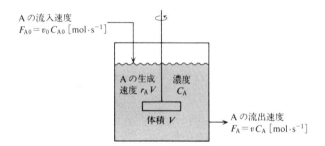

図 3·4 連続槽型反応器の物質収支

連続槽型反応器は主として液相反応に用いられる。そのような定容系の場合には濃度基準の設計方程式も用いられる。式(3·43)に対応する成分 A の物質収支式は

$$v_0 C_{A0} - v_0 C_A + r_A V = 0 \tag{3.46}$$

となる。これを変形すると

$$\tau \equiv \frac{V}{v_0} = \frac{C_{A0} - C_A}{-r_A} \tag{3.47}$$

が得られる。ここで,反応速度 r_A は反応器出口濃度に対する値を用いる。

【例題 3·6】 $\quad 2A \longrightarrow C, \quad -r_A = kC_A^2 \tag{a}$

で表わされる液相反応を連続槽型反応器で行なう。A の反応率 x_A を空間時間 τ の関数として表わせ。

【解】 $C_A = C_{A0}(1-x_A)$ の関係を用いて反応速度を x_A で表わしておいて,式(3·45)に代入すると

3·2 反応器の設計方程式　　　　　　　　　　　　　　　　　　　55

$$\tau = \frac{C_{A0}x_A}{kC_{A0}^2(1-x_A)^2} = \frac{x_A}{kC_{A0}(1-x_A)^2} \quad \text{(b)}$$

が得られる。この式は x_A について2次方程式であり，次のように解くことができる。

$$x_A = \frac{1+2kC_{A0}\tau - \sqrt{1+4kC_{A0}\tau}}{2kC_{A0}\tau} \quad \text{(c)}$$

3·2·4　管型反応器の設計方程式

図3·5に示すように，反応器入口より体積にして V ならびに $(V+\varDelta V)$ だけ離れた二つの断面で囲まれた微小な体積要素 $\varDelta V$ における物質収支を考える。

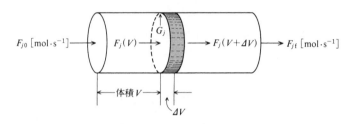

図 3·5　管型反応器の物質収支

管型反応器内では軸方向に連続的な濃度分布が生じており，任意の成分 A_j の物質量流量 F_j は軸方向の位置，つまり反応器入口からその位置までの反応器体積 V の関数とみなせる。式 (3·34) の各項を成分 A_j について考えると

$$\left. \begin{aligned} \text{流入速度} &= F_j(V) \\ \text{流出速度} &= F_j(V+\varDelta V) \cong F_j(V) + \left(\frac{\mathrm{d}F_j}{\mathrm{d}V}\right)_V \cdot \varDelta V \\ \text{生成速度} &= r_j \cdot \varDelta V \\ \text{蓄積速度} &= 0 \end{aligned} \right\} \quad (3\cdot 48\text{-a})^\dagger$$

となるから，成分 A_j に対する物質収支式は

$$F_j(V) - \left[F_j(V) + \left(\frac{\mathrm{d}F_j}{\mathrm{d}V}\right)_V \cdot \varDelta V\right] + r_j \cdot \varDelta V = 0 \quad (3\cdot 48\text{-b})$$

のように書ける。上式を整理すると次式を得る。

$$\mathrm{d}F_j/\mathrm{d}V = r_j \quad (3\cdot 49)$$

---

† x の関数 $y=f(x)$ があって $x=x_0$ より微小な値 h だけ離れた点における y の値 $f(x_0+h)$ は Taylor 展開の公式より

$$f(x_0+h) = f(x_0) + (\mathrm{d}f/\mathrm{d}x)_{x_0} h + (1/2!)(\mathrm{d}^2f/\mathrm{d}x^2)_{x_0} h^2 + \cdots$$

となり，普通は右辺の第2項までとって近似できる。

限定反応成分 A に着目し，式(3·16)の第1式を用いて F_A を x_A で表わすと，上式は

$$F_{A0}(dx_A/dV) = -r_A \tag{3·50}$$

となる．この式を積分すると

$$\frac{V}{F_{A0}} = \int_0^{x_A} \frac{dx_A}{-r_A} \tag{3·51}$$

上式で $F_{A0} = v_0 C_{A0}$ の関係を用いると

$$\tau \equiv \frac{V}{v_0} = C_{A0} \int_0^{x_A} \frac{dx_A}{-r_A} \tag{3·52}$$

が得られる．

定容系の場合は，濃度基準の設計方程式を用いると便利な場合もある．定容系では式(3·24)の第1式が成立するから，それを微分すると，$-C_{A0}dx_A = dC_A$ の関係が得られ，これを式(3·52)に代入すると

$$\tau = -\int_{C_{A0}}^{C_A} \frac{dC_A}{-r_A} = \int_{C_A}^{C_{A0}} \frac{dC_A}{-r_A} \tag{3·53}$$

が得られる．この式を用いるには，反応速度を成分 A の濃度 C_A を用いて表わしておかねばならない．

反応速度 r_A が反応率の関数として表現できれば，式(3·51)または式(3·52)は積分できて，反応率が x_A になるのに必要な反応器体積あるいは空間時間が計算できる．表3·2に定圧系が仮定できる気相反応の比較的簡単な反応速度式に対する積分形が与えられている．液相反応のときは，量論式からは $\delta_A \neq 0$ であっても，形式的に ε_A を0とおくと表3·2の結果はそのまま使用できる．反応速度式が複雑になると式(3·52)の積分を数値積分法によって行なうほうが実際的である．$C_{A0}/(-r_A)$ 対 x_A の曲線を描くと，式(3·52)より明らかなように回分反応器の場合と同様に図3·3の曲線 ED と x_A 軸とで囲まれた斜線部分 DOBE の面積が管型反応器の空間時間 τ_p に等しい[†]．

一方，連続槽型反応器に対しては式(3·45)が成立するが，右辺の $C_{A0}/(-r_A)$ は反応器出口における反応率 x_{Af} に対する値 $C_{A0}/[-r_A(x_{Af})]$ であるから，図3·3においては $\overline{EB}$ に等しい．その値に $\overline{OB}$ に相当する x_{Af} を乗じた $x_{Af}C_{A0}/[-r_A(x_{Af})]$ は，四角形 AOBE の面積に等しく，式(3·45)の右辺に相当している．このように四角形 AOBE の面積が連続槽型反応器の空間時間 τ_m を表わしている[†]．

[†] 管型反応器(plug flow)に対しては添字 p を，連続槽型反応器(complete mixed flow)に対しては添字 m をつける．

3·2 反応器の設計方程式

表 3·2 定圧気相反応を管型反応器で行なったときの基礎式の積分形[a]

量論式	反応速度式	積分形
$A \longrightarrow cC$	$-r_A = kC_A$	$k\tau = \dfrac{kC_{A0}V}{F_{A0}} = (1+\varepsilon_A)\ln\dfrac{1}{1-x_A} - \varepsilon_A x_A$
$A+B \longrightarrow cC$ $(C_{A0}=C_{B0})$ $2A \longrightarrow cC$	$-r_A = kC_A C_B$ $-r_A = kC_A^2$	$k\tau C_{A0} = \dfrac{kC_{A0}^2 V}{F_{A0}} = 2\varepsilon_A(1+\varepsilon_A)\ln(1-x_A)$ $\qquad + \varepsilon_A^2 x_A + (1+\varepsilon_A)^2 \dfrac{x_A}{1-x_A}$
$A+bB \longrightarrow cC$	$-r_A = kC_A C_B$ $(\theta_B/b \ne 1)$	$k\tau C_{A0}b = \dfrac{kC_{A0}^2 bV}{F_{A0}} = \varepsilon_A^2 x_A + \dfrac{(1+\varepsilon_A)^2}{(\theta_B/b)-1}\ln\dfrac{1}{1-x_A}$ $\qquad + \dfrac{(1+\varepsilon_A \theta_B/b)^2}{(\theta_B/b)-1}\ln\left[\dfrac{(\theta_B/b)-x_A}{(\theta_B/b)}\right]$
$A \rightleftharpoons cC$	$-r_A = k_1 C_A - k_2 C_C$	$k_1\tau = \dfrac{k_1 C_{A0} V}{F_{A0}} = \dfrac{\theta_C + cx_{A\infty}}{\theta_C + c}\left[-(1+\varepsilon_A x_{A\infty})\right.$ $\qquad \left. \times \ln\left(1-\dfrac{x_A}{x_{A\infty}}\right) - \varepsilon_A x_A\right]$ $\qquad\qquad (x_{A\infty} \text{は平衡反応率})$

a) 液相反応で定容系としてよい場合は ε_A をすべて 0 とおく。

DOBE と AOBE の面積を比較すると明らかなように，管型反応器の空間時間 τ_p は，連続槽型反応器の空間時間 τ_m よりも小さい。この事実は，管型反応器の性能が連続槽型反応器の性能よりも優れていることを示している。しかし，この結論は反応速度が反応率の増大に伴い単調に減少する場合に限って成立することに注意すべきである。反応速度が反応率に対して複雑に変化する場合には τ_p と τ_m の大小関係は単純ではない。そのようなときも図3·3のような作図を行なえば判定が容易になる。これについては5章で述べる。

【例題 3·7】 $\quad A \longrightarrow cC, \quad -r_A = kK_A C_A/(1+K_A C_A)$ (a)

で表わされる気相反応を管型反応器を用いて行なう。空間時間と反応率との関係式を求めよ。

【解】 式(3·31)を用いて C_A を反応率 x_A で表わすと，式(a)の反応速度は

$$-r_A = \dfrac{kK_A C_{A0}(1-x_A)/(1+\varepsilon_A x_A)}{1+K_A C_{A0}(1-x_A)/(1+\varepsilon_A x_A)} = \dfrac{kK_A C_{A0}(1-x_A)}{(1+\varepsilon_A x_A) + K_A C_{A0}(1-x_A)} \quad (b)$$

のように書ける。これを式(3·52)に代入して積分を行なうと

$$\tau = C_{A0}\int_0^{x_A} \dfrac{dx_A}{-r_A} = C_{A0}\int_0^{x_A} \dfrac{(1+\varepsilon_A x_A) + K_A C_{A0}(1-x_A)}{kK_A C_{A0}(1-x_A)} dx_A$$

$$= \frac{1}{kK_A}\int_0^{x_A}\frac{-\varepsilon_A(1-x_A)+(1+\varepsilon_A)}{1-x_A}dx_A + \frac{C_{A0}}{k}\int_0^{x_A}dx_A$$

$$= \frac{1}{kK_A}\left[-\varepsilon_A x_A - (1+\varepsilon_A)\ln(1-x_A)\right]_0^{x_A} + \frac{C_{A0}}{k}x_A$$

すなわち次式のようになる。

$$\tau = \frac{1}{kK_A}\left[-\varepsilon_A x_A + (1+\varepsilon_A)\ln\frac{1}{1-x_A}\right] + \frac{C_{A0}}{k}x_A \tag{c}$$

【例題 3・8】 固体触媒粒子を充填した管型反応器の設計方程式を導け。

【解】 触媒質量基準の反応速度を r_{Am} [mol·(kg-触媒)$^{-1}$·s^{-1}] で表わす。管型触媒反応器の物質収支式は,式(3・48)を参照して反応器体積 V の代わりに触媒質量 W [kg] を用いると,成分 A について

$$F_A - \left(F_A + \frac{dF_A}{dW}dW\right) + r_{Am}dW = 0 \tag{a}$$

のように書ける。さらに反応率 x_A を用いると,$F_A = F_{A0}(1-x_A)$ であるから式(a)は

$$F_{A0}\frac{dx_A}{dW} = -r_{Am} \tag{b}$$

となる。あるいは次式のように書くこともできる。

$$\frac{dx_A}{d(W/F_{A0})} = -r_{Am} \tag{c}$$

上式の積分形は次式のように表わすことができる。

$$\frac{W}{F_{A0}} = \int_0^{x_A}\frac{dx_A}{-r_{Am}} \tag{d}$$

3・3 空間時間,空間速度および平均滞留時間

すでに述べたように,流通反応器において $\tau = V/v_0$ で定義される変数は時間の単位をもち空間時間と呼ばれる。この変数は回分反応器における反応時間に対応している。τ の逆数 v_0/V は [時間]$^{-1}$ の単位をもち,それを空間速度(space velocity)と呼び,S_v で表わしている。すなわち,τ と S_v は次式のように書ける。

$$\tau = V/v_0 \tag{3・54}$$

$$S_v = v_0/V \tag{3・55}$$

反応流体の体積流量 v_0 には,反応器入口における圧力と温度に対する値が採用されるが,反応条件が変化すると空間時間あるいは空間速度の値も変化するから不便である。そこで,気相反応では標準状態(273.2 K, 1 atm)における

体積流量が採用されることもある。しかし本書では前者の定義を用いる。

空間時間 $\tau=30\,\mathrm{min}$ といえば，$30\,\mathrm{min}$ ごとに反応器の体積に等しい反応流体(反応器入口の状態での値)が処理されることを意味する。一方，空間速度 $S_v=2\,\mathrm{h}^{-1}$ とは，$1\,\mathrm{h}$ に反応器体積の2倍の反応流体が反応器に供給されることを示している。所定の反応率を得るのに必要な空間時間の値が小さいほど，空間速度の値が大きいほど，反応装置の性能が優れている。

反応流体が流通反応器を通過するのに必要とする時間の平均値を平均滞留時間 $\bar{t}$ と呼ぶ。押し出し流れ反応器では，反応流体はすべて等しい滞留時間をもつが，連続槽型反応器では滞留時間に分布が存在する(8章参照)。気相反応において反応の進行に伴って物質量 [mol] が変化したり，あるいは反応器内部に温度，圧力の分布が存在すると，反応器内部の各点で体積流量が反応器入口で測定された体積流量 v_0 と異なってくる。このような場合には空間時間 τ と平均滞留時間 $\bar{t}$ とは必ずしも一致しない。これに対して反応器内が等温・定圧で，かつ反応流体の密度が反応の進行によっても変化しない(気相反応では $\delta_\mathrm{A}=0$)という条件が満足される場合には，$\bar{t}=\tau$ の関係が成立する。

問　題

3・1　　　　　$2\,\mathrm{SO}_2 + \mathrm{O}_2 \longrightarrow 2\,\mathrm{SO}_3,\qquad (2\,\mathrm{A}+\mathrm{B}\longrightarrow 2\,\mathrm{C})$
で表わされる気相触媒反応を等温・等圧の管型反応器で行なう。原料ガスは SO_2 が25%，空気が75%からなり，圧力は $2000\,\mathrm{kPa}$，温度は $523.2\,\mathrm{K}$ である。各成分の濃度を限定反応成分の反応率 x_A を用いて表わせ。ただし，空気は酸素が21%，窒素が79%からなる。

3・2　　　　　$2\,\mathrm{A}+\mathrm{B}\longrightarrow \mathrm{C},\qquad r=kC_\mathrm{A}C_\mathrm{B}\ [\mathrm{mol\cdot m^{-3}\cdot s^{-1}}]$
で表わされる気相反応を定圧系の反応器で行なう。反応速度式 r を A の反応率の関数として書き表わせ。ただし反応開始時に B は量論比の50%過剰に含まれ，不活性ガス I が A と等量含まれている。A の初濃度は $2\times 10^3\,\mathrm{mol\cdot m^{-3}}$ である。

3・3　$2\,\mathrm{A}+\mathrm{B}\longrightarrow \mathrm{C}+\mathrm{D}$　で表わされる気相反応を管型反応器で行なう。A と B が量論比で混合された原料に，不活性ガスがさらに体積流量にして原料の50%だけ添加されてから反応器に供給される。反応器出口での反応率が80%のときの各成分の濃度を求めよ。反応器入口の圧力は $2\,\mathrm{atm}$，温度は $400\,\mathrm{K}$ であるが，反応器出口では，圧力は $2\,\mathrm{atm}$，温度は $500\,\mathrm{K}$ である。

3・4　$\mathrm{A}+3\,\mathrm{B}\longrightarrow \mathrm{C}$　で示される気相反応を (1) 定容回分反応器，(2) 定圧回分反応器，(3) 連続槽型反応器，および (4) 管型反応器，で行なう。反応開始時あるいは反応器入口においては，B は量論比の3倍だけ含まれており，C は含まれていない。A のモル分率が反応開始時(反応器入口)のモル分率の1/2になったときに反応を終了したい。反応終了時における，(a) 反応率，(b) 各成分のモル分率，(c) 各成分の濃度，

（d）定容回分反応器内の圧力，を求めよ．ただし，反応開始時あるいは反応器入口での圧力は1atm，反応温度は473Kであり，反応器はすべて等温状態にある．

3・5 $2A \longrightarrow C + D$ で表わされる気相反応を定容回分反応器で行ない，成分Aの分圧 p_A の経時変化を測定したところ，式(1)で表わせた．成分A,CおよびDに対する反応速度と量論式に対する反応速度を濃度を用いて表わす式を導け．ただし反応温度は423.2Kである．反応速度の単位は $mol \cdot m^{-3} \cdot s^{-1}$ を用いよ．

$$-dp_A/dt = k_p p_A^2 \ [atm \cdot h^{-1}], \qquad k_p = 5\,atm^{-1} \cdot h^{-1} \qquad (1)$$

3・6 $A + B \underset{k_2}{\overset{k_1}{\rightleftharpoons}} D + E, \qquad -r_A = k_1 C_A C_B - k_2 C_D C_E \qquad (1)$

で表わされる液相反応を連続槽型反応器で実施する．反応原料にはAとBのみが含まれ，それらの濃度は等しい．空間速度 S_v とAの出口反応率 x_A の関係が次のように測定された．この反応の平衡反応率を求めよ．

S_v [ks^{-1}]	33.0	67.7
x_A [—]	0.5	0.4

3・7 $A + B \longrightarrow 3C$ で表わされる気相反応を，管型反応器と連続槽型反応器を用いてそれぞれ行なう．反応温度は493K，圧力は5atmであり，AとBは量論比で供給される．反応速度は次表に示すように，Aの反応率の関数として与えられている．80％の反応率を得るための空間時間を求めよ．

x_A [—]	0	0.1	0.2	0.3	0.4	0.5	0.6	0.7	0.8	0.85
$-r_A$ [mol·m^{-3}·s^{-1}]	27	26	25	23	20	17	13	9	6	5

3・8 $A \longrightarrow C$ で表わされる液相反応の反応速度が下表のように与えられている．次の各項に答えよ．

（a）回分反応器で初濃度 $C_{A0}=2.0\,kmol \cdot m^{-3}$ から $C_{Af}=0.2\,kmol \cdot m^{-3}$ に変化するに必要な反応時間．

（b）管型反応器で入口濃度 $C_{A0}=1.0\,kmol \cdot m^{-3}$ のAを供給速度 $F_{A0}=2\,kmol \cdot h^{-1}$ で反応器に流し，80％の反応率を得るに必要な反応器体積．

（c）$C_{A0}=1.5\,kmol \cdot m^{-3}$，$F_{A0}=3.0\,kmol \cdot h^{-1}$ の原料を連続槽型反応器に供給して50％の反応率を得たい．反応器の体積を求めよ．

C_A [kmol·m^{-3}]	0.2	0.4	0.6	0.8	1.0	1.2	1.4	1.6	1.8	2.0
$-r_A$ [kmol·m^{-3}·h^{-1}]	0.5	0.7	0.85	0.92	0.95	0.93	0.88	0.8	0.7	0.6

4 単一反応の反応速度解析

 反応装置を合理的に設計するには，反応実験のデータより，反応速度が反応成分の濃度および温度のどのような関数で表わされるかを検討し，式中のパラメーターの値を推定しておかなければならない。本章では単一反応の反応速度解析について述べる。

4・1 反応速度解析の方法

 反応速度解析には，主として回分反応器と管型反応器が用いられ，連続槽型反応器も使用されている。これらの反応器を等温状態で操作して，まず反応速度が反応成分の濃度のどのような関数で表わせるかを調べる。ついで，温度を変化させて反応速度の温度依存性を検討し，反応速度式を決定する。
 反応速度データの解析法は，積分法と微分法に大別される。積分法は，反応速度式の形を仮定して設計方程式に代入しその積分形を求め，それと実験データとを比較して速度パラメーターを決定する方法である。これに対して微分法は，反応成分の濃度と時間あるいは空間時間との関係を表わす実験データを図上で微分して，各濃度における反応速度を算出して，反応速度と濃度との関係を検討して速度式の関数形を決定する方法である。
 管型反応器において，反応器出口の反応率が十分大きい場合を積分反応器と呼ぶ。これに対して，出口反応率が小さい場合を微分反応器と称する。積分反応器内の反応成分の組成は連続的に変化しているが，微分反応器内での組成変化は小さく，反応器入口と出口の組成の平均値によって反応器内の組成を近似的に表わすことができる。
 積分反応器の空間時間 τ は回分反応器の反応時間に対応している。積分反応

器の入口条件を同一にして空間時間を変化させて出口の反応率を測定すると，回分反応器の速度解析と同様に，積分法あるいは微分法によって反応速度式を決定することができる．

微分反応器では式(3・49)を差分形にした $r_j=\Delta F_j/\Delta V$ を用いて，反応器出口と入口の組成の差より代数的に反応速度の値が算出できる．その値が反応器内の平均組成に対する反応速度になる．反応原料に生成物成分を混合した反応原料をつくって微分反応器に供給すると，適当な反応率における反応速度の値を直接知ることができるから，微分反応器は積分反応器内の微小な一部分に相当していると考えられる．

連続槽型反応器内の反応成分の組成は均一であり，反応速度は式(3・45)から直接計算できる．さらに微分反応器とは異なり，反応器の入口と出口における反応率の変化に制限はなく，十分に大きくとれるから，分析精度もさほど要求されない．このような利点から，最近，連続槽型の実験反応器が速度解析に用いられている．

4・2　回分反応器による反応速度解析

通常の液相反応の速度解析には，主として回分反応器が用いられる．反応成分濃度の経時変化を測定し，積分法あるいは微分法によって解析する．一方，反応の進行に伴って物質量が変化する気相反応を定容回分反応器で行なうと，反応器内の全圧が変化する．それを解析する全圧追跡法もよく採用される．また，限定反応成分 A の濃度 C_A が反応開始時の1/2になる時間を半減期 $t_{1/2}$ というが，A の初濃度 C_{A0} を変化させて半減期を測定する半減期法も用いられている．

4・2・1　積　分　法

反応速度式が与えられると，定容系の場合には式(3・40)に，定圧系の場合には式(3・42)にその速度式をそれぞれ代入して定積分を求めることが可能である．表3・1に比較的簡単な反応速度式に対する定容回分反応器の積分式が与えられている．これらの反応速度式は

$$-r_A=kf(x_A) \qquad (4・1)$$

の形で表わされている．たとえば定容1次反応に対しては，上式の $f(x_A)$ は $C_{A0}(1-x_A)$ に相当する．式(4・1)の形で表わされる反応速度式を式(3・40)に代入して積分を実行すると，表3・1の諸式が示しているように

4·2 回分反応器による反応速度解析

$$F(x_A) = \lambda(k)t \tag{4·2}$$

の形の式が得られる。左辺は x_A の関数であって反応速度式によって異なった代数式になる。右辺の $\lambda(k)$ は k を含んだ定数を表わしており，たとえば1次反応では k そのものになる。

積分法による反応速度解析においては，まず反応速度式の形を仮定し，式 (3·40) にそれを代入して積分を行ない，式 (4·2) に相当する式を導く。次に，回分反応器を用いて，限定反応成分の反応率と時間の関係を求め，図 4·1 に示すように各時間に対してデータから $F(x_A)$ の値を計算し，$F(x_A)$ 対 t が直線になるかどうかを調べる。仮定した反応速度式が正しいと，両者の関係は原点を通る直線になり，その傾きが $\lambda(k)$ に等しいから，それより速度定数 k の値が算出できる。もしもグラフが直線にならない場合には，別の速度式を仮定して同様の手続きを繰り返し，データを説明できる反応速度式を見いだす。

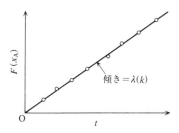

図 4·1 回分反応器のデータから積分法による反応速度式の決定法

反応速度式が複雑になって未知パラメーターの数が増加すると，積分式は式 (4·2) のように表わせるとは限らない。一般には試行法によってパラメーターを推定しなければならない。しかし，積分式を適当に変形することによって線形化できる場合がある。その一例として Michaelis-Menten 式で表わされる酵素反応の場合を考えてみる。本反応は定容系であり，反応速度式は

$$-r_A = \frac{V_{\max} C_A}{K_m + C_A} = \frac{V_{\max} C_{A0}(1-x_A)}{K_m + C_{A0}(1-x_A)}$$

で表わされ，これを式 (3·40) に代入すると

$$t = C_{A0} \int_0^{x_A} \frac{K_m + C_{A0}(1-x_A)}{V_{\max} C_{A0}(1-x_A)} dx_A = C_{A0} \int_0^{x_A} \left(\frac{K_m}{V_{\max} C_{A0}} \cdot \frac{1}{1-x_A} + \frac{1}{V_{\max}}\right) dx_A$$

$$= \frac{K_m}{V_{\max}} \ln \frac{1}{1-x_A} + \frac{C_{A0}}{V_{\max}} x_A \tag{4·3}$$

が得られる。この式の両辺を x_A で割ると次式となる。

$$\frac{t}{x_A} = \frac{K_m}{V_{max}} \cdot \frac{1}{x_A} \ln \frac{1}{1-x_A} + \frac{C_{A0}}{V_{max}}$$

右辺を変形すると

$$\frac{t}{x_A} = \frac{C_{A0}+K_m}{V_{max}} + \frac{K_m}{V_{max}} \left(\frac{1}{x_A} \ln \frac{1}{1-x_A} - 1 \right) \quad (4\cdot4)$$

が得られる[1]。縦軸に t/x_A, 横軸に $(1/x_A)\ln[1/(1-x_A)]-1$ をそれぞれとって実験結果をプロットすると，切片 $a=(C_{A0}+K_m)/V_{max}$, 傾き $b=K_m/V_{max}$ の直線が得られる。この a, b の値を用いると，V_{max} および K_m の値は次式から求められる。

$$\left. \begin{array}{l} V_{max} = C_{A0}/(a-b) \\ K_m = V_{max} b \end{array} \right\} \quad (4\cdot5)$$

【**例題 4·1**】 回分反応器を用いて，チオ硫酸イオンと n-臭化プロピルの液相反応を $310.7\,\mathrm{K}$ において行なった[2]。量論式は次式で表わされる。

$$n\text{-}C_3H_7Br + S_2O_3^- \longrightarrow C_3H_7S_2O_3 + Br^- \quad (A + B \longrightarrow C + D)$$

残存するチオ硫酸イオンをヨウ素で滴定することによって $S_2O_3^-$ の濃度 C_B の経時変化が測定された。表 4·1 に測定結果を示す。ただし，$n\text{-}C_3H_7Br$ の初濃度 $C_{A0}=39.58$ $\mathrm{mol \cdot m^{-3}}$ である。反応速度式を求めよ。

表 4·1 回分反応器内での濃度の経時変化

時間 t [s]	0	1 110	2 010	3 192	5 052	7 380	11 232
C_B [$\mathrm{mol \cdot m^{-3}}$]	96.59	90.35	86.32	81.88	76.65	71.97	66.76

【**解**】 各時間における成分 $A(n\text{-}C_3H_7Br)$ の濃度 C_A は

$$C_A = C_{A0} - (C_{B0}-C_B) = 39.58 - 96.59 + C_B = C_B - 57.01$$

によって計算できる。

本反応は，A および B についてそれぞれ 1 次の反応であると仮定すると，表 3·1 より

$$\ln\left(\frac{C_{A0}C_B}{C_{B0}C_A}\right) = (C_{B0}-C_{A0})kt \quad (\text{a})$$

の関係が成立する。A と B の濃度を用いて，式 (a) の左辺の値を各時間において計算し，時間 t に対してプロットしたところ，図 4·2 に示すように直線が得られた。直線の傾きは $(C_{B0}-C_{A0})k$ に等しいから，速度定数 k は

$$k = \frac{(\text{傾き})}{C_{B0}-C_{A0}} = \frac{9.23 \times 10^{-5}}{96.59 - 39.58} = 1.62 \times 10^{-6}\,\mathrm{m^3 \cdot mol^{-1} \cdot s^{-1}}$$

---

1) W. Halwachs, *Biotechnol. Bioeng.*, **20**, 281 (1978).
2) T. I. Crowell, L. P. Hammett, *J. Amer. Chem. Soc.*, **70**, 3444 (1948).

となる。すなわち求める反応速度式は次のようになる。

$$-r_A = kC_A C_B, \quad k = 1.62 \times 10^{-6}\,\mathrm{m^3 \cdot mol^{-1} \cdot s^{-1}}$$

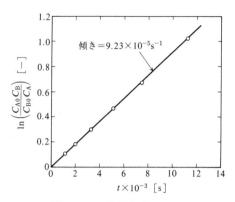

図 **4·2** 2次反応プロット

4·2·2 微分法

微分法による速度解析は次の順序に従って進められる。図4·3に示すように，回分反応器を用いて限定反応成分 A の濃度の経時変化を測定し，

（1） 成分 A の濃度 C_A を時間 t に対してプロットし滑らかな曲線を描く。

（2） 適当に離れたいくつかの濃度 C_A において，曲線の接線を引き，$-dC_A/dt$ を求める。式(3·37)より，それが C_A における反応速度 $-r_A(C_A)$ を与える。

（3） 反応速度式を仮定し，$-r_A(C_A)$ 対 C_A のデータを満足するように速度パラメーターを決定する。

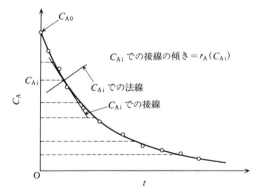

図 **4·3** 定容回分反応器における濃度変化曲線より，微分法による反応速度の求め方

濃度 C_A の代わりに反応率 x_A の経時変化のデータが与えられている場合は，x_A 対 t の曲線から図上微分法で dx_A/dt を求め，定容回分反応器の場合は式 (3.39)から，反応速度 $-r_A$ を算出することができる。それに対応する濃度 C_A も式(3.24)から求められるから，反応速度解析が可能になる。

微分法の第1の問題点は，図上微分法により微係数 dC_A/dt あるいは dx_A/dt をいかに精度よく求めるかにある。図4・4に示すように小さな手鏡を用いてまず法線を描き，それに直角に交わる線を引いて接線を得る方法が，実用的で精度もよい。

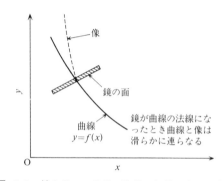

図 **4・4** 鏡を用いて曲線の法線と接線を求める方法

第2の問題点は，反応速度と濃度のデータよりどのようにして反応速度式に含まれる未知パラメーターを決定するかである。次にいくつかの例をあげてパラメーター推定法を解説する。

(i)
$$-r_A = k C_A^n \tag{4.6}$$

決定すべきパラメーターは k と n である。両辺の対数をとると

$$\log(-r_A) = \log k + n \log C_A \tag{4.7}$$

が得られる。縦軸に $\log(-r_A)$ を，横軸に $\log C_A$ をとり，図上微分法で得られた $-r_A$ と C_A のデータをプロットすると直線が得られ，その傾きより反応次数 n が，切片より k が推定できる。もし両対数方眼紙があると，$-r_A$ と C_A を直接プロットすることができて便利である。

(ii)
$$-r_A = k C_A^m C_B^n \tag{4.8}$$

この場合も両辺の対数をとると

$$\log(-r_A) = \log k + m \log C_A + n \log C_B \tag{4.9}$$

と変形できる。いま $\log(-r_A) = z$, $\log C_A = x$, $\log C_B = y$, $\log k = a$ とおくと，式(4・9)は

4·2 回分反応器による反応速度解析

$$z = a + mx + ny \quad (4\cdot10)$$

のように書き表わされる。上式は未知パラメーター $a = \log k$, m および n に対して線形である。実験データより z, x および y の値を計算して，最小二乗法の原理を適用すると，速度パラメーターの値が推定できる[1]。

(iii)
$$-r_A = V_{max} C_A / (K_m + C_A) \quad (4\cdot11)$$

この式は未知パラメーター V_{max} および K_m に対して非線形であるが，両辺の逆数をとり変形すると

$$\frac{1}{-r_A} = \frac{1}{V_{max}} + \frac{K_m}{V_{max}} \cdot \frac{1}{C_A} \quad (4\cdot12)$$

が得られる。図 4·5 に示すように，$1/(-r_A)$ を $1/C_A$ に対してプロットすると，切片が $1/V_{max}$, 傾きが K_m/V_{max} の直線になり，二つのパラメーターの値が決まる。酵素反応の分野では，このようなグラフの表わし方を Lineweaver-Burk のプロットと呼んでいる。

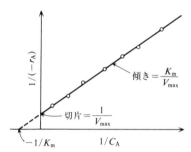

図 4·5 $-r_A = V_{max} C_A / (K_m + C_A)$ の速度パラメーター V_{max} と K_m の決定法

この例に示すように，パラメーターに対して非線形な反応速度式も，適当に変形し，変数を変更することにより線形に変換することが可能になる場合も少なくない。パラメーターが三つ以上ある場合には，(ii)で示したような線形最小二乗法によらなければならない。線形式への変換が不可能な場合は試行法によりパラメーターを推定することになるが，推定値と実験値の適合性を表わす尺度として，線形最小二乗法と同様に，実験値と推定値の差の二乗を全データについて積算したいわゆる残差二乗総和を最小にするようにパラメーターを決める方法が適用されている。この種の方法を非線形最小二乗法と呼ぶが，電子計算機の使用を前提とする効率のよい数学的方法が開発されており，複雑な反

---

[1] 化学工学会編，"化学工学プログラミング演習"，p.123, 培風館(1976).

4·2·3 全圧追跡法

反応の進行に伴い物質量の変化が起こる気相反応を，等温の定容回分反応器で行ない，そのときの全圧変化を追跡すると反応機構の解析ができる。式(3·27)に等温，定容の条件を入れて，それを x_A について解くと，次式が得られる。

$$x_A = (P_t - P_{t0})/\varepsilon_A P_{t0} \qquad (4·13\text{-a})$$

この関係を用いると，全圧 P_t の経時変化を与えるデータが反応率 x_A の変化に変換できる。さらに，全圧追跡法に用いる反応器は定容系であるから，設計方程式としては，式(3·37)から式(3·40)にいたる諸式が適用できる。一方，濃度は定容系に対する式(3·24)の第一式である次式から反応率を用いて計算する。

$$C_A = C_{A0}(1 - x_A) \qquad (4·13\text{-b})$$

このようにして，全圧追跡法による反応速度解析は通常の定容回分反応器を用いる速度解析に還元できて，積分法あるいは微分法が適用できる。

【例題 4·2】 ジメチルエーテルの気相熱分解反応は，下記の量論式に従って進行する。この反応を 777 K に保たれた定容回分反応器で行ない，全圧の経時変化を測定して表 4·2 に示す結果を得た。微分法ならびに積分法によって反応速度式を求めよ。ただし，反応開始時には $(CH_3)_2O$ のみが存在した。

$$(CH_3)_2O \longrightarrow CH_4 + H_2 + CO$$

表 4·2 定容回分反応器内での全圧の経時変化

時間 t [s]	0	390	777	1 195	3 155	∞
全圧 P_t [kPa]	41.6	54.4	65.1	74.9	103.9	124.1

【解】 ジメチルエーテルを A で表わす。量論式より

$$\delta_A = (-1+1+1+1)/1 = 2$$

が得られ，反応開始時には成分 A のみしか含まれていないから，$y_{A0}=1$ であり，$\varepsilon_A = \delta_A y_{A0} = 2$ となる。

式(4·13-a)を用いると，反応率 x_A は

$$x_A = (1/2)(P_t/P_{t0} - 1) = 0.5(P_t/41.6 - 1)$$

から算出できる。この式(b)を用いて，表 4·1 の全圧 P_t の経時変化の実験データを，反応率 x_A に変換すると，次の表 4·3 が得られる。

---

1) 化学工学会編，"反応速度の工学"，p. 65，丸善(1974).

4·2 回分反応器による反応速度解析

表 **4·3** 反応率の経時変化

時間 t [s]	0	390	777	1 195	3 155	∞
反応率 x_A [—]	0	0.154	0.282	0.400	0.749	0.992

時間 $t\to\infty$ で，反応率 $x_A\to1$ になるべきであるが，実験誤差などのために上表では少しかたよっている。

表4·3のデータが得られると，積分法，微分法のいずれかによって速度解析ができる。

[**微分法**] 本反応の反応次数が不明であるので，まず微分法で解析し反応次数を求めてみる。

図4·6(a)に x_A 対 t のプロットを示す。図上微分法によって dx_A/dt を求め，定容回分反応器に対する次式

$$-r_A = C_{A0}(dx_A/dt) \tag{3·39}$$

を用いて反応速度 $-r_A$ を算出する。それに対応する成分 A の濃度 C_A を定容系に対する式(4·13-b)から算出する。

A の初濃度 C_{A0} は

$$C_{A0} = \frac{p_{A0}}{RT} = \frac{(41.6\times10^3)(1)}{(8.314)(777)} = 6.440\,\mathrm{mol\cdot m^{-3}}$$

であるから，式(3·39)と式(4·13-b)は，それぞれ

$$-r_A = C_{A0}(dx_A/dt) = 6.440(dx_A/dt) \tag{b}$$

$$C_A = C_{A0}(1-x_A) = 6.440(1-x_A) \tag{c}$$

となる。

図4·6(a)の曲線上のいくつかの x_A において手鏡を用いて法線を引き，それらに直角

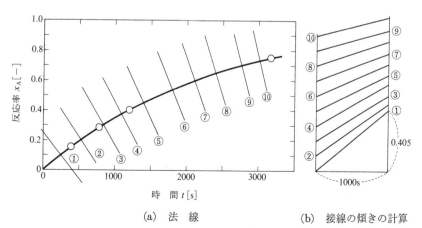

(a) 法　線　　　　　(b) 接線の傾きの計算

図 **4·6** 反応率の経時変化曲線の図上微分

に交わる直線を図4・6(b)に示す。それらの直線が曲線の接線になり，その傾きの値を用いて式(b)から反応速度が計算できる。さらに反応率に対応するAの濃度も式(c)から計算できる。

たとえば，$x_A=0.1$ における法線と接線に番号 ① をつけると，図4・6(b)において，接線の傾き $(dx_A/dt)=0.405/1\,000=4.05\times10^{-4}\,s^{-1}$ となるから，式(b)と式(c)から

$$-r_A=6.440(dx_A/dt)=6.440(4.05\times10^{-4})$$
$$=2.61\times10^{-3}\,\mathrm{mol\cdot m^{-3}\cdot s^{-1}}$$
$$C_A=6.440(1-x_A)=6.440(1-0.1)=5.80\,\mathrm{mol\cdot m^{-3}}$$

となる。

このようにして反応速度 $-r_A$ と濃度 C_A を求めて，両対数グラフ上に $-r_A$ 対 C_A の関係をプロットすると図4・7となる。傾き1.0の直線によって両者の関係が良く表わされるから，本反応は成分Aに対する1次反応であり次式が成立する。

$$-r_A=kC_A \tag{d}$$

図4・7の直線上の1点，たとえば $C_A=10\,\mathrm{mol\cdot m^{-3}}$ において，$-r_A=4.5\times10^{-3}\,\mathrm{mol\cdot m^{-3}\cdot s^{-1}}$ であるから，式(d)より，反応速度定数 k は

$$k=(-r_A)/C_A=4.5\times10^{-3}/10=4.5\times10^{-4}\,s^{-1}$$

となる。

[**積分法**]　次に積分法によって解析する。1次反応と仮定すると，反応速度は

$$-r_A=kC_A=kC_{A0}(1-x_A) \tag{e}$$

で表わされ，これを式(3・40)に代入して積分すると，すでに表3・1にあるように

$$-\ln(1-x_A)=kt \tag{f}$$

が得られる。図4・8に $-\ln(1-x_A)$ 対 t のプロットを示す。データは原点を通る直線上にあり，1次反応に従うことが確認された。反応速度定数 k は直線の傾きにより $4.3\times10^{-4}\,s^{-1}$ となった。微分法と積分法による計算結果は互いによく一致している。

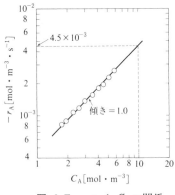

図 **4・7**　$-r_A$ と C_A の関係

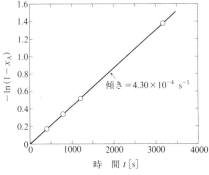

図 **4・8**　積分法による1次反応プロット

4・2・4 半減期法

原料成分 A の濃度 C_A が初濃度 C_{A0} の 1/2 になる時間を半減期と言い $t_{1/2}$ で表わす。たとえば反応速度が A に対して n 次反応の場合には,表 3・1 より

$$C_A^{1-n} - C_{A0}^{1-n} = (n-1)kt \tag{4・14}$$

が成立する。上式に $C_A = C_{A0}/2$ を代入すると,半減期 $t_{1/2}$ は

$$t_{1/2} = \frac{2^{n-1}-1}{(n-1)k} C_{A0}^{1-n} \quad (n \neq 1) \tag{4・15}$$

で与えられる。上式の両辺の対数をとると

$$\log t_{1/2} = \log \frac{2^{n-1}-1}{(n-1)k} + (1-n)\log C_{A0} \tag{4・16}$$

が得られる。C_{A0} を変化させて $t_{1/2}$ を求め,それを C_{A0} に対して両対数グラフ上にプロットすると直線が得られる。その傾きが $(1-n)$ であるから n が得られる。ついで,直線上の適当な点の $t_{1/2}$, C_{A0} および先に得た n の値を式 (4・16) に代入すると k の値が求まる。

1 次反応の場合は表 3・1 より

$$-\ln(C_A/C_{A0}) = kt \tag{4・17}$$

が成立し,半減期は

$$t_{1/2} = \ln 2/k \tag{4・18}$$

で与えられる。1 次反応の半減期は初濃度に無関係になる。これは 1 次反応に特有な性質である。

4・3 流通反応器による反応速度解析

積分反応器,微分反応器および連続槽型反応器による反応速度解析法を,それぞれの例題を通じて具体的に示す。

4・3・1 積分反応器

積分反応器による実験は,反応器入口における反応成分の組成を一定に保ちながら,その物質量流量を変化させて反応器出口における反応率 x_A を測定し,x_A を空間時間 τ に対してプロットする手順によって行なわれる。この図示法は,回分反応器における反応率対時間のプロットに対応している。積分反応器の実験結果は,回分反応器の解析法と同様に,速度式を仮定して式 (3・52) の積分形を求めてデータと比較する積分法,および図上微分法により反応速度を算出する微分法によって解析できる。

【例題 4・3】 気相におけるトルエンの水素化脱アルキル反応が積分反応器を用いて行なわれた[1]。反応は次の量論式に従って進行する。

$$C_6H_5CH_3 + H_2 \longrightarrow C_6H_6 + CH_4 \tag{a}$$

923 K において，反応圧力 P_t，反応器入口での水素(H で表わす)のトルエン(A)に対する物質量の流量比 θ_H，および空間時間 τ を変化させて，反応器出口におけるトルエンの反応率 x_A を測定した。表 4・3 の群-I の欄の Run No 36, 31, 27 および 35 に測定結果を示す。

反応速度は

$$r = kC_A\sqrt{C_H} \tag{b}$$

で表わされることを示せ。

ついで，反応温度を変化させて同様な実験を行なって得た結果を，表 4・3 の群-II の Run No 41, 43, 53 および 50 に示す。式(b)の反応速度定数 k の温度依存性を決定せよ。

表 4・3 積分反応器内での空間時間と反応率の関係

群	Run No	反応温度 T [K]	圧 力 P_t [atm]	物質量流量比 θ_H [−]	空間時間 τ [s]	反応率 x_A [−]
I	36	923	25.7	3.62	14.2	0.196
	31	923	11.6	3.70	9.9	0.097
	27	923	40.7	3.45	19.9	0.348
	35	923	34.8	3.58	16.4	0.236
II	41	858	40.7	4.05	28.7	0.042
	43	882	40.4	4.04	30.2	0.124
	53	905	40.6	3.70	31.4	0.272
	50	942	39.7	3.04	34.6	0.682

【解】 式(a)より，$\delta_A=(-1-1+1+1)/1=0$ であって，本反応は定容系である。したがって，濃度と反応率の関係は式(3・24)で与えられる。限定反応成分はトルエンであり，その反応率 x_A を用いて反応速度を表わすと

$$r = -r_A = kC_{A0}^{1.5}(1-x_A)(\theta_H - x_A)^{0.5} \tag{c}$$

となる。上式を管型反応器の設計式(3・52)に代入すると

$$\tau = \frac{V}{v_0} = C_{A0}\int_0^{x_A} \frac{dx_A}{kC_{A0}^{1.5}(1-x_A)(\theta_H - x_A)^{0.5}} \tag{d}$$

式(d)の被積分関数は無理関数を含むが，$(\theta_H - x_A)^{0.5} = u$ と置換すると有理化できる。

---

1) A. Tsuchiya, A. Hashimoto, H. Tominaga, S. Masamune, *Bull. Japan Petroleum Institution*, **1**, 73(1959).

4·3 流通反応器による反応速度解析

しかし,この積分は θ_H と1との大小関係によって三つの場合に分けて考えなければならない。本問題では,表4·3のデータより明らかなように, $\theta_H > 1$ である。また,工業的に本反応を実施する場合でも,通常は水素過剰の条件で操作されるから, $\theta_H > 1$ の場合についての積分式を求めれば十分である。定積分を実行したところ次式が得られた。

$$\tau = \frac{1}{k\sqrt{C_{A0}}\sqrt{\theta_H - 1}} \ln\left[\left(\frac{\sqrt{\theta_H} - \sqrt{\theta_H - 1}}{\sqrt{\theta_H} + \sqrt{\theta_H - 1}}\right)\left(\frac{\sqrt{\theta_H - x_A} + \sqrt{\theta_H - 1}}{\sqrt{\theta_H - x_A} - \sqrt{\theta_H - 1}}\right)\right] \quad (e)$$

一方,反応器入口における A の濃度 C_{A0} は

$$C_{A0} = \frac{p_{A0}}{RT} = \frac{P_t y_{A0}}{RT} = \frac{P_t}{RT} \cdot \frac{F_{A0}}{F_{t0}} \quad (f)$$

のように表わせる。しかるに,供給原料中にはトルエン(A)と水素(H)しか含まれていないから,次の関係が成立する。

$$F_{A0}/F_{t0} = F_{A0}/(F_{A0} + F_{H0}) = 1/(1 + \theta_H) \quad (g)$$

式(f),(g)を式(e)に代入すると次式が得られる。

$$F(x_A) \equiv \sqrt{\frac{RT}{P_t}}\sqrt{\frac{\theta_H + 1}{\theta_H - 1}} \ln\left[\left(\frac{\sqrt{\theta_H} - \sqrt{\theta_H - 1}}{\sqrt{\theta_H} + \sqrt{\theta_H - 1}}\right)\left(\frac{\sqrt{\theta_H - x_A} + \sqrt{\theta_H - 1}}{\sqrt{\theta_H - x_A} - \sqrt{\theta_H - 1}}\right)\right]$$
$$= k\tau \quad (\theta_H > 1) \quad (h)$$

表4·3の群-Iの923 Kにおけるデータのおのおのについて,式(h)によって $F(x_A)$ を計算し,τ に対してプロットした結果を図4·9に示す。いくらかのバラツキはあるが,式(h)の関係が成立していることは明らかである。原点を通る直線を引き,その傾きより

$$k = 9.65 \times 10^{-4} \, \text{m}^{3/2} \cdot \text{mol}^{-1/2} \cdot \text{s}^{-1} \quad (T = 923 \, \text{K})$$

が得られた。このようにして,923 Kにおいては式(b)が成立することが明らかになった。

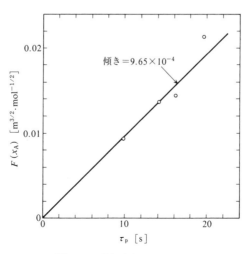

図 4·9 $F(x_A)$ 対 τ_p のプロット

次に，群-Ⅱ のデータについて，式(h)を用いて各温度における k の値を算出した。それらの値を表 4·4 に示す。図 4·10 は $\ln k$ 対 $1/T$ のプロットを示したもので，各温度

表 4·4 反応速度定数 k の実験値と計算値の比較

群	Run No	温度 T [K]	$(1/T) \times 10^3$ [K^{-1}]	$k_{\text{exptl}} \times 10^4$ [m$^{3/2} \cdot$mol$^{-1/2} \cdot$s^{-1}]	$k_{\text{cal}} \times 10^4$ [m$^{3/2} \cdot$mol$^{-1/2} \cdot$s^{-1}]
Ⅰ	(平均値)	923	1.083	9.650	9.446
Ⅱ	41	858	1.166	0.6665	0.6775
	43	882	1.130	2.091	1.875
	53	905	1.105	4.970	4.730
	50	942	1.062	18.13	19.05

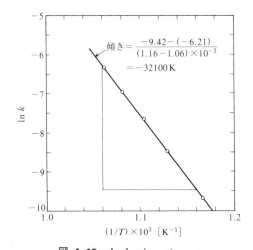

図 4·10 Arrhenius プロット

における反応速度定数 k は 1 本の直線上によく乗っており，Arrhenius の式が成立していることが明らかである。したがって次式が成立する。

$$\ln k = \ln k_0 - (E/R)(1/T) \tag{i}$$

図より直線の傾きは $-E/R = -32100$ K であるから，活性化エネルギー E は

$$E = (8.314)(32100) = 2.669 \times 10^5 \text{ J} \cdot \text{mol}^{-1}$$

頻度因子 k_0 の値は，直線上の 1 点 $\ln k = -9.42$, $1/T = 1.16 \times 10^{-3}$ K^{-1} を用いて式(i)より

$$\ln k_0 = \ln k + (E/R)(1/T) = -9.42 + (32100)(1.16 \times 10^{-3}) = 27.816$$

$$\therefore \quad k_0 = 1.203 \times 10^{12} \text{ m}^{3/2} \cdot \text{mol}^{-1/2} \cdot \text{s}^{-1}$$

このようにして，反応速度 r は次式によって表わせる。

$$r = 1.203 \times 10^{12} \exp(-2.669 \times 10^5/RT) C_A \sqrt{C_H} \quad [\text{mol} \cdot \text{m}^{-3} \cdot \text{s}^{-1}] \qquad (\text{j})$$

表4·4には，式(j)による速度定数の計算値 k_{cal} も示してある。

4·3·2 微分反応器

微分反応器においては，管型反応器に対する基礎微分方程式(3·50)を差分式にした

$$(-r_A)_{av} = F_{A0}(\Delta x_A / \Delta V) = C_{A0} \Delta x_A / \tau \qquad (4 \cdot 19)$$

が成立する。ここで Δx_A は反応器の出口と入口における反応率の差を表わしている。Δx_A の値が大きくなると，微分反応器としての条件が満足されなくなる。Δx_A の値は小さいほどよいが，あまり小さくとると高い分析精度が必要になる。通常は，Δx_A の値が5%程度よりも小さくなるように実験装置を操作する。このようにして計算された反応速度 $(-r_A)_{av}$ の値は，反応器入口と出口における組成の算術平均値に対応する反応速度であると考えるのが正しい。しかし，近似的には，反応器入口における組成に対する速度であるとみなすこともできる。

【例題 4·4】　微分反応器を用いて，ブタジエンの二量化反応によるビニルシクロヘキセンの生成反応の速度解析を行なった[1]。反応圧力を101.3 kPaに保ち，N_2を原料中に混入してブタジエンの分圧を変化させた。原料供給流量 v_0 ならびに反応器体積 V を変えることによって空間時間 $\tau = V/v_0$ を変化させて実験を行ない，反応器出口でのブタジエンの反応率 x_A を測定した。表4·5に865 Kおける結果を示す。反応速度式を求めよ。

表 4·5 微分反応器での空間時間と反応率の関係

Run No	T [°C]	τ [s]	p_{A0} [kPa]	$\Delta x_A \times 10^2$ [-]
9	592	0.276	14.5	1.28
10	592	0.540	14.5	2.12
11	592	0.730	14.5	2.90
12	593	0.633	25.3	4.92

【解】　反応器出口の反応率は低いから，微分反応器とみなして解析する。
量論式は

$$2A \longrightarrow C \qquad (\text{a})$$

のように書ける。ここでAはブタジエン，Cはビニルシクロヘキセンである。$\delta_A = (-2$

---
1) D. Rowley, H. Steiner, *Discuss. Faraday Soc.*, **10**, 198 (1951).

$+1)/2=-0.5$ であるから，ε_A は

$$\varepsilon_A = \delta_A y_{A0} = \delta_A p_{A0}/P_t = -0.5\, p_{A0}/P_t \tag{b}$$

によって算出できる。ここに p_{A0} は成分 A の反応器入口での分圧，P_t は全圧を表わす。

反応速度が成分 A に対して n 次であると仮定すると，$-r_A = k_n C_A^n$ が成立する。本反応は非定容系であり，等温・定圧系と近似できるから，式(3·31)で $T_0/T=1$ とおいた式を用いて，濃度を反応率の関数として表わせる。さて，微分反応器内の平均反応速度 $(-r_A)_{av}$ は，反応器入口と出口の平均反応率，つまり $(0+\Delta x_A)/2 = \Delta x_A/2$ における反応速度とみなせるから

$$(-r_A)_{av} = k_n C_{A0}^n \left[\frac{1-\Delta x_A/2}{1+\varepsilon_A(\Delta x_A/2)}\right]^n \tag{c}$$

のように表わせる。

式(c)に式(b)の関係を入れてから微分反応器に対する基礎式である式(4·19)に代入して，k_n について解くと次のようになる。

$$k_n = \frac{(\Delta x_A/\tau)}{(p_{A0}/RT)^{n-1}} \left[\frac{1-0.25(p_{A0}/P_t)\Delta x_A}{1-0.5\Delta x_A}\right]^n \tag{d}$$

量論式より A について 2 次反応といちおう予想できるので，まず $n=2$ とおいて式(d)より，k_2 の値をそれぞれのデータについて計算する。たとえば，Run 9 に対しては，

$$C_{A0} = \frac{p_{A0}}{RT} = \frac{14.5 \times 10^3}{(8.314)(865)} = 2.016\,\mathrm{mol \cdot m^{-3}}$$

式(d)に諸数値を代入すると

$$k_2 = \frac{(0.0128/0.276)}{2.016}\left[\frac{1-(0.25)(14.5/101.3)(0.0128)}{1-(0.5)(0.0128)}\right]^2$$
$$= 2.330 \times 10^{-2}\,\mathrm{m^3 \cdot mol^{-1} \cdot s^{-1}}$$

同様な計算を行なって各データに対する k_2 の値を求め，表 4·6 の k_2 の欄に示した。k_2 に対する平均誤差は 7.2% であって変動しているが，それらの間には傾向的な偏倚は認められないので，2 次反応であると考えられる。念のために，1 次反応と考えて速度定数 k_1 を計算して，表 4·6 に併記した。平均誤差は 27.1% であり k_2 に比較して大きく，特に Run 12 に対する誤差が大きい。したがって本反応は成分 A についての 2 次反

表 **4·6** 2 次反応速度定数 k_2 と 1 次反応速度定数 k_1 の比較

Run No	$10^3/T$ [K^{-1}]	$k_2 \times 10^2$ [m^3·mol^{-1}·s^{-1}]	k_2 の誤差 [%]	$k_1 \times 10^2$ [s^{-1}]	k_1 の誤差 [%]
9	1.156	2.323	7.60	4.665	−9.42
10	1.156	1.982	−8.20	3.965	−23.0
11	1.156	2.024	−6.25	4.027	−21.8
12	1.155	2.308	6.90	7.944	+54.3
平均値	1.156	2.159	7.24	5.150	27.1

4·3 流通反応器による反応速度解析 77

応である。865 K における k_2 の平均値は次のようになる。
$$k_2 = 2.16 \times 10^{-2} \, \mathrm{m^3 \cdot mol^{-1} \cdot s^{-1}}$$

4·3·3 連続槽型反応器

連続槽型反応器(CSTR)においては，反応速度は式(3·45)を変形した
$$-r_\mathrm{A} = C_{\mathrm{A}0} x_\mathrm{A} / \tau \tag{4·20}$$
によって計算できる。得られた $-r_\mathrm{A}$ は反応器出口での反応成分の組成に対応する。微分反応器とは異なり，CSTR では反応器内の反応率変化を微小におさえる必要がなく，分析精度の要求もきびしくない。このように CSTR を速度解析に使用する有利性が指摘されており，気固触媒反応の解析にも利用されている。ここでは，迅速な液相反応の速度解析に CSTR を適用した例を示す。

【例題 4·5】 Stead ら[1]は，アルカリを触媒にして，酢酸エチルの加水分解反応を連続槽型反応器を用いて行なった。
$$\mathrm{OH^-} + \mathrm{CH_3COOC_2H_5} \longrightarrow \mathrm{CH_3COO^-} + \mathrm{C_2H_5OH}$$
反応温度は 298 K，反応器体積は $6.02 \times 10^{-4} \, \mathrm{m^3}$ である。水酸化ナトリウム水溶液(A)と酢酸エチル水溶液(B)は別々の管より反応器内に供給され，反応器内を完全に満たして流れる。反応器内の液は 3 000 rpm の速度で撹拌され，完全混合状態にあることが確認されている。反応に伴う反応液の密度変化は無視できる。

本反応は，成分 A および B に対してそれぞれ 1 次の反応次数をもつ。次のデータを用いて反応速度式を決定せよ。

（**データ**） 成分 A の供給速度 $v_\mathrm{A} = 3.12 \times 10^{-7} \, \mathrm{m^3 \cdot s^{-1}}$，成分 B の供給速度 $v_\mathrm{B} = 3.14 \times 10^{-7} \, \mathrm{m^3 \cdot s^{-1}}$，成分 A の供給液中での濃度 $C_{\mathrm{A}0}' = 12.08 \, \mathrm{mol \cdot m^{-3}}$，成分 B の供給液中での濃度 $C_{\mathrm{B}0}' = 46.2 \, \mathrm{mol \cdot m^{-3}}$，流出液中での A の濃度 $C_\mathrm{A} = 1.98 \, \mathrm{mol \cdot m^{-3}}$

【解】 A と B は別々に反応器に供給されるが，A と B の混合水溶液中の濃度 $C_{\mathrm{A}0}$ と $C_{\mathrm{B}0}$ は

$$C_{\mathrm{A}0} = \frac{v_\mathrm{A} C_{\mathrm{A}0}'}{v_\mathrm{A} + v_\mathrm{B}} = \frac{(3.12 \times 10^{-7})(12.08)}{(3.12 + 3.14) \times 10^{-7}} = 6.021 \, \mathrm{mol \cdot m^{-3}}$$

$$C_{\mathrm{B}0} = \frac{v_\mathrm{B} C_{\mathrm{B}0}'}{v_\mathrm{A} + v_\mathrm{B}} = \frac{(3.14 \times 10^{-7})(46.2)}{(3.12 + 3.14) \times 10^{-7}} = 23.17 \, \mathrm{mol \cdot m^{-3}}$$

となる。したがって A が限定反応成分であって，反応器出口における A の反応率 x_A は
$$x_\mathrm{A} = 1 - C_\mathrm{A}/C_{\mathrm{A}0} = 1 - 1.98/6.021 = 0.6712$$
である。反応器出口の B の濃度 C_B は
$$C_\mathrm{B} = C_{\mathrm{B}0} - C_{\mathrm{A}0} x_\mathrm{A} = 23.17 - (6.021)(0.6712) = 19.13 \, \mathrm{mol \cdot m^{-3}}$$
となる。本反応の反応速度は $-r_\mathrm{A} = k C_\mathrm{A} C_\mathrm{B}$ のように書けて，これを式(4·20)に代入す

---

1) B. Stead, F. M. Page, K. G. Denbigh, *Discuss. Faraday Soc.*, **2**, 263(1947).

ると，k の値が次のように計算できる。

$$k=\frac{C_{A0}x_A}{\tau C_A C_B}=\frac{v_0 C_{A0}x_A}{VC_A C_B}=\frac{(3.12+3.14)\times 10^{-7}(6.021)(0.6712)}{(6.02\times 10^{-4})(1.98)(19.13)}$$
$$=1.109\times 10^{-4}\,\mathrm{m^3\cdot mol^{-1}\cdot s^{-1}}$$

問　題

4・1　　　　　　　　$A+B\longrightarrow C$,　　$-r_A=kC_AC_B$

で表わされる液相反応を回分反応器を用いて行なった。各成分の初濃度は，$C_{A0}=80\,\mathrm{mol\cdot m^{-3}}$，$C_{B0}=100\,\mathrm{mol\cdot m^{-3}}$，$C_{C0}=0$ であった。反応開始後 2000 s で A の 75% が反応した。反応速度定数 k の値を求めよ。

4・2　　$A\longrightarrow C$ ($r=kC_A^n$) で表わされる液相反応を回分反応器で行なった。成分 A の初濃度が $10^3\,\mathrm{mol\cdot m^{-3}}$ のとき 8 min 後に A の 80% が反応し，さらに，反応開始後 18 min の反応率は 90% になった。反応次数 n と反応速度定数 k を求めよ。

4・3　　　　　　　　$A+2B\longrightarrow C$,　　$-r_A=kC_AC_B$

で表わされる液相反応を回分反応器を用いて行ない，下記の結果を得た。反応速度は成分 A と B のそれぞれに対して 1 次である。反応開始時の濃度は，$C_{A0}=70\,\mathrm{mol\cdot m^{-3}}$，$C_{B0}=210\,\mathrm{mol\cdot m^{-3}}$，$C_{C0}=0$ であった。反応速度定数 k を求めよ。

反応時間 t [min]	20	45	90	120
反応率 x_A [-]	0.36	0.57	0.78	0.83

4・4　　液相で過硫酸カリウム(成分 A)をヨウ化カリウム(成分 B)で酸化する反応は式(1)で表わせる。ヨウ素イオンが大過剰に存在するとき，反応速度は式(2)で近似できる。回分反応器で反応にともなうヨウ素(成分 C)の濃度変化を測定したところ下表の結果を得た。反応速度定数 k の値を求めよ。ただし，成分 A の初期濃度 $C_{A0}=1.85\,\mathrm{mol\cdot m^{-3}}$，とする。

$$S_2O_8^{2-}+2I^-\longrightarrow I_2+2SO_4^{2-}\quad(A+2B\longrightarrow C+2D)\qquad(1)$$
$$-r_A=kC_A\qquad(2)$$

反応時間 t [s]	0	300	900	1200	1800	2400	3000
ヨウ素濃度 C_C [mol·m^{-3}]	0	0.242	0.585	0.783	1.036	1.221	1.371

4・5　　　　　　　　$A\rightleftharpoons D$,　　$-r_A=kC_A-k'C_D$

で表わされる液相反応を回分反応器を用いて行なったところ，反応開始後 60 min で成分 A の反応率は 48% に達した。また，平衡時における A の濃度は $200\,\mathrm{mol\cdot m^{-3}}$，D の濃度は $300\,\mathrm{mol\cdot m^{-3}}$ であった。反応速度定数 k と k' の値を求めよ。ただし，A の初濃度 C_{A0} は $500\,\mathrm{mol\cdot m^{-3}}$，D のそれは 0 である。

4・6　　$1\,\mathrm{mol\cdot m^{-3}}$ のマルトースを酵素(グルコアミラーゼ)を用いて加水分解して生成するグルコースの濃度の経時変化を測定し，次表のデータを得た。

$$\text{マルトース}\xrightarrow{\text{グルコアミラーゼ}}2(\text{グルコース})$$

問　題

この反応の速度式が Michaelis-Menten の式で表わせるとして，速度パラメーターを求めよ．次に酵素の濃度を 10 倍にしたときに，基質の 50% が反応するのに要する時間および生成するグルコースの濃度を求めよ．

t [min]	20	30	50	70	90
グルコース濃度 [mol·m^{-3}]	0.480	0.705	1.07	1.35	1.57

4・7 過酸化ジ-$tert$-ブチルの気相での熱分解反応は

$$(CH_3)_3COOC(CH_3)_3 \longrightarrow 2(CH_3)_2CO + C_2H_6$$

のように進行する．この反応を 420.4 K に保たれた定容回分反応器で行ない，全圧 P_t の経時変化が測定された[1]．下表にその結果を示す．反応速度式を求めよ．ただし，反応開始時の全圧は 182.6 mmHg であり，反応には不活性な N_2 が含まれており，その分圧は 3.1 mmHg である．

t [min]	0	6	10	18	22	26	34	40	46
P_t [mmHg]	182.6	201.7	213.6	235.0	245.5	255.6	274.4	288.0	300.2

4・8　　　　　　　$A \longrightarrow C, \quad -r^A = kC_A^{1/2}$

で表わされる液相反応を回分式反応器で行なう．A の初濃度は 100 mol·m^{-3} で，40 min 後には 50 mol·m^{-3} になった．つまり半減期が 40 min である．反応速度定数 k の値を求めよ．また，A の初濃度が 2 倍になると半減期はいくらになるか．

4・9　　　　$\underset{\underset{O}{\diagdown\diagup}}{CH_2-CH_2} \xrightarrow{k} CH_4 + CO \quad (A \xrightarrow{k} C + D)$

で表わされる気相反応を，定容回分反応器を用いて 723.2 K で行なった．反応開始時にはエチレンオキサイドしか反応器には存在せず，全圧は 203 kPa であった．43 min 後に反応器中の全圧は 324 kPa になった．このときの反応率 x_A と，反応速度定数 k の値を求めよ．反応は 1 次不可逆反応である．

4・10　　　　　　　$A \longrightarrow 2C, \quad -r_A = kC_A^n$

で表わされる気相反応を，体積 $V = 500$ cm^3 の管型反応器を用いて行ない，次表の結果を得た．τ は空間時間，x_A は反応器出口での反応率である．反応速度定数を求めよ．ただし，反応温度は 320°C，反応圧力は 2 atm，反応原料の組成は A が 70%，不活性ガスが 30% である．

空間時間と反応率の関係

τ [s]	340	860	2600	4500
x_A [—]	0.15	0.32	0.64	0.81

---

1) J. H. Raley, et al., *J. Amer. Chem. Soc.*, **70**, 88 (1948).

4·11 無水酢酸の気相における分解反応は
$$(CH_3CO)_2O \longrightarrow CH_2CO + CH_3COOH \quad (A \longrightarrow C + D)$$
のように進行する。本反応を管型反応器を用いて行ない，下表に示す結果を得た[1]。トルエンがキャリヤーガスとして用いられている。反応速度は A に対して 1 次である。反応速度式を求めよ。表中の p_{A0} は無水酢酸の反応器入口での分圧, P_t は全圧, τ は空間時間, x_A は反応率を表わしている。

Run No	温度 [℃]	p_{A0} [mmHg]	P_t [mmHg]	τ [s]	x_A [%]
11	322	0.33	13.5	1.06	20.5
26 P	340	0.38	11.0	0.37	19.5
14	351	0.02	12.8	1.03	65.5
28 P	373	0.40	10.8	0.34	55.0

4·12 酢酸エチルの気相における分解反応が連続槽型反応器を用いて研究された[2]。本反応は次式で表わされる 1 次反応であることが知られている。
$$CH_3COOC_2H_5 \longrightarrow CH_3COOH + C_2H_4 \quad (A \longrightarrow C + D)$$
次のデータより反応速度定数を計算せよ。ただし $CH_3COOC_2H_5$ を A, CH_3COOH を C, C_2H_4 を D と略記する。なお，窒素とトルエンの混合物が原料中に含まれており，その混合物を I で表わす。

(**データ**) 供給される A と I の物質量流量は，それぞれ 6.8×10^{-6}, 77.6×10^{-6} mol·s^{-1}，反応器出口における成分 C と A のモル濃度の比 $C_C/C_A = 0.0283$，反応温度 376℃，圧力 1 atm，反応器体積 328 cm^3

4·13 2 章の練習問題 [2·5] の ethyl nitrate の熱分解を気相連続槽型反応器 (CSTR) を用いて行ない，次表の結果を得た。反応速度が $-r_A = kC_A^{1/2}$ で与えられるとして，反応速度定数 k を Arrhenius の式を用いて表わせ。

温度 T [K]	入口濃度 C_{A0} [mol·m^{-3}]	空間時間 τ [s]	反応率 x_A [—]	不活性ガス分率 y_{I0} [—]
515.2	0.230	5.7	0.216	0.806
523.2	0.115	1.3	0.152	0.988

4·14 酵素を固体粒子に固定化して，それを管型反応器に充填する。この反応器を用いて酵素反応を行ない，下記のデータを得た。反応速度式は，Michaelis-Menten の式で表わされるとして，速度パラメータ，K_m と V_{max} の値を求めよ。ただし，基質 A の入口濃度 $C_{A0} = 0.5$ mol·m^{-3} とする。

空間時間 $\tau = V/v$ [min]	3.54	5.75	8.83	10.8
反応率 x_A [—]	0.438	0.670	0.910	0.972

---

1) M. Szwarc, J. Murawski, *Trans. Faraday Soc.*, **47**, 269 (1951).
2) J. de Graaf, H. Kwart, *J. Phys. Chem.*, **67**, 1458 (1963).

問　題

4·15 連続槽型反応器を用いて，酵素反応の速度解析を行なった．全酵素濃度および反応器入口での基質Sの濃度 C_{S0} を一定に保ち，Sの供給体積流量 v のみを変化させて，反応器出口でのSの濃度 C_S を測定し，次表の結果を得た．ただし，反応器体積 V は $1.2 \times 10^{-3} \mathrm{m}^3$，$C_{S0}$ は $5 \mathrm{mol \cdot m^{-3}}$ である．反応速度式が Michaelis-Menten の式で表わされるとして，速度パラメータを求めよ．

$v \times 10^6 \ [\mathrm{m^3 \cdot s^{-1}}]$	0.417	0.667	1.67
$C_S \ [\mathrm{mol \cdot m^{-3}}]$	1.22	2.06	3.62

4·16 固体触媒を充填した積分反応器を用いて一酸化炭素を酸素によって酸化させる．化学式と反応速度式は，それぞれ式(1)と式(2)で表わされるとする．反応器入口に供給されるガスの組成は O_2, CO および N_2 からなる．表に反応温度が $396 \ ℃$ における実験結果が示されている．反応管内の全圧は $101 \mathrm{kPa}$ に保たれている．なお，この実験条件下では，O_2 の mol% は低く，定容系とみなしてよい．k_1 と k_2 の値を求めよ．

$$O_2 + 2CO \longrightarrow 2CO_2 \quad (A + 2B \longrightarrow 2C) \tag{1}$$

$$-r_{Am} = \frac{k_1 k_2 C_A C_B}{k_1 C_A + 0.5 k_2 C_B} \quad [\mathrm{mol \cdot kg^{-1} \cdot s^{-1}}] \tag{2}$$

温度 [℃]	供給原料組成		W/v_0 [kg-触媒·s·m^{-3}]	反応率 x_A [—]
	O_2 [mol%]	CO [mol%]		
396	1.75	10.20	878.7	0.100
	0.95	10.20	878.7	0.174
	0.43	10.10	878.7	0.314
	0.20	9.75	878.7	0.495

（注）$W=$ 触媒質量 [kg]　　$v_0=$ 供給原料の体積流量 [$\mathrm{m^3 \cdot s^{-1}}$]

5 反応装置の設計と操作

回分反応器，連続槽型反応器，および管型反応器の設計を，3章で導いた設計方程式を応用して行なうことができることを例題によって示す。次に循環流れを伴う反応器の設計方程式を導く。さらに，自触媒反応の操作法について考察し，半回分反応器の設計問題についても述べる。

5・1 回分反応器の設計

回分反応器の設計には，定容系の場合は式(3・38)あるいは式(3・40)を，非定容系の場合は式(3・42)をそれぞれ用いればよい。反応速度式が表式化できていれば，解析的あるいは数値的にそれらの式を積分すると，所定の反応率に達するのに必要な反応時間が計算できる。簡単な反応速度式に対する積分式は表3・1に与えられている。

【例題 5・1】[1]　プロピオン酸ナトリウムと塩酸を 323 K で反応させると，次式に示すようにプロピオン酸と塩化ナトリウムが生成する。

$$C_2H_5COONa + HCl \underset{k_2}{\overset{k_1}{\rightleftharpoons}} C_2H_5COOH + NaCl$$

この反応を回分反応器で行ない，プロピオン酸を 500 kg・h^{-1} の速度で生産するのに必要な反応器の体積を求めよ。ただし反応開始前の原料の仕込みと加熱，および反応終了後の冷却と製品の取出しに合計 30 min 必要である。

本反応は可逆反応であり，反応速度は各成分に対してそれぞれ 1 次で表わされる。反応開始時には C_2H_5COONa (A で表わす)および HCl(B) しか存在せず，それぞれの濃度

---

[1] J. M. Smith, "Chemical Engineering Kinetics", 2nd ed., p. 194, McGraw-Hill (1970).

5・1 回分反応器の設計

は $3.2 \times 10^3\,\mathrm{mol \cdot m^{-3}}$ である。反応は平衡反応率の 90% に達したときに停止させる。$k_1 = 3.95 \times 10^{-7}\,\mathrm{m^3 \cdot mol^{-1} \cdot s^{-1}}$, 平衡定数 $K_c = 16$ である。

【解】 反応速度 r_A を反応率 x_A の関数として表わす。$k_1/k_2 = K_c$ とおくと

$$-r_A = k_1 C_{A0}^2 (1-x_A)^2 - k_2 C_{A0}^2 x_A^2 = k_1 C_{A0}^2 [(1-x_A)^2 - x_A^2/K_c] \quad (a)$$

$$= k_1 C_{A0}^2 (1 - x_A + x_A/\sqrt{K_c})(1 - x_A - x_A/\sqrt{K_c}) \quad (b)$$

が得られる。この式を式(3・40)に代入すると

$$t = \frac{C_{A0}}{k_1 C_{A0}^2} \int_0^{x_A} \frac{dx_A}{[1 + (1/\sqrt{K_c} - 1)x_A][1 - (1/\sqrt{K_c} + 1)x_A]} \quad (c)$$

のように表わせる。定積分を実行すると次式が得られる。

$$\ln \frac{\sqrt{K_c} + (1-\sqrt{K_c})x_A}{\sqrt{K_c} - (1+\sqrt{K_c})x_A} = \frac{2}{\sqrt{K_c}} k_1 C_{A0} t \quad (d)$$

さて、平衡時には式(a)の右辺=0 の関係が成立する。すなわち、平衡反応率を $x_{A\infty}$ で表わすと次式が成立する。

$$(1-x_{A\infty})^2 = x_{A\infty}^2/K_c \quad (e)$$

上式を解くと次式となる。

$$x_{A\infty} = \frac{1}{1+1/\sqrt{K_c}} = \frac{1}{1+1/\sqrt{16}}$$
$$= 0.8$$

したがって反応終了時の反応率は $x_A = (0.8)(0.9) = 0.72$ になる。式(d)に諸数値を代入すると、$x_A = 0.72$ になる反応時間 t が次のように計算できる。

$$t = \frac{\sqrt{16}}{(2)(3.95 \times 10^{-7})(3.2 \times 10^3)} \ln \frac{\sqrt{16} + (1-\sqrt{16})(0.72)}{\sqrt{16} - (1+\sqrt{16})(0.72)}$$
$$= 2.415 \times 10^3\,\mathrm{s} = 40.2\,\mathrm{min}$$

この反応時間に反応の開始前と終了後の作業に必要な時間の 30 min を加えると

$$40.2 + 30 = 70.2\,\mathrm{min} = 1.17\,\mathrm{h}$$

が1回の回分作業に必要な時間になる。

いま反応器内に最初に仕込む液の体積を $V\,[\mathrm{m^3}]$ とすると、生成するプロピオン酸(C)の量は、その分子量 M_C が $74 \times 10^{-3}\,\mathrm{kg \cdot mol^{-1}}$ であるから

$$V C_{A0} x_A \cdot M_C = V(3.2 \times 10^3)(0.72)(74 \times 10^{-3})$$
$$= 170.5\,V\,[\mathrm{kg}]$$

となる。すなわち 1.17 h に 170.5 V [kg] のプロピオン酸が製造できたことになる。500 kg・h^{-1} の生産速度が要求されているから

$$(170.5\,V)/(1.17) = 500$$

の関係が成立する。したがって、求める反応器容積は次のようになる。

$$V = 3.43\,\mathrm{m^3}$$

5・2 連続槽型反応器の設計

5・2・1 代数的解法

連続槽型反応器の基礎式は，3章で導いた次式

$$\tau = V/v_0 = C_{A0} x_A / (-r_A) \tag{3・45}$$

である。反応率が指定されている場合は，上式より直ちに空間時間 τ が計算できて，反応器体積なり原料供給速度が決定できる。その逆の場合は，反応率 x_A または成分 A の濃度 C_A についての代数方程式を解く問題になる。

いま，液相反応を考えて反応液の密度変化が無視でき，かつ反応速度が原料成分 A の n 次反応($-r_A = kC_A^n$)で表わされるとすると，式(3・45)は

$$a(C_A/C_{A0})^n + (C_A/C_{A0}) - 1 = 0 \tag{5・1}$$

のように書ける。ここで $C_A/C_{A0} = 1 - x_A$, $a = k\tau C_{A0}^{n-1}$ である。

式(5・1)は C_A を未知数とする代数方程式であって，$n=1, 2$ の場合は解析解が次のように得られる。

$$C_A/C_{A0} = 1/(1+k\tau) \quad (-r_A = kC_A) \tag{5・2}$$

$$C_A/C_{A0} = (\sqrt{1+4a} - 1)/2a \quad (-r_A = kC_A^2,\ a = k\tau C_{A0}) \tag{5・3}$$

一般の反応速度式に対しては，非線形の代数方程式を解く問題になるが，Newton–Raphson 法[1] などによって数値解が求められる。

次に，図5・1に示すような N 個の槽型反応器が直列に連結されている場合を考える。基本的には第1槽より式(3・45)あるいは式(5・1)を順次適用して行けばよい。i 番目の反応器入口における成分 A の濃度 C_{i-1} に対する出口濃度 C_i の比

$$C_i/C_{i-1} \quad (i=1, 2, \cdots, N) \tag{5・4}$$

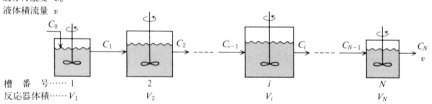

図 5・1 直列連続槽型反応器

---

1) 化学工学会編，"化学工学プログラミング演習"，p. 102, 122, 培風館(1976).

5・2 連続槽型反応器の設計

を用いると，N 槽全体としての反応率 x_A は次式によって計算できる。

$$1-x_A=\frac{C_N}{C_0}=\frac{C_1}{C_0}\cdot\frac{C_2}{C_1}\cdots\frac{C_{N-1}}{C_{N-2}}\cdot\frac{C_N}{C_{N-1}} \tag{5・5}$$

各槽の体積がすべて等しく，成分 A に対して 1 次反応の場合には，式(5・2)を式(5・5)に代入すると次式を得る。

$$1-x_A=1/(1+k\tau)^N \tag{5・6}$$

【例題 5・2】 連続槽型反応器で式(2・70)によって表わされる微生物反応を行なう。体積 V の反応器入口に基質濃度 C_{S0} の溶液を体積流量 v で供給したとき，反応器出口における基質濃度 C_S，代謝産物濃度 C_P，菌体濃度 C_X および反応器単位体積当りの菌体の生産速度 P_X を空間速度 S_v の関数として表わせ。ただし，菌体の死滅速度は無視できて，菌体と代謝産物の収率係数 $Y_{X/P}$ と $Y_{P/S}$ は定数であると仮定する。すなわち，菌体，基質および代謝産物の反応速度は式(2・73)，(2・74)および式(2・75)によってそれぞれ表わせるものとする。

次に，$\mu_{max}=1\,h^{-1}$，$K_S=0.2\,kg\cdot m^{-3}$，$Y_{X/S}=0.5\,kg\text{-菌体}\cdot(kg\text{-基質})^{-1}$，$C_{S0}=10\,kg\cdot m^{-3}$，$C_{X0}=C_{P0}=0$ としたときの C_S，C_X および P_X を空間速度 S_v に対して計算して図示せよ。

【解】 菌体 X の物質収支式は次式で表わされる。

$$vC_{X0}-vC_X+r_XV=0 \tag{a}$$

反応器入口での菌体濃度 C_{X0} は 0 であるとし，r_X に式(2・71)を代入すると

$$-vC_X+\mu C_XV=0 \tag{b}$$

が得られる。上式の両辺を C_XV でわり，$v/V=S_v$ とおくと†，式(b)は

$$S_v=\mu=\frac{\mu_{max}C_S}{K_S+C_S} \tag{c}$$

の関係に書き改められる。すなわち，空間速度 S_v が比増殖速度 μ に等しくなる。この関係は，空間速度を変化させることによって反応器内の菌体の増殖速度がコントロールできることを示している。

さらに，式(c)を C_S について解くと，反応器出口での基質濃度が次式によって表わされる。

$$C_S=K_SS_v/(\mu_{max}-S_v) \tag{d}$$

一方，菌体濃度 C_X と代謝産物濃度 C_P は，それぞれ式(2・76)と式(2・77)に式(d)を代入した次式から計算できる。

$$C_X=Y_{X/S}[C_{S0}-K_SS_v/(\mu_{max}-S_v)] \tag{e}$$

---

† 微生物工学の分野では，空間速度 S_v（空間時間の逆数）のことを希釈率(dilution rate)と呼び，D なる記号で表わしている。

$$C_P = C_{P0} + Y_{P/S}[C_{S0} - K_S S_v/(\mu_{max} - S_v)] \tag{f}$$

さらに，反応器の単位体積当りの菌体の生産速度 P_X (空時収量，p.121)は，式(e)の関係を用いて次式のように書ける．

$$P_X = vC_X/V = S_v C_X = S_v Y_{X/S}[C_{S0} - K_S S_v/(\mu_{max} - S_v)] \tag{g}$$

図5·2に C_S, C_X および P_X を空間速度 S_v に対してプロットしたものを示す．S_v の値が大きくなると急激に菌体濃度 C_X は低下し，$S_v = S_{v,w}$ において $C_X = 0$ となる．そのときの反応器出口の基質濃度 C_S は入口濃度 C_{S0} に等しい．すなわち，空間速度として許容される限界値が存在し，それ以上の空間速度の値では反応器は操作できない．$C_X = 0$ となる状態を "ウォッシュアウト (wash out)" と呼んでいる．ウォッシュアウトに対応する空間速度 $S_{v,w}$ は式(e)に $C_X = 0$ を代入することにより得られる．

$$S_{v,w} = \mu_{max} C_{S0}/(K_S + C_{S0}) \tag{h}$$

上式を用いて $S_{v,w}$ を計算すると，$S_{v,w} = 0.980$ となる．

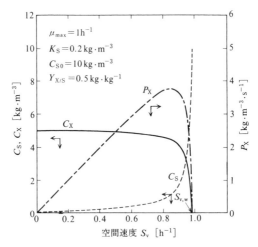

図 **5·2** CSTR 出口の基質濃度(C_S)，菌体濃度(C_X)および菌体の生産速度(P_X)と空間速度(S_v)との関係

5·2·2 図解法

図5·1の i 番目の槽に対して，成分 A の物質収支をとると

$$vC_{i-1} - vC_i + r_{Ai}V_i = 0 \tag{5·7}$$

が得られる．両辺を V_i で割ると

$$-r_{Ai} = (C_{i-1}/\tau_i) - (1/\tau_i)C_i \tag{5·8}$$

となる．反応速度 r_{Ai} は第 i 槽出口における反応成分の濃度の関数であるが，量論関係を用いると限定反応成分 A の濃度 C_i のみによって表わせる．一方，

C_{i-1} は第 i 槽の入口での成分 A の濃度を表わすが，第1槽より順次計算を進めてきた場合，既知数とみなせる。τ_i は第 i 槽の空間時間である。このように，式(5·8)の両辺は C_i の関数であって，図5·3に示すように，横軸に C をとったグラフ上にプロットできる。左辺は一般に曲線になるが，右辺は傾きが $-1/\tau_i$ で横軸と C_{i-1} の点で交わる直線を表わしている。この曲線と直線の交点の横座標が第 i 槽出口の成分 A の濃度 C_i を与える。次に C_i を通り，傾

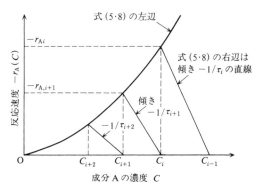

図 5·3 図解法による直列連続槽型反応器の設計法

きが $-1/\tau_{i+1} = -v/V_{i+1}$ の直線を引き，$-r_A$ の曲線との交点より C_{i+1} が決定できる。このような計算を第1槽より順次進めて行けば，各槽の濃度 C_1, C_2, … が求められる。各槽の体積が等しい場合は，式(5·8)の右辺で表わされる直線はすべて平行になる。

槽数と最終槽出口の反応率が与えられて，各槽の体積あるいは原料供給速度を知りたいときには，直線の傾きを適当に仮定して作図を行ない，出口濃度が所要の値になるように試行しなければならない。

【例題 5·3】 A + B ⟶ D で表わされる液相2次不可逆反応を連続槽型反応器を用いて行なう。A の80%を反応させるのに必要な反応器体積を次の二つの場合について図解法によって求めよ。
（1） CSTR 1槽のとき。
（2） 同一体積の CSTR 2槽を直列に結合したとき。
反応速度式は次式で表わせる。
$$-r_A = kC_A C_B, \quad k = 4 \times 10^{-5} \, \text{m}^3 \cdot \text{mol}^{-1} \cdot \text{min}^{-1}$$
原料供給速度は $0.05 \, \text{m}^3 \cdot \text{min}^{-1}$，原料中の A および B の濃度は $C_{A0} = 3 \times 10^3$，$C_{B0} = 4.5 \times 10^3 \, \text{mol} \cdot \text{m}^{-3}$ であり，D は含まれていない。

【解】 反応速度を C_A の関数として表現すると
$$-r_A = kC_A[C_{B0}-(C_{A0}-C_A)] = 4\times 10^{-5} C_A(1500+C_A) \quad (\text{a})$$
となる。図 5·4 に $-r_A$ 対 C_A の関係をプロットする。反応率 $x_{Af}=0.80$ に対応する A の濃度 C_{Af} と $-r_{Af}$ は、それぞれ次のようになる。
$$C_{Af} = C_{A0}(1-x_{Af}) = 3\times 10^3 (1-0.8) = 6\times 10^2\, \text{mol}\cdot\text{m}^{-3}$$
$$-r_{Af} = (4\times 10^{-5})(6\times 10^2)(1.5\times 10^3+600) = 50.4\, \text{mol}\cdot\text{m}^{-3}\cdot\text{min}^{-1}$$

(1) 1槽のみの場合の直線は図中の1点鎖線で表わせる。その傾きは、図より
$$-50.4/(3-0.6)(10^3) = -0.021$$
となる。これが $-1/\tau = -v/V$ に等しいから、CSTR の体積は次のようになる。
$$V = v/0.021 = 0.05/0.021 = 2.38\, \text{m}^3$$

(2) 次に、2槽を直列に結合した場合は、第2槽出口の濃度が所定の $C_{Af}=600\,\text{mol}\cdot\text{m}^{-3}$ になるように、互いに平行な2本の直線を引くと、図 5·4 の実線で示す直線が得られる。第1槽に対する直線の傾きを用いると次の関係式が得られる。
$$-\frac{0.135\times 10^3}{(3-1.24)(10^3)} = -0.0767 = -\frac{v}{V_1}$$
したがって
$$V_1 = 0.652\, \text{m}^3$$
2槽全体としての反応器体積は
$$V = 0.652\times 2 = 1.30\, \text{m}^3$$

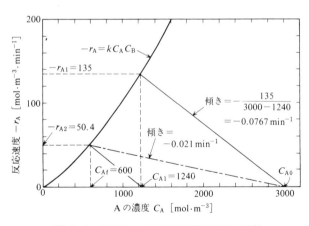

図 5·4 図解法による連続槽型反応器の設計

となる。この値を(1)で得た $2.38\,\text{m}^3$ と比較すると、CSTR を単独で用いるよりもいくつかに分割し、それらを連結した直列連続槽型反応器を用いるほうが有利であることを示している。

5・3 管型反応器の設計

反応流体の流動状態が押出し流れで,しかも等温下にある管型反応器の設計方程式は,3章で導いた次式

$$\frac{V}{F_{A0}} = \int_0^{x_A} \frac{dx_A}{-r_A} \tag{3・51}$$

で与えられる。簡単な反応速度式に対する上式の積分形は,表3・2にまとめられている。

【例題 5・4】 $\quad A + B \longrightarrow C, \quad -r_A = kC_A C_B \qquad$ (a)

で表わされる気相反応を円管を並列に配置した多管型反応器(図5・5)で行なう。反応圧力は506.6 kPa,反応温度は773 K であり,そのときの反応速度定数 k の値は 1.72×10^{-3} $m^3 \cdot mol^{-1} \cdot s^{-1}$ である。反応原料の組成は,A が 40%, B が 50%,および不活性ガスが 10% である。反応ガスを $4.17\, mol \cdot s^{-1}$ の速度で反応器に供給し,反応率を 85% にとる。内径 0.1 m, 長さ 5 m の管を用いるとき,何本の反応管が必要になるか。

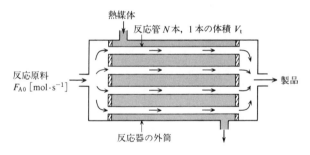

図 5・5 多管型反応器

【解】 容積 $V_t\,[m^3]$ の反応管が N 本並列に配置された多管型反応器(反応管全体の体積 $V = NV_t$)に成分 A が $F_{A0}\,[mol \cdot s^{-1}]$ の速度で供給され,各管に均一に分配されるものとすると,1本の反応管に対する設計方程式は,式(3・51)より

$$\frac{V_t}{F_{A0}/N} = \int_0^{x_A} \frac{dx_A}{-r_A} \tag{b}$$

のように表わせる。上式の左辺は $V_t N/F_{A0} = V/F_{A0}$ と書けるから,式(b)は管全体の体積 V に等しい単一の管型反応器に対する式とみなすこともできる。したがって,まず管全体の体積 V を求める。

量論式より,$\delta_A = (-1-1+1)/1 = -1$, 反応器入口での A のモル分率 $y_{A0} = 0.4$ であるから,$\varepsilon_A = \delta_A y_{A0} = (-1)(0.4) = -0.4$ となる。次に,反応器入口における A の濃度

C_{A0} は次のようになる。

$$C_{A0} = \frac{P_t y_{A0}}{RT} = \frac{(506.6 \times 10^3)(0.4)}{(8.314)(773)} = 31.53 \, \text{mol} \cdot \text{m}^{-3}$$

一方，A に対する B のモル比は次のようになる。

$$\theta_B = F_{B0}/F_{A0} = y_{B0}/y_{A0} = 0.5/0.4 = 1.25$$

さて，$b=1$，ならびに $F_{A0} = F_{t0} y_{A0}$ であることに留意して，表3·2 の $A + bB \longrightarrow cC$，$-r_A = kC_A C_B$ に対する積分形の式を反応器体積 V について解くと

$$V = \frac{F_{t0} y_{A0}}{k C_{A0}^2} \left[\varepsilon_A^2 x_A + \frac{(1+\varepsilon_A)^2}{\theta_B - 1} \ln \frac{1}{1-x_A} + \frac{(1+\varepsilon_A \theta_B)^2}{\theta_B - 1} \ln \frac{\theta_B - x}{\theta_B} \right] \quad (\text{c})$$

が得られる。この式に数値を代入すると，

$$V = \frac{(4.17 \times 0.4)}{(1.72 \times 10^{-3})(31.53)^2} \left[(-0.4)^2 (0.85) + \frac{(1-0.4)^2}{1.25-1} \ln \frac{1}{1-0.85} \right.$$
$$\left. + \frac{(1-0.4 \times 1.25)^2}{1.25-1} \ln \frac{1.25-0.85}{1.25} \right]$$

$$= 1.686 \, \text{m}^3$$

となる。反応管1本当りの体積 V_t は

$$V_t = (\pi/4)(0.1)^2 (5) = 0.03927 \, \text{m}^3$$

であるから，必要な管数 N は次のようになる。

$$N = V/V_t = 1.686/0.03927 = 42.9 \cong 43 \, \text{本}$$

5·4 循環流れを伴う反応器

　反応プロセスにおいては，反応器出口より出てくる反応生成物を含む流体の一部を反応器入口に循環し，補給原料と合流させて反応器に供給するリサイクル操作が広く採用されている。この場合に反応原料中に含まれる不活性成分あるいは不純物が流れ系に次第に蓄積するので，その濃度を一定値以下に保持するために，循環ガスの一部を系外に抜き出す必要がある。これをパージと呼んでいる。しかし，ここでは解析を簡単にするために，反応原料中には不純物は含まれていないと仮定する。

　図5·6は循環流れを伴う反応器の三つの形式を示している。(a)は反応器より排出される流体の一部を分離装置に通さずに反応生成物を含んだままで反応器入口に循環する方式である。(b)は反応器出口に分離装置を連結して，生成した製品のみを系外に取り出し，未反応の原料成分は反応器入口に循環して再利用する操作法である。(c)は微生物反応において用いられる方式であって，反応器出口に遠心分離機を設けて，反応器より排出される菌体の濃度を濃縮し

5・4 循環流れを伴う反応器

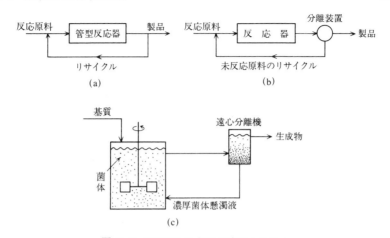

図 5・6 循環流れを伴う反応器システム

てから反応器入口に循環する。菌体の一部は系外に排出されるが，大部分は再び反応器に戻されて有効に利用される。

(a)の操作方式では管型反応器が用いられ，通常これをリサイクル反応器と呼んでいる。槽型反応器から排出される流体をそのまま再循環しても，反応器内が完全混合状態にある CSTR においては，何らの効果もない。一方，押出し流れの管型反応器にリサイクルを行なうと，高反応率の流体が低反応率の流体に混合されるから，装置の総括的な混合状態は押出し流れより偏倚する。リサイクル流量を増加させると，完全混合状態に接近する。このようにリサイクル反応器の流動状態は押出し流れと完全混合流れの中間的な挙動を示す非理想流れになる。後述するように，自触媒反応ではある程度の流体混合が存在するほうがよい場合があり，リサイクル反応器が使用されることがある。

(b)の操作法では，反応器として管型反応器，槽型反応器のいずれを用いてもよい。反応条件あるいは反応平衡により，1回通過あたりの反応率が低い場合には，(b)の操作方式が広く採用される。化学反応プロセスにおけるリサイクル操作といえば，この(b)の場合を意味することが多い。

微生物反応を連続操作する場合に，触媒として作用する菌体が反応生成物とともに排出されることは避けなければならない。菌体を排出液より濃縮分離した後に循環再利用する(c)の操作法が望ましいが，管型反応器を用いる場合には(a)の操作法のように，濃縮せずに反応生成物をそのままリサイクルしても効果がある。

5·4·1 リサイクル反応器

図 5·7(a)に示すようなリサイクル反応器を考える。まず，式(5·9)で定義される循環比(recycle ratio) γ を導入する。

$$\gamma = \frac{\text{反応器入口に循環される反応混合物の体積流量}}{\text{系外に取り出される反応混合物の体積流量}} = \frac{v_3}{v_\mathrm{f}} \quad (5·9)$$

図 5·7(a)に示すように，循環流れを含む破線で囲まれた系を考える。いま，補給原料中の成分 A の物質量流量 $F_{A0}\,[\mathrm{mol\cdot s^{-1}}]$ を基準にとった反応率 x_A を用いると，系外に取り出される製品の反応率 x_{Af} は次式で表わされる。

$$x_{Af} = (F_{A0} - F_{Af})/F_{A0} \quad (5·10\text{-a})$$

この式を F_{Af} について解くと

$$F_{Af} = F_{A0}(1 - x_{Af}) \quad (5·10\text{-b})$$

が得られる。この F_{Af} を用いると，反応器出口の点(2)における成分 A の物質量流量 F_{A2}，および循環流れ中の A の物質量流量 F_{A3} が，次式のように書ける。

$$F_{A2} = (1+\gamma)F_{Af} = F_{A0}(1+\gamma)(1-x_{Af}) \quad (5·11)$$

$$F_{A3} = \gamma F_{Af} = F_{A0}\gamma(1-x_{Af}) \quad (5·12)$$

さらに，混合点 K における成分 A の物質収支より，反応器入口の点(1)における A の物質量流量 F_{A1} は

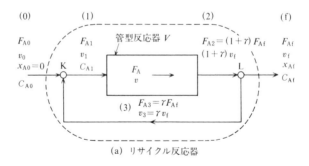

(a) リサイクル反応器

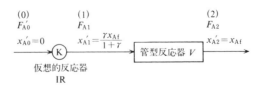

(b) (a)と等価な管型反応器

図 5·7　リサイクル反応器とそれに等価な管型反応器

5・4 循環流れを伴う反応器

$$F_{A1}=F_{A0}+F_{A3}=F_{A0}[1+\gamma(1-x_{Af})] \qquad (5・13)$$

によって表わせる。

以上の諸式によってリサイクル反応器周辺における成分 A の物質量流量が，F_{A0}，γ および x_{Af} を用いて書き表わされた。次にリサイクル反応器の設計方程式を導くが，それには適当な基準による反応率を導入して，反応器内部の任意の点における成分 A の物質量流量 F_A [mol·s^{-1}] を書き表わさなければならない。反応器内部には，補給原料の流れに循環流れが合流した反応混合物が流れているから，さきの F_{A0} を基準にとった反応率 x_A は使用できない。さて，式(5・11)に着目し，この式と流通系における反応率の定義式(3・16)の第1式と比較してみると，x_{Af} は $F_{A0}(1+\gamma)$ を基準にとったときの反応器出口(2)における反応率になっている。そこで，

$$F_{A0}'=F_{A0}(1+\gamma) \qquad (5・14)$$

とおき，この F_{A0}' を基準にとって反応器内での反応率 x_A' を次式で定義する。

$$x_A'=(F_{A0}'-F_A)/F_{A0}' \qquad (5・15)$$

F_{A0}' は，補給原料の流れに，仮想的に未反応だと考えた循環流れを合流させた原料流体中に含まれる成分 A の物質量流量を表わしている。したがって，この仮想的な原料流体の組成は，補給原料のそれに等しく，体積流量は補給原料の体積流量の $(1+\gamma)$ 倍になっている。反応器内での物質量流量と体積流量は

$$F_A=F_{A0}(1+\gamma)(1-x_A'), \qquad F_B=F_{A0}(1+\gamma)[\theta_B-(b/a)x_A'] \qquad (5・16\text{-a})$$
$$v=v_0(1+\gamma)(1+\varepsilon_A x_A') \qquad (5・16\text{-b})$$

のように x_A' を用いて表わせる。ただし $\theta_B=F_{B0}/F_{A0}$，$\varepsilon_A=\delta_A y_{A0}$ である。

したがって，成分 A, B の濃度は，次式で表わせる。

$$C_A=\frac{F_A}{v}=\frac{C_{A0}(1-x_A')}{1+\varepsilon_A x_A'}, \qquad C_B=\frac{F_B}{v}=\frac{C_{A0}[\theta_B-(b/a)x_A']}{1+\varepsilon_A x_A'} \qquad (5・16\text{-c})$$

補給原料と循環流れが合流する点 K における混合によって生じる組成変化は，図5・7(b)に示すように，F_{A0}' の未反応原料が点 K に仮想的に設けられた反応器 IR に入り，反応して F_{A1} に変化したために生じると考えることができる。F_{A0}' を基準にとったときのリサイクル反応器入口の点(1)における反応率 x_{A1}' は，式(5・13)を用いて次式のように表わせる。

$$x_{A1}'=\frac{F_{A0}'-F_{A1}}{F_{A0}'}=\frac{F_{A0}(1+\gamma)-F_{A0}[1+\gamma(1-x_{Af})]}{F_{A0}(1+\gamma)}=\frac{\gamma x_{Af}}{1+\gamma} \qquad (5・17\text{-a})$$

F_{A0}' を基準にとった反応器出口の反応率 x_{A2}' は

$$x_{A2}{}' = \frac{F_{A0}{}' - F_{A2}}{F_{A0}{}'} = \frac{F_{A0}(1+\gamma) - F_{Af}(1+\gamma)}{F_{A0}(1+\gamma)} = x_{Af} \quad (5\cdot17\text{-b})$$

となり，式(5·10-a)で定義される補給量 F_{A0} を基準にとった反応率 x_{Af} に等しい．

以上のように考えると，図5·7(a)のリサイクル反応器の体積 V は，図5·7(b)に示すような管型反応器を2台直列に結合した系の後の反応器の体積に等しくなる．すなわち，積分の下限値が0でなく $x_{A1}{}'$ であることに注意して式(3·51)を適用すると，次式が得られる．

$$\frac{V}{F_{A0}{}'} = \int_{x_{A1}{}'}^{x_{A2}{}'} \frac{dx_A{}'}{-r_A(x_A{}')} \quad (5\cdot18)$$

さらに式(5·14), (5·17-a), (5·17-b)ならびに，$F_{A0} = v_0 C_{A0}$ を用いると，上式は次式のように書ける．

$$\tau_r = \frac{V}{v_0} = (1+\gamma) \int_{\frac{\gamma x_{Af}}{1+\gamma}}^{x_{Af}} \frac{C_{A0} dx_A{}'}{-r_A(x_A{}')} \quad (5\cdot19\text{-a})$$

上式の右辺の C_{A0} を含む定積分を区間0から x_{Af} までの定積分と，区間0から $\gamma x_{Af}/(1+\gamma)$ までの定積分の差として書き換えて，管型反応器の設計方程式の式(3·52)を参照すると，以下のように書き換えられる．

$$\tau_r = (1+\gamma)\left[\tau_p(x_{Af}) - \tau_p\left(\frac{\gamma x_{Af}}{1+\gamma}\right)\right] \quad (5\cdot19\text{-b})$$

上式の $\tau_p(x_A)$ は表3·2の積分形の関数 τ と同一であり利用できる．このように(5·19-a)の定積分を改めて導出する必要がなくなる．

定容系の場合は，式(5·19-a)は成分Aの濃度についての式に書き換えられて，次式が成立する（[例題5·6] 参照）．

$$\tau_r = \frac{V}{v_0} = -(1+\gamma) \int_{\frac{C_{A0} + \gamma C_{Af}}{1+\gamma}}^{C_{Af}} \frac{dC_A}{-\gamma_A} \quad (5\cdot20)$$

次に式(5·19-a)で与えられるリサイクル反応器の τ_r の値を図上に表わしてみる．図5·8に $C_{A0}/(-r_A)$ 対 $x_A{}'$ の関係をプロットすると曲線HADが得られる．式(5·19-a)の右辺の定積分の上限は x_{Af} で点Cに，下限は $\overline{OC}$ を $\gamma:1$ の比に内分した点Bになる．したがって式(5·19-a)の定積分は曲線ADと横軸で囲まれたABCDの面積に等しい．この面積に等しくなるように四角形FBCEを作図することが可能である．さて四角形GOCEの面積は四角形FBCEの面積(定積分の値)の $(1+\gamma)$ 倍になっている．すなわち，四角形GOCEの面積は式(5·19-a)の右辺に相当しており，その面積がリサイクル反応器の空間時間 τ_r の値を与える．

5・4 循環流れを伴う反応器

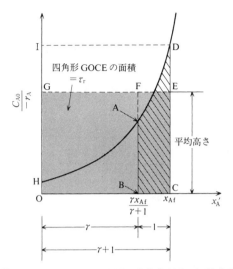

図 5・8 リサイクル反応器の設計方程式の図的表現

一方,リサイクル反応器の循環比 γ の値を大きくしていくと,図5・8の点Bは点Cに接近していき空間時間 τ_r の値は矩形IOCDの面積すなわち槽型反応器の空間時間 τ_m に接近していく。

【例題 5・5】 気相1次反応をリサイクル反応器で行なう。空間時間 τ を表わす式を導け。

【解】 気相1次反応の管型反応器の空間時間 τ_p は表3・2から

$$\tau_p(x_A) = \frac{1}{k}\left[(1+\varepsilon_A)\ln\frac{1}{1-x_A} - \varepsilon_A x_A\right] \quad (a)$$

式(a)を式(5・19-b)に代入して整理すると次式を得る。

$$k\tau_r = (1+\gamma)\left[(1+\varepsilon_A)\ln\frac{1+\gamma(1-x_{Af})}{(1+\gamma)(1-x_{Af})} - \frac{\varepsilon_A x_{Af}}{1+\gamma}\right] \quad (b)$$

【例題 5・6】 定容系の反応をリサイクル反応器で行なうときの設計方程式を導け。

【解】 5・4・1で述べた方法は,非定容系に対して一般的に展開されたが,式の導出はかなり複雑になった。定容系に対しても,$\varepsilon_A=0$ と置き換えると非定容系の結果が適用できる。しかしながら,定容系の場合は,リサイクルをはずして管型反応器入口と出口に着目して,濃度基準の設計方程式(3・53)を用いると,以下に示すように,設計方程式(5・20)が比較的簡単に直接導ける。

$$\tau = \int_{C_A}^{C_{A0}} \frac{dC_A}{-r_A} \quad (3・53)$$

図 5・7 において，混合点 K において成分 A の物質収支をとると

$$v_0 C_{A0} + \gamma v_0 \cdot C_{Af} = (v_0 + \gamma v_0) C_{A1} \tag{a}$$

となる．この式を C_{A1} について解くと，反応器入口での濃度 C_{A1} を表わす次式が得られる．

$$C_{A1} = (C_{A0} + \gamma C_{Af})/(1+\gamma) \tag{b}$$

一方，反応器出口での濃度は C_{Af} に等しい．

反応器入口での反応流体の体積流量 v_1 は，補給原料の流量 v_0 とリサイクル流量 $v_3 = \gamma v_0$ の和，$v_0(1+\gamma)$ に等しいから，式 (3・53) の左辺は

$$\tau = V/v_0(1+\gamma) \tag{c}$$

となる．これらの関係を式 (3・53) に代入して整理すると，次式が得られる．これは，式 (5・20) に等しい．

$$\frac{V}{v_0} = -(1+\gamma) \int_{\frac{C_{A0}+\gamma C_{Af}}{1+\gamma}}^{C_{Af}} \frac{dC_A}{-r_A} \tag{d}$$

5・4・2　未反応原料の循環

すでに図 5・6-(b) に示したように，反応器出口に分離器を接続し，未反応原料を分離回収して再び反応器入口にリサイクルする操作法はよく採用される．しかし，リサイクルを含む系の物質収支計算はトライアルを含み複雑になり，反応器設計を一般的に展開することはかなり困難になる．

ここでは，量論式と反応速度が

$$A \underset{k_2}{\overset{k_1}{\rightleftharpoons}} C, \qquad -r_A = k_1 C_A - k_2 C_C \tag{5・21}$$

で表わされる液相反応を，図 5・9 に示すように，管型反応器と分離器を接続したシステムで行なう場合を考える．ただし，成分 A のみからなる反応原料を管型反応器に供給し，反応器出口に接続した分離器によって，原料成分 A を生成物成分 C より完全に分離回収してから，A のみを反応器入口にリサイク

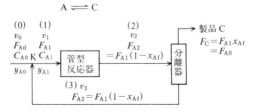

図 5・9　未反応原料を循環する管型反応器システムの物質収支

5·4 循環流れを伴う反応器

ルすると仮定する。まず、一般的な関係式を導く。

反応器入口(1)におけるAの物質量流量 F_{A1} を基準にして反応率を定義し、反応器出口の反応率を x_{Af} で表わすと、管型反応器の体積 V は

$$V = F_{A1} \int_0^{x_{Af}} \frac{dx_A}{-r_A} \quad (5\cdot 22)$$

によって計算できる。

反応器出口(2)で排出されるAの物質量流量は F_{A2} であり、それがそのまま点Kにリサイクルされるから

$$F_{A2} = F_{A1}(1-x_{Af}) = (F_{A0}+F_{A2})(1-x_{Af})$$

の関係が成立する。この式を F_{A2} について解くと次式が得られる。

$$F_{A2} = F_{A0}(1-x_{Af})/x_{Af} \quad (5\cdot 23)$$

したがって、反応器入口におけるAの物質量流量は次式で表わされる。

$$F_{A1} = F_{A0} + F_{A2} = F_{A0}/x_{Af} \quad (5\cdot 24)$$

式(5·24)を式(5·22)に代入すると次式が得られる。

$$\frac{V}{F_{A0}} = \frac{1}{x_{Af}} \int_0^{x_{Af}} \frac{dx_A}{-r_A} \quad (5\cdot 25)$$

未反応原料を循環したときの製品の生産速度 F_C は、式(5·24)を用いると

$$F_C = F_{A1} x_{Af} = F_{A0} \quad (5\cdot 26)$$

となる。一方、通常の管型反応器の成分Cの生産速度は次式で表わされる。

$$F_C^\circ = F_{A0} x_{Af}^\circ \quad (5\cdot 27)$$

ここで x_{Af}° は分離装置を取り除いたときに得られる反応率である。

式(5·26), (5·27)より、未反応原料を完全に分離して循環使用すると、製品の生産速度は、次式に示すように $1/x_{Af}^\circ (>1)$ 倍に向上する。

$$F_C/F_C^\circ = 1/x_{Af}^\circ \quad (5\cdot 28)$$

反応速度式が一次可逆反応で表わされるときに、上記の関係を適用してみる。まず、式(5·21)の反応速度式を反応率 x_A を用いて表わす。反応原料Aの反応器入口での濃度 C_{A1} は、仮定より原料濃度 C_{A0} に等しいから、反応速度は次式のように表わされる。

$$-r_A = k_1 C_{A0}(1-x_A) - k_2 C_{A0} x_A$$
$$= k_1 C_{A0}[1-(1+1/K_C)x_A] \quad (5\cdot 29)$$

ここで、$K_C = k_1/k_2$ は平衡定数を表わす。

上式を式(5·25)の設計方程式に代入して積分すると

$$k_1 \tau = \frac{k_1 V C_{A0}}{F_{A0}} = \frac{1}{(1+1/K_C) x_{Af}} \ln\left[\frac{1}{1-(1+1/K_C)x_{Af}}\right] \quad (5\cdot 30)$$

が得られる．反応器出口での反応率 x_{Af} を設定すると，上式から反応器体積 V が計算できる．また，未反応原料流量 F_{A2} も式(5・23)より算出できるから，分離器への負荷が定まり，分離器の設計も可能になる．

一方，分離器がない場合は，通常の管型反応器に対する式(3・52)の積分を実行すると

$$k_1\tau = \frac{k_1VC_{A0}}{F_{A0}} = \frac{1}{(1+1/K_C)}\ln\left[\frac{1}{1-(1+1/K_C)x_{Af}°}\right] \quad (5\cdot31)$$

が得られ，反応器出口での反応率 $x_{Af}°$ が算出できる．その値を式(5・28)に代入すると，未反応原料を循環することによる生産速度の増大が算出できる．

5・5　自触媒反応の最適操作

2章で述べたように，自触媒反応の速度は反応開始時では小さいが，反応の進行に伴い，触媒の働きをする反応生成物の濃度が増加するために反応速度は増大し最大値に達する．しかし，反応原料の消費が進行して，やがて反応速度は減少する．したがって，図5・10に示すように $1/(-r_A)$ 対 x_A の図は最小値をもつ曲線で表わされる．原料成分 A に対して1次，2次反応などの場合の $1/(-r_A)$ 対 x_A のグラフは単調増加の曲線になり，常に PFR の性能は CSTR の性能に比較して優れていた．しかるに，自触媒反応の場合は，以下に示すように，最適な反応器の選定は簡単ではなく，興味深い問題を提供している．

リサイクルがない場合の最適な反応器システム

反応器出口の反応率 x_{Af} が与えられたときに，PFR，CSTR あるいは両反応器の適当な組合せによって，反応器体積を最小にする反応器システムの形式はどのようになるかを考えてみる．

自触媒反応の速度が最大値を与える反応率を $x_{A,max}$ で表わす．x_{Af} と $x_{A,max}$ の大小関係により最適な反応器形式は異なってくる．

（1）　低反応率で操作する場合 $(x_{Af} \leq x_{A,max})$：　図5・10(a)に示すように CSTR の反応器体積が最小になる．

（2）　高反応率で操作する場合 $(x_{Af} > x_{A,max})$：　一般に PFR の体積が CSTR に比較して小さくなるが[図5・10(b)]，ある出口反応率においては，両者の性能が等しくなる可能性も存在する．図5・10(c)に示すように，CSTR と PFR を直列に連結した反応器システムを採用すると，全体としての反応器体積は PFR を単独に用いたときよりも小さくなる．

5・5 自触媒反応の最適操作

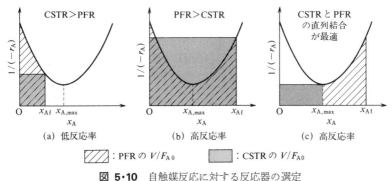

図 5・10 自触媒反応に対する反応器の選定

【例題 5・7】 酢酸メチル(Aと略記する)の加水分解反応は，生成物の酢酸(C)によって触媒作用を受ける自触媒反応である。反応速度は酢酸メチルと酢酸の濃度の積に比例する。本反応を回分反応器で行なった。反応率が70%に到達するのに必要な時間は5.4×10^3 s であった。ただし，酢酸メチルと酢酸の初濃度はそれぞれ500と$50\,\mathrm{mol\cdot m^{-3}}$であった。次の各項に答えよ。

（1） 反応速度定数を求めよ。

（2） 反応速度と酢酸メチルの反応率の関係を図示し，最大の反応速度を与える反応率 $x_{A,\mathrm{max}}$，ならびにそのときの反応速度 $-r_{A,\mathrm{max}}$ を求めよ。

（3） 本反応を連続槽型反応器で行なったときの空間時間 τ_m を求めよ。ただし反応率は80%とする。AおよびCの入口濃度はそれぞれ500と$50\,\mathrm{mol\cdot m^{-3}}$である。

（4） 管型反応器を用いた場合の空間時間 τ_p を算出せよ。その他の反応条件は(3)と同一である。

（5） 連続槽型反応器と管型反応器を適当に組み合わせて，空間時間を最小にしたい。その組合せ方式，ならびにそのときの空間時間を計算せよ。その他の反応条件は(3)と同一である。

（6） 管型リサイクル反応器で出口反応率を80%にするとき，空間時間を最小にする循環比 γ ならびにそのときの空間時間を求めよ。ただし，供給原料中の成分Aの濃度は$500\,\mathrm{mol\cdot m^{-3}}$で，触媒作用をする成分Cは含まれていない†。

【解】 （1） 本反応は

---

† 操作開始時(スタートアップ)にごく少量の触媒成分Cを添加すると，反応が始まってCが生成し，それが反応器入口に循環されるから，それ以後は反応原料中にCを加えなくても反応は定常的に進む。これに対して押出し流れ反応器ではCを定常的に供給しないと自触媒反応は進行しない。

のように表わせる。反応率 x_A を用いると $-r_A$ は次式のように書ける。
$$-r_A = kC_{A0}^2(1-x_A)(\theta_C+x_A) \tag{a}$$
定容回分反応器の設計式(3·40)に式(a)を代入して積分を実行すると
$$kC_{A0}t = \frac{1}{\theta_C+1}\ln\frac{\theta_C+x_A}{\theta_C(1-x_A)} \tag{b}$$
が得られる。$C_{A0}=500\,\mathrm{mol\cdot m^{-3}}$, $t=5400\,\mathrm{s}$, $\theta_C=C_{C0}/C_{A0}=50/500=0.1$, および $x_A=0.7$ を代入すると，反応速度定数が次のように求められる。
$$k = 1.106\times 10^{-6}\,\mathrm{m^3\cdot mol^{-1}\cdot s^{-1}}$$

（2） $-r_A$ は，式(a)より
$$-r_A = kC_{A0}^2[-x_A^2+(1-\theta_C)x_A+\theta_C] = (1.106\times 10^{-6})(500)^2[-x_A^2+(1-0.1)x_A+0.1]$$
$$= 0.2765(-x_A^2+0.9x_A+0.1) \tag{c}$$

図 5·11(a)に $-r_A$ 対 x_A の関係を示す。

$-r_A$ には最大値が存在し，そのときの反応率および最大反応速度は次式より求められる。
$$\mathrm{d}(-r_A)/\mathrm{d}x_A = kC_{A0}^2[-2x_A+(1-\theta_C)] = 0$$
したがって
$$x_{A,\max} = (1-\theta_C)/2 = (1-0.1)/2 = 0.45 \tag{d}$$
式(d)を式(c)に代入すると次のようになる。
$$-r_{A,\max} = kC_{A0}^2(1+\theta_C)^2/4 = (1.106\times 10^{-6})(500)^2(1+0.1)^2/4$$
$$= 8.364\times 10^{-2}\,\mathrm{mol\cdot m^{-3}\cdot s^{-1}} \tag{e}$$

（3） 図 5·11(b)に CSTR の空間時間 τ_m の大きさを面積で示した。式(3·45)より τ_m を求める。
$$\tau_m = \frac{(C_{A0})(x_A)}{-r_A} = \frac{(C_{A0})(x_A)}{kC_{A0}^2(1-x_A)(\theta_C+x_A)} = \frac{0.8}{(1.106\times 10^{-6})(500)(1-0.8)(0.1+0.8)}$$
$$= 8.037\times 10^3\,\mathrm{s} = 2.23\,\mathrm{h}$$

（4） 図 5·11(b)に PFR の空間時間 τ_p に相当する面積を斜線で表わした。式(3·52)より τ_p を求める。
$$\tau_p = C_{A0}\int_0^{x_A}\frac{\mathrm{d}x_A}{kC_{A0}^2(1-x_A)(\theta_C+x_A)} = \frac{1}{kC_{A0}(1+\theta_C)}\int_0^{x_A}\left(\frac{1}{1-x_A}+\frac{1}{\theta_C+x_A}\right)\mathrm{d}x_A$$
$$= \frac{1}{kC_{A0}(1+\theta_C)}\ln\frac{\theta_C+x_A}{(1-x_A)\theta_C} = \frac{1}{(1.106\times 10^{-6})(500)(1+0.1)}\ln\frac{0.1+0.8}{(1-0.8)(0.1)}$$
$$= 6258\,\mathrm{s} = 1.74\,\mathrm{h} \tag{f}$$

（5） 図 5·11(b)に示すように，最大反応速度を与える反応率 $x_{A,\max}=0.45$ までは CSTR を，それ以後は PFR を用いると空間時間は最小になる。そのときの空間時間を τ_{m+p} で表わすと，次のようになる。

5・5 自触媒反応の最適操作

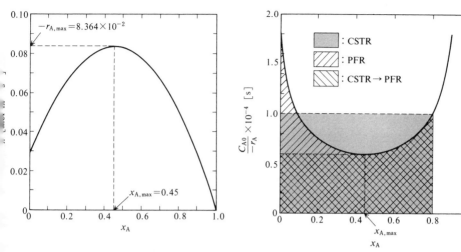

(a) 酢酸メチルの加水分解反応速度　　(b) 3種類の反応器体積の比較

図 5・11

$$\tau_{m+p} = \frac{(C_{A0})(x_{A,max})}{-r_A(x_{A,max})} + C_{A0}\int_{x_{A,max}}^{x_A}\frac{dx_A}{-r_A}$$

$$= \frac{(C_{A0})(x_{A,max})}{kC_{A0}^2(1-x_{A,max})(\theta_C+x_{A,max})} + \frac{1}{kC_{A0}(1+\theta_C)}\left[\ln\frac{\theta_C+x_A}{1-x_A}\right]_{x_{A,max}}^{x_A}$$

$$= \frac{0.45}{(1.106\times 10^{-6})(500)(1-0.45)(0.1+0.45)}$$

$$+ \frac{1}{(1.106\times 10^{-6})(500)(1+0.1)}\ln\frac{(0.1+0.8)(1-0.45)}{(1-0.8)(0.1+0.45)}$$

$$= 2690 + 2473 = 5163\,\text{s} = 1.43\,\text{h}$$

(6) 式(a)の右辺の θ_C を 0 とおいた式を式 (5・19-a) に代入して定積分を計算すると次式が得られる。

$$\tau_r = C_{A0}(1+\gamma)\int_{\frac{\gamma x_{Af}}{\gamma+1}}^{x_{Af}}\frac{dx_A'}{kC_{A0}^2(1-x_A')x_A'} = \frac{1+\gamma}{kC_{A0}}\ln\left[\frac{1+\gamma(1-x_{Af})}{\gamma(1-x_{Af})}\right] \quad \text{(g)}$$

上式の両辺を γ で微分して $d\tau_r/d\gamma = 0$ とおくと，次の関係式が成立する。

$$\frac{1+\gamma}{\gamma[1+\gamma(1-x_{Af})]} = \ln\left[\frac{1+\gamma(1-x_{Af})}{\gamma(1-x_{Af})}\right] \quad \text{(h)}$$

この式に $x_{Af} = 0.8$ を代入して試行法で γ の値を求めると

$$\gamma = 0.7304$$

が得られた。このときの空間時間 τ_r は式(g)より次のように得られる。

$$\tau_r = \frac{1+0.7304}{(1.106\times 10^{-6})(500)} \ln\left[\frac{1+(0.7304)(1-0.8)}{(0.7304)(1-0.8)}\right] = 6.446\times 10^3\,\text{s} = 1.79\,\text{h}$$

5・6 半回分操作

　回分反応器では，反応成分の追加と抜出しは一切行なわない。しかし，たとえば反応が迅速に進行し，それに伴い多量の発熱が起こる反応では，一度に反応成分を仕込んで反応を開始する回分操作では急激な温度上昇をまねき，望ましくない副反応が起こる危険性がある。そのような困難を避けるために，反応成分の内の一成分 B を槽型反応器に仕込んで，そこに他の反応成分 A を徐々に添加して発熱速度を抑制しながら反応を進行させる操作法が採用されることがある。また，反応物質を一度に仕込んで反応を進行させると，反応生成物が結晶になって析出したり，あるいは新しい相が形成されることがある。このような場合には，それらの反応生成物を分離し反応器より連続的に取り出して，反応を促進させる操作法がとられることも多い。これらの操作法はいずれも回分操作と連続操作の中間的な性格をもっており，半回分操作と呼ばれる。

　このように半回分操作の様式は多様であり，半回分反応器の設計も複雑になる。ここでは次のような比較的簡単な問題について考える。

$$aA + bB \longrightarrow cC, \quad -r_A = kC_A C_B \tag{5・32}$$

で表わされる液相反応を半回分反応器で行なう。成分 B (濃度が C_{B0}) のみを含む液を $V_0\,[\text{m}^3]$ だけ反応器に仕込んでおき，濃度 C_{A0} の成分 A を含む液を体積流量 $v_0\,[\text{m}^3\cdot\text{s}^{-1}]$ の割合で反応器に定常的に供給する。この半回分操作を記述する微分方程式を導く。

　時刻 t における反応器内の反応混合物の体積 $V(t)$ は次式で表わせる。

$$V(t) = V_0 + v_0 t \tag{5・33}$$

このような半回分操作では，添加される成分 A が反応器内に過小に存在するのが普通であって，A が限定反応成分になっている。反応器内に存在する A の物質量 $n_A\,[\text{mol}]$ を用いて，時刻 t に反応器内に存在する各成分の物質量を表わしてみる。さて

$$(t=0\sim t\, \text{までに反応器に供給された成分 A の積算量}) = v_0 C_{A0} t \tag{5・34}$$

$$(\text{成分 A の反応量}) = v_0 C_{A0} t - n_A \tag{5・35}$$

5・6 半回分操作

の関係が成立するから，B および C の物質量 n_B, n_C は

$$n_B = n_{B0} - (b/a)(v_0 C_{A0} t - n_A) \quad (5\cdot36)$$

$$n_C = (c/a)(v_0 C_{A0} t - n_A) \quad (5\cdot37)$$

と表わせる。式(5・33)を用いると，濃度 C_A, C_B および C_C は次のようになる。

$$\left.\begin{array}{l} C_A = \dfrac{n_A}{V_0 + v_0 t} \\[2mm] C_B = \dfrac{n_{B0} - (b/a)(v_0 C_{A0} t - n_A)}{V_0 + v_0 t} \\[2mm] C_C = \dfrac{(c/a)(v_0 C_{A0} t - n_A)}{V_0 + v_0 t} \end{array}\right\} \quad (5\cdot38)$$

式(3・34)を適用すると，成分 A についての物質収支式は

$$v_0 C_{A0} - 0 + r_A V(t) = dn_A/dt \quad (5\cdot39)$$

のように書ける。

さて，式(5・38)を用いて $-r_A$ を表わし，それを式(5・39)に代入すると

$$\frac{dn_A}{dt} + k n_A \left[\frac{n_{B0} - (b/a)(v_0 C_{A0} t - n_A)}{V_0 + v_0 t}\right] = v_0 C_{A0} \quad (5\cdot40)$$

が得られる。これが n_A に対する微分方程式である。

上式は非線形であるが，数値計算法† によって解くことができる。

一般に半回分操作の場合は，濃度とか反応率を直接用いて物質収支式を表現するよりも，物質量について微分方程式を書くほうが簡単になることが多い。

反応率 x_A の表わし方がいくつか考えられるが，ここでは次式のように定義しておく。

$$x_A = \frac{\text{A の反応量}}{\text{A の積算供給量}} = \frac{v_0 C_{A0} t - n_A}{v_0 C_{A0} t} \quad (5\cdot41)$$

式(5・40)を解くと n_A 対 t の関係が求まるから，それを式(5・38)および式(5・41)に代入すると，各成分の濃度と反応率が時間に対してプロットできる。

【例題 5・8】　A + B ⟶ C で表わされる液相反応を半回分式反応器で行なう。過剰の B を反応器に仕込み，そこに A を添加していく。この場合，反応速度はA について擬1次であると近似できる。すなわち，$-r_A = kC_A$ としてよい。反応開始時に反応器内に存在する B の体積は $V_0 [\text{m}^3]$，濃度は $C_{B0} [\text{mol}\cdot\text{m}^{-3}]$，A の供給体積流量は v_0 $[\text{m}^3\cdot\text{s}^{-1}]$，濃度は C_{A0} とする。

---

† 微分方程式の数値解法については付録2で説明。

（1） 反応器内の A, B, および C の濃度の経時変化，および A の反応率 x_A を表わす式を導け．ただし，x_A は供給した A の全量を基準にとったときの A の反応量と定義する．

（2） $k=0.4\,\mathrm{h}^{-1}$，$V_0/v_0=0.25\,\mathrm{h}$ としたときの成分 A と C の無次元濃度ならびに反応率 x_A を時間 t に対して図示せよ．

【解】

（1） 式(5・39)を参照すると，成分 A に対する物質収支式は

$$v_0 C_{A0} - k C_A \cdot V(t) = \mathrm{d}n_A/\mathrm{d}t \tag{a}$$

となるが，$C_A \cdot V(t) = n_A$ の関係が成立することに留意すると，上式は n_A を従属変数にする次の変数分離型の微分方程式になる．

$$\mathrm{d}n_A/\mathrm{d}t = v_0 C_{A0} - k n_A \tag{b}$$

初期条件は

$$t = 0 \quad ; \quad n_A = 0$$

この微分方程式を解くと，次式を得る．

$$n_A = (v_0 C_{A0}/k)(1 - e^{-kt}) \tag{c}$$

反応開始時 $t=0$ から $t=t$ までの間に反応器に供給された A の物質量は $v_0 C_{A0} t$ であるから，式(5・35)に式(c)を代入すると，次の関係式が得られる．

$$(\text{A の反応量}) = v_0 C_{A0} t - n_A = v_0 C_{A0}[t - (1/k)(1 - e^{-kt})] \tag{d}$$

B の残存量 n_B は，量論関係から次式で表わされる．

$$n_B = n_{B0} - (\text{A の反応量}) = n_{B0} - v_0 C_{A0}[t - (1/k)(1 - e^{-kt})] \tag{e}$$

生成した C の物質量 n_C は A の反応量に等しいから

$$n_C = v_0 C_{A0}[t - (1/k)(1 - e^{-kt})] \tag{f}$$

によって表わされる．

各成分の濃度は反応器内に存在する物質量 n_j ($j=A, B, C$) を反応器内の反応液の体積 $V(t) = V_0 + v_0 t$ で割ったものに等しい．C_{A0} で無次元化して表わすと，次の諸式を得る．

$$\frac{C_A}{C_{A0}} = \frac{n_A}{C_{A0} V} = \frac{(v_0 C_{A0}/k)(1 - e^{-kt})}{C_{A0}(V_0 + v_0 t)} = \frac{1 - e^{-kt}}{k(V_0/v_0 + t)} \tag{g}$$

$$\frac{C_B}{C_{A0}} = \frac{n_B}{C_{A0} V} = \frac{k(V_0 C_{B0}/v_0 C_{A0}) - [kt - (1 - e^{-kt})]}{k(V_0/v_0 + t)} \tag{h}$$

$$\frac{C_C}{C_{A0}} = \frac{kt - (1 - e^{-kt})}{k(V_0/v_0 + t)} \tag{i}$$

式(5・41)に式(d)を代入すると，反応率 x_A を表わす次式が得られる．

$$x_A = \frac{v_0 C_{A0}[t - (1/k)(1 - e^{-kt})]}{v_0 C_{A0} t} = 1 - \frac{1}{kt}(1 - e^{-kt}) \tag{j}$$

（2） 図5・12に半回分反応器内での成分 A と C の濃度ならびに A の反応率の経時変化を示す．

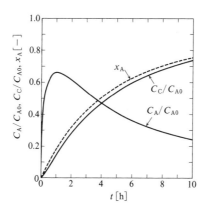

図 **5・12** 半回分反応器の濃度と反応率の経時変化

問題

5・1 $\qquad$ A + B $\longrightarrow$ C, $\quad -r_A = kC_AC_B$
で表わされる液相反応を回分反応器を用いて行なう。初濃度は $C_{A0}=80\,\mathrm{mol\cdot m^{-3}}$, $C_{B0}=100\,\mathrm{mol\cdot m^{-3}}$, $C_{C0}=0$ である。反応を開始して 1 h 後に反応率が 75% になった。$C_{A0}=C_{B0}=100\,\mathrm{mol\cdot m^{-3}}$ にして,2 h だけ反応させたときの反応率を求めよ。

5・2 A $\longrightarrow$ 2C で表わされる気相反応を,(a)定容回分反応器,(b)定圧回分反応器においてそれぞれ行なう。本反応は 0 次反応であり, A の初濃度は $2\times10^3\,\mathrm{mol\cdot m^{-3}}$ であり, 50% の不活性ガスを含んでいる。反応速度定数は $0.333\,\mathrm{mol\cdot m^{-3}\cdot s^{-1}}$ である。反応率が 85% に達するに要する反応時間を求めよ。

5・3 $\qquad$ A + 2B $\longrightarrow$ C, $\quad -r_A = kC_AC_B$
で表わされる液相反応を連続槽型反応器で行なう。原料の体積流量が v_0 のとき, 反応器出口における A の反応率は 50% であった。いま, 反応率を 75% にするには原料の体積流量をいくらにすればよいか。ただし, その他の反応条件は変化させないものとする。なお, 原料中には C は含まれておらず, A と B の濃度はそれぞれ $2\,\mathrm{kmol\cdot m^{-3}}$ と $6\,\mathrm{kmol\cdot m^{-3}}$ である。

5・4 A + B $\longrightarrow$ C で表わされる液相 2 次不可逆反応を, 体積 $2.5\,\mathrm{m^3}$ の連続槽型反応器に $8.33\times10^{-4}\,\mathrm{m^3\cdot s^{-1}}$ の流量で原料を供給して行なう。反応速度は $r=kC_AC_B$, $k=6.67\times10^{-7}\,\mathrm{m^3\cdot mol^{-1}\cdot s^{-1}}$ で表わせて, 反応器入口での A と B の濃度はそれぞれ $3\times10^3\,\mathrm{mol\cdot m^{-3}}$, $4.5\times10^3\,\mathrm{mol\cdot m^{-3}}$ であり, C は含まれていない。反応率および C の生産速度 $[\mathrm{mol\cdot s^{-1}}]$ を求めよ。

5・5 年産 10 万 ton ($=10^8\,\mathrm{kg/year}$)のエチレングリコール(ethylene glycol)をエチレンオキシド(ethylene oxide)の水和反応によって生産する。反応式は次式で表わせる。

$$\underset{\text{CH}_2-\text{CH}_2}{\overset{\text{O}}{\diagup\!\!\diagdown}} + \text{H}_2\text{O} \xrightarrow{\text{H}_2\text{SO}_4} \underset{\text{CH}_2-\text{OH}}{\overset{\text{CH}_2-\text{OH}}{|}} \quad (\text{A} + \text{B} \xrightarrow{\text{触媒}} \text{C}, \ r = kC_\text{A})$$

エチレンオキシド(以下 A で表わす)の濃度 C_{A0}' が 60×10^3 mol·m^{-3} の水溶液と,0.9 wt% H_2SO_4 を含む水溶液をそれぞれ等流量で反応器に導き,その直前で迅速に混合して反応器内に供給し反応させる。反応率 x_A を 90% に設定したとき,次の各場合について反応器の体積を求めよ。ただし,反応速度式は A について1次であって,反応速度定数 $k=5 \times 10^{-3}$ s^{-1} である。操業日数は1年間365日,1日の操業時間は24hとする。
(a) 連続槽型反応器(CSTR)1台。
(b) 同一体積の CSTR,2台を直列に接続したとき。

5·6 $2\text{A} + \text{B} \longrightarrow 3\text{C}$ で示される液相反応の反応速度は $-r_\text{A} = kC_\text{A}C_\text{B}$, $k = 5 \times 10^{-5}$ m^3·mol^{-1}·min^{-1} で表わされる。次の各項を計算せよ。
(a) $C_{A0} = 2 \times 10^3$ mol·m^{-3}, $C_{B0} = 6 \times 10^3$ mol·m^{-3} の原料液を 2.5×10^{-2} m^3·min^{-1} の速度で管型反応器に送入する。A の反応率を70%にするとき,反応器体積を求めよ。
(b) 連続槽型反応器1台で上記の反応を行なうときの反応器体積を求めよ。
(c) 同一体積の連続槽型反応器3台を直列に連結したときの反応器の全体積を求めよ。

5·7 [例題3·4]について,反応率が80%になる管型反応器の体積を求めよ。

5·8 $\text{A} \longrightarrow \text{C} + \text{D}$, $-r_\text{A} = kC_\text{A}$
で表わされる気相1次不可逆反応を管型反応器を用いて行なう。供給原料の組成は A が 70%,不活性ガスが30%であり,そのときの反応率は75%であった。次に,A が 95%,不活性ガスが 5% の原料を用い,体積流量を2倍にして反応を行なった。このときの反応率を求めよ。

5·9 $\text{A} \longrightarrow 2\text{C}$, $-r_\text{A} = k_0 \exp(-E/RT)C_\text{A}$
で表わされる気相反応の反応速度定数は 313.2 K で 3.33×10^{-4} s^{-1},活性化エネルギーの値は 100×10^3 J·mol^{-1} である。この反応を 506.6 kPa,353.2 K で行ない,生成物 C を 500 kg·h^{-1} の速度で生産したい。反応装置として,管径 2.5 cm,管長 3 m の反応管を並列に配列した多管式管型反応器を採用する。A の反応率を 90% にとった場合,反応管を何本並列に配置すればよいかを以下の順序により求めよ。ただし,反応原料中には A が 80% 含まれており,残りは不活性ガスであり,また C の分子量は 29×10^{-3} kg·mol^{-1} である。
(a) 353.2 K における反応速度定数 k [s^{-1}],
(b) 成分 A の供給モル流量 F_{A0} [mol·s^{-1}], (c) 反応器体積 V [m^3],
(d) 反応管の本数 N

5·10 $2\text{A} \longrightarrow \text{C}$, $-r_\text{A} = kC_\text{A}^2$
で表わされる気相反応を,直径が 2.5 cm,長さが2m の管型反応器を用いて,304 kPa,623.2 K で行なったところ,A の反応率は60%であった。ただし,反応原料は A のみからなり,その体積流量は 5 m^3·h^{-1} であった。
次に,2026 kPa,623.2 K において,80% の A と 20% の不活性ガスよりなる反応原料を 320 m^3·h^{-1} の体積流量で先と同一の反応管から構成される並列式多管型反応器に供給して 80% の反応率を得たい。何本の反応管が必要になるか。

問　題　　　　　　　　　　　　　　　　　　　　　　　　　　107

5・11　　　　　　　　$A \rightleftharpoons 2C$,　　$-r_A = k(C_A - C_C^2/K_C)$

で示される気相反応を，温度300℃，圧力2atmの管型反応器で行なう。原料は40%のAと残り60%の不活性ガスよりなり，Aの供給速度は2.5×10^3 mol·h^{-1}である。反応速度定数$k = 1.6 \times 10^{-2}$s^{-1}，平衡定数$K_C = 100$ mol·m^{-3}である。平衡反応率の70%の反応率を得たい。反応器体積を求めよ。

5・12　　　　　　　　$A \longrightarrow C$,　　$-r_A = kC_A$

で表わされる液相反応を連続槽型反応器(CSTR)で行なったところ，20%の反応率が得られた。次に，管型反応器(PFR)をCSTRに直列に接続して，全体として85%の反応率を達成したい。PFRの体積はCSTRの体積の何倍にすべきか。

5・13　　　　　$A \rightleftharpoons C$,　　$-r_A = k(C_A - C_C/C_C)$,　$K_C = 5.8$

で表わされる液相反応を管型反応器で行なったところ，反応率は55%であった。次に，この反応器出口に同一体積の槽型反応器を直列に接続する。第1反応器入口を基準にしたときの第2反応器出口でのAの反応率を次の2通りの場合について求めよ。
　ただし，反応原料はAのみからなり溶媒およびCは含まれていない。
　(a)　二つの反応器が直列に連結される場合。
　(b)　二つの反応器の間に分離装置を設け，AとCを完全に分離して，未反応のAのみを第2反応器に供給する場合。

5・14　　　　　$A \rightleftharpoons C$,　　$-r_A = k(C_A - C_C/K_C)$,　$K_C = 5$

で表わされる気相反応がある。Aのみからなる反応原料を用いて，この反応を管型反応器で行なったところ，反応器出口でのAの反応率は70%であった。
　つぎに，この反応器出口に分離器を連結してAとCを完全に分離し，Cのみを製品として取り出し，未反応のAはすべて反応器入口に循環する方式に変更した。ただし，供給反応原料の供給速度，圧力，および温度は不変であり，反応器と分離器における反応流体の圧力損失はないものとする。この新しい方式について次の各項について答えよ。
　(a)　反応器入口を基準にしたときの，反応器出口でのAの反応率を求めよ。
　(b)　分離器を接続しない場合と比較して，Cの生産速度はどのようになるか。

5・15　　$2A \longrightarrow R$　で表わされる気相の不可逆2次反応を循環流量比$\gamma = 1$のリサイクル管型反応器で行なったところ，Aの反応率は60%であった。もしも循環流をストップしたら反応率はいくらになるか。反応原料はAのみからなる。

5・16　　$A \xrightarrow{\text{触媒C}} C$　で表わされる液相反応は，生成物Cによって触媒作用を受ける自触媒反応である。反応速度は，$-r_A = kC_AC_C$ ($k = 4.2 \times 10^{-6}$ m^3·mol^{-1}·s^{-1})によって表わされる。
　Aの濃度が10^3 mol·m^{-3}，Cの濃度が100 mol·m^{-3}の反応溶液を10 m^3·h^{-1}の処理速度で反応させて80%の反応率を達成したい。適当な流通反応器システムを用いて，そのシステム全体の反応器体積を最小にしたい。以下の各問に答えよ。
　(a)　反応速度とAの反応率の関係を図示し，最大の反応速度を与える反応率を求めよ。
　(b)　反応器全体の体積を最小にする流通反応器システムを図示し，そのときの反応器体積を求めよ。

5·17 A ⟶ C で表わされる均一液相反応を流通式反応装置を用いて行なう。ただし A の濃度が 5×10^3 mol·m^{-3} の原料液を 10^{-3} m^3·s^{-1} の流量で供給するものとする。反応速度は次式で表わされる。

$$r = kC_A/(1+K_A C_A)^2$$

ここで C_A は A の濃度 [mol·m^{-3}]，$k=0.006$ s^{-1}，$K_A = 5\times10^{-4}$ m^3·mol^{-1} である。

（a） 反応速度 r を A の反応率 x_A の関係として表わし，r 対 x_A の概略の形状を示せ。

（b） A の反応率として 80% が要求されるとき，反応器の体積が最小になるように設計したい。反応装置として，（1）管型反応器，（2）連続槽型反応器，（3）それらを直列に連結した反応装置，のうちのどれを選定するのがよいか。選定した反応装置と操作条件を示せ。

（c） (b)において選定した反応装置の体積を計算せよ。

5·18 反応流体が固体触媒層を通過するときの圧力損失を小さくするために，図 5·13 に示すように，反応流体を触媒層の半径方向に流すラジアル・フロー反応器が用いられる。反応流体は分配管で分岐されて触媒層に水平に入り拡大しながら流れる。触媒層への流入速度は分配管の軸方向位置には無関係である。

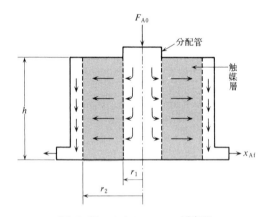

図 5·13 ラジアルフロー反応器

この反応器を用いて，A ⟶ 2C で表わされる気相反応を行なう。触媒質量基準の反応速度は $-r_{Am} = k_m C_A$ で表わされる。反応器出口における反応率 x_{Af} を与える式を求めよ。A の供給速度は F_{A0} [mol·s^{-1}]，触媒層の見掛け密度を ρ_b [kg·m^{-3}]，反応器の高さは h [m]，内半径を r_1 [m]，外半径を r_2 [m] とする。反応原料の組成は A が 80%，不活性成分が 20% である。

5·19 断面積 S，長さ L の管型反応器に反応成分 A を含む反応液を体積流量 v_t で供給し，次式で示す 1 次反応を進行させる。

$$A \longrightarrow C, \quad r = kC_A$$

いま，全供給体積流量 v_t を v_0 と $(v_t - v_0)$ とに分割し，図 5·14 に示すように反応器

の左端 $z=0$ から，反応液を体積流量 v_0 で供給する．残りの反応液(流量＝v_t-v_0)は，多孔質材料から成る反応器管壁から，反応器単位長さ当り $q=(v_t-v_0)/L$ の一様流量で反応器内に供給するものとする．このとき，反応器の軸方向に垂直な断面では，各成分の濃度は均一に保たれるものとする．供給された反応液は反応器の右端 $z=L$ より排出される．

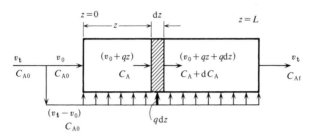

図 5・14 原料分割供給式の管型反応器

供給液中の反応成分Aの濃度を C_{A0} とし，また，反応器左端からの距離 $z=z$ における成分Aの濃度を C_A，反応器の出口 $z=L$ における成分Aの濃度を C_{Af} でそれぞれ表わす．以下の各問に答えよ．

(a) 距離 $z=z$ でのAの濃度 C_A を求めるための方程式と，境界条件を導け．

(b) 反応器出口 $z=L$ での成分Aの反応率 $x_{Af}=1-C_{Af}/C_{A0}$ は次式で表わされることを示せ．

$$x_{Af} = \frac{(kS/q)}{1+(kS/q)}\left[1-\left(\frac{v_0}{v_t}\right)^{(1+kS/q)}\right]$$

(c) 上式で，$v_0=0$ とおいたときの反応率は，どのような型式の反応器の反応率と一致するか．

5・20
$$A \longrightarrow C, \quad -r_A = kC_A$$
で表わされる液相反応を連続槽型反応器で行なっている．反応器内の反応混合物の体積は V_0，反応液供給流量は v，反応器入口でのAの濃度は C_{A0} である．これらの値は一定に保持されて定常的に操作されている．

ある時刻 $(t=0)$ において，反応器入口に供給していた原料の供給を停止する．しかし反応器出口からは引続き定常操作のときと同様な流量 v で反応液を抜き出すものとする．この操作を反応器内の液が全部抜き出し終わるまで続行する．

(a) 定常操作での反応器出口における成分Aの濃度 C_{Af} を表わす式を導け．

(b) 非定常操作のときの反応器出口における成分Aの濃度 $C_A(t)$ を表わす式を導け．

5・21
$$A \xrightarrow{\text{触媒 C}} R, \quad -r_A = kC_AC_C \quad (1)$$
で表わされる液相反応は液状の触媒物質Cの存在下で進行し，そのときの物質 A，Rおよび C は完全に溶解した状態になっている．反応速度は式(1)に示すように，反応原料Aと触媒Cの濃度の積に比例する．

この反応を半回分式の撹拌槽型反応器で行なう．すなわち，濃度 C_{A0} の反応原料

Aのみを体積 V_0 だけ反応器に仕込んでおき，そこに濃度 C_{C0} の触媒を v の体積流量で定常的に供給して反応を進行させる。反応開始時から時間 t を経過したときのAの反応率 x_A を表わす式(2)を導け。

$$x_A = 1 - \exp\left[-kC_{C0}\left\{t - \frac{V_0}{v}\ln\left(1 + \frac{v}{V_0}t\right)\right\}\right] \qquad (2)$$

5・22 スチレンのラジカル重合反応は 2・3・3 に示した反応機構で進行する。ただし，連鎖移動反応は無視でき，停止反応は再結合反応が支配的である。

(a) 定常状態近似を適用すると，単量体の消失速度 $(-r_M)$，重合体の生長速度 r_P はそれぞれ式(1)，(2)によって表わされることを示せ。連鎖長は十分長いものとする。

$$-r_M = k_p(2k_d f/k_{tc})^{1/2}[\mathrm{I}]^{1/2}[\mathrm{M}] \qquad (1)$$
$$r_P = k_d f[\mathrm{I}] \qquad (2)$$

ここに，f は開始剤効率である。

(b) 半回分式反応器を用いて，スチレンのラジカル重合反応を行なう。スチレンの初期濃度は $8.5 \times 10^3\,\mathrm{mol \cdot m^{-3}}$，開始剤濃度は常に $40\,\mathrm{mol \cdot m^{-3}}$ に保つ。そのために開始剤を含む連続的に反応器に供給する。しかし，その体積流量は小さく，反応器内の液量の増加は無視できるものとする。反応速度パラメータは次のように与えられる。

$$k_d = 3.2 \times 10^{-6}\,\mathrm{s^{-1}}, \quad f = 0.6$$
$$k_p = 0.176\,\mathrm{m^3 \cdot mol^{-1} \cdot s^{-1}}, \qquad k_{tc} = 3.6 \times 10^4\,\mathrm{m^3 \cdot mol^{-1} \cdot s^{-1}}$$

(b-1) 開始剤溶液の物質量流量 $F_{I0}\,[\mathrm{mol \cdot s^{-1}}]$ を求めよ。反応器内の液量は常に 4 $\mathrm{m^3}$ に保れていると近似する。

(b-2) 反応開始後 200 min におけるスチレンの反応率 x_M と濃度 C_M，および重合体の濃度 C_P，および平均重合度 $\bar{P}_n$ を求めよ。

6 複合反応

　工業的に重要な反応の多くは，いくつかの反応が同時に起こる複合反応である。単一反応においては，一つの量論式で反応が書き表わされ，限定反応成分の反応率を用いて，各成分の濃度が表わされた。それに対して，複合反応の量論関係はどのように表現できるのかをまず考える。

　単一反応の速度解析は，反応速度の表式化とその中に含まれるパラメーターの推定とから成立しているが，複合反応では，反応経路の決定という作業が加わるためにいっそう複雑になる。単一反応の設計では限定反応成分の反応率に留意すればよかったが，複合反応では副生成物の生成を抑制して，希望生成物を選択的に生産する反応装置形式の選定ならびに最適設計が重要になる。

6・1 複合反応の量論関係

6・1・1 量論式の代数式的表現

$$C + O_2 \longrightarrow CO_2$$

で表わされる量論式を C, O_2 および CO_2 についての代数式のように考えることが可能であって，$C = A_1$, $O_2 = A_2$, $CO_2 = A_3$ とおいて

$$-A_1 - A_2 + A_3 = 0 \qquad (6\cdot1)$$

のように表わす。すなわち，原料成分の量論係数には負符号を，生成物成分のそれには正符号をつけて量論式を代数式のように表わす。

　一般に，$A_1, A_2, \cdots, A_s$ で表わされる s 個の反応成分からなる単一反応の量論式は次の代数式によって表わせる。

$$a_1 A_1 + a_2 A_2 + \cdots + a_s A_s = \sum_{j=1}^{s} a_j A_j = 0 \qquad (6\cdot2)$$

ここで a_j は成分 A_j の量論係数であって，A_j が原料成分であれば負符号を，生成物成分であれば正符号をつけると約束する．

次に，m 個の量論式で表わされる複合反応に対して上記の表記法を拡張すると

$$\left.\begin{array}{l} a_{11}A_1+a_{12}A_2+\cdots+a_{1j}A_j+\cdots+a_{1s}A_s=0 \\ a_{21}A_1+a_{22}A_2+\cdots+a_{2j}A_j+\cdots+a_{2s}A_s=0 \\ \quad\cdots\cdots\cdots\cdots\cdots \\ a_{i1}A_1+a_{i2}A_2+\cdots+a_{ij}A_j+\cdots+a_{is}A_s=0 \\ \quad\cdots\cdots\cdots\cdots\cdots \\ a_{m1}A_1+a_{m2}A_2+\cdots+a_{mj}A_j+\cdots+a_{ms}A_s=0 \end{array}\right\} \quad (6\cdot3)$$

あるいは次式のように表わせる．

$$\sum_{j=1}^{s} a_{ij}A_j = 0 \quad (i=1, 2, \cdots, m) \tag{6·4}$$

ここで a_{ij} は i 番目の量論式における成分 A_j の量論係数である．もしも i 番目の量論式に成分 A_j が現われないときには $a_{ij}=0$ とおけばよい．

複合反応の量論関係を論ずる場合に，式(6·3)あるいは式(6·4)の量論係数 a_{ij} が形成する行列が重要な意味をもってくる．その行列を $\boldsymbol{A}$ で表わし，量論係数の行列と呼ぶ．$\boldsymbol{A}$ は次式のように書き表わせる．

$$\boldsymbol{A} = \begin{array}{c} \begin{array}{cccc} A_1 & A_2 & A_j & A_s \end{array} \\ \left[\begin{array}{cccc} a_{11} & a_{12} & a_{1j} & a_{1s} \\ a_{21} & a_{22} & a_{2j} & a_{2s} \\ \multicolumn{4}{c}{\cdots\cdots\cdots\cdots} \\ a_{i1} & a_{i2} & a_{ij} & a_{is} \\ \multicolumn{4}{c}{\cdots\cdots\cdots\cdots} \\ a_{m1} & a_{m2} & a_{mj} & a_{ms} \end{array}\right] \begin{array}{c} \text{①} \\ \text{②} \\ \\ \text{ⓘ} \\ \\ \text{ⓜ} \end{array} \end{array} \quad (6\cdot5)$$

（成分／量論式番号）

6·1·2 量論式の独立性

複合反応の例として，次式で表わされるエチレンの接触酸化反応を考える．

$$2C_2H_4 + O_2 \longrightarrow 2C_2H_4O \tag{6·6-a}$$
$$2C_2H_4O + 5O_2 \longrightarrow 4CO_2 + 4H_2O \tag{6·6-b}$$
$$C_2H_4 + 3O_2 \longrightarrow 2CO_2 + 2H_2O \tag{6·6-c}$$

この複合反応では，成分の数 $s=5$，反応の数 $m=3$ である．しかし，この反応系の量論式はすべて独立ではない．すなわち，式(6·6)において(6·6-c)×2

6・1 複合反応の量論関係

$-(6 \cdot 6\text{-a})$ の演算を行なうと，式 $(6 \cdot 6\text{-b})$ が得られる。この事実は，量論式は 3 個あるが，その中で 2 番目の量論式は 1 番目および 3 番目の量論式の線形結合で表現できることを意味している。このように複合反応においては，他のいくつかの量論式の線形結合の形で表わせる量論式が含まれていることがあり，それらを非独立な量論式と呼ぶ。

複合反応の量論関係を考えるときには，系の中で独立な量論式のみを取り出して，非独立な量論式を除外して考えることが可能である。独立な量論式の数 $r\,(r \leqq m)$ は量論行列 A のランクに等しく，残りの $(m-r)$ 個の量論式は r 個の独立な量論式の線形結合によって表わせる。さらに，s 個の成分の中より r 個の成分を選定して，それらを鍵成分と称すると，残りの $(s-r)$ 個の成分の物質量(物質量流量)は鍵成分の物質量(物質量流量)の線形結合によって表現できる。すなわち，複合反応の量論関係は，r 個の独立な量論式と r 個の鍵成分によって完全に記述できる。

簡単な複合反応に対しては，独立な量論式と鍵成分を視察によって見いだすことが可能であるが，量論式と反応成分の数が増加してくると，次の例題で示すような系統立った方法によらなければならない。

【例題 6・1】 式 $(6 \cdot 6)$ の中で独立な量論式および鍵成分を選べ。ただし，鍵成分は C_2H_4, C_2H_4O, O_2, CO_2, H_2O の順序で選んでいくものとする。

【解】 鍵成分として選定するのに都合がよい成分から順番に $A_1, A_2, \cdots$ とする。すなわち，$C_2H_4 = A_1$, $C_2H_4O = A_2$, $O_2 = A_3$, $CO_2 = A_4$, $H_2O = A_5$ とおく。量論係数の行列は次のようになる。

$$A = \begin{bmatrix} -2 & 2 & -1 & 0 & 0 \\ 0 & -2 & -5 & 4 & 4 \\ -1 & 0 & -3 & 2 & 2 \end{bmatrix} \begin{matrix} \text{①：式}(6 \cdot 6\text{-a}) \\ \text{②：式}(6 \cdot 6\text{-b}) \\ \text{③：式}(6 \cdot 6\text{-c}) \end{matrix} \qquad (\text{a})$$

(列見出し：$A_1\ A_2\ A_3\ A_4\ A_5$ 成分／量論式番号)

第 1 列 (A_1 の係数) が 0 でない行 (量論式 ①) を 1 行目におき，第 1 行の各要素を a_{11} ($=-2$) で割る。同様に他の行についても $a_{i1}\,(\neq 0)$ で各要素を割る。$a_{i1}=0$ の行はそのままにしておく。この操作によって式 (b) が得られる。

$$A = \begin{bmatrix} 1 & -1 & 0.5 & 0 & 0 \\ 0 & -2 & -5 & 4 & 4 \\ 1 & 0 & 3 & -2 & -2 \end{bmatrix} \begin{matrix} \text{①} \\ \text{②} \\ \text{③} \end{matrix} \qquad (\text{b})$$

式 (b) で示したように，第 1 列には 1 あるいは 0 が並ぶ。第 1 列が 1 である行の各要素より，第 1 行の対応する要素を引くと，第 1 行を除く他の行の第 1 列の要素はすべて 0 になる。このとき，全要素が 0 になる行が現われると，その行を A の最下行に移動させ

る。その行に対応する量論式は明らかに非独立になる。

$$A = \begin{bmatrix} 1 & -1 & 0.5 & 0 & 0 \\ 0 & -2 & -5 & 4 & 4 \\ 0 & 1 & 2.5 & -2 & -2 \end{bmatrix} \begin{matrix} ① \\ ② \\ ③ \end{matrix} \qquad (c)$$

1行,1列を除いた小行列についても上と同様な操作を行なう。式(c)の $a_{22}=-2$ で2行の a_{21} を除く各要素を割る。このときに,a_{22} に0がくると,列を入れ替えて0でない列を新しく a_{22} にする。第3行の $a_{32}=1$ であるから,そのままにしておき,(第3行)-(第2行)を新しい第3行とすると,各要素はすべて0になる。このようにして得られた行列を式(d)に示す。

$$A = \begin{bmatrix} 1 & -1 & 0.5 & 0 & 0 \\ 0 & 1 & 2.5 & -2 & -2 \\ 0 & 0 & 0 & 0 & 0 \end{bmatrix} \begin{matrix} ①:式(6\cdot 6\text{-a}) \\ ②:式(6\cdot 6\text{-b}) \\ ③:式(6\cdot 6\text{-c}) \end{matrix} \qquad (d)$$

式(d)においては,1,2行の対角要素 a_{11} および a_{22} が1になり,3行の各要素がすべて0になっている。

一般に A に対して上記の操作を続けると,対角要素 $a_{ii}(i=1, 2, \cdots, r)$ が1で,対角要素の左下部に0が並ぶ三角行列 A_r' が A の左上部に形成され,A_r' の右隣に小行列 A_s' ができる。A_r' と A_s' より下のすべての要素は0になる。このとき,A のランクは r であり,独立な反応は $i=1, 2, \cdots, r$ 行に対応する量論式であって,$r+1, \cdots, m$ 行に対応する反応は独立ではない。上の例題では,A のランクは2であって,式(6·6-a)と(6·6-b)で表わされる量論式が独立で,鍵成分としては $A_1=C_2H_4$ と,$A_2=C_2H_4O$ が選べる。

6·1·3 回分系の量論関係

単一反応の量論関係を反応率 x_A を用いて記述してきたが,複合反応の量論関係は以下に導入する反応進行度 ξ (extent of reaction)によって表わされる。

まず,次の量論式

$$\sum_{j=1}^{s} a_j A_j = 0 \qquad (6\cdot 2)$$

で表わされる単一反応について反応進行度 ξ を定義する。時刻 $t=0$ に回分系に存在する成分 A_j の物質量を n_{j0} [mol],時刻 t における物質量を n_j とし,さらに物質量の変化量,$n_j - n_{j0} = \Delta n_j$ とおくと,反応進行度 ξ は次式によって定義される。

$$\xi = (n_j - n_{j0})/a_j = \Delta n_j / a_j \quad (j=1, 2, \cdots, s) \qquad (6\cdot 7)$$

このように定義された反応進行度は量論式にのみ依存し,成分に無関係な値になる。その単位は [mol] である。式(6·7)より

$$n_j = n_{j0} + a_j \xi \quad (j=1, 2, \cdots, s) \qquad (6\cdot 8)$$

が成立し，各成分の物質量が ξ の一次関数として表わせる。

複合反応に対しては，各量論式に対して反応進行度 ξ_i が単一反応の場合と同様に定義できるが，複合反応の量論関係を表現するには，独立な量論式の反応進行度 $\xi_i (i=1, 2, \cdots, r)$ を考えれば十分である。この理由については後述する。成分 A_j の物質量の変化量 Δn_j の内で，i 番目の反応による変化量を Δn_{ij} で表わすと，式(6・7)と類似な次式が成立する。

$$\xi_i = \Delta n_{ij}/a_{ij} \quad (j=1, 2, \cdots, s) \tag{6・9}$$

複合反応系における成分 A_j の物質量の変化量 Δn_j は，独立な量論式における変化量 $\Delta n_{ij} (i=1, 2, \cdots, r)$ を積算したものになるから，式(6・9)を用いると，次式のように書き表わされる。

$$\Delta n_j = n_j - n_{j0} = \sum_{i=1}^{r} \Delta n_{ij} = \sum_{i=1}^{r} a_{ij}\xi_i \tag{6・10}$$

すなわち，成分 A_j に対して

$$n_j = n_{j0} + \sum_{i=1}^{r} a_{ij}\xi_i \quad (j=1, 2, \cdots, r, \cdots, s) \tag{6・11}$$

が成立する。上式の $\sum$ は複合反応系の全反応，つまり $i=1$ より m まで加算するのでなく，その中で独立な量論式である $i=1$ より r まで加算すればよいことに注意すべきである。この理由を以下において考える。

まず，例題6・1を例にとって定性的に説明する。式(a)の量論式を変形すると式(d)が得られた。両式は等価であるから，式(a)の代わりに式(d)の量論式に対して反応進行度 ξ_1', ξ_2' および ξ_3' を導入する。しかるに式(d)の3番目の量論式の各係数はすべて0であるから，ξ_3' の導入は無意味になる。すなわち，非独立な量論式についての反応進行度 $\xi_i (i=r+1, \cdots, m)$ は考えなくてもよいことになる。

次に，もう少し定量的に考察してみる[1]。いま，独立でない $(r+1)$ 番目の量論式の反応進行度 ξ_{r+1} を式(6・11)の $\sum$ の中に加えたとすると

$$n_j = n_{j0} + \sum_{i=1}^{r} a_{ij}\xi_i + a_{r+1,j}\xi_{r+1} \tag{6・12-a}$$

のように書ける。しかるに，量論係数 $a_{r+1,j}$ は 1, 2, $\cdots$, r 番目の量論係数の線形結合として次式のように書ける。

$$a_{r+1,j} = \sum_{i=1}^{r} \gamma_i a_{ij}$$

---

1) R. Aris, "Elementary Chemical Reactor Analysis", p. 16, McGraw-Hill (1969).

ここで γ_i は係数である。式(6・12-a)に代入すると

$$n_j - n_{j0} = \sum_{i=1}^{r} a_{ij}\xi_i + \left(\sum_{i=1}^{r} \gamma_i a_{ij}\right)\xi_{r+1} = \sum_{i=1}^{r} (\xi_i + \gamma_i \xi_{r+1})a_{ij} \qquad (6\cdot12\text{-b})$$

の関係が成立する。したがって

$$\xi_i + \gamma_i \xi_{r+1} = \xi_i'$$

とおくと,式(6・12-b)は

$$n_j = n_{j0} + \sum_{i=1}^{r} a_{ij}\xi_i' \qquad (6\cdot12\text{-c})$$

のように書けて,非独立な量論式の ξ_{r+1} は考慮する必要がなくなる。すなわち,非独立な量論式を除外して,真に独立な r 個の量論式のみについて反応進行度を定義し,式(6・11)を適用すればよいことが明らかになった。

$A_1, A_2, \cdots, A_s$ なる s 個の成分の中より,独立な量論式の数 r 個に相当する鍵成分を選び,$A_1, A_2, \cdots, A_r$ で表わす。式(6・11)を鍵成分およびそれ以外の成分に適用すると,次の諸式が得られる。

$$\left.\begin{aligned} n_1 - n_{10} &= a_{11}\xi_1 + a_{21}\xi_2 + \cdots + a_{r1}\xi_r \\ n_2 - n_{20} &= a_{12}\xi_1 + a_{22}\xi_2 + \cdots + a_{r2}\xi_r \\ &\cdots\cdots\cdots\cdots \\ n_r - n_{r0} &= a_{1r}\xi_1 + a_{2r}\xi_2 + \cdots + a_{rr}\xi_r \end{aligned}\right\} \qquad (6\cdot13\text{-a})$$

$$\left.\begin{aligned} n_{r+1} - n_{r+1,0} &= a_{1,r+1}\xi_1 + a_{2,r+1}\xi_2 + \cdots + a_{r,r+1}\xi_r \\ &\cdots\cdots\cdots\cdots \\ n_s - n_{s0} &= a_{1s}\xi_1 + a_{2s}\xi_2 + \cdots + a_{rs}\xi_r \end{aligned}\right\} \qquad (6\cdot13\text{-b})$$

式(6・13-a)および式(6・13-b)において,成分 A_j についての $(n_j - n_{j0})$ を表わす式の右辺の係数 a_{ij} ($i=1, 2, \cdots, r$)は,式(6・5)の行列 A の j 列(成分 A_j に対する量論係数が縦に並んだ列)より,独立な反応に対する r 個の要素を抜き出した数列である。

まず,式(6・13-a)を ξ_i ($i=1, 2, \cdots, r$)について解き,次にそれらを式(6・13-b)に代入すると,鍵成分以外の物質量 $n_{r+1}, \cdots, n_s$ は鍵成分の物質量 $n_1, \cdots, n_r$ の線形結合として表わせる。そのようにして得られた諸式が物質量 n を用いて表わした量論関係を与える。

定容回分系では,それらの量論関係式を反応混合物の体積 V(一定)で割ると,濃度 C で表わした量論関係式になる。

一方,非定容系の気相反応に対しては,式(6・13-a)と式(6・13-b)の両辺のそ

れぞれの総計を求めると

$$n_t - n_{t0} = \sum_{i=1}^{r} \nu_i \xi_i \qquad (6\cdot14)$$

が成立する。不活性成分が含まれていても，それは n_t および n_{t0} の中に含まれており，上式は一般的に成立する。

ここに

$$\nu_i = a_{i1} + a_{i2} + \cdots + a_{ir} + a_{i,r+1} + \cdots + a_{is} = \sum_{j=1}^{s} a_{ij} \qquad (6\cdot15)$$

であって，ν_i は独立な i 番目の量論式における量論係数の代数和である。

成分 A_j のモル分率 y_j は

$$y_j = \frac{n_j}{n_t} = n_j \Big/ \Big(n_{t0} + \sum_{i=1}^{r} \nu_i \xi_i\Big) \quad (j=1, 2, \cdots, r, \cdots, s) \qquad (6\cdot16)$$

によって計算できる。ξ_i はすでに鍵成分の物質量 $n_1, n_2, \cdots, n_r$ で表わされており，鍵成分以外の成分に対する n_j ($j=r+1, \cdots, s$) も $n_1, n_2, \cdots, n_r$ を用いて書き表わせるから，任意の成分のモル分率は鍵成分の物質量によって表現できることになる。

気相反応器の反応混合物の全容積 V は，単一反応に対して導かれた式(3・27)と類似に

$$\frac{V}{V_0} = \Big(\frac{P_{t0}}{P_t}\Big)\Big(\frac{T}{T_0}\Big)\Big(\frac{z}{z_0}\Big)\Big(\frac{n_t}{n_{t0}}\Big) \qquad (6\cdot17)$$

のように表わせる。式(6・14)の関係を式(6・17)に代入すると，等温・定圧の条件下においては次式が得られる。

$$\frac{V}{V_0} = 1 + \frac{1}{n_{t0}} \sum_{i=1}^{r} \nu_i \xi_i \qquad (6\cdot18)$$

上式の ξ_i は鍵成分の物質量 n_j ($j=1, 2, \cdots, r$) によって書き表わすことが可能である。

等温・定圧下における非定容回分反応器では，成分 A_j の濃度 C_j は

$$C_j = \frac{n_j}{V} = \frac{n_j}{V_0(n_t/n_{t0})} = \frac{n_{t0}}{V_0} \cdot \frac{n_j}{n_t} = C_{t0} y_j \quad (j=1, 2, \cdots, s) \qquad (6\cdot19)$$

で与えられる。ここに $C_{t0} = n_{t0}/V_0$ であって，反応開始時における反応混合物の濃度である。

【例題 6・2】

$$A + B \longrightarrow 2R, \qquad r_1 = k_1 C_A C_B \qquad (a)$$

$$2A + R \longrightarrow S, \qquad r_2 = k_2 C_A^2 C_R \qquad (b)$$

で表わされる液相複合反応を回分反応器で行なう。鍵成分を選定し，それ以外の成分の濃度を鍵成分の濃度を用いて表わせ。反応液の密度変化は無視できる。

【解】　反応成分の数 $s=4$，量論式の数 $m=2$ であり，独立な量論式の数 r は明らかに 2 である。したがって鍵成分は 2 個存在するが，その選定が問題になる。この場合，反応速度式に現われる成分は A，B および R であるから，鍵成分はこれらの中より選ぶのが妥当である。いま，A と B を鍵成分として選んでみる。

式(6·13-a)，(6·13-b)に対応する式は，

$$\begin{cases} n_A - n_{A0} = (-1)\xi_1 + (-2)\xi_2 & \text{(c)} \\ n_B - n_{B0} = (-1)\xi_1 + (0)\xi_2 & \text{(d)} \end{cases}$$

$$\begin{cases} n_R - n_{R0} = (2)\xi_1 + (-1)\xi_2 & \text{(e)} \\ n_S - n_{S0} = (0)\xi_1 + (1)\xi_2 & \text{(f)} \end{cases}$$

となる。式(c)，(d)を解くと

$$\xi_1 = -(n_B - n_{B0}) \tag{g}$$

$$\xi_2 = 0.5[-(n_A - n_{A0}) + (n_B - n_{B0})] \tag{h}$$

が得られる。式(g)，(h)を式(e)，(f)に代入すると

$$n_R - n_{R0} = 0.5(n_A - n_{A0}) - 2.5(n_B - n_{B0}) \tag{i}$$

$$n_S - n_{S0} = 0.5[-(n_A - n_{A0}) + (n_B - n_{B0})] \tag{j}$$

式(i)，(j)の両辺を反応器容積 V（一定）で割ると濃度についての式になる。

$$C_R - C_{R0} = 0.5(C_A - C_{A0}) - 2.5(C_B - C_{B0}) \tag{k}$$

$$C_S - C_{S0} = -0.5(C_A - C_{A0}) + 0.5(C_B - C_{B0}) \tag{l}$$

この量論関係式を式(b)に代入すると，反応速度 r_2 は成分 A と B の濃度のみによって記述できる。

6·1·4　流通系の量論関係

流通系においては，回分系の物質量 n_j [mol] の代わりに物質量流量 F_j [mol·s^{-1}] を，全反応混合物体積 V の代わりに体積流量 v をそれぞれ用いて反応進行度 ξ を導入することができる。まず単一反応 $\sum a_j A_j = 0$ については，反応器入口の成分 A_j の物質量流量を F_{j0}，反応器内の任意の位置における物質量流量を F_j とすると，反応進行度 ξ は回分系の式(6·8)に対応する次式によって定義できる。

$$(F_j - F_{j0})/a_j = \xi \quad (j=1, 2, \cdots, s) \tag{6·20}$$

複合反応においては，独立な量論式の反応進行度を ξ_i ($i=1, 2, \cdots, r$) で表わすと，次式が成立する。

$$F_j = F_{j0} + \sum_{i=1}^{r} a_{ij}\xi_i \quad (j=1, 2, \cdots, r, \cdots, s) \tag{6·21}$$

6・1 複合反応の量論関係

この式は回分系に対する式(6・11)とまったく同じ形をしており，回分系に対する式(6・13-a)から式(6・19)に至る諸式に含まれる n を F と置換すると，それらの式は流通系に対する関係式としてそのまま使用できる．

【例題 6・3】 式(6・6)で表わされるエチレンの酸化反応を管型触媒反応器で行なう．各成分のモル分率と濃度を鍵成分の物質量流量を用いて表わせ．

【解】 例題6・1において既に求めたように，独立な量論式は式(6・6-a)，(6・6-b)の二つであり，鍵成分としては $A_1=C_2H_4$ と $A_2=C_2H_4O$ が選ばれている．

式(6・13-a)，(6・13-b)に対応する流通系の式は，量論行列 A を参照して

$$C_2H_4: \quad F_1-F_{10}=-2\xi_1 \quad (a)$$
$$C_2H_4O: \quad F_2-F_{20}=2\xi_1-2\xi_2 \quad (b)$$
$$O_2: \quad F_3-F_{30}=-\xi_1-5\xi_2 \quad (c)$$
$$CO_2: \quad F_4-F_{40}=4\xi_2 \quad (d)$$
$$H_2O: \quad F_5-F_{50}=4\xi_2 \quad (e)$$

のように書ける．式(a)，(b)が鍵成分に対する式であって，ξ_1 と ξ_2 について解くことができる．

$$\xi_1=-0.5(F_1-F_{10}) \quad (f)$$
$$\xi_2=-0.5[(F_1-F_{10})+(F_2-F_{20})] \quad (g)$$

式(f)，(g)を式(c)，(d)および式(e)に代入すると次の諸式が得られる．

$$F_3-F_{30}=3(F_1-F_{10})+2.5(F_2-F_{20}) \quad (h)$$
$$F_4-F_{40}=-2[(F_1-F_{10})+(F_2-F_{20})] \quad (i)$$
$$F_5-F_{50}=-2[(F_1-F_{10})+(F_2-F_{20})] \quad (j)$$

式(6・14)の n を F に書き換えると，全物質量流量 F_t は次のように計算できる．

$$F_t=F_{t0}+\sum_{i=1}^{2}\nu_i\xi_i=F_{t0}+(-2+2-1+0+0)\xi_1+(0-2-5+4+4)\xi_2$$
$$=F_{t0}-\xi_1+\xi_2$$

式(f)，(g)を上式に代入すると

$$F_t=F_{t0}+0.5(F_1-F_{10})-0.5[(F_1-F_{10})+(F_2-F_{20})]$$
$$\therefore \quad F_t=F_{t0}-0.5(F_2-F_{20}) \quad (k)$$

式(6・16)の n を F に書き改めた式を用いると，各成分のモル分率は次式のように表わせる．

$$\left.\begin{array}{l} y_1=F_1/F_t, \quad y_2=F_2/F_t, \\ y_3=[F_{30}+3(F_1-F_{10})+2.5(F_2-F_{20})]/F_t \\ y_4=[F_{40}-2(F_1-F_{10})-2(F_2-F_{20})]/F_t \\ y_5=[F_{50}-2(F_1-F_{10})-2(F_2-F_{20})]/F_t \end{array}\right\} \quad (1)$$

濃度 C_j は，式(6・19)に式(1)を代入すると算出できる．

6・2 収率,選択率,空時収量

複合反応において重要なことは,副生成物の生成を可能なかぎり抑制し,希望生成物を選択的に得ることである。選択性を表現する値として収率(yield),選択率(selectivity)という術語が使用されているが,それらの定義は統一されていないので注意が必要である。ここでは次の定義を採用する。

いま,A を原料の中の限定反応成分,R を希望生成物,S を副生成物とする。A が反応して直接 R を生成する場合,あるいは他の中間物質を経由して R が生成する場合が考えられるが,A と R の量論関係を規定することが可能であって,総括的な量論係数 ν_R を導入して A と R の関係を次式のように書く。

$$A \dashrightarrow \nu_R R \tag{6・22}$$

たとえば,実際の量論式が次の二つの式

$$A + B \longrightarrow 2P$$
$$P + C \longrightarrow 2R$$

で表わされるときを考えると,間接的ではあるが,A の 1 mol が R の 4 mol に対応しているから $\nu_R=4$ になる。

まず回分反応器について考える。

反応開始時に存在した限定反応成分 A の中で希望生成物 R に転化した A の割合を R の A に対する収率 Y_R と定義する。

$$Y_R = (n_R - n_{R0}) / \nu_R n_{A0} \tag{6・23}$$

このように定義すると Y_R は 1 以下の値をとる。

流通反応器における収率 Y_R は,供給される成分 A の中で R に転化した割合と定義できるから次式が成立する。

$$Y_R = (F_R - F_{R0}) / \nu_R F_{A0} \tag{6・24}$$

定容系の条件が成立するときは,式(6・23)あるいは式(6・24)右辺の分母と分子をそれぞれ反応混合物の体積 V あるいは体積流量 v で割ると,収率が濃度によって

$$Y_R = (C_R - C_{R0}) / \nu_R C_{A0} \tag{6・25}$$

と表わせる。

一方,選択率 S_R は,反応によって消失した成分 A の中で希望生成物 R に転化した A の割合と定義される。回分反応器および流通反応器の選択率は,

式(6·26)と式(6·27)からそれぞれ計算できる。定容系の場合は濃度が用いられて，式(6·28)が成立する。

$$S_R = (n_R - n_{R0})/\nu_R(n_{A0} - n_A) \quad (回分反応器) \quad (6 \cdot 26)$$

$$S_R = (F_R - F_{R0})/\nu_R(F_{A0} - F_A) \quad (流通反応器) \quad (6 \cdot 27)$$

$$S_R = (C_R - C_{R0})/\nu_R(C_{A0} - C_A) \quad (定容系) \quad (6 \cdot 28)$$

収率と選択率の定義式を比較すると，両者の間には次の関係が成立している。

$$Y_R = x_A S_R \quad (6 \cdot 29)$$

反応装置の生産性能を表わす数値として空時収量(space time yield)P_R なる概念が使用される。これは連続操作において反応器の単位体積当りの希望生成物 R の生産速度と定義され，次式

$$P_R = (F_R - F_{R0})/V = Y_R \nu_R F_{A0}/V \quad (6 \cdot 30)$$

で表わされる。

6·3 複合反応の設計方程式

s 個の成分 $A_1, A_2, \cdots, A_s$ の間で m 個の反応が同時に起こっている場合の設計方程式を導く。一応，s 個の成分についての物質収支をとると s 個の方程式が得られるが，それらのすべてが必要ではない。r 個の鍵成分に対する方程式のみに着目し，反応速度式中に現われる鍵成分以外の成分に対する濃度を，先に導出した量論関係式を用いて鍵成分の濃度を用いて表わすと，結局 r 個の方程式を連立で解けばよいことになり，計算量が減少する。

いま，i 番目の反応による成分 A_j の生成速度を r_{ij} で表わすと，r_{ij} を対応する量論係数 a_{ij} で割った r_{ij}/a_{ij} の値は他の成分 A_k に対する r_{ik}/a_{ik} の値にも等しく，i 番目の反応の特有な値である。それを r_i で示し，i 番目の量論式についての反応速度と定義する。

$$r_{ij}/a_{ij} = r_{ik}/a_{ik} = r_i \quad (6 \cdot 31)$$

m 個の量論式からなる複合反応における成分 A_j の生成速度 r_j は

$$r_j = \sum_{i=1}^{m} a_{ij} r_i \quad (j=1, 2, \cdots, r, \cdots, s) \quad (6 \cdot 32)$$

で与えられる。式(6·32)の右辺は独立および非独立をすべて含めた量論式の反応速度を総計したものであることを注意すべきである。

複合反応系の物質収支式は，単一反応系に対する物質収支式の r_j に式(6·32)

の関係を代入することによって得られる。

6・3・1 回分反応器

式(3・36)に式(6・32)を代入すると，回分反応器に対する設計方程式は

$$\frac{1}{V}\cdot\frac{dn_j}{dt}=\sum_{i=1}^{m}a_{ij}r_i \quad (j=1, 2, \cdots, r) \tag{6・33}$$

となる。定容系に対しては，次式のように濃度 C_j を用いて表現できる。

$$\frac{dC_j}{dt}=\sum_{i=1}^{m}a_{ij}r_i \tag{6・34}$$

一方，気相定圧回分反応器に対しては式(6・18)を式(6・33)に代入した次式が基礎方程式になる。

$$\frac{1}{V_0\left(1+\sum_{i=1}^{r}\nu_i\xi_i/n_{t0}\right)}\cdot\frac{dn_j}{dt}=\sum_{i=1}^{m}a_{ij}r_i \tag{6・35}$$

ここで ξ_i は式(6・13-a)を解くことによって $n_j (j=1, 2, \cdots, r)$ の線形結合式として表わされる。

6・3・2 連続槽型反応器

式(3・43)を複合反応に拡張すると次式が得られる。

$$F_j=F_{j0}+V\sum_{i=1}^{m}a_{ij}r_i \quad (j=1, 2, \cdots, r) \tag{6・36}$$

一般に式(6・36)は $F_1, F_2, \cdots, F_r$ に対する連立非線形代数方程式になる。

液相反応のように反応に伴う反応混合物の密度変化が無視できる場合には，$F_j=vC_j$ (v は体積流量であり一定)の関係が成立し，式(6・36)は次式のように濃度 C_j を用いて書ける。

$$C_j-C_{j0}=\tau\sum_{i=1}^{m}a_{ij}r_i \quad (j=1, 2, \cdots, r) \tag{6・37}$$

ここで $\tau=V/v$ は空間時間である。

6・3・3 管型反応器

式(3・49)に式(6・32)を代入すると次式が得られる。

$$\frac{dF_j}{dV}=\sum_{i=1}^{m}a_{ij}r_i \quad (j=1, 2, \cdots, r) \tag{6・38}$$

反応に伴う体積変化がない場合には，槽型反応器と同様に濃度 C_j を用いて

$$\frac{dC_j}{d\tau}=\sum_{i=1}^{m}a_{ij}r_i \quad (j=1, 2, \cdots, r) \tag{6・39}$$

のように書くことができる。

【例題 6・4】　例題 6・2 の液相反応を定容回分反応器で行なう。必要にして十分な設計方程式を書け。

【解】　鍵成分は A と B であり，両成分の反応速度 r_A と r_B は式(6・32)より計算できる。そのとき現われる C_R には例題 6・2 の式(k)を代入すると，r_A と r_B は次式のように書き表わせる。

$$r_A = (-1)r_1 + (-2)r_2 = -k_1 C_A C_B - 2k_2 C_A^2 [C_{R0} + 0.5(C_A - C_{A0}) - 2.5(C_B - C_{B0})]$$
$$r_B = (-1)r_1 = -k_1 C_A C_B$$

r_A, r_B を式(6・34)に代入すると式(a)，(b)が得られる。これらを連立して解けば成分 A と B の濃度の経時変化が計算できる。

$$dC_A/dt = -k_1 C_A C_B - 2k_2 C_A^2 [C_{R0} + 0.5(C_A - C_{A0}) - 2.5(C_B - C_{B0})] \quad (a)$$
$$dC_B/dt = -k_1 C_A C_B \quad (b)$$

R および S の濃度は，例題 6・2 で導いた次の量論式から計算できる。

$$C_R - C_{R0} = 0.5(C_A - C_{A0}) - 2.5(C_B - C_{B0}) \quad (c)$$
$$C_S - C_{S0} = -0.5(C_A - C_{A0}) + 0.5(C_B - C_{B0}) \quad (d)$$

6・4　複合反応の速度解析

6・4・1　反応速度の算出

複合反応の速度解析においては，各反応の反応速度 r_i $(i=1, 2, \cdots, m)$ を測定し，r_i が反応物質の組成のどのような関数になるかを調べ，速度式の中に含まれるパラメーターを決定することが問題になる。

いま連続槽型反応器を用いて反応速度解析を行なう場合を考えてみると，少なくとも反応器入口と出口における r 個の鍵成分の濃度が測定され，基礎方程式(6・37)の左辺の値は判明する。したがって式(6・37)は m 個の反応速度 r_1, r_2, $\cdots$, r_m を未知数とする連立の線形代数方程式と考えられるが，独立な方程式の数は r 個しか存在しない。線形代数学から明らかなように式(6・37)が唯一の解をもつ条件は，$m=r$，つまり反応の個数が量論行列 A のランクに等しいこと，すなわち各反応がすべて独立な場合にのみ限られる。これに対して，$m>r$ の場合には，r_1, r_2, $\cdots$, r_m を一義的に決定できない。

$m=r$ の場合には，各反応速度の値が判明し，それは槽型反応器出口の反応成分の組成に対応している。反応条件を適当に変化させて，反応速度と出口組成の関係を実測し，両者の関係を検討すれば，各反応の反応速度を各成分の濃度の関数として表式化することが可能である。これに対して $m>r$ のとき

は，$r_1, r_2, \cdots, r_m$ を一義的に決定できない。そこで，s 個の全成分に対して実測された反応器入口と出口の濃度差 (C_j-C_{j0}) $(j=1, 2, \cdots, r, \cdots, s)$ にできるだけ一致するように，$r_1, r_2, \cdots, r_m$ の関数形とその中の速度パラメーターを推定する方法が採用される。

回分反応器あるいは管型反応器を用いる場合は，それぞれ dC_j/dt あるいは $dC_j/d\tau$ を濃度変化の実測値より算出して，それらを連続槽型反応器における (C_j-C_{j0}) とみなせば，連続槽型反応器に対する上記の議論が適用できる。もっとも，微分係数の算出には誤差を伴いやすいので，回分反応器と管型反応器に対しては速度式とパラメーターを仮定して設計方程式を積分し，実測の濃度変化と照合しながら速度式を決定する方法が多く採用されている。

$m=r$，すなわち複合反応系の全ての反応が独立な場合は，反応進行度 ξ_i と反応速度 r_i が，以下のように直接結びつけられる。

回分反応器の場合には，式(6・33)で $m=r$ になるから

$$\frac{dn_j}{dt} = V \sum_{i=1}^{r} a_{ij} r_i$$

一方，量論式(6・11)を時間 t で微分すると

$$\frac{dn_j}{dt} = \sum_{i=1}^{r} a_{ij} \frac{d\xi_i}{dt}$$

が得られる。上の2つの式の左辺を比較すると，r_i と ξ_i が次式によって関係づけられる。

$$r_i = \frac{1}{V} \frac{d\xi_i}{dt} \quad (i=1, 2, \cdots, r) \tag{6・40-a}$$

連続槽型反応器の場合は，式(6・36)で $m=r$ とおき，それを式(6・21)と比較すると，次の関係式が導ける。

$$r_i = \xi_i/V \quad (i=1, 2, \cdots, r) \tag{6・40-b}$$

管型反応器に対しては，式(6・38)において $m=r$ とおいて，式(6・21)を反応器体積 V で微分した式と比較することにより，次式の関係が得られる。

$$r_i = \frac{d\xi_i}{dV} \quad (i=1, 2, \cdots, r) \tag{6・40-c}$$

【例題 6・5】 酸化銅触媒を充填した微分型触媒反応器を用いてプロピレンの空気酸化反応を行ない，反応器入口と出口で各成分の物質量流量が測定された[1]。表 6・1 にそ

---

1) D. S. Billingsley, C. D. Holland, *Ind. Eng. Chem., Fundam.*, 2, 252(1963).

6・4 複合反応の速度解析

表 6・1 微分型触媒反応器の物質収支

成　分	記号	入口物質量流量 F_{j0} [mol·h^{-1}]	出口物質量流量 F_{jf} [mol·h^{-1}]
C_3H_6	A	0.3663	0.3606
O_2	B	0.3819	?
C_3H_4O	C	0.0	0.0022
H_2O	D	0.0028	?
CO_2	E	0.0006	?
N_2	N	1.5279	1.5279
$C_2H_6+C_3H_8$	I	0.0133	0.0133
全成分	t	2.2928	?

の一例を示した。ただし出口においては一部の成分の物質量流量は削除されている。本反応は次の二つの量論式で表わされるものとする。

$$\begin{cases} C_3H_6 + O_2 \longrightarrow CH_2CHCHO + H_2O & \text{(a)} \\ C_3H_6 + 4.5\,O_2 \longrightarrow 3\,H_2O + 3\,CO_2 & \text{(b)} \end{cases}$$

充填された触媒は 9.21 g, 全圧は 233 kPa, 反応温度は 514 K である。

（1）反応器出口での各成分の物質量流量を求めよ。

（2）量論式(a), (b)の反応速度 r_1, r_2, ならびに各成分に対する反応速度 r_{jm} ($j=$ A, B, C, D, E) を求めよ。ここで, 添字 m は触媒質量基準の反応速度を表わす。

（3）C_3H_6, O_2, CH_2CHCHO について反応器内での平均分圧を求めよ。

【解】 （1）式(a)と式(b)は

$$A + B \longrightarrow C + D \qquad \text{(a')}$$
$$A + 4.5\,B \longrightarrow 3\,D + 3\,E \qquad \text{(b')}$$

のように書ける。二つの量論式が独立であることは明らかである。すなわち $m=r=2$ であって, 各量論式に対する反応速度が算出できる。

プロピレン（A と略記）の反応率は次式に示すように 1.56% であり, 実験反応器は微分型とみなせる。

$$x_{Af} = (F_{A0} - F_{Af})/F_{A0} = 1 - 0.3606/0.3663 = 0.0156 = 1.56\%$$

反応器出口での物質量流量が与えられている A と C を, 鍵成分として選ぶと, 式(6・13-a), (6・13-b)に対応する流通系の式が以下のように書ける。
まず, 鍵成分である A と C に対して

A: $F_{Af} - F_{A0} = -\xi_1 - \xi_2$

表6・1より, 左辺 $= 0.3606 - 0.3663 = -5.7 \times 10^{-3}$ であるから

$$-\xi_1 - \xi_2 = -5.7 \times 10^{-3} \qquad \text{(c)}$$

C: $F_{Cf}-F_{C0}=\xi_1$; 左辺$=0.0022-0=2.2\times 10^{-3}$ となるから
$$\xi_1=2.2\times 10^{-3} \qquad (d)$$

一方,鍵成分以外の成分に対しては以下の諸式が成立する.

B: $F_{Bf}-F_{B0}=-\xi_1-4.5\xi_2$
D: $F_{Df}-F_{D0}=\xi_1+3\xi_2 \qquad (e)$
E: $F_{Ef}-F_{E0}=3\xi_2$

式(c)と式(d)を解くと,反応進行度 ξ_1 および ξ_2 が次のように求まる.
$$\xi_1=2.2\times 10^{-3}, \qquad \xi_2=3.5\times 10^{-3} \qquad (f)$$

これらの値を式(e)に代入すると
$$F_{Bf}=0.3819-2.2\times 10^{-3}-(4.5)(3.5\times 10^{-3})=0.3639\,\text{mol}\cdot\text{h}^{-1}$$
$$F_{Df}=0.0028+2.2\times 10^{-3}+(3)(3.5\times 10^{-3})=0.0155\,\text{mol}\cdot\text{h}^{-1}$$
$$F_{Ef}=0.0006+(3)(3.5\times 10^{-3})=0.0111\,\text{mol}\cdot\text{h}^{-1}$$

反応器入口での全物質量流量 F_t は式(6・14)に対応する流通系の式を用い,表6・1より $F_{t0}=2.2928\,\text{mol}\cdot\text{h}^{-1}$ であるから

$$F_t=F_{t0}+\sum_{i=1}^{2}\nu_i\xi_i=F_{t0}+(-1-1+1+1)\xi_1+(-1-4.5+3+3)\xi_2$$
$$=2.2928+(0.5)(3.5\times 10^{-3})=2.2946\,\text{mol}\cdot\text{h}^{-1}$$

(2) この場合は,m(反応の数)$=r$(独立な反応の数)の関係が成立し,量論式に対する反応速度 r_i は反応進行度 ξ_i と式(6・40-b)によって直接結ばれている.ただし,反応器体積 V の代わりに微小触媒質量 ΔW を用いた次式を使用する.

$$r_i=\xi_i/\Delta W \qquad (g)$$

量論式に対する反応速度は
$$r_1=2.2\times 10^{-3}/9.21=2.39\times 10^{-4}\,\text{mol}\cdot\text{g}^{-1}\cdot\text{h}^{-1}$$
$$r_2=3.5\times 10^{-3}/9.21=3.80\times 10^{-4}\,\text{mol}\cdot\text{g}^{-1}\cdot\text{h}^{-1}$$

となる.

つぎに,式(6・32)を用いると,各成分に対する反応速度が計算できる.

$$r_{Am}=-r_1-r_2=-[2.39+3.80]\times 10^{-4}=-6.19\times 10^{-4}\,\text{mol}\cdot\text{g}^{-1}\cdot\text{h}^{-1}$$
$$r_{Bm}=-r_1-4.5r_2=[-2.39-(4.5)(3.80)]\times 10^{-4}=-1.95\times 10^{-3}\,\text{mol}\cdot\text{g}^{-1}\cdot\text{h}^{-1}$$
$$r_{Cm}=r_1=2.39\times 10^{-4}\,\text{mol}\cdot\text{g}^{-1}\cdot\text{h}^{-1}$$
$$r_{Dm}=r_1+3r_2=[2.39+(3)(3.80)]\times 10^{-4}=1.38\times 10^{-3}\,\text{mol}\cdot\text{g}^{-1}\cdot\text{h}^{-1}$$
$$r_{Em}=3r_2=(3)(3.80)\times 10^{-4}=1.14\times 10^{-3}\,\text{mol}\cdot\text{g}^{-1}\cdot\text{h}^{-1}$$

(3) 成分 A の反応器入口と出口における分圧 p_{A0} と p_{Af} はそれぞれ

$$p_{A0}=\frac{F_{A0}}{F_{t0}}P_t=\frac{0.3663}{2.2928}\times 233=37.22\,\text{kPa}$$

$$p_{Af}=\frac{F_{Af}}{F_t}P_t=\frac{0.3606}{2.2946}\times 233=36.62\,\text{kPa}$$

6・4 複合反応の速度解析

となる。平均分圧は，p_{A0} と p_{Af} の算術平均値をとると
$$p_{A,av}=(37.22+36.62)/2=36.92\,\mathrm{kPa}$$
同様に B および C について計算を行なうと次の値を得る。

$$p_{B0}=38.8, \qquad p_{Bf}=37.0, \qquad p_{B,av}=37.9\,\mathrm{kPa}$$
$$p_{C0}=0, \qquad p_{Cf}=0.224, \qquad p_{C,av}=0.111\,\mathrm{kPa}$$

このように，反応速度とそれに対応する各成分の分圧の関係が明らかになった。反応条件を変化させて反応速度と組成の関係を数多く実測し，その結果をもとにして反応速度が決定できる。

6・4・2 反応速度定数の推定

複合反応の形態は種々雑多であって統一的な速度解析法を展開することは容易ではない。最近では電算機の使用を前提にした最適化の方法を用いて反応速度パラメーターを推定する方法が進歩している[1]。ここでは比較的簡単な複合反応の速度解析を回分反応器を用いて行ない，反応成分の濃度の経時変化のデータから反応速度定数の値を推定する方法を考える。

複合反応の基本的な形は，(a) 並列反応，(b) 逐次反応，および (c) 逐次・並列反応，に大別できる。

(a) 並列反応（1次反応）

$$\left.\begin{array}{l} A \longrightarrow R, \qquad r_1=k_1 C_A \\ A \longrightarrow S, \qquad r_2=k_2 C_A \end{array}\right\} \qquad (6\cdot 41)$$

で表わされる反応を回分反応器で行なう。A と R を鍵成分として選ぶと，設計方程式は次式で与えられる。

$$dC_A/dt = -(k_1+k_2)C_A \qquad (6\cdot 42)$$
$$dC_R/dt = k_1 C_A \qquad (6\cdot 43)$$

S の濃度は次の量論関係式より計算できる。

$$C_S - C_{S0} = (C_{A0}-C_A) - (C_R - C_{R0}) \qquad (6\cdot 44)$$

式(6・42)を積分し，$t=0$ で $C_A=C_{A0}$ の初期条件を用いると
$$C_A/C_{A0} = \exp[-(k_1+k_2)t] = \exp[-(1+\kappa)k_1 t] \qquad (6\cdot 45)$$

式(6・43)を式(6・42)で割ると
$$\frac{dC_R}{dC_A} = \frac{-k_1}{k_1+k_2} = -\frac{1}{1+\kappa}, \qquad \kappa = \frac{k_2}{k_1} \qquad (6\cdot 46)$$

となる。$C_A=C_{A0}$ で $C_R=C_{R0}$ なる条件を用いて積分すると，次のようになる。

---

1) 化学工学会編，"反応速度の工学"，p. 65, 丸善(1974).

$$C_R - C_{R0} = \frac{1}{1+\kappa}(C_{A0} - C_A) = \frac{C_{A0}}{1+\kappa}\left(1 - \frac{C_A}{C_{A0}}\right) \qquad (6\cdot 47\text{-a})$$

上式に式(6・45)を代入すると次式が得られる。

$$\frac{C_R - C_{R0}}{C_{A0}} = \frac{1}{1+\kappa}[1 - \exp\{-(1+\kappa)k_1 t\}] \qquad (6\cdot 47\text{-b})$$

C_S は式(6・44)に式(6・45), (6・47-b) を代入することにより

$$\frac{C_S - C_{S0}}{C_{A0}} = \frac{\kappa}{1+\kappa}[1 - \exp\{-(1+\kappa)k_1 t\}] \qquad (6\cdot 48)$$

となる。

図6・1に各成分の相対濃度 C_A/C_{A0}, C_R/C_{A0} および C_S/C_{A0} の経時変化の一例を示す。ただし $C_{R0} = C_{S0} = 0$ としてある。

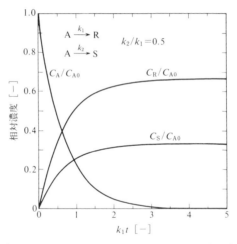

図 6・1 並列1次反応の回分反応器における濃度変化

回分反応器において，各成分の濃度変化を測定して，それから速度定数 k_1 と k_2 を推定するには次の方法が採用できる。

（1） 式(6・45)より $\ln(C_{A0}/C_A)$ 対 t のプロットを行なうと直線が得られ，その傾きが $k_1 + k_2 = (1+\kappa)k_1$ に等しい。

（2） 式(6・47-a)より $(C_{A0} - C_A)/(C_R - C_{R0}) = 1+\kappa$ が成立する。あるいは，式(6・48)を式(6・47-b)で割ると，$(C_S - C_{S0})/(C_R - C_{R0}) = \kappa$ となる。したがって実験値より $\kappa = k_2/k_1$ の値が決まる。この κ と(1)で得た $(1+\kappa)k_1$ とを合わせると，k_1 と k_2 の値が決定できる。

（**b**）　並列反応（2次反応）

6・4 複合反応の速度解析

$$\left.\begin{array}{ll} A + B \longrightarrow R, & r_1 = k_1 C_A C_B \\ A + B \longrightarrow S, & r_2 = k_2 C_A C_B \end{array}\right\} \quad (6 \cdot 49)$$

で表わされる並列反応を回分反応器で行なうときの基礎方程式は、鍵成分として A と R を選ぶと

$$dC_A/dt = -(k_1 + k_2) C_A C_B \quad (6 \cdot 50)$$

$$dC_R/dt = k_1 C_A C_B \quad (6 \cdot 51)$$

のように書ける。

B および S の濃度は次の量論関係式より計算できる。

$$C_B - C_{B0} = C_A - C_{A0} \quad (6 \cdot 52)$$

$$C_S - C_{S0} = -(C_A - C_{A0}) - (C_R - C_{R0}) \quad (6 \cdot 53)$$

式(6・52)を式(6・50)に代入し変形すると

$$dC_A/dt = -(k_1 + k_2) C_A [C_A - (C_{A0} - C_{B0})] \quad (6 \cdot 54)$$

が得られる。この式は変数分離形になっているので積分できる。得られた式を反応率 x_A を用いて表わすと次式が成立する。

$$\frac{1}{\theta_B - 1} \ln \frac{\theta_B - x_A}{\theta_B (1 - x_A)} = (k_1 + k_2) C_{A0} t \quad (C_{A0} \neq C_{B0}) \quad (6 \cdot 55)$$

$$\frac{x_A}{1 - x_A} = (k_1 + k_2) C_{A0} t \quad (C_{A0} = C_{B0}) \quad (6 \cdot 56)$$

ここに $x_A = 1 - C_A/C_{A0}$, $\theta_B = C_{B0}/C_{A0}$ である。

成分 A の濃度のデータより式(6・55)あるいは式(6・56)の左辺を計算し、時間に対してプロットすると $(k_1 + k_2)$ の値が得られる。次に式(6・51)を式(6・50)で割って時間 t を消去すると

$$dC_R/dC_A = -k_1/(k_1 + k_2)$$

となり、これを積分すると次式が得られる。

$$(C_R - C_{R0})/(C_{A0} - C_A) = k_1/(k_1 + k_2) \quad (6 \cdot 57)$$

式(6・53)の右辺の $(C_R - C_{R0})$ に上式を代入すると

$$(C_S - C_{S0})/(C_{A0} - C_A) = k_2/(k_1 + k_2) \quad (6 \cdot 58)$$

の関係が成立する。さらに式(6・57)と式(6・58)の比をとると次式が得られる。

$$(C_R - C_{R0})/(C_S - C_{S0}) = k_1/k_2 \quad (6 \cdot 59)$$

式(6・57)〜(6・59)のいずれかを選び、その左辺の値を求め、それに先に算出した $(k_1 + k_2)$ の値を用いると、k_1 と k_2 の値が計算できる。

【例題 6・6】 ニトロベンゼンを硝酸によってニトロ化したところ、20 min の間にニトロベンゼンの 50% が反応し、m-ジニトロベンゼンと o-ジニトロベンゼンがそれぞれ

0.93 と 0.07 の割合で生成した。この反応は並列に進行し、各反応は2次反応である。速度定数を求めよ。ただしニトロベンゼンと硝酸の初濃度はそれぞれ 500 と 1 500 mol·m^{-3} であり、生成物のそれは 0 である。

【解】 A：ニトロベンゼン，B：硝酸，R：メタ，S：オルト とする。$\theta_B = C_{B0}/C_{A0}$ =1 500/500=3, $x_A=0.5$, $t=20$ min=1 200 s を式(6·55)に代入する。

$$k_1+k_2 = \frac{1}{(\theta_B-1)C_{A0}t} \ln \frac{\theta_B-x_A}{\theta_B(1-x_A)} = \frac{1}{(3-1)(500)(1\,200)} \ln \frac{3-0.5}{(3)(1-0.5)}$$
$$= 4.26 \times 10^{-7} \text{ m}^3 \cdot \text{mol}^{-1} \cdot \text{s}^{-1} \tag{a}$$

この例題では式(6·59)が直ちに使用できる。$C_{R0}=C_{S0}=0$ であるから

$$C_R/C_S = 0.93/0.07 = 13.3 = k_1/k_2 \tag{b}$$

が得られる。式(a), (b) より

$$k_2(1+k_1/k_2) = k_2(1+13.3) = 4.26 \times 10^{-7}$$
$$k_2 = (4.26 \times 10^{-7})/14.3 = 2.98 \times 10^{-8} \text{ m}^3 \cdot \text{mol}^{-1} \cdot \text{s}^{-1}$$
$$k_1 = 4.26 \times 10^{-7} - 2.98 \times 10^{-8} = 3.96 \times 10^{-7} \text{ m}^3 \cdot \text{mol}^{-1} \cdot \text{s}^{-1}$$

(c) **逐次反応** 最も簡単な逐次反応は

$$\left.\begin{array}{ll} A \longrightarrow R, & r_1 = k_1 C_A \\ R \longrightarrow S, & r_2 = k_2 C_R \end{array}\right\} \tag{6·60}$$

である。この系の基礎方程式は次のように書ける。

$$dC_A/dt = -k_1 C_A \tag{6·61}$$

$$dC_R/dt = k_1 C_A - k_2 C_R \tag{6·62}$$

$$C_S - C_{S0} = C_{A0} + C_{R0} - C_A - C_R \tag{6·63}$$

式(6·61)は直ちに解けて次式が得られる。

$$C_A/C_{A0} = e^{-k_1 t} \tag{6·64}$$

次に，式(6·62)を式(6·61)で割って dt を消去すると

$$dC_R/dC_A = -1 + \kappa C_R/C_A, \qquad \kappa = k_2/k_1 \tag{6·65}$$

となる。この式は線形微分方程式であって，次式の解が得られる。

$$\frac{C_R}{C_{A0}} = \frac{1}{1-\kappa}\left[\left(\frac{C_A}{C_{A0}}\right)^\kappa - \frac{C_A}{C_{A0}}\right] + \frac{C_{R0}}{C_{A0}}\left(\frac{C_A}{C_{A0}}\right)^\kappa \quad \left(\kappa = \frac{k_2}{k_1} \neq 1\right) \tag{6·66-a}$$

$$\frac{C_R}{C_{A0}} = \frac{C_A}{C_{A0}}\left(\frac{C_{R0}}{C_{A0}} - \ln \frac{C_A}{C_{A0}}\right) \quad (\kappa = 1) \tag{6·66-b}$$

上式に式(6·64)の関係を代入すると C_R は t の関数として次式のように書ける。

6·4 複合反応の速度解析

$$\frac{C_R}{C_{A0}} = \frac{1}{1-\kappa}(e^{-k_2 t} - e^{-k_1 t}) + \frac{C_{R0}}{C_{A0}} e^{-k_2 t} \quad (\kappa \neq 1) \quad (6 \cdot 67\text{-a})$$

$$\frac{C_R}{C_{A0}} = e^{-k_1 t}\left(\frac{C_{R0}}{C_{A0}} + k_1 t\right) \quad (\kappa = 1) \quad (6 \cdot 67\text{-b})$$

一方，C_S は式(6·63)に，上で得た C_A と C_R を表わす式を代入することにより，C_A の関数あるいは t の関数として表わせる。

式(6·61)以降の式は，回分反応器に対して導かれた。この系は反応に伴う物質量の変化がないから，t を空間時間 $\tau_p = V/v$ と置き換えると，上記の諸式は管型反応器に対しても用いることができる。

図6·2は逐次反応における各成分の相対濃度の経時変化を示している。ただし，R および S の初濃度はともに 0 としてある。並列反応に対する図6·1と比較してみると並列反応と逐次反応の特徴が明らかになる。逐次反応では，中間生成物 R の濃度に最大値が現われ，最終生成物 S の濃度は反応時間に伴

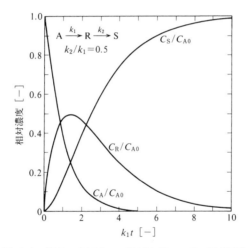

図 6·2　逐次1次反応の回分反応器における濃度変化

い増加して行くが，反応開始時の傾きは 0 であり，自触媒反応の誘導期間と類似な現象が認められる。これに対して，並列反応では二つの生成物 R と S はともに単調に増大し，反応開始時の傾きは 0 ではない。このようにして与えられた反応が並列的かあるいは逐次的であるかは，濃度の経時変化の形状から推定できる。

図6·2は各成分の濃度の経時変化を表わしているが，中間生成物 R の収率

Y_R と A の反応率 x_A との関係を求めることも可能である。式(6・66-a)と式(6・66-b)において, $Y_R=(C_R-C_{R0})/C_{A0}$, $C_A/C_{A0}=1-x_A$ であるから, 次式が成立する。

$$Y_R = \frac{1}{1-\kappa}[(1-x_A)^\kappa - (1-x_A)] + \frac{C_{R0}}{C_{A0}}[(1-x_A)^\kappa - 1] \quad (\kappa \neq 1) \quad (6\cdot 68\text{-a})$$

$$Y_R = (1-x_A)\ln\frac{1}{1-x_A} - \frac{C_{R0}}{C_{A0}}x_A \quad (\kappa = 1) \quad (6\cdot 68\text{-b})$$

図 6・3 は, $C_{R0}/C_{A0}=0$ の場合について, κ をパラメーターにして R の収率

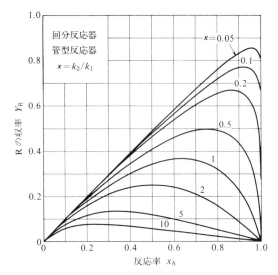

図 6・3 逐次反応 (A $\xrightarrow{k_1}$ R $\xrightarrow{k_2}$ S) または逐次・並列反応 (A + B $\xrightarrow{k_1}$ R, R + B $\xrightarrow{k_2}$ S) における成分 R の収率 (回分反応器, 管型反応器に適用)

Y_R と A の反応率 x_A との関係を示している。なお, 後述するように図 6・3 は式(6・69)の逐次・並列反応に対しても適用できる。

式(6・60)の速度定数 k_1 および k_2 の値の推定法としては, いくつかの方法が提出されている[1]。まず, 式(6・64)に基づき, $\ln(C_{A0}/C_A)$ を t に対してプロットすると原点を通る直線が得られるはずであって, その傾きが第1段反応の速

---

[1] A. A. Frost, R. G. Pearson, "Kinetics and Mechanism", 2nd ed., p. 166, John Wiley (1961).

度定数 k_1 に等しい。次に，$Y_R=C_R/C_{A0}$ 対 x_A のプロットを図 6·3 上に行ない，データと一致する曲線を捜して $\kappa=k_2/k_1$ の値を決める。k_1 の値はすでに決定されているから k_2 が決まる。

(d) 逐次・並列反応

$$\begin{aligned}A+B &\longrightarrow R+T, & r_1=k_1C_AC_B \\ R+B &\longrightarrow S+T, & r_2=k_2C_RC_B\end{aligned} \Bigg\} \quad (6\cdot69)$$

で表わされる複合反応は，A に着目すると第1段の反応で R が生成しさらに S に至る逐次反応であるが，一方 B に関しては R と S を同時に生成する並列反応とみなせる。このように式 (6·69) の反応は逐次反応と並列反応の二つの性格をもっており，逐次・並列反応と呼ばれている。この型に属する反応は多い。アジピン酸ジエチルのケン化反応はその例であり，速度論的研究が古くから行なわれている。

回分反応器内の各成分の濃度変化は次式から計算できる。

$$dC_A/dt = -k_1C_AC_B \tag{6·70}$$

$$dC_R/dt = k_1C_AC_B - k_2C_RC_B \tag{6·71}$$

$$C_B - C_{B0} = 2(C_A - C_{A0}) + (C_R - C_{R0}) \tag{6·72}$$

$$C_S - C_{S0} = -(C_A - C_{A0}) - (C_R - C_{R0}) \tag{6·73}$$

$$C_T - C_{T0} = -2(C_A - C_{A0}) - (C_R - C_{R0}) \tag{6·74}$$

式 (6·71) を式 (6·70) で割ると，逐次反応に対して導かれた式 (6·65) にまったく等しい式が得られるから，C_R と C_A の間には逐次反応の式 (6·66) の関係が成立する。したがって図 6·3 が使用できる。回分反応器あるいは管型反応器のデータから求めた $Y_R=C_R/C_{A0}$ 対 $x_A=1-C_A/C_{A0}$ の曲線を図 6·3 の上に重ねると，$\kappa=k_2/k_1$ の値が決まる。しかしながら，k_1 の値を決定するためには，式 (6·70) を解かなければならないが，解析解は得られていない。もしも，第2段の反応を別個に行なうことが可能ならば，単一の2次反応であるから k_2 の値が求まり，κ より k_1 も決定できる。反応開始時には，第一段の反応が支配的であるから，単一反応として k_1 の近似値を得ることもできる。

6·5 複合反応の反応器設計

6·5·1 反応器形式の選定

複合反応においては，希望する生成物を可能な限り選択的に生産することが要求される。それには，まず与えられた複合反応に適した反応器の形式を選定

し，ついでその反応器について最適な操作条件を決定するといった手順がとられる。

(a) **並 列 反 応**

$$\left.\begin{array}{l} A \longrightarrow R, \quad r_1=k_1C_A{}^a \\ A \longrightarrow S, \quad r_2=k_2C_A{}^b \end{array}\right\} \quad (6\cdot75)$$

で表わされる並列反応において，R が希望生成物で，S が副生成物であるとする。R と S の生成速度の比は，

$$r_R/r_S = r_1/r_2 = (k_1/k_2)C_A{}^{a-b} \quad (6\cdot76)$$

であって，一定温度においては C_A のみの関数として表わせる。希望成分 R の生成速度を大きくするには，式(6·76)の右辺の値が大きくなるように原料成分 A の濃度分布を設定しなければならない。

(1) **$a>b$ の場合** C_A の値は大きいほどよいわけで，回分反応器あるいは管型反応器の採用が有利である。反応器入口での A の濃度は高いことが望ましく，気相反応であれば反応圧力を高くするのがよい。

(2) **$a<b$ の場合** この場合は(1)とは反対であって，連続槽型反応器の採用が有利である。反応原料中に不活性成分を添加して A の濃度を減少させたり，反応圧力を低くするなどの操作法がとられる。

(3) **$a=b$ の場合** R と S の生成速度の比は C_A には無関係になるから，反応器形式には無関係に選択率は決まる。しかし，反応率に対して単調に減少する反応速度をもつ場合には，同一の反応率を得るのに必要な反応器体積は，連続槽型反応器に比較して管型反応器のほうが小さくなるから，管型反応器の採用が有利になるであろう。

式(6·76)より明らかなように，選択性を決定するもう一つの因子は反応温度である。活性化エネルギーが大きければ温度上昇に対する反応速度定数の増大率も大きいから，反応温度を上昇させると活性化エネルギーの大きなほうの反応を促進させる効果がある。

(b) **逐 次 反 応**

$$A \xrightarrow{r_1} R \xrightarrow{r_2} S, \quad r_1=k_1C_A,\ r_2=k_2C_R \quad (6\cdot60)$$

で表わされる逐次反応において，R と S の生成速度の比は

$$\frac{r_R}{r_S} = \frac{r_1-r_2}{r_2} = \frac{k_1C_A-k_2C_R}{k_2C_R} \quad (6\cdot77)$$

のように書けるが，式(6·77)の中には C_A と C_R が含まれており，この式より

6·5 複合反応の反応器設計

直ちに反応器形式の選定は論じられない。そこで，回分反応器あるいは管型反応器と，連続槽型反応器について希望生成物成分である R の選択率 S_R を A の反応率 x_A の関数として表わし，両反応器の性能を比較してみる。

回分反応器あるいは管型反応器における R の選択率 S_R と反応率 x_A との関係は，式(6·68)と式(6·29)を用いると，$C_{R0}=0$ の場合には

$$S_R = \frac{1-x_A}{(1-\kappa)x_A}[(1-x_A)^{\kappa-1}-1] \quad (\kappa \neq 1) \qquad (6\cdot78\text{-a})$$

$$S_R = \frac{1-x_A}{x_A}\ln\frac{1}{1-x_A} \quad (\kappa = 1) \qquad (6\cdot78\text{-b})$$

のように書ける。ここで $\kappa = k_2/k_1$ である。

一方，連続槽型反応器に対しては，成分 A および R についての物質収支式(6·37)を書くと

$$C_A - C_{A0} = \tau_m r_A = \tau_m(-k_1 C_A) \qquad (6\cdot79)$$

$$C_R - C_{R0} = \tau_m r_R = \tau_m(k_1 C_A - k_2 C_R) \qquad (6\cdot80)$$

が得られる。式(6·80)を式(6·79)で割って τ_m を消去すると

$$\frac{C_R - C_{R0}}{C_{A0} - C_A} = \frac{k_1 C_A - k_2 C_R}{k_1 C_A} = 1 - \kappa \frac{C_R}{C_A}$$

となる。上式で $C_{R0}=0$ とおいて C_R について解き，それを $S_R = C_R/(C_{A0}-C_A)$

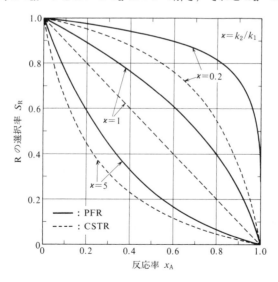

図 6·4 $A \xrightarrow{k_1} R \xrightarrow{k_2} S$ に対する PFR と CSTR における成分 R の選択率の比較

の定義式に代入すると，連続槽型反応器における R の選択率は

$$S_R = \frac{1-x_A}{1+(\kappa-1)x_A} \tag{6.81}$$

によって表わせる。

図 6·4 に S_R 対 x_A の関係を示す。回分反応器あるいは管型反応器における中間生成物 R の選択率は，連続槽型反応器のそれに比較して高い。したがって逐次反応で中間生成物を選択性よく生産するには，回分反応器あるいは管型反応器の採用が望ましい。

6·5·2 反応器の設計と操作

6·3 節で示したように，複合反応の設計方程式は，反応時間 t あるいは空間時間 τ を独立変数とする連立微分方程式，あるいは τ を含む連立代数方程式として表わされている。それらの方程式を直接解くことも可能であるが，次のような間接的解法が有効な場合が少なくない。まず，t あるいは τ を消去して，反応成分の一つを独立変数にする方程式に変形しておいて，それを解いて成分濃度間の関係を出しておく。次に，この関係式を基礎式の中の一つに代入すると，濃度と反応時間あるいは空間時間との関係が得られる。この間接的解法は式(6·41)の並列反応および式(6·60)の逐次反応の解析においてもすでに使用されている。

【例題 6·7】　　A $\longrightarrow$ R,　　$r_1 = 2C_A$ [kmol·m⁻³·h⁻¹]　　　　(a)

　　　　　　　2A $\longrightarrow$ S,　　$r_2 = 0.2C_A^2$ [kmol·m⁻³·h⁻¹]　　(b)

によって表わされる液相反応を管型反応器(PFR)あいは連続槽型反応器(CSTR)を用いて行なう。R が希望生成物である。定容系としてよい。

(1) R を高収率で得たいとき，PFR と CSTR のいずれを採用するのが有利かを定性的に判定せよ。

(2) A の反応率を 80% にするとき，CSTR 出口における各成分の濃度，R の収率 Y_R と選択率 S_R，ならびに空間時間 τ_m を求めよ。ただし，反応原料中には成分 A しか含まれておらず，その濃度は 10 kmol·m⁻³ である。

(3) PFR について，(2)で求めた各項を算出せよ。

【解】　(1)　　　　　　$r_R/r_S = 2C_A/0.2C_A^2 = 10/C_A$ 　　　　　　(c)

が成立するから，C_A の濃度が低いほうが R の生成にとって望ましい。したがって CSTR のほうが PFR よりも有利になる。

(2) 鍵成分として A と R を選ぶと，設計方程式は式(6·37)より

$$C_A - C_{A0} = \tau_m(-r_1 - 2r_2) = \tau_m(-2C_A - 0.4C_A^2) \tag{d}$$

6・5 複合反応の反応器設計

$$C_R - C_{R0} = \tau_m(r_1) = \tau_m(2C_A) \tag{e}$$

が得られる。式(e)を式(d)で割って τ_m を消去すると，$C_{R0}=0$ であるから

$$\frac{C_R}{C_A - C_{A0}} = \frac{2C_A}{-2C_A - 0.4C_A^2} = \frac{1}{-(1+0.2C_A)} \tag{f}$$

となる。$C_{A0}=10\,\mathrm{kmol\cdot m^{-3}}$，$C_A = C_{A0}(1-x_A) = 10(1-0.8) = 2\,\mathrm{kmol\cdot m^{-3}}$ であるから，これらを式(f)に代入すると次のようになる。

$$C_R = \frac{C_{A0} - C_A}{1+0.2C_A} = \frac{10-2}{1+(0.2)(2)} = 5.71\,\mathrm{kmol\cdot m^{-3}}$$

一方，成分 S の濃度 C_S は量論関係式より求められる。式(a), (b)の反応進行度を ξ_1, ξ_2 とすると，式(6・13-a), (6・13-b)の n を F で置換した式を適用して，次式を得る。

$$F_A - F_{A0} = -\xi_1 - 2\xi_2 \tag{g}$$
$$F_R - F_{R0} = \xi_1 \tag{h}$$
$$F_S - F_{S0} = \xi_2 \tag{i}$$

式(g), (h)を解くと

$$\xi_2 = -[(F_A - F_{A0}) + (F_R - F_{R0})]/2 \tag{j}$$

が得られる。式(j)を式(i)に代入すると，$F_{R0}=F_{S0}=0$ であるから

$$F_S = 0.5(F_{A0} - F_A - F_R) \tag{k}$$

が得られる。本反応は定容系であるから，反応混合物の体積流量 v で上式の両辺を割ると，成分 S の出口濃度 C_S は次のように求められる。

$$C_S = 0.5(C_{A0} - C_A - C_R) = 0.5(10-2-5.71) = 1.15\,\mathrm{kmol\cdot m^{-3}} \tag{l}$$

希望生成物 R の収率 Y_R と選択率 S_R は，それぞれ式(6・25), (6・28)より

$$Y_R = C_R/C_{A0} = 5.71/10 = 0.571$$
$$S_R = C_R/(C_{A0}-C_A) = 5.71/(10-2) = 0.714$$

空間時間 τ_m は式(d)あるいは式(e)より計算できる。式(e)より

$$\tau_m = C_R/2C_A = (5.71)/(2)(2) = 1.43\,\mathrm{h}$$

(3) 成分 A と R に対する設計方程式は，式(6・39)より

$$dC_A/d\tau_p = -2C_A - 0.4C_A^2 \tag{m}$$
$$dC_R/d\tau_p = 2C_A \tag{n}$$

となる。式(n)を式(m)で割って $d\tau_p$ を消去すると

$$dC_R/dC_A = -1/(1+0.2C_A)$$

が得られる。上式は変数分離形であって，容易に解くことができる。

$$C_R - C_{R0} = -\int_{C_{A0}}^{C_A} \frac{dC_A}{1+0.2C_A} = -\frac{1}{0.2}\ln\frac{1+0.2C_A}{1+0.2C_{A0}} = -\frac{1}{0.2}\ln\frac{1+(0.2)(2)}{1+(0.2)(10)}$$

$$C_R = 3.81\,\mathrm{kmol\cdot m^{-3}}$$

成分 S の濃度 C_S は式(l)より

$$C_S = 0.5(10-2-3.81) = 2.10\,\mathrm{kmol\cdot m^{-3}}$$

収率 Y_R と選択率 S_R は次のように求められる。
$$Y_R = C_R/C_{A0} = 3.81/10 = 0.381$$
$$S_R = C_R/(C_{A0}-C_A) = 3.81/(10-2) = 0.476$$

PFR の空間時間 τ_p は式(m)を積分すれば得られる。
$$\tau_p = -\int_{C_{A0}}^{C_A} \frac{dC_A}{2C_A+0.4C_A^2} = -\frac{1}{2}\left[\ln\frac{C_A}{C_A+5}\right]_{C_{A0}}^{C_A} = \frac{1}{2}\ln\frac{C_{A0}(C_A+5)}{C_A(C_{A0}+5)}$$
$$= \frac{1}{2}\ln\frac{(10)(2+5)}{(2)(10+5)} = 0.424 \text{ h}$$

上記の(2)と(3)における計算結果に基づいて,二つの反応器の性能を比較すると次のようになる。

(i) R の収率と選択率は CSTR のほうが PFR より優れている。これは(1)の定性的検討に一致している。

(ii) 空間時間は,PFR のほうが CSTR よりも小さくてよい。

この場合には,収率と空間時間からの優劣比較は相反している。実際問題においてもこのような挙動を示す場合が少なくない。収率と空間時間のいずれを優先させるかは,それぞれの場合により異なる。より厳密には,両者を考慮した評価基準を作成して判断しなければならない。しかし,複合反応の多くの場合は希望生成物を選択的に得ることが重視されている。

【例題 6·8】 $\quad A \longrightarrow B+C, \quad r_1 = k_1 C_A, \quad k_1 = 0.05 \text{ s}^{-1}$ (a)
$\quad\quad\quad\quad\quad\quad A \longrightarrow D, \quad\quad\quad r_2 = k_2 C_A, \quad k_2 = 0.03 \text{ s}^{-1}$ (b)

で表わされる気相反応を管型反応器で行なう。A が 80%,不活性ガスが 20% の混合ガスを $5\times10^{-3} \text{ m}^3\cdot\text{s}^{-1}$ の体積流量で反応器に供給して,A の反応率を 70% にとる。反応器体積および成分 D の収率と選択率を求めよ。

【解】 式(a),(b)の反応は独立であるから,鍵成分が2個選べる。A と D を鍵成分にとると,それらに対する物質収支は,式(6·38)より次式となる。
$$dF_A/dV = -k_1 C_A - k_2 C_A \tag{c}$$
$$dF_D/dV = k_2 C_A \tag{d}$$

上式を解くために C_A を F_A と F_D を用いて表わす必要がある。各反応の反応進行度をそれぞれ ξ_1 と ξ_2 で表わすと,各成分に対して次の諸式が成立する。

$$\begin{cases} F_A - F_{A0} = -\xi_1 - \xi_2 & \text{(e)} \\ F_D - F_{D0} = \xi_2 & \text{(f)} \end{cases}$$

$$\begin{cases} F_B - F_{B0} = \xi_1 & \text{(g)} \\ F_C - F_{C0} = \xi_1 & \text{(h)} \\ F_I - F_{I0} = 0 & \text{(i)} \end{cases}$$

$$F_t - F_{t0} = \xi_1 \tag{j}$$

6・5 複合反応の反応器設計

題意より $F_{D0}=F_{B0}=F_{C0}=0$ であることに注意して，式(e),(f)を解くと
$$\xi_1 = F_{A0} - F_A - F_D \tag{k}$$
が得られる。この式を式(j)に代入すると次のようになる。
$$F_t = F_{t0} + F_{A0} - F_A - F_D \tag{l}$$
したがって成分 A の濃度は，式(6・19) より
$$C_A = C_{t0}\frac{F_A}{F_t} = \frac{C_{t0}F_A}{F_{t0}+F_{A0}-F_A-F_D} \tag{m}$$
となる。上式を式(c), (d)に代入すると，F_A と F_D を独立変数とする微分方程式が得られるが，そのままの形では解くことは困難である。このようなとき，物質収支式より独立変数の V を消去して，従属変数の間の関係を直接的に表現することが有効になることがある。式(d)を式(c)で割ると
$$dF_D/dF_A = -k_2/(k_1+k_2)$$
が得られる。初期条件を考慮して上式を積分すると次の関係が成立する。
$$F_D = \frac{k_2}{k_1+k_2}(F_{A0}-F_A) \tag{n}$$
上式を式(m)に代入すると，C_A が F_A のみの関数として表わされる。
$$C_A = C_{t0}\frac{F_A}{F_{t0}+[k_1/(k_1+k_2)](F_{A0}-F_A)} \tag{o}$$
これを式(c)に代入して
$$(F_{A0}-F_A)/F_{A0} = x_A, \qquad F_{A0} = (F_{t0})(y_{A0}) = (C_{t0})(v_0)(y_{A0})$$
の関係を用いると次の微分方程式が得られる。
$$\frac{dx_A}{d\tau} = (k_1+k_2)\frac{1-x_A}{1+\beta(y_{A0})(x_A)} \tag{p}$$
ただし $\tau = V/v_0$, $\beta = k_1/(k_1+k_2)$ である。式(p)を積分すると
$$(k_1+k_2)\tau = -\beta(y_{A0})(x_A) + (1+\beta y_{A0})\ln[1/(1-x_A)] \tag{q}$$
が得られる。

題意より $\beta = 0.05/(0.05+0.03) = 0.625$，$y_{A0}=0.8$，$x_A=0.7$ であって，これらを式(q)に代入すると τ の値が決まり，反応器体積 V が次のように求められる。
$$\tau = V/5\times 10^{-3} = 18.2$$
したがって $\qquad V = 0.091\,\mathrm{m}^3$

成分 D の選択率 S_D は，式(6・27)と式(n)より
$$S_D = \frac{F_D}{F_{A0}-F_A} = \frac{k_2}{k_1+k_2} = \frac{0.03}{0.05+0.03} = 0.375$$
となり，さらに式(6・29)を用いて収率 Y_D が求められる。
$$Y_D = x_A S_D = (0.7)(0.375) = 0.263$$

問　題

6・1 次の複合反応における鍵成分および独立な量論式を見いだせ。ただし鍵成分は $A_1, A_2, \cdots$ の順序で選ぶものとする。

(a) $\begin{cases} 2A_1 + A_2 \longrightarrow 2A_3 \cdots\cdots ① \\ A_1 + A_2 \longrightarrow A_4 \cdots\cdots ② \\ 2A_3 + A_2 \longrightarrow 2A_4 \cdots\cdots ③ \end{cases}$

(b) $\begin{cases} 4A_1 + 5A_2 \longrightarrow 4A_6 + 6A_4 \cdots\cdots ① \\ 4A_1 + 3A_2 \longrightarrow 2A_3 + 6A_4 \cdots\cdots ② \\ 4A_1 + 6A_6 \longrightarrow 5A_3 + 6A_4 \cdots\cdots ③ \\ 2A_6 + A_2 \longrightarrow 2A_5 \cdots\cdots ④ \\ 2A_6 \longrightarrow A_3 + A_2 \cdots\cdots ⑤ \\ A_3 + 2A_2 \longrightarrow 2A_5 \cdots\cdots ⑥ \end{cases}$

6・2 次の液相複合反応を回分反応器で行なう。鍵成分を適当に選定し，それ以外の成分の濃度を鍵成分の濃度を用いて表わせ。ただし，反応に伴う反応液の密度変化は無視してよい。

(a) $\begin{cases} A + B \longrightarrow 2C \cdots\cdots ① \\ A + C \longrightarrow D \cdots\cdots ② \end{cases}$

(b) $\begin{cases} 3A \longrightarrow 2B \cdots\cdots ① \\ 2B \longrightarrow 3A \cdots\cdots ② \\ B + 2C \longrightarrow D \cdots\cdots ③ \end{cases}$

(c) $\begin{cases} A \longrightarrow B \cdots\cdots ① \\ A \longrightarrow C \cdots\cdots ② \\ B + 2C \longrightarrow D \cdots\cdots ③ \end{cases}$

6・3 問題 6・2 で示した複合反応を気相反応であるとみなし，定圧管型反応器を用いて反応を行なう。各成分の濃度を鍵成分の物質量流量 [mol·s^{-1}] を用いて表わせ。

6・4
$$A \longrightarrow 2R, \quad r_1 = k_1 C_A$$
$$A \longrightarrow S, \quad r_2 = k_2 C_A$$

で表わされる液相反応を回分反応器で行なったところ，A の半減期（A の初濃度が半分になる時間）が 40 min であり，そのときの R と S の濃度比が 3:1 であった。反応速度定数 k_1 と k_2 の値を求めよ。ただし，反応原料中には A のみが含まれていた。

6・5
$$A \longrightarrow 2R, \quad r_1 = k_1 C_A$$
$$2A \longrightarrow S, \quad r_2 = k_2 C_A$$

で表わされる液相反応を連続槽型反応器で行なった。空間時間 $\tau = 50$ min にとったとき，反応器出口において A の反応率は 80%，R の濃度は S の濃度の 3 倍であった。反応速度定数 k_1 と k_2 の値を求めよ。ただし，反応原料中には R と S は含まれていない。

6・6 次式で示される液相並列反応を，回分反応器を用いて行なったところ，反応開始後 120 min で A の 50% が反応した。そのときの反応生成物 R, S および T の物

$$A + B \begin{array}{c} \xrightarrow{k_1} R, \\ \xrightarrow{k_2} S, \\ \xrightarrow{k_3} T, \end{array} \begin{array}{l} r_1 = k_1 C_A C_B \\ r_2 = k_2 C_A C_B \\ r_3 = k_3 C_A C_B \end{array}$$

質量の比率は 58.8 : 4.4 : 36.8 であった。ただし A, B の初濃度はそれぞれ 500, 1500 mol·m^{-3} であり，R, S, T の初濃度はすべて 0 である。各反応の速度定数を求めよ。

問　題　　　　　　　　　　　　　　　　　　　　　　　　　　　141

6·7　　　　A ⟶ 2R,　　$r_1 = k_1 C_A$,　　$k_1 = 2 \times 10^{-4}\,\mathrm{s^{-1}}$
　　　　　　　2A ⟶ S,　　$r_2 = k_2 C_A^2$,　　$k_2 = 6 \times 10^{-8}\,\mathrm{m^3 \cdot mol^{-1} \cdot s^{-1}}$

で表わされる液相反応を連続槽型反応器で行なったところ，A の反応率は 60% であった。反応原料中には A のみが含まれ，その濃度は $2 \times 10^3\,\mathrm{mol \cdot m^{-3}}$ であった。次の各項を求めよ。
　（a）空間時間 τ_m，（b）反応器出口での各成分の濃度 C_A, C_R，および C_S
　（c）R の収率 Y_R と選択率 S_R

6·8　　　　　　　A + B ⟶ 2R,　　$r_1 = k_1 C_A C_B$
　　　　　　　　　　A ⟶ S,　　$r_2 = k_2 C_A$

で表わされる液相反応を回分反応器を用い，仕込濃度を $C_{A0} = 4$, $C_{B0} = 2$, $C_{R0} = C_{S0} = 0$（$\mathrm{kmol \cdot m^{-3}}$ の単位）に設定して反応を開始した。ある時刻において反応液の濃度を測定したところ，A の濃度が $1.96\,\mathrm{kmol \cdot m^{-3}}$，B の濃度が $1\,\mathrm{kmol \cdot m^{-3}}$ であった。反応速度定数の比 k_2/k_1 を求めよ。

6·9　　　A $\xrightarrow{r_1}$ R,　2A $\xrightarrow{r_2}$ S,　　$r_1 = k_1 C_A$,　$r_2 = k_2 C_A^2$

で表わされる液相反応を回分反応器で行なうとき，次式が成立することを示せ。

$$\frac{\ln(C_{A0}/C_A)}{C_R - C_{R0}} = \frac{2 k_2}{k_1} + k_1 \cdot \frac{t}{C_R - C_{R0}} \tag{1}$$

いま，上記の反応に対して次のようなデータが得られた。反応速度定数 k_1 と k_2 を求めよ。A の初濃度は $C_{A0} = 10^3\,\mathrm{mol \cdot m^{-3}}$ であり，反応開始時には R と S は含まれない。

反応時間 t [s]	341	795	1 460	1 944	2 640
反応率 x_A [—]	0.2	0.4	0.6	0.7	0.8
R の濃度 [$\mathrm{mol \cdot m^{-3}}$]	170	345	527	621	716

6·10　　　A $\xrightarrow{r_1}$ R,　A $\xrightarrow{r_2}$ S,　　$r_1 = k_1 C_A^m$,　$r_2 = k_2 C_A^n$

で表わされる液相反応を連続槽型反応器で行なって次表に示す結果を得た。反応原料は A のみからなり，その濃度は各実験ともすべて $C_{A0} = 10\,\mathrm{kmol \cdot m^{-3}}$ である。
　（a）本反応の速度パラメーター m, n, k_1 および k_2 の値を求めよ。
　（b）入口濃度を $20\,\mathrm{kmol \cdot m^{-3}}$ とし，A の反応率が 80% のときの CSTR および PFR の出口における各成分の濃度を求めよ。

$\tau_m = V/v_0$ [min]	0.05	0.167	0.5	2.0
C_A [$\mathrm{kmol \cdot m^{-3}}$]	8	6	4	2
C_R [$\mathrm{kmol \cdot m^{-3}}$]	1.6	3	4	4

6·11　　　　A ⟶ 2R,　　$r_1 = 1 C_A\,[\mathrm{kmol \cdot m^{-3} \cdot h^{-1}}]$
　　　　　　　2A ⟶ S,　　$r_2 = 0.5 C_A^2\,[\mathrm{kmol \cdot m^{-3} \cdot h^{-1}}]$

によって表わされる液相反応を管型反応器を用いて行なう。空間時間 τ を 0.5 h にとったとき，反応器出口における各成分の濃度，A の反応率 x_A, R の収率 Y_R と選択率 S_R

の値を求めよ。ただし，反応原料中には成分Aしか含まれておらず，その濃度C_{A0}は$5\,\mathrm{kmol\cdot m^{-3}}$である。$C_A$の単位は$[\mathrm{kmol\cdot m^{-3}}]$である。

6・12 $A \xrightarrow{k_1} B+C$, $A \xrightarrow{k_2} 2D$ で表わされる気相反応を管型反応器で行なう。各反応は1次反応であって，$k_1=5.2\times10^{-2}$, $k_2=1.3\times10^{-2}\,\mathrm{s^{-1}}$である。反応器入口にはAが80%，不活性ガスが20%の混合ガスを供給する。Aの反応率を70%にとりたい。空間時間τ_pとDの収率Y_Dを求めよ。

6・13
$A \longrightarrow C$,　　$r_1=k_1 C_A$,　　$k_1=50\,\mathrm{s^{-1}}$
$B \longrightarrow D+E$,　　$r_2=k_2=2.5\,\mathrm{kmol\cdot m^{-3}\cdot s^{-1}}$

で表わされる気相複合反応を管型反応器で行なう。反応温度は473.2K，圧力は506.6kPa操作されている。AとBをそれぞれ等量含むガスが$5\,\mathrm{kmol\cdot s^{-1}}$の速度で反応器に供給される。Aの50%が反応するのに必要な反応器体積とCの収率を求めよ。

6・14
$A \longrightarrow R$,　　$r_1=k_1 C_A$　　$(k_1=0.2\,\mathrm{h^{-1}})$
$R \longrightarrow S$,　　$r_2=k_2 C_R$　　$(k_2=0.2\,\mathrm{h^{-1}})$

で表わされる液相逐次反応を体積Vの連続槽型反応器(CSTR)を2台直列に接続して行なう。ただし，各反応速度定数k_1とk_2の値は等しいものとする。

（a） 第2槽出口における成分Rの濃度C_{Rf}は次式で表わされることを示せ。
$$C_{Rf}=2k_1 C_{A0}\tau/(1+k_1\tau)^3$$
ここに，C_{A0}は第1槽入口でのAの濃度，τは各槽あたりの空間時間である。

（b） C_{Rf}の値を最大にするには，反応器の体積Vをいくらにすればよいか。また，そのときのAの反応率x_A，Rの収率Y_Rと選択率S_Rならびに空間時間τの値を求めよ。反応に伴う液の密度変化は無視できる。ただし，第1槽反応器には，Aのみからなる原料が供給され，その濃度$C_{A0}=1.5\times10^4\,\mathrm{mol\cdot m^{-3}}$，体積流量$v=0.2\,\mathrm{m^3\cdot h^{-1}}$の条件である。

6・15
$A+B \longrightarrow R+T$,　　$r_1=k_1 C_A C_B$
$R+B \longrightarrow S+T$,　　$r_2=k_2 C_R C_B$

で表わされる複合反応を連続槽型反応器で行なう。反応原料中にはAとBのみしか含まれていないとする。次の各項について答えよ。

（a） 成分Rの収率Y_Rを成分Aの反応率x_Aの関数として表わす式を求めよ。

（b） 収率Y_Rの最大値$Y_{R,\max}$と，そのときの反応率$x_{A,\max}$を$\kappa=k_2/k_1$の関数として表わす式をそれぞれ導け。

（c） 成分AとRを鍵物質としたとき，成分Bの濃度C_BをC_AとC_Rを用いて表わせ。

（d） Rの収率が最大値を示すときの反応率$x_{A,\max}$，収率$Y_{R,\max}$ならびに空間時間$\tau_{\max}$の値を下記の条件下で求めよ。

$C_{A0}=2\times10^3\,\mathrm{mol\cdot m^{-3}}$,　　$C_{B0}=4\times10^3\,\mathrm{mol\cdot m^{-3}}$
$k_1=2.5\times10^{-7}\,\mathrm{m^3\cdot mol^{-1}\cdot s^{-1}}$,　　$k_2=1.25\times10^{-7}\,\mathrm{m^3\cdot mol^{-1}\cdot s^{-1}}$

6・16　　$2A \longrightarrow R$,　　$r_1=k_1 C_A^2$
　　　　　　$A \longrightarrow S$,　　$r_2=k_2 C_A$

で表わされる液相反応を連続槽型反応器を用いて，Rの収率Y_Rが最大になるように操作したい。以下の各項を求めよ。

(a) 反応器出口でのA, RおよびSの濃度，(b) Aの反応率 x_A, Rの収率 Y_R，(c) 空間時間 τ。

ただし，反応器入口濃度 $C_{A0}=1000\,\mathrm{mol\cdot m^{-3}}$, $C_{R0}=C_{S0}=0$, $\kappa=k_2/k_1=100\,\mathrm{mol\cdot m^{-3}}$, $k_1=1\times10^{-5}\,\mathrm{m^3\cdot mol^{-1}\cdot s^{-1}}$.

6·17 次式で表わされる複合反応

$$A \longrightarrow R, \quad r_1=k_1C_A, \quad k_1=4\,\mathrm{h^{-1}}$$
$$A \longrightarrow S, \quad r_2=k_2C_A, \quad k_2=1\,\mathrm{h^{-1}}$$

を，体積が $1\,\mathrm{m^3}$ の連続槽型反応器で行なう。Rが希望成分で，Sは副生成物である。反応原料はAのみからなり，その濃度は $C_{A0}=5\,\mathrm{kmol\cdot m^{-3}}$ であって，その価格は $200\,\mathrm{円\cdot kmol^{-1}}$ である。製品Rは $2000\,\mathrm{円\cdot kmol^{-1}}$ で売れる。反応器と分離装置の操作費は $(5000+200F_{A0})\,[\mathrm{円\cdot h^{-1}}]$ である。ここで F_{A0} はAの物質量流量 $[\mathrm{kmol\cdot h^{-1}}]$ である。Sは有害物質であって，安全な物質に転換する費用として $300\,\mathrm{円\cdot kmol^{-1}}$ が必要である。利益を最大にする供給原料の反応器入口での体積流量 v とAの反応率 x_A ならびに1時間当りの利益 P を求めよ。ただし，未反応のAは分離装置によってすべて回収して，反応器入口にリサイクルする。

6·18
$$A \xrightarrow{r_1} R \xrightarrow{r_2} P, \quad r_1=k_1C_A, \quad r_2=k_2C_R \qquad (1)$$
$$A \xrightarrow{r_3} S, \quad r_3=k_3C_A \qquad (2)$$

で表わされる液相反応を体積 $V=2\,\mathrm{m^3}$ の管型反応器で行なう。反応液はAのみを含み，その濃度は $C_{A0}=100\,\mathrm{mol\cdot m^{-3}}$ である。$k_1=0.01\,\mathrm{s^{-1}}$, $k_2=0.007\,\mathrm{s^{-1}}$, $k_3=0.0025\,\mathrm{s^{-1}}$ とする。

(a) Rの収率 Y_R とAの反応率 x_A の関係式，C_A と空間時間 τ との関係式が次式で表わせることを示せ。

$$Y_R=\frac{C_R}{C_{A0}}=\frac{1}{1+\kappa_3-\kappa_2}\left[(1-x_A)^{\kappa_2/(1+\kappa_3)}-(1-x_A)\right] \qquad (3)$$

$$\frac{C_A}{C_{A0}}=1-x_A=e^{-(k_1+k_3)\tau} \qquad (4) \qquad \kappa_2=\frac{k_2}{k_1} \qquad (5) \qquad \kappa_3=\frac{k_3}{k_1} \qquad (6)$$

(b) Y_R の値が最大になるときの反応率 x_A と Y_R の値を求めよ。さらにそのときの空間時間 τ，ならびに原料液供給速度 $v\,[\mathrm{m^3\cdot s^{-1}}]$ を求めよ。

7 非等温反応系の設計

前章までは，反応装置内の温度は一定と仮定して反応速度の解析と反応装置の設計を論じてきた．しかしながら実際の反応装置では，装置内の温度を一定値に保持することは簡単ではなく，時間的にも変化する非等温状態で操作されている場合が多い．

本章では，まず反応エンタルピーと化学平衡について熱力学の復習をする．ついで非等温反応装置のエンタルピー収支式を導き，それを3章の物質収支式と連立させて解くと非等温反応装置の設計が可能になることを示す．

7·1 反応エンタルピー

7·1·1 標準反応エンタルピー

すでに3章でも述べたように，量論式が

$$a\mathrm{A} + b\mathrm{B} \longrightarrow c\mathrm{C} + d\mathrm{D} \tag{7·1}$$

で表わされる反応系のエンタルピー収支を考えるとき，限定反応成分Aに着目してその1 molを基準にとるのが便利であるので，限定反応成分の量論係数が1になるように式(7·1)を変形する．

$$\mathrm{A} + (b/a)\mathrm{B} \longrightarrow (c/a)\mathrm{C} + (d/a)\mathrm{D} \tag{7·2}$$

量論式(7.2)の反応エンタルピー[†](enthalpy of reaction) $\varDelta H_\mathrm{R}$ とは，一定の温度と圧力において1 molのAと b/a [mol]のBが完全に反応して c/a [mol]のCと d/a [mol]のDが生成する過程で起こる反応系のエンタルピー変化で

---

† 物理化学の教科書では，式(7·1)の量論式に対して反応エンタルピーを定義し，$\varDelta H_\mathrm{r}$ の記号で表わしている．一方，本書では式(7·2)の量論式に対して反応エンタルピーを定義していることを強調するために，$\varDelta H_\mathrm{R}$ の記号を用いている．

あると定義される。したがって，各成分の 1 mol 当たりのエンタルピーを H_A, H_B, … で表わすと反応エンタルピー ΔH_R は

$$\Delta H_R = [(c/a) H_C + (d/a) H_D] - [H_A + (b/a) H_B] \quad (7.3)$$

によって表わされる。発熱反応では，反応の進行に伴い系のエンタルピーが減少するから ΔH_R は負の値になる。一方，吸熱反応での ΔH_R は正の値をとる。

原料成分と生成物成分がともに標準状態にあるときの反応エンタルピーは標準反応エンタルピー(standard enthalpy of reaction)とよび，$\Delta H_R°$ で表わす。圧力 1 atm (1.013×10⁵ Pa)，温度 298.2 K を標準状態に選ぶことが多い。

$H_R°$ は各反応成分の標準生成エンタルピー(standard enthalpy of formation) $\Delta H_f°$，あるいは標準燃焼エンタルピー(standard enthalpy of combustion) $\Delta H_c°$ から計算できる。化合物の標準生成エンタルピーとは，標準状態において各元素より化合物 1 mol が生成するときの反応系のエンタルピー変化である。したがって元素の生成エンタルピーは 0 とする。一方，燃焼エンタルピーとは，物質 1 mol が酸素分子と反応するときのエンタルピー変化であって，標準状態におけるその値が標準燃焼エンタルピーである。付録 3 にいくつかの物質に対する標準生成エンタルピー $\Delta H_f°$ の値が示されている。

量論式 (7·2) に対する標準反応エンタルピー $\Delta H_R°$ は，標準生成エンタルピーあるいは標準燃焼エンタルピー $\Delta H_c°$ を用いて次式によって計算できる。

$$\Delta H_R° = [(c/a)\Delta H_{fC}° + (d/a)\Delta H_{fD}°] - [\Delta H_{fA}° + (b/a)\Delta H_{fB}°] \quad (7\cdot 4\text{-a})$$

$$\Delta H_R° = [(c/a)\Delta H_{cC}° + (d/a)\Delta H_{cD}°] - [\Delta H_{cA}° + (b/a)\Delta H_{cB}°] \quad (7\cdot 4\text{-b})$$

このようにして計算された標準反応エンタルピーは，限定反応成分 A の 1 mol が標準状態において反応したときのエンタルピー変化を表わしている。その単位は J·(mol-A)⁻¹ である。

一方，熱力学では一般に式 (7·1) の量論式に対して標準反応エンタルピー $\Delta H_r°$ が定義されている。この場合の $\Delta H_r°$ は

$$\Delta H_r° = (c\Delta H_{fC}° + d\Delta H_{fD}°) - (a\Delta H_{fA}° + b\Delta H_{fB}°) \quad (7\cdot 5)$$

から計算できる。式 (7·3) と式 (7·5) を比較すると

$$a\Delta H_R° = \Delta H_r°/a \quad (7\cdot 6)$$

の関係が成立する。このように反応エンタルピーは量論式を規定して初めて計算できる値であって，その数値は量論式の書き方によって異なることに注意すべきである。

7·1·2 反応エンタルピーの温度変化

反応エンタルピー ΔH_R は温度の関数である。温度 T_1 における値 $\Delta H_R(T_1)$ の

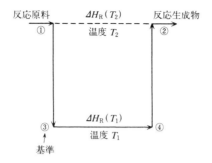

図 7·1 反応エンタルピーの計算のための経路変更

値が既知であると，温度 T_2 における反応エンタルピー $\Delta H_R(T_2)$ の値が計算できる．エンタルピー変化は経路には無関係であるから，図7·1の温度 T_2 における①から②へのエンタルピー変化を考えるかわりに，①→③→④→②の経路についてのエンタルピー変化を計算する．いま，温度 T_1 にある原料成分，つまり A が 1 mol，B が b/a [mol] の混合物を基準にとって状態①のエンタルピー H_1 を表わすと式(7·7)となる．

$$H_1 = [\bar{C}_{pA} + (b/a)\bar{C}_{pB}](T_2 - T_1) \tag{7·7}$$

一方，状態②は，温度 T_1 において反応が完結して成分 C が c/a [mol] と D が d/a [mol] からなる混合物になり，それが温度 T_1 から T_2 まで加熱された状態を表わしている．したがって，③を基準にとったときの②のエンタルピーは

$$H_2 = \Delta H_R(T_1) + [(c/a)\bar{C}_{pC} + (d/a)\bar{C}_{pD}](T_2 - T_1) \tag{7·8}$$

で表わせる．ここに $\bar{C}_{pA}$，$\bar{C}_{pB}$ などは温度 T_1 から T_2 における平均モル熱容量 [J·mol^{-1}·K^{-1}] を表わす．

温度 T_2 における反応エンタルピー $\Delta H_R(T_2)$ は $(H_2 - H_1)$ に等しいから，式(7·7), (7·8)より

$$\Delta H_R(T_2) = \Delta H_R(T_1) + [(c/a)\bar{C}_{pC} + (d/a)\bar{C}_{pD} - \bar{C}_{pA} - (b/a)\bar{C}_{pB}](T_2 - T_1)$$
$$= \Delta H_R(T_1) + \Delta \bar{C}_p(T_2 - T_1) \tag{7·9}$$

となる．ここで $\Delta \bar{C}_p$ は次式のように書ける．

$$\Delta \bar{C}_p = (c/a)\bar{C}_{pC} + (d/a)\bar{C}_{pD} - \bar{C}_{pA} - (b/a)\bar{C}_{pB} \tag{7·10-a}$$

モル熱容量 C_p が温度の関数として表わせるときは，式(7·9)は

$$\Delta H_R(T_2) = \Delta H_R(T_1) + \int_{T_1}^{T_2} \Delta C_p \, dT \tag{7·11}$$

7·1 反応エンタルピー

のように書ける。ここに ΔC_{p} は次式で表わされる。

$$\Delta C_{\mathrm{p}} = (c/a) C_{\mathrm{pC}} + (d/a) C_{\mathrm{pD}} - C_{\mathrm{pA}} - (b/a) C_{\mathrm{pB}} \quad (7\cdot10\text{-b})$$

いま,各成分のモル熱容量 $C_{\mathrm{p}j}$ が次式で示すような温度 T の2次関数

$$C_{\mathrm{p}j} = \alpha_j + \beta_j T + \gamma_j T^2 \quad (7\cdot12)$$

によって近似できるときは,式(7·11)は次の式(7·13)のように表わせる。

$$\begin{aligned}\Delta H_{\mathrm{R}}(T_2) &= \Delta H_{\mathrm{R}}(T_1) + \int_{T_1}^{T_2} (\Delta\alpha + \Delta\beta T + \Delta\gamma T^2) \mathrm{d}T \\ &= \Delta H_{\mathrm{R}}(T_1) + \Delta\alpha(T_2 - T_1) + \frac{1}{2}\Delta\beta(T_2^2 - T_1^2) + \frac{1}{3}\Delta\gamma(T_2^3 - T_1^3)\end{aligned}$$

$$(7\cdot13)$$

ただし

$$\left.\begin{aligned}\Delta\alpha &= (c/a)\alpha_{\mathrm{C}} + (d/a)\alpha_{\mathrm{D}} - \alpha_{\mathrm{A}} - (b/a)\alpha_{\mathrm{B}} \\ \Delta\beta &= (c/a)\beta_{\mathrm{C}} + (d/a)\beta_{\mathrm{D}} - \beta_{\mathrm{A}} - (b/a)\beta_{\mathrm{B}} \\ \Delta\gamma &= (c/a)\gamma_{\mathrm{C}} + (d/a)\gamma_{\mathrm{D}} - \gamma_{\mathrm{A}} - (b/a)\gamma_{\mathrm{B}}\end{aligned}\right\} \quad (7\cdot14)$$

式(7·13)において温度 T_1 を 298.2 K に選ぶと,$\Delta H_{\mathrm{R}}(T_1)$ は標準反応エンタルピー $\Delta H_{\mathrm{R}}°$ に相当し,その値は式(7·4-a)より算出できる。

なお,代表的な物質について,モル熱容量の実験式(7·12)の係数 α, β および γ の値を付録4にまとめて示した。

【例題 7·1】 $\quad\mathrm{C_6H_6} + 3\,\mathrm{H_2} \longrightarrow \mathrm{C_6H_{12}} \quad (\mathrm{A} + 3\,\mathrm{B} \longrightarrow \mathrm{C})$

で表わされる気相反応の 101.3 kPa,468.5 K における反応エンタルピーを求めよ。

【解】 $\mathrm{C_6H_6}$ を A,$\mathrm{H_2}$ を B,$\mathrm{C_6H_{12}}$ を C でそれぞれ表わすことにする。付録3より 298.2 K,101.3 kPa での気相状態(g で表わされている)の標準生成エンタルピーは,

$$\Delta H_{\mathrm{fA}}° = 82.93\,\mathrm{kJ\cdot mol^{-1}}, \quad \Delta H_{\mathrm{fB}}° = 0, \quad \Delta H_{\mathrm{fC}}° = -123.13\,\mathrm{kJ\cdot mol^{-1}}$$

これらの数値を式(7·4-a)に代入すると標準反応エンタルピー $\Delta H_{\mathrm{R}}°$ が求められる。

$$\begin{aligned}\Delta H_{\mathrm{R}}° &= \Delta H_{\mathrm{fC}}° - \Delta H_{\mathrm{fA}}° - 3\Delta H_{\mathrm{fB}}° = -123.13 - 82.93 - 0 \\ &= -206.05\,\mathrm{kJ\cdot mol^{-1}} = -206.05 \times 10^3\,\mathrm{J\cdot mol^{-1}}\end{aligned}$$

モル熱容量 $C_{\mathrm{p}j}$ は各物質ともに式(7·12)の形で表わされているから,式(7·13)によって任意の温度での反応エンタルピーが計算できる。付録4より α,β および γ を取り出して,表7·1に一括して示す。式(7·14)にそれらの数値を代入すると次のようになる。

$$\Delta\alpha = \alpha_{\mathrm{C}} - \alpha_{\mathrm{A}} - 3\alpha_{\mathrm{B}} = -32.221 + 1.711 - (3)(29.066) = -117.708$$

$$\Delta\beta = \beta_{\mathrm{C}} - \beta_{\mathrm{A}} - 3\beta_{\mathrm{B}} = [525.824 - 324.766 + (3)(0.8564)] \times 10^{-3} = 203.567 \times 10^{-3}$$

$$\Delta\gamma = \gamma_{\mathrm{C}} - \gamma_{\mathrm{A}} - 3\gamma_{\mathrm{B}} = [-173.987 + 110.579 - (3)(2.012)] \times 10^{-6} = -69.444 \times 10^{-6}$$

さらに式(7·13)より

$$\Delta H_R(468.5) = -206.05 \times 10^3 + (-117.708)(468.5 - 298.2) + (1/2)(203.567 \times 10^{-3})$$
$$\times [(468.5)^2 - (298.2)^2] + (1/3)(-69.444 \times 10^{-6})[(468.5)^3 - (298.2)^3]$$
$$= -214.6 \times 10^3 \, \text{J} \cdot \text{mol}^{-1} = -214.6 \, \text{kJ} \cdot \text{mol}^{-1}$$

表 7·1 $C_p = \alpha + \beta T + \gamma T^2$ [J·mol^{-1}·K^{-1}] の係数の値

物質名	α	$\beta \times 10^3$	$\gamma \times 10^6$
A (C_6H_6)	-1.711	324.766	-110.579
B (H_2)	29.066	-0.8364	2.012
C (C_6H_{12})	-32.221	525.824	-173.987

7·2 化学平衡

7·2·1 化学平衡定数

量論式(7·2)に対する温度 T における化学平衡定数(単に平衡定数ともいう) K と, 温度 T における標準自由エネルギー変化 $\Delta G_T°$ との間には次式の関係が成立する。

$$\Delta G_T° = -RT \ln K \tag{7·15}$$

ここに化学平衡定数 K は各成分の活量 a を用いて次式で表わせる。

$$K = \frac{a_C{}^{c/a} a_D{}^{d/a}}{a_A a_B{}^{b/a}} \tag{7·16}$$

$\Delta G_T°$ は同一の温度における標準生成自由エネルギー $\Delta G_f°$ から次式に従って計算できる。

$$\Delta G_T° = (c/a) \Delta G_{fC}° + (d/a) \Delta G_{fD}° - \Delta G_{fA}° - (b/a) \Delta G_{fB}° \tag{7·17}$$

通常は 1 atm, 298.2 K における $\Delta G_f°$ が測定されているから, それらの値を用いると式(7·17)より 298.2 K における $\Delta G_{298.2}°$ が計算できる。それを式(7·15)に代入すると, 298.2 K における平衡定数 $K_{298.2}$ が算出できる。

平衡定数 K は温度のみの関数であって, 次の van't Hoff の定圧平衡式を出発点にして, 任意の温度における K の値が求まる。

$$d \ln K / dT = \Delta H_R / RT^2 \tag{7·18}$$

ΔH_R は温度の関数であるが, その変化が小さい場合には一定値であると近似して, 式(7·18)を積分すると

$$\ln \frac{K_2}{K_1} = -\frac{\Delta H_R}{R} \left(\frac{1}{T_2} - \frac{1}{T_1} \right) \tag{7·19}$$

が得られる。この式より温度 T_2 における平衡定数 K_2 の値が計算できる。

しかしながら,一般的には ΔH_R を T の関数として表わし,それを式(7·18)に代入して積分しなければならない。式(7·13)において T_1 を 298.2 K に選ぶと $\Delta H_R(T_1)$ は $\Delta H_R°$ となり,T_2 を T に直すと

$$\Delta H_R(T) = \Delta H_0 + \Delta\alpha T + (\Delta\beta/2)T^2 + (\Delta\gamma/3)T^3 \qquad (7·20)$$

のように書ける。ただし

$$\Delta H_0 = \Delta H_R° - \Delta\alpha(298.2) - (\Delta\beta/2)(298.2)^2 - (\Delta\gamma/3)(298.2)^3 \qquad (7·21)$$

式(7·20)を式(7·18)に代入して,$T=298.2$ より T まで積分すると

$$R\ln\frac{K}{K_{298.2}} = -\Delta H_0\left(\frac{1}{T} - \frac{1}{298.2}\right) + \Delta\alpha\ln\frac{T}{298.2}$$
$$+ \frac{\Delta\beta}{2}(T-298.2) + \frac{\Delta\gamma}{6}[T^2 - (298.2)^2] \qquad (7·22)$$

が得られる。この式から,温度 T での化学平衡定数 K の値が計算できる。

7·2·2 平衡組成

量論式(7·2)に対する化学平衡定数 K は各成分の活量 a を用いて式(7·16)で表わせることはすでに述べた。活量 a_j (j=A, B, C, D) は

$$a_j = f_j/f_j° \qquad (7·23\text{-a})$$

のように定義される。f_j は平衡状態における成分 A_j のフガシチーであり,$f_j°$ は温度 T において適当に選定された標準状態におけるフガシチーである。気相反応において理想気体の法則が適用できるとき,フガシチー f_j は分圧 p_j に,$f_j°$ は標準圧力 $P°$ に,それぞれ等しくなり,活量 a_j は次式によって表わされる。

$$a_j = p_j/P° \qquad (7·23\text{-b})$$

標準圧力として,通常は標準大気圧を採用する。圧力の単位として atm を用いる場合は $P°=1$ atm とおき,SI 単位を用いる場合は $P°=1.01325\times10^5$ Pa $=101.325$ kPa を用いる。

式(7·23-b)の関係を K の定義式(7·16)に代入すると,次式を得る。

$$K = \frac{(p_C/P°)^{c/a}(p_D/P°)^{d/a}}{(p_A/P°)(p_B/P°)^{b/a}} \qquad (7·24\text{-a})$$

あるいは

$$K = \frac{p_C^{c/a}p_D^{d/a}}{p_A p_B^{b/a}}\left(\frac{1}{P°}\right)^{\delta_A} \qquad (7·24\text{-b})$$

ここに
$$\delta_A = (-a-b+c+d)/a \tag{3·12}$$
分圧のかわりにモル分率 y_j を用いる場合は，式(3·23-a)の $p_j = P_t y_j$ の関係を式(7·24-b)に代入すると

$$K = \frac{y_C^{c/a} y_D^{d/a}}{y_A y_B^{b/a}} \left(\frac{P_t}{P^\circ}\right)^{\delta_A} \tag{7·24-c}$$

となる．さらに，濃度 C_j を用いて平衡定数を表わす場合は，式(3·23-b)の $p_j = C_j RT$ の関係を式(7·24-b)に代入すると，次式が導ける．

$$K = \frac{C_C^{c/a} C_D^{d/a}}{C_A C_B^{b/a}} \left(\frac{RT}{P^\circ}\right)^{\delta_A} \tag{7·24-d}$$

平衡定数 K が既知のとき，以上の諸式のいずれかを用いると，平衡状態での反応混合物の組成が計算できる．具体的には，反応率 x_A を用いて各成分の分圧，モル分率，あるいは濃度を表わしておき，それらを上式のいずれかに代入して，まず平衡反応率を算出し，その後に組成を計算すればよい．

なお，平衡定数 K は温度のみの関数であって，反応系の圧力には無関係であるが，式(7·24-c)から明らかなように，平衡でのモル分率は δ_A が 0 でない限り反応系の全圧 P_t に応じて変化することがわかる．

分圧，モル分率あるいは濃度を用いた平衡定数も用いられている．

$$K_p = \frac{p_C^{c/a} p_D^{d/a}}{p_A p_B^{b/a}}, \quad K_y = \frac{y_C^{c/a} y_D^{d/a}}{y_A y_B^{b/a}}, \quad K_c = \frac{C_C^{c/a} C_D^{d/a}}{C_A C_B^{b/a}} \tag{7·25-a}$$

式(7·24)の諸式と(7·25-a)とを比較すると，これらの平衡定数と熱力学的な化学平衡定数 K との間には，次のような関係式が成立することは明らかである．

$$K = K_p \left(\frac{1}{P^\circ}\right)^{\delta_A} = K_y \left(\frac{P_t}{P^\circ}\right)^{\delta_A} = K_c \left(\frac{RT}{P^\circ}\right)^{\delta_A} \tag{7·25-b}$$

均一液相反応の場合には，活量 a_j は
$$a_j = \gamma_j y_j \tag{7·26}$$
で表わされる．ここに γ_j は活量係数，y_j はモル分率である．この式を式(7·16)に代入すると次式が成立する．

$$K = \frac{\gamma_C^{c/a} \gamma_D^{d/a}}{\gamma_A \gamma_B^{b/a}} \cdot \frac{y_C^{c/a} y_D^{d/a}}{y_A y_B^{b/a}} \equiv K_r \cdot K_y \tag{7·27-a}$$

理想溶液の場合には $\gamma_j = 1$ とおけるから，上式は次式で表わされる．

7・2 化学平衡　　　　　　　　　　　　　　　　　　　　　　　　　　151

$$K = K_y \tag{7・27-b}$$

なお，液相反応の場合には，濃度基準の平衡定数 K_c も用いられる。

【例題 7・2】 プロパンからプロピレンへの脱水素反応の 850 K における平衡定数 K を求めよ。表 7・2 のデータを用いよ。次にプロパンのみから出発したときの 850 K, 101.3 kPa における平衡反応率を算出せよ。

表 7・2　定圧モル熱容量，標準生成自由エネルギーおよび標準生成エンタルピー

物質名	$C_p = \alpha + \beta T + \gamma T^2$ [J・mol^{-1}・K^{-1}]			$\Delta G_f°(298.2)$ [J・mol^{-1}]	$\Delta H_f°(298.2)$ [J・mol^{-1}]
	α	$\beta \times 10^3$	$\gamma \times 10^6$		
C_3H_8	10.083	239.304	-73.358	$-23\,470$	$-103\,850$
C_3H_6	13.611	188.765	-57.489	62 720	20 420
H_2	29.066	-0.8364	2.012	0	0

【解】　　　　　　　$C_3H_8 \rightleftarrows C_3H_6 + H_2$　$(A \rightleftarrows C + D)$

298.2 K での標準自由エネルギー変化 $\Delta G_T°$ は，298.2 K における各成分の標準生成自由エネルギー $\Delta G_f°(298.2)$ のデータ（表 7・2）を用いて式 (7・17) より計算できる。

$$\Delta G_T°(298.2) = 62\,720 + 0 + 23\,470 = 86\,190 \text{ J・mol}^{-1}$$

この値は式 (7・15) の右辺に等しいから

$$-(8.314)(298.2) \ln K_{298.2} = 86\,190$$

$$\therefore \quad K_{298.2} = 7.977 \times 10^{-16}$$

表 7・2 より

$$\Delta \alpha = 13.611 + 29.066 - 10.083 = 32.594$$

$$\Delta \beta = (188.765 - 0.8364 - 239.304) \times 10^{-3} = -51.375 \times 10^{-3}$$

$$\Delta \gamma = (-57.489 + 2.012 + 73.358) \times 10^{-6} = 17.881 \times 10^{-6}$$

$$\Delta H_R° = 20\,420 + 0 + 103\,850 = 124\,270 \text{ J・mol}^{-1}$$

これらの数値を式 (7・21) に代入すると

$$\Delta H_0 = 124\,270 - (32.594)(298.2) + (51.375 \times 10^{-3}/2)(298.2)^2 - (17.881 \times 10^{-6}/3)(298.2)^3$$
$$= 116\,676.64$$

K_{850} は式 (7・22) の関係から計算できる。

$$(8.314) \ln \frac{K_{850}}{7.977 \times 10^{-16}} = -116\,676.64 \left(\frac{1}{850} - \frac{1}{298.2} \right) + (32.594) \ln \frac{850}{298.2}$$

$$- \frac{51.375 \times 10^{-3}}{2} (850 - 298.2) + \frac{17.881 \times 10^{-6}}{6} [(850)^2 - (298.2)^2]$$

$$= 275.8484$$

$$\therefore \quad K_{850} = 0.2047$$

量論式から，$\delta_A=(-1+1+1)/1=1$，したがって $\varepsilon_A=\delta_A y_{A0}=(1)(1)=1$ となり，式(3·20)と式(3·23-a)を用いると，各成分の分圧 $p_j(j=A,C,D)$ は反応率 x_A と全圧 P_t を用いて次のように書き表わせる．

$$p_A = \frac{1-x_A}{1+x_A}P_t, \qquad p_C = p_D = \frac{x_A}{1+x_A}P_t$$

理想気体の法則が成立すると仮定すると，反応平衡定数は式(7·24-b)によって表わすことができ，上記の分圧の式と δ_A を式(7·24-b)に代入して整理すると

$$K = \frac{p_C p_D}{p_A}\left(\frac{1}{P^\circ}\right)^{\delta_A} = \frac{x_A^2 P_t}{(1-x_A)(1+x_A)}\left(\frac{1}{P^\circ}\right)^1 = \frac{x_A^2}{1-x_A^2} \cdot \frac{P_t}{P^\circ}$$

の関係式が得られる．ここで，$K=0.2047$，$P_t/P^\circ = 101.3/101.3 = 1$ とおくと，平衡反応率 x_A は，次式のように計算できる．

$$x_A = [K/(1+K)]^{1/2} = (0.2047/1.2047)^{1/2} = 0.412$$

7·3 非等温反応装置の設計

7·3·1 反応装置のエネルギー収支式

エネルギーの形態は多様であって，運動エネルギー，位置エネルギー，内部エネルギー，熱エネルギー，仕事などがある．熱力学の第一法則は，これらの全エネルギーについて保存則が成立することを述べている．反応装置内に微小体積要素 ΔV を系として選び，それについてのエネルギー収支をとると

$$\begin{pmatrix}\text{流入流体によるエネ}\\ \text{ルギーの流入速度}\end{pmatrix} - \begin{pmatrix}\text{流出流体によるエネ}\\ \text{ルギーの流出速度}\end{pmatrix} + \begin{pmatrix}\text{周囲より系へのエネ}\\ \text{ルギーの流入速度}\end{pmatrix} \\ - \begin{pmatrix}\text{系によって周囲}\\ \text{にされる仕事率}\end{pmatrix} = \begin{pmatrix}\text{系内のエネルギ}\\ \text{ーの蓄積速度}\end{pmatrix} \tag{7·28}$$

のように書き表わせる．

しかし，反応装置においては，上式の一般的なエネルギー収支式は，以下に示すようにエンタルピーのみに注目したいわゆる熱収支式に簡略化できる[1]．

s 個の成分からなる反応系を考え，成分 A_j のもつエネルギーを $E_j[\text{J·mol}^{-1}]$，物質量流量を $F_j[\text{mol·s}^{-1}]$，周囲より系内に入るエネルギーの流入速度を $q[\text{J·s}^{-1}]$，系が周囲にする仕事率を $w[\text{J·s}^{-1}]$，ならびに系内の全エネルギーを E_{sys} でそれぞれ表わすと，式(7·28)は

---

[1] H. S. Fogler, "The Elements of Chemical Kinetics and Reactor Calculations", p. 307, Prentice-Hall (1974).

7・3 非等温反応装置の設計

$$\sum_{j=1}^{s} E_{j0}F_{j0} - \sum_{j=1}^{s} E_j F_j + q - w = \frac{dE_{\text{sys}}}{dt} \tag{7・29}$$

のように書ける。添字 0 は系に流入する流体に対する値であることを表わす。なお，上式では周囲から系に入るエネルギー，および系が周囲にする仕事に正符号をつけている。

流れ系の場合には，系内に流体が押し入るときに背後の流体が系に対して単位時間について $\sum PF_{j0}V_{j0}$ の仕事をし，系外に流出する流体によって単位時間について $\sum PF_j V_j$ の仕事が外部に対してされる。ここで P は圧力，V_j は成分 A_j のモル体積 $[m^3 \cdot mol^{-1}]$ である。そのほかにポンプなどによって行なわれる単位時間についての機械的仕事 w_s がある。したがって，w は次式のように変形できる。

$$w = -\sum PF_{j0}V_{j0} + \sum PF_j V_j + w_s \tag{7・30}$$

一般に，エネルギー E_j は内部エネルギー U_j，運動エネルギー $M_j u_j^2/2$，および位置エネルギー $M_j gz$ の和からなる。

$$E_j = U_j + M_j u_j^2/2 + M_j gz \tag{7・31}$$

ここで M_j は成分 A_j の分子量 $[kg \cdot mol^{-1}]$，u_j は流速，z は高さ，g は重力加速度を表わす。

式(7・30)，(7・31)の関係を式(7・29)に代入して整理する。そのときに $\sum$ の中に次式で定義されるエンタルピー H_j が現われる。

$$H_j = U_j + PV_j \tag{7・32}$$

この H_j を用いると，式(7・29)は次式のように変形できる。

$$\frac{dE_{\text{sys}}}{dt} = \sum_{j=1}^{s} \left(H_{j0} + \frac{M_j u_{j0}^2}{2} + M_j gz_0 \right) F_{j0} - \sum_{j=1}^{s} \left(H_j + \frac{M_j u_j^2}{2} + M_j gz \right) F_j + q - w_s \tag{7・33}$$

系のエネルギー E_{sys} は各成分のエネルギーの総和であるから，系内に存在する成分 A_j の物質量を n_j で表わすと，E_{sys} は次式で表わせる。

$$E_{\text{sys}} = \sum_{j=1}^{s} E_j n_j \tag{7・34}$$

一般の化学反応装置では，機械的な仕事率 w_s は考えなくてもよい。さらに，運動エネルギーおよび位置エネルギーもエンタルピーに比較すると無視できるから，$E_j \cong U_j$ とおくことができて，式(7・34)は次式のように近似的に表わせる。

$$E_{\text{sys}} \cong \sum n_j U_j = \sum n_j (H_j - PV_j) = \sum n_j H_j - P \cdot \Delta V \tag{7・35}$$

ただし，
$$\sum n_j V_j = \Delta V = (微小体積要素の体積) \tag{7・36}$$

式(7・35)を式(7・33)の右辺に代入して時間 t で微分すると，定容系反応では式(7・35)の右辺第2項 $(-P \cdot \Delta V)$ は消える。一方，気相反応のような非定容系反応においては $\sum n_j H_j \gg P \cdot \Delta V$ の関係が成立する。このようにして，定容系および非定容系のいずれにおいても次の近似式が成立する。

$$\mathrm{d}E_{\mathrm{sys}}/\mathrm{d}t \cong \mathrm{d}\left(\sum n_j H_j\right)/\mathrm{d}t \tag{7.37}$$

上記の諸事実を考慮すると、通常の化学反応装置のエネルギー収支式(7·28)は次のエンタルピー収支式に近似的に還元できる。

$$\frac{\mathrm{d}(\sum n_j H_j)}{\mathrm{d}t} = \sum F_{j0} H_{j0} - \sum F_j H_j + q \tag{7.38}$$

この式には反応エンタルピー ΔH_R と反応速度 r_A は直接には現われていないが、以下に示すように、反応系のエンタルピー変化は顕熱の蓄積速度の項と反応エンタルピーによる吸熱速度の項の和として表現できるから、式(7·38)には ΔH_R と r_A が実質的に含まれていることになる。

7·3·2 非等温液相回分反応器の設計

回分反応器は液相反応に用いられるから、ここでは図7·2に示すように、回分反応器の外壁が温度 T_s になっている場合のエンタルピー収支式を導く。

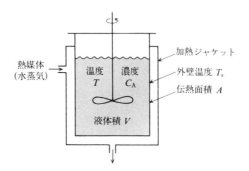

図 **7·2** 非等温回分反応器

エンタルピー収支式(7·38)において、右辺の第1項と第2項は0であり、q を総括伝熱係数 U と伝熱面積 A を用いて次式のように表わす。

$$q = UA(T_\mathrm{s} - T) \tag{7.39}$$

回分反応器のエンタルピー収支式は次式のように簡単になる。

$$\frac{\mathrm{d}(\sum n_j H_j)}{\mathrm{d}t} = UA(T_\mathrm{s} - T) \tag{7.40}$$

以下において式(7·40)の左辺を変形していく。まず、式(7·40)の左辺を展開すると

$$\frac{\mathrm{d}(\sum n_j H_j)}{\mathrm{d}t} = \sum \frac{\mathrm{d}(n_j H_j)}{\mathrm{d}t} = \sum n_j \frac{\mathrm{d}H_j}{\mathrm{d}t} + \sum \frac{\mathrm{d}n_j}{\mathrm{d}t} H_j \tag{7.41}$$

7·3 非等温反応装置の設計

となる.しかるに定圧下で相変化がない場合には,dH_j/dt は

$$\frac{dH_j}{dt} = \left(\frac{\partial H_j}{\partial T}\right)_p \frac{dT}{dt} = C_{pj}\frac{dT}{dt} \tag{7·42}$$

で表わされる.ここに C_{pj} は成分 A_j の定圧モル熱容量 [J·mol^{-1}·K^{-1}]である.上式を用いると式(7·41)の右辺の第1項は次式で表わせる.

$$\sum n_j \frac{dH_j}{dt} = \left(\sum n_j C_{pj}\right)\frac{dT}{dt} \tag{7·43}$$

上式の $\sum n_j C_{pj}$ は回分反応器内に存在する反応混合物の熱容量を表わしていて,反応率と温度の関数である.しかし,簡単な気体分子を除いて熱容量のデータは完備しておらず,液相反応では $\sum n_j C_{pj}$ を精密に表現することが容易でない.そこで,反応混合物の平均比熱容量 $\bar{c}_{pm}$ [J·kg^{-1}·K^{-1}] を用いて熱容量を表わすことにする.反応混合物の体積を V,密度を ρ とおくと

$$\sum n_j C_{pj} = V\rho\bar{c}_{pm} \tag{7·44}$$

の関係が成立するから,式(7·43)は

$$\sum n_j \frac{dH_j}{dt} = V\rho\bar{c}_{pm}\frac{dT}{dt} \tag{7·45}$$

のように書ける.この式は反応混合物の温度変化に伴なうエンタルピーの変化速度を表わしている.

次に式(7·41)の第2項を変形する.回分反応器の物質収支式

$$dn_j/dt = r_j V \quad (j=A, B, C, D) \tag{3·36}$$

を各成分について書き,式(2·2-a)を用いて各成分の反応速度を成分 A の反応速度 r_A で表わすと

$$\frac{dn_A}{dt} = r_A V, \quad \frac{dn_B}{dt} = \frac{b}{a}r_A V, \quad \frac{dn_C}{dt} = -\frac{c}{a}r_A V, \quad \frac{dn_D}{dt} = -\frac{d}{a}r_A V \tag{7·46}$$

が得られる.上記の諸式を用いると,式(7·41)の右辺第2項は

$$\sum \frac{dn_j}{dt}H_j = r_A V\left[H_A + \frac{b}{a}H_B - \frac{c}{a}H_C - \frac{d}{a}H_D\right] \tag{7·47-a}$$

$$= r_A V(-\Delta H_R) \tag{7·47-b}$$

$$= -C_{A0}\frac{dx_A}{dt}V(-\Delta H_R) \tag{7·47-c}$$

のように順次変形できる.式(7·47-a)の右辺の [ ] 内は式(7·3)で定義されている反応エンタルピー ΔH_R に負符号をつけたものに等しいから,式(7·47-b)

の関係が導ける．さらに，回分反応器の物質収支を表わす式(3·39)を用いると，式(7·47-c)が得られる．こうして式(7·41)の右辺第2項 $\sum (dn_j/dt)H_j$ は反応による原子の組み替えに伴うエンタルピー変化速度を表わす項であることが理解できる．

式(7·45)と式(7·47-b)あるいは式(7·47-c)とを合わせると，式(7·40)の左辺は

$$\frac{d(\sum n_j H_j)}{dt} = V\rho\bar{c}_{pm}\frac{dT}{dt} + (-r_A)V \cdot \Delta H_R \tag{7·48-a}$$

$$= V\rho\bar{c}_{pm}\frac{dT}{dt} + C_{A0}V\frac{dx_A}{dt}\Delta H_R \tag{7·48-b}$$

のように二つの項に分解できる．

式(7·48-b)は，回分反応器内の反応混合物の反応に伴なうエンタルピーの変化速度が，温度変化 dT に伴なうエンタルピーの変化速度(第1項)と，組成変化 dx_A に起因するエンタルピーの変化速度(第2項)の和として表わされることを示している．すなわち

$$\binom{\text{反応系のエンタ}}{\text{ルピー変化速度}} = \binom{\text{温度変化による}}{\text{エンタルピー変化}} + \binom{\text{組成変化によるエン}}{\text{タルピー変化速度}} \tag{7·49}$$

さらに図7·3に示すように，上式の関係を温度 T と反応率 x_A の座標上に表わすこともできる．いま，時刻 t に点①の状態にあった反応混合物が，微小時間 dt だけ経過した後に点②の状態に変化したとする．エンタルピーは状態量であり，その変化は経路に無関係であるから，反応の進行経路を，反応組成を一定に保ちながら温度を dT だけ変化させて点③に移動させ，その後に温

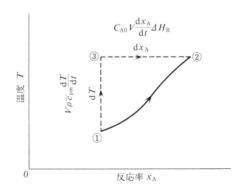

図 7·3 回分反応器内のエンタルピー変化速度

7・3 非等温反応装置の設計

度を一定に保って反応を進行させて反応率を dx_A だけ変化させて 点②に行く経路に置き換えて，エンタルピー変化速度を計算することができる。それを表わしたのが式(7・48-b)と式(7・49)である。

式(7・48-a)を式(7・40)に代入すると，回分反応器に対するエンタルピー収支式を次の微分方程式のように書くことができる。

$$V\rho \bar{c}_{pm}\frac{dT}{dt}+(-r_A)V\cdot \Delta H_R = UA(T_s-T) \qquad (7\cdot 50)$$

上式の左辺第2項を右辺に移項すると

$$V\rho \bar{c}_{pm}\frac{dT}{dt}=(-r_A)V(-\Delta H_R)+UA(T_s-T) \qquad (7\cdot 51)$$

が得られる。ΔH_R が負の値をとるとき，すなわち$(-\Delta H_R)$が正符号をもつときは，発熱反応である。したがって，式(7・51)の右辺第1項は反応器内部に存在する反応という仮想的な熱源からの発熱速度を表わすとも考えられる。このように，左辺の反応混合物の顕熱の蓄積速度は，反応熱源からの発熱速度と，周囲からの加熱速度を合計した値に等しいと解釈できる。したがって，式(7・51)は

$$\begin{pmatrix}顕熱の\\蓄積速度\end{pmatrix}=\begin{pmatrix}反応に伴う\\発熱速度\end{pmatrix}+\begin{pmatrix}周囲からの\\加熱速度\end{pmatrix} \qquad (7\cdot 52)$$

のように表現できる。

式(7・52)が回分反応器のエンタルピー収支を表わす基礎式であると考えられることが少なくない。しかし，エンタルピー収支の基礎式は式(7・38)であって，それを回分反応器に適用して得られた結果が式(7・50)，あるいは式(7・51)である。式(7・52)の表現と解釈は便宜的なものであり，それらをエンタルピー収支式の出発点とするのは妥当ではない。

一方，反応に伴う反応混合物の密度変化を無視すると，物質収支式は

$$C_{A0}(dx_A/dt)=-r_A \qquad (3\cdot 39)$$

で与えられる。このようにして，非等温回分反応器の設計方程式は，式(7・51)と式(3・39)の連立微分方程式によって与えられる。これらの式を解くと，反応温度 T と反応率 x_A が時間 t の関数として求められる。一般に反応速度が温度と濃度の複雑な関数になるから，解析解を得ることは困難になり，数値解法によらなければならない†。

上記の方程式では独立変数が時間 t であり，t を微小区間 Δt ごとに分割し

---

† 微分方程式の数値解法は付録2参照。

て逐次的に計算を進めて行くが，Δt の大きさの選定がむずかしい。そこで，反応率 x_A が時間 t とともに単調に増大することに着目し，t の代わりに独立変数として x_A が選ばれる。x_A が変化する区間は 0 と 1 の間にあり，たとえば微小区間 Δx_A として 0.05 を選べば，最大 20 個の微小区間について計算すればよいから，計算量も事前に予想できて便利である。

ΔH_R は温度の関数であるが，反応に伴う温度変化が特別に大きくない限り，反応開始時の温度 T_0 における値 $\Delta H_R(T_0)$ によって近似的に表現できるとする。独立変数を x_A に変更するために，式(7・51)を式(3・39)で割ると，

$$\frac{dT}{dx_A} = \frac{C_{A0}[-\Delta H_R(T_0)]}{\rho \bar{c}_{pm}} + \frac{C_{A0}UA}{V\rho \bar{c}_{pm}} \cdot \frac{T_s - T}{-r_A} \tag{7・53}$$

が得られる。式(3・39)の逆数をとると

$$dt/dx_A = C_{A0}/(-r_A) \tag{7・54}$$

となる。式(7・53)，(7・54)が反応率を独立変数としたときの設計方程式である。

式(7・53)の右辺第2項の U を 0 とおけば，断熱式の回分反応器に対する式になる。その式を，$x_A = 0$ で $T = T_0$ の初期条件のもとで積分すると，次式が得られる。

$$T - T_0 = \frac{C_{A0}[-\Delta H_R(T_0)]}{\rho \bar{c}_{pm}} x_A \tag{7・55}$$

このように，断熱式の液相回分反応器においては，温度上昇($T - T_0$)と反応率変化($x_A - 0$)の間には式(7・55)に示すような直線関係が成立する。

断熱反応の場合には，反応の進行に伴い反応温度は単調に変化するが，温度変化の極限値は，式(7・55)で $x_A = 1$ とおいたときの($T - T_0$)の値であり，それを ΔT_{ad} で表わすと，次式が得られる。

$$\Delta T_{ad} = C_{A0}[-\Delta H_R(T_0)]/\rho \bar{c}_{pm} \tag{7・56}$$

反応速度式は温度と反応率の関数であるが，上の関係を用いると x_A のみの関数として表示できて，物質収支式が単独に積分できる。反応速度が

$$-r_A = k_0 e^{-E/RT} f(x_A) \tag{7・57}$$

で表わされるとすると，定容系の断熱式回分反応器に対しては

$$t = C_{A0} \int_0^{x_A} \frac{dx_A}{k_0 e^{-E/RT} f(x_A)} \tag{7・58}$$

が得られる。式(7・55)の関係を用いると T を x_A の関数として表わせるから，式(7・58)は数値的に積分できて，x_A と t の関係が求められる。それを式(7・55)に代入すると，T と t の関係を知ることができる。

7・3・3 非等温管型反応器の設計

管型反応器を非等温操作すると,一般的には管軸および半径方向に温度分布が生じて2次元的な取扱いが必要になるが,ここでは半径方向の温度は均一であると仮定し,管軸方向にのみ温度分布が生じるとして定常状態下でのエンタルピー収支式を導く。

次の二つの場合に分けて設計方程式を導く。(a)各反応成分の熱容量のデータが利用できず,反応混合物の平均熱容量を用いる場合,ならびに(b)反応成分のモル熱容量のデータが利用できる場合。

(a) **反応混合物の平均熱容量を用いる場合**　図7・4に示す管型反応器の入口より距離 z の位置で,微小距離 dz の体積要素を考えて,式(7・38)のエンタルピー収支式を適用すると

$$0 = \sum F_j H_j - \left[\sum F_j H_j + \frac{d \sum F_j H_j}{dz} dz \right] + (UA_h dz)(T_s - T) \quad (7 \cdot 59)$$

が得られる。ここで,A_h は反応器の単位長さ当りの伝熱面積 $[m^2 \cdot m^{-1}]$ である。上式を整理すると

$$\frac{d(\sum F_j H_j)}{dz} = UA_h (T_s - T) \quad (7 \cdot 60\text{-a})$$

となる。上式の左辺を展開すると

$$\sum F_j \frac{dH_j}{dz} + \sum \frac{dF_j}{dz} H_j = UA_h (T_s - T) \quad (7 \cdot 60\text{-b})$$

が得られる。この式は回分反応器に対する式(7・40)と式(7・41)を結合した式に対応している。左辺の第1項は

$$\sum F_j \frac{dH_j}{dz} = \sum F_j \left(\frac{\partial H_j}{\partial T} \right)_p \frac{dT}{dz} = \left(\sum F_j C_{pj} \right) \frac{dT}{dz} \quad (7 \cdot 61)$$

と変形できる。ここで $\sum F_j C_{pj}$ は $[J \cdot s^{-1} \cdot K^{-1}]$ の単位をもち,管断面を単位時

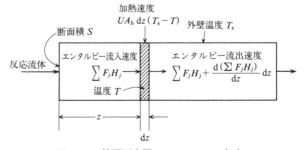

図7・4　管型反応器のエンタルピー収支

間に流通する反応混合物の熱容量に等しい。反応混合物の線速度を u [m·s^{-1}], 密度を ρ [kg·m^{-3}], 平均比熱容量を $\bar{c}_{pm}$ [J·kg^{-1}·K^{-1}], ならびに反応管の断面積を S [m^2] とおくと

$$\sum F_j C_{pj} = Su\rho\bar{c}_{pm} \tag{7·62}$$

の関係が成立する。したがって式(7·61)は次のように書き換えられる。

$$\sum F_j \frac{dH_j}{dz} = Su\rho\bar{c}_{pm}\frac{dT}{dz} \tag{7·63}$$

一方,管型反応器の物質収支式(3·49)において $V=Sz$ とおくと

$$dF_j/dz = Sr_j \tag{7·64}$$

の関係が成立する。この式を式(7·60-b)の左辺第2項に代入すると

$$\sum \frac{dF_j}{dz}H_j = S\sum r_j H_j = Sr_A\left(H_A + \frac{b}{a}H_B - \frac{c}{a}H_C - \frac{d}{a}H_D\right)$$
$$= S(-r_A)\Delta H_R \tag{7·65}$$

のように変形できる。

式(7·63),(7·65)を式(7·60-b)に代入すると,管型反応器のエンタルピー収支式は次式のように書ける。

$$Su\rho\bar{c}_{pm}\frac{dT}{dz} + S(-r_A)\Delta H_R = UA_h(T_s - T) \tag{7·66-a}$$

一方,式(7·64)に $F_A = F_{A0}(1-x_A) = SuC_{A0}(1-x_A)$ の関係を代入すると

$$uC_{A0}(dx_A/dz) = -r_A \tag{7·67-a}$$

が得られる。式(7·66-a),(7·67-a)が設計方程式である。

気相反応において,反応流体の全物質流量を F_t, 平均モル熱容量を $\bar{C}_{pm}$ で表わすと,式(7·66-a)の左辺第1項の熱容量が次のように書き換えられる。

$$F_t\bar{C}_{pm}\frac{dT}{dz} + S(-r_A)\Delta H_R = UA_h(T_s - T) \tag{7·66-b}$$

これに対応する物質収支式は,式(3·50)を変形した次式によって表わされる。

$$\frac{F_{A0}}{S}\frac{dx_A}{dz} = -r_A \tag{7·67-b}$$

式(7·66-a)と式(7·67-a)の連立常微分方程式,あるいは式(7·66-b)と式(7·67-b)が非等温管型反応器の設計方程式になる。これらの連立常微分方程式を解けば,反応器の軸方向の温度・反応率分布が計算できる。

断熱反応の場合は,上式で $U=0$ とおいてから,独立変数 z を消去すると,回分反応器に対して先に導いた式(7·55)と全く同一の次式が得られる。

$$T - T_0 = \Delta T_{ad} \cdot x_A \tag{7·68}$$

7·3 非等温反応装置の設計

ただし，ΔT_{ad} は反応率 x_A が1になったときの温度上昇であり，断熱温度上昇と呼ばれ，次式から計算できる。

$$\Delta T_{ad} = C_{A0}(-\Delta H_R)/\rho \bar{c}_{pm} \quad (7\cdot 69\text{-a})$$

$$= y_{A0}(-\Delta H_R)/\bar{C}_{pm} \quad (7\cdot 69\text{-b})$$

ここで，y_{A0} は反応器入口での成分 A のモル分率である。

（b）気相反応—各成分のモル熱容量のデータが使用できる場合 気相反応の場合には，熱容量のデータも豊富であるから，反応混合物の熱容量の変化，ならびに反応エンタルピーの温度変化を考慮したエンタルピー収支式を導くことが可能になる。この場合は，式(7·60-b)を出発点にしてやや厳密に式を展開することが必要になる。

式(7·60-b)の左辺第1項の F_j を反応率 x_A を用いて表わし，さらに $dH_j/dz = \bar{C}_{pj}(dT/dz)$ の関係を用いると

$$\sum F_j \frac{dH_j}{dz} = F_{A0}\left[(1-x_A)\bar{C}_{pA} + \left(\theta_B - \frac{b}{a}x_A\right)\bar{C}_{pB} + \left(\theta_C + \frac{c}{a}x_A\right)\bar{C}_{pC}\right.$$
$$\left. + \left(\theta_D + \frac{d}{a}x_A\right)\bar{C}_{pD} + \theta_I \bar{C}_{pI}\right]\frac{dT}{dz}$$

$$\therefore \quad \sum F_j \frac{dH_j}{dz} = F_{A0}\left(\sum \theta_j \bar{C}_{pj} + \Delta \bar{C}_p x_A\right)\frac{dT}{dz} \quad (7\cdot 70)$$

が得られる。ここに $\Delta \bar{C}_p$ は式(7·10-a)によって与えられ，さらに $\sum \theta_j \bar{C}_{pj}$ は次式で表わされる。

$$\sum \theta_j \bar{C}_{pj} = \bar{C}_{pA} + \frac{F_{B0}}{F_{A0}}\bar{C}_{pB} + \frac{F_{C0}}{F_{A0}}\bar{C}_{pC} + \frac{F_{D0}}{F_{A0}}\bar{C}_{pD} + \frac{F_{I0}}{F_{A0}}\bar{C}_{pI} \quad (7\cdot 71)$$

一方，反応エンタルピーの項は式(7·65)が適用できるが，反応エンタルピーの温度変化を式(7·9)によって表わすと，次式が成立する。

$$\sum \frac{dF_j}{dz} H_j = S(-r_A)[\Delta H_R(T_0) + \Delta \bar{C}_p(T-T_0)] \quad (7\cdot 72)$$

ここで T_0 は反応管入口における温度である。

さて，式(7·70)，(7·72)を式(7·60-b)に代入すると

$$F_{A0}\left(\sum \theta_j \bar{C}_{pj} + \Delta \bar{C}_p x_A\right)\frac{dT}{dz} + S(-r_A)[\Delta H_R(T_0) + \Delta \bar{C}_p(T-T_0)]$$
$$= UA_h(T_s - T) \quad (7\cdot 73)$$

となる。この式が管型反応器のエンタルピー収支式を表わす。

物質収支は式(3·50)において $V=Sz$ とおいた

$$F_{A0}(dx_A/dz) = S(-r_A) \quad (7\cdot 74)$$

によって表わせる。したがって，式(7·73),(7·74)を連立方程式として解くと，管型反応器の軸方向の濃度・温度分布が計算できる。

断熱反応の場合には，エンタルピー収支式 (7·73) の右辺=0 とおいた式と式(7·74)から z を消去すると

$$\frac{dT}{dx_A} = -\frac{\varDelta H_R(T_0) + \varDelta \bar{C}_p(T-T_0)}{\sum \theta_j \bar{C}_{pj} + \varDelta \bar{C}_p x_A} \tag{7·75}$$

が得られる。この式を，$x_A=0$ で $T=T_0$ の条件のもとで積分すると

$$T - T_0 = \frac{-\varDelta H_R(T_0) x_A}{\sum \theta_j \bar{C}_{pj} + \varDelta \bar{C}_p x_A} \tag{7·76}$$

の関係式が断熱反応の場合に成立する。

断熱気相反応操作の場合には，式(7·76)の関係を用いて，反応速度を x_A のみで表現して，それを式(3·52)に代入すると直ちに積分が可能になる。たとえば，反応速度が $-r_A = k_0 \exp(-E/RT) C_A^n$ で表わされるときには，まず式(3·31)を用いて C_A を x_A と T の関数として表わしておいてから式(3·52)に代入すると

$$\tau = C_{A0}{}^{1-n} \int_0^{x_A} \frac{(1+\varepsilon_A x_A)^n}{k_0 e^{-E/RT}(1-x_A)^n} \left(\frac{T}{T_0}\right)^n dx_A \tag{7·77}$$

の関係が成立する。T は式(7·76)を用いて x_A の関数として表わせるから上式の積分は可能である。

7·3·4 非等温連続槽型反応器の設計

図7·5 に示すように，反応器に入る流体の温度を T_0，反応器内および器外に排出される流体の温度を T とする。回分反応器と同様に，器壁を通じて器

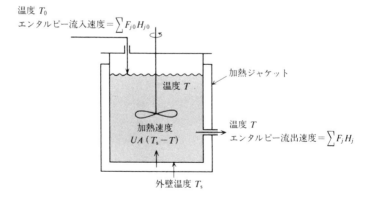

図 **7·5** 連続槽型反応器のエンタルピー収支

7·3 非等温反応装置の設計

内に入る熱移動速度は $q=UA(T_s-T)$ で表わされるとする。定常状態にある連続槽型反応器のエンタルピー収支式は，式(7·38)より次式で表わされる。

$$\sum F_{j0}H_{j0}-\sum F_j H_j+UA(T_s-T)=0 \tag{7·78}$$

一方，成分 A_j の物質収支式は式(3·43)で表わされる。

$$F_{j0}-F_j+r_j V=0 \tag{3·43}$$

式(3·43)を F_j について解き，それを式(7·78)の左辺に代入して整理すると

$$\sum F_{j0}H_{j0}-\sum (F_{j0}+r_j V)H_j+UA(T_s-T)$$
$$=-\sum F_{j0}(H_j-H_{j0})-V\sum r_j H_j+UA(T_s-T) \tag{7·79}$$

が得られる。上式の右辺第1項は次式のように変形できる。

$$\sum F_{j0}(H_j-H_{j0})=F_{A0}\sum \theta_j \bar{C}_{pj}(T-T_0) \tag{7·80}$$

第2項は管型反応器の式(7·65)を得たときと同様に変形し，槽内でのAの反応量について $V(-r_A)=F_{A0}x_A$ の関係を用い，式(7·9)を適用すると

$$V\sum r_i H_j=Vr_A[H_A+(b/a)H_B-(c/a)H_C-(d/a)H_D]$$
$$=[V(-r_A)](-\varDelta H_R)=[F_{A0}x_A](-\varDelta H_R)$$
$$=F_{A0}x_A[\varDelta H_R(T_0)+\varDelta \bar{C}_p(T-T_0)] \tag{7·81}$$

が得られる。式(7·80)と式(7·81)を式(7·79)に代入して，x_A について解くと

$$x_A=\frac{[F_{A0}\sum \theta_j \bar{C}_{pj}+UA]T}{F_{A0}[-\varDelta H_R(T_0)-\varDelta \bar{C}_p(T-T_0)]}-\frac{[F_{A0}\sum \theta_j \bar{C}_{pj}]T_0+UAT_s}{F_{A0}[-\varDelta H_R(T_0)-\varDelta \bar{C}_p(T-T_0)]} \tag{7·82}$$

各成分のモル比熱容量のデータが得られないときは，反応混合物の平均比熱容量 $\bar{c}_{pm}$ と反応器入口 T_0 における $\varDelta H_R(T_0)$ を用いて式(7·82)に相当する式を導く。式(7·82)において，$F_{A0}\sum \theta_j \bar{C}_{pj}$ は反応流体を表わすから，反応混合物の平均比熱量を $\bar{c}_{pm}$ [J·kg^{-1}·K^{-1}]，反応流体の体積流量速度を v [m^3·s^{-1}]，ならびに密度を ρ [kg·m^{-3}] とおくと

$$F_{A0}\sum \theta_j \bar{C}_{pj}=v\rho \bar{c}_{pm} \tag{7·83}$$

と書き表わせる。さらに $\varDelta H_R$ の温度による変化が小さく，しかも T_0 における値 $\varDelta H_R(T_0)$ と近似できる場合は，式(7·82)は次式で表わせる。

$$x_A=\frac{v\rho \bar{c}_{pm}+UA}{vC_{A0}[-\varDelta H_R(T_0)]}T-\frac{v\rho \bar{c}_{pm}T_0+UAT_s}{vC_{A0}[-\varDelta H_R(T_0)]} \tag{7·84}$$

$vC_{A0}(-\varDelta H_R)$ は供給された成分Aが完全に反応したときの発熱速度を表わすから，式(7·84)の右辺は除熱速度を最大発熱速度で割った値であり，相対的な除熱速度を表わしている。T-x_A 線図上に式(7·84)の関係をプロットすると，右上がりの直線が得られる。

断熱反応の場合には，式(7・84)で $U=0$ とおいた次式が成立する。

$$x_A = \frac{\rho \bar{c}_{pm}}{C_{A0}[-\Delta H_R(T_0)]}(T-T_0) \tag{7・85}$$

さて，式(7・84)で表わされる x_A と T の関係を Q_c 曲線あるいは Q_c 直線と呼ぶことにする。Q_c 曲線は，エンタルピー収支式を x_A 対 T の形で表現した曲線であり，かつ連続槽型反応器よりの除熱速度をも表わしている。

いま，式(7・84)において原料の体積流量 v，反応器容積 V と伝熱面積 A，入口濃度 C_{A0}，および入口温度 T_0 が指定され，熱媒体の温度 T_s のみを変化させる場合を考えると，図7・6に示すように Q_c 直線は熱媒体温度の上昇に伴い右側に平行移動する直線群で表わされる。

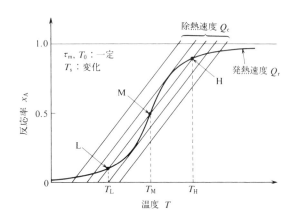

図 **7・6** 連続槽型反応器の熱的安定性

一方，連続槽型反応器の物質収支式(3・45)を変形すると次式を得る。

$$x_A = \frac{V}{vC_{A0}}(-r_A) \tag{7・86}$$

上式の右辺の反応速度 r_A は一般に温度 T と反応率 x_A の関数であるから，この式を x_A について解くことが可能である。その結果を用いると，式(7・86)の物質収支式を T-x_A 線上に表わせる。

たとえば，1次反応で速度式が

$$-r_A = k_0 e^{-E/RT} C_{A0}(1-x_A) \tag{7・87}$$

で表わされる場合を考えると，式(7・87)を式(7・86)に代入して，x_A について

7・3 非等温反応装置の設計

解くと，次式に示すように反応率 x_A が温度 T の関数として表わされる。

$$x_A = \frac{\tau_m k_0 e^{-E/RT}}{1+\tau_m k_0 e^{-E/RT}} \tag{7・88}$$

ここに $\tau_m = V/v$ であり，V は連続槽型反応器の容積，v は反応原料の体積流量である。

式(7・86)の右辺の分母と分子に$(-\Delta H_R)$を乗じると明らかになるように，式(7・86)の右辺は反応による相対的な発熱速度を表わしている。したがって，式(7・86)から導かれた式(7・88)の右辺も反応器内の発熱速度を表わしていると考えてよい。このようにして，式(7・88)は，連続槽型反応器の物質収支の関係を x_A 対 T の形で表現した式であるとともに，反応による発熱速度を表わしていると考えられる。

さて，発熱速度を T-x_A 線図上に表わした曲線を Q_r 曲線と名付けることにする。1次反応に対する Q_r 曲線は式(7・88)から計算できる。いま，空間時間 τ_m を一定値に保って Q_r 曲線を描くと，図7・6 に示すようにS字形になる。

以上のようにして，Q_c および Q_r 曲線を T-x_A 線図上に描くことができて，両曲線の交点が，連続槽型反応器内の温度 T と反応率 x_A を与える。操作変数のとり方にもよるが，図7・6 に示すように空間時間 τ_m が指定されているときは，たとえ入口温度 T_0，熱媒体温度 T_s などが変化しても Q_r 曲線は影響を受けない。しかるに，Q_c 直線は τ_m が固定されていても T_0，T_s などの変化に伴い移動する。図7・6 の Q_c 直線群は熱媒体温度 T_s が操作変数になった場合を表わしている。式(7・84)より明らかなように，T_s の値が大きくなると Q_c 直線は右側に移動して行く。

図7・6 より明らかなように，Q_r 曲線と Q_c 直線の交点の数は1個とは限らず，最大3個まで存在する。この事実は，非等温下で操作される連続槽型反応器の定常状態点は唯一ではなく複数個存在する場合があることを示している。しかし，3個の交点は同一の性質をもっていない。以下でそれについて考察する。

Q_c と Q_r の交点が3個存在するとき，低温度での交点をL，中間の交点をM，および高温度での交点をHとする。まず点Mについて考えてみる。反応器温度が外乱によって点Mの温度 T_M よりも高くなったとすると，図より $Q_r > Q_c$ になり，発熱速度は除熱速度よりも大きくなって反応器内に熱が蓄積されて温度は上昇し，点Hに対応する温度 T_H に達する。T_H 以上の温度では，$Q_r < Q_c$ となるから T_H 以上には温度は上昇しない。一方，T_M よりも温度

が低下したとすると $Q_r<Q_c$ の関係が成立し, 発熱速度よりも除熱速度が大きくなって反応器温度は T_L まで下降する。このように点 M は不安定な状態にあり, 反応器にわずかな外乱が入っても点 H あるいは点 L に移行してしまう。点 M を不安定操作点と呼ぶ。

これに対して, 点 H においては, 温度が上昇しても, 除熱速度が発熱速度よりも大きいから点 H に戻ってくる。逆に温度が外乱によって一時的に T_H よりも低くなっても, 今度は発熱速度が除熱速度よりも大きく, 自動的にもとの状態に戻る。点 L も同様な特性をもっている。このように点 H および点 L は自己制御性をもった安定操作点である。しかしながら, 点 L の反応率は低く, 実際の反応操作は反応率が十分大きな点 H に対する温度 T_H において行なわれる。

【例題 7·3】 A ⟶ C+D で表わされる気相反応を断熱式の管型反応器で行なう。反応器入口に A と不活性ガスがそれぞれ 50% ずつ含まれた原料ガスを $10\,\mathrm{mol\cdot s^{-1}}$ の速度で供給する。入口温度は 330 K で, 反応圧力は 506.5 kPa である。反応率を 40% にしたい。反応器容積 V と出口温度を求めよ。

反応速度は A に対して 1 次反応であり, 活性化エネルギー $E=25\times10^3\,\mathrm{J\cdot mol^{-1}}$, 330 K における反応速度定数 k の値は $3.6\times10^{-3}\,\mathrm{s^{-1}}$ である。成分 A, C, D および不活性成分 I のモル熱容量, ならびに反応エンタルピーは次のとおりである。

$$\bar{C}_{\mathrm{pA}}=84,\quad \bar{C}_{\mathrm{pC}}=42,\quad \bar{C}_{\mathrm{pD}}=50,\quad \bar{C}_{\mathrm{pI}}=63\,\mathrm{J\cdot mol^{-1}\cdot K^{-1}}$$

標準反応エンタルピー $\Delta H_R°(298.2)=-1.2\times10^4\,\mathrm{J\cdot mol^{-1}}$

【解】 反応は 1 次反応であって, 反応速度定数が Arrhenius の式 $k=k_0 e^{-E/RT}$ で表わせるとする。330 K で $k=3.6\times10^{-3}\,\mathrm{s^{-1}}$ であるから, k_0 の値は

$$k_0=ke^{E/RT}=3.6\times10^{-3}\exp\left(\frac{25\times10^3}{8.314\times330}\right)=32.63\,\mathrm{s^{-1}}$$

となり, 反応速度は次式で表わせる。

$$r=32.63\exp(-3007.0/T)C_A$$

量論式より $\delta_A=(1+1-1)/1=1$ であり, $y_{A0}=0.5$ であるから, ε_A は次のようになる。

$$\varepsilon_A=\delta_A y_{A0}=0.5$$

反応器入口での温度 $T_0=330\,\mathrm{K}$ における $\Delta H_R(330)$ は, 式(7·9), (7·10-a) より計算できる。

$$\Delta\bar{C}_p=\bar{C}_{\mathrm{pC}}+\bar{C}_{\mathrm{pD}}-\bar{C}_{\mathrm{pA}}=42+50-84=8\,\mathrm{J\cdot mol^{-1}\cdot K^{-1}}$$

$$\Delta H_R(330)=-1.2\times10^4+(8)(330-298.2)=-1.175\times10^4\,\mathrm{J\cdot mol^{-1}}$$

断熱気相反応操作においては, 反応温度 T と反応率 x_A との間に式(7·76)の関係が成立する。まず式(7·71)より $\sum\theta_j\bar{C}_{pj}$ を求めて式(7·76)に代入すると

7・3 非等温反応装置の設計

$$\sum \theta_j \bar{C}_{pj} = 84 + 0 + 0 + (0.5/0.5)(63) = 147 \text{ J} \cdot \text{mol}^{-1} \cdot \text{K}^{-1}$$

$$T = 330 + \frac{1.175 \times 10^4 x_A}{147 + 8 x_A} \tag{a}$$

が得られる。上式で $x_A = 0.4$ とおくと，出口温度は 361.3 K となる。

さて，断熱気相管型反応器の設計式は式 (7・77) で与えられる。1 次反応であるから，$n=1$ とおくと，次式が得られる。

$$\tau = \int_0^{0.4} \frac{1 + 0.5 x_A}{32.63 [\exp(-3007/T)](1-x_A)} \cdot \frac{T}{T_0} \mathrm{d}x_A \equiv \int_0^{0.4} h(x_A) \mathrm{d}x_A \tag{b}$$

が得られる。

$\Delta x_A = 0.05$ にとり，それぞれの x_A において式(a)より T を計算し，式(b)の被積分関数 $h(x_A)$ を求めると図7・7 が得られる。そして Simpson の積分公式より τ を求めると

$$\tau = \frac{V}{v_0} = \frac{V C_{A0}}{F_{A0}} = 107.4 \text{ s} \tag{c}$$

しかるに，C_{A0} は

$$C_{A0} = \frac{P_t y_{A0}}{R T_0} = \frac{(506.5 \times 10^3)(0.5)}{(8.314)(330)} = 92.3 \text{ mol} \cdot \text{m}^{-3}$$

であるから，反応器体積 V は

$$V = \frac{F_{A0} \tau}{C_{A0}} = \frac{(F_{t0} y_{A0}) \tau}{C_{A0}} = \frac{(10 \times 0.5)(107.4)}{92.3} = 5.82 \text{ m}^3$$

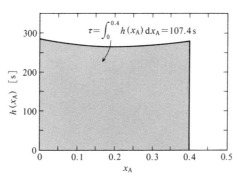

図 7・7 断熱式管型反応器の空間時間 τ の計算

【例題 7・4】 A ⟶ C で表わされる液相反応を非等温の回分反応器を用いて行なう。すなわち，内径 $D = 0.8$ m，高さ 1.3 m の撹拌槽に A のみからなる原料を 500 kg 仕込んで，槽の側面と底部をジャケットでつつみ，その中に熱媒体を流して，槽外壁を常に 613 K に保って反応させる。反応率が 95% になる反応時間を求めよ。本反応は 1 次反応であって，反応速度は次式で与えられる。

$$-r_A = 3.228 \times 10^{13} e^{-E/RT} C_A \text{ [mol} \cdot \text{m}^{-3} \cdot \text{s}^{-1}\text{]}$$

ただし，活性化エネルギー $E=186.2\times10^3\,\mathrm{J\cdot mol^{-1}}$，$C_\mathrm{A}$ は A の濃度 $[\mathrm{mol\cdot m^{-3}}]$ である。

（**データ**）　反応エンタルピー $\Delta H_\mathrm{R}=62\,760\,\mathrm{J\cdot mol^{-1}}$（吸熱），反応液密度 $\rho=900\,\mathrm{kg\cdot m^{-3}}$，反応液の平均比熱容量 $\bar{c}_\mathrm{pm}=2.51\times10^3\,\mathrm{J\cdot kg^{-1}\cdot K^{-1}}$，A の分子量 $M_\mathrm{A}=385\times10^{-3}\,\mathrm{kg\cdot mol^{-1}}$，総括伝熱係数 $U=523\,\mathrm{W\cdot m^{-2}\cdot K^{-1}}$

【**解**】　仕込み原料液の体積を $V\,[\mathrm{m^3}]$，槽内の液深さを $H\,[\mathrm{m}]$ とすると

$$H=\frac{4V}{\pi D^2}=\frac{(4)(500/900)}{(3.14)(0.8)^2}=1.11\,\mathrm{m}$$

となるから，伝熱面積 A は

$$A=\pi DH+(\pi/4)D^2=(3.14)(0.8)(1.11)+(3.14/4)(0.8)^2=3.29\,\mathrm{m^2}$$

A の初濃度 C_A0 は

$$C_\mathrm{A0}=\rho/M_\mathrm{A}=(900)/(385\times10^{-3})=2.338\times10^3\,\mathrm{mol\cdot m^{-3}}$$

エンタルピー収支式 (7・53) と物質収支式 (7・54) に諸数値を代入すると

$$\begin{aligned}\frac{dT}{dx_\mathrm{A}}&=\frac{(2.338\times10^3)(-62\,760)}{(900)(2.51\times10^3)}\\&\quad+\frac{(2.338\times10^3)(523)(3.29)}{(500/900)(900)(2.51\times10^3)}\cdot\frac{\exp(186.2\times10^3/8.314\,T)(613-T)}{(3.228\times10^{13})(2.338\times10^3)(1-x_\mathrm{A})}\\&=-64.95+4.247\times10^{-17}\frac{\exp(2.2396\times10^4/T)}{1-x_\mathrm{A}}(613-T)\\&\equiv f(x_\mathrm{A},\,T)\end{aligned}\qquad(\mathrm{a})$$

$$\frac{dt}{dx_\mathrm{A}}=\frac{\exp(2.2396\times10^4/T)C_\mathrm{A0}}{(3.228\times10^{13})C_\mathrm{A0}(1-x_\mathrm{A})}=3.098\times10^{-14}\frac{\exp(2.2396\times10^4/T)}{1-x_\mathrm{A}}$$
$$\equiv g(x_\mathrm{A},\,T)\qquad(\mathrm{b})$$

が得られる。この連立微分方程式を，初期条件

$$x_\mathrm{A}=0\,;\quad T=613,\quad t=0\qquad(\mathrm{c})$$

のもとで改良 Euler 法によって解く（付録 2 を参照）。$\Delta x_\mathrm{A}\equiv h=0.05$ とする。式(a)と式(b)に共通に現われる項を次式のようにおく。

$$\frac{\exp(2.2396\times10^4/T)}{1-x_\mathrm{A}}\equiv\varphi(x_\mathrm{A},\,T)\qquad(\mathrm{d})$$

$x_\mathrm{A0}=0$ において，$T_0=613,\ t_0=0$ であるから

$$\varphi(x_\mathrm{A0},\,T_0)=\varphi(0,\,613)=\exp\left(\frac{2.2396\times10^4}{613}\right)\bigg/(1-0)=7.3617\times10^{15}$$

式(a), (b) より

$$\begin{aligned}f(x_\mathrm{A0},\,T_0)&=f(0,\,613)=-64.95+(4.247\times10^{-17})(7.3617\times10^{15})(613-613)\\&=-64.95\end{aligned}$$

$$g(x_\mathrm{A0},\,T_0)=g(0,\,613)=(3.098\times10^{-14})(7.3617\times10^{15})=228.1$$

が得られる。付録 2 の式 (A・4)，(A・5) より区間 1 の出口の T と t の第 1 近似値として，T_p と t_p が次のように得られる。

7·3 非等温反応装置の設計

$$T_\mathrm{p} = T_0 + f(x_\mathrm{A0},\ T_0)\cdot h = 613 + (-64.95)(0.05) = 609.8\,\mathrm{K}$$
$$t_\mathrm{p} = t_0 + g(x_\mathrm{A0},\ T_0)\cdot h = 0 + (228.1)(0.05) = 11.41\,\mathrm{s}$$

次に $x_\mathrm{A1}=0.05$,$T_\mathrm{p}=609.8\,\mathrm{K}$ における $f(x_\mathrm{A1},\ T_\mathrm{p})$ および $g(x_\mathrm{A1},\ T_\mathrm{p})$ を求める。

$$\varphi(x_\mathrm{A1},\ T_\mathrm{p}) = \varphi(0.05,\ 609.8) = \exp\left(\frac{2.2396\times 10^4}{609.8}\right)\Big/(1-0.05) = 9.387\times 10^{15}$$

$\therefore\ f(x_\mathrm{A1},\ T_\mathrm{p}) = -64.95 + (4.247\times 10^{-17})(9.387\times 10^{15})(613-609.8) = -63.67$

$\quad g(x_\mathrm{A1},\ T_\mathrm{p}) = (3.098\times 10^{-14})(9.387\times 10^{15}) = 290.8$

付録2の式(A·6),(A·7)より

$$T_1 = T_0 + [f(x_\mathrm{A0},\ T_0) + f(x_\mathrm{A1},\ T_\mathrm{p})](h/2) = 613 + (-64.95-63.67)(0.05/2)$$
$$= 609.8\,\mathrm{K}$$

$$t_1 = t_0 + [g(x_\mathrm{A0},\ T_0) + g(x_\mathrm{A1},\ T_\mathrm{p})](h/2) = 0 + (228.1+290.8)(0.05/2)$$
$$= 12.97\,\mathrm{s}$$

改良 Euler 法は上記の計算より得られた $T_1=609.8\,\mathrm{K}$,$t_1=12.97\,\mathrm{s}$,および $x_\mathrm{A1}=0.05$ をもとにして,$x_\mathrm{A2}=x_\mathrm{A1}+h=0.10$ における T_2 と t_2 を計算する。一方,繰返し Euler 法においては,T_1 と t_1 を T_p, t_p とみなして T_1' と t_1' を計算する。

$$\varphi(x_\mathrm{A1},\ T_1) = \varphi(0.05,\ 609.8) = \exp\left(\frac{2.2396\times 10^4}{609.8}\right)\Big/(1-0.05) = 9.387\times 10^{15}$$

$$f(x_\mathrm{A1},\ T_1) = f(0.05,\ 609.8) = -64.95 + (4.247\times 10^{-17})(9.387\times 10^{15})(613-609.8)$$
$$= -63.67$$

$$g(x_\mathrm{A1},\ T_1) = g(0.05,\ 609.8) = (3.098\times 10^{-14})(9.387\times 10^{15}) = 290.8$$

したがって

$$T_1' = T_0 + [f(x_\mathrm{A0},\ T_0) + f(x_\mathrm{A1},\ T_1)](h/2) = 613 + (-64.95-63.67)(0.025)$$
$$= 609.8\,\mathrm{K}$$

$$t_1' = t_0 + [g(x_\mathrm{A0},\ T_0) + g(x_\mathrm{A1},\ T_1)](h/2) = 0 + (228.1+290.8)(0.025)$$
$$= 12.97\,\mathrm{s}$$

が得られる。先に求めた T_1, t_1 を T_1', t_1' とそれぞれ比較すると一致しており,収束している。

以後の計算は収束計算を含まない改良 Euler 法によった。実際の計算はコンピューターを用いて行なった。$x_\mathrm{A}=0.95$ においては $T=601.9\,\mathrm{K}$,$t=2048.7\,\mathrm{s}$ となることが計算結果より明らかになった。すなわち,反応率が 95% になるのに必要な反応時間は 34.1 min になる。

図 7·8 に反応温度と反応率の経時変化を示す。本反応は吸熱反応であり,反応初期には反応が急激に進行するために熱の補給が追いつかずに反応温度が下降する。しかし,それに伴い反応率が大きくなり,反応速度の濃度項と温度項がともに減少して発熱量が低下して,やがて槽壁を通しての熱の補給量のほうが大きくなるから,温度は上昇に転ずる。このようにして反応温度の経時変化曲線は図 7·8 に示すような極小値をもつ形状に

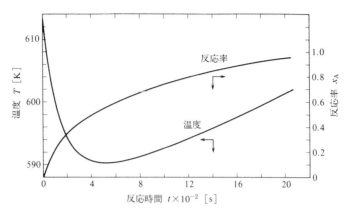

図 7·8 非断熱式回分反応器の温度・反応率の経時変化

なる。

【例題 7·5】 断熱式の連続槽型反応器を用いて，A + B ⟶ C で表わされる液相反応を行なう。次に示す操作条件に対する安定操作点での反応率と反応温度を求めよ。

原料中の A, B の濃度 C_{A0}, C_{B0} はともに $4\times10^3\,\mathrm{mol\cdot m^{-3}}$，原料供給速度 v は $6\times10^{-5}\,\mathrm{m^3\cdot s^{-1}}$，反応器の有効体積 V は $0.025\,\mathrm{m^3}$，反応液の密度 ρ は $1000\,\mathrm{kg\cdot m^{-3}}$，反応液の平均比熱容量 $\bar{c}_{pm}$ は $4.2\times10^3\,\mathrm{J\cdot kg^{-1}\cdot K^{-1}}$，反応原料の温度 T_0 は $300\,\mathrm{K}$，ならびに反応エンタルピー $\varDelta H_R = -1.26\times10^5\,\mathrm{J\cdot mol^{-1}}$ とする。

本反応は 2 次反応であって，反応速度式は

$$-r_A = k_0[\exp(-E/RT)]C_A C_B \quad [\mathrm{mol\cdot m^{-3}\cdot s^{-1}}] \tag{a}$$

で与えられる。ただし，

$$k_0 = 2.5\times10^6\,\mathrm{m^3\cdot mol^{-1}\cdot s^{-1}}, \qquad E/R = 1.007\times10^4\,\mathrm{K}$$

【解】 断熱操作に対する Q_c 直線は，式(7·85)から

$$x_A = \frac{\rho \bar{c}_{pm}}{C_{A0}[-\varDelta H_R(T_0)]}(T-T_0) = \frac{(1000)(4.2\times10^3)}{(4\times10^3)(1.26\times10^5)}(T-T_0)$$
$$= 8.333\times10^{-3}(T-T_0) \tag{b}$$

となる。T の最大値 $T_{\max}$ は，式(b)において $x_A=1$ とおくと得られる。

$$T_{\max} = 300 + 1/8.333\times10^{-3} = 300 + 120 = 420\,\mathrm{K} \tag{c}$$

一方，物質収支は式(7·86)に式(a)を代入することにより得られる。本題では $C_A = C_B$ の関係が成立するから，式(7·86)は次のように書ける。

$$x_A = \frac{V k_0 e^{-E/RT} C_{A0}^2 (1-x_A)^2}{v C_{A0}} = \tau_m C_{A0} k_0 e^{-E/RT}(1-x_A)^2 \equiv a(1-x_A)^2 \tag{d}$$

ただし

問　題　　　　　　　　　　　　　　　　　　　　　　　　　　171

$$a = \tau_m C_{A0} k_0 \exp(-E/RT) \qquad (\mathrm{e})$$

式(d)を x_A について解くと

$$x_A = \frac{1 + 2a - \sqrt{1 + 4a}}{2a} \qquad (\mathrm{f})$$

が得られて，x_A が T の関数として表わせる。

式(e)の a は次式のような T の関数である。

$$a = (0.025/6 \times 10^{-5})(4 \times 10^3)(2.5 \times 10^6) \exp(-1.007 \times 10^4/T)$$
$$= 4.167 \times 10^{12} \exp(-1.007 \times 10^4/T) \qquad (\mathrm{g})$$

$T = 300 \sim 420\,\mathrm{K}$ の範囲で a を式(g)を用いて計算して，その値を式(f)に代入すると，反応エンタルピーを表わす曲線 Q_r が得られる。

図7·9に Q_c と Q_r を示す。交点は3個あって，点LとHが安定操作点であり，点Mは不安定操作点である。点Lの反応率は低いから，この状態での操作はできない。したがって点Hが求める安定操作点になる。そのときの温度は407 K，反応率は0.89である。ただし，この定常操作点に達するには，反応器温度を点Mの温度347.5 Kよりも高い反応温度にして反応を開始する必要がある。

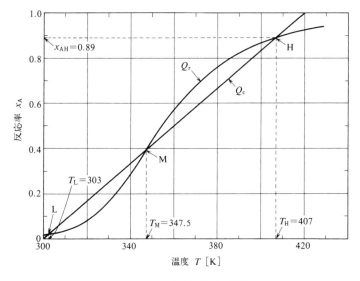

図 **7·9**　反応率と温度の関係

問　題

7·1　$SO_2 + 1/2\,O_2 \rightarrow SO_3$ の反応の 1 atm，723.2 K における反応エンタルピーを求めよ。次表の標準生成エンタルピー ΔH_f° および平均モル熱容量のデータを使用せよ。

反応成分		SO_2	O_2	SO_3
$\Delta H_f°$ [kJ·mol^{-1}]		-296.83	0	-395.18
$\bar{C}_p$ [J·mol^{-1}·K^{-1}]		46.36	31.25	64.94

7·2 $H_2 + 1/2\,O_2 \rightarrow H_2O(g)$ の反応に伴う発生熱を求めよ．ただし，反応原料温度は473Kで，反応生成物の温度は973Kになる．次表を用いよ．

成分 A_j	標準生成エンタルピー $\Delta H_f°$	気体のモル熱容量 [J·mol^{-1}·K^{-1}]		
		α	$\beta \times 10^3$	$\gamma \times 10^6$
$H_2(A_1)$	0	29.066	-0.8364	2.012
$O_2(A_2)$	0	25.723	12.979	-3.862
$H_2O(A_3)\,(g)$	-241.826	30.359	9.615	1.184

7·3
$$C_2H_6 = C_2H_4 + H_2$$
で表わされるエタンの脱水素反応を定圧条件下で行なう．ただし，気体はすべて理想気体とし，また反応エンタルピーの温度依存性は無視してよい．
 (a) 平衡反応率を80％にしたい．圧力が1atmのとき，操作温度を求めよ．
 (b) (a)の操作温度で圧力を0.5atmにしたときの平衡反応率を計算せよ．ただし，以下の数値を用いよ．
  $\Delta H_f°(298.2)$ [kJ·mol^{-1}]：エタン $= -84.68$，エチレン $= 52.30$
  $\Delta G_f°(298.2)$ [kJ·mol^{-1}]：エタン $= -32.93$，エチレン $= 68.12$

7·4 $2A \rightleftharpoons 2C + D$ で表わされる気相反応は，500K，2atmにおいてAの30％が反応して平衡に達した．600K，1atmにおける平衡反応率を求めよ．ただし$\bar{C}_{pA} = 48$ J·mol^{-1}·K^{-1}，$\bar{C}_{pC} = 36$ J·mol^{-1}·K^{-1}，$\bar{C}_{pD} = 24$ J·mol^{-1}·K^{-1}である．なお25℃，1atmにおいて，1molのAがCとDより生成するときの$\Delta H_f°$は-50 kJ·mol^{-1}であるとする．気体はすべて理想気体としてよい．さらに，本問題における操作条件による化学平衡の変化をLe Chatelierの原理から説明せよ．

7·5 無水酢酸の加水分解反応を断熱式の液相回分反応器で行なう．反応器に216 mol·m^{-3}の無水酢酸水溶液を仕込み，15℃から反応を開始する．反応率が50％に達したときの反応液の温度は20.7℃であった．ただし，反応液の密度は1050 kg·m^{-3}，比熱容量は3.77×10^3 J·kg^{-1}·K^{-1}であり，反応中は変化しないとする．反応エンタルピー，および反応率が100％に達したときの反応液の温度を求めよ．

7·6 $A \longrightarrow C$ で表わされる吸熱気相反応を管型反応器で行なう．ただし，電気炉を用いて反応管の全長にわたり均一に，かつ一定速度q_h [J·mol^{-1}·s^{-1}]で加熱している．次に示す反応条件下で反応を行ない，管軸方向の温度分布を測定したところ，表に示す結果が得られた．各測定点における反応率x_Aを算出して表示せよ．

（データ） 全圧 $P_t = 304$ kPa，$F_{A0} = 20$ mol·s^{-1}，原料中のAのモル分率 $y_{A0} = 1.0$，入口温度 $T_0 = 326.8$℃，$\Delta H_R = 5.0 \times 10^4$ J·mol^{-1}，$\bar{C}_{pm} = 100$ J·mol^{-1}·s^{-1}，反応管直径

問　題　　　　　　　　　　　　　　　　　　　　　　　　　　　　　　　173

$D_t = 0.5$ m,　$q_h = 1.5 \times 10^5$ J·mol^{-1}·s^{-1}

z [m]	0	0.225	0.541	0.919	2.04	3.22	5.42
T [°C]	326.8	313.7	307.4	305.7	310.0	318.4	343.6

7·7 A ⟶ C で表わされる液相反応を断熱式の回分反応器で行なう。反応速度は次式で表わされる。

$$-r_A = 1.318 \times 10^6 e^{-E/RT} C_A^{1.5} \quad [\text{mol·m}^{-3}\text{·s}^{-1}], \quad E = 64.015 \text{ kJ·mol}^{-1}$$

本反応を $T_0 = 293$ K より断熱的に行ない，反応率が 80% に達するのに必要な時間を求めよ。初濃度 $C_{A0} = 200$ mol·m^{-3}，反応液の比熱容量 $\bar{c}_{pm} = 3.975$ kJ·kg^{-1}·K^{-1}，反応液の密度 $\rho = 1100$ kg·m^{-3}，反応エンタルピー $\Delta H_R = -146.44$ kJ·mol^{-1} である。

7·8 A + B ⟶ C + D で表わされる気相反応を管型反応器で行なう。反応原料は A = 1 mol に対して B = 50 mol の割合で供給する。このように B を大過剰にすると，この反応は A について1次反応になる。反応管入口における温度は 320°C であり，1 atm で断熱操作して A の 60% を反応させたい。空間時間 τ_p を求めよ。

（データ）擬1次反応の速度定数 $k_1 = 9.469 \times 10^{10} e^{-E/RT}$ [s^{-1}], $E = 143.09 \times 10^3$ J·mol^{-1}, 定圧モル熱容量 $\bar{C}_{pA} = 36.6$, $\bar{C}_{pB} = 71.5$, $\bar{C}_{pC} = 41.9$, $\bar{C}_{pD} = 29.6$ J·mol^{-1}·K^{-1}, 標準反応エンタルピー $\Delta H_R (298.2) = -96.23 \times 10^3$ J·mol^{-1}（298.2 K において）

7·9 　　　　　　　　A ⟶ C + D,　　$-r_A = k_0 e^{-E/RT} C_A$

で表わされる液相反応を断熱式の連続槽型反応器で行なう。原料液は A と不活性な溶媒が 50% ずつ含まれており，それを 4 m^3·h^{-1} の速度で供給して 80% の反応率を得るのに必要な反応器体積と温度を求めよ。反応器入口温度は 320 K である。

（データ）$k_0 = 7.23 \times 10^{14}$ s^{-1}, $E = 117.2$ kJ·mol^{-1}, $\bar{C}_{pA} = 16.7$, $\bar{C}_{pC} = \bar{C}_{pD} = 12.6$, $\bar{C}_{pI} = 20.9$ J·mol^{-1}·K^{-1}, $\Delta H_R (298.2) = -1.674$ kJ·mol^{-1}

7·10 　　　　　　　　A ⟶ C,　　$r = k_0 e^{-E/RT} C_A$　　　　（1）

で表わされる液相反応を回分反応器で行なう。ただし，反応速度が非常に小さい温度 T_0 [K] から反応を開始して，式(2)に従って反応温度 T を時間 t の経過とともに上昇させる。

$$1/T = 1/T_0 - at \quad (2)$$

（a）A の反応率 x_A と温度 T の間には，近似的に式(3)の関係が成立することを示せ。

$$\ln \frac{1}{1-x_A} \cong \frac{k_0 R}{aE} e^{-E/RT} \quad (3)$$

（b）次表に示される実験結果が得られた。k_0 と E の値を求めよ。ただし，式(2)で，$T_0 = 273$ K, $a = 1.0 \times 10^{-5}$ K^{-1}·min^{-1} である。

T [K]	366	395	411	429
x_A [—]	0.432	0.773	0.909	0.979

7·11 式(6·3)で表わされる液相複合反応を非等温の (a) 回分反応器，(b) 管型反応器，および (c) 槽型反応器のそれぞれで行なうときのエンタルピー収支式が次の諸式で表わされることを導け。

$$\text{回分反応器}: V\rho\bar{c}_{\text{pm}}\frac{\mathrm{d}T}{\mathrm{d}t} + V\sum_{i=1}^{m} r_i \cdot \Delta H_{\text{r},i} = UA(T_\text{s} - T) \quad (1)$$

$$\text{管型反応器}: Su\rho\bar{c}_{\text{pm}}\frac{\mathrm{d}T}{\mathrm{d}z} + S\sum_{i=1}^{m} r_i \cdot \Delta H_{\text{r},i} = UA_\text{h}(T_\text{s} - T) \quad (2)$$

$$\text{槽型反応器}: v\rho\bar{c}_{\text{pm}}(T - T_0) + V\sum_{i=1}^{m} r_i \cdot \Delta H_{\text{r},i} = UA(T_\text{s} - T) \quad (3)$$

ここで,V:反応器体積,S:反応管断面積,u:反応混合物の線速度,ρ:液密度,$\bar{c}_{\text{pm}}$:液の平均比熱容量,T:液温度,T_s:外壁温度,T_0:液入口温度,t:時間,r_i:i番目の量論式に対する反応速度,$\Delta H_{\text{r},i}$:i番目の量論式に対する反応エンタルピー,U:総括伝熱係数,A:槽型反応器の伝熱面積,A_h:管型反応器単位長さ当たりの伝熱面積である.

$$\Delta H_{\text{r},i} = a_{i1}H_1 + a_{i2}H_2 + \cdots + a_{is}H_s = \sum_{j=1}^{s} a_{ij}H_j \quad (4)$$

ここに,H_j は成分 A_j のエンタルピーである.

7・12 [例題7・5]において,操作条件を以下のように変更したときの安定操作点での反応率と反応温度を求めよ.
 (a) 入口温度を310Kにしたときの反応器出口の温度と反応率を求めよ.
 (b) 反応器入口での成分AとBの濃度ならびに反応原料の供給速度をともに元の90%に減少したときの反応器出口での温度と反応率を求めよ.

7・13 [例題7・5]において,断熱操作の代わりに,反応器外壁の温度を常に350Kに保持したときの定常安定操作点を求めよ.ただし,総括伝熱係数 $U=700\,\text{W}\cdot\text{m}^{-2}\cdot\text{K}^{-1}$,伝熱面積 $A=0.03\,\text{m}^2$ である.

7・14 $A + B \longrightarrow 2C, \quad -r_\text{A} = kC_\text{A}C_\text{B}$ (1)

で表わされる液相反応を断熱式回分反応器を用いて行なう.反応原料はAとBのみからなり,それぞれの濃度は $C_{\text{A}0}=1\times10^3\,\text{mol}\cdot\text{m}^{-3}$,$C_{\text{B}0}=2\times10^3\,\text{mol}\cdot\text{m}^{-3}$ である.反応開始時における温度を623Kとして,成分Aの反応率 x_A が80%になるのに必要な反応時間を求めよ.ただし,反応にともなう反応混合物の密度変化は無視できる.なお,反応エンタルピーは反応開始温度における値を用いてよい.

 (データ) 反応速度定数: $k=1.6\times10^8\cdot\exp[-180\times10^3/(RT)]\,[\text{m}^3\cdot\text{mol}^{-1}\cdot\text{s}^{-1}]$
 モル熱容量: $\bar{C}_\text{pA}=80$, $\bar{C}_\text{pB}=50$, $\bar{C}_\text{pC}=68\,\text{J}\cdot\text{mol}^{-1}\cdot\text{K}^{-1}$
 平均比熱容量: $\bar{c}_{\text{pm}}=2\times10^3\,\text{J}\cdot\text{kg}^{-1}\cdot\text{K}^{-1}$, 反応液密度: $\rho=800\,\text{kg}\cdot\text{m}^{-3}$
 標準反応エンタルピー: $\Delta H_\text{R}^\circ(298.2) = -6.6\times10^4\,\text{J}\cdot\text{mol}^{-1}$

7・15 $A \longrightarrow R$ 反応速度 $r_1=k_1C_\text{A}$ 反応エンタルピー $\Delta H_{\text{r},1}$
    $R \longrightarrow S$ $r_2=k_2C_\text{R}$ $\Delta H_{\text{r},2}$

で与えられる逐次反応を断熱式の連続槽型反応器で行なう.以下に示す操作条件に対する安定操作点での反応温度を求めよ.下記のデータを用いよ.

反応器体積 $V=4\,\text{m}^3$,反応原料の供給体積流量 $v=5.0\times10^{-4}\,\text{m}^3\cdot\text{s}^{-1}$,成分Aの反応器入口濃度 $C_{\text{A}0}=1.5\times10^3\,\text{mol}\cdot\text{m}^{-3}$,反応器入口温度 $T_0=300\,\text{K}$ とする.その他のデータは,$\rho=950\,\text{kg}\cdot\text{m}^{-3}$,$\bar{c}_{\text{pm}}=3\times10^3\,\text{J}\cdot\text{kg}^{-1}\cdot\text{K}^{-1}$,反応エンタルピー:$\Delta H_{\text{r},1}=-180\times10^3\,\text{J}\cdot\text{mol}^{-1}$,$\Delta H_{\text{r},2}=-200\times10^3\,\text{J}\cdot\text{mol}^{-1}$,反応速度係数 k は,$k=k_0\exp(-E/RT)$ で表わされ,$k_{10}=6.46\times10^{12}\,\text{s}^{-1}$,$k_{20}=1.20\times10^{11}\,\text{s}^{-1}$,$E_1=118\times10^3\,\text{J}\cdot\text{mol}^{-1}$,$E_2=110\times10^3\,\text{J}\cdot\text{mol}^{-1}$.

8 流通反応器の流体混合

 流通反応器内の流体の混合状態として,押出し流れと完全混合流れの二つの理想流れを考えてきた。しかしながら実際の反応器内の流れは,上記の理想流れのいずれからも偏った非理想流れとして取り扱わなければならない場合が多い。

 本章においては,まず反応器内の流動状態を規定するために滞留時間分布関数を導入し,その測定法について述べる。ついで,非理想流れを表現する三つのモデルを示し,その中に含まれるパラメーターの推定方法を解説する。そして非理想流れ反応器の設計法を示す。

 上記の流体混合はマクロなスケールにおける混合の問題であるが,高粘性流体を取り扱う装置,非常に迅速な反応が起こる反応装置などにおいては,よりミクロなスケールにおける流体の混合状態が問題になることがある。ここからマクロ流体とミクロ流体の区別が生じ,それぞれの設計方程式が異なってくる。

8・1 滞留時間分布関数

8・1・1 滞留時間分布関数の定義

 装置に流体を流しているとき,流体を構成するエレメント(気体,液体では分子,粉粒体では粒子)が装置内に滞留する時間は一般には均一でない。あるエレメントは装置に入りすぐに排出され,別のエレメントは装置内に長い時間滞留するので,滞留時間に分布が生じる。

 ある瞬間 $t=0$ に装置入口に供給されたエレメントのうち,時間 $t\sim(t+\mathrm{d}t)$ のあいだ装置内に滞留してから排出される流体エレメントの割合が $E(t)\mathrm{d}t$ で

あるとする。このように定義された関数 $E(t)$ を滞留時間分布関数(residence time distribution function, あるいは RTD 関数と記す)と呼ぶ。

定義より明らかなように

$$\int_0^\infty E(t)\mathrm{d}t = 1 \qquad (8\cdot 1)$$

の関係が成立する。図 8・1 に RTD 関数 $E(t)$ の典型的な形状を示す。

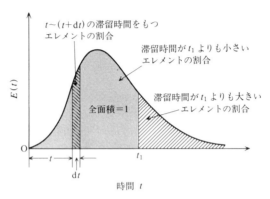

図 8・1 滞留時間分布関数 $E(t)$

滞留時間が t_1 よりも小さい流体エレメントの割合は

$$\int_0^{t_1} E(t)\mathrm{d}t \qquad (8\cdot 2)$$

であり、t_1 よりも大きい滞留時間をもつエレメントの割合は次式で表わされる。

$$\int_{t_1}^\infty E(t)\mathrm{d}t = 1 - \int_0^{t_1} E(t)\mathrm{d}t \qquad (8\cdot 3)$$

いま、体積 $V\,[\mathrm{m}^3]$ の装置に密度が変化しない流体が体積流量 $v\,[\mathrm{m}^3\cdot\mathrm{s}^{-1}]$ で定常的に流れているとすると、平均滞留時間 $\bar{t}$ は次式によって計算できる。

$$\bar{t} = V/v = \tau \qquad (8\cdot 4)$$

RTD 関数を一般化するために実時間 t のかわりに平均滞留時間 $\bar{t}$ によって無次元化した時間

$$\theta = t/\bar{t} \qquad (8\cdot 5)$$

が用いられる。θ を独立変数にしたことを明らかにするために $E(\theta)$ あるいは E_θ なる記号を用いる。

$E(t)$ と $E(\theta)$ の間には、まず定義より

が成立する。これに式(8·5)を微分して得た

$$d\theta = dt/\bar{t} \tag{8·7}$$

を代入すると

$$E(\theta) = \bar{t}E(t) \tag{8·8}$$

が得られる。

8·1·2 滞留時間分布関数の測定法

RTD関数 E は，装置の入口にトレーサー物質を非定常的あるいは定常的に導入して，装置の出口におけるトレーサー物質の濃度変化（応答）を測定し，その結果を解析することにより算出できる。トレーサーとしては，色素，電解質水溶液（NaCl, KCl などの水溶液），放射性同位元素などが用いられる。

種々の測定法があるが，ここでは最も基本的なインパルス応答法とステップ応答法について説明する。

図 8·2 に示すように，体積 $V \mathrm{[m^3]}$ の装置に流体を体積流量 $v \mathrm{[m^3 \cdot s^{-1}]}$ で定常的に流す。いま，装置内部における流体は非理想流れの状態にあるが，装

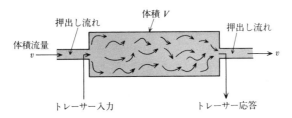

図 8·2 closed vessel の条件を満たす
流通装置におけるトレーサー応答実験

置の入口および出口部における流体は押出し流れの状態にあって，トレーサーは入口管路と装置の接合点に入力され，その応答は装置と出口管路の接合点で測定されると仮定する。このような状態にある流通装置を closed vessel と呼んでいる。closed vessel は理想化された装置であって，実際の実験装置の入口・出口部におけるトレーサーの入力と応答の境界条件はいっそう複雑になる。ここでは，解析を簡単にするために closed vessel を対象にして装置の混合特性の測定法を説明する。

(a) インパルス応答法　ある時刻 $t=0$ に微少量のトレーサーを装置入口より瞬間的に注入し，装置出口において排出されるトレーサー濃度 $C_\mathrm{L}(t)$ を

$$E(t)dt = E(\theta)d\theta \tag{8·6}$$

連続的に測定して装置内の混合特性を推定する方法をインパルス応答法あるいはデルタ応答法と呼ぶ。トレーサーの出口濃度 $C_L(t)$ を規格化するために，$C_L(t)$ 曲線と時間軸で囲まれた面積 Q によって $C_L(t)$ を割った値を $P(t)$ で表わす。図 8·3 に典型的な $P(t)$ 曲線を示す。

$$P(t) = C_L(t)/Q \tag{8·9}$$

ここに，Q は

$$Q = \int_0^\infty C_L(t)\,dt \tag{8·10}$$

によって計算できる。このように $P(t)$ を定義すると

$$\int_0^\infty P(t)\,dt = \int_0^\infty \frac{C_L(t)}{Q}\,dt = \int_0^\infty C_L(t)\,dt / Q = 1$$

となり，$P(t)$ は規格化されたトレーサー濃度を表わしている。ただし，その単位は s^{-1} である。

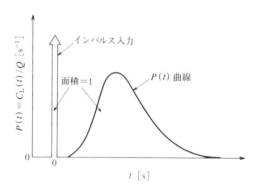

図 8·3 インパルス応答実験から $P(t)$ 曲線の作成

トレーサーが投入された時点より測定して時刻 t から $(t+dt)$ の間に装置より排出されるトレーサーの量は $vC_L(t)\,dt$ である。それを投入したトレーサーの全量 $\int_0^\infty vC_L(t)\,dt$ で割った値は，滞留時間が $t \sim (t+dt)$ のエレメントの割合，すなわち $E(t)\,dt$ に等しいから次式が成立する。

$$vC_L(t)\,dt \Big/ \int_0^\infty vC_L(t)\,dt = E(t)\,dt$$

すなわち
$$E(t) = C_L(t) \Big/ \int_0^\infty C_L(t)\,dt = P(t) \tag{8·11}$$

式 (8·11) は，装置から排出されるトレーサー濃度 $C_L(t)$ を規格化して得られた $P(t)$ 関数が滞留時間分布関数 $E(t)$ そのものに等しいことを表わしている。

このようにインパルス応答実験から $E(t)$ 曲線を推定できる。

一方，滞留時間分布関数 $E(t)$ における t の平均値 $\bar{t}_E$ あるいは $P(t)$ 曲線における t の平均値 $\bar{t}_P$ はそれぞれ次式で定義され，closed vessel においては式 (8·4) で計算される平均滞留時間 $\bar{t}$ に等しい。

$$\bar{t}_E = \int_0^\infty t E(t) \mathrm{d}t \tag{8·12-a}$$

$$\bar{t}_P = \int_0^\infty t P(t) \mathrm{d}t = \int_0^\infty t C_L(t) \mathrm{d}t / Q \tag{8·12-b}$$

$$\bar{t} = \bar{t}_E = \bar{t}_P \tag{8·13}$$

(b) **ステップ応答法** 最初はトレーサーを含まない流体を装置に定常的に流しておき，ある瞬間より，ステップ状に濃度が C_0 のトレーサーを含む流体に切り替えて先と同一流量で流し，装置出口の濃度変化を追跡する方法をステップ応答法と呼ぶ。これに対して，トレーサー濃度 C_0 の流体からトレーサーを含まない流体に切り替える方法を特に残余濃度曲線法と呼ぶこともある。

いま，白色の流体を装置に流しておき，$t=0$ において赤色のトレーサー物質を含む流体に切り替えて排出流体中の赤色流体の濃度を観測すると，図 8·4 に示すように，トレーサー濃度は徐々に増大し，$t \to \infty$ においては完全に赤色流体のみが排出されるようになる。入口での赤色流体の濃度 C_0 を基準にとって排出液体中の赤色流体の濃度 $C_F(t)$ を無次元化した $C_F(t)/C_0$ を F で表わし，それを F 曲線と呼ぶことにする。

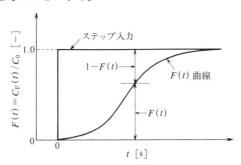

図 **8·4** ステップ応答実験から $F(t)$ 曲線の作成

赤色流体に切り替えたときから時間 t だけ経過した時点において考えると，排出流体中の赤色物質は，装置内に最大 t [s] から最小 0 s の間滞留していたエレメントである。一方，白色物質は $t=0$ 以前に装置内に流入したエレメントであり，その滞留時間は t よりも大きい。したがって

(赤色流体の割合)＝(滞留時間が $0 \sim t$ の流体の割合)　　(8・14-a)

の関係が成立する。これを式で表わすと次式のようになる。

$$F(t) = \int_0^t E(\tau) \mathrm{d}\tau \quad (8\cdot14\text{-b})$$

また，白色流体に着目すると，

(白色流体の割合)＝(滞留時間が $t \sim \infty$ の流体の割合)　　(8・15-a)

すなわち
$$1 - F(t) = \int_t^\infty E(\tau) \mathrm{d}\tau \quad (8\cdot15\text{-b})$$

が得られる。式(8・14-b)を t で微分すると

$$\mathrm{d}F(t)/\mathrm{d}t = E(t) \quad (8\cdot16)$$

となる。このようにステップ応答の $F(t)$ 曲線を微分すると $E(t)$ が得られる。

次に，実時間 t の代わりに無次元時間 $\theta = t/\bar{t}$ を用いて諸関数を表わしておく。$P(t)$ は $E(t)$ に等しいから，式(8・8)と同様に次式が成立する。

$$P_\theta(\theta) = \bar{t} P(t) \quad (8\cdot17)$$

$F(t)$ については，式(8・14-b)に式(8・7)，(8・8)を代入すると

$$F(t) = \int_0^\theta \frac{E_\theta}{\bar{t}} \bar{t} \mathrm{d}\theta = \int_0^\theta E_\theta(\theta) \mathrm{d}\theta = F_\theta(\theta) \quad (8\cdot18)$$

が成立する。この式は，横軸 t およびそれに対応する θ における $F(t)$ と $F_\theta(\theta)$ の値は等しいことを示している。

上記の諸関係をまとめると，

$$\left. \begin{array}{l} E = P = \mathrm{d}F/\mathrm{d}t, \quad E_\theta = P_\theta = \mathrm{d}F_\theta/\mathrm{d}\theta \\ \bar{t} = \bar{t}_E = \bar{t}_P \\ E_\theta = \bar{t}E, \quad P_\theta = \bar{t}P, \quad F_\theta = F \end{array} \right\} \quad (8\cdot19)$$

なお，上式の諸関係は closed vessel に対してのみ成立することに注意すべきである。

【例題 8・1】　インパルス応答法によって表8・1に示すデータを得た。E_θ, P_θ および F_θ を表わすグラフを作成せよ。closed vessel の条件が満足されている。

表 8・1　インパルス応答法による測定結果

t [s]	0	30	60	90	120	150	180	210	240	270	300	330
$C_\mathrm{L}(t)$ [kg・m^{-3}]	0	0.04	0.125	0.3	0.475	0.52	0.42	0.29	0.175	0.08	0.03	0

【解】　式(8・10)に表8・1の測定データを代入する。定積分を台形公式で近似すると

8·1 滞留時間分布関数

$$Q = \int_0^\infty C_L(t)\,dt \cong \sum_i C_{Li}\Delta t_i = (0+0.04+0.125+\cdots+0.175+0.08+0.03+0)(30)$$
$$= (2.455)(30) = 73.7\,\mathrm{kg\cdot s\cdot m^{-3}}$$

データには空間時間 τ が与えられていないが，式(8·12-b), (8·13)の関係を用いると $C_L(t)$ 曲線を積分することによって平均滞留時間 $\bar{t}$ が次式から算出できる。

$$\bar{t} = \bar{t}_P = \int_0^\infty t C_L(t)\,dt/Q \cong \sum t_i C_{Li}\Delta t_i/Q$$

ここで

$$\sum C_{Li} t_i \Delta t_i = (0\times0 + 0.04\times30 + 0.125\times60 + \cdots + 0.03\times300 + 0\times330)(30)$$
$$= (379.8)(30) = 1.139\times10^4$$

であるから

$$\bar{t} = (1.139\times10^4)/73.7 = 155\,\mathrm{s}$$
$$\Delta\theta = \Delta t/\bar{t} = (30)/155 = 0.194\ [-]$$

式(8·9)と式(8·17)を用いると，E_θ と P_θ は次式より計算できる。

$$E_\theta = P_\theta = \bar{t} C_L(t)/Q = (155/73.7)C_L(t) = 2.10\,C_L(t) \tag{a}$$

P_θ に対する無次元時間 θ は，式(8·5)から

$$\theta = t/\bar{t} = t/155\ [-] \tag{b}$$

次に F_θ は式(8·18)の関係より

$$F_\theta = \int_0^\theta E_\theta\,d\theta \cong \sum_i E_{\theta,i}\Delta\theta_i \cong \sum\left(\frac{E_{\theta,i-1}+E_{\theta,i}}{2}\right)\Delta\theta_i \tag{c}$$

の近似式によって算出できる。

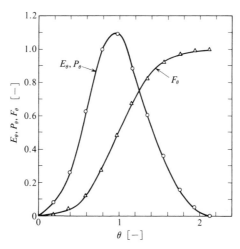

図 **8·5** E_θ, P_θ および F_θ 曲線

以上で導いた式(a)および(c)を用いて E_θ, P_θ および F_θ を算出し，それらを式(b)から計算した θ に対してプロットすれば，図8·5に示したようなグラフが得られる。

8·1·3 反応器の滞留時間分布

(a) 完全混合流れ反応器 完全混合流れが仮定できる連続槽型反応器(体積 V [m³])に流体を体積流量 v [m³·s⁻¹] で定常的に流しておき，時刻 $t=0$ に微少量のトレーサー w [kg] を反応器入口に瞬間的に注入し，反応器出口においてトレーサー濃度 $C_L(t)$ を測定する。ただし，closed vessel の条件が満たされているとする。式(3·34)を用いると，トレーサーについての物質収支式は次式のように書ける。

$$0 - vC_L = V(dC_L/dt) \tag{8·20}$$

すなわち

$$\frac{dC_L}{dt} = -\frac{v}{V}C_L = -\frac{C_L}{\bar{t}} \tag{8·21}$$

初期条件は

$$t=0, \quad C_L = w/V \equiv C_0 \tag{8·22}$$

で与えられる。この微分方程式の解は

$$C_L = C_0 e^{-t/\bar{t}} \tag{8·23}$$

となる。式(8·10)に上式を代入すると Q が

$$Q = \int_0^\infty C_0 e^{-t/\bar{t}} dt = C_0 \left[-\bar{t} e^{-t/\bar{t}} \right]_0^\infty = C_0 \bar{t} \tag{8·24}$$

のように表わせる。したがって式(8·9)によって定義されるインパルス応答関数 $P(t)$ は，連続槽型反応器に対しては

$$P(t) = C_L(t)/Q = (1/\bar{t})e^{-t/\bar{t}} \tag{8·25}$$

で与えられる。

式(8·25)を基にして式(8·19)の諸関係を適用すると，完全混合流れ反応器に対して

$$\left. \begin{array}{l} E = P = e^{-t/\bar{t}}/\bar{t} \\ E_\theta = P_\theta = e^{-\theta} \\ F = 1 - e^{-t/\bar{t}}, \quad F_\theta = 1 - e^{-\theta} \end{array} \right\} \tag{8·26}$$

の諸式が成立する。

(b) 押出し流れ反応器 直観的に明らかなように，$t=0$ において押出し流れ反応器の入口に瞬間的に投入されたトレーサーの全量が $t=\bar{t}$ の時点で排出される。したがって，デルタ関数 δ を用いて

8·1 滞留時間分布関数

$$E = \delta(t-\bar{t}), \quad E_\theta = \delta(\theta-1) \tag{8·27}$$

また，ステップ入力に対しては，$t=\bar{t}$ あるいは $\theta=1$ だけ遅れてステップ状の応答が得られるから

$$F = U(t-\bar{t}), \quad F_\theta = U(\theta-1) \tag{8·28}$$

のように書ける。ここに U はステップ関数を表わす。

上記の二つの理想流れ反応器の E_θ 曲線を図 8·6(a) に，F_θ 曲線を図 8·6(b) にそれぞれ示す。

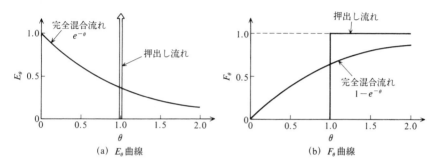

(a) E_θ 曲線　　　　　　　　(b) F_θ 曲線

図 8·6 完全混合流れ反応器と押出し流れ反応器の E_θ および F_θ 曲線

【**例題 8·2**】　半径 r_0，長さ L の管型反応器に，完全に発達した層流状態にある流体を体積流量 v で流すときの E_θ と F_θ を求めよ。

【**解**】　$t=0$ において反応管入口の半径方向に一様になるように注意して微少量のトレーサー物質を瞬間的に注入する。円管内層流の半径方向の速度分布は放物線であり，平均速度を $\bar{u}$ とすると次式で表わせる。

$$u(r) = 2\bar{u}[1-(r/r_0)^2] \tag{a}$$

したがって，半径位置 r に存在するトレーサーの滞留時間 $t(r)$ は次式で与えられる。

$$t(r) = \frac{L}{u(r)} = \frac{\bar{t}}{2[1-(r/r_0)^2]} \tag{b}$$

半径 $r \sim (r+dr)$ におけるトレーサーの体積分率は，滞留時間が $t(r) \sim [t(r)+dt]$ のトレーサーの割合に等しく，E 関数の定義によれば，$E(t)dt$ に相当する。したがって次式の関係が成立する。

$$E(t)dt = \frac{u(2\pi r\,dr)}{v} = \frac{2\bar{u}[1-(r/r_0)^2]2\pi r\,dr}{v} \tag{c}$$

上式の右辺を t で表わすために式(b)を

$$1-(r/r_0)^2 = \bar{t}/2t \tag{d}$$

と変形しておいて，この式を微分すると，

$$r\,dr = (\bar{t}r_0^2/4t^2)\,dt \tag{e}$$

が得られる。式(a)と式(e)を式(c)に代入すると

$$E(t)\,dt = \frac{2\bar{u}(\bar{t}/2t)\,2\pi}{v} \cdot \frac{\bar{t}r_0^2}{4t^2}dt = \frac{\bar{t}^2}{2t^3}dt \tag{f}$$

のように式(c)の右辺が時間 t の関数として表現できた。

層流においては、中心軸上の流速が最も速くて、平均流速 $\bar{u}$ の2倍である。$t=0$ で中心軸上に存在したトレーサーは、$L/2\bar{u}=\bar{t}/2$ だけ時間が経過した後に反応器出口に現われる。したがって $0\leq t<\bar{t}/2$ においては $E(t)=0$ であり、$t\geq \bar{t}/2$ に対して式(f)が成立する。すなわち

$$E=0 \quad \left(0\leq t<\frac{\bar{t}}{2}\right), \qquad E=\frac{\bar{t}^2}{2t^3} \quad \left(t\geq\frac{\bar{t}}{2}\right) \tag{g}$$

となり、t の代わりに θ を用いると次式で表わせる。

$$E_\theta=0 \quad (0\leq\theta<0.5), \qquad E_\theta=1/2\theta^3 \quad (\theta\geq 0.5) \tag{h}$$

次に F と F_θ を表わす式を式(8·19)を用いて導く。ただし積分の下限は0でなく $\bar{t}/2$ であることに注意する。

$$F(t)=\int_{\bar{t}/2}^{t}\frac{\bar{t}^2}{2t^3}dt = 1-\frac{1}{4}\left(\frac{\bar{t}}{t}\right)^2 \tag{i}$$

したがって

$$F_\theta = 1-1/4\theta^2 \tag{j}$$

図8·7に E_θ と F_θ のグラフを示す。

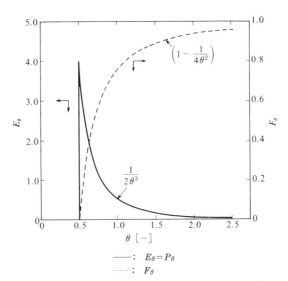

図 **8·7** 層流管型反応器の E_θ, P_θ および F_θ 曲線

8・2 非理想流れのモデル

反応装置内の流れが非理想流れになる場合，それを表現するモデルが必要であり，モデルの中に含まれるパラメーターを実験的に決定する方法を知らなければならない．非理想流れを表現するために，現在のところ次の三つのモデルが用いられている．すなわち，（1）混合拡散モデル，（2）槽列モデル，および（3）組合せモデル，である．

混合拡散モデルは，装置内に組成分布が存在するときに，それを均一化しようとして混合・拡散の機構によって物質が移動するために押出し流れより偏倚すると考えるモデルである．モデルを規定するパラメーターは混合拡散係数 D_z [$m^2 \cdot s^{-1}$] である．混合拡散モデルは管型反応器および固定層反応器などに適合する．

槽列モデルにおいては，実際の反応器を等しい体積をもった完全混合流れ反応器（撹拌槽）が直列に連結した反応器であると仮想的にみなし，その撹拌槽の数 N によって混合状態を表わす．$N=1$ の場合は完全混合流れに，$N \to \infty$ は押出し流れに対応する．

上記の二つのモデルは，それぞれパラメーターが1個しか必要でないが，組合せモデルでは，CSTR と PFR の適当な組合せによって混合状態を表わそうとしており，パラメーターの数は二つ以上必要になる．

8・3 混合拡散モデル

8・3・1 混合拡散係数の推定法

混合拡散による成分 A の移動速度 N_A [$mol \cdot m^{-2} \cdot s^{-1}$] を

$$N_A = -D_z (\partial C_A / \partial z) \tag{8・29}$$

によって表わす．ここに C_A は成分 A の濃度 [$mol \cdot m^{-3}$]，z は距離 [m]，D_z は混合拡散係数 [$m^2 \cdot s^{-1}$] をそれぞれ表わしている．$D_z \to 0$ は押出し流れ，$D_z \to \infty$ は完全混合流れに対応する．

3章において理想流れ反応器の物質収支をとるときには，反応流体の流れに伴う物質の流入と流出のみを考えてきたが，混合拡散モデルによれば，流れの項に式(8・29)によって与えられる混合拡散の項を重ね合せなければならない．

図8・8に示すような断面積が S，管長が L の管型反応器内を流速 u でトレ

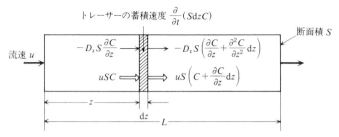

図 8・8 流通反応器の物質収支

ーサーを含む流体が流れている。入口より z と $(z+dz)$ の円柱の微小要素についてトレーサー物質の物質収支をとる。ただし管断面内で流速は均一で，かつ定容系と仮定する。

式(3・34)の各項を定式化すると

$$トレーサーの流入速度 = S\left[uC+\left(-D_z\frac{\partial C}{\partial z}\right)\right]_z \quad (8\cdot30)$$

$$トレーサーの流出速度 = S\left[uC+\left(-D_z\frac{\partial C}{\partial z}\right)\right]_{z+dz}$$

$$= S\left[u\left(C+\frac{\partial C}{\partial z}dz\right) - D_z\frac{\partial C}{\partial z} - D_z\frac{\partial}{\partial z}\left(\frac{\partial C}{\partial z}\right)dz\right] \quad (8\cdot31)$$

$$トレーサーの蓄積速度 = \frac{\partial}{\partial t}(S\,dz\,C) = S\frac{\partial C}{\partial t}dz \quad (8\cdot32)$$

となる。これらの式を式(3・34)に代入し整理すると次式が得られる。

$$D_z\frac{\partial^2 C}{\partial z^2} - u\frac{\partial C}{\partial z} = \frac{\partial C}{\partial t} \quad (8\cdot33)$$

上式を解くには，初期条件と境界条件が必要になる。それらの式は実験装置と実験方法によって異なってくる。closed vessel の場合には無限級数の形の解析解が提出されており[1]，その他の境界条件に対しても解が得られる。しかし，混合拡散係数を推定する立場からは，トレーサー応答曲線の解を得るよりも，$P(t)$ 曲線の平均値 ($\bar{t}_P$) および 2 次モーメント (分散 σ_P^2) を与える理論式を導いて，それと分散の実測値を照合して理論式の中に含まれている混合拡散係数 D_z の値を求める方法が実際的である。

closed vessel における $P(t)$ 曲線の平均値 $\bar{t}_P$ と分散 σ_P^2 の理論式は次式で与えられる[2]。

---

1) 矢木 栄，宮内照勝，化学工学，**17**，382(1953).
2) E. Th. van der Laan, *Chem. Eng. Sci.*, **7**, 187(1958).

8・3 混合拡散モデル

$$\bar{t}_P = \bar{t} \tag{8・34}$$

$$\sigma_P{}^2 = \bar{t}_P{}^2 \left[2\frac{D_z}{uL} - 2\left(\frac{D_z}{uL}\right)^2 (1 - e^{-uL/D_z}) \right] \tag{8・35}$$

押出し流れからの偏倚が小さいときには，上式の右辺の第2項は無視できて，式(8・35)は次式で近似できる。

$$\sigma_P{}^2 = \bar{t}_P{}^2 (2D_z/uL) \tag{8・36}$$

インパルス応答実験を行なって $P(t)$ 曲線を測定し，$P(t)$ 曲線の平均値 $\bar{t}_P$ および分散 $\sigma_P{}^2$ を次式を使用して計算し，それらの値を式(8・35)あるいは式(8・36)に代入すると D_z/uL の値が推定できる。

$$\bar{t}_P = \int_0^\infty tP(t)\,\mathrm{d}t = \int_0^\infty tC_\mathrm{L}(t)\,\mathrm{d}t/Q \cong \frac{\sum t_i C_{\mathrm{L}i}\varDelta t_i}{\sum C_{\mathrm{L}i}\varDelta t_i} \tag{8・37}$$

$$\sigma_P{}^2 = \int_0^\infty (t-\bar{t}_P)^2 P(t)\,\mathrm{d}t = \left[\int_0^\infty t^2 C_\mathrm{L}(t)\,\mathrm{d}t - \bar{t}_P{}^2 Q \right] / Q$$

$$\cong \frac{\sum t_i{}^2 C_{\mathrm{L}i}\varDelta t_i}{\sum C_{\mathrm{L}i}\varDelta t_i} - \bar{t}_P{}^2 \tag{8・38}$$

【**例題 8・3**】 例題 8・1 の closed vessel に対するインパルス応答の測定結果から，D_z/uL の値を推定せよ。

【**解**】 例題 8・1 から $Q=73.7\,\mathrm{kg\cdot s\cdot m^{-3}}$，$\bar{t}=155\,\mathrm{s}$ であり，式(8・38)を用いると

$$\frac{\sum t_i{}^2 C_{\mathrm{L}i}\varDelta t_i}{Q} = \frac{1}{Q}[0\times 0 + 0.04\times(30)^2 + 0.125\times(60)^2 + \cdots + 0.03\times(300)^2 + 0$$

$$\times (330)^2](30) = (66\,465)(30)/73.7 = 27\,055\,\mathrm{s}^2$$

$$\sigma_P{}^2 = 27\,055 - (155)^2 = 3\,030\,\mathrm{s}^2$$

これらの値を式(8・35)に代入し D_z/uL の値を算出するのであるが，式(8・35)は非線形であるから，D_z/uL の概略値を知るために，まず押出し流れよりの偏倚が小さいと仮定して式(8・36)を適用してみる。$\bar{t}_P = \bar{t} = 155\,\mathrm{s}$ であるから

$$\frac{D_z}{uL} = \frac{\sigma_P{}^2}{2\bar{t}_P{}^2} = \frac{3030}{(2)(155)^2} = 0.06306\,[-]$$

次に，式(8・35)を用いて試行法で D_z/uL を算出する。式(8・35)の両辺を $\sigma_P{}^2$ で割ると

$$\left(\frac{\bar{t}_P{}^2}{\sigma_P{}^2}\right)\left[2\left(\frac{D_z}{uL}\right) - 2\left(\frac{D_z}{uL}\right)^2 (1 - e^{-uL/D_z})\right] = 1 \tag{a}$$

が得られる。式(a)に 0.06306 近傍の D_z/uL の値をいくつか代入してその左辺を計算してみると次のようになる。

D_z/uL	0.06306	0.0675	0.0678
式(a)の左辺	0.9370	0.99817	1.0022

D_z/uL の値は 0.0675 と 0.0678 の間にあるから補内すると

$$\frac{D_z}{uL}=0.0675+\frac{1-0.99817}{1.0022-0.99817}(0.0678-0.0675)=0.067636\cong 0.0676$$

すなわち $D_z/uL=0.0676$ [−] となる。

8·3·2　混合拡散モデルによる反応装置の設計

断面積 S の管型反応器内を一定の線速度 u で反応流体が流れ，定常状態で反応が起こっている。原料成分 A の物質収支は，式(3·34)を用いて先のトレーサー応答の場合と類似に導出できる。すなわち

$$S\left[uC_A-D_z\frac{dC_A}{dz}\right]_z-S\left[uC_A-D_z\frac{dC_A}{dz}\right]_{z+dz}+r_A S dz=0 \quad (8·39)$$

となる。上式の第2項を Taylor 展開すると

$$[式(8·39)の左辺第2項]\cong S\left[uC_A-D_z\frac{dC_A}{dz}\right]_z+Su\frac{dC_A}{dz}dz-SD_z\frac{d^2 C_A}{dz^2}dz \quad (8·40)$$

と近似できる。式(8·40)を式(8·39)に代入すると次式が得られる。

$$D_z\frac{d^2 C_A}{dz^2}-u\frac{dC_A}{dz}-(-r_A)=0 \quad (8·41)$$

上式は2階の微分方程式であり，解を求めるには境界条件が2個必要である。反応管入口における境界条件は，$z=0\sim\delta z$ の微小部分における物質収支から得られる。すなわち

$$uSC_{A0}-S\left[uC_A-D_z\frac{dC_A}{dz}\right]_{z=\delta z}+(r_A)_{z=0}S\cdot\delta z=0$$

上式で $\delta z\to 0$ とおくと反応項は消えて次のようになる。

$$z=0, \quad -D_z\left(\frac{dC_A}{dz}\right)_{z=0^+}=u[C_{A0}-(C_A)_{z=0^+}] \quad (8·42)$$

ここで添字 $z=0^+$ は反応管内から $z\to 0$ に接近したときの値を示している。

次に，反応管出口の近傍についても，物質収支より，第2番目の境界条件が次のように書ける。

$$z=L, \quad -D_z\left(\frac{dC_A}{dz}\right)_{z=L^-}=0 \quad (8·43)$$

1次反応の場合には，$-r_A=kC_A$ とおき，基礎式(8·41)を境界条件の式(8·42)，(8·43)を用いて解くと次式が得られる。

$$\frac{C_A}{C_{A0}}=1-x_A=\frac{4a\exp[\frac{1}{2}(uL/D_z)]}{(1+a)^2\exp[(a/2)(uL/D_z)]-(1-a)^2\exp[(-a/2)(uL/D_z)]} \quad (8·44)$$

8・3 混合拡散モデル

ここに
$$a = [1 + 4k\tau(D_z/uL)]^{1/2}, \quad \tau = \bar{t} = L/u$$

上式より明らかなように,反応率は空間時間 τ (平均滞留時間 $\bar{t}$ に等しい)と D_z/uL の関数である。図 8・9 は, D_z/uL をパラメーターにして未反応率 $(1-x_A)$ と $k\tau$ の関係をプロットしたものである。押出し流れ $(D_z/uL \to 0)$ と完全混合流れ $(D_z/uL \to \infty)$ の二つの理想流れ反応器を両極限として,非理想流れ反応器がそれらの中間に位置していることが明らかである。反応器内での流体の混合状態を表わすパラメーター D_z/uL,速度定数 k,ならびに空間時間 τ が与えられると,図 8・9 を用いて反応率 x_A が算出できる。

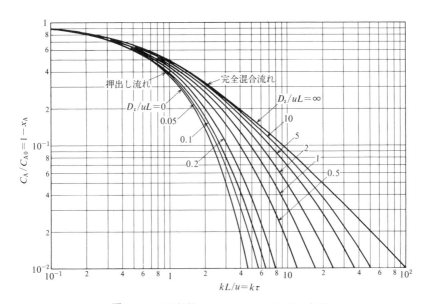

図 8・9 混合拡散モデルによる 1 次反応の解析

押出し流れからの偏りが小さい,つまり D_z/uL の値が小さいときは,式 (8・44) は次の近似式で表わせる[†]。

$$C_A/C_{A0} = 1 - x_A = \exp[-k\tau + (k\tau)^2(D_z/uL)] \tag{8・45}$$

2 次反応に対しては,式 (8・41) の解析解は得られないから数値解法によらな

---

† この場合,式 (8・44) 右辺の分母第 2 項は無視できる。$D_z/uL = q$ とおくと,$a \cong 1 + 2k\tau q, (1+a)^2 \cong 4(1+2k\tau q), \exp[(1/2q) - (a/2q)] \cong \exp[(1/2q)\{1-(1+2k\tau q - 2k^2\tau^2 q^2 + \cdots)\}] = \exp[-k\tau + (k\tau)^2 q]$ となるから式 (8・45) が得られる。

ければならない。図 8·10 にその結果を示す[1]。

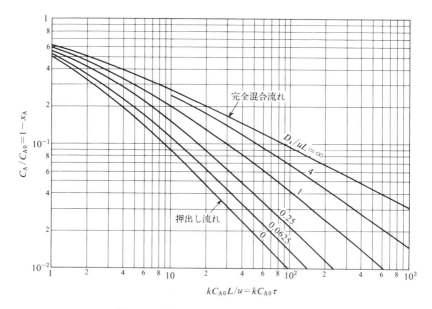

図 8·10 拡散モデルによる 2 次反応の解析

【例題 8·4】 例題 8·1 で与えられた混合特性をもつ流通反応器で 1 次不可逆反応を行なう。反応速度定数が $0.02\,\mathrm{s}^{-1}$ のとき、反応器出口の反応率を混合拡散モデルに従って計算せよ。

【解】 例題 8·1 および例題 8·3 より、平均滞留時間 $\bar{t}=155\,\mathrm{s}$, $D_z/uL=0.0676$ である。式(8·44)のパラメーター a は

$$a=[1+(4)(0.02)(155)(0.0676)]^{1/2}=1.356$$

となる。この値を式(8·44)に代入すると

$$1-x_A=\frac{(4)(1.356)\exp\left[\dfrac{1}{(2)(0.0676)}\right]}{(1+1.356)^2\exp\left[\dfrac{1.356}{(2)(0.0676)}\right]-(1-1.356)^2\exp\left[-\dfrac{1.356}{(2)(0.0676)}\right]}$$

$$=0.07021$$

$$\therefore\ x_A=0.930$$

---

1) 宮内照勝, "流系操作と混合特性(続・新化学工学講座 14)", p. 32, 日刊工業新聞社 (1960).

が得られる。一方，図8·9を用いると，$k\tau = (0.02)(155) = 3.1$ であるから $C_A/C_{A0} \cong 0.07$ となり，$x_A = 0.93$ となって式(8·44)からの計算値と一致している。

次にこの値と反応流体の流れが押出し流れ，ならびに完全混合流れであるとしたときの反応率の値を比較する。もし押出し流れであるとすると，その反応率 x_{Ap} は

$$x_{Ap} = 1 - e^{-k\tau} = 1 - \exp(-0.02 \times 155) = 0.955$$

一方，完全混合流れであるとすると，反応率 x_{Am} は

$$x_{Am} = \frac{k\tau}{1+k\tau} = \frac{(0.02)(155)}{1+(0.02)(155)} = 0.756$$

これらの反応率の値を比較すると，例題8·1によって与えられる混合特性をもつ非理想流れ反応器は押出し流れ反応器に近いことが明らかである。

8·4 槽列モデル

槽列モデルでは，反応装置を等しい体積の槽型反応器に仮想的に分割し，それらが直列に連結していると考え，混合の程度を槽数 N によって表わす。

体積が V の等しい N 個の槽型反応器が直列に結合された槽列反応器を考える。流体を流量 v で定常的に流しておき，ある瞬間 $t=0$ より濃度 C_0 のトレーサーを含む流体に切り替えて同一流量 v で定常的に流し，N 番目の反応器の出口におけるトレーサー濃度 $C_N(t)$ を追跡する。

一般に i 番目の槽における非定常状態でのトレーサーの物質収支式は

$$V(dC_i/dt) = vC_{i-1} - vC_i \tag{8·46}$$

のように書ける。反応器全体としての滞留時間を $\bar{t}$ とすると，$\bar{t} = NV/v$ である。この $\bar{t}$ を用いて時間 t を無次元化して $\theta = t/\bar{t}$ で表わすと，式(8·46)は

$$dC_i/d\theta + NC_i = NC_{i-1} \quad (i=1, 2, \cdots, N) \tag{8·47}$$

となる。初期条件は

$$\theta = 0, \quad C_0 = C_0, \quad C_1 = C_2 = \cdots = C_N = 0 \tag{8·48}$$

式(8·47)は線形の微分方程式であって，解析解が次のように求まる。

$$C_i = Ne^{-N\theta} \int_0^\theta C_{i-1} e^{N\theta} d\theta \tag{8·49}$$

式(8·49)を第1槽より順次適用していく。まず，$i=1$，$C_{i-1} = C_0$ (一定)とおくと

$$C_1 = C_0 N e^{-N\theta} \left[\frac{e^{N\theta}}{N}\right]_0^1 = C_0(1 - e^{-N\theta}) \tag{8·50}$$

を得る。次に，式(8·49)で $i=2$ とおき，C_1 に式(8·50)を代入すると

$$C_2 = Ne^{-N\theta} \int_0^\theta C_0(1-e^{-N\theta})e^{N\theta} d\theta = Ne^{-N\theta} C_0 \left\{ \left[\frac{e^{N\theta}}{N}\right]_0^\theta - \theta \right\}$$

となり、次式が得られる。

$$C_2/C_0 = 1 - e^{-N\theta}(1+N\theta) \tag{8・51}$$

以下、同様に計算を進めると、$C_N(\theta)/C_0$ に対する式が得られ、それはステップ応答関数 F_θ 曲線に等しい。すなわち

$$F_\theta = \frac{C_N}{C_0} = 1 - e^{-N\theta}\left[1+N\theta+\frac{(N\theta)^2}{2!}+\cdots+\frac{(N\theta)^{N-1}}{(N-1)!}\right] \tag{8・52}$$

一方、滞留時間分布関数 E_θ は $E_\theta = dF_\theta/d\theta$ の関係[式(8・19)]を用いて計算できて、整理すると次式が得られる。

$$E_\theta = \frac{N(N\theta)^{N-1}}{(N-1)!}e^{-N\theta} \tag{8・53}$$

ただし、

$$\theta = t/\bar{t} = (v/NV)t \tag{8・54}$$

図8・11に、槽数 N をパラメーターにとって E_θ と θ の関係を示す。応答実験の結果とこの図を重ね合わせて、パラメーター N を決めることが可能である。

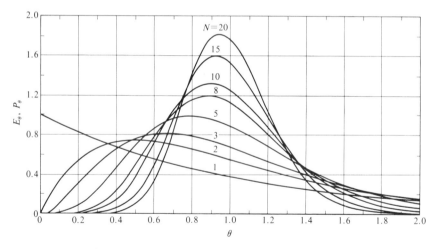

図 **8・11** 槽列モデルによる E_θ および P_θ 曲線($E_\theta = P_\theta$)

式(8・53)で与えられる E_θ 曲線の平均値 $\bar{\theta}_E$ と分散 $\sigma_{E\theta}^2$ を計算すると

$$\bar{\theta}_E = 1 \tag{8・55}$$
$$\sigma_{E\theta}^2 = 1/N \tag{8・56}$$

となる。$t = \bar{t}\theta = \bar{t}_P\theta$ の関係を用いて上式を書き改めると、インパルス応答曲線 $P(t)$ に対する平均値 $\bar{t}_P$ と分散 σ_P^2 を表わす次式が得られる。

8・5 組合せモデル

$$\bar{t}_P = \bar{t} \tag{8・57}$$

$$\sigma_P{}^2 = \bar{t}_P{}^2 / N \tag{8・58}$$

インパルス応答曲線 $C_L(t)$ を測定し, 式(8・37), (8・38)によって $\bar{t}_P$ と $\sigma_P{}^2$ の値を算出して式(8・58)に代入すると, 槽列モデルにおけるパラメーター N が決定できる。

押出し流れよりの偏倚が小さいときに混合拡散モデルを適用すると, 式(8・36)が使用できる。一方, 槽列モデルでは式(8・58)が成立するから, 両式を等置すると

$$N = \frac{1}{2} \left(\frac{1}{D_z/uL} \right) \tag{8・59}$$

の関係式が得られる。この式は, PFR に近いときの, 混合拡散モデルと槽列モデルの相互関係を表わしている。

槽列モデルによってパラメーター N が決定されれば, 反応率の計算は, すでに解説したように 5・2 節の設計法に従って進めればよい。

【例題 8・5】 例題 8・3 のデータを槽列モデルで表現したときのパラメーター N を求めよ。

【解】 $\sigma_P{}^2 = 3030$, $\bar{t}_P = 155$ s であるから, これを式(8・58)に代入すると

$$N = \bar{t}_P{}^2 / \sigma_P{}^2 = (155)^2 / 3030 = 7.9 \cong 8$$

【例題 8・6】 槽列モデルを用いて例題 8・4 を再計算せよ。

【解】 N 槽の CSTR を直列に連結した反応器において 1 次反応を行なったときの反応率 x_A は式(5・6)より計算できる。τ_1 は 1 槽当りの平均滞留時間であるから $\tau_1 = \bar{t}/N = 155/8 = 19.375$ となり

$$x_A = 1 - \frac{1}{(1+k\tau_1)^N} = 1 - \frac{1}{[1+(0.02)(19.375)]^8} = 0.927$$

となる。混合拡散モデルによる反応率の計算値は 0.930 であったから, 両モデルによる計算値はよく一致している。

8・5 組合せモデル

組合せモデルは, 完全混合流れ部 (CSTR) のほかに押出し流れ部(PFR), ならびに流体停滞部(dead space; DS)も用いて反応器内部を仮想的に分割し, それらをバイパス, リサイクル, 十字流, 交換流れなどで結合することによって反応器内の流体混合状態を表わそうとするモデルである。混合拡散モデルと

槽列モデルでは，混合状態は一つのパラメータによって表わせたが，組合せモデルでは二つ以上のパラメータが必要になる。

反応器内の流動状態を観察して，それをCSTR, PFR および DS の適当な結合によって表現し，トレサー応答実験を行ない，その結果が仮定したモデルによって表現できることを検証し，パラメータを決定する。

連続撹拌槽型反応器は通常は完全混合流れとみなせるが，撹拌槽の内部構造，撹拌翼の選定とその速度の設定を誤ると完全混合状態を保持できない。その結果，図8·12(a)に示すように，撹拌槽内部に液停滞部ができたり，流体の一部がショートカットして流れるような状態になる。そのような状況を図8·12(b)に示すような組合せモデルによって表わせることを以下の例題によって示す。

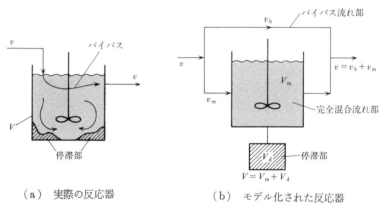

(a) 実際の反応器　　　(b) モデル化された反応器

図 8·12　組合せモデルによる連続撹拌槽型反応器のモデル化

【例題 8·7】　連続槽型反応器(体積 V)を用いて液相反応を行なった。しかし，この反応器内の流動状態は完全混合流れによっては表現できず，図8·12(a)に示すように槽内に液停滞部が存在し，かつ反応器入口に供給された流体の一部がショートカットして流出していることが観察された。そこで，図8·12(b)に示すような組合せモデルによって混合状態を表わすことを試みた。すなわち，反応器は完全混合流れ部(体積 V_m)と液停滞部(体積 V_d)に分割され，両者の間には物質の交換はないものとする。ただし，$V = V_m + V_d$ とする。一方，送入液(体積流量 v)の一部はバイパス流れ(体積流量 v_b)になり，未反応のままで反応器出口から排出される。その他の送入液(体積流量 $v_m = v - v_b$)は完全混合流れ部に流入し，そこで反応が起こり反応器出口から排出される。

すなわち，この種の組合せモデルでは，バイパス流れは体積をもたない仮想的な管路

8・5 組合せモデル

であり,また液停滞部は孤立した領域であり,ともにそれらの領域での反応の寄与は考えないものとしている。

(a) 図8・12(b)のモデル反応器にトレーサーを含まない液体を体積流量 v で定常的に流しておく。ある瞬間から濃度 C_0 のトレーサーを含む液体に切り換えて先と同一流量 v で流し,反応器出口から排出される液体中のトレーサー濃度 $C_F(t)$ を測定する。$C_F(t)$ は次式で与えられることを示せ。

$$\frac{C_F(t)}{C_0} = 1 - \beta \exp\left(-\frac{\beta}{\alpha\tau}t\right) \quad (a)$$

ここで,$t=$ トレーサーを含む液体に切り換えてからの経過時間,$\alpha = V_m/V$,$\beta = v_m/v$,$\tau = V/v$。

(b) 上記の実験によって $C_F(t)$ 対 t の測定データが表8・2に示すように得られた。反応器体積 $V = 1\,\mathrm{m}^3$,体積流量 $v = 0.1\,\mathrm{m}^3\cdot\mathrm{min}^{-1}$ であった。パラメータ α および β の値を推定し,この反応器の混合特性について論ぜよ。

表 8・2 不完全混合流れ撹拌槽のトレーサ応答実験

$t\,[\mathrm{min}]$	5	10	15	20	25
$C_F(t)/C_0\,[-]$	0.548	0.708	0.812	0.878	0.922

(c)
$$\mathrm{A} + \mathrm{B} \longrightarrow \mathrm{C} + \mathrm{D}, \quad r = kC_A C_B \quad (b)$$

で表わされる液相反応を上記の組合せモデルで表わされる反応器体積 $V = 1\,\mathrm{m}^3$ の連続槽型反応器を用いて行なう。成分 A と成分 B のみを含み,それらの濃度が $3\times10^3\,\mathrm{mol\cdot m^{-3}}$ である反応原料を $0.1\,\mathrm{m}^3\cdot\mathrm{min}^{-1}$ の体積流量で反応器に供給する。反応器出口での反応率を計算せよ。ただし,反応速度定数 $k = 4.86\times10^{-6}\,\mathrm{m^3\cdot mol^{-1}\cdot s^{-1}}$ である。

【解】 (a) 図8・12の完全混合流れ部のトレーサーの物質収支式は,式(3・34)から

$$V_m \frac{dC_m}{dt} = v_m C_0 - v_m C_m \quad (c)$$

となり,初期条件は次式で表わされる。

$$t = 0, \quad C_m = 0 \quad (d)$$

式(c)は変数分離型の微分方程式であり,初期条件を用いると,次式の解が得られる。

$$\Big[-\ln(C_0 - C_m)\Big]_0^{C_m} = \ln\frac{C_0}{C_0 - C_m} = \frac{v_m}{V_m}t \equiv \frac{t}{\tau_m} \quad (e)$$

上式の左辺の t の係数 τ_m は次式のように表わせるから

$$\frac{1}{\tau_m} \equiv \frac{v_m}{V_m} = \frac{v_m}{v}\cdot\frac{V}{V_m}\cdot\frac{v}{V} = \beta\cdot\frac{1}{\alpha}\cdot\frac{1}{\tau} \quad (f)$$

式(e)は次式のように変形できる。

$$\frac{C_m}{C_0} = 1 - \exp\left(-\frac{v_m}{V_m}t\right) = 1 - \exp\left(-\frac{\beta}{\alpha\tau}t\right) \quad (g)$$

バイパスと完全混合流れ部との合流点で物質収支をとると

$$v_m C_m + v_b C_0 = v C_F(t) \tag{h}$$

となり，変形していくと，以下のように問題の式(a)が得られる。

$$\therefore \quad \frac{C_F(t)}{C_0} = \frac{v_m C_m}{v C_0} + \frac{v_b}{v} = \beta\left[1 - \exp\left(-\frac{\beta t}{\alpha \tau}\right)\right] + (1-\beta)$$

$$= 1 - \beta \exp\left(-\frac{\beta}{\alpha \tau}t\right) \tag{a}$$

(b) 式(a)を

$$1 - \frac{C_F(t)}{C_0} = \beta \exp\left(-\frac{\beta}{\alpha \tau}t\right)$$

と変形してから，両辺の自然対数をとると

$$-\ln\left[1 - \frac{C_F(t)}{C_0}\right] = -\ln \beta + \frac{\beta}{\alpha \tau}t \tag{i}$$

となる。

式(i)の左辺を時間 t に対してプロットすると，勾配が $\beta/\alpha\tau$，切片が $-\ln\beta$ の直線が得られ，それらからパラメータ α と β の値が求まる。表8·2から式(i)の左辺を計算して，時間 t に対してプロットしたところ，図8·13に示すように直線が得られ，式(i)が成立することが検証された。その直線から，パラメータの値が次のように得られた。

$$\alpha = V_m/V = 0.802, \quad \beta = v_m/v = 0.698$$

すなわち，液停滞部の体積分率 V_d/V と，バイパスに流れる反応液の体積流量の割合

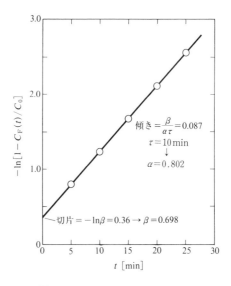

図 8·13 パラメータ α, β の算出

8・5 組合せモデル

v_b/v はそれぞれ

$$V_d/V = 1-\alpha = 1-0.802 \cong 0.2 = 20\%$$
$$v_b/v = 1-\beta = 1-0.698 \cong 0.3 = 30\%$$

となり，かなり完全混合から偏倚していることが判明した。

（c） 完全混合流れ部については，CSTRに対する式(3・45)が適用できるから

$$\tau_m = \frac{V_m}{v_m} = \frac{C_{A0}x_{Am}}{-r_A(x_{Am})} = \frac{C_{A0}x_{Am}}{kC_{A0}^2(1-x_{Am})^2}$$

が得られる。この式は x_{Am} についての2次方程式であり，その解は

$$x_{Am} = \frac{2kC_{A0}\tau_m + 1 - \sqrt{4kC_{A0}\tau_m + 1}}{2kC_{A0}\tau_m} \quad (\mathrm{j})$$

のように書ける。ここで τ_m は式 V_m/v_m で与えられる。

反応器出口において成分Aの物質収支をとると

$$v_b C_{A0} + v_m C_{Am} = v C_{Af}$$

となる。上式の両辺を入れ換えて，それぞれを vC_{A0} で割ると

$$\frac{C_{Af}}{C_{A0}} = \frac{v_b}{v} + \frac{v_m}{v}\frac{C_{Am}}{C_{A0}} = (1-\beta) + \beta(1-x_{Am}) = 1 - \beta x_{Am}$$

が得られる。左辺は不完全混合流れ反応器の未反応率を与えるから，$1-x_{Af}$ に等しい。したがって上式は

$$x_{Af} = \beta x_{Am} \quad (\mathrm{k})$$

となる。

次に，与えられた数値を代入していく。

$$\tau = V/v = 1/0.1 = 10\,\mathrm{min} = 600\,\mathrm{s}$$

式(f)から

$$\tau_m = \tau\alpha/\beta = (600)(0.802)/0.698 = 689.4$$

であるから，式(j)において

$$2kC_{A0}\tau_m = (2)(4.86\times10^{-3})(3)(689.4) = 20.1$$

$$\therefore\ x_{Am} = \frac{20.1 + 1 - \sqrt{(2)(20.1)+1}}{20.1} = 0.730$$

これを式(k)に代入すると

$$x_{Af} = \beta x_{Am} = (0.698)(0.730) = 0.510$$

反応器が完全混合流れのときの反応率 x_{Af}' は式(j)の τ_m の代わりに $\tau=600\,\mathrm{s}$ とおいた式になる。すなわち

$$2kC_{A0}\tau = (2)(4.86\times10^{-3})(3)(600) = 17.5$$

$$\therefore\ x_{Af}' = \frac{17.5 + 1 - \sqrt{(2)(17.5)+1}}{17.5} = 0.714$$

反応器内にバイパスと液停滞部を含むことによって反応器の混合特性が完全混合流れ

により悪化して，反応率は完全混合流れの反応率71.4%から51.0%に低下したことになる。

8・6 マクロ流体の反応器設計
8・6・1 ミクロ流体とマクロ流体

　流通反応器に液体が供給されるとき，液体の粘度が低く，撹拌その他の手段で十分に混合されると流入液体は直ちに分散し，引続き短時間内に分子規模にまで均一に混合されるであろう。これに対して，液体の粘度が非常に高いときは，流入液体はある大きさをもった流体塊より小さくは分散せず，分子規模の混合状態に達することが困難になる。この状態は，あたかも固体粒子を連続的に供給する場合に似ている。固体粒子は互いに合一せずに孤立しながらある時間だけ装置内に滞留してから排出される。

　このように微視的な立場から流体の混合状態を考えたとき，二つの極限が存在することが理解できる。一つの極限は，流体が分子規模にまでに均一に混合されている流体であって，それをミクロ流体(micro fluid)と呼ぶ。それに対するもう一つの極限は，流体が分子の集団からなる流体塊に分かれており，流体塊内部は均一だが流体塊の間では物質の交換がまったく存在せず，それぞれの流体塊は互いに隔離(セグリゲート；segregate)された状態にある流体である。これをマクロ流体(macro fluid)と称す。ミクロ流体とマクロ流体はあくまでも極限状態を表わし，実際の流体はそれらの中間状態にある。連続相中に液滴が分散している系を考えると，液滴が完全に孤立して挙動する場合はマクロ流体と考えられるが，液滴間で合一・再分裂が激しく繰り返されている場合には，それぞれの液滴の独自性は存在せずにミクロ流体と考えてよい。しかし，実際の液滴分散系では両者の中間的挙動を示す場合が多いだろう。

8・6・2 反応に対するセグリゲーションの影響

　通常の気体，液体はミクロ流体であり，いままでに取り扱ってきた流体はすべてミクロ流体として考えてきた。以下においては，反応流体がマクロ流体として挙動する場合の回分反応器，PFRおよびCSTRの設計について考えよう。

　（a）回分反応器　　回分反応器にマクロ流体が満たされて反応が進行する場合を考える。流体塊が完全にセグリゲートされていても，それぞれの流体塊が微小な回分反応器として働き，反応時間はすべて等しく，反応率も同一であ

8·6 マクロ流体の反応器設計

ってミクロ流体の反応率にも等しい。すなわち，回分反応器においてはセグリゲーションの程度は反応率には影響しない。

（b） 押出し流れ反応器　PFR は，微小な回分反応器が一列に並んで装置内を均一に流れていると考えられるから，セグリゲーションの影響は考えなくてもよい。

（c） 完全混合流れ反応器　マクロ流体ではそれぞれの流体塊は独立した回分反応器として挙動し，滞留時間も均一ではない。反応器出口には，異なった濃度をもった微小な回分反応器が多数排出されてくると考えることができる。いま，均一な容積 V_{BR} をもつ微小な流体塊が F_n [個·s^{-1}] の速度で排出されているとする。排出される流体塊の中で滞留時間が $t \sim (t+dt)$ にある流体塊の個数は $F_n E(t) dt$ である。それらの濃度は，反応時間が t の回分反応器内の濃度 $[C_A(t)]_{BR}$ に等しい。したがって，$t \sim (t+dt)$ の滞留時間をもった流体塊の中に存在する成分 A の量は

$$V_{BR} F_n E(t) dt [C_A(t)]_{BR} \tag{8·60-a}$$

になる。排出流体塊の滞留時間は 0 から ∞ まで分布しているから，反応器より排出される未反応の A の流出速度は

$$\int_0^\infty V_{BR} F_n E(t) dt [C_A(t)]_{BR} \tag{8·60-b}$$

に等しい。一方，排出液の平均濃度を $\overline{C}_A$ とすると，未反応の A の流出速度は

$$V_{BR} F_n \overline{C}_A \tag{8·61}$$

と書ける。式(8·60-b)と式(8·61)は等置できて，次の関係が成立する。

$$1 - \bar{x}_A = \frac{\overline{C}_A}{C_{A0}} = \int_0^\infty \left(\frac{C_A(t)}{C_{A0}}\right)_{BR} E(t) dt \tag{8·62}$$

ここで $\bar{x}_A$ はマクロ流体に対する成分 A の反応率，C_{A0} は供給原料中の成分 A の濃度である。

式(8·62)は任意の滞留時間分布をもつマクロ流体に対して適用できる。たとえば完全混合流れ反応器の $E(t)$ は $e^{-t/\bar{t}}/\bar{t}$ で与えられるから，これを式(8·62)に代入して $\bar{x}_A$ について表わすと次式のようになる。

$$\bar{x}_A = 1 - \int_0^\infty \left(\frac{C_A(t)}{C_{A0}}\right)_{BR} \frac{e^{-t/\bar{t}}}{\bar{t}} dt \tag{8·63}$$

なお，式(8·62)および式(8·63)の定積分を行なうときには次の注意が必要である。$[C_A(t)]_{BR}$ の値は時間 t の増大とともに小さくなり 0 に接近する。たとえば 0 次反応に対する $[C_A(t)]_{BR}$ の式は，表3·1 より

$$C_{A0}-C_A(t)=kt \tag{8・64}$$

となる。しかし，この式は $t<C_{A0}/k=t_c$ において成立し，$t\geqq t_c$ に対しては $C_A=0$ となる。したがって，式(8・64)を式(8・63)に代入して 0 から ∞ まで積分すると，誤った結果を得る。その場合は積分の上限は ∞ でなく t_c とすべきである。このように式(8・63)の積分の上限は $[C_A(t_c)]_{BR}=0$ となる時間 t_c であると理解すべきである。

1 次反応に対しては

$$[C_A(t)/C_{A0}]_{BR}=e^{-kt} \quad (0\leqq t<\infty) \tag{8・65}$$

が成立するから，この式を式(8・63)に代入すると

$$\bar{x}_A=1-\frac{1}{\bar{t}}\int_0^\infty e^{-kt}e^{-t/\bar{t}}\mathrm{d}t=\frac{k\bar{t}}{1+k\bar{t}} \tag{8・66}$$

となる。一方，ミクロ流体に対しては

$$x_A=k\tau/(1+k\tau) \tag{8・67}$$

が成立する。$\tau=\bar{t}$ であるから，式(8・66)と式(8・67)はまったく等しい。このように 1 次反応では，マクロ流体の反応率はミクロ流体のそれに等しく，セグリゲーションの影響は現われない。

2 次反応に対しては，定容回分反応器内の成分 A の濃度変化は

$$[C_A(t)/C_{A0}]_{BR}=1/(1+kC_{A0}t) \tag{8・68}$$

で表わせる。この式を式(8・63)に代入すると

$$\bar{x}_A=1-\frac{1}{\bar{t}}\int_0^\infty \frac{e^{-t/\bar{t}}}{1+kC_{A0}t}\mathrm{d}t=1+\alpha e^\alpha \mathrm{Ei}(-\alpha) \tag{8・69-a}$$

が得られる†。ただし $\alpha=1/kC_{A0}\bar{t}$ である。

一方，ミクロ流体に対しては，式(5・3)において $\tau=\bar{t}$ とおくと

$$x_A=\frac{1+2k\bar{t}C_{A0}-\sqrt{1+4k\bar{t}C_{A0}}}{2k\bar{t}C_{A0}} \tag{8・69-b}$$

となる。このように 2 次反応に対してはマクロ流体とミクロ流体の反応率は一致しない。

さらに 0 次反応に対しては，式(8・64)を用い，積分の上限値を $t_c=C_{A0}/k$ と置き換えて，式(8・63)の積分を行なうと

---

† $\alpha=1/kC_{A0}\bar{t}$，$\theta=t/\bar{t}$，$x=\alpha+\theta$ とおくと $\bar{C}_A/C_{A0}=\alpha e^\alpha \int_\alpha^\infty \frac{e^{-x}}{x}\mathrm{d}x$ と変形できる。$-\int_\alpha^\infty \frac{e^{-x}}{x}\mathrm{d}x$ は $\mathrm{Ei}(-\alpha)$ で表わされ，積分指数関数と呼ばれる。

$$\bar{x}_A = 1 - \frac{1}{\bar{t}}\int_0^{C_{A0}/k}\left(1 - \frac{kt}{C_{A0}}\right)e^{-t/\bar{t}}dt = \frac{k\bar{t}}{C_{A0}}(1 - e^{-C_{A0}/k\bar{t}}) \tag{8.70}$$

となる．これに対してミクロ流体の反応率は次のようになる．

$$x_A = \begin{cases} k\tau/C_{A0} & (k\tau/C_{A0} \leq 1) \\ 1 & (k\tau/C_{A0} > 1) \end{cases} \tag{8.71}$$

図8·14に，上記の解析で得られた結果を基にして，完全混合流れ反応器における流体のミクロ混合が反応率にどのように影響するかを示した．1次反応に対してはミクロ流体とマクロ流体は同一の反応率を与える．しかしながら，1次反応以外の場合にはミクロ混合は反応率に影響を与え，しかもその効果は反応次数によって正反対になる．図8·14(a)より，0次反応に対しては，同一の滞留時間で比較するとミクロ流体の反応率はマクロ流体よりも大きい．しかるに図8·14(b)より，2次反応では反対にマクロ流体のほうが大きな反応率を与える．一般に，平均滞留時間が等しいとき，反応次数が1より大きい反応に対しては，マクロ流体の反応率はミクロ流体の反応率よりも大きくなる．それに対して，反応次数が1以下になるとミクロ流体の反応率のほうが大きくなる．

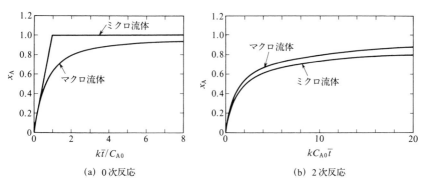

(a) 0次反応　　(b) 2次反応

図 8·14 完全混合流れ反応器の反応率に対するミクロ混合の影響

問　題

8·1　以下に示す3種類の流通反応器のそれぞれについて，インパルス応答実験を行ない，反応器出口でトレーサーの濃度 $C_L(t)$ を測定し図8·15を得た．以下の各問に答えよ．ただし，t：時間，$\bar{t}$：平均滞留時間，$\theta = t/\bar{t}$，v：流体の体積流量，V：反応器体積，W：投入トレーサー量，$E(t)$，$E(\theta)$：滞留時間分布関数．

（a）　$W = 1\,\text{mol}$，$C_L(t)$ が図8·15(a)で与えられるとき，v，V，$\bar{t}$，$E(t)$，および $E(\theta)$ を求めよ．

(b) $V=0.02\,\mathrm{m^3}$,$C_\mathrm{L}(t)$が図8·15(b)で与えられるとき,$\bar{t}$, v, W, $E(t)$, および $E(\theta)$を求めよ.

(c) 反応器体積 $V=0.5\,\mathrm{m^3}$,$C_\mathrm{L}(t)$が図8·15(c)で与えられるとき,v, $\bar{t}$, W および $E(\theta)$を求めよ.

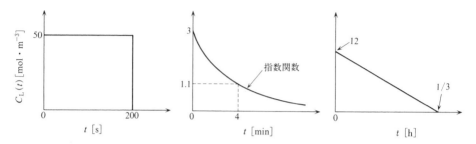

図 8·15 反応器出口でのトレーサー濃度 $C_\mathrm{L}(t)\,[\mathrm{mol\cdot m^{-3}}]$ 対 時間 t の関係

8·2 インパルス応答法により図8·16に示すような濃度変化曲線が得られた.E_θ および F_θ を表わす式を求め,図示せよ.

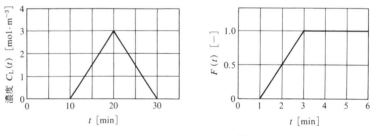

図 8·16 インパルス応答   **図 8·17** ステップ応答

8·3 完全混合流れが仮定できる連続槽型反応器に,0.2 mol のトレーサーを瞬間的に投入して,反応器出口でのトレーサー濃度 $C_\mathrm{L}(t)$ を測定し,次表の結果を得た.
以下の各項を求めよ.
反応器体積 V,流体の体積流量 v,平均滞留時間 $\bar{t}$,滞留時間分布関数,$E(t)$,ならびに $E(\theta)$.

$t\,[\mathrm{min}]$	0	2	5	8	10
$C_\mathrm{L}\,[\mathrm{mol\cdot m^{-3}}]$	20	13.4	7.36	4.04	2.71

8·4 ステップ応答法により,図8·17に示す結果が得られた.E_θ および F_θ を表わす式を求め,図示せよ.

8·5 (a) $F(t)$ 曲線が与えられたとき,平均滞留時間 $\bar{t}$ を $F(t)$ 曲線を用いて計算する方法を述べ,$F(t)$ 曲線と $\bar{t}$ との関係を図示せよ.

（b）ある反応器の $F(t)$ 曲線を測定したところ次表に示すような結果が得られた。平均滞留時間 $\bar{t}$ を求めよ。

t [s]	20	30	40	50	60	70	80	90	100	120	140	160	200	260
$F(t)$	0	0.015	0.075	0.25	0.50	0.68	0.75	0.80	0.83	0.88	0.92	0.95	0.98	1.0

8·6 $2A \longrightarrow R$ なる均一液相反応の反応速度は $-r_A = kC_A^2$ [mol·m^{-3}·s^{-1}] で表わされ，80℃においては $k = 0.0347$ m^3·mol^{-1}·s^{-1} である。この反応をある非理想流れ反応器を用いて行なう。ただし，反応器温度は 80℃，原料液中のAの濃度は 2 mol·m^{-3} である。

（a）反応の条件と同じ状態においてインパルス応答実験を行ない $C_L(t)$ 曲線を測定したところ，分散 $\sigma_P^2 = 0.54$ min^2，平均滞留時間 $\bar{t}_P = 1.2$ min であった。この反応器の D_z/uL の値を求めよ。closed vessel の状態にあるとしてよい。

（b）この非理想流れ反応器出口での反応率を求めよ。

8·7 （a）PFR（体積 V_p）の後に CSTR（体積 V_m）を直列に結合した反応器と，CSTR の後に PFR を結合した反応器の 2 種類のシステムの $F(t)$ および $E(t)$ を導け。ただし，流体の体積流量は v である。

（b）得られた結果をもとにしてマクロ混合とミクロ混合の関係について考察せよ。

8·8 問題 8·7 に示した二つの反応器システムを用いて，$A \longrightarrow C$ で表わされる液相反応を行なう。反応速度が，（a）$-r_A = kC_A$，および（b）$-r_A = kC_A^2$ で表わされるそれぞれの場合について，上記の二つのシステムの反応率を表わす式を導け。これらの結果と問題 8·7 の結果を合わせて，滞留時間分布関数と反応器の性能との関連性について考察せよ。

8·9 $A \longrightarrow C, \quad -r_A = kC_A, \quad k = 5$ h^{-1}

で表わされる気相反応を管型反応器で行なう。空間時間 $\tau = 0.6$ h にとり，反応器出口でのAの反応率が 0.95 になるように設計した。しかし，この反応器を実際に操作してみると，Aの反応率は 0.90 となった。その原因が反応器流体の流れが押出し流れから偏倚していることにあり，混合拡散モデルが適用できると考えて，(1) 混合拡散モデルのパラメーター D_z/uL の値を推定し，(2) 反応率が当初目標の 0.95 を達成するために，反応流体の空間時間をどのように調整すればよいかを考えよ。ただし，D_z/uL の値に大きな変動はないものとする。

8·10 図 8·12(b) に示すような，バイパス流れのある連続槽型反応器がある。ただし液停滞部は存在しないとする。この装置の $F(t)$ 曲線を表わす式を導き，その概形を図示せよ。ただし，液流量は v [m^3·s^{-1}]，装置内の液体積は V [m^3] で，完全に混合されている。装置に供給される液流量のうち v_b だけがバイパス流れになり，残りの v_m が装置内に流れるものとする。

8·11 $A \longrightarrow C, \quad r = kC_A \qquad (1)$

で表わされる液相反応を，撹拌槽型反応器を用いて行なう。ただし，この反応器は [例題 8·7] の図 8·12(b) に示すような流動状態にあるものとする。そしてトレーサー応答実験から，$\alpha = V_m/V = 0.8$，$\beta = v_m/v = 0.7$ と推定された。

以下の条件下で操作するとき，反応器出口での反応率を計算せよ．

（操作条件）　反応器体積 $V=1\,\mathrm{m}^3$，反応原料は成分Aのみを含み，その濃度は $C_{A0}=20\,\mathrm{mol\cdot m^{-3}}$ である．この反応原料を $v=2.5\times10^{-2}\,\mathrm{m^3\cdot min^{-1}}$ の体積流量で反応器に供給する．ただし，反応速度定数 $k=0.03\,\mathrm{min^{-1}}$ とする．

8・12　　　　　　　$\mathrm{A \longrightarrow R},\quad r_1=k_1 C_A,\ k_1=1.0\,\mathrm{min^{-1}}$
　　　　　　　　　　　$\mathrm{A \longrightarrow S},\quad r_2=k_2 C_A,\ k_2=0.5\,\mathrm{min^{-1}}$

で表わされる液相反応を，図 8・18 で示される滞留時間分布関数 $E(t)$ をもつ流通反応器で行なう．

反応流体をマクロ流体とみなして，反応器出口におけるAの反応率，RとSの濃度を求めよ．ただし，Aの反応器入口濃度 $C_{A0}=1\,\mathrm{kmol\cdot m^{-3}}$，RとSの入口濃度 $C_{R0}=C_{S0}=0$ とする．

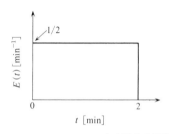

図 8・18　反応器の滞留時間分布関数

8・13　　　　　　　$\mathrm{A \longrightarrow C},\quad -r_A=k\ \mathrm{[mol\cdot m^{-3}\cdot s^{-1}]}$ 　　　　　　（1）

で表わされる液相0次反応を管型反応器で行なう．ただし，反応液の粘度が高く，完全に発達した層流状態で流れている．反応液をマクロ流体とみなすと，反応器出口での平均反応率 $\bar{x}_A$ は次式で表わされることを示せ．

$$1-\bar{x}_A=\left(1-\frac{k\bar{t}}{2C_{A0}}\right)^2 \quad \left(\bar{t}/2 \leqq \frac{C_{A0}}{k}\right)$$
$$1-\bar{x}_A=0 \quad\quad\quad\quad\quad\ \left(\bar{t}/2 > \frac{C_{A0}}{k}\right) \quad\quad (2)$$

ただし，C_{A0} は反応器入口でのAの濃度，$\bar{t}$ は平均滞留時間である．

9 気固触媒反応

　8章までは，おもに均一反応を取り扱ってきた。しかし工業的に重要な反応の多くは，2相以上が反応に関与する不均一反応である。9章以降では，代表的な不均一反応である気固触媒反応，気固反応，気液反応および気液固触媒反応について述べる。すでに 1・2・3 項で述べたように，不均一反応では物質・熱移動などの物理現象が反応速度過程に影響を及ぼすと同時に，相の接触様式が多様になる。そのために不均一反応の速度解析と反応装置設計が複雑になる。9章ではまず気固触媒反応を取り扱う。

　化学工業において固体触媒を用いる反応は非常に多い。アンモニア合成，エチレンオキサイド合成，石油の接触分解などの反応には，すべて固体触媒が用いられている。今日の化学工業から固体触媒を切り離すことはできない。反応工学は固体触媒反応の工学的解析と反応装置の設計を主要な研究課題として発展してきたといってもよい。

　多くの固体触媒は多孔性物質であり，原料成分はまず触媒外表面上の流体境膜内を移動し，ついで細孔内を移動しながら細孔内の表面で活性化されて反応する。一方，生成物成分も触媒内部より流体本体に向かって移動してくる。このように固体触媒反応を解析するには，化学反応および，固体触媒の外表面と粒子内部における物質移動を同時に考慮する必要がある。

　固体触媒を用いる反応装置としては，固定層，流動層および移動層が使用されており，それぞれ長所と短所をもっている。与えられた触媒反応に最適な反応装置型式の選定が重要になる。固定層は最も多く採用されている固体触媒反応装置であるが，反応熱の除去(補給)の性能が低いために反応装置内に温度分布が生じ，非等温反応装置となる。一方，流動層は伝熱能力が高く，装置内の温度は均一に近いが，反応流体と触媒との接触状態が複雑である。

9・1 固体粒子と流体間の物質移動・熱移動
9・1・1 物質移動

固体粒子と流体が接触するとき,図9・1に示すように固体の外表面に薄い流体の静止した膜が形成される。これを境膜と呼んでいる。境膜内を物質が移動するときは分子拡散によるから大きな物質移動抵抗が生じ,境膜内に濃度勾配が形成される。

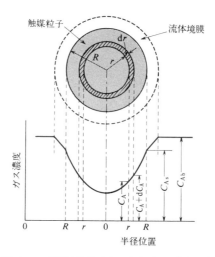

図 9・1 球形触媒粒子内の成分 A の濃度分布

流体境膜を通しての成分Aの物質移動速度 N_A [mol·m^{-2}·s^{-1}] は,モル濃度差または分圧差を推進力にとって次式のように表わされる。

$$N_A = k_C(C_{Ab} - C_{As}) \tag{9·1-a}$$

$$N_A = k_G(p_{Ab} - p_{As}) \tag{9·1-b}$$

ここで C_{Ab}, p_{Ab} は流体本体での A の濃度 [mol·m^{-3}] と分圧 [Pa],C_{As}, p_{As} は粒子外表面での A の濃度と分圧,k_C は濃度基準の境膜物質移動係数 [m·s^{-1}],k_G は分圧基準の境膜物質移動係数 [mol·m^{-2}·s^{-1}·Pa^{-1}] である。

理想気体の法則が成立するときは,k_C と k_G の間に次の関係が成立する。

$$k_C = k_G RT \tag{9·2}$$

固体触媒粒子を充塡した固定層での気相触媒反応を考えるときには,触媒の単位質量当りの移動速度 N_{Am} [mol·kg^{-1}·s^{-1}] で考えるほうが便利である。触

9・1 固体粒子と流体間の物質移動・熱移動

媒の単位質量当りの粒子の外表面積を $a_{\mathrm{m}}\ [\mathrm{m}^2\cdot(\mathrm{kg}\text{-}触媒)^{-1}]$ とすると，N_{Am} は

$$N_{\mathrm{Am}} = k_{\mathrm{C}} a_{\mathrm{m}} (C_{\mathrm{Ab}} - C_{\mathrm{As}}) \qquad (9\cdot3\text{-a})$$

$$N_{\mathrm{Am}} = k_{\mathrm{G}} a_{\mathrm{m}} (p_{\mathrm{Ab}} - p_{\mathrm{As}}) \qquad (9\cdot3\text{-b})$$

によって表わせる。ただし a_{m} の値は次式から計算できる。

$$a_{\mathrm{m}} = 6/d_{\mathrm{p}} \rho_{\mathrm{p}} \qquad (直径\ d_{\mathrm{p}}\ の球形粒子) \qquad (9\cdot4\text{-a})$$

$$a_{\mathrm{m}} = 4 \cdot \frac{(1/2l_{\mathrm{c}}) + (1/d_{\mathrm{c}})}{\rho_{\mathrm{p}}} \quad (直径\ d_{\mathrm{c}},\ 高さ\ l_{\mathrm{c}}\ の円柱形粒子) \qquad (9\cdot4\text{-b})$$

ここで ρ_{p} は固体触媒の見掛けの密度 $[\mathrm{kg}\cdot\mathrm{m}^{-3}]$ である。

式(9・1)で定義された境膜物質移動係数 k_{C} は流体境膜内の分子拡散と関係づけられる。いま

$$a\mathrm{A} + b\mathrm{B} \longrightarrow c\mathrm{C} + d\mathrm{D} \qquad (3\cdot1)$$

で表わされる気固触媒反応が起こっている場合の物質移動係数 k_{C} は，次式から計算できる(例題9・1参照)。

$$k_{\mathrm{C}} = \frac{D_{\mathrm{Am}}}{x_{\mathrm{f}}} \cdot \frac{1}{y_{\mathrm{fA}}} \equiv \frac{k_{\mathrm{C}}°}{y_{\mathrm{fA}}} \qquad (9\cdot5)$$

ここで

$$k_{\mathrm{C}}° = D_{\mathrm{Am}}/x_{\mathrm{f}} \qquad (9\cdot6)$$

$$y_{\mathrm{fA}} \equiv (1+\delta_{\mathrm{A}} y_{\mathrm{A}})_{\mathrm{lm}} = \frac{(1+\delta_{\mathrm{A}} y_{\mathrm{Ab}}) - (1+\delta_{\mathrm{A}} y_{\mathrm{As}})}{\ln[(1+\delta_{\mathrm{A}} y_{\mathrm{Ab}})/(1+\delta_{\mathrm{A}} y_{\mathrm{As}})]} \qquad (9\cdot7)$$

$$\delta_{\mathrm{A}} = (-a-b+c+d)/a \qquad (3\cdot12)$$

式(9・6)の $k_{\mathrm{C}}°$ は成分 A の有効分子拡散係数 D_{Am} を境膜厚さ x_{f} で割った値であり，等モル相互拡散の場合($\delta_{\mathrm{A}}=0$)の物質移動係数に等しい。式(9・7)で定義された y_{fA} は $\delta_{\mathrm{A}} \neq 0$ の場合に境膜内に生じる物質の流れの効果を表わす係数である。$\delta_{\mathrm{A}}=0$ の場合は $y_{\mathrm{fA}}=1$ となる。y_{Ab} と y_{As} は，それぞれ流体本体と触媒表面での A のモル分率を表わす。

式(3・1)の反応に対する有効分子拡散係数 D_{Am} は次式から計算できる。

$$\frac{1+\delta_{\mathrm{A}} y_{\mathrm{A}}}{D_{\mathrm{Am}}} = \frac{1}{D_{\mathrm{AB}}}\left(y_{\mathrm{B}} - \frac{b}{a} y_{\mathrm{A}}\right) + \frac{1}{D_{\mathrm{AC}}}\left(y_{\mathrm{C}} + \frac{c}{a} y_{\mathrm{A}}\right)$$

$$+ \frac{1}{D_{\mathrm{AD}}}\left(y_{\mathrm{D}} + \frac{d}{a} y_{\mathrm{A}}\right) + \frac{1}{D_{\mathrm{AI}}} y_{\mathrm{I}} \qquad (9\cdot8)$$

ここで，たとえば D_{AB} は成分 A と B の2成分系の分子拡散係数を表わす[1]。ただし，I は不活性成分を表わす。

---

1) 亀井三郎編，"化学機械の理論と計算(第2版)"，p. 128，産業図書(1975).

境膜物質移動係数 k_C° に対しては多くの相関式が提出されている。1個の固体球が流体中に置かれた場合の k_C° は，次のRanz–Marshallの式によって相関できる。

$$\mathrm{Sh} = 2.0 + 0.6\,\mathrm{Sc}^{1/3}\mathrm{Re}_\mathrm{p}^{1/2} \tag{9·9}$$

ただし Sh は Sherwood 数，Re_p は Reynolds 数，Sc は Schmidt 数と呼ばれる無次元数であって，それぞれ次式によって定義されている。

$$\mathrm{Sh} = \frac{k_C^\circ d_\mathrm{p}}{D_\mathrm{Am}}, \quad \mathrm{Sc} = \frac{\mu}{\rho D_\mathrm{Am}}, \quad \mathrm{Re}_\mathrm{p} = \frac{d_\mathrm{p} u \rho}{\mu} \tag{9·10}$$

ここで μ は流体粘度 [kg·m^{-1}·s^{-1}]，ρ は流体密度 [kg·m^{-3}]，u は流体と固体の相対速度 [m·s^{-1}] である。

一方，固体触媒粒子の充塡層内を流体が通過するときの物質移動係数は式 (9·11) で定義される無次元数である j_D 因子の形にして，Reynolds 数 Re_p の関数として整理されている。式 (9·11) は Thodos ら[1]の相関式である。

$$\varepsilon_\mathrm{b} j_\mathrm{D} = 0.357\,\mathrm{Re}_\mathrm{p}^{-0.359} \quad (3 < \mathrm{Re}_\mathrm{p} < 900) \tag{9·11-a}$$

$$j_\mathrm{D} \equiv \frac{k_C^\circ \rho}{G} Sc^{2/3} = \frac{k_C y_\mathrm{fA} \rho}{G} Sc^{2/3} \tag{9·11-b}$$

ここで，G は流体質量速度 [kg·m^{-2}·s^{-1}]。ただし，式 (9·10) で与えられた Re_p の中の u としては，流体の体積流量を空塔の断面積で割った値(空塔速度)を用いる。

実験用反応器においては，反応流体の流速をあまり大きくできないので，物質移動係数の値が小さく，流体境膜内の拡散抵抗が大きくなる。したがって流体本体と触媒外表面において濃度差が生じる危険性がある。反応速度の測定にあたっては，境膜内の濃度差を推定し，それが無視できるような操作条件を選定しなければならない。

固定触媒層に反応流体を流して定常的に反応が進行しているときには，境膜を通しての成分 A の物質移動速度 N_Am は実測される見掛けの A の消失速度 $-r_\mathrm{Am}$ に等しい。すなわち次の関係が成立する。

$$k_\mathrm{G} a_\mathrm{m}(p_\mathrm{Ab} - p_\mathrm{As}) = -r_\mathrm{Am} \tag{9·12}$$

上式を用いると，流体本体と粒子外表面間の成分 A の分圧差 $\Delta p_\mathrm{A} \equiv p_\mathrm{Ab} - p_\mathrm{As}$ が計算できる。$\Delta p_\mathrm{A}/p_\mathrm{Ab}$ の値が数%以下だと成分 A の分圧差は小さく，流体境膜内の拡散抵抗が無視できることを意味する。

---

1) Petrovic, L. J. and G. Thodos, *Ind. Eng. Chem. Fundam*, **1**, 274 (1968).

9・1 固体粒子と流体間の物質移動・熱移動

【例題 9・1】 反応を伴なう場合の流体境膜内の物質移動係数 k_C が式(9・5)で与えられることを示せ。さらに，単位操作で現われる物質移動係数についても論じよ。

【解】 （a） **反応系での物質移動**　境膜内での原料成分の濃度分布は流体本体から粒子表面に向けて減少し，分子拡散によって原料成分が触媒外表面へと移動する。原料成分 A の移動速度は濃度勾配に比例する。それと同時に，触媒内部で生成した生成物成分が流体本体に向けて移動する。反応によって物質量が変化する場合($\delta_A \neq 0$)は，原料成分の移動速度と生成物成分の移動速度の間に差が生じ，そのために境膜内に正味の流れが生じる。すなわち，境膜内では分子拡散とともに反応に伴なって起こる流れによる物質移動量が重畳して起こる。

式(3・1)の気固触媒反応が起こっている場合，分子拡散による移動速度は次式(a)の右辺第1項のように書き表わされる。流れの項は各成分の移動速度の代数和になり，その中での成分 A の物質移動速度は式(a)の右辺第2項として表わされる。このようにして，境膜内の固定座標軸に対する原料成分 A の移動速度は

$$N_A = -C_t D_{Am} \frac{dy_A}{dx} + y_A(N_A + N_B + N_C + N_D) \tag{a}$$

によって表わされる。ここで，N_A, N_B, N_C, N_D は各成分の x 方向(流体本体から粒子表面の方向)への移動速度 [mol·m^{-2}·s^{-1}]，C_t は反応混合物の全モル濃度，y_A は A のモル分率，D_{Am} は多成分系の中での A の有効分子拡散係数である。

式(a)の右辺の各成分の移動速度 N_j (j=A, B, C, D) の間には，反応式(3・1)から次の量論関係が成立する。

$$\frac{N_A}{a} = \frac{N_B}{b} = \frac{N_C}{-c} = \frac{N_D}{-d} \tag{b}$$

反応原料成分 A と B は粒子表面方向に，それに対して生成物成分 C と D はそれとは逆方向に移動するから，成分によって移動速度の符号が異なる。

式(b)を用いて N_j (j=B, C, D) を N_A によって表わし，それらを式(a)に代入して N_A について解くと

$$N_A = -C_t D_{Am} \frac{dy_A}{dx} + y_A N_A \left(1 + \frac{b}{a} - \frac{c}{a} - \frac{d}{a}\right)$$

$$= -C_t D_{Am} \frac{dy_A}{dx} + y_A N_A (-\delta_A)$$

$$\therefore \quad N_A = \frac{-C_t D_{Am}}{1 + \delta_A y_A} \frac{dy_A}{dx} \tag{c}$$

が得られる。境界条件は次の式(d)で与えられる。

$$\left. \begin{array}{ll} x=0; & y_A = y_{Ab} \\ x=x_f; & y_A = y_{As} \end{array} \right\} \tag{d}$$

定常状態においては移動速度 N_A は一定であることに注意して，式(c)を式(d)の境界条件を用いて積分すると

$$N_A = \frac{C_t D_{Am}}{x_f \delta_A} \ln \frac{1+\delta_A y_{Ab}}{1+\delta_A y_{As}} = \frac{C_t D_{Am}}{x_f} \frac{x_{Ab}-y_{As}}{(1+\delta_A y_A)_{lm}}$$

$$= \frac{k_C^\circ}{(1+\delta_A y_A)_{lm}} (C_{Ab}-C_{As}) = \frac{k_C^\circ}{y_{fA}} (C_{Ab}-C_{As}) \tag{e}$$

が導ける。ただし

$$k_C^\circ = D_{Am}/x_f \tag{9・6}$$

$$y_{fA} \equiv (1+\delta_A y_A)_{lm} = \frac{(1+\delta_A y_{Ab})-(1+\delta_A y_{As})}{\ln[(1+\delta_A y_{Ab})/(1+\delta_A y_{As})]} \tag{9・7}$$

ここで，k_C° は反応に伴なって起こる境膜内の流れの影響を除外した分子拡散のみによる物質移動係数である。y_{fA} は式(9・7)で定義され，反応に伴なって起こる境膜内の流れの効果を表わす。$(1+\delta_A y_A)$ の流体本体と粒子外表面での値の対数平均値である。

式(9・1)と式(c)を比較すると，反応を伴なう場合の境膜物質移動係数は

$$k_C = k_C^\circ/y_{fA} \tag{9・5}$$

によって表わされる。もしも，反応に伴なう物質量に変化がない場合，すなわち $\delta_A=0$ のときは $y_{fA}=1$ になり，$k_C=k_C^\circ$ が成立する。

境膜内の物質移動現象は各種の単位操作において遭遇し，物質移動係数の概念が広く用いられている。しかし，その値は境膜内の拡散の状況によって異なってくることに注意すべきである。

（b）**等モル向流拡散** 2成分系蒸留などのように，成分 A がある方向に拡散すると，成分 B は A と逆方向に拡散し，拡散速度の絶対値が互いに等しいときは，等モル向流拡散と呼ばれる。この場合は，$N_A=-N_B$ が成立し，式(a)の右辺第2項はなくなり，境膜内の流れは考えなくてもよい。このときには y_{fA} に相当する項は1とおけばよい。すなわち

$$k_C = k_C^\circ \tag{f}$$

（c）**希薄濃度** 拡散物質の濃度が希薄な場合も，式(a)の右辺の第2項が無視できて，次式が成立する。この近似は希薄溶液系ではほぼ成立する。

$$k_C = k_C^\circ \tag{g}$$

（d）**一方拡散** 蒸発やガス吸収操作のように成分 A のみが境膜内を移動し他の成分は静止しているような場合は，一方拡散と呼ばれる。そのときは式(a)の右辺第2項の（ ）の中で，$N_B=N_C=N_D=0$ とおける。そして，y_{fA} に相当する式として，$(1-y_A)_{lm}$ が現われてくる。これは流体本体と界面における $(1-y_A)$ の値の平均値である。すなわち，物質移動係数は次式によって表わされる。

$$k_C = k_C^\circ/(1-y_A)_{lm} \tag{h}$$

以上に示したように操作によって物質移動係数 k_C は異なった式で表わされる。しかし，k_C° は共通しており，物質移動係数の相関式はこの k_C° に対して行なわれている。相関式には，k_C° の代わりに，一方拡散では次のように書かれている場合も多い。

9·1 固体粒子と流体間の物質移動・熱移動

$$k_C(1-y_A)_{lm}(=k_C°) \tag{i}$$

このような式を反応系に適用する場合には,その部分を

$$k_C\, y_{fA}(=k_C°) \tag{j}$$

とおきかえねばならない.

9·1·2 熱移動

粒子外表面と流体間の熱移動も,物質移動と類似に考えることができて,触媒の単位質量当りの熱移動速度 q_m [J·kg^{-1}·s^{-1}] は

$$q_m = h_p a_m (T_s - T_b) \tag{9·13}$$

によって表わせる.ここに h_p は境膜伝熱係数 [W·m^{-2}·K^{-1}], T_s は粒子表面温度 [K], T_b は流体温度である.

h_p の相関式も数多いが,次式で定義される j_H 因子に基づく相関式がよく用いられる.物質移動と熱移動との間にアナロジーが成立すると,j_H と先に定義された j_D との間に

$$j_H \equiv \frac{h_p}{Gc_p}\mathrm{Pr}^{2/3} \cong j_D \tag{9·14}$$

が成立する.ここで,Pr は Prandtl 数 ($=c_p\mu/k_f$) と呼ばれる無次元数である.ただし,c_p は流体の比熱容量 [J·kg^{-1}·K^{-1}], k_f は流体の熱伝導度 [W·m^{-1}·K^{-1}] である.

固体触媒内での反応による発熱量は,$(-r_{Am})(-\Delta H_R)$ に等しいから,定常状態においては

$$h_p a_m (T_s - T_b) = (-r_{Am})(-\Delta H_R) \tag{9·15}$$

が成立し,この式より温度差 $\Delta T = T_s - T_b$ が計算できる.

【例題 9·2】 直径と高さがともに 2.65 mm の円柱形のニッケル触媒を充塡した微分型触媒反応器を用いて,ベンゼンの気相水素添加反応 [式(a)] の速度が 468.5 K で測定された[1].次のデータを用いて,流体境膜内のベンゼン (A で表わす) の分圧差ならびに温度差を推算せよ.

$$C_6H_6 + 3H_2 \longrightarrow C_6H_{12} \quad (A + 3B \longrightarrow C) \tag{a}$$

(データ) 全圧 $P_t = 1.028 \times 10^5$ Pa, 反応ガスの質量速度 $G = u\rho = 0.07175$ kg·m^{-2}·s^{-1}, ベンゼンの反応速度 $r_{Am} = -0.04872$ mol·kg^{-1}·s^{-1}, 反応ガスの平均モル分率: $y_A = 0.1663$, $y_B = 0.7986$, $y_C = 0.0351$, 平均分子量 $M_{av} = 17.52 \times 10^{-3}$ kg·mol^{-1}, 触媒の見掛け密度 $\rho_p = 982$ kg·m^{-3}, 分子拡散係数: $D_{AB} = 0.8705 \times 10^{-4}$ m^2·s^{-1}, $D_{AC} =$

---

1) 永田進治,橋本健治,谷山 巌,西田 弘,岩根重紀,化学工学, **27**, 558(1963).

$0.06947 \times 10^{-4} \mathrm{m^2 \cdot s^{-1}}$,反応ガスの粘度 $\mu = 1.19 \times 10^{-5} \mathrm{kg \cdot m^{-1} \cdot s^{-1}}$,平均モル熱容量 $\bar{C}_{\mathrm{pm}} = 50.86 \mathrm{J \cdot mol^{-1} \cdot K^{-1}}$,熱伝導度 $k_{\mathrm{f}} = 0.0504 \mathrm{W \cdot m^{-1} \cdot K^{-1}}$,反応熱 $\Delta H_{\mathrm{R}} = -214.6 \times 10^3 \mathrm{J \cdot mol^{-1}}$,固定層の空隙率 $\varepsilon_{\mathrm{b}} = 0.36$ [例題7・1参照]

【解】 (1) **多成分系における成分A(ベンゼン)の有効分子拡散係数**

式(9・8)より

$$1 + y_{\mathrm{A}} \delta_{\mathrm{A}} = 1 + (0.1663)(-1-3+1)/1 = 0.5011$$

$$\frac{1 + y_{\mathrm{A}} \delta_{\mathrm{A}}}{D_{\mathrm{Am}}} = \frac{1}{D_{\mathrm{AB}}}\left(y_{\mathrm{B}} - \frac{b}{a} y_{\mathrm{A}}\right) + \frac{1}{D_{\mathrm{AC}}}\left(y_{\mathrm{C}} + \frac{c}{a} y_{\mathrm{A}}\right)$$

$$= \frac{1}{0.8705 \times 10^{-4}}\left(0.7986 - \frac{3}{1} \times 0.1663\right) + \frac{1}{0.06947 \times 10^{-4}}\left(0.0351 + \frac{1}{1} \times 0.1663\right)$$

$$= 3.243 \times 10^4$$

$$\therefore \quad D_{\mathrm{Am}} = 0.5011/3.243 \times 10^4 = 0.1545 \times 10^{-4} \mathrm{m^2 \cdot s^{-1}}$$

(2) **物質移動係数(k_{G})** 反応ガスの密度 ρ [$\mathrm{kg \cdot m^{-3}}$] は次式となる。

$$\rho = \frac{(17.52 \times 10^{-3})(273.2)(1.028 \times 10^5)}{(22.4 \times 10^{-3})(468.5)(1.013 \times 10^5)} = 0.4629 \mathrm{kg \cdot m^{-3}}$$

$$\mathrm{Sc} = \frac{\mu}{\rho D_{\mathrm{Am}}} = \frac{1.19 \times 10^{-5}}{(0.4629)(0.1545 \times 10^{-4})} = 1.664$$

直径が d_{c},高さが l_{c} なる円柱形粒子の球表面積相当直径 d_{p} は次式より計算できる。

$$(\pi/4) d_{\mathrm{c}}^2 \times 2 + \pi d_{\mathrm{c}} l_{\mathrm{c}} = \pi d_{\mathrm{p}}^2$$

$$\therefore \quad d_{\mathrm{p}} = (d_{\mathrm{c}}^2/2 + d_{\mathrm{c}} l_{\mathrm{c}})^{1/2} = (2.65^2/2 + 2.65^2)^{1/2} = 3.25 \mathrm{mm} = 3.25 \times 10^{-3} \mathrm{m}$$

この d_{p} の値を用いて Re_{p} を計算する。

$$\mathrm{Re}_{\mathrm{p}} = \frac{d_{\mathrm{p}} G}{\mu} = \frac{(3.25 \times 10^{-3})(0.07175)}{1.19 \times 10^{-5}} = 19.6$$

式(9・11)を用いて k_{C} を計算し,ついで式(9・2)を用いて k_{G} に換算する。式(9・11)に与えられた数値を代入すると

$$(0.36) \frac{k_{\mathrm{C}} y_{\mathrm{fA}} (0.4629)}{0.07175} (1.664)^{2/3} = 0.357 (19.6)^{-0.359}$$

が得られる。この式を整理すると

$$k_{\mathrm{C}} = 0.03762 / y_{\mathrm{fA}} \tag{a}$$

しかしながら,現時点では触媒表面におけるAのモル分率 y_{As} の値は未知であるから,y_{fA} の値も不明である。そこでガス本体におけるAのモル分率 y_{Ab} のみを用いて y_{fA} の第1近似値を求めると

$$y_{\mathrm{fA}} \fallingdotseq 1 + \delta_{\mathrm{A}} y_{\mathrm{Ab}} = 0.5011 \tag{b}$$

となる。この値を式(a)に代入すると,物質移動係数 k_{C} は

$$k_{\mathrm{C}} = 0.03762/0.5011 = 0.07507 \mathrm{m \cdot s^{-1}}$$

となり,さらに式(9・2)から,分圧基準の物質移動係数 k_{G} は

9·1 固体粒子と流体間の物質移動・熱移動

$$k_G = \frac{k_C}{RT} = \frac{0.07507}{(8.314)(468.5)} = 1.927 \times 10^{-5} \, \text{mol} \cdot \text{m}^{-2} \cdot \text{s}^{-1} \cdot \text{Pa}^{-1}$$

(3) 境膜内の分圧差 外表面積 a_m は式(9·4-b)より求められる。この場合、$l_c = d_c$ であるから

$$a_m = 4\frac{(1/2\,d_c)+(1/d_c)}{\rho_p} = \frac{6}{d_c\rho_p} = \frac{6}{(2.65 \times 10^{-3})(982)} = 2.306 \, \text{m}^2 \cdot \text{kg}^{-1}$$

式(9·12)より

$$\frac{p_{Ab}-p_{As}}{p_{Ab}} = \frac{-r_{Am}}{k_G a_m p_{Ab}} = \frac{(0.04872)}{(1.927 \times 10^{-5})(2.306)(1.028 \times 10^5)(0.1663)}$$
$$= 0.0641 = 6.4\%$$

この式を p_{As} について解くと、触媒外表面での A の分圧は

$$p_{As} = p_{Ab} - 0.0641\,p_{Ab} = 0.9359\,p_{Ab}$$

のように表わせる。さらにモル分率は

$$y_{As} = p_{As}/P_t = 0.9359\,p_{Ab}/P_t = 0.9359\,y_{Ab}$$
$$= (0.9359)(0.1663) = 0.1556$$

となる。このようにして触媒表面での A のモル分率 y_{As} が得られたので、y_{fA} の修正値が式(9·7)を用いて次のように計算できる。

$$1 + \delta_A y_{Ab} = 0.5011 \, (\text{前出})$$
$$1 + \delta_A y_{As} = 1 - (3)(0.1556) = 0.5332$$
$$\therefore \quad y_{fA} = \frac{0.5011 - 0.5332}{\ln(0.5011/0.5332)} = 0.5170$$

式(b)に示すように、仮定値が 0.5011 であったから、かなりよい修正値が得られた。この $y_{fA} = 0.5156$ を式(a)に代入し k_C を算出し、さらに式(9·2)から k_G を求めると

$$k_C = 0.03762/y_{fA} = 0.03762/0.5170 = 0.07277 \, \text{m} \cdot \text{s}^{-1}$$
$$k_G = k_C/RT = 0.07277/(8.314)(468.5)$$
$$= 1.868 \times 10^{-5} \, \text{mol} \cdot \text{m}^{-2} \cdot \text{s}^{-1} \cdot \text{Pa}^{-1}$$

式(9·12)から明らかなように、相対分圧差は k_G に逆比例するから、新しい k_G に対する相対分圧差は

$$\frac{p_{Ab}-p_{As}}{p_{Ab}} = \frac{-r_{Am}}{k_G a_m p_{Ab}} = 0.0641 \frac{1.927 \times 10^{-5}}{1.868 \times 10^{-5}} = 0.06612 = 6.6\%$$

のように計算できる。
先と同様に y_{fA} の修正値を再度算出してみると

$$y_{fA} = 0.5174$$

となった。この値は仮定値の 0.5170 に比較すると誤差が 0.077% であり、この修正値を用いて相対分圧差を計算しても 6.6% に近い値が得られることは間違いないので、以後の計算は必要ない。

すなわち，反応流体中のベンゼンの分圧に比較して，触媒表面のそれは 6.6% 低いことを示している。

(4) 温 度 差

式(9·14)より j_D を計算すると

$$j_D = \frac{0.357 \, \mathrm{Re}_p{}^{-0.359}}{\varepsilon_b} = \frac{(0.357)(19.6)^{-0.359}}{0.36} = 0.3408$$

となり，その値を式(9·14)に代入して

$$h_p = G c_p \mathrm{Pr}^{-2/3} j_D = G(\bar{C}_{pm}/M_{av}) \mathrm{Pr}^{-2/3} j_D$$

$$= \frac{(0.07175)(50.86)(0.685)^{-2/3}(0.3408)}{(17.52 \times 10^{-3})} = 91.35 \, \mathrm{W \cdot m^{-2} \cdot K^{-1}}$$

式(9·15)より

$$T_s - T_b = \frac{(-r_{Am})(-\Delta H_R)}{h_p a_m} = \frac{(0.04872)(214.6 \times 10^3)}{(91.35)(2.306)} = 49.6 \, \mathrm{K}$$

が得られる。触媒粒子の温度は反応流体よりも 49.6 K も高い。もしガス本体の温度を測定してそれを反応温度とすると大きな誤差になる。原報では，触媒粒子に微小な熱電対を埋めこんで粒子そのものの温度が直接測定できるように工夫されている。

9·2 触媒粒子内の物質移動

固体触媒は多孔性固体であって，粒子内部に存在する細孔の表面積は 10~1000 m²·(g-触媒)⁻¹ にも及び，外表面積に比較して非常に大きい。外表面に達した反応成分は，細孔内を拡散しながら活性点上に吸着されてから反応する。ここでは，気相触媒反応における細孔内拡散速度の表わし方を説明する。

9·2·1 毛管内の有効拡散係数

多孔性固体内の拡散現象を取り扱う前に，半径 r_e の毛管内の拡散を考える。毛管内の物質移動機構は，分子の平均自由行程(mean free path) λ_A と管半径 r_e の大小関係により，Knudsen 拡散と分子拡散とに大別できる。いま，簡単のために成分 A および B の 2 成分系の毛管内の拡散を対象にする。

(a) **Knudsen 拡散領域**($r_e/\lambda_A < 0.1$) 細孔径が小さい場合の拡散機構であって，単位断面積当りの拡散速度 N_A は，拡散物質の成分 A の濃度勾配に比例して

$$N_A = -D_{KA}(dC_A/dx) \tag{9·16}$$

のように表わせる。D_{KA} は Knudsen 拡散係数と呼ばれて，次の有次元式

$$D_{KA} = 3.067 \, r_e \sqrt{T/M_A} \tag{9·17}$$

によって計算できる。ここで D_{KA} の単位は $m^2 \cdot s^{-1}$ であり，r_e は毛管半径 [m]，T は温度 [K]，M_A は分子量 $[kg \cdot mol^{-1}]$ である。

(b) 分子拡散領域$(r_e/\lambda_A > 10)$　平均自由行路に比較して細孔径が大きくなると通常の分子拡散が支配的になる。例題9・1の式(c)に示すように，式(3・1)の反応が起こっている場合の物質移動速度は

$$N_A = \frac{-C_t D_{Am}}{1+\delta_A y_A} \frac{dy_A}{dx} \tag{9・18}$$

によって表わされる。ここで，N_A は成分 A の移動速度 $[mol \cdot m^{-2} \cdot s^{-1}]$，$C_t$ は反応混合物の全モル濃度，y_A は A のモル分率，D_{Am} は多成分系の中での A の有効分子拡散係数であって，反応混合物の組成に依存する式(9・8)から計算できる。

このように分子拡散による物質移動速度は A のモル分率 y_A の関数になる。しかし [例題9・1] で述べたように，量論式で $\delta_A = 0$，あるいは A の濃度が希薄$(y_A \cong 0)$な場合には，式(9・18)の分母の $1 + \delta_A y_A$ は1とおける。さらに C_t は一定として微分記号の中にいれて，$C_t y_A = C_A$ の関係に注意すると，式(9・18)は

$$N_A = -C_t D_{Am} \frac{dy_A}{dx} = -D_{Am} \frac{dC_A}{dx} \tag{9・19-a}$$

のように簡単になる。ただし，D_{Am} は反応混合物の平均組成における値をとり，組成による変化を無視する。

さらに2成分系の場合には，分子拡散係数 D_{Am} は2成分系の分子拡散係数 D_{AB} に置き換えられるので次式が得られる。

$$N_A = -D_{AB} \frac{dC_A}{dx} \tag{9・19-b}$$

厳密には分子拡散領域の物質移動速度は式(9・18)によって表わされるが，拡散係数がガス組成 y_A の関数になるので，その積分形が問題になる場合には取扱いが複雑になる。幸い，多くの場合に y_A の変化の物質移動速度への影響はさほど大きくない。そこで，今後は取扱いを簡単にするために，式(9・19-a)あるいは式(9・19-b)によって分子拡散領域の物質移動速度を表わせるものとする。

(c) 遷移領域$(0.1 < r_e/\lambda < 10)$　毛管の半径と平均自由行程が同程度である遷移領域では，Knudsen 拡散と分子拡散がともに重要になる。この場合の物質移動速度は

$$N_A = -D_N(dC_A/dx) \tag{9・20}$$

ここに
$$1/D_N = (1/D_{KA}) + (1/D_{AB}) \tag{9・21}$$

によって表わせる。

毛管半径 r_e が小さくなると，式(9・17)の関係より D_{KA} が小さくなり，式(9・21)で定義される D_N の値は D_{KA} に近似できる。一方，r_e が大きくなると，式(9・17)より形式的に算出した D_{KA} の値は D_{AB} に比較して大きくなり，$D_N \cong D_{AB}$ と近似できる。このように，式(9・20)および式(9・21)は，Knudsen拡散および分子拡散の両極限領域を含む式であって，これらの式によって毛管内の拡散速度を表わすことが可能である。

9・2・2 触媒粒子の細孔構造

固体触媒粒子の細孔構造を表わす特性値としては，触媒の単位質量当りの細孔表面積 S_g，細孔容積 V_g，見掛け密度 ρ_p，真密度 ρ_t，空隙率 ε，ならびに細孔容積分布曲線などが通常用いられている。低温(77.5 K)において窒素を吸着させて吸着平衡曲線を求め，それを解析することによって，細孔表面積 S_g ならびに半径 $10 \sim 100$ Å 程度の細孔容積分布曲線を算出することができる。一方，比較的大きな細孔の分布は，水銀を細孔内に圧入し，その積算量から計算できる。このように窒素吸着法と水銀圧入法を併用して，細孔半径にして 10 から 10^5 Å の範囲にわたる細孔容積分布曲線を描くことが可能になる。

触媒の細孔分布には，分布のピークが一つの場合と二つ以上存在する場合とがある。前者を単一分散触媒，後者を多元分散触媒と呼んでいる。ミクロ孔を有する触媒粉体を圧縮成型して触媒を製造するときに，粉体間の空隙が大きな細孔(マクロ細孔)を形成して2元的な細孔構造になる。

9・2・3 触媒粒子内の有効拡散係数

多孔性固体触媒の細孔構造は複雑であって，粒子内の拡散現象を表式化することは容易ではない。いくつかのモデル[1]が提出されてきたが，ここでは，最も簡単で実用的な並列細孔モデル(parallel pore model)について主として述べる。このモデルでは均一な半径 r_e と長さ L_e をもった多数の細孔が並行に配列して細孔群を形成していると考える。ただし細孔は屈曲しており，L_e は直線で表わされる拡散距離 L よりも長いとする。

多孔性固体の単位断面積を考える。その中に n 個の細孔断面が含まれているとすると，多孔性固体の単位断面積当りの拡散速度 N_{As} は，半径 r_e，長さ L

---

1) G. R. Youngquist, *Ind. Eng. Chem.*, **62**(8), 52(1970).

の真っすぐな細孔の単位断面積当りの拡散速度 N_A を用いて次式のように表わせる。

$$N_{As} = n\pi r_e^2 N_A (L/L_e) \tag{9・22}$$

多孔性固体内で細孔が占める体積の割合，つまり粒子の空隙率 ε は次式のように書ける。

$$\varepsilon = \frac{n\pi r_e^2 L_e}{1^2 \cdot L} = n\pi r_e^2 \left(\frac{L}{L_e}\right)\left(\frac{L_e}{L}\right)^2 \tag{9・23}$$

この ε を用いると，式(9・22)は

$$N_{As} = \frac{\varepsilon}{(L_e/L)^2} N_A \tag{9・24}$$

のようになる。Wheeler は，拡散方向に対して真っすぐな毛管が平均で $45°$ だけ傾斜していると考えて，$L_e/L = \sqrt{2}$ とした。しかしより一般的には $(L_e/L)^2 = \tau$ とおき，これを屈曲係数(tortuosity factor)と称している。Wheeler のモデルでは $\tau = (\sqrt{2})^2 = 2$ になるが，その後の実験結果によると，多孔性触媒の屈曲係数 τ の値は 3～6 程度にとるのがよいとされている。

さて $(L_e/L)^2$ を τ とおき，さらに式(9・20)を用いると，多孔性固体内の拡散速度 N_{As} [mol・m^{-2}・s^{-1}] は

$$N_{As} = \frac{\varepsilon}{\tau}\left(-D_N \frac{dC_A}{dx}\right) = -\frac{\varepsilon D_N}{\tau} \cdot \frac{dC_A}{dx} \tag{9・25}$$

のように表わせる。いま，細孔と固体をともに含む単位断面積についての有効拡散係数を D_{eA} [m^2・s^{-1}] で表わすと，拡散速度は

$$N_{As} = -D_{eA}(dC_A/dx) \tag{9・26}$$

と書き表わせる。式(9・25)と式(9・26)を比較すると，有効拡散係数 D_{eA} は

$$D_{eA} = \frac{\varepsilon}{\tau} D_N = \frac{\varepsilon}{\tau} \cdot \frac{1}{1/D_{KA}(r_e) + 1/D_{AB}} \tag{9・27}$$

によって表わせる。

さて，式(9・27)を用いて D_{eA} の値を推定するには，細孔半径 r_e を求めなければならない。断面積が $1\,\mathrm{m}^2$ で長さが L [m] の直方体の多孔性固体中に含まれる全細孔の体積 $V = n\pi r_e^2 L_e$，表面積 $S = 2n\pi r_e L_e$ であって，両者の比 V/S は単位質量当りの多孔性固体中の全細孔の体積 V_g と表面積 S_g の比 V_g/S_g に等しいから，次式が成立する。

$$2\frac{V_g}{S_g} = 2\frac{V}{S} = \frac{2n\pi r_e^2 L_e}{2n\pi r_e L_e} = r_e$$

さらに $1\,\mathrm{kg}$ の固体の体積は $1/\rho_p$ [m^3] であり，その中で細孔が占める体積 V_g

$=\varepsilon/\rho_p$ と書けるから r_e は次式から計算できる.

$$r_e = 2V_g/S_g = 2\varepsilon/S_g\rho_p \tag{9·28}$$

式(9·28)は細孔径が均一なときに成立するが,実際の多孔性固体触媒の細孔径は均一ではない. 1元的細孔構造をとるときは,細孔分布曲線を図積分して

$$r_e = \int_0^\infty r\,dV_g/V_g \tag{9·29}$$

によって計算した r_e を用いるほうがよい.

もしも2元的細孔構造をもつ場合は,二つのピークの谷間にある適当な細孔半径 r_c において,細孔を r_c より小さなミクロ孔と r_c より大きなマクロ孔に2分割する. そして,ミクロ孔領域およびマクロ孔領域における平均細孔径を $\bar{r}_i$ と $\bar{r}_a$ で表わし,さらにそれぞれの領域の空隙率を ε_i と ε_a とする. 屈曲係数はミクロ孔とマクロ孔とで変わらないとすると,式(9·27)は

$$D_{eA} = \frac{\varepsilon_i}{\tau} \cdot \frac{1}{1/D_{KA}(\bar{r}_i)+1/D_{AB}} + \frac{\varepsilon_a}{\tau} \cdot \frac{1}{1/D_{KA}(\bar{r}_a)+1/D_{AB}} \tag{9·30}$$

のように拡張することが可能である. 上式の右辺の第1項はミクロ細孔内での拡散速度に,第2項はマクロ細孔内での拡散速度にそれぞれ対応している.

一方,微小な粉体を成型して得られる触媒粒子では,粉体自身がミクロ細孔をもち,粉体の間隙がマクロ細孔を形成する. このような場合の有効拡散係数は次式より算出することもできる[1].

$$D_{eA} = \frac{\varepsilon_i^2(1+3\varepsilon_a)}{1-\varepsilon_a} \cdot \frac{1}{1/D_{KA}(\bar{r}_i)+1/D_{AB}} + \varepsilon_a^2 \cdot \frac{1}{1/D_{KA}(\bar{r}_a)+1/D_{AB}} \tag{9·31}$$

上式には屈曲係数 τ は含まれていなくて,細孔分布曲線のみから D_{eA} の値が計算できる.

【例題 9·3】 銅・クロミナ触媒を用いてメシチルオキサイド(MSOと略記;分子量=$98.14\times10^{-3}\,\mathrm{kg\cdot mol^{-1}}$)の水素添加反応を行なった[2]. 反応温度は180℃,圧力は1atmである. 細孔はミクロ孔のみからなり,細孔表面積 $S_g=35.6\,\mathrm{m^2\cdot g^{-1}}$,細孔体積 $V_g=0.187\,\mathrm{cm^3\cdot g^{-1}}$,見掛け密度 $\rho_p=2.15\,\mathrm{g\cdot cm^{-3}}$ であった. 水素は大過剰に供給されたので,MSOの分子拡散係数としては,MSO-水素の2成分系の分子拡散係数を用いることができて,その値は $6.93\times10^{-5}\,\mathrm{m^2\cdot s^{-1}}$ である. 細孔分布曲線(原報参照)を式(9·29)に従い図積分したところ,平均細孔半径は300Åであった. 式(9·28),(9·29)によって与えら

---

1) N. Wakao, J. M. Smith, *Chem. Eng. Sci.*, 17, 825(1962); *Ind. Eng. Chem., Fundam.*, 3, 123(1964).
2) K. Hashimoto, M. Teramoto, K. Miyamoto, T. Tada, S. Nagata, *J. Chem. Eng. Japan*, 7, 116(1974).

9・3 固体触媒内での反応　　219

れる平均細孔半径をそれぞれ用いて MSO の粒内有効拡散係数 D_{eA} を求めよ。$\tau=3$ としてよい。

【解】　まず式(9・28)を用いて平均細孔径 r_e を求める。

$$V_g = 0.187 \text{ cm}^3 \cdot \text{g}^{-1} = 0.187 \times 10^{-3} \text{ m}^3 \cdot \text{kg}^{-1}$$
$$S_g = 35.6 \text{ m}^2 \cdot \text{g}^{-1} = 35.6 \times 10^3 \text{ m}^2 \cdot \text{kg}^{-1}$$
$$\therefore \quad r_e = 2V_g/S_g = (2)(0.187 \times 10^{-3})/(35.6 \times 10^3) = 1.05 \times 10^{-8} \text{ m} = 105 \text{ Å}$$

式(9・17), (9・21)より D_{KA} と D_N を求めると

$$D_{KA} = (3.067)(1.05 \times 10^{-8})\sqrt{(180+273.2)/(98.14 \times 10^{-3})} = 2.19 \times 10^{-6} \text{ m}^2 \cdot \text{s}^{-1}$$
$$1/D_N = 1/(2.19 \times 10^{-6}) + 1/(6.93 \times 10^{-5}) = 4.711 \times 10^5$$
$$\therefore \quad D_N = 2.12 \times 10^{-6} \text{ m}^2 \cdot \text{s}^{-1}$$

このように $D_N \cong D_{KA}$ が成立し，Knudsen 拡散が支配的である。

触媒粒子の空隙率 ε は次式から算出できる。

$$\varepsilon = \frac{(\text{細孔体積})}{(\text{粒子体積})} = \frac{V_g}{1/\rho_p} = V_g \rho_p = (0.187 \times 10^{-3})(2.15 \times 10^{-3}/10^{-6}) = 0.402$$

式(9・27)より

$$D_{eA} = \frac{0.402}{3}(2.12 \times 10^{-6}) = 2.84 \times 10^{-7} \text{ m}^2 \cdot \text{s}^{-1}$$

次に式(9・29)から得られた $r_e=300$ Å を用いて D_{eA} を求める。D_{KA} は r_e に比例するから

$$D_{KA} = 2.19 \times 10^{-6} \times (300/105) = 6.26 \times 10^{-6} \text{ m}^2 \cdot \text{s}^{-1}$$
$$1/D_N = 1/(6.26 \times 10^{-6}) + 1/(6.93 \times 10^{-5}) = 1.742 \times 10^5$$
$$\therefore \quad D_N = 5.74 \times 10^{-6} \text{ m}^2 \cdot \text{s}^{-1}$$

これを式(9・27)に代入すると

$$D_{eA} = (0.402/3)(5.74 \times 10^{-6}) = 7.69 \times 10^{-7} \text{ m}^2 \cdot \text{s}^{-1}$$

二つの方法により算出した D_{eA} の値は大きく相異している。本問題の条件下では Knudsen 拡散支配であり，式(9・28)と式(9・29)に基づいて算出した r_e の値が大きく異なるから，D_{eA} の値が一致しないのは当然である。本触媒はミクロ細孔のみから成立するが，その細孔分布曲線はかなり広がった形状をもち，式(9・28)の適用には無理があると考えられる。したがって，このような場合には式(9・29)から得られた r_e を用いて算出した $D_{eA} = 7.69 \times 10^{-7}$ m$^2 \cdot$s^{-1} のほうが妥当だと考えられる。

9・3　固体触媒内での反応

反応物質は固体触媒粒子内を拡散によって移動しながら反応する。拡散速度に比較して反応速度が大きい場合には，触媒粒子内部の反応成分の濃度は一様ではなく，触媒粒子内の各点において反応速度は異なった値をとる。すなわち

微小な触媒粒子といえども均一な反応の場として取り扱うことができない。

まず、粒内拡散と反応を同時に考慮した触媒粒子内の物質収支式を解き、触媒有効係数の概念を導入する。ついで、粒内拡散が見掛けの反応速度にどのように影響するかを検討する。

9・3・1 球形触媒粒子の有効係数

図9・1に示した半径 R の球形の多孔性固体触媒内に、半径 r と $(r+\mathrm{d}r)$ で囲まれた微小球殻を考えて成分 A の物質収支式を書くと次のようになる。

$$(4\pi r^2 N_{\mathrm{As}})_r - (4\pi r^2 N_{\mathrm{As}})_{r+\mathrm{d}r} + 4\pi r^2 \mathrm{d}r\, \rho_\mathrm{p} r_{\mathrm{Am}} = 0$$

ここで ρ_p は固体の見掛け密度 $[\mathrm{kg}\cdot\mathrm{m}^{-3}]$、$r_{\mathrm{Am}}$ は触媒質量基準の成分 A の反応速度 $[\mathrm{mol}\cdot\mathrm{kg}^{-1}\cdot\mathrm{s}^{-1}]$ である。

N_{As} に式(9・26)を代入し、さらに反応は A に対して1次反応 $(-r_{\mathrm{Am}} = k_{\mathrm{m}1}C_\mathrm{A})$ であるとすると、上式は

$$-4\pi r^2 D_{\mathrm{eA}}\frac{\mathrm{d}C_\mathrm{A}}{\mathrm{d}r} + 4\pi r^2 D_{\mathrm{eA}}\frac{\mathrm{d}C_\mathrm{A}}{\mathrm{d}r} + \frac{\mathrm{d}}{\mathrm{d}r}\left(4\pi r^2 D_{\mathrm{eA}}\frac{\mathrm{d}C_\mathrm{A}}{\mathrm{d}r}\right)\mathrm{d}r - 4\pi r^2 \rho_\mathrm{p} k_{\mathrm{m}1} C_\mathrm{A}\,\mathrm{d}r = 0$$

となる。この式を整理すると次式が得られる。

$$\frac{D_{\mathrm{eA}}}{r^2}\cdot\frac{\mathrm{d}}{\mathrm{d}r}\left(r^2\frac{\mathrm{d}C_\mathrm{A}}{\mathrm{d}r}\right) - k_{\mathrm{m}1}\rho_\mathrm{p} C_\mathrm{A} = 0 \tag{9・32}$$

境界条件は次のように二つ存在する。

$$r = 0,\quad \mathrm{d}C_\mathrm{A}/\mathrm{d}r = 0;\qquad r = R,\quad C_\mathrm{A} = C_{\mathrm{As}} \tag{9・33}$$

式(9・32)および式(9・33)は線形の2点境界値問題を与えており、解析解が求まる。まず次のように独立変数と従属変数を無次元化すると、

$$\xi = r/R,\qquad \Psi = C_\mathrm{A}/C_{\mathrm{As}} \tag{9・34}$$

式(9・32)と式(9・33)は式(9・35)によって定義される無次元数 ϕ のみを含む微分方程式に変形できる。

$$\phi = \frac{R}{3}\sqrt{\frac{k_{\mathrm{m}1}\rho_\mathrm{p}}{D_{\mathrm{eA}}}} \tag{9・35}$$

$$\frac{1}{\xi^2}\cdot\frac{\mathrm{d}}{\mathrm{d}\xi}\left(\xi^2\frac{\mathrm{d}\Psi}{\mathrm{d}\xi}\right) - (3\phi)^2\Psi = 0 \tag{9・36}$$

$$\xi = 0,\quad \mathrm{d}\Psi/\mathrm{d}\xi = 0;\qquad \xi = 1,\quad \Psi = 1 \tag{9・37}$$

式(9・36)と式(9・37)を解くには、$v = \Psi\xi$ で表わされる新しい従属変数を導入して式(9・36)を次のように変形する。

$$\mathrm{d}^2 v/\mathrm{d}\xi^2 = (3\phi)^2 v \tag{9・38}$$

上式の一般解は直ちに

$$v = K_1 e^{-3\phi\xi} + K_2 e^{3\phi\xi}$$

9・3 固体触媒内での反応

$$\therefore \quad \Psi = (K_1 e^{-3\phi\xi} + K_2 e^{3\phi\xi})/\xi \qquad (9\cdot39)$$

のように書ける。境界条件式(9・37)を用いると，上式の定数 K_1 と K_2 が決定できて

$$\Psi = \frac{\sinh(3\phi\cdot\xi)}{\xi\sinh(3\phi)} \quad (0<\xi\leqq1) \qquad (9\cdot40\text{-a})$$

が得られる。ただし，球中心では式(9・40-a)は不定形になるので，分母と分子を ξ で微分した式を導き，$\xi=0$ とおくと次式が得られる。

$$\Psi = 3\phi/\sinh(3\phi) \qquad (\xi=0) \qquad (9\cdot40\text{-b})$$

触媒外表面の濃度 C_{As} を基準にした無次元濃度 $\Psi = C_A/C_{As}$ は，式(9・40)によって示されるように，無次元パラメーター ϕ によって規定される。図9・2に C_A/C_{As} 対 r/R の関係を ϕ をパラメーターにして示す。ϕ は変形 Thiele 数と呼ばれており，固体触媒反応における重要なパラメーターである。粒内拡散係数が一定で，反応速度が大きくなるとパラメーター ϕ の値が大きくなり，図9・2に示されているように成分 A の濃度は球中心に向かって急激に減少し，反応の大半が触媒外表面近傍で完了してしまう。それに対して，反応速度が小さくなると ϕ の値も小さくなり，成分 A の濃度分布は均一になる。

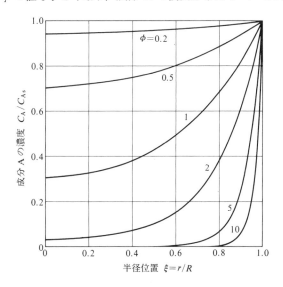

図 **9・2** 球形触媒粒子内の成分 A の濃度分布に対する Thiele 数の影響

このように，粒内拡散抵抗の影響を受けて，触媒粒子内部における原料成分の濃度は外表面における濃度 C_{As} とは異なる。したがって反応速度は半径位置

の関数になるが，それらの値を実測することは困難であって，我々が測定できる反応速度は触媒粒子1個当りの見掛けの反応速度である．この見掛けの反応速度と，粒内拡散の影響がなく，粒子内部でも外表面と同一の濃度，温度であるとした理想的な反応速度の比を，触媒有効係数または単に有効係数(effectiveness factor) η と呼ぶ．

$$\eta = \frac{(触媒粒子1個当りの実際の反応速度)}{\begin{pmatrix}触媒粒子内部でも外表面と同一の濃\\度，温度であるとしたときの触媒粒\\子1個当りの理想的な反応速度\end{pmatrix}} \quad (9\cdot41)$$

さて，実際の反応速度は，粒子外表面から粒子内に拡散する成分 A の移動速度に等しいから

$$4\pi R^2 (-N_{As})_{r=R} = 4\pi R^2 D_{eA} \left(\frac{dC_A}{dr}\right)_{r=R} \quad (9\cdot42)$$

で表わされる．一方，粒内拡散の影響がないときの理想的反応速度は

$$(4/3)\pi R^3 \rho_p k_{m1} C_{As} \quad (9\cdot43)$$

のように書ける．したがって有効係数 η は次式で表わされる．

$$\eta = \frac{4\pi R^2 D_{eA}(dC_A/dr)_{r=R}}{(4/3)\pi R^3 \rho_p k_{m1} C_{As}} = \frac{1}{3\phi^2}\left(\frac{d\Psi}{d\xi}\right)_{\xi=1} \quad (9\cdot44)$$

式(9·40-a)を ξ で微分して $\xi=1$ とおき，それを式(9·44)に代入すると，触媒有効係数を表わす次式が得られる．

$$\eta = \frac{1}{\phi}\left[\frac{1}{\tanh(3\phi)} - \frac{1}{3\phi}\right] \quad (9\cdot45)$$

触媒有効係数 η は変形 Thiele 数 ϕ のみの関数であって，図9·3の実線に両者の関係が示されている．図9·2の粒子内の成分 A の濃度分布を同時に参照すると，粒内拡散の影響がよく理解できる．ϕ が 0.1 より小さい領域では，粒子内部の濃度は各表面における値とほぼ同一であって，有効係数も当然1.0に近い．この領域では拡散速度に比較して反応速度が小さく，いわゆる反応律速の状態にあることを示している．これに対して，ϕ の値が 5 より大きくなると，反応が迅速に進行し，原料成分 A の濃度は球中心に向けて急激に低下し，反応が進行する場は触媒外表面に近接した狭い範囲内に限定される．この場合の有効係数の値は小さく，図9·3に示すように η は ϕ に逆比例して減少しており，拡散律速の状態にある．すなわち，反応律速および拡散律速の両極限領域においては次の関係が成立する．

反応律速　$(\phi<0.1),\quad \eta \cong 1$ \quad (9·46)

拡散律速　$(\phi>5),\quad \eta \cong 1/\phi$ \quad (9·47)

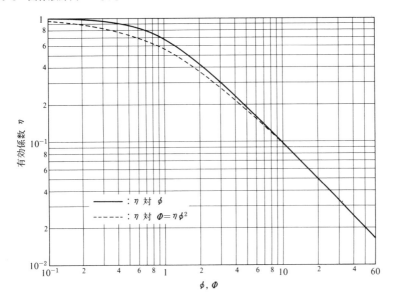

図 9・3 触媒有効係数

9・3・2 一般化された Thiele 数[1]

式 (9・45) の関係は，球形触媒内で 1 次反応が起こる場合に対して導かれた。しかしながら，任意の触媒形状ならびに n 次反応に対して，一般化された Thiele 数 m を式 (9・48) のように定義し，ϕ の代わりにこの m を用いると，式 (9・45)～(9・47)，および図 9・3 をそのまま近似的に使用できる。そのときの誤差は数％であって実用上は問題にならない。

$$m = \frac{V_p}{S_p}\sqrt{\frac{n+1}{2}\cdot\frac{\rho_p k_{mn} C_{As}{}^{n-1}}{D_{eA}}} \qquad (9\cdot48)$$

ここで V_p は触媒粒子 1 個の体積，S_p は粒子 1 個の外表面積，k_{mn} は触媒質量基準の n 次反応速度定数，C_{As} は触媒外表面における成分 A の濃度である。球形触媒の場合は，$V_p = (4/3)\pi R^3$, $S_p = 4\pi R^2$ であるから，$V_p/S_p = R/3$ となる。さらに 1 次反応であるとすると，式 (9・48) は式 (9・35) に一致する。

9・3・3 粒内拡散律速下における総括反応速度

粒内拡散が見掛けの反応速度にどのような影響を与えるかを検討してみる。

(a) 触媒粒子径との関係 拡散律速下にある触媒の総括反応速度 r_{Am} は，

---

1) K. B. Bischoff, *AIChE J.*, 11, 351 (1965).

η の定義式(9・41),(9・47)および式(9・48)の関係を用いると,次式のように書き表わせる。

$$-r_{\mathrm{Am}} = k_{\mathrm{m}n} C_{\mathrm{As}}{}^{n} \eta = k_{\mathrm{m}n} C_{\mathrm{As}}{}^{n}/m$$
$$= \frac{S_{\mathrm{p}}}{V_{\mathrm{p}}} \left(\frac{2}{n+1} \cdot \frac{D_{\mathrm{eA}} k_{\mathrm{m}n} C_{\mathrm{As}}{}^{n+1}}{\rho_{\mathrm{p}}} \right)^{1/2} \quad (9 \cdot 49)$$

したがって拡散律速下では,総括反応速度は $S_{\mathrm{p}}/V_{\mathrm{p}}$ ($\propto 1/R$) に比例している。つまり,粒子径 R に逆比例する。

(b) **活性化エネルギー** 式(9・49)より

$$-r_{\mathrm{Am}} \propto k_{\mathrm{m}n}{}^{1/2} D_{\mathrm{eA}}{}^{1/2} C_{\mathrm{As}}{}^{(n+1)/2} \quad (9 \cdot 50)$$

が成立する。もしも $k_{\mathrm{m}n}$ と D_{eA} の温度依存性が次の Arrhenius の式で

$$k_{\mathrm{m}n} = A \exp(-E/RT), \quad D_{\mathrm{eA}} = B \exp(-E_{\mathrm{D}}/RT) \quad (9 \cdot 51)$$

のように表わされると,拡散律速下における総括反応速度の温度依存性は,式(9・50),(9・51)より

$$-r_{\mathrm{Am}} \propto k_{\mathrm{m}n}{}^{1/2} D_{\mathrm{eA}}{}^{1/2} = (AB)^{1/2} \exp\left[-\frac{E}{2RT} - \frac{E_{\mathrm{D}}}{2RT} \right]$$
$$= (AB)^{1/2} \exp\left[-\frac{(E+E_{\mathrm{D}})/2}{RT} \right]$$

で表わされる。したがって見掛けの活性化エネルギー E_{obs} は

$$E_{\mathrm{obs}} = (E + E_{\mathrm{D}})/2 \cong E/2 \quad (9 \cdot 52)$$

によって与えられる。通常は $E \gg E_{\mathrm{D}}$ であるので,拡散律速下では,真の活性化エネルギーの約 1/2 の値が,見掛けの活性化エネルギーとして観測される。触媒反応で速度定数 k の Arrhenius プロットを行なったとき,高温領域で傾きの絶対値が低温領域よりも小さくなる場合がある。低温領域では反応律速下にあった反応が,高温領域では反応速度が大きくなって拡散律速領域に移行することが,この原因の一つであると考えられる。

(c) **反応次数** 触媒の細孔径が小さく Knudsen 拡散が支配的な場合には,式(9・17)より明らかなように D_{eA} は圧力には無関係になって,式(9・50)より見掛け上 $(n+1)/2$ 次反応と観測される。たとえば,真の反応次数が 0, 1, 2 次に対して見掛け上はそれぞれ 1/2, 1, 3/2 次となる。

以上で明らかなように,粒内拡散の影響によって見掛けの反応速度は,真の姿とは異なったものとなる。したがって反応速度式の決定および反応装置の設計にあたっては,物質移動の影響を正しく評価することが重要になる。

9・3・4 有効係数の推定法

触媒外表面における移動抵抗が分離できると，つづいて，触媒粒子内の拡散抵抗が見掛けの反応速度にどの程度の影響を与えているか，すなわち，有効係数の値を推定する必要がある。その推定法を述べる。

（**a**）**触媒粉砕法**　触媒を細かく砕いて数種類の粒径の触媒を作り，それぞれについて反応速度を同一条件下で測定する。粒径を小さくするとThiele数が粒径に比例して小さくなり有効係数も1に近づき，見掛けの反応速度の値も増大する。したがって反応速度がそれ以上に増大しない微粉体の触媒に対する反応速度が $\eta=1$，すなわち反応律速の状態に対応する。他の粒径の大きな触媒の反応速度を先の微粉体触媒の反応速度で割った値が有効係数 η を与える。

（**b**）**粒径変化法**　粒径の異なる2種の触媒（半径 R_1 と R_2）の反応速度を $(r_{Am})_1$，$(r_{Am})_2$ とする。ただし $R_1<R_2$ とする。式(9・35)，(9・41)より

$$\phi_2/\phi_1 = R_2/R_1 \tag{9・53}$$

$$\eta_2/\eta_1 = (-r_{Am})_2/(-r_{Am})_1 \tag{9・54}$$

の関係が成立する。計算は次の順序に従って進める。

（1）小粒子の有効係数 η_1 を仮定する。（2）式(9・54)より η_2 を算出する。（3）式(9・45)あるいは図9・3より ϕ_2 を求める。（4）式(9・53)より ϕ_1 を算出する。（5）ϕ_1 に対する η_1 を(3)と同様の方法で求める。（6）仮定した η_1 と比較する。もし両者が一致しなければ(1)に帰る。

1次反応について説明したが，この方法は反応次数が不明な場合にも近似的に適用できる。なぜなら，ϕ の代わりに m を用いても式(9・53)は成立し，さらに式(9・45)あるいは図9・3も近似的には使用できるからである。なお，この方法は二つの触媒粒子がともに拡散律速の状態にある場合には使用できない。この場合には反応速度は粒子半径 R に逆比例し，さらに式(9・47)の関係が成立する。これらの関係を式(9・54)の両辺に代入すると式(9・53)になる。つまり式(9・53)，(9・54)は同一の内容を表わすことになり，条件式が実質上一つになってしまって，有効係数を一義的に決定できない。

（**c**）**単一実験法**　(a)および(b)の方法では少なくとも2個以上の実験が必要であるが，次に1個の反応速度の値より粒内拡散抵抗を評価する方法を述べる。まず1次反応の場合から説明する。

図9・3の横軸の変形Thiele数 ϕ の中には，真の反応速度定数 k_{m1} が含まれているが，その値は不明であることが多い。そこで ϕ の代わりに

で定義される変数 $\varPhi_1$ を新たに導入し，η 対 $\varPhi_1$ のグラフを作る。図 9·3 の破線が η と $\varPhi_1$ の関係を与えている。$\varPhi_1$ には k_{m1} は含まれないから，D_{eA} の値が既知であれば，$\varPhi_1$ の値は算出できる。$\varPhi_1$ の値が求まると図 9·3 の破線によって示した曲線を用いて直ちに η の値が決定できる。

$$\varPhi_1 \equiv \phi^2 \eta = \left(\frac{R}{3}\sqrt{\frac{\rho_p k_{m1}}{D_{eA}}}\right)^2 \frac{(-r_{Am})}{k_{m1} C_{As}} = \frac{(-r_{Am}) R^2 \rho_p}{9 D_{eA} C_{As}} \tag{9·55}$$

図 9·3 より，$\eta > 0.95$（反応律速）になるには

$$\varPhi_1 = \frac{(-r_{Am}) R^2 \rho_p}{9 D_{eA} C_{As}} < 0.1 \tag{9·56}$$

の不等式を満足する必要がある。あるいは分母の 9 を 10 とみなして右辺に移すと，

$$\frac{(-r_{Am}) R^2 \rho_p}{D_{eA} C_{As}} < 1 \tag{9·57}$$

とも書ける。

次に，n 次反応の場合に拡張すると，図 9·3 は ϕ の代わりに m を用いても近似的に成立するから，式(9·56)に対応する式は

$$\varPhi_n = m^2 \eta = \left(\frac{V_p}{S_p}\sqrt{\frac{n+1}{2} \cdot \frac{\rho_p k_{mn} C_{As}{}^{n-1}}{D_{eA}}}\right)^2 \frac{(-r_{Am})}{k_{mn} C_{As}{}^n}$$

$$= \frac{(n+1)}{2} \cdot \frac{V_p{}^2 \rho_p (-r_{Am})}{S_p{}^2 D_{eA} C_{As}} < 0.1 \tag{9·58}$$

のように書ける。

【**例題 9·4**】 シリカ・アルミナ触媒を用いてクメンの接触分解反応を行なって次のデータを得た。化学反応速度はクメンに対して 1 次である。本触媒はミクロ細孔とマクロ細孔からなる 2 元的細孔構造をもっている。触媒有効係数 η と真の反応速度定数 k_m を求めよ。

　（**データ**） 反応速度 $r_{Am} = -2.9 \times 10^{-3}$ mol·kg^{-1}·s^{-1}，触媒表面でのクメンの濃度 $C_{As} = 0.106$ mol·m^{-3}，反応温度 $T = 828$ K，触媒粒子半径 $R = 1.62 \times 10^{-4}$ m，触媒の見掛け密度 $\rho_p = 1.2 \times 10^3$ kg·m^{-3}，クメンの分子量 $M_A = 120 \times 10^{-3}$ kg·mol^{-1}，クメンの平均分子拡散係数 $D_{Am} = 3.99 \times 10^{-5}$ m^2·s^{-1}，ミクロ細孔の体積 $V_{gi} = 0.415$ cm^3·g^{-1}，平均ミクロ細孔径 $\bar{r}_i = 25$ Å，マクロ細孔の体積 $V_{ga} = 0.085$ cm^3·g^{-1}，平均マクロ細孔径 $\bar{r}_a = 3000$ Å，屈曲係数 $\tau = 3$

【**解**】 平均のミクロ細孔とマクロ細孔における Knudsen 拡散係数は，式(9·17)より

$$D_{KA}(\bar{r}_i) = (3.067)(25 \times 10^{-10})\sqrt{828/120 \times 10^{-3}} = 6.369 \times 10^{-7} \text{ m}^2 \cdot \text{s}^{-1}$$

$$D_{KA}(\bar{r}_a) = 6.369 \times 10^{-7} \times (3000/25) = 7.643 \times 10^{-5} \text{ m}^2 \cdot \text{s}^{-1}$$

ミクロ細孔とマクロ細孔の空隙率 ε_i と ε_a は

$$\varepsilon_i = V_{gi}\rho_p = (0.415 \times 10^{-3})(1.2 \times 10^3) = 0.498$$
$$\varepsilon_a = V_{ga}\rho_p = (0.085 \times 10^{-3})(1.2 \times 10^3) = 0.102$$

これらの数値を式(9・30)に代入すると

$$D_{eA} = \frac{0.498}{3} \cdot \frac{1}{1/(6.369 \times 10^{-7}) + 1/(3.99 \times 10^{-5})}$$
$$+ \frac{0.102}{3} \cdot \frac{1}{1/(7.643 \times 10^{-5}) + 1/(3.99 \times 10^{-5})}$$
$$= 1.0406 \times 10^{-7} + 8.913 \times 10^{-7} = 9.95 \times 10^{-7} \, \text{m}^2 \cdot \text{s}^{-1}$$

が得られる。このように2元的細孔構造をもつ場合には、マクロ細孔を通過する拡散流束が支配的になることが多い。1次反応であるから、式(9・55)が使用できて

$$\Phi_1 = \frac{(-r_{Am})R^2 \rho_p}{9 D_{eA} C_{As}} = \frac{(2.9 \times 10^{-3})(1.62 \times 10^{-4})^2 (1.2 \times 10^3)}{(9)(9.95 \times 10^{-7})(0.106)} = 0.0962$$

図9・3の破線で表わされた曲線より、$\eta = 0.96$ と推定できる。次に見掛けの1次反応速度定数を $(k_m)_{obs}$ とすると次式が成立する。

$$-r_{Am} = (k_m)_{obs} C_{As} = k_m \eta C_{As}$$
$$\therefore \quad (k_m)_{obs} = -r_{Am}/C_{As} = (2.9 \times 10^{-3})/0.106 = 0.0274 \, \text{m}^3 \cdot \text{kg}^{-1} \cdot \text{s}^{-1}$$

真の速度定数 k_m は

$$k_m = (k_m)_{obs}/\eta = 0.0274/0.96 = 0.0285 \, \text{m}^3 \cdot \text{kg}^{-1} \cdot \text{s}^{-1}$$

次に、式(9・31)を用いて同様な計算を行なってみる。

$$D_{eA} = \frac{(0.498)^2 (1 + 3 \times 0.102)}{1 - 0.102} \cdot \frac{1}{1/(6.369 \times 10^{-7}) + 1/(3.99 \times 10^{-5})}$$
$$+ (0.102)^2 \frac{1}{1/(7.643 \times 10^{-5}) + 1/(3.99 \times 10^{-5})}$$
$$= 2.261 \times 10^{-7} + 2.727 \times 10^{-7} = 4.99 \times 10^{-7} \, \text{m}^2 \cdot \text{s}^{-1}$$

$$\Phi_1 = \frac{(2.9 \times 10^{-3})(1.62 \times 10^{-4})^2 (1.2 \times 10^3)}{(9)(4.99 \times 10^{-7})(0.106)} = 0.192$$

図9・3の破線で表わされた曲線より $\eta = 0.89$ と推定できる。この η を用いると k_m は

$$k_m = (k_m)_{obs}/\eta = 0.0274/0.89 = 0.0308 \, \text{m}^3 \cdot \text{kg}^{-1} \cdot \text{s}^{-1}$$

式(9・30)と式(9・31)による D_{eA} の計算値がいくらか異なるために、有効係数がそれぞれ0.96と0.89と相違している。しかしいずれの計算法によっても、本実験条件下では反応律速領域に近いとみなすことができる。

9・4 気固触媒反応装置

気固触媒反応装置を形状から分類すると、固定層、流動層ならびに移動層に

9·4·1 固定層反応装置

固定層型の触媒反応装置は，伝熱方式により分類すると，断熱式，自己熱交換式および外部熱交換式に分類できる。

(a) **一般的特徴**　固定層反応装置の長所は次のような点にある。

(1) 軸方向の流体混合は少なく，ほぼ押出し流れと近似できるので，反応収率は高く逐次反応の中間生成物が高収率で得られる。

(2) 反応流体と触媒との接触時間を広範囲に変化させることが容易であり，遅い反応から速い反応まで適用できる。

一方，次のような短所がある。

(1) 固定層の伝熱能力は低く，反応熱の除去(補給)が十分に行なわれず，触媒層内の温度は不均一になる。酸化反応のように強度の発熱反応では，層内

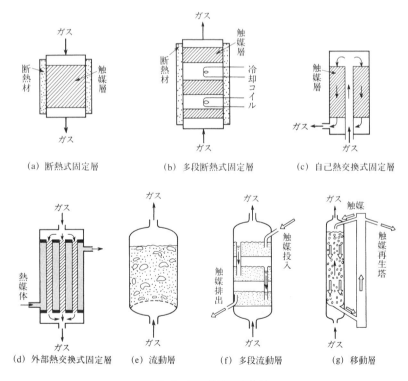

図 **9·4**　気固触媒反応装置

9·4 気固触媒反応装置

に温度ピークが生じ温度制御が困難になり，反応が暴走する危険性がある。

（2） 触媒の寿命が短く，頻繁に触媒を再生するか交換する必要がある場合には，固定層の採用は不適当である。

（3） 触媒粒径を小さくして粒内拡散抵抗を小さくしたいが，粒径をあまり小さくすると圧力損失が大きくなったり，閉塞を起こす危険がある。

（b） 断熱式固定層 ［図 9·4(a), (b)］ 反応熱があまり大きくない場合，あるいは不活性ガスが多量に存在する場合に用いられる。断熱式反応装置では反応率変化と温度変化の間に直線関係が存在し，その傾きは反応熱に比例する。そこで，反応熱が比較的大きい場合には触媒層を数段に分割し，各層の間で反応流体を冷却するか［図 9·4(b)］，あるいは冷ガスを追加導入することによって，各層の入口温度を調整する多段断熱式の固定層反応装置が用いられている。この種の反応装置は SO_2 の酸化反応などに採用されている。

（c） 自己熱交換式固定層 ［図 9·4(c)］ 図に示すように，反応原料は触媒反応管の内側の流路を通過してから外側の触媒層に入る。原料は反応熱によって予熱され，触媒層は冷却される。実際の反応装置内の流路はもっと複雑であって，熱効率を高めるように工夫されている。この方式は一見熱経済の点からは有利であるが，ガスの場合には管壁を通じての伝熱能力が低いから，反応熱が比較的小さく許容温度範囲がある程度広い反応にしか適用できない。この装置はアンモニア合成，メタノール合成などの高圧反応において採用されている。高圧反応装置に熱交換用の冷却管を外部より挿入することは装置構造上から好ましくなく，さらに高圧ガスでは伝熱能力も向上するので自己熱交換反応器の適用が有利になる。

（d） 外部熱交換式固定層 ［図 9·4(d)］ 反応熱が大きくなると，管径の小さい反応管を並列に配置して多管式熱交換器に類似な構造にし，管外側に熱媒体を循環する外部熱交換式の固定層が採用されている。ナフタレンあるいは o-キシレンの空気酸化による無水フタル酸の製造反応では，管径 20～50 mm，長さ 3 m の反応管をおよそ 9000 本配列し，溶融塩（$NaNO_3$ と KNO_3 の混合物）で冷却する反応装置が使用されている。このときの原料中のナフタレンの濃度は約 1% であり，反応管中で完全に反応する。発生熱量を極力小さくするためにナフタレンの濃度を非常に低くしている。

9·4·2 流動層反応装置

流動層反応装置［図 9·4(e), (f)］は，装置の底部より送入した反応流体によって固体触媒粒子を浮遊懸濁させて気固触媒反応を行なわせる装置である。粗

い粒子(0.25mm以上)の流動層を粗粒流動層(teeter bed)と呼び，細かい粒子(0.05mm以下)の流動層を微粉流動層(fluid bed)と呼んで区別している。触媒反応には微粉流動層が採用されている。

　流動層では，ガスと触媒粒子の接触状態が反応装置の性能を支配する。微粉流動層の場合は，ガス速度が小さいと気固間の接触状態が不良になるが，ガス速度を非常に大きくすると，接触効率が向上する。その他，微粉流動層は摩滅による触媒の粒度分布変化が少なく，触媒の流動性がよく取扱いが容易である。また，操作条件の変更に対して比較的安定である。

　流動層は固定層に対してほぼ対照的な性質をもっている。流動層の長所としては次のような諸点があげられる。

（1） 流動層内の粒子は激しく運動しており，層内の温度はほぼ均一に保持されている。したがって炭化水素の空気酸化反応のような激しい発熱を伴い，しかも許容温度範囲の狭い反応に流動層は適している。

（2） 流動層中の触媒粒子はあたかも沸騰状態にある液体のように挙動していて，粒子を装置より連続的に抜き出したり，添加することができる。石油留分の接触分解反応では触媒活性が急激に低下するので，触媒を反応塔と再生塔の間で交互に移動させて連続的に操作している。

（3） 粒子径の小さな触媒を使用するので，触媒有効係数が大きい。

（4） 流動層では粒子とガスが激しく混合されるために爆発の原因となるエネルギーの局部的蓄積が抑制されるので，原料ガスが爆発組成に入っても安全な操作が可能になる。特に空気酸化反応などでは炭化水素の濃度が高い原料を使用できる。これによって生産量の増大と分離工程の負担を軽減できる利点が生じる。

　これに対して流動層には次のような短所がある。

（1） ガス相の吹抜けが大きく，反応収率はガス相を完全混合流れとした値よりもさらに低下する場合が少なくない。したがって，高収率が要求される反応，あるいは逐次反応の中間生成物が希望成分であるような反応には流動層は適さない。

（2） 流動層内の流動が複雑であり，装置のスケールアップが容易でない。

（3） 良好な流動状態を保つための操作条件の範囲が狭く，安定な操作に熟練を要する。

9・4・3 移動層反応装置

移動層反応装置［図9・4(g)］では，触媒粒子は塔頂に連続的に供給され，固定層のように充填されたままでゆっくりと下方に移動する。一方，ガスは粒子間隙を向流あるいは並流に流れて触媒反応が起こる。塔下部より連続的に排出された触媒粒子は，バケットエレベーターあるいはエアリフトで上方に輸送され，必要に応じて再生され再び反応塔頂に戻される。

移動層は固定層と流動層の中間的特性をもっている。しかし，移動層触媒反応装置の工業的適用例は少ない。

9・5 固定層触媒反応装置の設計

固定層触媒反応装置の設計法は，管軸方向の温度・濃度分布のみを考慮する1次元的解法と，管軸ならびに半径方向の温度・濃度分布を同時に計算する2次元的解法とに区別される。断熱式では半径方向の熱移動がないから1次元的な取扱いができる。自己熱交換式を採用するときは，反応熱が過大でないことが前提条件になるから，半径方向に大きな温度分布は存在しないとして1次元的解法が採用される。一方，外部熱交換式反応装置では管軸ならびに半径方向に温度分布が生じ2次元的解法を採用することが望ましい。もっとも近似的には1次元的解法も適用されるが，その場合は触媒層断面における平均的な温度と濃度が求められる。

固定層においては，極端に浅い層を除いて軸方向の流体混合の影響は少なく押出し流れとみなせる。さらに工業反応装置では，一般に反応流体の流量は大きいので，流体と触媒粒子の間の温度・濃度差は無視できると考えられ，触媒層はあたかも均一相のごとく取り扱われている。

9・5・1 1次元的設計法

まず，外部熱交換式の触媒反応器の設計方程式を導く。固体触媒の質量基準の反応速度 r_{Am} と固定層の単位体積当りの反応速度 r_{Ab} の間には

$$-r_{Ab} = (-r_{Am})\rho_b \tag{9・59}$$

の関係が存在する。ここで ρ_b は固定層の見掛け密度［kg-触媒・(m³-固定層)$^{-1}$］である。

式(9・59)の関係に注意すると，すでに7章において管型反応器に対して導出されたエンタルピー収支式(7・66-b)と物質収支式(7・67-b)は，次のように書き

改められる。

$$F_\mathrm{t}\bar{C}_\mathrm{pm}\frac{\mathrm{d}T}{\mathrm{d}z}=S\rho_\mathrm{b}(-r_\mathrm{Am})(-\varDelta H_\mathrm{R})+UA_\mathrm{h}(T_\mathrm{s}-T) \quad (9\cdot60)$$

$$F_\mathrm{A0}\frac{\mathrm{d}x_\mathrm{A}}{\mathrm{d}z}=S\rho_\mathrm{b}(-r_\mathrm{Am}) \quad (9\cdot61)$$

7・3・2でも述べたように，数値計算では独立変数を管長 z から反応率 x_A に変更することが有用である。その場合の基礎式は次のように書ける。

$$\frac{\mathrm{d}T}{\mathrm{d}x_\mathrm{A}}=\varDelta T_\mathrm{ad}+\frac{y_\mathrm{A0}UA_\mathrm{h}}{S\rho_\mathrm{b}\bar{C}_\mathrm{pm}}\cdot\frac{(T_\mathrm{s}-T)}{(-r_\mathrm{Am})} \quad (9\cdot62)$$

$$\frac{\mathrm{d}z}{\mathrm{d}x_\mathrm{A}}=\frac{F_\mathrm{A0}}{S\rho_\mathrm{b}(-r_\mathrm{Am})} \quad (9\cdot63)$$

ここに $\varDelta T_\mathrm{ad}$ は断熱温度上昇を表わし，次式で定義される。

$$\varDelta T_\mathrm{ad}=(-\varDelta H_\mathrm{R})y_\mathrm{A0}/\bar{C}_\mathrm{pm} \quad (7\cdot69\text{-b})$$

【例題 9・5】 外部熱交換式の固定層触媒反応装置を用いて，式(a)に示すベンゼンの気相水素添加反応によるシクロヘキサンの合成を行なう。半径方向の温度・反応率分布を無視した1次元的解法によって，軸方向の温度・反応率分布を計算せよ。反応速度 r は式(b)と式(c)によって与えられている。

$$\mathrm{C_6H_6+3H_2\longrightarrow C_6H_{12}} \quad (\mathrm{B+3H\longrightarrow C}) \quad (\mathrm{a})$$

$$r=\frac{kK_\mathrm{B}K_\mathrm{H}^3 p_\mathrm{B}p_\mathrm{H}^3}{(1+K_\mathrm{B}p_\mathrm{B}+K_\mathrm{H}p_\mathrm{H}+K_\mathrm{C}p_\mathrm{C})^4} \quad (\mathrm{b})$$

ただし

$$\left.\begin{array}{l} k=3.214\times10^6\exp(-6093/T) \\ K_\mathrm{B}=8.769\times10^{-11}\exp(5640/T) \\ K_\mathrm{H}=1.044\times10^{-12}\exp(7805/T) \\ K_\mathrm{C}=5.650\times10^{-10}\exp(4481/T) \end{array}\right\} \quad (\mathrm{c})$$

ここに，r は反応速度 $[\mathrm{mol\cdot kg^{-1}\cdot s^{-1}}]$，$k$ は反応速度定数 $[\mathrm{mol\cdot kg^{-1}\cdot s^{-1}}]$，$p$ は分圧 [Pa]，T は温度 [K]，K は吸着平衡定数 $[\mathrm{Pa^{-1}}]$，添字 B はベンゼン，H は水素，C はシクロヘキサンを表わす。

また，次の操作条件と物性定数を用いよ。反応管半径 $R_0=0.025\,\mathrm{m}$，反応管長 $L=0.45\,\mathrm{m}$，全圧 $P_\mathrm{t}=126.6\,\mathrm{kPa}$，管壁温度 $T_\mathrm{s}=373.2\,\mathrm{K}$，反応管入口のガス温度 $T_0=398.2\,\mathrm{K}$，反応ガスの質量速度 $G=0.1753\,\mathrm{kg\cdot m^{-2}\cdot s^{-1}}$，水素のモル流量比 $\theta_\mathrm{H}=30$，反応管入

9・5 固定層触媒反応装置の設計

口でのベンゼンのモル分率 $y_{B0}=0.0323$, 反応ガスの平均分子量 $M_{av}=4.47\times10^{-3}\,\mathrm{kg\cdot mol^{-1}}$, 触媒層密度 $\rho_b=1200\,\mathrm{kg\cdot m^{-3}}$, 流体平均比熱容量 $\bar{c}_{pm}=7.284\,\mathrm{kJ\cdot kg^{-1}\cdot K^{-1}}$, 反応熱 $\varDelta H_R=-206.2\,\mathrm{kJ\cdot mol^{-1}}$, 総括伝熱係数 $U=76.51\,\mathrm{J\cdot m^{-2}\cdot s^{-1}\cdot K^{-1}}$。

【解】 反応速度は分圧 p の関数として表わされているが, 各分圧は全圧 P_t, ベンゼンの反応率 x_B, および水素のモル流量比 θ_H を用いて以下の諸式によって表わされる。

$$\left.\begin{array}{l} p_B=P_t(1-x_B)/(1+\theta_H-3x_B) \\ p_H=P_t(\theta_H-3x_B)/(1+\theta_H-3x_B) \\ p_C=P_t x_B/(1+\theta_H-3x_H) \end{array}\right\} \quad\quad (\mathrm{d})$$

与えられたデータから式(9・62)と式(9・63)に相当する式を導く。まず, 式(7・69-b)で $\bar{C}_{pm}=M_{av}\bar{c}_{pm}$ が成立するから, 断熱温度上昇 $\varDelta T_{ad}$ は次式から算出できる。

$$\bar{C}_{pm}=M_{av}\bar{c}_{pm}=(4.47\times10^{-3})(7.284\times10^3)=32.56\,\mathrm{J\cdot mol^{-1}\cdot K^{-1}}$$

$$\varDelta T_{ad}=(-\varDelta H_R)y_{B0}/\bar{C}_{pm}$$
$$=(206.2\times10^3)(0.0323)/(32.56)=204.6\,\mathrm{K}$$

$$\frac{y_{B0}UA_h}{S\rho_b\bar{C}_{pm}}=\frac{2y_{B0}U}{R_0\rho_b\bar{C}_{pm}}=\frac{(2)(0.0323)(76.51)}{(0.025)(1200)(32.56)}=5.060\times10^{-3}$$

$$\frac{F_{B0}}{S\rho_b}=\frac{(GS/M_{av})y_{B0}}{S\rho_b}=\frac{Gy_{B0}}{M_{av}\rho_b}=\frac{(0.1753)(0.0323)}{(4.47\times10^{-3})(1200)}=1.056\times10^{-3}$$

上記の諸数値を式(9・62)と式(9・63)に代入すると, 次の連立常微分方程式が得られる。

$$dT/dx_B=204.6+5.060\times10^{-3}(373.2-T)/r \quad\quad (\mathrm{e})$$
$$dz/dx_B=1.056\times10^{-3}/r \quad\quad (\mathrm{f})$$

反応速度 r に式(b)から式(d)を代入すると, 反応速度は温度 T と反応率 x_B の関数になるから, 式(e)と式(f)は数値的に解ける。数値計算は付録2の改良 Euler 法を用いてもよいが, より精度の高い Runge-Kutta-Gill 法 (RKG 法) に基づく FORTRAN あるいは BASIC によるプログラムが与えられている[1,2]。

RKG 法を用い, パソコンで計算した結果を図9・5に示す。図中の○印は各軸方向位置で実測した管半径方向の温度分布の断面平均値である[3,4]。両者はよい一致を示している。実験ではいくつかの管軸位置での半径方向の温度分布と平均反応率が測定されており, 半径方向にかなりの温度分布が存在し, 本来は2次元的解法が適用されるべきである。2次元的解法のプログラムも与えられている[1,2]。

---

1) 化学工学会編, "化学工学プログラミング演習", p.159, 186, 培風館(1976).

2) 化学工学会編, "BASIC による化学工学プログラミング", p.149, 172, 培風館(1985).

3) 永田進治, 橋本健治, 種田信夫, 堀口靖之, 鈴木登, 秋田正, 化学工学, **29**, 597 (1965).

4) K. Hashimoto, N. Taneda, Y. Horiguchi, S. Nagata, *Memoirs of Fac. Eng. Kyoto Univ.*, **30**(4), 541 (1968).

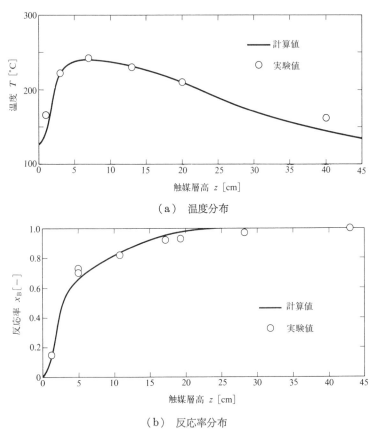

(a) 温度分布

(b) 反応率分布

図 9·5 気固触媒反応管内の軸方向の温度・反応率分布
(ベンゼンの水素添加反応)

9·5·2 固定層反応装置の最適温度分布

反応速度 r_{Am} は, 温度 T と反応率 x_A の関数であるから, 横軸に T を, 縦軸に x_A をとり, ある特定の $-r_{Am}$ を与える点 (T, x_A) を連ねると 1 本の曲線が得られる。これを等反応速度曲線と呼ぶ。すなわち, T-x_A 座標上に $-r_{Am}$ をパラメーターにした曲線群を描くことが可能であって, これを T-x_A 線図と呼んでおく。

T-x_A 線図は反応の性質により異なった形状をもつ。図 9·6 に発熱可逆反応に対する概念的な T-x_A 線図を示す。この場合の特徴は等反応速度曲線に最大値が現われることである。この線図を用いて反応装置内の最適な温度分布につい

9·5 固定層触媒反応装置の設計

て考えてみる。固定層反応器の設計方程式の積分形は式(9·63)から次式のように書ける。

$$\frac{W}{F_{A0}} = \int_0^{x_A} \frac{dx_A}{-r_{Am}(x_A, T)} \tag{9·64}$$

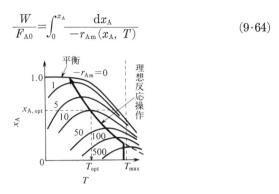

図 9·6 発熱可逆反応の T-x_A 線図と最適温度分布
(T_{max} は許容される最高温度を表わす)

いま，反応器出口の反応率 x_{Af} が与えられたとき，触媒量を最小にするには，いかなる x_A に対しても，常に $-r_{Am}$ が最大値をとるように温度分布を与えればよい。このような温度分布を最適温度分布と呼ぶ。図 9·6 に最適温度分布を記入してみる。ただし，反応温度をあまり高くすると副反応が起こり好ましくないので，T_{max} を許容される反応温度の上限とする。

いま，ある等反応速度曲線(図では $-r_{Am}=10$)に着目し，その極大値を与える反応率と温度をそれぞれ $x_{A,opt}$ と T_{opt} で表わす。反応率を $x_{A,opt}$ に固定しておいて温度を変化させてみると，温度が T_{opt} よりも高くても低くても，より低い等反応速度曲線と交わっている。すなわち，反応率が $x_{A,opt}$ のときの最適反応温度は T_{opt} になる。このようにして，それぞれの等反応速度曲線の極大点を結んだ曲線が最適温度分布を与える。ただし，反応初期では，図 9·6 に示すように，等反応速度曲線の最大値を与える温度が T_{max} よりも高くなる領域が存在するから，そこでは一定温度 T_{max} で操作しなければならない。

上記のような最適温度分布を実際の反応装置に実現させることは不可能でないにしても装置が複雑になり，かえって高価につく。できるだけ簡単なシステムによって最適温度分布に近い状況を実現する方が実際的である。その一つの方策が多段断熱式の反応器の採用である。

図 9·7(a)は断熱式の固定層触媒反応器を 2 基直列に結合したシステムを表わしている。図 9·7(b)はその反応装置を用いて発熱可逆触媒反応を行なった

ときの T-x_A 線図を示している．まず，点 a まで反応ガスを加熱して第 1 段触媒層に送入すると，断熱反応によって層内温度は直線的に上昇して点 b に至る．触媒層を出た反応ガスを熱交換器に通して点 c の位置まで冷却する．このときはガスの組成は変化しないから T 軸に平行に移動する．ついで，反応ガスを第 2 段の断熱触媒層内に送り，点 d まで反応させてから再度冷却する．このようにして得られた反応操作の経路は，最適温度分布曲線 $\overparen{\mathrm{OP}}$ には一致しないが，それに近い温度分布をもっている．段数を増加させれば，最適温度分布に接近させることが可能である．

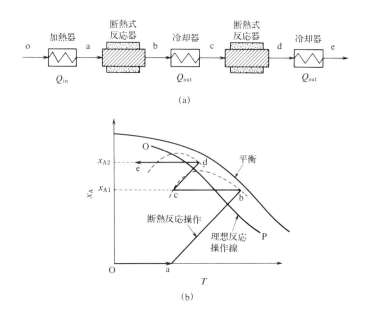

図 9・7 多段断熱反応装置の最適操作

段数が指定された場合，T-x_A 線図上で反応経路曲線をどのように定めれば触媒量が最小になるかという問題については此木[1]が研究している．その結論によると，中間熱交換操作の開始点 b と終了点 c は同一の等反応速度曲線上に存在するようにすることがその条件の一つになる．

---

1) 此木恵三，化学工学，**21**, 408, 780 (1957).

9・6 流動層触媒反応装置

9・6・1 流動化現象

粒子層の底部からガスを流して粒子層の圧力損失 Δp を測定し，それをガスの空塔速度 u_0 に対してプロットすると，図9・8に示すような挙動を示す。低流速では固定層の状態が保たれ Δp は u_0 に比例して増大する。u_0 がある値になると，粒子は浮遊して粒子層は膨張する。これが流動化の始まりであり，そのときのガス流速が流動化開始速度 u_{mf} である。流動層内の流動状態はガス流速と粒子径に依存するが，典型的なガス系流動層の流動状態の遷移を図9・9に

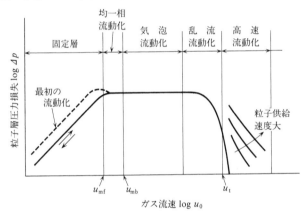

図 9・8 ガス流速 u_0 と粒子層圧力損失 Δp の関係ならびに流動化状態の名称

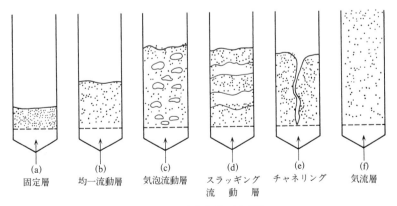

図 9・9 流動状態の模式図

示す。

　流動化が始まると，粗粒流動層では直ちに気泡が発生するが，微粉流動層の場合は u_{mf} の 10 倍程度のガス空塔速度までは気泡が発生しない。気泡が発生する流速を気泡発生開始速度 u_{mb} という。u_0 が u_{mf} と u_{mb} の間では粒子は均一に膨張した状態にあって，均一相流動層と呼ばれる。

　u_{mb} 以上のガス流速では供給ガスの大部分は気泡となって上昇し，残りのガスは粒子間隙に分散する。粒子は凝集しながら気泡によって流動状態に保たれる。この状態を気泡流動層と呼ぶ。u_0 を増大させると，粒子は激しく運動し乱流流動層の状態になり，層から飛び出る粒子が増加する。さらにガス流速が大きくなると，粒子はガス気流中に懸濁した気流層(entrained bed)の状態になる。

　なお，上記のような流動状態が順調に進行するとは限らない。いわゆるスラッギング(slugging)やチャネリング(channeling)の状態が現われる。スラッギングとは，気泡が大きくなり塔断面全体に広がり粒子層がそのままの形で押し上げられ，再び落下するという上下運動を繰り返す状態である。細い管で層高を高くした場合に起こり易い。一方チャネリングとは，粒子層の一部に不規則な溝状の部分ができて気体がその部分を吹き抜ける現象である。付着性の大きい微粒子の場合とか，分散板の圧力損失が小さいときに起こり易い。

9・6・2　流動化開始速度

　流動化開始速度 u_{mf} は，粒子層の圧力損失 Δp とガス空塔速度 u_0 の関係が傾き 1 の直線から u_0 軸に平行になる折れ点に対応するガス流速として与えられる。

　流動化状態では，粒子の重量は上向きに流れる気体の抵抗力，すなわち圧力損失 Δp と粒子の浮力の和と釣り合う。いま，塔の断面積を S とし，流動化開始時の層高を L_{mf}，層空隙率を ε_{mf} とする。上記の釣合は次式のように書き表わされる。

$$S\Delta p - SL_{mf}(1-\varepsilon_{mf})(\rho_s-\rho_g)g = 0 \tag{9・65}$$

ここで，ρ_s は粒子密度，ρ_g は気体密度，g は重力加速度である。

　流動化開始時は，固定層の延長と考えられる。そこで Δp の固定層の圧力損失の式を代入して整理していくと，次の相関式が得られた[1]。

---

1)　触媒学会編(橋本健治)，"触媒反応装置とその設計"，触媒講座　第 6 巻，p.148，講談社サイエンティフィック(1985).

9·6 流動層触媒反応装置

$$u_{\mathrm{mf}} = \frac{d_{\mathrm{p}}^2(\rho_{\mathrm{s}}-\rho_{\mathrm{g}})g}{1650\,\mu} \qquad (\mathrm{Re}_{\mathrm{mf}}<10) \qquad (9\cdot66\text{-a})$$

$$u_{\mathrm{mf}} = \left[\frac{d_{\mathrm{p}}(\rho_{\mathrm{s}}-\rho_{\mathrm{g}})g}{24.5\,\rho_{\mathrm{g}}}\right]^{1/2} \qquad (\mathrm{Re}_{\mathrm{mf}}>1000) \qquad (9\cdot66\text{-b})$$

ここで，$\mathrm{Re}_{\mathrm{mf}}=d_{\mathrm{p}}u_{\mathrm{mf}}\rho_{\mathrm{g}}/\mu$（流動化開始速度 u_{mf} に対する粒子 Reynolds 数）であり，d_{p} は粒子径，μ は気体粘度を表わす。

ガス流速を増加させていき，ガス速度 u_0 が粒子の終末速度 u_{t} よりも大きくなると，層内の粒子は吹き飛ばされるが，サイクロンなどで粒子が補集され層内に循環される装置構造になっているので，触媒反応で採用される微粒流動層では u_0 が u_{t} より大きくなることが珍しくない。

固体触媒反応を微粉流動層で行なう場合の典型的な操作条件は，触媒粒子径 $d_{\mathrm{p}}=30\sim60\,\mu$，空塔速度 $u_0=0.3\sim0.8\,\mathrm{m\cdot s^{-1}}$，$u_0/u_{\mathrm{mf}}=30\sim200$，$u_0/u_{\mathrm{t}}=1\sim4$

9·6·3 流動層反応装置の設計

流動層反応装置を設計するために，流動層の固相は完全混合流れ，ガス相に対しては理想流れ，あるいは第8章で述べたような非理想流れモデルを適用した流動層モデルが提案されたが，いずれも成功しなかった。その後，流動層の流動状態は上昇する気泡の挙動に深く関係していることが明らかにされ，それについての流体力学的研究が進展し，その成果に基づいた流動層反応装置の設計モデルが提出された。

通常の気固流動層は，粒子密度の高いエマルション相（濃厚相ともいう）と気泡相から成立する。エマルション相には，流動化開始速度 u_{mf} に等しいガス速度でガスが流れ，残りの流入ガスはすべて気泡になって層内を上昇する。

気泡の形状は図 9·10 に示すように上面が球形で底部は凹んでいる。気泡の底部にはウェーク（wake）と呼ばれる部分が気泡に伴なって上昇する。ウェークの大きさは気泡体積の 20～40％ 程度であり，その中にはかなりの粒子が含まれている。ウェーク中の粒子はエマルション相内の粒子とよく交換される。この気泡の上昇運動によって粒子の混合が促進されるので，流動層内の粒子はほぼ完全混合の状態にあるとみなせる。図 9·10 に示すように，気泡に隣接するガスの一部は気泡周辺に沿って下降し，気泡の底部に近い部分から気泡に巻き込まれてガスの循環が生じる。この循環流れが生じる気泡周辺の範囲をクラウド（cloud）という。気泡とエマルション相の気体の間で，クラウドを介してガスの交換が起こる。

上記の気泡の挙動に基づいて国井・Levenspiel は気泡モデルを提出した。

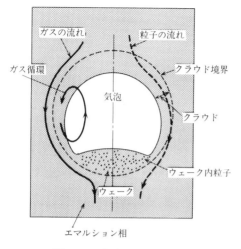
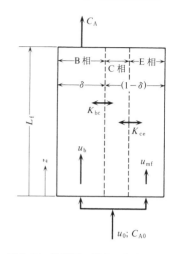

図 9・10　気泡とその周辺　　　図 9・11　流動層に対する気泡モデル

以下にその概要を述べる。

図 9・11 に示すように，流動層を気泡相(B 相，添字 b)，クラウド・ウェーク相(C 相，添字 c)，エマルション相(E 相，添字 e)の3つの相に分ける。流動層反応器に供給されたガスの大部分は気泡の形で層内を上昇し，その間に気泡中の反応成分 A はクラウド・ウェーク相に移動し，さらにエマルション相に移動する。各相には触媒が存在し反応が起こる。ガスは気泡相を押出し流れで流れる。クラウド・ウェーク相とエマルション相は流動化開始速度 u_{mf} で浮遊した状態にあり完全混合状態でいわば固定化されていると考える。

反応はガス A に対して1次反応であり，触媒体積基準の速度定数を k_v で表わす。各相について A の物資収支をとる次の諸式が書ける。

気泡相：　　　$-u_b \dfrac{dC_b}{dz} = \gamma_b k_v C_b + K_{bc}(C_b - C_c)$　　　(9・67)

クラウド・ウェーク相：　　$K_{bc}(C_b - C_c) = \gamma_c k_v C_c + K_{ce}(C_c - C_e)$　　(9・68)

エマルション相：　　$K_{ce}(C_c - C_e) = \gamma_e k_v C_e$　　(9・69)

ここで，u_b は気泡の上昇速度である。K_{bc} は B 相から C 相へのガス交換係数 [s^{-1}] であり，両相における A の濃度差を推進力とする物質交換速度を表わす係数である。K_{ce} は C 相から E 相へのガス交換係数である。これらの交換係数は気泡の特性値と関係づけられている。　各相内に存在する粒子の体積を気泡体積で割った値を γ_b (気泡相)，γ_c (クラウド・ウェーク相)，γ_e (エマルショ

ン相)で表わしている。一般に，$\gamma_b = 0.001 \sim 0.01$ 程度で，その寄与は通常の反応では無視できる。

式(9·69)を用いて C_e を C_c で表わし，その関係を式(9·68)に代入すると，C_c を C_b を用いて表わす式が得られる。その関係を式(9·67)に代入すると，式(9·67)は気泡相の濃度 C_b のみを含む式になり，次式のように書ける。

$$-u_b \frac{dC_b}{dz} = \kappa_f C_b \tag{9·70}$$

ただし

$$\kappa_f = k_v \left[\gamma_b + \cfrac{1}{\cfrac{k_v}{K_{bc}} + \cfrac{1}{\gamma_c + \cfrac{1}{(k_v/K_{ce}) + 1/\gamma_e}}} \right] \tag{9·71}$$

$$\equiv k_v \cdot f(\gamma, K) \tag{9·72}$$

$f(\gamma, K)$ は式(9·71)の右辺の大カッコ内の式に等しい。

式(9·70)は見掛け上は管型反応器で1次反応が起こっている場合の設計方程式になっているが，速度定数の内容が全く異なっている。式(9·70)を積分すると

$$1 - x_A = \exp\left[-\frac{L_f k_v}{u_b} f(\gamma, K)\right] \tag{9·73}$$

が得られる。x_A は反応ガス A の反応率である。

問　題

9·1　チオフェン(A)と水素(B)の混合気体が多孔性固体内を拡散するときのチオフェンの粒内有効拡散係数 D_{eA} を推定せよ。

(データ) 温度660 K，圧力30 atm，触媒の単位質量当りの細孔表面積 $S_g = 200$ m$^2 \cdot$g^{-1}，空隙率は35%，触媒粒子の見掛け密度 $\rho_p = 1500$ kg$\cdot$m^{-3}，分子拡散係数 $D_{AB} = 0.052$ cm$^2 \cdot$s^{-1}，チオフェンの分子量 $M_A = 84 \times 10^{-3}$ kg$\cdot$mol^{-1}，細孔分布曲線はシャープであって屈曲係数は4とする。

9·2　　　　　　　　　　A ⟶ C，$r_m = k_m C_A$
で表わされる気固触媒反応を固定層型反応器を用いて行なう。粒子径が3 mmのときの反応率は60%であった。次に粒子直径を6 mmの固体触媒を先と同一質量だけ充填した反応器を用いたときの反応率を求めよ。ただし，触媒粒径を除いた他の反応条件は変わらない。さらに，両触媒について粒内拡散が律速段階になっている。

9·3　粒内拡散の影響が無視できる条件下で，A ⟶ C で表わされる1次反応の反応速度を測定したところ，Aの分圧が0.8 atm，温度 $T = 673$ K において，触媒単位体積当りの反応速度は1.8 mol$\cdot$m$^{-3} \cdot$s^{-1} であった。有効拡散係数 $D_{eA} = 2 \times 10^{-7}$ m$^2 \cdot$s^{-1} である。有効係数を0.95以上にしたい。触媒粒径 d_p の許容限界値はいくらか。

9・4　　　　　　　　　　$2A \longrightarrow C + D$

で表わされる気固触媒反応の速度を，反応律速下になるような微小な触媒粒子を用いて測定したところ，A について 2 次反応であり，その速度定数 k_{m2} の値は $3 \times 10^{-6} \mathrm{m^6 \cdot mol^{-1} \cdot kg^{-1} \cdot s^{-1}}$ であることが明らかになった．次に半径 R が 5×10^{-3} m の触媒を用いて，同一条件下で反応実験を行なったところ，粒内拡散律速になり，反応速度は A について 1.5 次で，見掛けの反応速度定数 k_{obs} の値は $1.73 \times 10^{-5} \mathrm{m^{4.5} \cdot mol^{-0.5} \cdot kg^{-1} \cdot s^{-1}}$ となった．触媒の有効拡散係数 $D_{\mathrm{eA}} \, [\mathrm{m^2 \cdot s^{-1}}]$ の値を求めよ．触媒の見掛け密度 ρ_p は $1200 \, \mathrm{kg \cdot m^{-3}}$ である．

9・5　　半径 R の球形多孔性触媒内で $A \longrightarrow C$ で表わされる等温反応が起こっている．反応速度は 0 次反応 $r_m = k_{m0} \, [\mathrm{mol \cdot kg^{-1} \cdot s^{-1}}]$ で表わされる．本反応では触媒外表面における境膜抵抗が無視できなく，さらに粒子内部では A の拡散が支配的な領域で反応が起こっている．

（a）　触媒外表面での A の無次元濃度 $\alpha = C_{\mathrm{As}}/C_{\mathrm{Ab}}$ を表わす式を求めよ．
（b）　見掛けの反応速度 $r_{\mathrm{Am}} \, [\mathrm{mol \cdot kg^{-1} \cdot s^{-1}}]$ を表わす式を導け．

9・6　　　　　　　　　$A \longrightarrow C, \quad -r_{\mathrm{Am}} = k_{m1} C_A$

で表わされる気固触媒反応を管型微分反応器で行なった．反応温度 $T = 423.2 \, \mathrm{K}$，圧力 $P_t = 152 \, \mathrm{kPa}$，成分 A のモル率 $y_{A0} = 0.8$，の条件下において，見掛けの反応速度 $(-r_{\mathrm{Am}})_{\mathrm{obs}} = 0.0728 \, \mathrm{mol \cdot kg^{-1} \cdot s^{-1}}$ なる結果が得られた．ただし，触媒粒子半径 $R = 1.0$ mm，触媒の見掛け密度 $\rho_p = 1250 \, \mathrm{kg \cdot m^{-3}}$，有効拡散係数 $D_{\mathrm{eA}} = 3.25 \times 10^{-7} \, \mathrm{m^2 \cdot s^{-1}}$．

（a）　真の反応速度定数 k_{m1} の値を求めよ．
（b）　管型積分反応器を用いて，出口反応率を 80% にしたい．W/F_{A0} の値を算出せよ．ただし，触媒粒子半径を 2.0 mm に変更するが，その他の条件は変わらない．

9・7　　　　　　　　　$A + B \longrightarrow C, \quad r_m = k_m C_A$

で表わされる気相触媒反応を等温管型反応器で行なった．反応温度は 120°C，圧力は 1.5 atm である．A が 20%，B が 80% の反応原料が反応器に供給される．$W/F_{A0} = 9.91 \, \mathrm{kg \cdot s \cdot mol^{-1}}$ の条件下で，粒子径 d_p が 0.25 mm，見掛け密度 ρ_p が $1200 \, \mathrm{kg \cdot m^{-3}}$ の触媒を用いて反応させたところ，反応器出口での反応率が 35% であった．次に $d_p = 1.25$ mm の触媒を用いてさきと同一の W/F_{A0} の条件で反応させたところ 20% の反応率を得た．本反応の反応速度定数 k_m，有効拡散係数 D_{eA}，および各触媒粒子の有効係数 η を求めよ．

9・8　　$A \longrightarrow R$　で表わされる気固触媒反応の反応速度を球形触媒の粒子径を変化させて測定したところ，次表に示す結果が得られた．

（a）　外部拡散抵抗は無視できるとすると，本実験条件の範囲において反応の律速段階はどの過程にあるか．化学反応速度は A に対して 1 次であるとする．
（b）　次のデータ，すなわち反応温度 $T = 423 \, \mathrm{K}$，全圧 $P_t = 1.5 \, \mathrm{atm}$，成分 A のモル分率 $y_A = 0.1$，触媒の見掛け密度 $\rho_p = 1200 \, \mathrm{kg \cdot m^{-3}}$，有効拡散係数 $D_{\mathrm{eA}} = 2 \times 10^{-7}$

粒子半径 R [cm]	0.35	0.5	1.2	1.5
反応速度 $(-r_{\mathrm{Am}}) \times 10^3$ [mol·kg^{-1}·s^{-1}]	10.6	7.35	3.15	2.45

$m^2·s^{-1}$ を用いて，本反応の速度定数 k_{m1} $[m^3·kg^{-1}·s^{-1}]$ を求めよ．

9·9 $\quad\quad\quad\quad\quad\quad\quad A \longrightarrow C + D$

で表わされる気固触媒反応を積分反応器で行なう．反応温度は433.2K，圧力は263.4kPaで，反応原料は成分Aと不活性ガスの混合物であり，反応器入口での成分Aのモル分率は0.6である．触媒質量を W [kg]，Aの物質量流量を F_{A0} $[mol·s^{-1}]$ とおき，$W/F_{A0}=6.84\,kg·s·mol^{-1}$，の条件で反応させたとき，反応器出口でのAの反応率 x_A は65%であった．触媒粒子径 $d_p=5×10^{-3}\,m$，触媒の見掛け密度 $\rho_p=1200\,kg·m^{-3}$，Aの有効拡散係数 $D_{eA}=5×10^{-7}\,m^2·s^{-1}$ とする．触媒外表面での境膜抵抗は無視できる．本反応は成分Aについて1次反応であるとして，反応速度定数 k_{m1} の値を求めよ．ついで，触媒粒子径を $2.5×10^{-3}\,m$ としたとき，必要な触媒量は $d_p=5×10^{-3}\,m$ の場合の触媒量の何%になるか．その他の条件は変化させないとする．

9·10 $\quad\quad\quad C_6H_{12} \longrightarrow C_6H_6 + 3H_2 \quad (A \longrightarrow C + 3D)$

で表わされるシクロヘキサンの脱水素反応を白金・アルミナ触媒粒子を充填した管型反応器を用いて行なった．反応原料はシクロヘキサンと水素で，シクロヘキサンのモル分率 y_{A0} は0.2である．反応温度 T を704K，反応原料の体積流量 v_0 を $32.7×10^{-6}\,m^3·s^{-1}$，触媒質量 W を $10.4×10^{-3}\,kg$ にしたとき，反応器出口での反応率 x_A は15.5%であった．

触媒はミクロ細孔のみからなり，Knudsen拡散が支配的であって，屈曲係数は4にとるものとする．本反応は1次反応である．触媒有効係数 η ならびに真の反応速度定数 k_{m1} の値を求めよ．ただし，触媒性状のデータは下記に与えられている．

(データ) 細孔容積 $V_g=0.48×10^{-3}\,m^3·kg^{-1}$，細孔表面積 $S_g=240×10^3\,m^2·kg^{-1}$，見掛け密度 $\rho_p=1330\,kg·m^{-3}$，粒子径 $d_p=3.2×10^{-3}\,m$．細孔は均一な円筒が並列に配列したものとする．

9·11 $2A \longrightarrow C$ で表わされる気固触媒反応を完全混合流れ反応器で行ない，下表の実験結果が得られた．ただし，触媒量 $W=50×10^{-3}\,kg$，温度 $T=500K$，圧力 $P_t=608\,kPa$ である．表中の F_{A0} は反応原料の物質量流量，x_A はAの反応率を表わす．原料ガスはAのみからなる．触媒の見掛け密度 $\rho_p=1200\,kg·m^{-3}$，触媒粒子半径 $R=5×10^{-3}\,m$，有効拡散係数 $D_{eA}=4×10^{-6}\,m^2·s^{-1}$．

(a) 見掛けの反応速度 $(-r_{Am})_{obs}$ を各 Run について算出せよ．

(b) $(-r_{Am})_{obs}$ の C_A に対する見掛けの反応次数を求めよ．

(c) 真の反応次数と反応速度定数を求めよ．ただし，触媒外表面での拡散抵抗は無視できる．

F_{A0} $[mol·s^{-1}]$	0.033	0.10	0.33
x_A [—]	0.80	0.60	0.31

9·12 $\quad\quad\quad\quad A \longrightarrow C + D, \quad -r_{Am}=k_m C_A \quad\quad (1)$

で表わされる気固触媒反応を管型微分反応器を用いて反応温度が673.2Kで，触媒粒径を変化させて行ない，下表の結果を得た．

反応実験結果

Run No	粒子直径 d_p [m]	反応物質濃度 C_A [mol·m^{-3}]	見掛けの反応速度 $(-r_{Am})_{obs}$ [mol·kg^{-1}·s^{-1}]
1	0.1×10^{-5}	2.1	0.1200
2	1.2×10^{-5}	1.5	0.0857
3	3.7×10^{-4}	3.0	0.0945
4	2.0×10^{-3}	10.0	0.0816

（a）Run 1～4 の実験のそれぞれについて，見掛けの反応速度定数を算出し，さらに触媒有効係数を求めよ．

（b）真の反応速度定数 k_m と粒内有効拡散係数 D_{eA} の値を求めよ．ただし，触媒粒子の見掛け密度 $\rho_p = 1200\,\mathrm{kg \cdot m^{-3}}$ とする．

（c）$d_p = 0.5\,\mathrm{mm}$ の触媒を充填した管型積分反応器を用い，全圧 101.3 kPa，反応温度 673.2 K で式(1)の反応を行なう．反応器には成分 A と不活性物質 I の混合物を供給し，反応器出口での反応率が 95% になるのに必要な触媒量 W [kg]を求めよ．ただし，反応器入口での A の物質量流量 $F_{A0} = 5\,\mathrm{mol \cdot s^{-1}}$，A の濃度 $C_{A0} = 10\,\mathrm{mol \cdot m^{-3}}$ である．

9·13
$$A \longrightarrow C, \quad -r_{Am} = k_m C_A\ [\mathrm{mol \cdot kg^{-1} \cdot s^{-1}}] \quad (1)$$

で表わされる気固触媒反応を固定層型反応器で行なった．反応開始時の反応率は 0.9 であったが，触媒活性は式(2)に従って低下し，反応開始から 30 日間の連続運転後に，反応速度定数 k_m の値は反応開始時の反応速度定数 k_m° の 1/2 になった．ただし，触媒粒子外表面での物質移動抵抗は無視できる．

$$k_m = k_m^\circ \cdot e^{-k_d t} \quad (2)$$

ここで，t：反応開始時からの時間 [h]，k_d：触媒劣化係数 [h^{-1}]，なお，次のデータが与えられている．

（**データ**）触媒半径 R：$1.5 \times 10^{-3}\,\mathrm{m}$，触媒粒子の見掛け密度 ρ_p：$1200\,\mathrm{kg \cdot m^{-3}}$，粒内有効拡散係数 D_{eA}：$5 \times 10^{-7}\,\mathrm{m^2 \cdot s^{-1}}$，$k_m^\circ$：$1.50 \times 10^{-2}\,\mathrm{m^3 \cdot kg^{-1} \cdot s^{-1}}$．

以下の各値を算出せよ．（a）触媒劣化係数 k_d [h^{-1}]，（b）反応開始から $t = 60 \times 24\,\mathrm{h}$ 後の反応率．

9·14 Wilson はニトロベンゼンの水素添加反応を直径 3 cm の反応管で行なった[1]．反応管の中心軸には直径 0.9 cm の熱電対保護管が入っており，触媒層の空隙率 ε_b は 0.424 である．管外壁の温度は熱媒体によって 427.5 K に保持されている．反応管を通じての総括伝熱係数 $U = 100.8\,\mathrm{W \cdot m^{-2} \cdot K^{-1}}$ である．

反応管入口における反応ガスの温度は 427.5 K，圧力は 1 atm であり，ニトロベンゼンの濃度 C_{A0} は $0.5\,\mathrm{mol \cdot m^{-3}}$ である．ニトロベンゼンと水素の混合物が $65.9\,\mathrm{mol \cdot h^{-1}}$ の速度で供給される．反応原料中には水素が大過剰に含まれているので，反応流体の定圧モル熱容量としては水素の $28.79\,\mathrm{J \cdot mol^{-1} \cdot K^{-1}}$ を用いてよい．反応熱

---

1) K. B. Wilson, *Trans. Instn. Chem. Eng.*, **24**, 77 (1946).

$\Delta H_R = -636.39\times 10^3\,\mathrm{J\cdot mol^{-1}}$ であり,反応速度式は次式で表わせる。
$$-r_A' = 5.475\times 10^3 C_A^{0.578}\exp(-2958/T)\quad [\mathrm{mol\cdot(m^3\text{-}触媒層空隙)^{-1}\cdot s^{-1}}]$$
ここで C_A の単位は $\mathrm{mol\cdot m^{-3}}$ である。

1次元的設計法によって,温度・反応率分布を計算せよ。

9·15 図9·12に示すように,直管の内壁に触媒となる物質が薄く塗ってある反応管がある。この反応管を用いて,A ⟶ R で表わされる気固触媒反応を行なう。反応ガスは押出し流れで流れ,反応成分Aは管内壁近傍のガス境膜内を拡散し触媒上で反応し,Rを生成すると同時に反応熱を発生する。いま,触媒表面での反応が非常に迅速であると仮定すると,反応管壁近傍のガス境膜内の物質移動が律速段階になって,触媒表面でのAの濃度が0であるとみなせる。

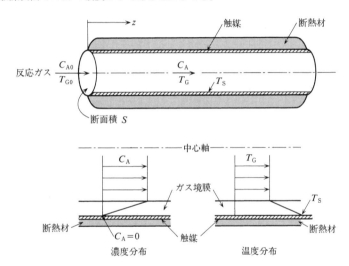

図 9·12 内壁に触媒を塗布した管型反応器

さらに,ガス相および固体相の管軸方向の熱伝導は無視でき,反応管外壁は完全に断熱されており,熱損失は考慮しなくてもよい。なお,ガス相の管軸方向の温度変化に伴なう反応ガスの線速度ならびに物性値の変化は無視できるものとする。定常状態において,反応器内での成分Aの濃度 C_A,ガス相温度 T_G,ならびに固体相(管内壁の触媒)温度 T_S の軸方向分布が式(1)〜(3)で表わされることを以下の(a)〜(e)の順序に従って示せ。

$$C_A/C_{A0} = \exp(-k_C a_L z/uS) \tag{1}$$
$$T_G = T_{G0} + \Delta T_{ad}[1-\exp(-k_C a_L z/uS)] \tag{2}$$
$$T_S = T_G + (k_C \rho_G c_P/h)\cdot \Delta T_{ad}\cdot \exp(-k_C a_L z/uS) \tag{3}$$

ここに,$\Delta T_{ad} = (-\Delta H_R)C_{A0}/\rho_G c_P$ で定義され,断熱温度上昇を表わす。

ただし,z:軸方向距離,S:反応管の断面積,a_L:管単位長さ当たりの触媒の表面積,u:反応ガスの線速度,k_C:ガス境膜質移動係数,h:ガス境膜伝熱係数,C_{A0}:

反応管入口での成分 A の濃度，T_{G0}：入口ガス温度，ΔH_R：反応熱，ρ_G：ガス密度，c_p：反応ガスの比熱容量。

（a） ガス境膜を拡散する成分 A の単位管長当たりの移動速度を表わす式を書け。
（b） 成分 A に対する物質収支式を書け。
（c） 固体相（管内壁の触媒）に対する熱収支式を書け。
（d） ガス相に対する熱収支式を書け。
（e） 上記の諸関係式を解き，式(1)～(3)を導け。

10 気固反応

　気体と固体粒子間の非触媒反応は，石炭の燃焼・ガス化，鉄鉱石の還元，石灰の熱分解など工業的に多くの応用例をもっている。

　気固反応では，化学反応と物質・熱移動が複雑に関係しあっており，気固反応の一般的な速度論を展開することは困難である。ここでは最も簡単な反応モデルについて解説し，さらに，気固反応装置の特性と設計法についても述べる。

10・1　気固反応のモデル

　気固反応の形式は多様であるが，およそ次のように分類できる。

$$\left.\begin{array}{c} A(g) + bB(s) \\ B(s) \end{array}\right\} \longrightarrow \left\{\begin{array}{l} \text{ガス状生成物} \\ \text{固体状生成物} \\ \text{ガスおよび固体状生成物} \end{array}\right.$$

　反応に伴い固体成分 B は消費されるが，B の中に含まれる固体状の不純物（灰分と呼ばれる）あるいは固体状生成物が粒子に付着して脱離しない場合には，固体粒子径は一定に保持される。それに反して，灰分の含有率が低いか，あるいは灰分が脱離しやすい性質をもつ場合などは，固体粒子径が反応中に減少する。

　たとえば，次に示す気固反応では，固体粒子径はほぼ一定に保たれる。

$$2\,\mathrm{ZnS(s)} + 3\,\mathrm{O_2(g)} \longrightarrow 2\,\mathrm{SO_2(g)} + 2\,\mathrm{ZnO(s)}$$
$$\mathrm{Fe_3O_4(s)} + 4\,\mathrm{H_2(g)} \longrightarrow 4\,\mathrm{H_2O(g)} + 3\,\mathrm{Fe(s)}$$

　一方，灰分含有量の少ない炭化物と酸素，二酸化炭素あるいは水蒸気などの酸化性ガスとの反応では，固体粒子径は減少することが多い。

$$C(s) + O_2(g) \longrightarrow CO_2(g)$$
$$C(s) + CO_2(g) \longrightarrow 2CO(g)$$
$$C(s) + H_2O(g) \longrightarrow CO(g) + H_2(g)$$

気固反応に対して多くのモデルが提出されているが，粒子の全域で反応が進行する全域反応モデル，粒子内の界面において反応が起こり，その反応界面が内部に向かって移動する未反応核モデルに大別できる．図 10·1 に気固反応モデルを模式的に示した．

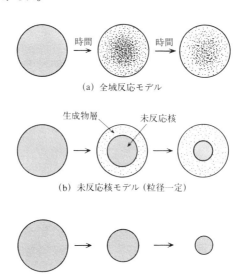

(a) 全域反応モデル

(b) 未反応核モデル (粒径一定)

(c) 生成物層が形成されない場合の未反応核モデル

図 10·1 気固反応のモデル

全域反応モデルにおいては反応は粒子内の全域で起こるが，粒子内の各点における反応速度は等しいとは限らない．反応ガスの拡散速度が十分速く，反応速度がそれに比較して小さい場合には，粒子内の反応速度は各点で等しくなり，反応は一様に進行する．

未反応核モデルにおいては，図 10·1(b) に示すように粒子内部に未反応の部分 (未反応核，unreacted core) が存在し，その外側に反応生成物層が形成されると考える．それに対して炭素の燃焼反応の場合のように，不純物の含有量が少なくて反応速度が大きい場合には，図 10·1(c) のように，粒子外表面でのみ反応が起こり，しかも生成物層を形成せずに粒子径が反応に伴い減少する．

実際の気固反応の反応様式は複雑であって，上記のモデルのいずれによって

も表わせない場合も少なくない。たとえば，多孔性の炭化物と水蒸気の反応によって活性炭を製造する気固反応では，粒子内全域で反応が進行すると同時に粒子径も減少する。すなわち，この反応では，図 10·1 の(a)と(c)の反応様式が同時に起こっていると考えられる。

10·2 未反応核モデル

　未反応固体物質の空隙率(porosity)が非常に小さい場合には，反応ガスが粒子内部まで浸透して行かず，反応が粒子の外表面近傍でまず起こり，その反応界面がしだいに粒子内部に向かって移動して行く。反応が進行中の固体粒子を取り出して切断面を観察すると，生成物層と未反応固体層の明瞭な界面が認められることがある。未反応核モデルは矢木・国井[1]によって提出された反応モデルであって，気固反応の簡単でかつ有効なモデルとして使用されている。

　いま，1個の固体粒子が，常に一定濃度をもった気体と接触して次式で示される気固反応が起こる場合を考え，固体の反応率 x_B の経時変化を表わす式を未反応核モデルに基づいて導く。

$$\mathrm{A(g)} + b\mathrm{B(s)} \longrightarrow c\mathrm{C(g)} + d\mathrm{D(s)} \qquad (10\cdot1)$$

　半径 R の固体粒子について考える。固体はガス境膜に取り囲まれ，また粒子内部には半径 r_c の未反応核が存在する。図 10·2 に粒子内外における反応ガス A の濃度 C_A の分布を示す。

　反応の過程は，（1）ガス境膜内拡散，（2）生成物層内拡散，（3）未反応核表面での反応，の三つの直列過程から成立する。いま，固体粒子内に着目すると，反応の進行に伴い固体成分は変化するから，固体粒子内における反応成分の濃度分布も時間的に変化している。しかし，気固反応の場合には濃度分布の時間的変化速度は小さく，比較的短い時間内ではあたかも定常的な濃度分布が成立しているとみなせる。これは物質収支式において蓄積速度項が他の項に比較して無視できることに相当する。このような近似を擬定常状態の近似(pseudo-steady state approximation)という。この近似を採用すると上記の三つの過程の速度が等しいとおくことができて，数学的取扱いが非常に簡単になる。

　粒子1個をとりあげて上記の三つの過程の速度を表わす式を導く。まず，ガ

---

1) 矢木　栄, 国井大蔵, 工業化学雑誌, **56**, 131(1953).

ス境膜を通じての物質移動速度 W_{A1} [mol·s^{-1}] は，単位外表面積当りの移動速度 N_{A1} と粒子の外表面積 $4\pi R^2$ の積になるから，次式で与えられる．

$$W_{A1}=4\pi R^2 N_{A1}=4\pi R^2 k_C(C_{Ab}-C_{As}) \tag{10·2}$$

ここで k_C はガス境膜物質移動係数 [m·s^{-1}]，C_{Ab} はガス本体での A の濃度 [mol·m^{-3}]，C_{As} は固体表面での A の濃度 [mol·m^{-3}] である．

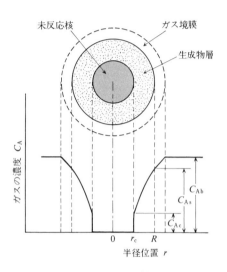

図 10·2 未反応核モデルによる粒子内のガス濃度分布

次に，生成物層内の半径位置 $r=r$ におけるガス A の拡散速度 W_{A2} [mol·s^{-1}] は

$$W_{A2}=4\pi r^2 N_{A2}=4\pi r^2 D_{eA}(dC_A/dr)=一定 \tag{10·3}$$

で与えられる．ここで D_{eA} は生成物層内での成分 A の有効拡散係数 [m^2·s^{-1}] である．

擬定常状態下では，式(10·3)で与えられる拡散速度は半径位置に無関係に一定であるから，式(10·3)の W_{A2} を一定とおいて積分することができる．ただし，式(10·4)の境界条件を用いる．

$$r=R, \quad C_A=C_{As}; \quad r=r_c, \quad C_A=C_{Ac} \tag{10·4}$$

式(10·3)は変数分離形であるから

$$\int_{r_c}^{R}\frac{dr}{r^2}=\int_{C_{Ac}}^{C_{As}}\frac{4\pi D_{eA}}{W_{A2}}dC_A$$

と書けて，W_{A2} は次式で表わせる．

10・2 未反応核モデル

$$W_{A2} = 4\pi D_{eA} \frac{C_{As} - C_{Ac}}{1/r_c - 1/R} \qquad (10\cdot5)$$

一方，未反応核の表面における表面反応速度 W_{A3} [mol·s^{-1}] は，ガス成分 A に対して 1 次であると仮定すると次式のように書き表わせる。

$$W_{A3} = 4\pi r_c^2 k_s C_{Ac} \qquad (10\cdot6)$$

ここで k_s は単位表面積当りの反応速度定数 [m·s^{-1}] を表わす。

擬定常状態を仮定すると，式(10・2)，(10・5)および式(10・6)は相等しく，それらは半径 R の固体粒子 1 個についての見掛けの A の消失速度 $-r_{pA}$ に等しいから

$$-r_{pA} = 4\pi R^2 k_C (C_{Ab} - C_{As})$$
$$= 4\pi D_{eA} \frac{C_{As} - C_{Ac}}{1/r_c - 1/R} = 4\pi r_c^2 k_s C_{Ac} \qquad (10\cdot7)$$

が成立する。上式を次式

$$-r_{pA} = \frac{4\pi(C_{Ab} - C_{As})}{1/k_C R^2} = \frac{4\pi(C_{As} - C_{Ac})}{(1/r_c - 1/R)(1/D_{eA})} = \frac{4\pi C_{Ac}}{1/k_s r_c^2}$$

のように変形し，各辺の分子と分母をそれぞれ加算すると C_{As} と C_{Ac} が消去できて次式が得られる。

$$-r_{pA} = \frac{4\pi C_{Ab}}{(1/k_C R^2) + (1/D_{eA})(1/r_c - 1/R) + (1/k_s r_c^2)} \qquad (10\cdot8)$$

固体 B のモル密度を ρ_B [mol·m^{-3}] とすると，反応界面が r_c の位置にあるときの成分 B の残存量は $(4/3)\pi r_c^3 \rho_B$ [mol] であるから，その時点における成分 B についての物質収支式は，粒子 1 個に着目すると

$$\frac{d}{dt}\left(\frac{4}{3}\pi r_c^3 \rho_B\right) = r_{pB} \qquad (10\cdot9)$$

と書ける。ここで r_{pB} は粒子 1 個に対する固体成分 B の反応速度であって，量論式(10・1)より次の関係が成立する。

$$-r_{pA} = (1/b)(-r_{pB}) \qquad (10\cdot10)$$

式(10・8)，(10・10)を式(10・9)に代入すると，r_c に対する次の微分方程式が得られる。

$$-\frac{4\pi\rho_B}{b} r_c^2 \frac{dr_c}{dt} = \frac{4\pi C_{Ab}}{(1/k_C R^2) + (1/D_{eA})(1/r_c - 1/R) + (1/k_s r_c^2)} \qquad (10\cdot11)$$

初期条件は

$$t = 0, \quad r_c = R \qquad (10\cdot12)$$

で与えられる。これを用いて式(10・11)の積分を実行すると

$$t = \frac{\rho_B R}{bC_{Ab}} \left[\left(\frac{1}{3k_C} + \frac{R}{6D_{eA}} + \frac{1}{k_s} \right) \right.$$
$$\left. - \left\{ \frac{1}{3} \left(\frac{1}{k_C} - \frac{R}{D_{eA}} \right) \left(\frac{r_c}{R} \right)^3 + \frac{R}{2D_{eA}} \left(\frac{r_c}{R} \right)^2 + \frac{1}{k_s} \left(\frac{r_c}{R} \right) \right\} \right] \quad (10 \cdot 13)$$

が得られる。反応完了時間 t^* は，$r_c=0$ になったときの時間 t であるから，式(10·13)より

$$t^* = \frac{\rho_B R}{bC_{Ab}} \left(\frac{1}{3k_C} + \frac{R}{6D_{eA}} + \frac{1}{k_s} \right) \quad (10 \cdot 14)$$

が得られる。式(10·13)と式(10·14)より

$$\frac{t}{t^*} = 1 - \frac{\frac{1}{3}\left(\frac{1}{k_C} - \frac{R}{D_{eA}}\right)\left(\frac{r_c}{R}\right)^3 + \frac{R}{2D_{eA}}\left(\frac{r_c}{R}\right)^2 + \frac{1}{k_s}\left(\frac{r_c}{R}\right)}{\frac{1}{3k_C} + \frac{R}{6D_{eA}} + \frac{1}{k_s}} \quad (10 \cdot 15)$$

が成立する。この式より r_c/R と t/t^* との関係が判明する。

次に，未反応核の半径 r_c の代わりに固体 B の反応率 x_B を用いた関係式を導いておく。まず反応界面の位置が r_c になったときの x_B は

$$1 - x_B = \frac{(4/3)\pi r_c^3 \rho_B}{(4/3)\pi R^3 \rho_B} = \left(\frac{r_c}{R}\right)^3 \quad (10 \cdot 16)$$

のように書き表わせる。上式を t で微分すると次式が得られる。

$$-\frac{dx_B}{dt} = \frac{3}{R^3} r_c^2 \frac{dr_c}{dt} \quad (10 \cdot 17)$$

式(10·16)を用いて式(10·15)を x_B の関数として表わすと次式が得られる。

$$\frac{t}{t^*} = 1 - \frac{\frac{1}{3}\left(\frac{1}{k_C} - \frac{R}{D_{eA}}\right)(1-x_B) + \frac{R}{2D_{eA}}(1-x_B)^{2/3} + \frac{1}{k_s}(1-x_B)^{1/3}}{\frac{1}{3k_C} + \frac{R}{6D_{eA}} + \frac{1}{k_s}} \quad (10 \cdot 18)$$

式(10·16)，(10·17)を用いて，式(10·11)の r_c を x_B に変換すると次式が得られる。

$$\frac{dx_B}{dt} = \frac{3bC_{Ab}}{R\rho_B} \cdot \frac{1}{\left(\frac{1}{k_C} - \frac{R}{D_{eA}}\right) + \frac{R}{D_{eA}}(1-x_B)^{-1/3} + \frac{1}{k_s}(1-x_B)^{-2/3}} \quad (10 \cdot 19)$$

式(10·8)の分母と分子に R^2 を乗じておいて，式(10·16)の関係を用いると，$-r_{pA}$ が x_B で表わされる。さらに式(10·10)を用いると $-r_{pB}$ は次式のように表わせる。

10・2 未反応核モデル

$$-r_{pB} = \frac{4\pi R^2 b C_{Ab}}{\left(\dfrac{1}{k_C} - \dfrac{R}{D_{eA}}\right) + \dfrac{R}{D_{eA}}(1-x_B)^{-1/3} + \dfrac{1}{k_s}(1-x_B)^{-2/3}} \qquad (10\cdot20)$$

式(10・18)および式(10・14)は三つの速度過程が同程度である場合の反応時間 t と固体成分 B の反応率 x_B との関係を与える未反応核モデルに基づく一般的な式である。三つの過程の中の一つが律速になる場合について考えると、次の諸式が成立する。

（1） ガス境膜内拡散律速

$$\frac{1}{3k_C} \gg \frac{R}{6D_{eA}}, \ \frac{1}{k_s} \qquad (10\cdot21)$$

の条件が成立するときはガス境膜内拡散律速になり、式(10・14)および式(10・18)はそれぞれ次の諸式のように簡単になる。

$$t^* = \rho_B R / 3 b C_{Ab} k_C \qquad (10\cdot22)$$

$$t/t^* = x_B \equiv f_G(x_B) \qquad (10\cdot23)$$

（2） 生成物層内拡散律速

$$\frac{R}{6D_{eA}} \gg \frac{1}{3k_C}, \ \frac{1}{k_s} \qquad (10\cdot24)$$

$$t^* = \rho_B R^2 / 6 b C_{Ab} D_{eA} \qquad (10\cdot25)$$

$$t/t^* = 1 - 3(1-x_B)^{2/3} + 2(1-x_B) \equiv f_A(x_B) \qquad (10\cdot26)$$

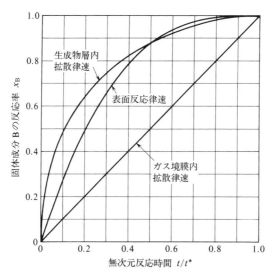

図 10・3 未反応核モデルによる固体の反応率と反応時間との関係

（3） 表面反応律速

$$\frac{1}{k_\mathrm{s}} \gg \frac{1}{3k_\mathrm{C}}, \frac{R}{6D_\mathrm{eA}} \tag{10・27}$$

$$t^* = \rho_\mathrm{B} R / b C_\mathrm{Ab} k_\mathrm{s} \tag{10・28}$$

$$t/t^* = 1-(1-x_\mathrm{B})^{1/3} \equiv f_\mathrm{R}(x_\mathrm{B}) \tag{10・29}$$

図10・3に各律速の場合の x_B 対 t/t^* のプロットを示した。

【例題 10・1】 ある気固反応において，固体試料中の反応成分の反応率が 50% になる時間 $t_{1/2}$ が，粒径の異なった3種類の粒子についてそれぞれ測定された。次表にその結果を示す。未反応核モデルに従うとして律速段階を推定し，それぞれの粒子の反応完了時間 t^* を求めよ。ただしガス境膜内拡散抵抗は無視できる。

粒子半径 R [mm]	0.5	1	1.5
$t_{1/2}$ [min]	1.25	2.5	3.75

【解】 （1） **生成物層内拡散律速** 式(10・26)に式(10・25)を代入すると

$$t_{1/2} = f_\mathrm{A}(0.5) t^* = f_\mathrm{A}(0.5) \frac{\rho_\mathrm{B}}{6bC_\mathrm{Ab}D_\mathrm{eA}} R^2 \propto R^2 \tag{a}$$

したがってもしこの機構が正しいとすると，$t_{1/2}/R^2$ は各粒子について一定になる。しかるに，表より

$$1.25/(0.5)^2 = 5, \quad 2.5/(1)^2 = 2.5, \quad 3.75/(1.5)^2 = 1.67$$

となるから，この機構によっては説明できない。

（2） **表面反応律速** 式(10・29)に式(10・28)を代入すると

$$t_{1/2} = f_\mathrm{R}(0.5) \frac{\rho_\mathrm{B}}{bC_\mathrm{Ab}k_\mathrm{s}} R \propto R \tag{b}$$

となって，$t_{1/2}/R$ は一定値になる。表より

$$1.25/0.5 = 2.5, \quad 2.5/1 = 2.5, \quad 3.75/1.5 = 2.5$$

となり，式(b)の関係が成立する。したがって本反応は表面反応律速である。

反応完了時間 t^* は，式(10・29)に $x_\mathrm{B} = 0.5$，$t = t_{1/2}$ を代入した次式

$$t^* = \frac{t_{1/2}}{1-(1-0.5)^{1/3}} = 4.847 t_{1/2} \; [\mathrm{min}] \tag{c}$$

より算出できる。

計算結果を次表に示す。

R [mm]	0.5	1	1.5
t^* [min]	6.06	12.1	18.2

10・3 生成物層が形成されない場合の未反応核モデル

炭化物粒子の燃焼のように生成物がガスで，固体状の生成物層が形成されない場合には，反応は粒子の外表面より進行し，粒径が減少する。ここではそのような場合の反応速度解析を行なう。

$$A(g) + bB(s) \longrightarrow cC(g) \qquad (10\cdot30)$$

で表わされる気固反応において，Bは灰分を含まない固体で，反応開始時には半径 R の球形粒子であるとする。反応は，(1) 気相本体中の成分 A の粒子表面への拡散，(2) 気体 A と固体 B の表面反応，(3) 生成気体の気相への拡散，の三つの過程よりなる。

反応の進行に伴い粒子径が減少するために，ガス境膜の物質移動抵抗が変化することを考慮する必要がある。単一粒子の物質移動係数 k_C は式(9・7)で与えられる。低 Reynolds 数領域では式(9・9)の右辺第1項が支配的になり，粒子半径を r とすると次式が成立する。

$$k_C \propto 1/r \qquad (10\cdot31)$$

一方，高 Reynolds 数領域に入ると，次式の関係が成立する。

$$k_C \propto (u/r)^{1/2} \qquad (10\cdot32)$$

このようにして k_C と r の関係は近似的に

$$k_C = k_{C0}/\xi^n \qquad (10\cdot33)$$

のように表現できる。ここで $\xi = r/R$ であり，k_{C0} は反応開始時の粒径 R に対する物質移動係数である。低 Reynolds 数領域では $n=1$ となる。

粒子径が小さく $n=1$ が成立する場合の速度解析を行なう。表面反応はガス成分 A に対して1次反応であるとすると

$$N_A = k_C(C_{Ab} - C_{As}) \qquad (10\cdot34)$$
$$-r_{As} = k_s C_{As} \qquad (10\cdot35)$$

の関係が成立する。擬定常状態を仮定すると，$N_A = -r_{As}$ とおいて，その式から C_{As} を消去すると，次式が得られる。

$$-r_{As} = \frac{C_{Ab}}{1/k_C + 1/k_s} \qquad (10\cdot36)$$

一方，固体成分 B についての物質収支式は

$$-\frac{d}{dt}\left(\frac{4}{3}\pi r^3 \rho_B\right) = 4\pi r^2 b(-r_{As}) \qquad (10\cdot37)$$

のように表わせる．式(10・36)を式(10・37)に代入すると次式が成立する．

$$-\frac{dr}{dt}=\frac{b}{\rho_B}\cdot\frac{C_{Ab}}{1/k_C+1/k_s} \qquad (10\cdot 38)$$

この式に，$k_C=k_{C0}R/r$ の関係を代入してから積分すると，次式が得られる．

$$t=\frac{\rho_B}{bC_{Ab}}\left[\frac{R}{2k_{C0}}\left\{1-\left(\frac{r}{R}\right)^2\right\}+\frac{R}{k_s}\left(1-\frac{r}{R}\right)\right] \qquad (10\cdot 39)$$

式(10・16)と類似に考えることにより，B の反応率 x_B と r/R の間には

$$r/R=(1-x_B)^{1/3} \qquad (10\cdot 40)$$

が成立する．この関係を式(10・39)に代入すると次式が得られる．

$$\frac{t}{t^*}=\frac{1}{1/2k_{C0}+1/k_s}\left[\frac{1}{2k_{C0}}\{1-(1-x_B)^{2/3}\}+\frac{1}{k_s}\{1-(1-x_B)^{1/3}\}\right] \qquad (10\cdot 41)$$

ここで t^* は反応完了時間であり，式(10・39)で $r/R=0$ とおくことによって次式のように表わせる．

$$t^*=\frac{\rho_B R}{bC_{Ab}}\left(\frac{1}{2k_{C0}}+\frac{1}{k_s}\right) \qquad (10\cdot 42)$$

上記の二つの式で，$1/2k_{C0}$ と $1/k_s$ の項がそれぞれ ガス境膜抵抗と表面反応抵抗を表わしている．たとえば表面反応が律速過程の場合には，$1/2k_{C0}=0$ とおけて，式(10・41)，(10・42)は，未反応核モデルの表面反応律速の場合に対して得られた式(10・29)，(10・28)にそれぞれ等しくなる．

10・4 全域反応モデル

多くの固体物質はかなりの空隙率をもっており，反応ガスは固体内部にある程度は浸透して行けるから，反応は限定された表面ではなく固体の全域において起こると考えられる．全域反応モデルはこのような場合に適用される．

反応ガスの粒内拡散速度が反応速度に比較して十分に速いときは，反応ガスの濃度は粒子内で均一になり，反応は一様に進行する．この場合の速度解析は簡単になる．これに対して，拡散速度と反応速度が同一程度になると，反応ガスの濃度分布は不均一になり，固体触媒反応において有効係数を導いたと同様な取扱いが必要になる．ここでは，前者の反応律速の場合の解析を示す．

成分 B の消失速度が，ガス成分 A の濃度 C_A と固体成分 B の未反応率 $(1-x_B)$ の積に比例すると考えると，固体粒子の反応率 x_B は次式に従う．

$$dx_B/dt=k_v C_{As}(1-x_B) \qquad (10\cdot 43)$$

ここで C_{As} は固体外表面における気体成分 A の濃度である．上式を積分すると

$$1 - x_B = \exp(-k_v C_{As} t) \tag{10.44}$$

が得られる。ただし k_v は固体試料の単位体積当りの反応速度定数であり，[$m^3 \cdot mol^{-1} \cdot s^{-1}$] の単位をもつ。

10・5 反応機構の推定

与えられた気固反応がどのようなモデルによって表現でき，さらに律速段階がどの過程にあるかを推定することは容易でない。気固反応の速度解析には，図 10・4 に示されるような熱天秤を備えた反応装置がよく使用される。試料固体をバスケットに入れてつるし，電気炉で所定の反応温度に設定してから反応ガスを流し，試料の質量の経時変化を追跡する。このような実験によって反応率 x_B と反応時間 t との関係を知ることが可能である。前節までの解析によって，それぞれの反応モデルに対して t と x_B の関係が導かれているから，実験結果と照合することによって反応機構に対する知見が得られる。

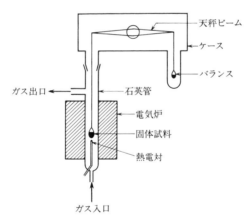

図 10・4 熱天秤式の実験用気固反応装置

反応途中の固体試料の切断面を観察したときに，未反応の固体部分が中心部に認められれば，未反応核モデルが適用できる可能性が出てくる。次に律速段階の判定であるが，式(10・23)，(10・26)，(10・29)の右辺の x_B の関数 $f_G(x_B)$，$f_A(x_B)$，$f_R(x_B)$ を縦軸にとり，横軸に時間 t をとって実験結果をプロットして直線が得られると，それに対応する過程が律速段階になる。直線の傾きが $1/t^*$ に等しいから，律速段階に応じて k_c，D_{eA} あるいは k_s のいずれかの速度パラ

メーターが算出できる。もちろん常に唯一の過程が律速になるとは限らない。二つ以上の過程の抵抗を考慮しなければならない場合も少なくない。このような場合の積分式は導けるが，速度パラメーターの推定は複雑になる[1]。

【例題 10・2】 硫化亜鉛の酸素による酸化反応の量論式は

$$3O_2 + 2ZnS \longrightarrow 2SO_2 + 2ZnO \tag{a}$$

で表わせる。半径 $R=0.85$ cm の球形固体試料を 903.2 K で 1 atm の空気を用いて酸化したところ，次表に示す結果が得られた[1]。未反応核モデルに従うものとして律速段階を推定し，反応完了時間と速度パラメーターを求めよ。ただし，固体のモル密度 $\rho_B = 0.04238$ mol·cm^{-3} である。

反応時間 t [s]	660	1380	2460	3900	5640	6540
反応率 x_B [−]	0.169	0.341	0.552	0.756	0.903	0.959

【解】 式(a)と式(10・1)を比較すると，量論係数 $b=2/3$ になる。式(10・23)，(10・26) ならびに式(10・29)の右辺の関数を計算して，それらを t に対してプロットした結果を図 10・5 に示す。表面反応に対するプロットが原点を通る直線になったから，表面反応律速であると結論できる。直線の傾きは $1/t^*$ に等しいから，式(10・28)より

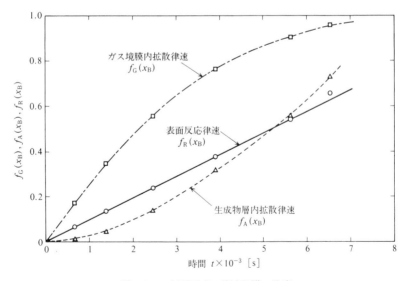

図 10・5 気固反応の律速段階の決定

---

1) A. N. Gokarn, L. K. Doraiswamy, *Chem. Eng. Sci.*, **26**, 1521 (1971).

$$1/t^* = bC_{Ab}k_s/\rho_B R = 9.583 \times 10^{-5}\,\text{s}^{-1} \tag{b}$$

$$\therefore\ t^* = 1/(9.583 \times 10^{-5}) = 10\,435\,\text{s} = 2.90\,\text{h}$$

さて，

$$C_{Ab} = \frac{p_{Ab}}{RT} = \frac{(1 \times 1.013 \times 10^5)(0.21)}{(8.314)(903.2)} = 2.833\,\text{mol}\cdot\text{m}^{-3}$$

$$R = 0.85\,\text{cm} = 8.5 \times 10^{-3}\,\text{m}$$

$$\rho_B = 0.04238\,\text{mol}\cdot\text{cm}^{-3} = 4.238 \times 10^4\,\text{mol}\cdot\text{m}^{-3}$$

これらの値を式(b)に代入すると

$$k_s = 9.583 \times 10^{-5}\frac{\rho_B R}{bC_{Ab}} = \frac{(9.583 \times 10^{-5})(4.238 \times 10^4)(8.5 \times 10^{-3})}{(2/3)(2.833)}$$

$$= 1.83 \times 10^{-2}\,\text{m}\cdot\text{s}^{-1}$$

10・6　気固反応装置

10・6・1　気固反応装置の分類

　化学工業，窯業，冶金工業などの広い分野において，種々の形式の気固反応装置が用いられている．気体と固体の接触方式によってそれらを分類すると，(a)固定層型，(b)移動層型，(c)流動層型，(d)気流型，(e)回転炉型，(f)多段炉型，などに大別できる．図10・6に代表的な気固反応装置を示す．気固反応では反応の進行に伴い固体が変化するので，固体原料を連続的に供給・排出する場合が多い．固定層を除いた他の反応装置はすべて固体について連続的に操作できる．

　(a)　固定層型は固体を充塡した反応層を外部より加熱して気固反応を起こす型式であり，石炭の乾留によるコークスの製造に採用されている．

　(b)　移動層型は固体が重力により降下する垂直型と，移動ベルト上に乗って動く場合に分かれる．気体は固体の流れに対して向流，並流あるいは十字流の様式で接触する．鉄鉱石を還元して銑鉄を製造する溶鉱炉は巨大な移動層型反応装置である．鉄鉱石と還元剤になるコークスと石灰を交互に層状になるようにして炉上部より送入し，下部より熱風を送って還元反応を進行させて，炉底部より銑鉄と不純物のスラグを間けつ的に取り出す．

　(c)　流動層型は伝熱能力に優れているが，反応収率が低いという欠点をもっている．気体と固体が高温度のままで排出されるから，熱回収に注意しなければならない．硫化鉱の焙燃，石炭のガス化，活性炭の製造などに流動層が用いられている．

（d） 気流型は微粉状の固体を気流によって吹き飛ばしながら反応させる装置である。微粉炭の乾留・ガス化などに適用されている。

（e） 回転炉型はセメント製造のロータリーキルンで代表される装置である。ロータリーキルンは，ゆるい傾斜で横に置いた円筒型容器を低速で回転させて，粒子とガスを連続的に供給する装置である。気体と固体の熱交換と反応が主として固体層の表面で行なわれるので効率が低く，装置は大型になる欠点がある。セメントの焼成，石灰石焼成などに用いられている。

（f） 多段炉型は，塔頂部から供給された固体粒子が，かき落とし翼の回転に伴って段上を移動して，つぎつぎと下の段に落下しながら気体と接触して反応する装置である。鉱石の焙焼，か焼，活性炭の製造と再生などに用いられる。

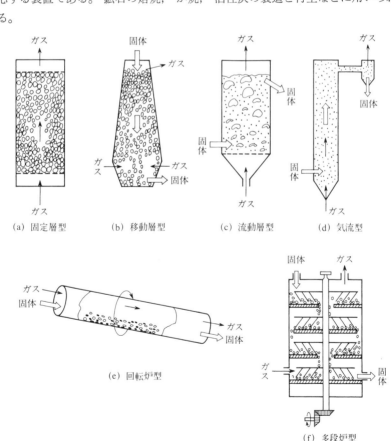

図 **10·6** 気固反応装置

10·6·2 気固反応装置内の流動状態

気固反応装置内の気相および固相の流動状態は複雑であるが，ここでは気相および固相が押出し流れか完全混合流れのいずれかで近似できると考えて，気固反応装置を分類してみる。

(a) 気相，固相ともに押出し流れ 移動層型，気流型，回転炉型ならびに多段炉型などはこれに属する。固体原料の粒子径が均一であるときと，分布をもつ場合とがある。気相における反応成分の濃度は流体の流れ方向にそって変化するが，両相の接触時間が短い場合には，気相の濃度は近似的に一定とおける。固体がベルト上に乗って横方向に移動し，ガスが下方より一様に流される反応装置では気相濃度は一定になる。

(b) 固相が完全混合流れ 流動層がこれに属する。固体粒子はマクロ流体として挙動し，滞留時間が不均一であるから，8·5 節において述べた設計法が適用できる。流動層の気相の流動状態は複雑であるが，以下の装置設計では完全混合であるとみなす。したがって連続流動層内の気相濃度は一定としてよい。

10·7 気固反応装置の設計

10·7·1 流動層型反応装置

均一な粒径をもった粒子が定常的に送入・排出される流動層を考える。解析を簡単にするために，流動層は気相，固相ともに完全混合流れであって，反応は未反応核モデルに従うと仮定する。流動層内の固体粒子はマクロ流体として挙動し，それぞれの粒子の滞留時間は一様ではなく分布をもつ。この場合には 8·5 節で述べた設計法が適用できる。

1個の固体粒子が反応装置内に時間 t の間滞留し，そこで常に一定の組成をもつガスと接触しながら反応して排出されたときの反応率 $x_B(t)$ は式(10·18)で与えられる。しかしながら流動層内の粒子の滞留時間分布は一様ではなく，分布をもつことを考慮する必要がある。いま，反応装置の滞留時間分布を $E(t)$ で表わすと，反応装置出口における平均の未反応率 $(1-\bar{x}_B)$ は

$$1-\bar{x}_B = \int_0^\infty [1-x_B(t)]E(t)dt, \quad x_B(t) \leq 1.0 \quad (10·45)$$

で表わせる。ここで注意すべきことは，たとえば式(10·23)から明らかなように，反応完了時間 t^* よりも長く装置内に滞留した粒子について x_B を形式的に

計算すると 1.0 を超えるという不都合が起こることである。それを避けるには，t^* 以上の滞留時間をもつ粒子が式(10·45)の積分値に寄与しないように除外すればよい。すなわち次式に示すように，積分の上限を t^* に変更すれば上記の不都合は解消する。

$$1-\bar{x}_B = \int_0^{t^*} [1-x_B(t)] E(t) dt \qquad (10·46)$$

流動層内の粒子の挙動が完全混合流れであると仮定すると，次式

$$E(t) = e^{-t/\bar{t}}/\bar{t} \qquad (8·26)$$

が成立する。ここで $\bar{t}$ は粒子の平均滞留時間を表わす。

式(8·26)を式(10·46)に代入すると

$$1-\bar{x}_B = \int_0^{t^*} [1-x_B(t)] \frac{e^{-t/\bar{t}}}{\bar{t}} dt \qquad (10·47)$$

式(10·18)を x_B について解いて t の関数として表わしておいて，それを式(10·47)に代入し，積分を実行すると一般解が得られるが複雑になる。ここでは三つの律速段階に応じて式(10·47)の定積分を求める。

(a) **ガス境膜内拡散律速** 式(10·23)を式(10·47)に代入すると

$$1-\bar{x}_B = \int_0^{t^*} \left(1-\frac{t}{t^*}\right) \frac{e^{-t/\bar{t}}}{\bar{t}} dt \qquad (10·48)$$

となり

$$\bar{x}_B = (\bar{t}/t^*)(1-e^{-t^*/\bar{t}}) \qquad (10·49)$$

が得られる。ただし t^* は，式(10·22)によって与えられる。

(b) **生成物層内拡散律速** 式(10·26)を式(10·47)に代入し，積分変数 t を $y=(1-x_B)^{1/3}$ に変換すると

$$1-\bar{x}_B = \frac{6 t^*}{\bar{t}} \int_0^1 (y^4-y^5) \exp\left[-\frac{t^*}{\bar{t}}(1-3y^2+2y^3)\right] dy \qquad (10·50)$$

が得られる。この積分を解析的に行なうことが困難であるので，被積分関数の中の指数関数の部分を展開して積分すると，次の近似式が得られる[1]。ただし t^* は式(10·25)から計算する。

$$\bar{x}_B = 1 - \frac{1}{5}\left(\frac{t^*}{\bar{t}}\right) + \frac{19}{420}\left(\frac{t^*}{\bar{t}}\right)^2 - \frac{41}{4620}\left(\frac{t^*}{\bar{t}}\right)^3 + \frac{179}{120120}\left(\frac{t^*}{\bar{t}}\right)^4 - \cdots \qquad (10·51)$$

(c) **表面反応律速** 式(10·29)を式(10·47)に代入し積分すると，次の関係が得られる[1]。

---

1) S. Yagi, D. Kunii, *Chem. Eng. Sci.*, **16**, 372(1961).

10·7 気固反応装置の設計

$$1-\bar{x}_B = \int_0^{t^*}\left(1-\frac{t}{t^*}\right)^3 \frac{e^{-t/\bar{t}}}{\bar{t}}\,dt \tag{10·52}$$

$$\therefore\ \bar{x}_B = 3\frac{\bar{t}}{t^*} - 6\left(\frac{\bar{t}}{t^*}\right)^2 + 6\left(\frac{\bar{t}}{t^*}\right)^3(1-e^{-t^*/\bar{t}}) \tag{10·53}$$

図 10·7 に,三つの律速段階について $\bar{t}/t^*$ と $\bar{x}_B$ との関係を示す†。この図を用いると,所定の反応率に達するのに必要な平均滞留時間 $\bar{t}$ が求まり,均一粒径の粒子が供給・排出される気固流動層の設計が可能になる。

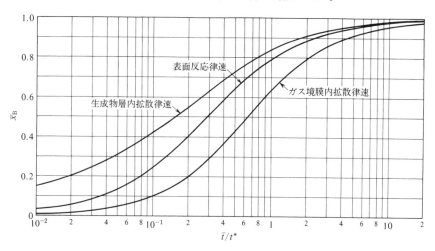

図 10·7 完全混合流れ型の気固反応器の平均反応率と平均滞留時間の関係

【例題 10·3】 図 10·6(c) に示す流動層型反応装置で

$$A(g) + bB(s) \longrightarrow D(s)$$

で表わされる気固反応を行なう。均一粒径の固体粒子を連続的に供給する。予備実験を流動層内の粒子の質量が 1 kg の小型実験装置で行なった。粒子供給速度を 3.333×10^{-4} kg·s^{-1} にしたところ,出口の平均反応率は $\bar{x}_B=0.8$ となった。この反応は生成物層内拡散が律速段階である。

いま,この粒子を 0.556 kg·s^{-1} の速度で流動層に供給し,反応率を $\bar{x}_B=0.95$ にしたい。そのときの流動層の大きさを求めよ。ただし,粒子層の静止時の層高 L_0 は塔径 D_T の 1/2 とする。そのときの空隙率 ε_0 は 0.4 である。平均滞留時間の計算を簡単にするために,粒子の密度 ρ_p は反応の進行によって変化せずに 2500 kg·m^{-3} とする。

【解】 小型流動層の粒子の平均滞留時間 $\bar{t}_1$ は

---

† 図 10·7 の生成物層内拡散律速の曲線は,式 (10·50) を数値積分して得た。

$$\bar{t}_1 = 1/3.333 \times 10^{-4} = 3\,000\,\text{s}$$

図 10·7 の生成物層内拡散律速の曲線から $\bar{x}_{B1} = 0.8$ に対する横軸 $\bar{t}_1/t^*$ は 0.76 であるから

$$t^* = \bar{t}_1/0.76 = 3\,000/0.76 = 3947\,\text{s}$$

一方,大型流動層に対して要求されている反応率=0.95 を達成するのに必要な平均滞留時間 $\bar{t}_2$ は,図 10·7 から $\bar{t}_2/t^* = 3.6$ であるから

$$\bar{t}_2 = (3.6)(t^*) = (3.6)(3947) = 1.421 \times 10^4\,\text{s}$$

よって必要な粒子の質量 M [kg] は,粒子供給速度を W [kg·s^{-1}] にすると

$$M = W\bar{t}_2 = (0.556)(1.421 \times 10^4) = 7.90 \times 10^3\,\text{kg}$$

塔径を D_T とすると

$$(\pi D_T^2/4)(D_T/2) = M/\rho_p(1-\varepsilon_c)$$

が成立する。上式より D_T を求める。

$$D_T = \left[\frac{8M}{\pi\rho_p(1-\varepsilon_c)}\right]^{1/3} = \left[\frac{(8)(7.90 \times 10^3)}{(3.14)(2500)(1-0.4)}\right]^{1/3} = 2.38\,\text{m}$$

10·7·2 移動層型反応装置

気相,固相がともに押出し流れであるとする。気・固相の接触時間が短い場合には反応器内でのガスの濃度変化は小さく,一定と近似することができる。このとき,固体粒子径が均一であるとすると,単一粒子が一定濃度の気体に接触する場合について導いた 10·2 節の諸関係が直ちに適用できる。すなわち式(10·18)の反応時間 t を,固体粒子の滞留時間に置換すれば反応装置出口における固体の反応率が得られる。これに対して,固体粒子径に分布があると,各粒径について反応率を求め,さらにそれらの平均値を算出しなければならない。このような場合を次の(a)において取り扱う。しかしながら,一般的にはガス濃度は軸方向に不均一になるから,式(10·14)によって与えられる t^* の中に含まれている C_{Ab} の変化を考慮しなければならない。(b)において,粒子径が一定で気相濃度が軸方向に変化する場合を考える。

(a) **粒径分布があって,気相濃度が一定の場合** 粒径分布をもった固体原料があって,その粒径分布が離散型のヒストグラムで表わされるとする。

反応器への粒子の供給速度を F_m [kg·s^{-1}] で表わし,その中で粒子半径が R_i の粒子の流量を $F_m(R_i)$ であるとすると

$$F_m = \sum_0^{R_{\max}} F_m(R_i) \tag{10·54}$$

と書ける。ここで $R_{\max}$ は原料中の最大の粒子半径を表わす。

10·7 気固反応装置の設計

固相の滞留時間を t_p とすると，各粒子の反応率は粒径 R_i と t_p の関数となって $x_B(R_i, t_p)$ と書ける。未反応核モデルが成立する場合には，式(10·18)にその一般的な関係が表わされている。固体粒子の平均反応率は t_p のみの関数となるから $\bar{x}_B(t_p)$ と書くことにする。いま，反応器出口における未反応の固体成分 B に着目すると，次の関係が成立する。

$$1-\bar{x}_B(t_p) = \sum_{R_c}^{R_{\max}} [1-x_B(R_i, t_p)] \frac{F_m(R_i)}{F_m} \qquad (10\cdot 55)$$

ここで R_c は反応器に滞留している間に完全に反応が完了した粒子を除いた粒子の中で最も小さい粒子径を表わす。式(10·55)の右辺の和は反応器出口において完全に反応が完了した粒子を除外し，原料成分 B が残存している粒子群についてのみ和をとることを意味している。

【例題 10·4】 一定速度で横方向に移動する鉄格子上に固体原料を連続的に供給する。固体は鉄格子上に薄層となっている。一方，ガスは下部より垂直上方に一様に送られる。このようにして固体粒子と一定濃度のガスが十字流状に一定時間だけ接触して気固反応が起こる。

いま，例題10·1で与えられた3種類の固体粒子が質量分率にして等量混合された原料を上記の反応器に供給し，例題10·1と同一の反応条件下で反応させる。ただし，固体の滞留時間は 10 min であるとする。反応器出口における固体原料成分 B の平均反応率を求めよ。

【解】 各粒子の反応完了時間 t_i^* は，すでに計算したように

$$R_1 = 0.5\,\text{mm}, \quad t_1^* = 6.06\,\text{min}$$
$$R_2 = 1\,\text{mm}, \quad t_2^* = 12.1\,\text{min}$$
$$R_3 = 1.5\,\text{mm}, \quad t_3^* = 18.2\,\text{min}$$

滞留時間 $t_p = 10\,\text{min}$ であるから，$R_1 = 0.5\,\text{mm}$ の粒子はすでに反応が完了している。したがって，式(10·55)の R_c は $R_2 = 1\,\text{mm}$ の粒子になる。

表面反応律速であるから，式(10·29)を変形した式(a)から未反応率 $1-x_B(R_i, t_p)$ が計算できる。

$$1-x_B(R_i, t_p) = (1-t_p/t_i^*)^3 \qquad (\text{a})$$

$$\left.\begin{array}{l} R_2 = 1\,\text{mm}, \quad 1-x_B(R_2, t_p) = (1-10/12.1)^3 = 5.23\times 10^{-3} \\ R_3 = 1.5\,\text{mm}, \quad 1-x_B(R_3, t_p) = (1-10/18.2)^3 = 0.0915 \end{array}\right\} \qquad (\text{b})$$

3種類の粒子が等量ずつ混合されているから

$$F_m(R_2)/F_m = F_m(R_3)/F_m = 1/3 \qquad (\text{c})$$

式(b), (c)を式(10·55)に代入すると

$$1-\bar{x}_B = (5.23\times 10^{-3})(1/3) + (0.0915)(1/3) = 0.0322$$

$$\therefore \bar{x}_B = 0.968$$

したがって反応器出口における平均反応率は 96.8% である。

(b) 均一粒径で気相濃度が変化する場合

図 10·8 に示した向流型の移動層を考える。層内は等温状態にあり,気体と粒子はともに押出し流れであるとする。図 10·8 のように記号を定めて dz の微小区間について物質収支をとる。

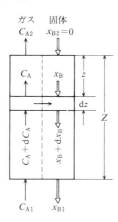

図 **10·8** 移動層反応装置の物質収支

まず,ガス相中の原料成分 A について塔断面積当りを考えると,次式

$$u_G[C_A + (dC_A/dz)dz] - u_G C_A + r_{Ab}\, dz = 0$$

が得られる。すなわち

$$u_G(dC_A/dz) = -r_{Ab} \tag{10·56}$$

ここで C_A は空塔体積基準の A の濃度 [mol·m^{-3}],r_{Ab} は層体積基準の A の反応速度 [mol·m^{-3}·s^{-1}],u_G は空塔基準のガス線速度 [m·s^{-1}] である。

固体成分 B についての物質収支式は次式で表わせる。

$$(G_S w_B / M_B)[(1 - x_B) - \{1 - x_B - (dx_B/dz)dz\}] + r_{Bb}\, dz = 0$$

したがって

$$\frac{dx_B}{dz} = (-r_{Bb}) \frac{M_B}{G_S w_B} \tag{10·57}$$

ここで x_B は固体成分 B の反応率,G_S は固体原料の空塔基準の質量速度 [kg·m^{-2}·s^{-1}],M_B は B の分子量 [kg·mol^{-1}],w_B は固体中の B の質量分率,r_{Bb} は層体積基準の B の反応速度 [mol·m^{-3}·s^{-1}] である。

10・7 気固反応装置の設計

式(10・1)の量論関係より

$$-r_{Ab} = -r_{Bb}/b \tag{10・58}$$

式(10・56)に式(10・58)を代入し，式(10・56)と式(10・57)より反応速度項を消去すると

$$u_G \frac{dC_A}{dz} = \frac{G_S w_B}{bM_B} \cdot \frac{dx_B}{dz} \tag{10・59}$$

が得られる。この式を塔頂における境界条件

$$z=0, \quad C_A = C_{A2}, \quad x_{B2}=0 \tag{10・60}$$

を用いて積分すると，A の濃度 C_A と固体 B の反応率 x_B が次の1次式で関係づけられる。

$$C_A = C_{A2} + \frac{G_S w_B}{bM_B u_G} x_B \tag{10・61}$$

さらに，塔底における境界条件を用いると次の関係が成立する。

$$C_{A1} = C_{A2} + \frac{G_S w_B}{bM_B u_G} x_{B1} \tag{10・62}$$

次に反応速度 r_{Bb} を未反応核モデルを用いて表現する。まず，移動層の単位体積当りに存在する半径 R の粒子の個数 n_p は

$$n_p = \frac{1-\varepsilon_b}{(4/3)\pi R^3} = \frac{3(1-\varepsilon_b)}{4\pi R^3} \tag{10・63}$$

で表わせる。ここで ε_b は移動層の空隙率である。

一方，粒子1個についての反応速度 r_{pB} は式(10・20)より求まり，$-r_{Bb}$ は $(-r_{pB})n_p$ に等しい。ただし移動層では C_{Ab} は一定でなく，式(10・61)と式(10・62)によって x_B の関数になることに注意すると，

$$-r_{Bb} = \frac{3b(1-\varepsilon_b)}{R} \cdot \frac{C_{A1} + \dfrac{G_S w_B}{bM_B u_G}(x_B - x_{B1})}{\left(\dfrac{1}{k_C} - \dfrac{R}{D_{eA}}\right) + \dfrac{R}{D_{eA}}(1-x_B)^{-1/3} + \dfrac{1}{k_s}(1-x_B)^{-2/3}} \tag{10・64}$$

のように反応速度が表現できる。

式(10・64)を式(10・57)に代入すると，所定の反応率 x_{B1} を得るに必要な移動層の高さ Z が次式によって計算できる。

$$Z = \frac{G_S w_B}{M_B} \int_0^{x_{B1}} \frac{dx_B}{-r_{Bb}} \tag{10・65}$$

上式の定積分を解析的に算出することも可能であるが，複雑になるから数値積分によるのがよい。

問題

10・1 球形固体粒子1個を熱天秤式の反応器内につるし，試料の反応率変化を測定した。反応成分の反応率が50%になった時間が1hであり，また，反応完了時間は4.9hであった。未反応核モデルに従うとして反応の律速段階を推定せよ。

10・2 $$A(g) + B(s) \longrightarrow D(s)$$
で表わされる気固反応が半径 $R=1.5\,\mathrm{mm}$ の固体粒子を用いて行なわれた。本反応は未反応核モデルで表わされ，生成物層内でのガスAの拡散が律速である。未反応核の半径 r_C が $0.75\,\mathrm{mm}$ になるのに $12\,\mathrm{min}$ かかった。生成物層内でAの有効拡散係数 D_{eA} の値を求めよ。ただし，圧力は $101.3\,\mathrm{kPa}$，温度は $1000\,\mathrm{K}$，気体中のAのモル分率は 21%，Bのモル密度は $4\times10^4\,\mathrm{mol\cdot m^{-3}}$ である。

10・3 粒径の異なった2個の粒子をそれぞれ同一の反応条件下で2h反応させたとき，直径が $3\,\mathrm{mm}$ の粒子は 46% 反応し，$1\,\mathrm{mm}$ の粒子は 91.3% 反応した。本反応は未反応核モデルに従うとして次の問に答えよ。ただし，ガス境膜物質移動係数 k_C は粒子径に反比例する。
 （a） 律速段階はどの過程か。
 （b） 直径 $2\,\mathrm{mm}$ の粒子の反応完了時間を求めよ。

10・4 半径 $R_1=3\,\mathrm{mm}$ の固体粒子が一定濃度 C_{A0} の気体Aと接触して反応する。この気固反応は未反応核モデルに従うとする。反応完了時間 $t_1^*=120\,\mathrm{min}$，生成物層内の気体Aの有効拡散係数 $D_{eA}=5\times10^{-6}\,\mathrm{m^2\cdot s^{-1}}$，未反応核表面での反応速度定数 $k_s=0.02\,\mathrm{m\cdot s^{-1}}$ である。ただし，ガス境膜内での拡散抵抗は無視できる。$R_2=6\,\mathrm{mm}$ の固体粒子を用いたときの反応完了時間 t_2^* と固体の反応率が 87.5% になる時間 t を求めよ。

10・5 $$3A(g) + 2B(s) \longrightarrow 2C(g) + 2D(s)$$
で表わされる気固反応で，固体粒子の半径を変化させて，反応完了時間 t^* を測定して下表の結果を得た。未反応核モデルに従うものとして粒内有効拡散係数 D_{eA} と表面反応速度定数 k_s の値を求めよ。ただし，粒子外表面でのガス境膜内拡散抵抗は無視できる。

（データ） 固体Bのモル密度 $\rho_B=4\times10^4\,\mathrm{mol\cdot m^{-3}}$，ガスAの濃度 $C_{Ab}=3\,\mathrm{mol\cdot m^{-3}}$

R [mm]	2.5	4	5	8
t^* [h]	2.41	5.56	8.32	19.8

10・6 直径 $4\,\mathrm{mm}$ のZnS粒子を $1\,\mathrm{atm}$，$1000°\mathrm{C}$ において 10% の酸素を含むガスによって焙焼する。反応式は次式で表わせる。
$$3O_2 + 2ZnS \longrightarrow 2ZnO + 2SO_2$$
反応時間 t と固体の反応率 x_B の関係を次表に示す。本反応は未反応核モデルに従い，ガス境膜抵抗は無視できる。本反応の律速段階を推定し，速度パラメーター（D_{eA} あるいは k_s）と反応完了時間 t^* の値を求めよ。ただし，ZnSの密度 $\rho_P=4130\,\mathrm{kg\cdot m^{-3}}$，ZnSの分子量 $=97.45\times10^{-3}\,\mathrm{kg\cdot mol^{-1}}$ である。

t [min]	15	35	81	220
x_B [−]	0.35	0.5	0.7	0.95

10・7 直径 0.1 mm のグラファイト粒子を 1000℃, 1 atm の空気中で燃焼させる。粒子径が 1/2 になるまでの時間 $t_{1/2}$ と, 粒子が完全に燃えつきるまでの時間 t^* を計算せよ。ただし, ガス境膜物質移動係数 k_{C0} は $k_{C0}d_p/D_{Am}=2$ [式(9・9)参照] より計算してよい。

(データ) グラファイトの密度 $\rho_p=2200$ kg·m^{-3}, 1000℃ における表面反応の速度定数 $k_s=0.7$ m·s^{-1}, 空気中における酸素の分子拡散係数 $D_{Am}=1.79\times10^{-4}$ m^2·s^{-1} (1000℃)

10・8 完全混合流れが仮定できる連続流動層反応器で均一粒径からなる固体粒子を反応させたところ平均反応率 $\bar{x}_B$ は 40% であった。反応率を 80% にするには, 平均滞留時間 $\bar{t}$ を何倍にすればよいか。反応は未反応核モデルに従い, 表面反応律速とする。

10・9 直径 2 mm の粒子を 10 min 反応させたところ 80% の反応率が得られた。この粒子を連続流動層反応器に供給して同一の平均反応率を得たい。平均滞留時間 $\bar{t}$ を求めよ。ただし, 本反応は未反応核モデルに従い, 反応条件は同一であり, 表面反応律速とする。次に, 直径が 3 mm の粒子を用いたときの $\bar{t}$ を求めよ。反応の律速段階は変わらないとする。

10・10 ある気固反応において, 直径 2 mm の固体試料の反応率が 87.5% になる反応時間が 4 min であった。この反応は未反応核モデルの表面反応律速の式によって表わせる。直径 1 mm と 2 mm の固体粒子がそれぞれ 50 wt% 含まれた原料を連続流動層に供給して反応させる。2 種類の粒子の平均滞留時間がともに 24 min のとき, 反応器出口での固体の平均反応率を求めよ。

10・11 $$3A(g) + 2B(s) \longrightarrow 2C(g) + 2D(s)$$
で表わされる気固反応を連続流動層を用いて行なう。直径が 2 mm と 4 mm の固体粒子をそれぞれ 50 wt% ずつ含む原料を連続的に反応器に供給したとき, 反応器出口での固体 B の平均反応率は 82.5% であった。2 種類の粒子の平均滞留時間はともに 180 min であった。また, 固体相とガス相は完全混合流れとしてよい。なお, 本反応は未反応核モデルで表わされ, 表面反応が律速である。反応条件は以下のとおりである。

反応温度 $T=900$ K, 全圧 $P_t=101.3$ kPa, 固体中の成分 B のモル密度 $\rho_B=5\times10^4$ mol·m^{-3}, ガス中の成分 A の分圧 $p_A=21.27$ kPa。

(a) 各粒子の反応完了時間の t_1^* と t_2^* を求めよ。
(b) 表面反応の反応速度定数 k_s の値を求めよ。

10・12 直径が 1 mm の粒子が 30 wt%, 2 mm 粒子が 30 wt%, 残りが 4 mm 粒子からなる混合粒子を移動層型反応器に供給して, ガスと接触させて気固反応を起こさせる。ガス組成は反応器内でほとんど変化せず, 一定であるとしてよい。ただし, 本反応は未反応核モデルに従い, 表面反応律速であって, 4 mm (直径) 粒子の反応完了時間は 2 h であった。固体の平均反応率を (a) 95%, (b) 100% にしたい。それぞ

れについて固体粒子の滞留時間を求めよ。

10・13 粒径分布をもつ固体粒子を一定速度で移動する鉄格子状の反応装置に定常的に供給する。鉄格子上に固体は薄層状に乗せられて横方向に移動する。ガスは下部より垂直上方に一様に送られ、常に一定の濃度で固体と十字流状に接触して気固反応が起こる。固体粒子の質量基準の粒径分布と各粒子の反応完了時間を次表に示す。この気固反応は未反応核モデルによって表わせるものとし、さらにガス境膜抵抗は無視できるものとする。

（a） 本反応の律速段階はどの過程にあるか。
（b） 粒子の滞留時間を 16 min としたときの排出固体粒子の平均反応率を計算せよ。

粒子の質量分率 [%]	粒子半径 R [cm]	反応完了時間 t^* [min]
30	0.005	5
60	0.010	20
10	0.015	45

10・14 球形固体粒子1個を熱天秤型反応器につるし、30 min 間反応させたところ固体の反応率は 78.4% になった。この気固反応は表面反応律速である。反応完了時間を求めよ。次に、この固体粒子を連続気固反応器に供給したときの平均反応率 $\bar{x}_B$ を求めよ。ただし、固体の滞留時間分布関数 $E(t)$ は図 10.9 に与えられる。なお、本反応は未反応核モデルに従い、反応器内の気体成分の濃度は近似的に一定とみなせる。

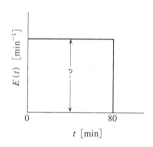

図 10・9 固体の滞留時間分布関数 $E(t)$

10・15 $4A(g) + B(s) \longrightarrow 3C(s) + 4D(g)$ で表わされる気固反応を直径 20 cm の向流移動層で行なう。塔頂より純粋な固体 B からなる粒子が $3 \text{kg} \cdot \text{h}^{-1}$ の速度で供給される。分子量 $M_B = 231 \times 10^{-3} \text{kg} \cdot \text{mol}^{-1}$、粒子半径 $R = 2 \text{mm}$、層空隙率 $\varepsilon_b = 0.45$ である。一方、ガス A が塔底より供給され、その線速度は $150 \text{m} \cdot \text{h}^{-1}$ である。反応温度 $T = 600°C$、圧力 $P_t = 1.5 \text{atm}$ である。ただし、本反応は未反応核モデルに従い、表面反応律速で $k_s = 3 \times 10^{-5} \text{m} \cdot \text{s}^{-1}$ である。反応率を 80% にするための層高 Z を求めよ。

11 気液反応と気液固触媒反応

　本章では，気相中の反応成分が液相中に溶解しながら反応する気液反応，ならびに液相中に溶解したガス成分と液成分が固体触媒表面で反応する気液固触媒反応を取り上げる。気液反応は，気相中の特定のガス成分の吸収除去を目的とする場合と，液相における反応によって新しい液生成物あるいは気体生成物を得ることを主目的にする場合とに分かれる。前者はアルカリ性水溶液による二酸化炭素の吸収にみられるように，物理吸収を促進するために液相中の化学反応が利用されている場合であって，反応吸収あるいは化学吸収とも呼ばれている。これに対して，後者に属する気液反応の代表的な工業実施例としては液相空気酸化反応，塩素化反応，オキソ反応などがあげられる。

　気液反応においては，気液界面近傍の液境膜内で気液両成分の拡散ならびに反応が同時に起こり，両者の速度の相対的な大小関係によって反応成分の濃度分布は変化し，総括反応速度式の形も異なってくる。本章では，比較的簡単に解析解が求まる場合について総括反応速度式を導く。一方，気液固触媒反応では気液界面ならびに粒子表面の液境膜内での反応成分の拡散と触媒上での反応が直列に起こり，これらの物質移動現象が総括反応速度に影響する。

　さらに，気液・気液固触媒反応装置においては，気相と液相の接触様式と各相内の流動状態の組合せが多様になり，一般的な設計理論を展開することが困難になる。ここでは，流動状態を理想化した初歩的な設計法について述べる。

11·1　気液反応の領域

$$\mathrm{A(g)} + b\mathrm{B(l)} \longrightarrow \mathrm{R(l)} \tag{11·1}$$

で表わされる気液反応を考える。この反応が起こるには，まずガス相の原料成

分 A が気液界面近傍の液相中に溶解し，液本体に向かって拡散しなければならない。その途中において，溶解した A の一部は液中の原料成分 B と反応し，未反応の A は液本体において反応する。このように気液間の反応は，化学反応のほかに拡散という物理現象の影響を受ける。

気液反応を解析する最も簡単なモデルは，気液界面に隣接してガス境膜と液境膜を考える境膜説である。ガス境膜および液境膜内では分子拡散によって物質移動が起こり，さらに気液界面において成分 A のガス分圧 p_{Ai} と液濃度 C_{Ai} との間には平衡関係が成立すると仮定する。しかし，実際の現象は境膜説で考えるよりはるかに複雑である。現象をより忠実に考慮した浸透説，表面更新説などの理論も提出されているが，幸いなことに，境膜説による吸収速度と浸透説その他の理論から計算される吸収速度の間には大差はなく，数 % の範囲内でこれらの理論値は一致する。それゆえ本章では，計算の簡単な境膜説に基づいて解析する。

境膜近傍における成分 A および B の濃度分布は，拡散速度と反応速度の相対的な大小関係により図 11·1 に示すように分類できる[1]。

（a） **瞬間反応領域** 反応速度が非常に大きく，瞬間反応とみなせる場合には，A と B が出会った瞬間に反応が完結する。したがって，図 11·1 (a) に示すように液境膜内のある位置で A および B の濃度は 0 になる。液濃度が高くなるにつれて反応界面は気液界面に向かって移動し，ある濃度以上では，図 11·1 (b) に示すように気液界面に一致する。この場合はガス境膜の物質移動が律速段階になる。

（b） **液境膜内迅速反応領域** 反応が迅速であって，液境膜内で反応が完結し，液本体内での反応が無視できる場合である。一般には図 11·1 (c) に示すように液境膜内部において A および B の濃度分布は急激に変化する。しかし成分 B が過剰に存在すると，境膜内反応による B の濃度減少は小さく，図 11·1 (d) に示すように $C_B \cong$ 一定 と近似できて，見掛け上反応速度は C_A にのみ依存するようになり，擬 1 次反応としての取扱いが可能になる。

（c） **中間的反応領域** 反応速度が比較的遅い場合には，図 11·1 (e) に示すように液境膜内で反応は完結せずに，引き続き液本体においても反応が起こる。この場合においても B の濃度が高くなると A に対する擬 1 次反応と近似できる [図 11·1 (f)]。

---

1) O. Levenspiel, "Chemical Reaction Engineering", 2nd ed., p. 412, John Wiley (1972).

11·1 気液反応の領域

(**d**) **遅い反応領域** 反応速度が遅くなると液境膜内での反応量は無視できるようになり，反応はおもに液本体内で起こる．したがって，図 11·1(g) に示すように液境膜内の濃度分布は直線的に減少する形をとり，一方 B の濃度は一定値を保つ．なお，このときに液量が十分にあると，溶解した A はすべて液本体における反応によって消費されて，$C_{AL}=0$ となる．反応が極端に遅くなると，相対的に拡散速度が大きくなり，液境膜内の A の濃度分布は平坦になり，極限において図 11·1(h) に示すようになる．

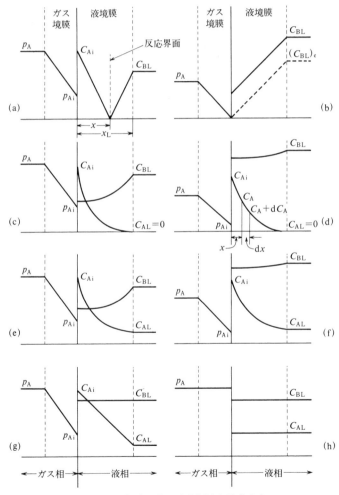

図 11·1 気液反応の速度領域と濃度分布

11・2　気液反応の総括反応速度式

前節で述べた気液反応の各領域に共通に適用できる一般的な総括反応速度式は導かれていないので，比較的簡単に解析解が求まる場合について総括反応速度式を求める。

11・2・1　瞬　間　反　応

図11・1 (a) に示したように，液境膜の厚さを x_L とする。その内部の $x=x$ の点において，AとBが出会って瞬間的に反応が完結すると考えると，AとBの濃度は x において 0 となるような直線で表わされる。単位界面積当りの成分AとBの拡散速度 N_A と N_B [mol·m^{-2}·s^{-1}] は，それぞれ

$$N_A = D_A(C_{Ai} - 0)/x \tag{11·2-a}$$

$$N_B = D_B(C_{BL} - 0)/(x_L - x) \tag{11·2-b}$$

によって表わされる。ここで C_{Ai} は気液界面でのAの濃度 [mol·m^{-3}]，C_{BL} は液本体でのBの濃度，D_A および D_B は成分AおよびBの液相での拡散係数 [m^2·s^{-1}] である。式(11·1)の量論式から

$$N_A = N_B/b \tag{11·3}$$

の関係が成立する。式(11·2)と式(11·3)を用いて反応界面の位置 x を x_L で表わすと式(11·4)が得られる。

$$\frac{x}{x_L} = 1 \Big/ \Big(1 + \frac{D_B}{bD_A} \cdot \frac{C_{BL}}{C_{Ai}}\Big) \tag{11·4}$$

この式を式(11·2-a)に代入すると

$$N_A = \frac{D_A}{x_L} C_{Ai}\Big(1 + \frac{D_B}{bD_A} \cdot \frac{C_{BL}}{C_{Ai}}\Big) \tag{11·5}$$

となる。式(11·5)の D_A/x_L は境膜説において成分Aの液境膜物質移動係数 k_L と定義されるものである。k_L を用いると式(11·5)は次のように書ける。

$$N_A = k_L C_{Ai}\Big(1 + \frac{D_B}{bD_A} \cdot \frac{C_{BL}}{C_{Ai}}\Big) \tag{11·6-a}$$

$$= k_L C_{Ai} \beta \tag{11·6-b}$$

ここに

$$\beta = 1 + \frac{D_B}{bD_A} \cdot \frac{C_{BL}}{C_{Ai}} \equiv 1 + q \tag{11·7-a}$$

ただし

$$q = D_B C_{BL}/bD_A C_{Ai} \tag{11·7-b}$$

一方，物理吸収の場合の吸収速度は式(11·8-a)で表わされ，特に吸収液の量

11・2 気液反応の総括反応速度式

が十分にある場合には,液本体中に溶解している気体 A の濃度 C_{AL} は小さく,式(11・8-b)が成立する。

$$N_A = k_L(C_{Ai} - C_{AL}) \tag{11・8-a}$$

$$N_A = k_L C_{Ai} \tag{11・8-b}$$

式(11・6-a)と式(11・8-b)を比較すると,反応を伴うときの吸収速度は物理吸収速度の $\beta\ (>1)$ 倍になっている。この β は反応係数(enhancement factor)と呼ばれ,反応による吸収速度の促進の度合を表わす係数である。各反応領域に対する反応係数を導くことができる。

さて,今までは液境膜のみに注目していたが,次にガス境膜における A の拡散速度を考えると,ガス相では反応が起こらないから,式(11・8-a)と類似な次式によって拡散速度 N_A が表わせる。

$$N_A = k_G(p_A - p_{Ai}) \tag{11・9}$$

さらに,気液界面で Henry の平衡式が成立すると仮定すると

$$p_{Ai} = H_A C_{Ai} \tag{11・10}$$

ガス相と液相における拡散速度は等しいから,式(11・6-a)の右辺と式(11・9)の右辺を等しいとおき,さらに式(11・10)の平衡式を用いて,測定が困難な p_{Ai} と C_{Ai} を消去する。

このようにして得られた式が,図 11・1(a) の濃度分布をもつ場合の気液界面積基準の A の消失速度(A の吸収速度)$-r_{As}$ に等しいから次式が成立する。

$$-r_{As} = N_A = \frac{p_A/H_A + (D_B/bD_A)C_{BL}}{(1/k_G H_A) + (1/k_L)} = K_G\left(p_A + \frac{H_A D_B}{bD_A}C_{BL}\right) \tag{11・11-a}$$

ただし,K_G は次式で定義されるガス側基準の総括物質移動係数である。

$$1/K_G = 1/k_G + H_A/k_L \tag{11・11-b}$$

もしも,液成分 B の濃度 C_{BL} が高いときには,式(11・4)より明らかなように,$x \to 0$ つまり反応界面は気液界面に接近して,液境膜内での成分 B の濃度分布は図 11・1(b) の破線で表わされる直線になり,$x=0$ において気・液両成分の濃度は 0 になる。この場合の液本体での B の濃度を $(C_{BL})_c$ で表わすと次式が成立する。

$$k_G(p_A - 0) = \frac{1}{b} \cdot \frac{D_B}{x_L}[(C_{BL})_c - 0] = \frac{D_B}{bD_A}k_L(C_{BL})_c$$

これより

$$(C_{BL})_c = (bD_A k_G/D_B k_L)p_A \tag{11・12}$$

液濃度が $(C_{BL})_c$ 以上に高くなってもガス境膜内の成分 A の濃度分布は不変で

あり，一方液境膜内の B の濃度分布は上方に平行移動して実線で表わされる分布をとる．いずれの場合においても吸収速度は変わらずに，ガス境膜内の濃度勾配に着目すると，吸収速度は次式のように表わせる．

$$-r_{As} = N_A = k_G p_A \quad (C_{BL} > (C_{BL})_c) \tag{11·13}$$

11·2·2 擬 1 次迅速反応

これは図 11·1(d) の場合に対応する．化学反応速度が $r = kC_A C_B$ で表わされる場合を考えて，気液界面から x と $(x+dx)$ の間で単位気液界面積当りについて，溶解したガス成分 A の物質収支をとると

$$-D_A \frac{dC_A}{dx} - \left[-D_A \frac{dC_A}{dx} - \frac{d}{dx}\left(D_A \frac{dC_A}{dx}\right)dx \right] - kC_{BL}C_A dx = 0 \tag{11·14}$$

が成立する．ここで C_{BL} は液本体における成分 B の濃度である．上式を整理すると次の微分方程式が得られる．

$$D_A(d^2C_A/dx^2) = kC_{BL}C_A \tag{11·15}$$

境界条件は

$$x = 0, \quad C_A = C_{Ai} \tag{11·16-a}$$

$$x = x_L, \quad C_A = 0 \tag{11·16-b}$$

式 (11·15), (11·16) を解くと，次式が得られる．

$$C_A = \frac{\sinh[\sqrt{kC_{BL}/D_A}\,(x_L - x)]}{\sinh(\sqrt{kC_{BL}/D_A}\,x_L)} \cdot C_{Ai} \tag{11·17}$$

単位気液界面積当りの A の吸収速度 $-r_{As}$ は $x=0$ における拡散速度に等しいから，式 (11·17) を x で微分すると

$$-r_{As} = \left(-D_A \frac{dC_A}{dx}\right)_{x=0} = \frac{D_A}{x_L} C_{Ai} \frac{x_L\sqrt{kC_{BL}/D_A}}{\tanh(x_L\sqrt{kC_{BL}/D_A})} = k_L C_{Ai} \frac{\gamma}{\tanh \gamma} \tag{11·18}$$

が得られる．ただし

$$k_L = D_A / x_L \tag{11·19-a}$$

$$\gamma = x_L \sqrt{kC_{BL}/D_A} = \sqrt{kC_{BL}D_A}/k_L \tag{11·19-b}$$

式 (11·18) を物理吸収速度を表わす式 (11·8-b) と比較すると，反応係数 β は次式によって与えられる．

$$\beta = \gamma / \tanh \gamma \tag{11·20}$$

γ は気液反応における重要なパラメーターである．その物理的意味は γ^2 について考えると明らかになる．すなわち

$$\gamma^2 = \frac{x_L^2 kC_{BL}}{D_A} = \frac{kC_{Ai}C_{BL}x_L}{(D_A/x_L)(C_{Ai}-0)} = \frac{(最大反応速度)}{(最大拡散速度)} \tag{11·21}$$

11・2 気液反応の総括反応速度式

のように γ^2 が書き表わせるから, $\gamma \gg 1$ の場合は, 境膜内におけるガス成分 A の拡散速度に比較して反応速度が大きいことを示す。

図 11・2 に式(11・20)で表わされる β と γ の関係を示す。 γ が 5 よりも大き

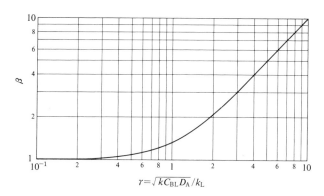

図 **11・2** 擬 1 次反応の反応係数

くなると, $\tanh \gamma \cong 1$ となって, 次式の関係が成立する。

$$\beta = \gamma \tag{11・22}$$

さらに式(11・18)は次のように書き改められる。

$$-r_{As} = C_{Ai}\sqrt{kC_{BL}D_A} \tag{11・23}$$

この式には物質移動係数 k_L は含まれていない。反応速度が大きくなると, 気液界面に隣接した液境膜部分で反応の大部分が完了するから, 液境膜厚さ x_L を規定する k_L ($x_L = D_A/k_L$) には無関係に見掛けの反応速度が決まるのである。

一方, γ の値が 0.1 より小さくなると, 図 11・2 より明らかなように $\beta \cong 1$ となって, 式(11・18)で表わされる反応速度は

$$-r_{As} = k_L C_{Ai} \tag{11・24}$$

のようになる。この式は液量が多い場合の物理吸収の場合の式に等しい。すなわち液境膜内の反応は無視できて, 図 11・1(g) に示されるようにガス A の濃度分布は直線的に減少する。反応は液本体で進行するが, 液量が十分多いので, 液本体における A の濃度 C_{AL} は 0 になる。

ガス境膜内での物質移動抵抗が無視できない場合には, 気・液両境膜における物質移動が直列に起こるから

$$-r_{As} = N_A = k_G(p_A - p_{Ai}) = k_L C_{Ai} \beta \tag{11・25}$$

が成立する。Henry の式を仮定すると

$$-r_{As} = \frac{p_A}{(1/k_G) + (H_A/k_L\beta)} \qquad (11 \cdot 26\text{-a})$$

が得られる。$\gamma > 5$ ならびに $\gamma < 0.1$ の場合には，式(11·26-a)はそれぞれ次式のように書ける。

$$-r_{As} = \frac{p_A}{(1/k_G) + (H_A/\sqrt{kC_{BL}D_A})} \qquad (11 \cdot 26\text{-b})$$

$$-r_{As} = \frac{p_A}{(1/k_G) + (H_A/k_L)} \qquad (11 \cdot 26\text{-c})$$

11·2·3 遅い反応

この場合は図 11·1(g)に相当する濃度分布をもち，ガスおよび液境膜内の物質移動速度と液本体における反応速度が等しい。気液反応装置内の液の単位体積当りの A の消失速度を $-r_{AL}$, 気液界面積を a_b $[\mathrm{m}^2 \cdot (\mathrm{m}^3\text{-液})^{-1}]$ で表わすと

$$-r_{AL} = k_G a_b (p_A - p_{Ai}) = k_L a_b (C_{Ai} - C_{AL}) = kC_{AL}C_{BL} \qquad (11 \cdot 27)$$

が成立する。さらに，Henry の式を用いて上式より p_{Ai} と C_{Ai} を消去すると次式となる。

$$-r_{AL} = \frac{p_A}{(1/k_G a_b) + (H_A/k_L a_b) + (H_A/kC_{BL})} \qquad (11 \cdot 28\text{-a})$$

反応速度が極端に遅くなると，図 11·1(h)に示されるような濃度分布になって，反応速度は次式で表わせる。

$$-r_{AL} = kC_{AL}C_{BL} = (k/H_A)p_A C_{BL} \qquad (11 \cdot 28\text{-b})$$

11·2·4 総括反応速度式の成立条件

化学反応速度と物質移動の相対的な大小関係によって気液界面近傍の液相における反応成分の濃度分布が変化することに着目して，気液反応の総括反応速度式を導いてきた。しかし，それぞれの速度式が成立する条件については，定性的に述べただけであった。ここでは，やや定量的に考察する。

量論式が式(11·1)で表わされ，化学反応速度は成分 A, B に対してそれぞれ 1 次であるとする。濃度分布を規定するパラメーターは $\gamma = \sqrt{kC_{BL}D_A}/k_L$, $q = (D_B/D_A b)(C_{BL}/C_{Ai})$ および $\delta = 1/a_b x_L = k_L/D_A a_b$ である。γ の物理的意味は式(11·21)に示されている。q は成分 A, B の液境膜内における拡散速度の比を表わすパラメーターである。$1/a_b$ は単位気液界面積当りの液量 $[\mathrm{m}^3 \cdot \mathrm{m}^{-2}]$ を表わし，x_L は液境膜の厚さを示すから，δ の値が大きいことは反応液が十分に存在することを示す。

$\gamma > 5$ のときには，反応は液境膜内で完結し，濃度分布は図 11·1 の(a), (b), (c)あるいは(d)のようになる。$\gamma < 0.1$ のときは，液境膜内の反応は無視でき

11・2 気液反応の総括反応速度式

て,液本体で反応が進行し,(g)あるいは(h)のような濃度分布をもつ。$0.1<\gamma<5$ の場合は,液境膜内および液本体内で反応が起こり,(e),(f)に相当する濃度分布をとる。このように γ の大小によって気液反応の速度領域が大別できるが,より詳細に分類するには q, δ などのパラメーターが必要になり,その解析も複雑になる[1]。表11・1に既に導出したいくつかの総括反応速度式の成立条件をまとめておく。

表 11・1 気液反応の総括反応速度式の成立条件

反応領域 (図11・1参照)	(a)	(b)	(d)	(g) ($C_{AL}=0$)	(h)
条件式	$\gamma>5$ $\gamma>10q$ $C_{BL}<(C_{BL})_c$	$\gamma>5$ $\gamma>10q$ $C_{BL}\geqq(C_{BL})_c$	$\gamma>5$ $q>5\gamma$	$\gamma<0.1$ $\delta\gamma^2>10^2$	$\gamma<0.1$ $\delta\gamma^2<10^{-2}$
総括反応速度式	(11・11-a)	(11・13)	(11・23)	(11・24)	(11・28-b)

11・2・5 界面積基準の気液反応速度の測定

すでに述べてきたように,気液反応の理論的解析は気液界面積基準の反応速度 $-r_{As}$ に基づいている。いま,既知量の反応液を仕込んだ撹拌槽にガスを連続的に吹き込む半回分式通気撹拌槽型反応器を用いて気液反応を行なう場合を考えると,反応液の組成変化から液量基準の反応速度 $-r_{AL}$ は容易に求まる。しかし,その値を気液界面積基準の反応速度 $-r_{As}$ に変換するには,単位液量当りの気液界面積 a_b の値を知らなければならない。しかしながら,撹拌槽内に存在する気泡群の界面積を正確に測定することは容易でない。そのような困難を避けるために,気液界面積が既知の実験装置を用いることが望ましい。

図11・3に示す平面接触撹拌槽は,気液界面積が既知の実験装置の一つである。この装置では中心部に一定面積の穴が開けられた仕切板によって気相と液相が隔てられ,液面はほぼ平担になり,気液界面積が既知になる。仕切板を取り替えると気液界面積が変化できる。気液両相にはそれぞれ撹拌機が設けられ,完全混合流れになっている。撹拌速度を変えると気液界面近傍の物質移動抵抗を変化できる。

この反応器を用いると,気液界面積基準のガス成分 A の反応速度 r_{As} が次式

---

1) H. Kramers, K. R. Westerterp, "Elements of Chemical Reactor Design and Operation", p.151, Netherlands Univ. Press(1963);大竹伝雄,欅田栄一,中尾勝実,化学工学, **31**, 691(1967).

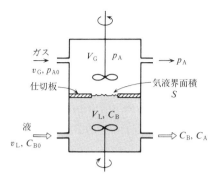

図 11·3 平面接触撹拌槽

のいずれかによって直接計算できる。

$$-r_{As} = v_L(C_{B0} - C_B)/bS \quad (11\cdot 29\text{-a})$$

$$-r_{As} = \frac{v_I P_t}{RTS}\left(\frac{p_{A0}}{p_{I0}} - \frac{p_A}{p_I}\right) \quad (11\cdot 29\text{-b})$$

ここで，b は式(11·1)の量論係数，S は気液界面の面積 [m³]，v_L と v_I は反応液，不活性ガスの体積流量 [m³·s⁻¹]，C_B は液成分 B の濃度 [mol·m⁻³]，p_A と p_I は吸収ガス，不活性ガスの分圧 [Pa]，ただし添字の 0 は反応器入口での値であることを示す。さらに，P_t は全圧，T は温度 [K]，R は気体定数を表わす。

このように，平面接触撹拌槽を用いると，気液界面積基準の反応速度が容易に求まり，それに基づき律速段階も推定できる。

【例題 11·1】 10 atm, 20 °C の状態にある不活性ガス中に不純物として 0.2% 含まれる硫化水素 H₂S を，モノエタノールアミン（RNH₂ と略記）水溶液で吸収させる。RNH₂ の濃度がそれぞれ 30 および 150 mol·m⁻³ のときの液体積基準の反応吸収速度を計算せよ。ただし，本反応は次の量論式で表わされる瞬間反応である。

$$H_2S + RNH_2 \longrightarrow HS^- + RNH_3^+ \quad [A(g) + B(l) \longrightarrow C(l) + D(l)] \quad (a)$$

（データ）$k_L = 4.3 \times 10^{-5}$ m·s⁻¹, $k_G = 0.06$ mol·m⁻²·s⁻¹·atm⁻¹, $D_A = 1.48 \times 10^{-9}$ m²·s⁻¹, $D_B = 0.95 \times 10^{-9}$ m²·s⁻¹, 気液界面積 $a_b = 1200$ m²/m³-液，Henry の式が成立し，平衡定数 H_A は 1.2×10^{-4} atm·m³·mol⁻¹

【解】 図 11·1 の (a) と (b) に示すように，瞬間反応は液濃度 C_{BL} によって反応界面が気液界面にある場合と液境膜内部にある場合とに分かれる。その境界の濃度 $(C_{BL})_c$ は式 (11·12) から次のように計算できる。

$$(C_{BL})_e = \frac{bD_A k_G p_A}{D_B k_L} = \frac{(1)(1.48 \times 10^{-9})(6 \times 10^{-2})(10 \times 0.002)}{(0.95 \times 10^{-9})(4.3 \times 10^{-5})} = 43.5 \, \text{mol} \cdot \text{m}^{-3} \quad (b)$$

(1) RNH_2 の濃度 $C_{BL}=30 \, \text{mol} \cdot \text{m}^{-3}$ の場合 式(b)より $C_{BL}=30<(C_{BL})_e=43.5$ が成立するから、この場合は図11・1(a)の濃度分布をとり、気液界面積基準の吸収速度 $-r_{As}$ は式(11・11-a)より計算できる。まず式(11・11-b)から、ガス境膜基準の総括物質移動係数 K_G は

$$1/K_G = 1/k_G + H_A/k_L = 1/0.06 + 1.2 \times 10^{-4}/4.3 \times 10^{-5} = 16.67 + 2.79 = 19.46$$
$$\therefore \quad K_G = 0.05139 \, \text{mol} \cdot \text{m}^{-2} \cdot \text{s}^{-1} \cdot \text{atm}^{-1} \quad (c)$$

となる。ガス境膜および液境膜内の移動抵抗は、それぞれ $1/k_G=16.67$ と $H_A/k_L=2.79$ で与えられるから、この場合はガス側の移動抵抗がかなり大きいことを示している。

次に式(11・11-a)より、気液界面積基準の吸収速度は

$$-r_{As} = K_G\left(p_A + \frac{H_A D_B}{bD_A}C_{BL}\right) = (0.05139)\left[10 \times 0.002 + \frac{(1.2 \times 10^{-4})(0.95 \times 10^{-9})}{(1)(1.48 \times 10^{-9})}(30)\right]$$
$$= 1.15 \times 10^{-3} \, \text{mol} \cdot \text{m}^{-2} \cdot \text{s}^{-1}$$

となる。一方、液体積基準の吸収速度は

$$-r_{AL} = (-r_{As})a_b = (1.15 \times 10^{-3})(1200) = 1.38 \, \text{mol} \cdot \text{m}^{-3} \cdot \text{s}^{-1}$$

(2) $C_{BL}=150 \, \text{mol} \cdot \text{m}^{-3}$ の場合 式(b)より $C_{BL}=150>(C_{BL})_e=43.5$ が成立し、気液界面近傍の濃度分布は図11・1(b)の実線で示されるようになる。この場合の吸収速度は式(11・13)によって与えられる。

$$-r_{As} = k_G p_A = (0.06)(10 \times 0.002) = 1.2 \times 10^{-3} \, \text{mol} \cdot \text{m}^{-2} \cdot \text{s}^{-1}$$

さらに
$$-r_{AL} = (-r_{As})a_b = (1.2 \times 10^{-3})(1200) = 1.44 \, \text{mol} \cdot \text{m}^{-3} \cdot \text{s}^{-1}$$

(1)と(2)の場合を比較すると (2) の吸収速度が大きいが、両者の差はわずかである。(1)において移動抵抗の大部分はガス境膜にあるから、吸収液の濃度を高くして液境膜内での抵抗をなくしても反応吸収速度の上昇は期待できないのは当然である。

11・3 気液固触媒反応

微小な固体触媒を反応液中に懸濁させておいて、そこに気泡を吹き込んで気液間の反応を固体触媒表面上で行なわせる反応形式はスラリー反応(slurry reaction)と呼ばれている。油脂の水素添加反応による硬化油製造反応、有機化合物の液相水素化反応などその適用例は多い。一方、多孔性固体触媒の固定層に気体と液体を向流あるいは並流に流して触媒反応を進行させることもできる。重質油の水素添加脱硫反応はその工業実施例である。

ここではスラリー反応の総括反応速度式を導く。いま

$$A(g) + bB(l) \xrightarrow{\text{固体触媒}} C(l) \qquad (11\cdot30)$$

で表わされる気液固触媒反応を考える．図 11・4 に示すように，気泡中の成分 A が気液界面に達し，気液間の液境膜を拡散して液本体に入り，さらに固体粒子表面の液境膜を移動して触媒表面に到達し，そこで液成分 B と反応する．これらの過程は直列に起こり，各過程の速度は等しいと近似できる．多くの場合，液成分 B の濃度はガス成分 A に比較して大きいから，反応速度は A の

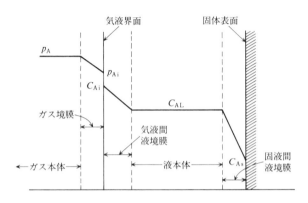

図 11・4 気液固触媒反応におけるガス成分 A の濃度分布

濃度のみの関数となる場合が多い．ここでは A に対して 1 次反応であるとする．

単位体積の液を基準にとり，図 11・4 を参照しながら各過程の速度式を書くことができる．擬定常状態を仮定するとそれらの速度式は相等しくなり，液体積基準の A の消失速度 $-r_{AL}$ [mol·m^{-3}·s^{-1}] に等しくなる．

$$-r_{AL} = k_G a_b (p_A - p_{Ai}) = k_L a_b (C_{Ai} - C_{AL})$$
$$= k_p a_p (C_{AL} - C_{As}) = k_s a_p C_{As} \qquad (11\cdot31)$$

ここで k_G, k_L および k_p は物質移動係数，k_s は界面積基準の 1 次反応速度定数である．また a_b と a_p は，単位体積の液を基準にとったときの気液界面積と固体粒子表面積をそれぞれ表わす．気泡と触媒粒子が球形で，直径が d_b, d_p とすると，a_b と a_p はそれぞれ次式によって表わせる．

$$a_b = \frac{6\varepsilon_g}{d_b(1-\varepsilon_g)}, \qquad a_p = \frac{6m}{\rho_p d_p} \qquad (11\cdot32)$$

ただし ε_g は気液固混合物中のガス相の体積分率，m は液体積基準の触媒濃度 [kg·(m^3-液)$^{-1}$]，ρ_p は粒子密度 [kg·m^{-3}] を表わす．

気液界面で Henry の式 $p_{Ai} = H_A C_{Ai}$ が成立すると仮定して，式 (11·31) か

11·3 気液固触媒反応

ら p_{Ai}, C_{Ai} および C_{As} を消去すると

$$-r_{AL} = \frac{p_A}{1/k_G a_b + H_A/k_L a_b + H_A/k_p a_p + H_A/k_s a_p} \quad (11\cdot33)$$

となる。さらに上式の逆数をとると次式のように変形できる。

$$\frac{p_A}{-r_{AL}} = \left(\frac{1}{k_G} + \frac{H_A}{k_L}\right)\frac{1}{a_b} + \left(\frac{1}{k_p} + \frac{1}{k_s}\right)\frac{H_A}{a_p} \quad (11\cdot34\text{-a})$$

上式の右辺の四つの項はそれぞれガス境膜,液境膜,および固体周囲の液境膜における物質移動抵抗,ならびに反応過程の抵抗を表わしている。

いま,純ガスを用いると,ガス境膜内の移動抵抗は考慮する必要がなく,$p_{Ai} = p_{Ab}$ とおいて,式(11·34-a)の $1/k_G$ の項は消える。混合ガスが用いられても,通常の場合は液境膜の物質移動抵抗はガス境膜のそれよりも大きいから $1/k_G \ll H_A/k_L$ が成立し,$1/k_G$ の項は無視できる。このような場合に対して,式(11·32)を式(11·34-a)に代入すると,次式が得られる。

$$\frac{C_A^*}{-r_{AL}} = \frac{d_b(1-\varepsilon_g)}{6\varepsilon_g k_L} + \frac{\rho_p d_p}{6}\left(\frac{1}{k_p} + \frac{1}{k_s}\right)\frac{1}{m} \quad (11\cdot34\text{-b})$$

ここで $C_A^* = p_A/H_A$ であって,C_A^* はガス本体での A の分圧 p_A に対する液中の平衡濃度 [mol-A·(m³-液)⁻¹] を表わす。$C_A^*/(-r_{AL})$ を $1/m$ に対してプロットすると直線が得られ,切片と傾きより $1/k_L$ と $(1/k_p+1/k_s)$ の値が算出できる。

触媒量 m が大きくなると,式(11·34-b)右辺の第2項は無視できて,気液界面の液境膜拡散律速になる。この場合の反応速度は次式で与えられる。

$$-r_{AL} = k_L a_b C_A^* = \frac{6\varepsilon_g}{d_b(1-\varepsilon_g)} k_L C_A^* \quad (11\cdot35)$$

一方,ガス吸収速度が迅速で気液界面での移動抵抗が無視できて,さらに触媒表面における化学反応が速い場合には,式(11·34-b)より反応速度は

$$-r_{AL} = k_p a_p C_A^* = \frac{6m}{\rho_p d_p} k_p C_A^* \quad (11\cdot36)$$

で表わされる。

【例題 11·2】 パラジウムを担持させた活性炭を触媒にして,エタノール溶媒中でニトロベンゼンの水素添加によるアニリン合成反応を行なった。

$$3\,H_2 + C_6H_5NO_2 \longrightarrow C_6H_5NH_2 + 2\,H_2O \quad [3\,A(g) + B(l) \longrightarrow C(l) + 2\,D(l)] \quad (a)$$

円筒状反応器に微小な固体触媒を懸濁した反応液を入れておき,反応器下部より純粋な水素ガスを気泡として吹き込む。このような反応器を懸濁気泡塔と呼んでいる。塔内

のスラリーは気泡によって十分撹拌されて完全混合状態にある。

触媒濃度 m [kg-触媒·(m³-液)⁻¹] を変化させて一連の実験を行ない,ニトロベンゼン(Bで表わす)の反応率 x_B の経時変化を測定したところ,反応初期を除いて x_B と時間 t の関係は,原点を通る直線で表わされた。表 11·2 に各実験における m と直線の傾き dx_B/dt のデータを示す。本反応の触媒表面上での反応は迅速であって,反応抵抗は無視できる。ニトロベンゼンの初濃度 $C_{B0}=660$ [mol·(m³-液)⁻¹],反応温度は 298 K,圧力は 1 atm で,そのときの水素の反応液中での平衡濃度 $C_A^*=3.23$ mol·(m³-液)⁻¹ である。

これらのデータを用いて次の問に答えよ。

(1) $k_L a_b$ の値を推定せよ。
(2) 触媒濃度 $m=1.25$ kg·m⁻³ のときの $k_p a_p$ の値と全移動抵抗に対する気液間液境膜および固液間液境膜内の移動抵抗の割合を求めよ。
(3) $m=1.25$ kg·m⁻³ のとき,ニトロベンゼンの反応率が 90% に達する時間を求めよ。

表 11·2 懸濁気泡塔によるニトロベンゼンの水素添加反応のデータ

m [kg-固体·(m³-液)⁻¹]	1.0	1.34	1.59	2.00	2.67	4.00
$(dx_B/dt)\times10^4$ [s⁻¹]	2.67	3.34	3.49	4.19	5.20	6.06

【解】 (1) 塔内の液は完全混合状態にあるから,液成分 B の物質収支式は
$$d(V_L C_B)/dt = r_{BL} V_L \tag{b}$$
ここで V_L は反応液のみの体積 [m³],C_B は B の濃度 [mol·(m³-液)⁻¹],r_{BL} は成分 B の反応速度 [mol·(m³-液)⁻¹s·⁻¹] である。

V_L は一定であり,成分 B の反応率 $x_B = 1 - C_B/C_{B0}$ を導入すると,式(b)は
$$-r_{BL} = C_{B0}(dx_B/dt) \tag{c}$$
ガス成分 A に対する反応速度 r_{AL} は,量論式(a)と式(c)より
$$-r_{AL} = 3(-r_{BL}) = 3 C_{B0}(dx_B/dt) \tag{d}$$
さて,式(11·34-b)に基づくプロットを行なうために,$C_A^*/(-r_{AL})$ と $1/m$ を計算しなければならない。式(d)より
$$\frac{C_A^*}{-r_{AL}} = \frac{C_A^*}{3 C_{B0}(dx_B/dt)} = \frac{3.23}{(3)(660)(dx_B/dt)} = \frac{1.631\times10^{-3}}{dx_B/dt} \tag{e}$$
上式に従って表 11·2 のデータより $C_A^*/(-r_{AL})$ を算出し,$1/m$ に対してプロットしたところ図 11·5 に示すように直線が得られた。縦軸の切片は 1.43 s である。式(11·34-b)と比較すると次式の関係が成立し,それより $k_L a_b$ が求められる。
$$\frac{d_b(1-\varepsilon_g)}{6\varepsilon_g k_L} = \frac{1}{k_L a_b} = 1.43$$
$$\therefore \quad k_L a_b = 0.699 \text{ s}^{-1}$$

（2） $m=1.25\,\mathrm{kg \cdot m^{-3}}$ のとき，$1/m=0.8$ となり図 11·5 より $C_A^*/(-r_{AL})=5.30\,\mathrm{s}$ となる．式(11·34-b)において $1/k_s \to 0$ とおけて

$$\frac{\rho_p d_p}{6m} \cdot \frac{1}{k_p} = \frac{1}{k_p a_p} = 5.30 - 1.43 = 3.87\,\mathrm{s}$$

$$\therefore \quad k_p a_p = 0.258\,\mathrm{s^{-1}}$$

気液間液境膜内の移動抵抗 $= \dfrac{1/k_L a_b}{1/k_L a_b + 1/k_p a_p} = \dfrac{1.43}{1.43+3.87} \times 100\% = 27.0\%$

固液間液境膜内の移動抵抗 $= 100 - 27 = 73\%$

（3） 本反応は液濃度に対して 0 次反応であるから，式(d)を積分すると

$$t = \frac{3C_{B0}}{-r_{AL}} x_B = \frac{3C_{B0}}{C_A^*} \cdot \frac{C_A^*}{-r_{AL}} x_B \tag{f}$$

図 11·5 より $m=1.25$，つまり $1/m=0.8$ において $C_A^*/(-r_{AL})=5.30\,\mathrm{s}$ であるから，式(f)から

$$t = \frac{(3)(660)}{3.23} \cdot (5.30)(0.9) = 2\,924.0\,\mathrm{s} = 0.81\,\mathrm{h}$$

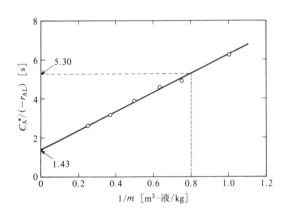

図 11·5 気液固触媒反応の速度と触媒量の関係（パラジウム触媒によるニトロベンゼンの水素添加反応）

11·4 気液・気液固反応装置の設計

11·4·1 気液・気液固反応装置の形式

図 11·6 に代表的な気液および気液固反応装置を示す．

（**a**） **充塡塔** 充塡塔は不活性の粒子あるいは固体触媒粒子を充塡した塔である．気液反応に適用する場合には気液を向流あるいは並流のいずれにも流す．物理吸収操作では主として向流操作が採用されていたが，気液・気液固反

応操作では並流操作の利点が指摘されている。その理由としては，まず第1に迅速な気液反応では反応は液境膜内で完了し，液本体におけるガス濃度は塔高に無関係に0となり，向流，並流のいずれであっても濃度分布は実質的には同一である。第2に向流では，液のフラッディングがあり，気液の処理量に制限があるが，並流操作であればその心配がなく処理能力を大きくできる利点がある。

　充填塔の気液の流れは押出し流れに近いが，気・液の流速範囲によって気液固3相の接触状態は複雑に変化し，特に大型装置では液のチャンネリングやバイパス流が増し，押出し流れより偏倚する。この反応装置の特徴は気液界面積が大きく($1000\,\mathrm{m^2 \cdot m^{-3}}$程度)，気液界面積当りの液本体体積が$10\sim100\,\mathrm{m^3 \cdot m^{-2}}$程度と比較的小さい点にある。したがって，液境膜内で反応が完結する瞬間反

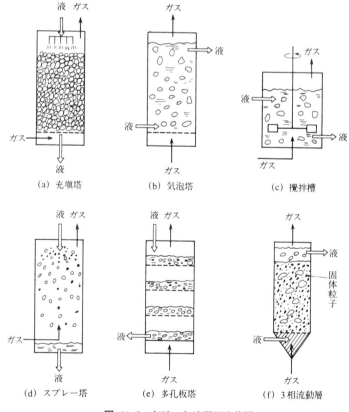

図 11·6　気液・気液固反応装置

応あるいは迅速反応の反応装置として適当である。しかし，充塡塔の伝熱能力は低く，強度の発熱を伴う反応には除熱法を工夫する必要がある。

 (b) **気泡塔**　気泡塔は，反応液を塔内に満たし底部より反応ガスを吹き込んで反応させる気液反応装置である。構造が簡単で機械的駆動部をもたないために，腐食性の液や高圧反応などに適しており，気液反応装置としての重要性が増大している。液については回分式にも連続式にも操作される。反応液中に固体触媒を懸濁させて気液固3相の触媒反応を行なわせる場合は懸濁気泡塔と呼ばれている。気泡塔でガス流速を大きくすると大気泡が高速で塔内を上昇する。そのためにガスのホールドアップと気液界面積が減少する。そこで，塔内に各種の充塡物あるいは反応熱除去(補給)用の伝熱管を挿入して大気泡の発生を抑制している。気泡塔内の液の流れは完全混合に近いので，塔内に多孔板などを設けて多段化して液の混合状態を押出し流れに近づける工夫がなされている。気泡塔は液のホールドアップが大きく，その滞留時間も容易に調節できるので，比較的遅い反応に適した反応器である。

 (c) **撹拌槽**　撹拌翼によって気泡を液中に分散させて気液・気液固反応を進行させる。タービン型の撹拌翼を用い，槽壁に邪魔板をつけて液の混合を促進するとともにガスの分散を良好にする。気液界面積が大きく液のホールドアップも大きいが，大型撹拌槽では撹拌所要動力のコストが大きくなり，また高圧反応では撹拌軸のシールのトラブルなどの問題点がある。

 (d) **スプレー塔**　塔頂に設けたノズルより液を噴霧させて，これと向流あるいは並流にガスを流してガス吸収を行なう装置である。液の飛沫がガスに同伴される危険性がある。ガスの圧力損失は少ないが，液の噴霧に必要な動力はかなり大きい。

 (e) **段　塔**　多孔板あるいは泡鐘板を塔内に棚段状に配置し，各段上で液と気泡が十字流状に接触する装置である。

 (f) **3相流動層**　固体粒子を液体で流動化させておき，そこにガスを吹き込むと気液固3相の流動層が形成される。充塡塔で気液固反応を行なうとき，液中に含まれる金属などが固定層内に析出して目詰りが起こることがあるが，3相流動層ではその危険は少なく，重質油の水素添加脱硫反応などへの適用が試みられている。

11・4・2　気液向流充塡塔の設計方程式

気液向流の充塡塔で反応吸収を行なう場合の塔高の計算法を考える。気液両相ともに押出し流れであると仮定する。さらに，反応速度が十分速いか，ある

いは気液の単位界面積当りの液量が多くて，液本体中におけるガスの残存濃度が非常に小さくて無視できると仮定する。

図11·7に示すように，塔頂を原点にして下向きに充填層の深さの座標をとる。吸収ガスの濃度は小さく，吸収の進行に伴う気液両相のモル流量の変化はないものとする。塔断面の単位面積当りの気体，液体の物質量流量をそれぞれ G_M, L_M [mol·m^{-2}·s^{-1}] によって表わす。

$z=0$ と z の間で物質収支をとる。まず，この区間における A の吸収量と B

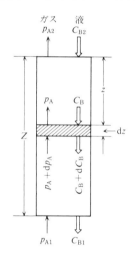

図 **11·7** 気液向流充填塔の物質収支

の反応量を表わすと次の二つの式が得られる。

$$A \text{ の吸収量} = G_M(p_A/P_t - p_{A2}/P_t) \tag{11·37}$$

$$B \text{ の反応量} = L_M(C_{B2}/\rho_M - C_B/\rho_M) \tag{11·38}$$

ここで P_t は全圧 [Pa]，ρ_M は液の全モル濃度，C_B は成分 B の液本体での濃度である。前節では C_{BL} と表わしたが以後は添字 L を削除する。添字2は塔頂を表わす。瞬間反応であるから吸収された A はすべて B と反応してしまい，液相中には A は全然存在しない。したがって，式(11·1)の関係から次の物質収支式が成立する。

$$\frac{G_M}{P_t}(p_A - p_{A2}) = \frac{L_M}{b\rho_M}(C_{B2} - C_B) \tag{11·39}$$

この式は塔内の任意の位置での p_A と C_B の関係を表わしており，物理吸収の場合の操作線に相当する式である。塔全体に対しては

11・4 気液・気液固反応装置の設計

$$\frac{G_\mathrm{M}}{P_\mathrm{t}}(p_\mathrm{A1}-p_\mathrm{A2})=\frac{L_\mathrm{M}}{b\rho_\mathrm{M}}(C_\mathrm{B2}-C_\mathrm{B1}) \tag{11・40}$$

が成立する．添字1によって塔底を表わしている．

次に，塔内の $z=z$ と $(z+dz)$ の間の微小部分について物質収支をとると，単位断面積について次式が成立する．

$$\frac{G_\mathrm{M}}{P_\mathrm{t}}\left[\left(p_\mathrm{A}+\frac{dp_\mathrm{A}}{dz}dz\right)-p_\mathrm{A}\right]=\frac{L_\mathrm{M}}{b\rho_\mathrm{M}}\left[C_\mathrm{B}-\left(C_\mathrm{B}+\frac{dC_\mathrm{B}}{dz}dz\right)\right] \tag{11・41}$$

この式を整理すると，次の関係式が得られる．

$$\frac{G_\mathrm{M}}{P_\mathrm{t}}dp_\mathrm{A}=-\frac{L_\mathrm{M}}{b\rho_\mathrm{M}}dC_\mathrm{B} \tag{11・42}$$

一方，微小部分における A の消失速度 $[\mathrm{mol \cdot s^{-1}}]$ は次式で表わされる．

$$(-r_\mathrm{As})(a)(1 \cdot dz) \tag{11・43}$$

ここに r_As は気液界面の単位面積についての総括の気液反応速度であって，すでに境膜説に基づく速度式を導いた．a は充塡塔の単位体積当りの気液界面積 $[\mathrm{m^2 \cdot (m^3\text{-}充塡塔)^{-1}}]$ を表わす．

式(11・42)と式(11・43)とを等しいとおき，積分を行なうと

$$Z=\frac{G_\mathrm{M}}{P_\mathrm{t}}\int_{p_\mathrm{A2}}^{p_\mathrm{A1}}\frac{dp_\mathrm{A}}{(-r_\mathrm{As})a}=\frac{L_\mathrm{M}}{b\rho_\mathrm{M}}\int_{C_\mathrm{B1}}^{C_\mathrm{B2}}\frac{dC_\mathrm{B}}{(-r_\mathrm{As})a} \tag{11・44}$$

が得られる．この式の $-r_\mathrm{As}$ に，先に導いた諸式を代入し，積分すれば充塡層高 Z が計算できる．ただし $-r_\mathrm{As}$ の中には p_A と $C_\mathrm{B}(=C_\mathrm{BL})$ が同時に含まれている場合があるが，そのときには式(11・39)の関係を用いて，どちらか一方を消去すればよい．

11・4・3 瞬間反応の場合の気液向流充塡塔の設計

B の濃度が比較的低いために，充塡塔全域にわたって図 11・1(a) に示した液境膜内濃度分布をとるものとする．この場合には，式(11・11-a)が成立する．まず式(11・39)から C_B を p_A で表わし，それを式(11・11-a)に代入すると次式を得る．

$$-r_\mathrm{As}=K_\mathrm{G}P_\mathrm{t}[\alpha(p_\mathrm{A}/P_\mathrm{t})+\lambda] \tag{11・45}$$

ただし

$$\alpha=1-\frac{D_\mathrm{B}}{D_\mathrm{A}}\cdot\frac{H_\mathrm{A}G_\mathrm{M}}{P_\mathrm{t}(L_\mathrm{M}/\rho_\mathrm{M})} \tag{11・46-a}$$

$$\lambda=\frac{D_\mathrm{B}}{D_\mathrm{A}}\cdot\frac{H_\mathrm{A}C_\mathrm{B2}}{P_\mathrm{t}b}+\frac{D_\mathrm{B}}{D_\mathrm{A}}\cdot\frac{H_\mathrm{A}G_\mathrm{M}}{P_\mathrm{t}^2(L_\mathrm{M}/\rho_\mathrm{M})}p_\mathrm{A2} \tag{11・46-b}$$

式(11・45)を式(11・44)に代入して積分すると簡単に次の解析解が求まる．

$$Z = \frac{G_M}{K_G a P_t} \cdot \frac{1}{\alpha} \ln \frac{\alpha p_{A1} + P_t \lambda}{\alpha p_{A2} + P_t \lambda} \tag{11.47}$$

ただし，式(11・47)が使用できる条件は，液境膜内に反応界面が存在する瞬間反応であることである．すなわち，充塡塔内の全域にわたり図11・1(a)に示す濃度分布をもたなければならない．そのための条件は塔頂および塔底における濃度 C_{B2} および C_{B1} がそれぞれ $(C_{B2})_c$ および $(C_{B1})_c$ よりも小さいことである．すなわち

$$C_{B2} < \frac{D_A}{D_B} \cdot \frac{bk_G a}{k_L a} p_{A2} \quad (塔頂) \tag{11・48-a}$$

$$C_{B1} < \frac{D_A}{D_B} \cdot \frac{bk_G a}{k_L a} p_{A1} \quad (塔底) \tag{11・48-b}$$

が成立することが，式(11・47)の適用にあたり必要になる．

【例題 11・3】 大気圧下で操作される気液向流充塡塔を用いて，ガスAを1.0vol%含む空気を，濃度 $0.05\,\mathrm{kmol \cdot m^{-3}}$ のBの水溶液でAの濃度を 0.2% まで減少させたい．ガスは $50\,\mathrm{kmol \cdot m^{-2} \cdot h^{-1}}$ の速度で供給され，水溶液は $L_M/\rho_M = 10\,\mathrm{m^3 \cdot m^{-2} \cdot h^{-1}}$ で流すものとする．なお，上記の操作条件においては $k_G a = 32\,\mathrm{kmol \cdot m^{-3} \cdot h^{-1} \cdot atm^{-1}}$, $k_L a = 0.25\,\mathrm{h^{-1}}$, $H_A = 1.3 \times 10^{-5}\,\mathrm{atm \cdot m^3 \cdot mol^{-1}}$ である．

本反応は不可逆の瞬間反応であり

$$2A(g) + B(l) \longrightarrow R(l) \tag{a}$$

で表わされる．なお，AとBの液相内拡散係数は等しいとする．すなわち $D_A = D_B$ とする．このときの所要充塡層高 Z を求めよ．

【解】　(1) C_{B1} の計算　式(11・40)から

$$C_{B2} - C_{B1} = \frac{bG_M}{P_t(L_M/\rho_M)}(p_{A1} - p_{A2}) = \frac{(1/2)(50)}{(1)(10)}(0.01 - 0.002) = 0.02$$

$$\therefore \quad C_{B1} = C_{B2} - 0.02 = 0.05 - 0.02 = 0.03\,\mathrm{kmol \cdot m^{-3}}$$

(2) 反応領域の決定　塔頂において，式(11・48-a)の右辺は

$$\frac{D_A}{D_B} \cdot \frac{bk_G a}{k_L a} p_{A2} = (1) \frac{(1/2)(32)}{0.25}(0.002) = 0.128$$

$$\therefore \quad C_{B2} = 0.05 < 0.128$$

すなわち，式(11・48-a)の関係が成立している．同様に塔底においても

$$\frac{D_A}{D_B} \cdot \frac{bk_G a}{k_L a} p_{A1} = (1) \frac{(1/2)(32)}{0.25}(0.01) = 0.640$$

$$\therefore \quad C_{B1} = 0.03 < 0.640$$

であるから，式(11・48-b)も成立する．このようにして，本反応は図11・1(a)の濃度分布をもち，式(11・47)によって層高が計算できる．

(3) **a と λ の計算**

$$\alpha = 1 - \frac{D_B}{D_A} \cdot \frac{H_A G_M}{P_t(L_M/\rho_M)} = 1-(1)\frac{(1.3\times10^{-5}\times10^3)(50)}{(1)(10)} = 1-0.065 = 0.935$$

$$\lambda = \frac{D_B}{D_A} \cdot \frac{H_A C_{B2}}{P_t b} + \frac{D_B}{D_A} \cdot \frac{H_A G_M}{P_t^2(L_M/\rho_M)} \cdot p_{A2}$$

$$= (1)\frac{(0.013)(0.05)}{(1)(1/2)} + (1)\frac{(0.013)(50)(0.002)}{(1)^2(10)} = 0.0013+0.00013 = 0.00143$$

(4) **$K_G a$ と Z の計算**　式 (11・11-b) より

$$1/K_G a = 1/k_G a + H_A/k_L a = 1/32 + 0.013/0.25 = 0.0313 + 0.052 = 0.0833$$

$$\therefore\quad K_G a = 12\,\mathrm{kmol\cdot m^{-3}\cdot h^{-1}\cdot atm^{-1}}$$

以上の計算で得た諸数値を式 (11・47) に代入すると

$$Z = \frac{G_M}{K_G a P_t} \cdot \frac{1}{\alpha} \ln\frac{\alpha p_{A1}+P_t\lambda}{\alpha p_{A2}+P_t\lambda} = \frac{50}{(12)(1)(0.935)} \cdot \ln\frac{(1)^2(0.935)(0.01)+(1)(0.00143)}{(0.935)(0.002)+(1)(0.00143)}$$

$$= 5.28\,\mathrm{m}$$

11・4・4　反応吸収法による物質移動係数と気液界面積の測定

　気液反応装置を設計するには, 液側物質移動係数 k_L と気液界面積 a_b の値を知ることが重要になる. 反応吸収の理論を適用すると k_L と a_b が測定できる[1]. 液について回分式の気液撹拌槽を例にして k_L と a_b の測定法を示す. ただし, 擬定常状態の近似が成立するものとして解析する.

　(a)　**液側容量係数 $k_L a_b$ の測定**　　液境膜内での反応が無視できて ($\beta=1$), しかも液量が十分多い場合の吸収速度は式 (11・24) で与えられる. 液量が V_L の回分撹拌槽にガスを連続的に流通させるときの液成分 B の濃度 C_B は次式によって表わせる.

$$-V_L\frac{dC_B}{dt} = b(-r_{As})a_b V_L = bk_L a_b \beta C_{Ai} V_L \tag{11・49}$$

したがって

$$k_L a_b = \frac{-(dC_B/dt)}{\beta b C_{Ai}} = \frac{-(dC_B/dt)}{b C_{Ai}} \tag{11・50}$$

ここで b は液成分 B の量論係数である. 液成分 B に対して 0 次反応の場合には, 液成分 B の濃度 C_B は時間とともに直線的に減少し $-dC_B/dt$ は一定値になり, 式 (11・50) より直ちに $k_L a_b$ が求められる.

　(b)　**擬 m 次迅速反応の速度式**　　気液界面積の測定には, ガス成分に対して擬 m 次迅速反応領域での反応吸収実験が用いられるので, その場合の反

---

1) M. M. Sharma, P. V. Danckwerts, *Brit. Chem. Eng.*, **15**, 522 (1970).

応速度式を導いておく。

ガス成分 A に対して擬 1 次迅速反応の反応速度は式(11・23)で表わせることを示した。一般に化学反応速度がガス成分 A に対して m 次,液成分 B に対して n 次の (m, n) 次反応を考え,さらに B の濃度が十分に高くて A について擬 m 次反応とおけるとする。このとき γ を

$$\gamma = \sqrt{\frac{2}{m+1} k C_{BL}{}^n D_A C_{Ai}{}^{m-1}} \Big/ k_L \tag{11・51}$$

によって定義すると,擬 1 次迅速反応と同様に反応係数 β は

$$\beta = \gamma \quad (\gamma > 5, \; q > 5\gamma) \tag{11・52}$$

で表わせることが明らかにされている[1]。ここに $q = D_B C_{BL}/b D_A C_{Ai}$ である。上式において $m=1$ とおくと擬 1 次反応に対する式(11・19-b)になる。

擬 m 次迅速反応に対する反応速度は,式(11・51),(11・52)を式(11・18)に代入することによって次式のように書き表わせる。

$$-r_{As} = C_{Ai} \sqrt{\frac{2}{m+1} k C_{BL}{}^n D_A C_{Ai}{}^{m-1}} \tag{11・53}$$

(c) **気液界面積 a_b の測定**　液成分 B の濃度を高めて,反応速度が液濃度に影響を受けない反応条件を選定し,さらに液中に溶解する触媒濃度を高くすると,擬 m 次迅速反応領域に移行させることが可能である。この場合の反応速度は式(11・53)で表わされる。この式を用いると,撹拌槽内の成分 B に対する物質収支式は

$$-\frac{dC_B}{dt} = b C_{Ai} \sqrt{\frac{2}{m+1} k C_{BL}{}^n D_A C_{Ai}{}^{m-1}} \cdot a_b \tag{11・54}$$

のように書ける。

もしも,反応速度が液成分に対して 0 次 $(n=0)$ であれば,dC_B/dt は C_B には無関係に一定値になって,気液界面積 a_b は次式より計算できる。

$$a_b = \frac{-dC_B/dt}{b \sqrt{[2/(m+1)] k D_A C_{Ai}{}^{m+1}}} \tag{11・55}$$

反応速度定数 k,液中における A の拡散係数 D_A および気液界面における気体の濃度 C_{Ai} が既知であれば,上式より気液反応装置の気液界面積 a_b が算出できる。さきに得られた $k_L a_b$ のデータとあわせると物質移動係数 k_L の値も同時に知ることができる。

上記の反応吸収法による k_L と a_b の測定法は広く採用されており,反応系と

---

1) 疋田晴夫,浅井 悟,化学工学,**27**,823(1963).

してはアルカリ水溶液による CO_2 の吸収，亜硫酸ナトリウム水溶液による O_2 の吸収などの気液反応がよく用いられている．

【例題 11・4】 次の量論式

$$O_2 + 2\,Na_2SO_3 \xrightarrow{Co^{2+}} Na_2SO_4 \quad [A(g) + 2\,B(l) \longrightarrow C(l)]$$

で表わされる亜硫酸ナトリウムの酸化反応は，コバルトイオンの存在下で迅速に進行し，下記の反応条件下においては，化学反応速度は酸素分圧に対して1次，Na_2SO_3 に対して0次になり，かつ反応は液境膜内で完了する．この反応特性を活用して，気液反応装置の気液界面積が測定できる．

$-r_A = kC_A$ となる反応条件： 亜硫酸ナトリウム濃度 $C_B \geqq 250\,\mathrm{mol \cdot m^{-3}}$，気液界面での酸素の濃度 $C_{Ai} \geqq 0.6\,\mathrm{mol \cdot m^{-3}}$，硫酸コバルト濃度 $C_{CoSO_4} = 5 \times 10^{-3} \sim 2\,\mathrm{mol \cdot m^{-3}}$

撹拌槽に，亜硫酸ナトリウム濃度 C_{B0} が $400\,\mathrm{mol \cdot m^{-3}}$，硫酸コバルト濃度が $0.2\,\mathrm{mol \cdot m^{-3}}$ になるように調整した $20\,°C$ の水溶液を仕込み，そこに純酸素を連続的に吹き込み，亜硫酸ナトリウム濃度の経時変化を測定したところ，表 11・3 の結果が得られた．この通気撹拌槽内の液の単位体積当りの気液界面積 $a_b\,[\mathrm{m^2 \cdot (m^3\text{-液})^{-1}}]$ を求めよ．ただし，$H_A = 1.12\,\mathrm{atm \cdot m^3 \cdot mol^{-1}}$，$D_A = 1.75 \times 10^{-9}\,\mathrm{m^2 \cdot s^{-1}}$，$k = 573\,\mathrm{s^{-1}}$ である．

表 11・3 亜硫酸ナトリウム濃度の経時変化

t [min]	0	10	20	30	40	50
C_B [mol·m^{-3}]	400	372	343	315	287	259

【解】 図 11・8 に亜硫酸ナトリウム濃度の経時変化を示す．濃度 C_B は 400 から 259 $\mathrm{mol \cdot m^{-3}}$ まで直線的に変化しており，C_B に対して0次反応であることが明らかである．

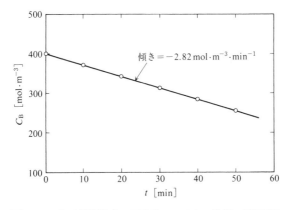

図 11・8 気液撹拌槽内の亜硫酸ナトリウム濃度の経時変化

図より，
$$dC_B/dt = -(400-259)/50 = -2.82 \text{ mol·m}^{-3}\text{·min}^{-1} = -0.047 \text{ mol·m}^{-3}\text{·s}^{-1}$$
一方，気液界面における酸素濃度 C_{Ai} は，Henry の式より
$$C_{Ai} = p_A/H_A = 1/1.12 = 0.893 \text{ mol·m}^{-3}$$
となる。この値は 0.6 mol·m^{-3} よりも大きいから，A に対して1次反応となる反応条件の範囲に入る。

このようにして，本反応条件下では A に対して1次，B に対して0次の反応になる。さらに反応は十分に迅速であって，液量も多いから反応は液境膜内で完了する。したがって，式(11·55)で $m=1$ とおいた式が適用できて，
$$a_b = \frac{-dC_B/dt}{bC_{Ai}\sqrt{kD_A}} = \frac{0.047}{(2)(0.893)\sqrt{(573)(1.75\times10^{-9})}} = 26.3 \text{ m}^2\text{·m}^{-3}$$
となり，気液界面積 $a_b = 26.3 \text{ m}^2\text{·(m}^3\text{-液)}^{-1}$ となる。

問　題

11·1 空気中の CO_2 を NaOH 水溶液で反応吸収させる。この反応は
$$CO_2 + 2OH^- \longrightarrow H_2O + CO_3^{2-} \quad (A + 2B \longrightarrow C + D)$$
で表わされる瞬間反応である。以下の二つの場合についてガス吸収速度を計算せよ。
（a） $p_{CO_2} = 0.05 \text{ atm}$, $C_{NaOH} = 5\times10^3 \text{ mol·m}^{-3}$, （b） $p_{CO_2} = 0.5 \text{ atm}$, $C_{NaOH} = 200 \text{ mol·m}^{-3}$。ただし，以下のデータを用いよ。$D_A = D_B$, $k_Ga = 1\times10^5 \text{ mol·m}^{-3}\text{·h}^{-1}\text{·atm}^{-1}$, $k_La = 40 \text{ h}^{-1}$, $H_A = 0.05 \text{ atm·m}^3\text{·mol}^{-1}$ である。

11·2 図11·3に示した平面接触撹拌槽を用いて，$A(g) + 2B(l) \longrightarrow C(l)$ で表わされる気液反応を行なった。ガス相における A の分圧を常に 0.2 atm に保って，液中の成分 B の濃度 C_{BL} を変化させて界面積基準の反応速度 r_{As} を測定した。その結果を次表に示す。本反応は瞬間反応領域に属する。k_G, k_L, K_G ならびに H_A の値を推定せよ。ただし $D_A = 1.5\times10^{-9}$, $D_B = 1.0\times10^{-9} \text{ m}^2\text{·s}^{-1}$ である。

$C_{BL} \text{ [mol·m}^{-3}\text{]}$	200	400	600	800	900	1 000	1 200	1 500
$-r_{As} \text{ [mol·m}^{-2}\text{·h}^{-1}\text{]}$	100	142	185	228	250	250	250	250

11·3
$$A(g) + B(l) \longrightarrow C(l)$$
で表わされる気液反応は，反応界面が液境膜内部にある瞬間反応領域にあるとする。この反応を半回分式の平面接触撹拌槽(図11·3でガスは流通，液は回分で操作する場合)で行なった。液中の B の濃度が初濃度の 50% に減少するのに要する時間を求めよ。ただし，ガス相中の A の分圧は反応中も一定に保たれており，ガス境膜抵抗も無視できる。

（データ）　液量 $V_L = 800 \text{ cm}^3$，気液の接触面積 $S = 80 \text{ cm}^2$，成分 B の初濃度 $C_{B0} = 40 \text{ mol·m}^{-3}$，成分 A の分圧 $p_A = 2.03 \text{ kPa}$，Henry 定数 $H_A = 0.0122 \text{ kPa·m}^3\text{·mol}^{-1}$，拡散係数 $D_A = 1.48\times10^{-9} \text{ m}^2\text{·s}^{-1}$, $D_B = 0.95\times10^{-9} \text{ m}^2\text{·s}^{-1}$，液側物質移動係数 $k_L = 7.8\times10^{-6} \text{ m·s}^{-1}$．

11・4 ［例題11・2］の気液固反応は，液について回分式の懸濁気泡塔で行なわれたが，ここでは液も連続的に流す流通式の懸濁気泡塔に改めたい。

いま，液成分Bの物質量流量 $F_{B0}=0.34\,\mathrm{mol\cdot s^{-1}}$，反応器の液量 $V_L=1\,\mathrm{m^3}$，Bの反応率 $x_B=0.8$ に設定したとき，反応器内の触媒濃度 $m\,[\mathrm{kg\cdot m^{-3}}]$ をいくらにすればよいか。ただし，回分式および流通式の懸濁気泡塔の物質移動と流動の特性値は変わらないとする。

11・5
$$\mathrm{A(g)} + b\mathrm{B(l)} \xrightarrow{\text{固体触媒}} \mathrm{C(l)}$$

で表わされる気液固触媒反応（スラリー反応）を行なう。しかし，触媒粒子が比較的大きく，しかも多孔性であって，触媒粒子内部の反応ガスの粒内拡散抵抗が無視できない条件下にある。触媒内での反応が反応ガスAの濃度に対して1次反応で，かつ粒内拡散律速状態にあると仮定し，液体積基準のAの総括反応速度 $-r_{AL}\,[\mathrm{mol\cdot m^{-3}\cdot s^{-1}}]$ を表わす式を次の順序で導け。ただし，固体触媒表面での反応は無視できるものとする。また，純ガスを用いているので，ガス境膜内での移動抵抗は考慮しなくてもよい。

（a）気液固触媒反応においてガス相，液相，および固相におけるガス成分Aの濃度分布を境膜説に基づいて描き，その中に分圧(p)，濃度(C)の記号を記入せよ。

（b）各速度過程の速度を表わす式を書け。

（c）擬定常状態の仮定を用いて，総括反応速度 $-r_{AL}\,[\mathrm{mol\cdot m^{-3}\cdot s^{-1}}]$ を表わす式を導け。

11・6 気液並流気泡塔内で $\mathrm{A(g)} + b\mathrm{B(l)} \longrightarrow \mathrm{C(l)}$ で表わされる気液反応を行なう。いま図11・1(a)の濃度分布をとるときの設計式は次式で与えられることを示せ。ただし添字の1と2はそれぞれ塔底と塔頂を表わしている。液は完全混合流れ，ガスは押出し流れと仮定する。

$$Z=\frac{G_M}{K_G a P_t}\cdot\ln\frac{p_{A1}+\nu}{p_{A2}+\nu},\quad \nu=\frac{D_B H_A}{b D_A}C_{B1}-\frac{D_B H_A G_M}{D_A P_t(L_M/\rho_M)}(p_{A1}-p_{A2})$$

11・7 （a）図11・1(a)の濃度分布をとる瞬間反応を気液並流充填塔で行なう場合の層高 Z は次式で与えられることを示せ。ただし，添字1は塔底，添字2は塔頂を表わす。

$$Z=\frac{G_M}{K_G a P_t}\cdot\frac{1}{\alpha'}\ln\frac{\alpha' p_{A2}+P_t\lambda'}{\alpha' p_{A1}+P_t\lambda'}$$

ただし，$\alpha'=1+\dfrac{D_B}{D_A}\cdot\dfrac{H_A G_M}{P_t(L_M/\rho_M)}$，$\lambda'=\dfrac{D_B}{D_A}\cdot\dfrac{H_A C_{B2}}{P_t b}-\dfrac{D_B}{D_A}\cdot\dfrac{H_A G_M}{P_t^2(L_M/\rho_M)}p_{A2}$

（b）［例題11・3］を並流充填塔に変更したときの層高を求めよ。

11・8 ［例題11・3］において，吸収液中の成分Bの濃度を $C_{B2}=0.20\,\mathrm{kmol\cdot m^{-3}}$ と変更し，それ以外の諸数値は不変として向流充填塔の層高を次の順序で求めよ。

（a）塔頂と塔底における気液界面近傍の濃度分布は図11・1のいずれに対応するか。

（b）濃度分布の形状が変化する点におけるAの分圧 p_{Ac} と液相濃度 C_{Bc} を算出する式を導け。

（c）本問題の場合の層高を求める一般式を求めよ。

（d）本問題の操作条件下における層高 Z を求めよ。

11・9 細い管を気液が混相流になって高速度で上昇する気液反応装置がある。こ

の装置の気液界面積が硫酸コバルトを触媒とする亜硫酸ナトリウムの酸化反応を用いて測定された[1]。化学反応速度は酸素に対して1次，亜硫酸ナトリウムについて0次になり，液境膜内で反応が完了するように実験条件を設定し，触媒濃度を変化させて，液体積基準の反応速度 r_{AL} を測定し，次表の結果を得た。この装置の気液界面積 a_b [m^2・(m^3-液)$^{-1}$] を求めよ。酸素の界面濃度 $C_{Ai}=0.9$ mol・m^{-3}, 酸素の液相拡散係数 $D_A=1.8\times10^{-9}$ m^2・s^{-1}, 反応速度定数 $k=7.627\times10^3$・[CoSO$_4$] (25°C, pH=8.3) で与えられる。

[CoSO$_4$] [mol・m^{-3}]	0.1	0.25	0.45	0.8	1.5
$-r_{AL}$ [mol・m^{-3}・s^{-1}]	7.38	11.3	16.2	20.1	29.7

11・10 A(g) + 4B(l) ⟶ 4C(l) で表わされる気液反応を半回分式の平面接触撹拌槽(図11・3でガスは流通，液は回分で操作する装置)で行なった。化学反応速度はAに1次，Bに2次，気液の接触面積 $S=53$ cm^2, 液量 $V_L=100$ cm^3 である。Bの初濃度 $C_{B0}=930$ mol・m^{-3} で，2200 s 後のBの濃度 $C_B=732$ mol・m^{-3} になった。気相中のAの分圧 $p_A=0.96$ atm であり，反応中は一定に保たれている。Henry定数 $H_A=1.26$ atm・m^3・mol^{-1} である。本実験条件下においては擬1次迅速反応領域にあり，ガス相の拡散抵抗は無視できる。反応速度定数 k を求めよ。Aの分子拡散係数 $D_A=1.54\times10^{-9}$ m^2・s^{-1} である。

11・11 A(g) + B(l) ⟶ C(l)
で表わされる気液反応を半回分式の撹拌槽で行なう。化学反応速度はAとBに対してそれぞれ1次の反応であるが，Bの濃度を高くしてAについて擬1次迅速反応領域で操作する。液成分Bの初濃度が 100 mol・m^{-3} で，その50％が反応するのに360 s の反応時間を要した。本反応の反応速度定数 k の値を求めよ。ただし，ガス境膜内の拡散抵抗は無視できる。擬1次迅速反応領域であることを確認せよ。

（データ） Aの液相内拡散係数 $D_A=2.5\times10^{-9}$ m^2・s^{-1}, 気液界面でのAの平衡濃度 $C_{Ai}=0.5$ mol・m^{-3}, 気液界面積 $a_b=35$ m^2・(m^3-液)$^{-1}$, $k_L=3\times10^{-4}$ m・s^{-1}, $D_B=3.13\times10^{-9}$ m^2・s^{-1}

11・12 A(g) + B(l) ⟶ C(l) で表わされる気液反応を平面接触撹拌槽を用いて行なった。化学反応速度はAについて0次，Bについて1次であるが，擬0次迅速反応の領域にある。次表のデータを用いて反応速度定数 k および γ の値を求めよ。ただし，気液界面積 $S=72.1\times10^{-4}$ m^2, Aの液相内拡散係数 $D_A=2.78\times10^{-9}$ m^2・s^{-1}, $k_L=5\times10^{-5}$ m・s^{-1} である。

Run NO	液流量 $v_L\times10^6$ [m^3・s^{-1}]	液入口濃度 C_{B0} [mol・m^{-3}]	液出口濃度 C_B [mol・m^{-3}]	ガスの界面濃度 C_{Ai} [mol・m^{-3}]
1	0.417	58.0	50.2	0.094
2	0.18	50.2	27.6	0.272
3	0.15	50.2	30.0	0.141

1) T. Tomida, F. Yusa, T. Okazaki, *Chem. Eng. J.*, **16**, 81 (1978).

11・13 KMnO₄ のアルカリ性水溶液による NO の吸収速度が半回分式の平面接触撹拌槽を用いて測定された[1]。まず，KMnO₄ の濃度 C_{BL} を 127 mol·m⁻³ に保って，NO の分圧を変化させて，界面積基準の反応速度 r_{As} を測定した。表 11・4 に NO の界面濃度 C_{Ai} と $-r_{As}$ の関係を示す。次に，C_{Ai} を 2×10^{-4} mol·m⁻³ に保って，C_{BL} と $-r_{As}$ の関係を測定し表 11・5 の結果を得た。本実験の条件下では，ガス境膜内の拡散抵抗は無視できて，さらにガス成分 A に対して擬 m 次反応の領域にあるとしてよい。反応次数 m と n，ならびに反応速度定数 k の値を求めよ。A の分子拡散係数 $D_A = 2.08\times10^{-9}$ m²·s⁻¹ である。

表 11・4 反応速度に対する C_{Ai} の影響 ($C_{BL} = 127$ mol·m⁻³)

$C_{Ai}\times10^4$ [mol·m⁻³]	0.5	1	2	5	10
$(-r_{As})\times10^5$ [mol·m⁻²·s⁻¹]	0.2	0.4	0.8	2.0	4.0

表 11・5 反応速度に対する C_{BL} の影響 ($C_{Ai} = 2\times10^{-4}$ mol·m⁻³)

C_{BL} [mol·m⁻³]	32	51	127	316
$(-r_{As})\times10^6$ [mol·m⁻²·s⁻¹]	4.06	5.07	8.00	12.6

11・14 $\qquad$ A(g) + B(l) $\longrightarrow$ C(l)

で表わされる気液反応を半回分式撹拌槽で行ない，気液界面積を測定する。化学反応は A に対して 0 次，B に対して 1 次であるが，B の濃度が高く擬 0 次迅速反応の領域で操作されている。反応速度定数 $k = 7.63$ s⁻¹ である。槽内では気液ともに完全に混合されており，気液界面での A の濃度 $C_{Ai} = 0.45$ mol·m⁻³ である。A の液中での拡散係数 $D_A = 2.78\times10^{-9}$ m²·s⁻¹ である。

液中での B の濃度 C_{BL} の経時変化を測定したところ下表を得た。気液界面積 a_b [m²·(m³-液)⁻¹] の値を求めよ。

t [s]	0	410	1 030	1 450
C_{BL} [mol·m⁻³]	50	38	24	16

11・15 A(g) + B(l) $\longrightarrow$ C(l) で表わされる気液反応を気液並流充填塔で行なう。充填塔の直径は 4.7 cm，高さは 0.7 m，充填物は直径 0.95 cm のラシヒリングで，その有効接触面積 a は 300 m²·(m³-充填層)⁻¹ である。液流量 $v_L = 5$ cm³·s⁻¹ で塔頂における供給液中の B の濃度 C_{B0} は 58 mol·m⁻³ である。化学反応速度はガス成分に対して 0 次，液成分に対して 1 次であるが，擬 0 次迅速反応領域で操作されている。反応速度定数 $k = 7.63$ s⁻¹ である。ガス A の供給速度は十分に大きく，ガス A の分圧は塔内で一定であるとしてよく，気液界面における A の濃度 $C_{Ai} = 0.45$ mol·m⁻³ である。A の拡散係数 $D_A = 2.78\times10^{-9}$ m²·s⁻¹ である。塔底における液成分 B の反応率 x_B を求めよ。ガス境膜の拡散抵抗は無視してよい。

---

1) 寺本正明，池田正人，寺西　博，化学工学論文集，**2**，86(1976)．

12 生物化学反応

 生物化学反応には，酵素，微生物，動・植物細胞などを用いる反応が含まれる。これらは特定の生物化学反応を進行させる触媒の機能を持っているので，生体触媒と呼ぶことができる。

 生物化学反応は化学反応の一つの形態であり，その反応速度解析と反応装置の設計・操作には，前章までに展開してきた反応工学の方法論が適用できる。すでに2章と5章で，酵素反応と微生物反応を取り上げてきた。しかしながら生物化学反応には他の化学反応にない特徴も多い。そこで本章では，生物化学反応の中で特に微生物反応に焦点を当てて，その反応工学的取扱を述べる。

12・1 微生物の特性と工業的利用

12・1・1 微生物の特性

 (a) 微生物の分類　微生物は，形態上の相違から，細菌，放線菌，酵母，かび，藻類に分類されている。学名としては，大文字で始まる属名と小文字で記される種名からなる二名法が通常採用されている。たとえば，大腸菌は *Escherichia coli*，パン酵母は *Saccharomyces cerevisiae* とイタリック体で記される。

 細菌はその形状から球菌と棒状の桿菌に分かれる。典型的な細菌である大腸菌は棒状であり，太さが $0.6\,\mu\mathrm{m}$，長さが $1.5\,\mu\mathrm{m}$ 程度である。細菌1個の質量は $10^{-12}\,\mathrm{g}$ 程度である。酵母の形状は球形あるいは卵形が多く，その短径は $5\,\mu\mathrm{m}$，長径が $10\,\mu\mathrm{m}$ 程度である。微生物は $30\sim60\%$ のタンパク質，$5\sim20\%$ の核酸を含み，脂質および多糖類の含有量は通常 10% 以下である。

 (b) 微生物の増殖　図12・1は細菌，酵母，かびの典型的な増殖の過程

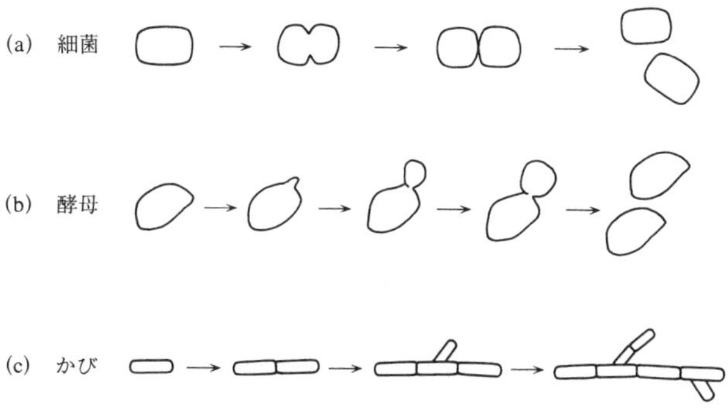

図 12・1 微生物の増殖形態

(a) 細菌
(b) 酵母
(c) かび

を模式的に示している。酵母は出芽によって娘細胞が分離する形で増殖する。そのときに出芽跡が残る。

（c）**嫌気性と好気性**　高等動物は呼吸のために分子状の酸素を必要とするが，微生物は必ずしも酸素を必要としない。酸素の要求性から，微生物は嫌気性菌と好気性菌に大別できる。メタン生成菌は嫌気性菌の代表例であり，酸素存在下で死滅する。ペニシリンなどを生産するかび類は好気性菌であり，その酸素要求量は大きい。好気性菌の培養では，酸素供給が反応装置の設計・操作の重要な因子になる。また，酸素がなくとも生育できるが，酸素があれば利用する嫌気性と好気性の中間的性格の菌も存在する。このような菌を通性嫌気性菌と呼ぶ。大腸菌や酵母などはその例である。

12・1・2　微生物反応の工業的利用

微生物の工業的利用は次の3種類に大別できる。

（a）**増殖する微生物の利用**　パン酵母（*Saccharomyces cerevisiae*）はグルコースを基質として増殖し，パンの製造にはその増殖した酵母を用いる。また，微生物の化学組成はタンパク質を始めとする各種の栄養源を含んでおり，一種のタンパク源であり，微生物タンパクSCP (single cell protein) と呼ばれる。微生物は動物の飼料としてすでに利用されており，また将来の人類の食糧資源としての利用が考えられている。基質（原料）としては，セルロース，デンプンなどからなる生物廃棄物の利用，石油留分などの炭化水素，メタンなどの利用が研究されている。

（b）**細胞内の酵素あるいは代謝産物の利用**　酵素は広範囲の工業で利用

されており，微生物内から取り出される酵素の生産額は増大している．アミラーゼ，プロテアーゼ，グルコースイソメラーゼなどは各種の食品製造に活用されている．

代謝産物には，菌体増殖にともなって同時に生産される1次代謝産物と，増殖が終わってから産出される2次代謝産物に分かれる．1次代謝産物には，エタノール，ブタノール，リジンなどがあり，2次代謝産物には抗生物質がある．

（c） **代謝過程の酵素反応を物質の生化学的変換に利用** 酵素反応には，常温・常圧で進行する高選択性の脱水素反応，酸化反応，アミノ化反応，あるいは異性化反応などの機能がある．それらの酵素反応を化学反応プロセス，あるいはその一部の反応過程に利用できる．工業的適用例としては，ステロイド類の生産，抗生物質の変換などがある．

12・2　微生物反応の量論関係と収率係数

12・2・1　量論的関係

菌体は，リン脂質，多糖類の膜で覆われたタンパク質ゲル中に，核酸塩基と無機塩基類を溶かした一種の有機触媒とみなせる．そして，基質を変換して代謝産物を生成する過程で，基質の一部を利用して自らも増殖することにより触媒量を増やすという自触媒反応的な挙動を示すことが多い．また菌体を，各種物質の複雑な出入りをともないながら，多様な複合反応が進行する極微小反応器とみることもできる．このような複雑な系では，通常の化学反応のように，モル-モルの対応関係によって正確に量論関係を表わせない．しかし，菌体はその複雑な酵素反応過程を自己制御しており，あたかも基質が菌体と代謝産物へ変換される単一の自触媒反応として総括的にとらえることもできる．このように，微生物反応は総括的には次式のように書ける．

　　炭素源 + 窒素源 + 酸素 $\longrightarrow$ 菌体 + 代謝産物 + 二酸化炭素 + 水

$$(12・1)$$

たとえば，アルコール発酵では，炭素源はグルコースなどの糖類，窒素源としてはアンモニア，代謝産物はアルコールである．嫌気性の微生物反応では，左辺の酸素は不要である．

式(12・1)の左辺の反応原料成分を一括して基質 S とおき，右辺を菌体 X と代謝産物 P とに分けると，2章で述べたように微生物反応を一種の自触媒反応

とみなして，その量論的関係式を

$$S \xrightarrow{X} Y_{X/S}X + Y_{P/S}P \qquad (2\cdot70)$$

のように書くことができる。ここで，$Y_{X/S}$ と $Y_{P/S}$ は収率係数(yield coefficient)と呼ばれ，とくに $Y_{X/S}$ は増殖収率(growth yield)あるいは菌体収率(cell yield)と呼ばれる。一方，$Y_{P/S}$ は代謝産物収率(product yield)と呼ばれる。

12・2・2 増 殖 収 率

増殖収率 $Y_{X/S}$ は基質Sの微小な濃度変化に対応して増殖した菌体の濃度増加の比を表わし，式(12・2-a)によって定義できる。6章の複合反応で述べた収率と選択率の定義からすると，増殖収率は収率というよりは局所的な選択率であり，微分選択率と呼ぶべきものであるが，ここでは微生物工学の慣例にしたがい収率という用語を用いる。

$$Y_{X/S} = \frac{生成した菌体の乾燥質量}{基質の消費量} = \frac{\Delta C_X}{-\Delta C_S} \qquad (12\cdot2\text{-a})$$

式(12・2-a)の分子，分母を微小反応時間 Δt あるいは微小空間時間 $\Delta \tau$ で割ると，それぞれが反応速度 r_X と $-r_S$ になるから，増殖収率は次式のようにも表わせる。

$$Y_{X/S} = \frac{菌体の増殖速度}{基質の消費速度} = \frac{r_X}{-r_S} \qquad (12\cdot2\text{-b})$$

上記の増殖収率 $Y_{X/S}$ では，基質Sとして炭素源を想定している場合が多い。しかし好気性の微生物反応では，次の式(12・3)で定義される酸素消費を基準にした増殖収率 Y_{X/O_2} も用いられる。

$$Y_{X/O_2} = \frac{\Delta C_X}{-\Delta C_{O_2}} = \frac{r_X}{-r_{O_2}} \qquad (12\cdot3)$$

ここで，ΔC_{O_2} は培養液中の酸素濃度の変化量，$-r_{O_2}$ は酸素消費速度をそれぞれ表わす。

水溶液中に存在する菌体はその内部に水分を80%ほど含んでいるが，その濃度の単位は培養液単位体積当りの菌体の乾燥質量[kg-乾燥菌体・m^{-3}]で表わされる。一方，グルコースなどの基質，エタノールなどの代謝産物の濃度，および溶存酸素の濃度は，[kg・m^{-3}]あるいは[mol・m^{-3}]の単位で表わされる。したがって，$Y_{X/S}$ ならびに Y_{X/O_2} は[kg-乾燥菌体・kg^{-1}]あるいは[kg-乾燥菌体・mol^{-1}]なる単位をもつ。一方，代謝産物収率 $Y_{P/S}$ の単位は[kg・kg^{-1}]あるいは[mol・mol^{-1}]となる。

収率係数は，化学反応の量論係数のように一定値ではなく，一般に反応進行

中に変化しうる変数である。また培養条件によっても異なる値をとる。表12・1に代表的な菌体と基質Sについての増殖収率 $Y_{X/S}$ の測定値を示す。増殖収率の値はかなりの幅で変動している。また，好気性培養の場合の増殖収率は嫌気性培養のそれより大きい値を示している。

微生物は，タンパク質，脂質，多糖類などの高分子物質や，細胞構成素材としての低分子物質が含まれる複合物質であり，それを単一の化合物として表現できないが，構成原子についての組成式の形で表現できる。菌体の種類が異なっても元素組成は $CH_pO_nN_q$ で表わされる場合が多く，その組成も大きくは変化しないことが知られている。

いま，好気性培養を想定し，窒素源として NH_3 を考えると，式(12・1)は次式のような生物化学的な量論式として書ける。

$$\underset{\text{炭素源}}{CH_tO_m} + a\underset{\text{窒素源}}{NH_3} + bO_2 \longrightarrow Y_C \underset{\text{菌体}}{CH_pO_nN_q} + Y_P \underset{\text{代謝産物}}{CH_rO_sN_t}$$
$$+ (1 - Y_C - Y_P)CO_2 + dH_2O \quad (12\cdot4)$$

上式では，炭素を含む化合物は，炭素原子数が1になるような組成式で表わされている。たとえばグルコースの分子式は $C_6H_{12}O_6$ であるが，それを CH_2O のように書く。このようにすると炭素原子の収支関係が明確になり，Cについての物質収支が満足されるように表現できる。

さて，式(12・4)において炭素源から菌体への直接的な収率を考えるかわりに，両者に共通する炭素元素に着目して，次式で定義される炭素に関する増殖収率 Y_C を導入する。

$$Y_C = \frac{(\text{生成菌体量})}{(\text{炭素源の消費量})} \cdot \frac{(\text{菌体中の炭素分率})}{(\text{炭素源中の炭素分率})} = Y_{X/S} \cdot \frac{\gamma_X}{\gamma_S} \quad (12\cdot5)$$

ここで，γ_S, γ_X は炭素源1kg，菌体1kgに含まれる炭素の含有質量分率である。式(12・4)が成立すると仮定すると，次式の関係が成立する。

$$\gamma_S = 12/(12 + l + 16m), \quad \gamma_X = 12/(12 + p + 16n + 14q) \quad (12\cdot6\text{-a})$$

$$\therefore \quad Y_C = \frac{(12 + l + 16m)}{(12 + p + 16n + 14q)} Y_{X/S} \quad (12\cdot6\text{-b})$$

ただし，ここでの $Y_{X/S}$ は菌体の乾燥質量から灰分を取り除いた無灰基準の収率を表わしている。

表12・1には Y_C の実測値も含まれている。Y_C はだいたい0.5～0.7程度の値をとり，$Y_{X/S}$ よりも変動は小さい。この経験的事実を利用して，たとえば Y_C の値を0.6とおき，炭素源と菌体の組成式から，$l, m, \cdots$ を決めて，両者の値を式(12・6-b)に代入すると $Y_{X/S}$ の値が求まる。

12・2 微生物反応の量論関係と収率係数

さらに，表12・1には酸素消費基準の増殖収率 Y_{X/O_2} の実測値も示されている。$Y_{X/S}$ に比較すると Y_{X/O_2} の変動は若干小さい。式(12・4)に対する Y_{X/O_2} は

$$Y_{X/O_2} = Y_C(12+p+16n+14q)/32b \quad (12・7)$$

のように表わされる。Y_C の値を仮定すると，上式から Y_{X/O_2} の値が推定できる。

表 12・1 $Y_{X/S}$, Y_C, および Y_{X/O_2} の実測値

微生物	基質	$Y_{X/S}$ [kg·kg^{-1}]	Y_C [kg·kg^{-1}]	Y_{X/O_2} [kg·kg^{-1}]
Saccharomyces cerevisiae (製パン酵母)	グルコース (好気)	0.53		0.969
	グルコース (嫌気)	0.14		
Aerobacter aerogenes (細菌)	マルトース	0.436		1.56
	グルコース	0.403		1.11
	フルクトース	0.422		1.46
	グリセリン	0.454		0.969
	乳酸	0.184		0.369
	酢酸	0.175		0.315
Escherichia coli (大腸菌)	NH$_3^+$	3.5		
Candida utilis (酵母様菌類)	グルコース	0.51	0.53~0.59	0.804
	エタノール	0.68	0.58~0.68	0.609
Klebsiella aerogenes (肺炎菌)	グルコース		0.49~0.65	

表中の数値は下記の書物から抜粋した。
1) 合葉修一，永井史郎，"生物化学工学"，化学技術社(1975)．
2) 永井史郎，吉田敏臣，菅健一，西沢義矩，田口久治，"微生物培養工学"，共立出版(1985)．
3) 山根恒夫，"生物反応工学(第2版)"，産業図書(1991)．

【例題 12・1】 ある細菌を，グルコース($C_6H_{12}O_6$)を炭素源，アンモニアを窒素源に用いて好気培養したところ，組成式が $CH_{1.66}O_{0.273}N_{0.195}$ ($p=1.66$, $n=0.273$, $q=0.195$)で表わされる菌体，ならびに炭酸ガスと水を生成した。炭素に関する増殖収率 Y_C を 0.65 と仮定して，菌体の増殖収率 $Y_{X/S}$ ならびに Y_{X/O_2} の値を推定せよ。

【解】 グルコースの組成式を CH_2O と書くと，式(12・4)に相当する生物化学量論式は次式のように表わされる。

$$\text{CH}_2\text{O} + a\,\text{NH}_3 + b\,\text{O}_2 \longrightarrow Y_\text{C}\,\text{CH}_{1.66}\text{O}_{0.273}\text{N}_{0.195}$$
$$+ (1-Y_\text{C})\text{CO}_2 + d\,\text{H}_2\text{O} \qquad (\text{a})$$

式(12·4)と比較すると，代謝産物が生成しないから，$Y_\text{P}=0$ である。式(12·6-a) から
$$\gamma_\text{S}=12/(12+l+16m)=12/(12+2+16(1))=0.4$$
$$\gamma_\text{X}=12/(12+p+16n+14q)=12/[12+1.66+16(0.273)+14(0.195)]=0.578$$
式(12·5)を変形した次式によって $Y_\text{X/S}$ が計算できる。
$$Y_\text{X/S}=Y_\text{C}(\gamma_\text{S}/\gamma_\text{X})=0.65(0.4/0.578)=0.450\,\text{kg}\cdot\text{kg}^{-1}$$
さて，量論式(a)に含まれる元素についての物質収支をとると，次の諸式が得られる。

O の収支： $1+2b=Y_\text{C}\times 0.273+(1-Y_\text{C})\times 2+d$
N の収支： $a=Y_\text{C}\times 0.195$
H の収支： $2+3a=1.66Y_\text{C}+2d$

上の諸式において，$Y_\text{C}=0.65$ とおいて解くと，$a=0.127$, $b=0.264$, $d=0.651$ である。
これらの諸数値を用いて，式(12·7) によって $Y_\text{X/O}_2$ を計算すると
$$Y_\text{X/O}_2=(0.65)(12+1.66+16\times 0.273+14\times 0.195)/(32)(0.264)=1.60\,\text{kg}\cdot\text{kg}^{-1}$$

12·2·3　代謝産物収率

代謝産物 P の収率係数 $Y_\text{P/S}$ は次式のように表わされる。
$$Y_\text{P/S}=\Delta C_\text{P}/(-\Delta C_\text{S}) \qquad (12\cdot 8\text{-a})$$
$$=r_\text{P}/(-r_\text{S}) \qquad (12\cdot 8\text{-b})$$
式(12·4)の代謝産物の量論係数 Y_P と P の収率係数 $Y_\text{P/S}$ の間には，式(12·5) と同様な次式が成立する。
$$Y_\text{P}=Y_\text{P/S}\cdot\frac{\gamma_\text{P}}{\gamma_\text{S}}=\frac{12+l+16m}{12+r+16s+14t}\cdot Y_\text{P/S} \qquad (12\cdot 8\text{-c})$$
γ_P は代謝産物 P の 1 kg に含まれる炭素の含有量であり，次式で与えられる。
$$\gamma_\text{P}=12/(12+r+16s+14t) \qquad (12\cdot 8\text{-d})$$

12·3　微生物反応の反応速度式

12·3·1　菌体の増殖速度

菌体の増殖速度 r_X は，2章で述べたように次式で表わされる。
$$r_\text{X}=\mu C_\text{X} \qquad (2\cdot 71)$$
ここに，μ は比増殖速度 [kg·kg^{-1}·s^{-1}] と呼ばれ，つぎの Monod の式 (2·72)によって表わされる。
$$\mu=\frac{\mu_\text{max}C_\text{S}}{K_\text{S}+C_\text{S}} \qquad (2\cdot 72)$$

ここで, μ_{max} は最大比増殖速度 [kg・kg^{-1}・s^{-1}]と呼ばれ, 十分な量の基質が存在する条件下における菌体の比増殖速度を表わす。式中の K_S は飽和定数 [kg・m^{-3}]と呼ばれ, μ_{max} の 1/2 の比増殖速度を与える基質濃度に相当する。

一般に, μ は培養環境や培養条件によって変化するが, 主として基質濃度 C_S に依存し, 基質阻害や代謝産物阻害がある場合は, 代謝産物濃度 C_P にも依存する。

菌体は, グルコースなどの基質が過剰に存在する場合や, エタノールや乳酸のような代謝産物の濃度がある限界値を越えるときに, その増殖に阻害を受けることが多い。これらを Monod の式に組込んだ式もいくつか提案されているが, 最も簡単なつぎの2つの式をあげておく。

$$\mu = \mu_{max} C_S / (K_S + C_S + C_S^2/K_i) \quad (12 \cdot 9\text{-a})$$
$$\mu = \mu_{max} C_S / [(K_S + C_S)(1 + C_P/K_P)] \quad (12 \cdot 9\text{-b})$$

ここで, K_i, K_P はそれぞれ基質阻害定数, 代謝産物阻害定数 [kg・m^{-3}] と呼ばれる。

12・3・2 基質の消費速度

基質は, 菌体の増殖に必要な細胞構成成分や酵素の合成のために消費されるばかりでなく, 細胞機能の維持のためにも消費される。したがって, 次式に示すように, 培養液の単位体積当りの基質消費速度は菌体の増殖(第1項)と維持(第2項)に関する2つの項の和として表わされる。

$$-r_S = (1/Y_{X/S}^*) r_X + m C_X \quad (12 \cdot 10)$$

ここで, $Y_{X/S}^*$ は真の増殖収率と呼ばれ, さきに定義された総括の増殖収率 $Y_{X/S}$ と区別される。また, m は維持定数 [kg・(kg-乾燥菌体)$^{-1}$・s^{-1}] と呼ばれる。

式(12・2-b)の逆数を考え, それに式(2・71)と式(12・10)を代入すると

$$\frac{1}{Y_{X/S}} = \frac{-r_S}{r_X} = \frac{1}{Y_{X/S}^*} + \frac{m}{\mu} \quad (12 \cdot 11)$$

の関係が成立する。この式は総括の増殖収率 $Y_{X/S}$ と真の増殖収率 $Y_{X/S}^*$ の関係を表わしている。一般の微生物反応においては維持定数 m の値は小さく, 式(12・11)の右辺の第2項は第1項に比較して無視できる場合が多く, 式(12・12)が成立する。それを式(12・10)に代入すると式(12・13)が得られる。

$$Y_{X/S} \fallingdotseq Y_{X/S}^* \quad (12 \cdot 12)$$
$$-r_S \fallingdotseq (1/Y_{X/S}) r_X \quad (12 \cdot 13)$$

式(12・13)は2章で導いた式(2・74)に相当する。

12・3・3 酸素の消費速度

好気性の微生物反応における菌体の酸素消費速度は $-r_{O_2}$ [kg-O_2・(m^3-培養液)$^{-1}$・s^{-1}] によって表わされる。$-r_{O_2}$ を菌体濃度 C_X で割った値を比酸素消費速度 q_{O_2} [kg-O_2・(kg-乾燥菌体)$^{-1}$・s^{-1}],あるいは呼吸速度と呼ぶ。すなわち,式(12・14)の関係が成立する。r_S に対する式(12・10)と同様に,r_{O_2} は増殖速度 r_X と関係づけられ,式(12・15)が成立する。さらに,q_{O_2} に対しては式(12・16)の関係が導ける。

$$-r_{O_2} = q_{O_2} C_X \qquad (12・14)$$

$$-r_{O_2} = (1/Y_{X/O_2}{}^*) r_X + m_{O_2} C_X \qquad (12・15)$$

$$q_{O_2} = (1/Y_{X/O_2}{}^*) \mu + m_{O_2} \qquad (12・16)$$

ここで,m_{O_2} は酸素消費に関する維持定数である。

なお後述するように,酸素消費速度あるいは比酸素消費速度は溶存酸素濃度 C_{O_2} の関数としても表わすことができる。

12・3・4 代謝産物の生成速度

代謝産物の種類により,その生合成経路や代謝調節機構が大きく異なるために,代謝産物 P の生成速度 r_P を統一的に表現することは容易ではない。総括的に考えると,基質消費速度 $-r_S$ と同様に,代謝産物生成速度は増殖速度に比例する項と菌体濃度に比例する項の和として式(12・17-a)によって表わせる。式(12・17-a)は酵母によるエタノール生成,乳酸菌による酢酸生成などの多くの微生物反応に適用できる。

$$r_P = \alpha r_X + \beta C_X \qquad (12・17\text{-a})$$

上式において $\beta=0$ の場合は,式(12・17-a)の右辺第2項はなくなり,r_P は

$$r_P = \alpha r_X \qquad (12・17\text{-b})$$

となる。この式を式(2・75)と比較すると,$\alpha = Y_{P/S}/Y_{X/S}$ の関係が成立する。このように,代謝産物の生成速度が増殖速度に比例する場合を単純増殖連動型と呼ぶ。

一方,$\alpha=0$ の場合は

$$r_P = \beta C_X \qquad (12・17\text{-c})$$

となり,増殖非連動型と呼ぶ。放線菌によるペニシリンを始めとする抗生物質などの代謝産物の生成速度はこの増殖非連動型になる。

12・4 生物化学反応装置

　生物化学反応に対しても，すでに 11 章までに述べてきた各種の装置が基本的には適用できる。しかし，生物化学反応に特有な反応形式や反応装置が用いられており，ここではそれらに焦点を当てて述べる。

12・4・1 菌体の培養方式

　菌体の培養は，栄養源を含む培養液中に菌体を懸濁させて行なわれるが，酸素を必要とする好気培養と，酸素供給が不要な嫌気培養に分類できる。好気培養の中でも，菌体の生育のために培養液を静置状態にする必要がある場合は，液深の小さい平型の発酵槽を用いる表面培養の形式が採用される。食酢製造の酢酸発酵がその代表例である。

　酸素要求量が大きい場合は，撹拌槽あるいは気泡塔に空気を直接通気して酸素を培養液に供給する方式が採用される。このような培養方式を深部培養という。ペニシリンなどの抗生物質やアミノ酸の製造などの工業的に重要な好気性の微生物反応には深部培養方式が採用される。図 12・2(a) に撹拌槽型の深部培養発酵槽を，図 12・2(b) にドラフトチューブを内蔵した気泡塔型培養槽を，それぞれ示す。

12・4・2 生体触媒の固定化

　通常の酵素反応には，酵素を水に溶解して基質に作用させる回分操作法が適用されてきた。その場合，反応終了後に反応液から酵素を分離・回収して再利用することが望ましいが，技術的には必ずしも容易でない。そこで，酵素を多孔性ゲル，多孔性樹脂，マイクロカプセル，膜などの不溶性の担体に保持する固定化法が開発されてきた。この固定化酵素を用いると，反応液から分離の必要がないから連続操作が可能になる。また，酵素を固定化すると酵素の修飾が行なわれたことになり，熱安定性が高くなる利点もある。固定化法は，酵素から，微生物，動・植物の生体触媒の固定化へ拡張されている。

　固定化法には，図 12・3 に示すような（a）担体結合法，（b）架橋法，（c）包括法，などがある。

　固定化生体触媒は固体触媒の一種であるから，図 12・2（c）固定層型，（d）三相流動層型の反応装置などが利用できる。

12・4・3 膜型反応器

　固定化の主目的は，酵素，菌体などを反応流体から分離し反応器内に保持することにある。膜を用いて生体触媒の流出を防止する方式でも固定化の目的

は達せられるし,固定化の手間も省ける。このように,膜を利用する反応器は固定化生体触媒反応器の一つの形式であるとみなせる。

膜型反応器は,図 12・2(e)に示すように,酵素のような高分子は通過させないが,低分子の基質と生成物は透過可能な限界沪過膜(UF 膜)を用いて反応器内部を区切り,一方にフリーの酵素を浮遊させるか膜内部に保持して反応を行なわせる。膜の形態には,平膜の他に中空糸膜(hollow fiber)がある。平膜では膜面積を大きくとれないが,中空糸膜を多数束ねたホローファイバー型の膜型装置では膜面積が大きくとれるので実用的である。この種の膜型反応器は酵素ばかりでなく,その他の生体触媒への適用が期待されている。

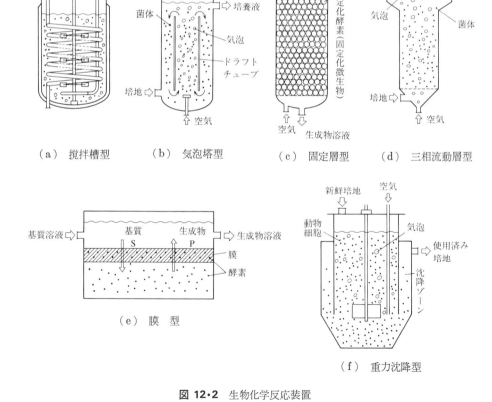

図 12・2 生物化学反応装置

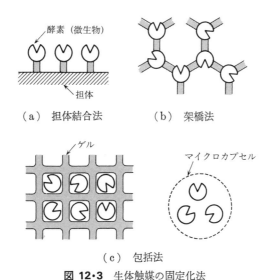

図 12・3　生体触媒の固定化法

12・4・4　灌流培養

　動物細胞の培養では，培養中にアンモニア，乳酸などの老廃物が培養液中に蓄積し，そのために増殖が阻害されるので，動物細胞を反応器内に保持しながら培養液のみを間欠的に抜き出し新鮮な培養液を補給する．それによって，老廃物の濃度を下げると同時に基質も補給できる．このような培養方式を灌流培養と呼ぶ．そのとき培養液と動物細胞の固液分離が必要になるが，微小な細胞の分離は容易でない．膜分離，重力沈降分離，遠心分離などの利用が提案されている．その他にも動物細胞を固定化して，固体のサイズを大きくして固液分離を容易にする方式も提案されている．図 12・2(f) に重力沈降型の灌流培養槽を示す．

12・5　槽型微生物反応器の操作・設計

12・5・1　菌体の増殖曲線

　菌体を槽型回分反応器で培養したときの，菌体濃度 C_X の時間的変化を増殖曲線と呼ぶ．典型的な増殖曲線は図 12・4 に示されるように，(1) 誘導期，(2) 加速期，(3) 指数増殖期（対数増殖期），(4) 減速期，(5) 静止期，および (6) 死滅期，に分かれる．

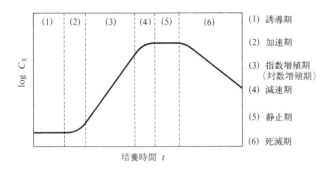

図 12·4　菌体の増殖曲線

12·5·2　回分培養操作

微生物反応には撹拌槽型反応器が多く用いられ，操作法としては回分操作，連続操作および半回分操作が採用される。しかし，微生物反応は菌体が触媒となり，反応にともないその触媒が増殖する自触媒反応的挙動を示し，通常の化学反応の操作法とは異なった点も少なくない。

図 12·5 に示すように，微生物反応の回分操作は，菌体をまず試験管に植菌して，それを前培養反応器で増殖させて，さらに主反応器に移してから本培養を開始する方式を採用している。反応終了後，培養液から増殖した菌体，あるいは代謝産物を分離精製する。これらの一連の操作において雑菌汚染を防ぐことに細心の注意を払わねばならない。

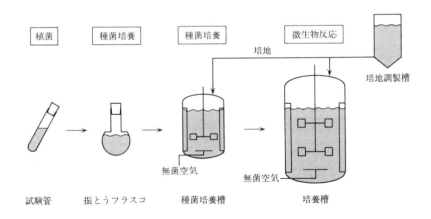

図 12·5　微生物の回分培養操作

12·5 槽型微生物反応器の操作・設計

回分操作の一つの変形として，培養終了後，菌体の一部を反応器内に残留させて，そこに新しい培養液を再び仕込んで次の培養を開始する反復回分操作法がある。この方式では前培養の必要がない利点がある。

Monod の増殖速度式が成立するときの回分反応器における菌体濃度 C_X に対する物質収支式は次式で表わされる。

$$\frac{dC_X}{dt} = r_X = \mu C_X = \frac{\mu_{max} C_S C_X}{K_S + C_S} \qquad (12·18)$$

一方，基質 S に対する反応速度は式(12·10)で表わせるから，物質収支式は次式によって表わせる。

$$-\frac{dC_S}{dt} = -r_S = \frac{r_X}{Y_{X/S}^*} + m C_X \qquad (12·19)$$

式(12·18)と式(12·19)を連立して数値的に解くと，回分培養槽内の菌体と基質の濃度の経時変化が計算できる。図 12·6 に数値解の一例を点線で示す。いま，式(12·19)において維持定数 m が小さいと仮定すると，両微分方程式から反応速度項が消去できて，それを時間に対して積分すると，C_S と C_X の間に次式が導ける。これは式(2·76)の量論関係式に等しい。

$$C_{S0} - C_S = (C_X - C_{X0}) / Y_{X/S} \qquad (12·20\text{-a})$$
$$\therefore \quad C_S = (C_{Xf} - C_X) / Y_{X/S} \qquad (12·20\text{-b})$$

ここで，C_{Xf} は次式で定義される。

$$C_{Xf} = C_{X0} + Y_{X/S} C_{S0} \qquad (12·21)$$

上式の右辺第 1 項は，回分反応器内に仕込まれた菌体の初期濃度であり，第 2 項は，仕込まれた基質がすべて菌体の増殖に消費されたときに得られる菌体濃度を表わしている。通常は第 1 項は第 2 項に比較して小さい。

式(12·18)に式(12·20-b)を代入して積分すると，次式の関係が得られる。

$$\left(1 + \frac{K_S Y_{X/S}}{C_{Xf}}\right) \ln \frac{C_X}{C_{X0}} - \frac{K_S Y_{X/S}}{C_{Xf}} \ln \frac{C_{Xf} - C_X}{C_{Xf} - C_{X0}} = \mu_{max} t \qquad (12·22)$$

図 12·6 の実線は先の数値解の操作条件に対応する解析解を示す。ただし，維持定数 $m = 0$ としている。両者はよく一致しており，維持定数 m の寄与は多くの場合小さく，それを無視した解析解が有用であることを示している。

通常の微生物反応では，Monod 式の飽和定数 K_S の値は初期基質濃度 C_{S0} に比較して小さく，$K_S \ll C_{S0}$ の関係が成立する。さらに，式(12·21)で $C_{Xf} \cong Y_{X/S} C_{S0}$ とおけるから

$$K_S Y_{X/S} / C_{Xf} \cong K_S Y_{X/S} / Y_{X/S} C_{S0} = K_S / C_{S0} \cong 0$$

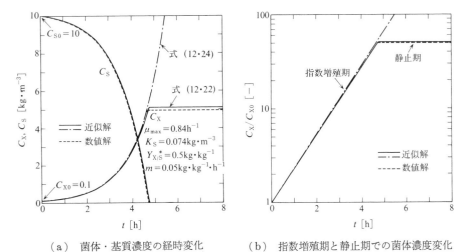

(a) 菌体・基質濃度の経時変化　　（b）指数増殖期と静止期での菌体濃度変化

図 12·6　回分培養槽内の菌体濃度と基質濃度の経時変化

の関係が近似的に成立する。これを式(12·22)に代入し整理すると

$$\ln(C_X/C_{X0}) = \mu_{max} t \tag{12·23}$$

$$\therefore \quad C_X/C_{X0} = \exp(\mu_{max} t) \tag{12·24}$$

が得られる。図12·6の一点鎖線は式(12·24)を示す。式(12·22)の関係は，増殖曲線の指数増殖期(対数増殖期)に対応している。式(12·22)において，$K_S Y_{X/S}/C_{Xf}$ の値を0と置かない場合は時間 t の増大にともない直線関係からずれて最大菌体濃度 C_{Xf} に漸近する増殖曲線が得られる。この場合，指数増殖期と減速期を表わせる。このようにMonodの式を用いたときは，回分反応器内の増殖曲線の中の一部分しか表現できない。全期間を表現するにはもっと複雑な反応速度式を採用しなければならない。

指数増殖期にある1個の菌体が分裂して2個になる，つまり菌体濃度が2倍になるのに要する時間をダブリングタイム(doubling time)あるいは，世代時間(generation time)と呼び，t_d で表わすことにする。式(12·23)において，$C_X/C_{X0}=2$ とおくと

$$t_d = \ln 2 / \mu_{max} = 0.693 / \mu_{max} \tag{12·25}$$

また，n 世代($n=t_n/t_d$)経過したときの時間 t_n は，式(12·25)から

$$t_n = n t_d = n(\ln 2 / \mu_{max})$$

となる。この式を式(12·24)に代入すると，n 世代後の菌体濃度は $C_{X,n}$

$$C_{X,n}/C_{X0} = \exp(n \cdot \ln 2) = 2^n \tag{12·26}$$

12・5 槽型微生物反応器の操作・設計

【例題 12・2】 50 cm³ のペプトン培地に 8×10^5 個の大腸菌を培養したところ，誘導期がなくて 284 min 後に静止期に達した。そのときの菌体濃度は 3×10^9 個・cm⁻³ であった。大腸菌の比増殖速度 μ とダブリングタイム t_d を求めよ。また，菌体濃度が 10 倍になるのは何世代後か。

【解】 培養開始時の菌体濃度は

$$C_{X0}=8\times10^5/50=1.6\times10^4 \text{個・cm}^{-3}$$

となり，式(12・23)から

$$\mu_{max}=\ln(3\times10^9/1.6\times10^4)/284=0.0428 \text{ min}^{-1}=2.6 \text{ h}^{-1}$$

が得られる。指数増殖期においては，$\mu \cong \mu_{max}$ が成立するから

$$\mu=2.6 \text{ h}^{-1}$$

また，ダブリングタイム t_d は式(12・25)より

$$t_d=0.693/2.6=0.267 \text{ h}=16.0 \text{ min}$$

式(12・26)から，$C_{X,n}/C_{X0}=10$ とおくと

$$n=\ln 10/\ln 2=3.32$$

となる。すなわち，菌体濃度はおよそ 3.3 世代後に増殖開始時の 10 倍になる。

12・5・3 連続培養操作

5章の[例題 5・2]において，連続槽型反応器を用いて微生物反応を行なう場合の操作問題について述べた。しかし，基質の消費速度において維持定数 m を考慮していない。ここでは，それを考慮したときの（a）連続操作，ならびに（b）反応器から排出される微生物を濃縮分離して反応器入口にリサイクルする連続培養操作，についてそれぞれ説明する。

（a）**維持定数を考慮した場合の連続培養操作** 菌体 X についての物質収支式は次式で表わされる。

$$v_0 C_{X0}-v_0 C_X+r_X V=0 \qquad (12\cdot27)$$

反応器入口での菌体濃度 C_{X0} は 0 であるとし，r_X に式(2・71)を代入すると

$$-v_0 C_X+\mu C_X V=0 \qquad (12\cdot28)$$

が得られる。上式の両辺を $C_X V$ でわり，$v_0/V=S_v$ とおくと式(12・28)は

$$\mu=S_v \qquad (12\cdot29)$$

のように書き表わされる。すなわち，比増殖速度 μ が空間速度 S_v（希釈率 D）に等しい。このことは，空間速度を変化させることによって反応器内の菌体の増殖速度を調節できることを示している。

比増殖速度 μ が Monod の式(2・72)で表わされるとすると，式(12・29)は

$$\frac{\mu_{\max} C_\mathrm{S}}{K_\mathrm{S}+C_\mathrm{S}} = S_\mathrm{v} \tag{12・30}$$

の関係に書き改められる。式(12・30)を C_S について解くと，反応器出口での基質濃度 C_S が次式によって表わされる。

$$C_\mathrm{S} = K_\mathrm{S} S_\mathrm{v}/(\mu_{\max}-S_\mathrm{v}) \tag{12・31}$$

この式は，[例題5・2]の式(d)に等しい。つまり，ここまでに得られた関係は維持定数 m を考慮するしないにかかわらず成立する。

一方，菌体濃度 C_X は式(2・76)に式(12・31)を代入した次式から計算できる。

$$C_\mathrm{X} = Y_{\mathrm{X/S}}[C_{\mathrm{S}0} - K_\mathrm{S} S_\mathrm{v}/(\mu_{\max}-S_\mathrm{v})] \tag{12・32}$$

ただし，総括の増殖収率 $Y_{\mathrm{X/S}}$ は式(12・11)によって表わされるが，式中に μ を含み，それが基質濃度 C_S の関数になる。しかし式(12・29)より $\mu=S_\mathrm{v}$ が成立するから，$Y_{\mathrm{X/S}}$ は空間速度のみの関数とみなせることになり，次式のように書き表わされる。

$$\frac{1}{Y_{\mathrm{X/S}}} = \frac{1}{Y_{\mathrm{X/S}}^{*}} + \frac{m}{S_\mathrm{v}} \tag{12・33}$$

これらの結果を[例題5・2]の結果と比較してみると，増殖収率に維持定数 m が含まれるので反応器出口での菌体濃度は異なってくるが，基質濃度 C_S は同一の式によって表わされる。

一方，代謝産物Pの濃度 C_P は式(2・77)を用いると，次式によって表わせる。

$$C_\mathrm{P} = Y_{\mathrm{P/S}}[C_{\mathrm{S}0} - K_\mathrm{S} S_\mathrm{v}/(\mu_{\max}-S_\mathrm{v})] \tag{12・34}$$

(b) 菌体の濃縮分離リサイクルを含む連続培養操作 通常の連続操作では，槽内で生成した菌体は反応器出口から培養液とともに排出される。菌体の生産が目的の場合はそれでよいが，培養液中の代謝産物が目的物質の場合は，図5・6(c)で示すように，培養槽の出口に重力沈降，遠心分離，膜分離などの分離器を接続して培養液を濃縮し，菌体を含む濃厚液を反応器にリサイクルする操作法が採用される。この方法によると，反応器内の菌体濃度が高められるので，反応器効率が向上することが期待できる。

図12・7に示す記号を用いる。分離器からの排出液に比較して菌体濃度を β 倍($\beta>1$)に濃縮して反応器入口にリサイクルする。リサイクル流れの体積流量は排出液流量 v_0 の γ 倍とする。ただし，基質Sと代謝産物の濃度は分離器の前後で変わらないとする。

12·5 槽型微生物反応器の操作・設計

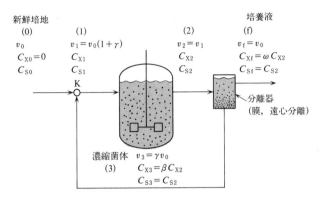

図 12·7 菌体の濃縮リサイクルを伴う連続培養操作

まず，分離器周りの菌体の物質収支をとると

$$(1+\gamma)v_0 C_{X2} = \gamma v_0 \cdot \beta C_{X2} + v_0 C_{Xf} \tag{12·35}$$

上式を C_{X2} について解くと

$$C_{X2} = \frac{C_{Xf}}{1+\gamma-\gamma\beta} = \frac{C_{Xf}}{\omega} \tag{12·36}$$

の関係が得られる。ここで，ω と β は，

$$\omega = 1 - \gamma(\beta-1) \qquad (0<\omega<1) \tag{12·37-a}$$

$$\beta = C_{X3}/C_{X2} \tag{12·37-b}$$

で与えられる操作変数であって，その値が0と1の間に入るように分離器を設計し操作しなければならない。そのとき，系外に排出される生成液中の菌体濃度 C_{Xf} は，式(12·36)から明らかなように，反応器出口の液中の菌体濃度 C_{X2} の ω 倍 $(0<\omega<1)$ に希釈される。反応原料とリサイクルが合流する点Kでの菌体についての物質収支は次式のように書ける。

$$v_0 C_{X0} + \gamma v_0 \cdot \beta C_{X2} = (1+\gamma)v_0 C_{X1} \tag{12·38}$$

反応原料中には菌体は含まれていないから，上式で $C_{X0}=0$ とおき，式(12·36)を代入すると，次式が得られる。

$$C_{X1} = \frac{\gamma\beta}{(1+\gamma)\omega} C_{Xf} \tag{12·39}$$

さて，槽型反応器について菌体Xの物質収支は

$$(1+\gamma)v_0 C_{X1} - (1+\gamma)v_0 C_{X2} + r_X V = 0 \tag{12·40}$$

のように書ける。ただし，増殖速度 r_X は次式によって表わされる。

$$r_X = \mu C_{X2} \tag{12·41}$$

式(12·40)に, 式(12·36), 式(12·39)および式(12·41)を代入すると, 式(12·40)の左辺の各項がそれぞれ C_{Xf} に比例し, その式を整理すると次式が得られる。

$$\mu = S_v \omega \tag{12·42}$$

次に, 基質 S についても合流点 K での物質収支をとると, 次式が成立する。

$$v_0 C_{S0} + \gamma v_0 C_{S2} = (1+\gamma) v_0 C_{S1} \tag{12·43}$$

$$\therefore \quad C_{S1} = \frac{C_{S0} + \gamma C_{S2}}{1+\gamma} \tag{12·44}$$

比増殖速度 μ が Monod の式(2·72)で表わされるときには, それを式(12·42)に代入して, 反応器内の基質濃度 C_{S2} について解くと, 次式を得る。

$$C_{S2} = K_s S_v \omega / (\mu_{max} - S_v \omega) \tag{12·45}$$

さて, 反応器の総括増殖収率 $Y_{X/S}$ を用いると, 反応器の入口と出口についての量論的関係は, 次式のように書ける。

$$C_{X2} - C_{X1} = Y_{X/S}(C_{S1} - C_{Sf}) \tag{12·46}$$

この式に式(12·36), (12·39), および(12·44)を代入して整理し, さらに分離器の前後で基質濃度に変化がないとすると, $C_{S2} = C_{Sf}$ が成立するから

$$C_{Xf} = Y_{X/S}(C_{S0} - C_{S2}) \tag{12·47-a}$$

が得られる。この関係式は, リサイクルを内部に含む系を考えたときの総括的な量論関係を表わしている。

式(12·47-a)に式(12·45)を代入すると

$$C_{Xf} = Y_{X/S}\{C_{S0} - K_s S_v \omega / (\mu_{max} - S_v \omega)\} \tag{12·47-b}$$

となる。ただし, 維持定数 m を考慮したときの $Y_{X/S}$ は式(12·11)によって与えられるが, 式中の比増殖速度 μ は式(12·42)によって $S_v \omega$ に等しいから

$$\frac{1}{Y_{X/S}} = \frac{1}{Y_{X/S}^*} + \frac{m}{S_v \omega} \tag{12·48}$$

が成立する。この式を式(12·47-b)に代入すると, 菌体濃度 C_{Xf} が空間速度 S_v, ならびにパラメータ ω の関数として表わされる。

なお, [例題5·2]で導いたウォッシュアウトに対する空間速度 $S_{v,w}$ は, 式(12·47-b)で $C_{Xf}=0$ とおくことにより, 次式のように導ける。

$$S_{v,w} = \mu_{max} C_{S0} / (K_s + C_{S0}) \omega \tag{12·49}$$

(a) の単純な連続操作と, (b) の菌体を濃縮リサイクルする連続操作を対比すると, 連続操作の空間速度 S_v を $S_v \omega$ に置き換えれば, リサイクル操作の関係式が得られることがわかる。$\omega<1$ であるから, 同一の菌体濃度を得たい場合, リサイクル操作での S_v は大きくとれる利点が生じる。

12·5 槽型微生物反応器の操作・設計

なお，維持定数 m を考慮しなくてもよいときは，$m=0$ とおけばよい．

12·5·4 半回分培養操作

いくつかの微生物反応では，制限基質の濃度が高くなりすぎると阻害効果が現われることがある．たとえば，メタノール，酢酸などを基質とするときには，比較的低濃度でも阻害効果が起こる．また，酵母の培養においては糖の濃度が高くなりすぎると，糖からエチルアルコールが生成して，目的物質である酵母の収率が低下する．これらの微生物反応を回分操作で行なうときは，仕込基質濃度が高くとれないという制約がある．その解決策の一つは，低濃度の基質を連続的あるいは間欠的に供給し，低濃度の基質環境で反応を進行させることが可能な半回分操作法の採用である．すなわち，半回分操作では，反応器に供給する基質量をコントロールして反応器内の基質濃度を適当な値に制御できる利点がある．

菌体 X と基質 S に対する物質収支式は

$$\frac{d(VC_X)}{dt}=\mu C_X V \tag{12·50}$$

$$\frac{d(VC_S)}{dt}=v_0 C_{S,in}+r_S V=v_0 C_{S,in}-\frac{1}{Y_{X/S}}\mu C_X V \tag{12·51}$$

のように書き表わせる．ただし，$C_{S,in}$ は反応器入口での基質濃度を表わす．

比増殖速度が Monod の式で表わされるとすると

$$\mu=\frac{\mu_{max} C_S}{K_S+C_S} \tag{2·72}$$

が成立する．まず，式(12·51)の両辺に $Y_{X/S}$ を掛けて，それを式(12·50)に辺々加えると比増殖速度 μ が消去できる．その式を時間に対して積分すると，菌体濃度と基質濃度の間に次の量論関係式が導ける．

$$VC_X=V_0(C_{X0}+Y_{X/S}C_{S0})+Y_{X/S}v_0 C_{S,in}\cdot t-Y_{X/S}VC_S \tag{12·52}$$

通常の培養条件では Monod 式の飽和定数 K_S の値は小さく，$K_S \ll C_{S0}$ が成立し，式(2·72)は次式で近似できる．

$$\mu \cong \mu_{max} \tag{12·53}$$

この式を式(12·50)に代入して積分すると，次式が得られる．

$$VC_X=V_0 C_{X0}\exp(\mu_{max}t) \tag{12·54}$$

この式から，基質供給開始後の反応器内の 全菌体量 は指数関数的に増加することがわかる．この関係を式(12·52)の左辺に代入して，右辺にある VC_S について解くと，

$$VC_\mathrm{S} = V_0(C_\mathrm{S0} + C_\mathrm{X0}/Y_\mathrm{X/S}) + v_0 C_\mathrm{S,in} \cdot t$$
$$-V_0 C_\mathrm{X0} \exp(\mu_\mathrm{max} t)/Y_\mathrm{X/S} \tag{12・55}$$

の関係が導ける. 上式で与えられる反応器内の全基質量 VC_S は, 操作開始後増加するが極大値をとり, その後減少して非常に低い値に達し擬定常状態に到達することが, 数値計算の結果から判明している. そのような期間になると, 事実上 $VC_\mathrm{S} \cong 0$ とおけて, そのときの菌体濃度は式(12・52)の右辺の最終項を除いた次式によって表わされる.

$$VC_\mathrm{X} = V_0(C_\mathrm{X0} + Y_\mathrm{X/S} C_\mathrm{S0}) + Y_\mathrm{X/S} v_0 C_\mathrm{S,in} \cdot t \tag{12・56}$$

すなわち, 反応器内に存在する菌体量は時間とともに直線的に増加する.

図 12・8 に半回分反応器内の菌体量と基質量の経時変化を示す. 反応器内の全菌体量 VC_X は, 回分操作開始後は式(12・54)に従い指数関数的に増加するが, やがて式(12・56)に従って直線的に増大する期間へと移行する. その遷移点は式(12・54)と式(12・56)を等号で結んだ点であるから

$$V_0 C_\mathrm{X0} \exp(\mu_\mathrm{max} t) = V_0(C_\mathrm{X0} + Y_\mathrm{X/S} C_\mathrm{S0}) + Y_\mathrm{X/S} v_0 C_\mathrm{S,in} \cdot t \tag{12・57}$$

を満足する点である. 上式の両辺を $Y_\mathrm{X/S}$ で除した式を式(12・55)と比較すると明らかなように, 遷移点は式(12・55)の左辺 $VC_\mathrm{S} = 0$ とおいた点, すなわち基質濃度が槽内で 0 になる点である.

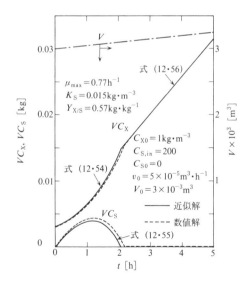

図 **12・8** 半回分培養槽内の菌体量と基質量の経時変化

なお，式(12・53)以降の諸式は近似的解析解であるが，式(12・53)の近似をせずに基礎式を数値的に解くことができる．図の点線はそのような数値解を示す．近似解析解は数値解によく一致していることがわかる．

12・6 好気性微生物反応器の操作・設計

12・6・1 菌体の呼吸速度

すでに 12・3・3 において述べたように，菌体の単位質量当りの呼吸速度を比呼吸速度と呼び，q_{O_2} [kg-O_2・(kg-菌体)$^{-1}$・s^{-1}] で表わすと，菌体濃度が C_X [kg-菌体・m^{-3}] の培養液の単位体積当りの培養液中の酸素の消費速度 $-r_{O_2}$ [kg-O_2・(m^3-培養液)$^{-1}$・s^{-1}] は次式によって表わされる．

$$-r_{O_2} = q_{O_2} C_X \tag{12・14}$$

q_{O_2} の値は使用する菌体や培養条件によって異なるが，$10^{-5} \sim 10^{-6}$ kg-O_2・(kg-菌体)$^{-1}$・s^{-1} 位の値をとる．

比呼吸速度 q_{O_2} は溶存酸素濃度 C_{O_2}(dissolved oxygen=DO と書くことも多い)の関数と考えられ，Michaelis-Menten 式と類似の次式で表わせることが知られている．

$$q_{O_2} = \frac{Q_{max} C_{O_2}}{K_{O_2} + C_{O_2}} \tag{12・58}$$

ここに，Q_{max} は最大呼吸速度を表わし，K_{O_2} は飽和定数である．

式(12・58)から明らかなように，比呼吸速度は溶存酸素濃度 C_{O_2} の増加にともない増加し，ある臨界溶存酸素濃度 $C_{O_2,cr}$ 以上では最大呼吸速度 Q_{max} に漸近する特性を持つ．

酸素の消費速度 $-r_{O_2}$ は菌体によって変わるが，およそ $25 \sim 100$ mol-O_2・m^{-3}・h^{-1} の間に入る場合が多い．しかし，260 mol-O_2・m^{-3}・h^{-1} 程度の大きな値をとることも少なくない．

さて，酸素の飽和溶存濃度 $C_{O_2}{}^*$ は次の Henry の式で気相の酸素分圧 p_{O_2} と関係づけられている．H_{O_2} は Henry 定数であり，温度の関数である．温度 20 °C の空気と接しているときの水中の溶存酸素濃度は 1.4 mol・m^{-3} 程度と非常に小さい．

$$p_{O_2} = H_{O_2} C_{O_2}{}^* \tag{12・59}$$

$C_{O_2,cr}$ の値は，飽和溶存酸素濃度の $C_{O_2}{}^*$ と関係づけられている．実測値からおよそ次の関係が成立している．

$$C_{O_2,cr} \fallingdotseq C_{O_2}^* の 2\sim10\%$$
$$K_{O_2} \fallingdotseq C_{O_2}^* の 0.3\sim5\%$$

12·6·2 酸素の供給速度

菌体が懸濁している培養液中へ吹き込まれた空気が形成する気泡からの酸素の吸収過程は，11·3で取り上げた気液固触媒反応に類似している。ただし，菌体は固体触媒粒子よりもさらに小さく，固液間ならびに菌体内での物質移動抵抗は無視できると仮定する。なお，菌体が凝集する場合はそれらの移動抵抗は無視できないだろう。ここでは，気液界面近傍の移動抵抗のみを考えて酸素の吸収速度を定式化する。

図11·4を参照すると，培養液の単位体積についての酸素の移動速度 $N_{O_2} \cdot a_b$ [mol·m^{-3}·s^{-1}] は

$$N_{O_2} \cdot a_b = k_G a_b (p_{O_2} - p_{O_2,i}) = k_L a_b (C_{O_2,i} - C_{O_2}) \tag{12·60}$$

で表わされる。ここで，N_{O_2} は単位界面積当りの酸素移動速度 [mol·m^{-2}·s^{-1}]，a_b は気液界面積 [m^2·m^{-3}]，p_{O_2} は酸素分圧 [Pa]，C_{O_2} は培養液中の酸素濃度 [mol·m^{-3}]，添字 i は気液界面を示す。$k_G a_b$ [mol·m^{-3}·s^{-1}·Pa^{-1}] と $k_L a_b$ [s^{-1}] は，ガス側と液側の容量係数をそれぞれ表わす。

式(12·59)で定義される気液界面での平衡関係を仮定し，式(12·60)から $p_{O_2,i}$ と $C_{O_2,i}$ を消去すると，式(12·60)は次式のように書き換えられる。

$$N_{O_2} \cdot a_b = K_G a_b (p_{O_2} - p_{O_2}^*) = K_L a_b (C_{O_2}^* - C_{O_2}) \tag{12·61}$$

ただし

$$p_{O_2}^* = H_{O_2} C_{O_2}, \qquad C_{O_2}^* = p_{O_2}/H_{O_2} \tag{12·62}$$

ここで，$K_G a_b$ と $K_L a_b$ はガス側基準と液側基準の総括容量係数であって，それぞれ次式によって与えられる。

$$\frac{1}{K_G a_b} = \frac{1}{k_G a_b} + \frac{H_{O_2}}{k_L a_b} \tag{12·63}$$

$$\frac{1}{K_L a_b} = \frac{1}{k_G a_b H_{O_2}} + \frac{1}{k_L a_b} \tag{12·64}$$

酸素は難溶性ガスであって，物質移動抵抗は液側に存在し，ガス側抵抗は無視できるので，式(12·63)と式(12·64)の左辺第1項は無視できる。それを式(12·61)に代入すると，酸素の吸収速度は近似的に次式によって表わされる。

$$N_{O_2} \cdot a_b \cong (k_L a_b/H_{O_2})(p_{O_2} - p_{O_2}^*) \tag{12·65}$$

$$\cong k_L a_b (C_{O_2}^* - C_{O_2}) \tag{12·66}$$

$k_L a_b$ の相関式が撹拌槽型および気泡塔型の反応装置に対して提出されている[1,2]。

12・6・3 好気性培養槽の設計

例題を用いて簡単な好気性培養槽の設計問題を述べる。

【例題 12・3】[1] 図12・2(b)に示すような気泡塔を用いて,エタノールを基質にして,パン酵母を連続的に生産する。

菌体生産速度$=100\,\mathrm{kg}\cdot\mathrm{h}^{-1}$,空間速度(希釈率)$=0.10\,\mathrm{h}^{-1}$,菌体濃度$=20\,\mathrm{kg}\cdot\mathrm{m}^{-3}$とする。エタノール中の飽和溶存酸素濃度,$C_{O_2}{}^*=0.219\,\mathrm{mol}\text{-}O_2\cdot\mathrm{m}^{-3}$であり,培養に必要な溶存酸素濃度,$C_{O_2}=0.0156\,\mathrm{mol}\text{-}O_2\cdot\mathrm{m}^{-3}$である。

比増殖速度 μ は式(2・72)の Monod の式によって表わされ,速度パラメータは,$\mu_{\max}=0.12\,\mathrm{h}^{-1}$,$K_S=0.02\,\mathrm{kg}\cdot\mathrm{m}^{-3}$。また,基質の消費速度 $-r_S$ は式(12・13)によって表わされ,増殖収率 $Y_{X/S}=0.48\,\mathrm{kg}\cdot\mathrm{kg}^{-1}$ であるとする。

一方,菌体の比酸素消費速度 q_{O_2} は式(12・16)によって表わされ,$m_{O_2}=0.4\,\mathrm{mol}\text{-}O_2\cdot(\mathrm{kg}\text{-}菌体)^{-1}\cdot\mathrm{h}^{-1}$,$Y_{X/O_2}{}^*=38.5\times10^{-3}\mathrm{kg}\cdot(\mathrm{mol}\text{-}O_2)^{-1}$ とする。

供給基質濃度,気泡塔内の基質濃度,培養槽容積,および容量係数 $k_L a_b$ を求めよ。

【解】 菌体生産速度$=v_0 C_X=100\,\mathrm{kg}\cdot\mathrm{h}^{-1}$,菌体濃度 $C_X=20.0\,\mathrm{kg}\cdot\mathrm{m}^{-3}$ であるから,培養液供給速度 v_0 は

$$v_0=100/C_X=100/20.0=5\,\mathrm{m}^3\cdot\mathrm{h}^{-1}$$

さらに空間速度(希釈率)$=v_0/V=5/V=0.1$ であるから,反応器体積 V は

$$V=5/0.1=50\,\mathrm{m}^3$$

気泡塔内の液とガスは完全混合状態にあるとみなせるので,12・5・3 の連続培養操作の結果が適用できる。したがって,式(12・31)から,培養槽出口での基質濃度 C_S が計算できる。

$$C_S=\frac{K_S S_v}{\mu_{\max}-S_v}=\frac{(0.02)(0.1)}{0.12-0.1}=0.1\,\mathrm{kg}\cdot\mathrm{m}^{-3}$$

一方,量論的関係から

$$C_{S0}-C_S=(C_X-C_{X0})/Y_{X/S}$$

が成立する。それを C_{S0} について解き,$C_{X0}=0$,および諸数値を代入すると

$$C_{S0}=C_S+C_X/Y_{X/S}=0.1+20.0/0.48=41.8\,\mathrm{kg}\cdot\mathrm{m}^{-3}$$

溶存酸素の物質収支は次式のように書き表わせる。

$$v_0 C_{O_2,0}-v_0 C_{O_2}+k_L a_b V(C_{O_2}{}^*-C_{O_2})-q_{O_2}C_X V=0 \qquad (12\cdot67)$$

上式の左辺の第1項と第2項は,気泡からの酸素移動速度(第3項)と酸素消費速度(第4項)に比較すると,無視小であると近似できるから,上式は

$$k_L a_b(C_{O_2}{}^*-C_{O_2})=q_{O_2}C_X \qquad (12\cdot68)$$

のように簡単化できる。q_{O_2} に $\mu=S_v$ とおいた式(12・18)を代入して，$k_L a_b$ について解き，数値を代入すると

$$k_L a_b = \frac{C_X}{(C_{O_2}{}^* - C_{O_2})} \left[\frac{1}{Y_{X/O_2}{}^*} S_v + m_{O_2} \right]$$

$$= \frac{20.0}{(0.219 - 0.0156)} \left[\frac{1}{38.5 \times 10^{-3}} 0.1 + 0.4 \right]$$

$$= \frac{20.0}{0.2034} [2.60 + 0.4] = 295 \text{ h}^{-1}$$

のように $k_L a_b$ の値が求まった。

式(12・68)の近似化が妥当であるか検討するために，式(12・67)の各項の大きさを算出してみると以下のようになり，その妥当性が明らかになった。

第1項 $= v_0 C_{O_2,0} < v_0 C_{O_2}{}^* = (5)(0.219) = 1.1 \text{ mol-O}_2 \cdot \text{h}^{-1}$

第2項 $= v_0 C_{O_2} = (5)(0.0156) = 0.078$

第3項 $= k_L a_b V(C_{O_2}{}^* - C_{O_2}) = (295)(50)(0.219 - 0.0156) = 3000$

第4項 $= q_{O_2} C_X V = [2.60 + 0.4](20)(50) = 3000 \text{ mol-O}_2 \cdot \text{h}^{-1}$

実際の培養装置の設計は，容量係数 $k_L a_b$ が上記の値になるように気泡塔に吹き込む空気の線速度を決定するなど，装置の操作条件を決定していく。その詳細は成書[1]，解説[2] を参照されたい。

問　題

12・1　ある酵母の元素分析をしたところ，炭素 C：47%，酸素 O：31%，窒素 N：7.5%，水素 H：6.5%，無機物質：8% であった。この酵母の無灰元素組成式 $CH_p O_n N_q$ を求めよ。

12・2　炭素に関する増殖収率 Y_C は，基質の種類によらず好気性培養の場合 0.6 程度の値をとる。グルコースを基質として酵母を好気培養したときの増殖収率 $Y_{X/S}$ が $0.5 \text{ kg} \cdot \text{kg}^{-1}$ であった。基質をグルコースからエタノールにかえたときの増殖収率を計算せよ。ただし，Y_C は 0.6 としてよい。

12・3　グルコースを基質としてエタノールを生産する微生物反応の炭素に関する増殖収率 Y_C は 0.4 であった。また，見掛け上グルコース 1 mol に対し酸素 2 mol が消費された。Y_P およびエタノール収率 $Y_{P/S}$ はいくらになるか。ただし，菌体の組成式は $CH_{1.62} O_{0.48} N_{0.2}$ であった。

12・4　大腸菌をグルコースとアンモニウム塩からなる培地で培養した。培養開始時の細菌数は 5×10^5 であったが，300 min を経過した後でもまだ指数増殖期にあり，

---

1) 橋本健治編著，「工業反応装置」，p. 283，培風館(1984).
2) 橋本健治，化学装置，No. 9，p. 73 (1985).

細菌数は 3.5×10^7 に増加していた．大腸菌のダブリングタイムを 40 min とすると，誘導期は存在したか．もし存在したら，その時間を求めよ．

12・5 ある回分微生物反応において菌体が $0.2\,\mathrm{kg\cdot m^{-3}}$ から $14\,\mathrm{kg\cdot m^{-3}}$ まで 24 時間かかって指数関数的に増殖した．培養を開始してから 10 時間後の基質濃度を求めよ．菌体の増殖収率は $0.5\,\mathrm{kg\cdot kg^{-1}}$，維持定数 $m=0$ とする．ただし，初期基質濃度は $10\,\mathrm{kg\cdot m^{-3}}$ とする．

12・6 増殖速度が Monod 型で表わされる酵母の回分発酵によってエタノールを生産する．培養開始 5 h 後の菌体濃度，エタノール濃度，基質濃度を求めよ．ただし初期菌体濃度は $1\,\mathrm{kg}$-乾燥菌体$\cdot\mathrm{m^{-3}}$，$\mu_{\max}$ は $0.27\,\mathrm{h^{-1}}$，飽和定数 K_S は $0.025\,\mathrm{kg\cdot m^{-3}}$，$Y_{\mathrm{X/S}}$ は $0.3\,\mathrm{kg\cdot kg^{-1}}$，$Y_{\mathrm{P/S}}$ は $0.4\,\mathrm{kg\cdot kg^{-1}}$，初期基質濃度は $10\,\mathrm{kg\cdot m^{-3}}$ とする．また，維持定数 m は十分小さいとする．

12・7 連続槽型反応器でグルコースを基質にして大腸菌を培養した．反応器入口での基質濃度を $5\,\mathrm{kg\cdot m^{-3}}$，空間速度 S_v（希釈率 D）を $0.15\,\mathrm{h^{-1}}$ にとったとき，出口での基質濃度は $0.1\,\mathrm{kg\cdot m^{-3}}$，菌体濃度は $2.5\,\mathrm{kg\cdot m^{-3}}$ になった．菌体の増殖速度は Monod の式によって表わされ，飽和定数 K_S が $0.2\,\mathrm{kg\cdot m^{-3}}$ のとき，最大比増殖速度 $\mu_{\max}$ および増殖収率 $Y_{\mathrm{X/S}}$ の値を求めよ．

12・8 （a）連続槽型反応器での滞留時間 τ を変化させて，反応器出口での菌体と基質濃度，C_X と C_S を測定し下表に示す結果を得た．ただし，入口基質濃度は $100\,\mathrm{kg\cdot m^{-3}}$ で，菌体の増殖速度 r_X は Monod の式で表わされる．$\mu_{\max}$, K_S ならびに増殖収率 $Y_{\mathrm{X/S}}$ の値を求めよ．

τ [h]	2.60	3.00	3.50	4.25	4.80
C_X [kg·m^{-3}]	5.95	5.98	5.99	6.00	5.98
C_S [kg·m^{-3}]	0.571	0.333	0.233	0.143	0.111

（b）反応器体積 $V=100\,\mathrm{m^3}$ の連続槽型反応器を用い，入口基質濃度 $C_{\mathrm{S0}}=120\,\mathrm{kg\cdot m^{-3}}$ にして，反応率を 80% にとったとき，反応器出口での菌体濃度 C_X および供給培地の流量 v [m$^3\cdot$h^{-1}] を求めよ．

12・9 連続槽型反応器を用い，グルコースを制限基質として酵母を培養して下表の結果を得た．ただし，供給培地中のグルコースの濃度 C_{S0} はすべての実験において，$45.0\,\mathrm{kg\cdot m^{-3}}$ であり，供給培地中には酵母は含まれていない．

菌体の増殖が Monod の式に従うものとして，$\mu_{\max}$ と K_S の値を求めよ．さらに真の増殖収率 $Y_{\mathrm{X/S}}^*$ および維持定数 m の値を求めよ．

S_v [h^{-1}]	0.067	0.140	0.207	0.28	0.32
C_X [kg·m^{-3}]	20.97	21.68	21.90	21.90	21.51
C_S [kg·m^{-3}]	0.02	0.07	0.15	0.40	1.32

12・10 パン酵母の連続生産において菌体を発酵槽へ返送する連続リサイクル培養を考える．菌体を濃縮せずに菌体の一部を発酵槽へリサイクルするとパン酵母の生産

性は循環比によってどのように変化するか．

12・11 パン酵母の培養を，反応器体積 $V=0.12\,\mathrm{m}^3$ の連続槽型反応器を用いて行なう．当初，濃度 $C_{S0}=0.482\,\mathrm{mol\cdot m^{-3}}$ の基質を体積流量 v を $0.08\,\mathrm{m^3\cdot h^{-1}}$ に設定して，定常操作する計画を立てた．酵母の増殖速度は Monod の式によって表わされ，最大増殖速度 $\mu_{\max}$ は $0.3\,\mathrm{kg\cdot kg^{-1}\cdot h^{-1}}$，飽和定数 K_S は $0.2\,\mathrm{kg\cdot m^{-3}}$，ならびに維持定数 m は 0 である．

（a）上記の条件下で定常操作は可能か．

（b）図 12・7 の菌体の濃縮分離・リサイクル操作に変更する．リサイクル比 $\gamma=1$ のとき，菌体の濃縮比 $\beta=C_{X3}/C_{X2}$ をいくら以上に設定すればウォッシュアウトが避けられるか．

12・12 体積が $1\,\mathrm{m}^3$ の連続槽型反応器を用いて，パン酵母を $1\,\mathrm{kg\cdot h^{-1}}$ の速度で生産したい．空間速度 S_v（希釈率 D）をいくらにとればよいか．ただし，反応器入口での基質濃度 C_{S0} は $30\,\mathrm{kg\cdot m^{-3}}$，菌体濃度は 0 である．

真の増殖収率 $Y_{X/S}^*$ は $0.5\,\mathrm{kg\cdot kg^{-1}}$，維持定数 m は $0.03\,\mathrm{kg\cdot kg^{-1}\cdot h^{-1}}$ であり，さらに増殖速度は Monod の式によって表わされ，最大比増殖速度 $\mu_{\max}$ は $0.4\,\mathrm{h^{-1}}$，飽和定数 K_S は $0.025\,\mathrm{kg\cdot m^{-3}}$ であるとする．

12・13 ［問題 12・12］のパン酵母の培養を，図 12・7 に示すような菌体の濃縮分離リサイクルをともなう連続培養システムで行なう．リサイクル流れ中の菌体濃度 C_{X3} は反応器出口の菌体濃度 C_{X2} の 5 倍になるように濃縮し，かつ製品取り出し流れ中の菌体濃度 C_{Xf} が反応器出口の菌体濃度 C_{X2} の 10% になるように，沈降分離装置が設計されている．ただし，基質濃度は分離装置の前後で変化しないものとする．

この培養システムを用いて，$10\,\mathrm{kg\cdot h^{-1}}$ の生産速度でパン酵母を生産するには，空間速度 S_v（希釈率 D）と循環流量比 γ をいくらにすればよいか．

12・14 図 12・9 に示すような，連続槽型反応器に膜型分離器を結合した反応器システムで微生物反応を定常状態で操作したい．反応器には菌体を含まない基質水溶液

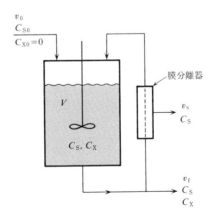

図 **12・9** 膜分離を結合した反応器システム

(濃度 C_{S0})を体積流量 v_0 で供給し,反応器出口から排出される培養液の一部は体積流量 v_f で系外に取り出し,残りの培養液は膜分離器に通して菌体を含まない沪液を体積流量 v_s で抜き出し,残りの培養液はすべて反応器にリサイクルする。

いま,この反応器システムから排出される液の基質濃度 C_S と菌体濃度 C_X を表わす式を導け。ただし,菌体の増殖速度 r_X は Monod の式によって表わされる。

12·15 パン酵母をグルコースを基質として半回分培養法で生産する。培養槽中の初期培養液の体積は $10\,\mathrm{m}^3$,初期菌体濃度は $0.1\,\mathrm{kg\cdot m^{-3}}$ である。固体のグルコースを $30\,\mathrm{kg\cdot h^{-1}}$ の速度で連続的に供給する。したがって反応器の液体積の増加は小さく,反応器体積は一定と近似できる。酵母の増殖が指数増殖期から直線増殖期に遷移する時間を求めよ。なお,Monod 式の μ_{max} は $0.43\,\mathrm{h^{-1}}$,K_S は $0.025\,\mathrm{kg\cdot m^{-3}}$ であり,増殖収率 $Y_{X/S}$ は $0.5\,\mathrm{kg\cdot kg^{-1}}$,維持定数 $m=0$,初期グルコース濃度は $30\,\mathrm{kg\cdot m^{-3}}$ であるとする。

12·16 [問題 12·15] で培地中のグルコース濃度を $1\,\mathrm{kg\cdot m^{-3}}$ で一定に制御するためには固体のグルコースをいかに供給すればよいか。

12·17 式(2·70)で表わされる微生物反応を図 5·7 に示すようなリサイクル反応器を用いて行なう。設計方程式は次式で表わされることを示せ。ただし,増殖速度は Monod の式で表わされる。

$$\frac{\mu_{max}}{(1+\gamma)}\cdot\frac{V}{v_0} = \frac{K_S}{C_{S0}}\cdot\ln\left[\frac{C_{S0}+\gamma C_{Sf}}{(1+\gamma)C_{Sf}}\right] + \left(1+\frac{K_S}{C_{S0}}\right)\cdot\ln\left(\frac{1+\gamma}{\gamma}\right)$$

ここで,V:反応器体積,v_0:体積流量。

12·18 撹拌槽型培養槽に常圧・常温下で空気を吹き込み,ある好気性微生物反応を行なう。菌体濃度の最大値は $4.5\,\mathrm{kg\cdot m^{-3}}$ で,比酸素消費速度 q_{O_2} は $0.2\,\mathrm{kg\cdot kg^{-1}\cdot h^{-1}}$ であり,菌体が増殖するための培養液中の溶存酸素濃度は飽和酸素濃度の 5% が必要である。Henry 定数 H_{O_2} は $0.75\times 10^5\,\mathrm{Pa\cdot m^{-3}\cdot mol^{-1}}$ である。酸素の物質移動容量係数 $k_L a$ の値をいくらに設定すべきか。溶存酸素について擬似定常状態の近似が適用できるものとする。

付　録

1　国際単位系 (SI)

(1) SI の基本単位

表 A·1　SI 基本単位 (7個) と SI 補助単位 (2個)

物理量	単位の名称		単位の記号
長　さ	メートル	metre	m
質　量	キログラム	kilogramme	kg
時　間	秒	second	s
電　流	アンペア	ampere	A
熱力学的温度	ケルビン	kelvin	K
光　度	カンデラ	candela	cd
物質量	モル	mole	mol
平面角	ラジアン	radian	rad
立体角	ステラジアン	steradian	sr

(2) 組立単位

表 A·2　固有の名称をもつおもな組立単位

物理量	単位の名称	単位の記号	SI 基本単位および組立単位による定義
力	newton	N	$kg \cdot m \cdot s^{-2} = J \cdot m^{-1}$
圧　力	pascal	Pa	$kg \cdot m^{-1} \cdot s^{-2} = N \cdot m^{-2} = J \cdot m^{-3}$
エネルギー	joule	J	$kg \cdot m^2 \cdot s^{-2} = N \cdot m = Pa \cdot m^3$
仕事率	watt	W	$kg \cdot m^2 \cdot s^{-3} = J \cdot s^{-1}$

(3)　**接頭語**　　$10^3 =$ kilo $=$ k,　$10^6 =$ mega $=$ M,　$10^{-1} =$ deci $=$ d,　$10^{-2} =$ centi $=$ c,　$10^{-3} =$ mili $=$ m,　$10^{-6} =$ micro $= \mu$,　$10^{-9} =$ nano $=$ n,　$10^{-12} =$ pico $=$ p

[例]　$1 \, atm = 1.01325 \times 10^5 \, Pa = 0.101325 \, MPa = 101.325 \, kPa$

ただし，接頭語は組立単位の最初の単位記号にのみ付けることにする．例えば，モル濃度として $kmol \cdot m^{-3}$ はよいが，2次反応速度定数 k の $m^3 \cdot kmol^{-1} \cdot s^{-1}$ は原則に反する．

(4)　**分子量の単位**　　$[kg \cdot mol^{-1}]$ を用いる．

[例]　炭酸ガスの分子量は 44 でなく，$44 \times 10^{-3} \, kg \cdot mol^{-1}$．

(5)　**重要数値**　　① 気体定数 $R = 8.314 \, J \cdot mol^{-1} \cdot K^{-1}$,　② 重力加速度 $g = 9.807$

m·s^{-2},　③ 理想気体の 0°C, 1 atm での体積＝22.4×10^{-3} m^3·mol^{-1},　④ 空気の平均分子量≃29×10^{-3} kg·mol^{-1}。

2　常微分方程式の数値解法

改良 Euler 法によって次の連立常微分方程式を解く。

$$dy/dx = f(x, y, z) \tag{A·1}$$

$$dz/dx = g(x, y, z) \tag{A·2}$$

初期条件　　　　　　　$x = x_0, \quad y = y_0, \quad z = z_0$ (A·3)

x が x_0 より微小量 h だけ変化した点 $x_1 = x_0 + h$ における y と z の第 1 近似値 y_p と z_p は次式から計算できる。

$$y_p = y_0 + \left(\frac{dy}{dx}\right)_{x=x_0} \cdot h = y_0 + f(x_0, y_0, z_0) h \tag{A·4}$$

$$z_p = z_0 + \left(\frac{dz}{dx}\right)_{x=x_0} \cdot h = z_0 + g(x_0, y_0, z_0) h \tag{A·5}$$

上式で微係数は微小区間の入口 $x=x_0$ において計算しているが，区間の両端 x_0 と $x_1 = x_0 + h$ において微係数を算出して それらの平均値を採用するのが望ましい。区間出口での y_1 と z_1 の値は不明であるが，式(A·4)と式(A·5)によって計算された y_p と z_p はそれらの近似値とみなせる。そこで次式によって y_1 と z_1 の第 2 近似値を求める。

$$y_1 = y_0 + h[f(x_0, y_0, z_0) + f(x_1, y_p, z_p)]/2 \tag{A·6}$$

$$z_1 = z_0 + h[g(x_0, y_0, z_0) + g(x_1, y_p, z_p)]/2 \tag{A·7}$$

このようにして得られた y_1 と z_1 を x_1 における値とし，さらにそれらの値を次の微小区間の入口での値として先の区間と同様な計算を続行するのが改良 Euler 法の計算手順である。なお，y_p と z_p を x_1 における値とするのが Euler 法である。また，y_1 と z_1 を再び式(A·6)と式(A·7)に代入して y_1 と z_1 の改善値 y_1' と z_1' を算出し，両者の誤差が許容値 ε より小さくなるまで繰り返し計算するのが繰返し Euler 法である。

常微分方程式の数値解法には，上記の各種 Euler 法よりも精度の高い，Runge-Kutta Gill 法などもある，それらの解法と FORTRAN あるいは BASIC プログラムは p.233 の脚注にあげた参考書に記載されている。

3 標準生成エンタルピー ΔH_f° [kJ·mol^{-1}] と標準生成自由エネルギー ΔG_f° [kJ·mol^{-1}] [a]

(状態：g=気体, l=液体)

物質名	状態	化学式	ΔH_f° [kJ·mol^{-1}]	ΔG_f° [kJ·mol^{-1}]
メタン	g	CH_4	−74.85	−50.84
エタン	g	C_2H_6	−84.68	−32.93
プロパン	g	C_3H_8	−103.85	−23.47
n-ブタン	g	C_4H_{10}	−126.2	−17.2
イソブタン	g	$(CH_3)_3CH$	−134.6	−20.9
n-ペンタン	g	C_5H_{12}	−146.44	−8.20
n-ヘキサン	g	C_6H_{14}	−167.19	−0.3
n-ヘプタン	g	C_7H_{16}	−187.82	8.0
エチレン	g	$CH_2=CH_2$	52.30	68.12
プロピレン	g	$CH_3CH=CH_2$	20.42	62.72
1-ブテン	g	$CH_3CH_2CH=CH_2$	−0.13	71.30
cis-2-ブテン	g	$CH_3CH=CHCH_3$	−6.99	65.86
trans-2-ブテン	g	$CH_3CH=CHCH_3$	−11.17	62.97
1-ペンテン	g	$CH_3(CH_2)_2CH=CH_2$	−20.90	79.2
アセチレン	g	$CH\equiv CH$	226.73	209.20
ベンゼン	g	C_6H_6	82.93	129.66
ベンゼン	l	C_6H_6	49.04	124.35
ニトロベンゼン	l	$C_6H_5NO_2$	15.9	146.23
トルエン	g	$C_6H_5CH_3$	50.00	122.29
トルエン	l	$C_6H_5CH_3$	12.01	113.76
エチルベンゼン	g	$C_6H_5C_2H_5$	29.79	130.57
エチルベンゼン	l	$C_6H_5C_2H_5$	−12.47	119.70
クメン	l	$C_6H_5CH(CH_3)_2$	−41.21	124.26
シクロペンタン	l	C_5H_{10}	−105.90	36.36
シクロヘキサン	g	C_6H_{12}	−123.13	31.76
シクロヘキサン	l	C_6H_{12}	−156.23	26.65
メタノール	g	CH_3OH	−201.17	−161.59
メタノール	l	CH_3OH	−238.57	−166.23
エタノール	g	C_2H_5OH	−235.0	−168.32
エタノール	l	C_2H_5OH	−276.98	−174.14
エチレングリコール	g	$HOCH_2CH_2OH$	−387.15	−298.15
エチレングリコール	l	$HOCH_2CH_2OH$	−454.93	−323.38

a) 日本化学会編, "化学便覧(基礎編)", p.954, 丸善(1975), および A. M. Mearns, "Chemical Engineering Process Analysis", p.235, Oliver & Boyd (1973) より作成し, 化学工学会編, "化学工学便覧(改訂6版)", p.18, 丸善(1999)などにより修正。

物　質　名	状態	化学式	ΔH_f° [kJ·mol^{-1}]	ΔG_f° [kJ·mol^{-1}]
フェノール	g	C_6H_5OH	-96.4	-32.9
フェノール	l	C_6H_5OH	-165.02	-50.42
エチレンオキシド	g	$CH_2-CH_2 \diagdown O \diagup$	-52.7	-13.1
ジメチルエーテル	g	$(CH_3)_2O$	-184.05	-112.93
ジエチルエーテル	l	$(C_2H_5)_2O$	-279.5	-122.9
アセトアルデヒド	g	CH_3CHO	-166.5	-133.3
プロピオンアルデヒド	g	C_2H_5CHO	-192.05	-130.46
アセトン	g	CH_3COCH_3	-216.69	-152.51
アセトン	l	CH_3COCH_3	-248.1	-155.39
酢　酸	g	CH_3COOH	-435.2	-377.0
酢　酸	l	CH_3COOH	-484.1	-389.36
プロピオン酸	g	C_2H_5COOH	-455.01	-369.32
プロピオン酸	l	C_2H_5COOH	-510.9	-384.6
酢酸エチル	g	$CH_3COOC_2H_5$	-443.2	-327.6
酢酸エチル	l	$CH_3COOC_2H_5$	-479.03	-332.71
メチルアミン	g	CH_3NH_2	-23.0	32.3
エチルアミン	g	$C_2H_5NH_2$	-46.02	37.28
スチレン	g	C_8H_8	147.36	213.80
スチレン	l	C_8H_8	103.89	202.38
水	g	H_2O	-241.826	-228.593
水	l	H_2O	-285.830	-237.183
アンモニア	g	NH_3	-45.90	-16.38
塩化水素	g	HCl	-92.312	-95.303
一酸化炭素	g	CO	-110.54	-137.16
二酸化炭素	g	CO_2	-393.522	-394.405
二硫化炭素	g	CS_2	117.61	67.49
一酸化窒素	g	NO	90.25	86.57
二酸化窒素	g	NO_2	33.18	51.30
オゾン	g	O_3	142.7	163.2
二酸化硫黄	g	SO_2	-296.830	-300.194
硫化水素	g	H_2S	-20.42	-33.28
三酸化硫黄	g	SO_3	-395.18	-370.37
水素(原子)	g	H	217.986	203.280
酸素(原子)	g	O	249.362	231.773
窒素(原子)	g	N	472.8	455.5

4 気体のモル熱容量 (298～1500 K)[a]

$$C_p = \alpha + \beta T + \gamma T^2 \quad (T: [\text{K}], \quad C_p: [\text{J}\cdot\text{mol}^{-1}\cdot\text{K}^{-1}])$$

物質名	化学式	α	$\beta \times 10^3$	$\gamma \times 10^6$
メタン	CH_4	14.146	75.496	-17.981
エタン	C_2H_6	9.401	159.832	-46.229
プロパン	C_3H_8	10.083	239.304	-73.358
n-ブタン	C_4H_{10}	16.083	306.896	-94.788
n-ペンタン	C_5H_{12}	20.481	377.033	-117.315
n-ヘキサン	C_6H_{14}	25.150	446.458	-139.591
n-ヘプタン	C_7H_{16}	29.681	516.502	-162.000
エチレン	$CH_2=CH_2$	11.841	119.666	-36.510
プロピレン	$CH_3CH=CH_2$	13.611	188.765	-57.489
1-ブテン	$CH_3CH_2CH=CH_2$	16.355	262.956	-82.077
1-ペンテン	$CH_3(CH_2)_2CH=CH_2$	22.372	230.494	-103.483
アセチレン	$CH\equiv CH$	30.673	52.810	-16.272
ベンゼン	C_6H_6	-1.711	324.766	-110.579
トルエン	$C_6H_5CH_3$	2.410	391.175	-130.654
シクロヘキサン	C_6H_{12}	-32.221	525.824	-173.987
メタノール	CH_3OH	18.384	101.562	-28.681
エタノール	C_2H_5OH	29.246	166.276	-49.898
アセトアルデヒド	CH_3CHO	14.075	149.461	-51.195
一酸化炭素	CO	26.861	6.966	-0.820
二酸化炭素	CO_2	25.999	43.497	-14.832
水素	H_2	29.066	-0.8364	2.012
酸素	O_2	25.723	12.979	-3.862
窒素	N_2	27.296	5.230	-0.004
二酸化硫黄	SO_2	29.773	39.798	14.690
三酸化硫黄	SO_3	25.426	98.479	-2.874
水	H_2O	30.359	9.615	1.184
アンモニア	NH_3	25.464	36.869	-6.301
塩化水素	HCl	28.167	1.812	1.548
硫化水素	H_2S	27.874	21.481	-3.573

[a] A. M. Mearns, "Chemical Engineering Process Analysis", p. 236, Oliver & Boyd (1973) より。

5 従来の慣用単位の SI への換算

物理量	単位の名称	単位の記号	SI による定義
長 さ	angström micron inch foot (feet)	Å μ in ft	$=10^{-10}$ m $=10^{-6}$ m $=2.540\times10^{-2}$ m $=0.3048$ m
体 積	litre	l	$=10^{-3}$ m^3
質 量	pound tonne	lb t	$\cong 0.4536$ kg $=10^3$ kg
温 度	degree Celsius degree Rankine	°C °R	$=[t+273.15]$ K $\cong[t+273.2]$ K $=1.8$ K
力	dyne kilogramme force	dyn Kg, kgf	$=10^{-5}$ N $\cong 9.807$ N
圧 力	bar atomosphere torr(mmHg) kilogramme/cm^2 pound/in^2	bar atm Torr, mmHg Kg/cm^2 psi	$=10^5$ Pa $=1.01325\times10^5$ Pa $=(1.01325\times10^5/760)$ Pa $=133.32$ Pa $\cong 9.807\times10^4$ Pa $\cong 6.895\times10^3$ Pa
エネルギー	erg calorie(熱化学) calorie(国際蒸気表) British Thermal 　Unit(熱化学) British Thermal 　Unit(国際蒸気表)	erg cal$_{th}$ cal$_{IT}$ Btu$_{th}$ Btu$_{IT}$	$=10^{-7}$ J $=4.1840$ J $=4.1868$ J $\cong 1.054\times10^3$ J $\cong 1.055\times10^3$ J
仕事率	metric horse power	PS	$=735.5$ W $(W=J\cdot s^{-1})$
粘 度	poise	Poise$=g\cdot cm^{-1}\cdot s^{-1}$	$=10^{-1}$ Pa$\cdot$s $(Pa\cdot s=N\cdot s\cdot m^{-2}$ $=kg\cdot m^{-1}\cdot s^{-1})$
熱伝導度	kcal$_{th}$, m, h, °C 単位 cal$_{th}$, cm, s, °C 単位	kcal$\cdot m^{-1}\cdot h^{-1}\cdot °C^{-1}$ cal$\cdot cm^{-1}\cdot s^{-1}\cdot °C^{-1}$	$=1.162$ W$\cdot m^{-1}\cdot K^{-1}$ $=418.7$ W$\cdot m^{-1}\cdot K^{-1}$
伝熱係数	kcal$_{th}$, m, h, °C 単位 cal$_{th}$, cm, s, °C 単位	kcal$\cdot m^{-2}\cdot h^{-1}\cdot °C^{-1}$ cal$\cdot cm^{-2}\cdot s^{-1}\cdot °C^{-1}$	$=1.162$ W$\cdot m^{-2}\cdot K^{-1}$ $=4.187\times10^4$ W$\cdot m^{-2}\cdot K^{-1}$

解　答

2・1 量論式(1)と(2)に式(2・3)を適用。
$$r_A = -(1/2)r_1, \quad r_B = -r_1, \quad r_C = r_1 \quad (3)$$
$$r_A' = -r_2, \quad r_B' = -2r_2, \quad r_C' = 2r_2 \quad (4)$$
成分に対する反応速度は量論式によって変わらないから $r_A = r_A'$ である。すなわち
$$-(1/2)r_1 = -r_2 \rightarrow r_2 = (1/2)r_1 = 1.5 C_A^{1/2} C_B \quad (5)$$
式(3)の各式に $r_1 = 3 C_A^{1/2} C_B$ を代入すると
$r_A = -(3/2) C_A^{1/2} C_B, \quad r_B = -3 C_A^{1/2} C_B, \quad r_C = 3 C_A^{1/2} C_B$

2・2 $C_2H_4 = A$, $O_2 = B$, $C_2H_4O = C$, $CO_2 = D$, $H_2O = E$。第1反応式に式(2・3)を適用すると,
$$r_{1A} = -2r_1, \quad r_{1B} = -r_1, \quad r_{1C} = 2r_1$$
同様に各反応式について各成分の速度式を求めて式(2・5)を適用すると
$r_A = -2r_1 - r_2, \quad r_B = -r_1 - 3r_2 - 5r_3,$
$r_C = 2r_1 - 2r_3, \quad r_D = 2r_2 + 4r_3, \quad r_E = 2r_2 + 4r_3$

2・3 素反応を表わす式(2・26-a)から $r_{Br\cdot}$ と $r_{H\cdot}$ を表わす式を導き, 定常状態近似を適用して, 代数式を解くと次式が求まる。
$$[Br\cdot] = (k_1/k_5)^{1/2} [Br_2]^{1/2}$$
$$[H\cdot] = \frac{k_2(k_1/k_5)^{1/2} [H_2][Br_2]^{1/2}}{k_3[Br_2] + k_4[HBr]}$$
上式を次式に代入すると式(2・26-b)が導ける。
$$r = -r_{H_2}$$
$$= -(-k_2[H_2][Br\cdot] + k_4[H\cdot][HBr])$$
$$= \frac{k_2(k_3/k_4)(k_1/k_5)^{1/2}[H_2][Br_2]^{1/2}}{(k_3/k_4) + ([HBr]/[Br_2])}$$
$$(2\cdot26\text{-}b)$$

2・4 $C_6H_5\cdot$ と $H\cdot$ に対する速度式を導き, 定常状態近似を適用して得られる代数式を解くと
$$[H\cdot] = (k_1/k_2)^{1/2}[H_2]^{1/2}$$
量論式(1)の反応速度は r_{CH_4} に等しいから

$$r = r_{CH_4} = k_3[H\cdot][C_6H_5CH_3]$$
$$= k_3(k_1/k_2)^{1/2}[H_2]^{1/2}[C_6H_5CH_3]$$

2・5 $C_2H_5O\cdot = A^*$, $CH_3\cdot = B^*$ とおき, 両者の反応速度式を書き0とおいた連立代数式を解くと
$$[A^*] = (k_1/2k_4)^{1/2}[A]^{1/2}$$
$$[B^*] = (k_2/k_3)(k_1/2k_4)^{1/2}[A]^{-1/2}$$
式(2)〜(5)で成分Aの反応速度を考えると,
$$r_A = -k_1[A] - k_2(k_1/2k_4)^{1/2}[A]^{1/2} \quad (6)$$
第1項は開始反応速度であり小さいので無視すると, Aの1/2次反応と近似できる。
$$-r_A \cong k_2(k_1/2k_4)^{1/2}[A]^{1/2}$$

2・6 $NO = A$, $N_2O_2 = A^*$, $O_2 = B$ とする。A^* の生成反応速度式を書き定常状態近似を適用して$[A^*]$を求める。量論式の反応速度 r を導き分母の第1項が第2項に対して大きいとき次式が導ける。
$$r = \frac{k_1 k_2 [A]^2 [B]}{k_1' + k_2[B]}$$
$$\cong (k_1 k_2 / k_1')[A]^2[B] = K \cdot k_2[A]^2[B]$$
$K = k_1/k_1'$ は素反応の平衡定数。見掛けの速度定数 $K \cdot k_2$ の温度依存性は次式のように書ける。
$$K \cdot k_2 = K_0 e^{-\Delta H_r/RT} \cdot k_{20} e^{-E_2/RT}$$
$$= K_0 \cdot k_{20} \exp[-(\Delta H_r + E_2)/RT]$$
本反応は発熱反応であるから ΔH_r は負の値, E_2 は正の値をとる。見掛けの活性化エネルギー $(\Delta H_r + E_2)$ が負になり, 反応速度 r が温度上昇に伴い減少する可能性がある。

2・7 $O_3 = A$, $Cl_2 = C$, $ClO\cdot = A_1^*$, $ClO_2\cdot = A_2^*$, $ClO_3\cdot = A_3^*$ とおく。A, A_2^*, A_3^* の反応速度式は
$$r_A = -k_1[A][C] - k_2[A_2^*][A] - k_3[A_3^*][A] \quad (7)$$
$$r_{A_2^*} = k_1[A][C] - k_2[A_2^*][A] + k_3[A_3^*][A] = 0 \quad (8)$$

$r_{A_3^*} = k_2[A_2^*][A] - k_3[A_3^*][A] - 2k_4[A_3^*]^2 = 0$ (9)

式(8)と式(9)から$[A_2^*]$と$[A_3^*]$を算出し,式(7)に代入して整理すると

$r_A = -2k_1[A][C] - 2k_3(k_1/2k_4)[A]^{3/2}[C]^{1/2}$

量論式の反応速度 r は,$r = r_A/(-2)$ の関係と開始反応速度を表わす第1項を無視すると

$r \cong k_3(k_1/2k_4)^{1/2}[A]^{3/2}[C]^{1/2}$
$\equiv k_e[O_3]^{3/2}[Cl_2]^{1/2}$

2·8 2.3.3 項を参照。式(2.36)→

$-r_M = k_p[M]\sum[P_n\cdot] = k_p[M][P\cdot]$ (1)

$P_n\cdot (n=1,2,\cdots)$に対して定常状態近似を適用した式を書き,それらを辺々加算すると

$k_i[M]^2 - k_p[P_n\cdot][M] - k_{tc}[P\cdot]^2 = 0$ (2)

$[P_n\cdot]$は小さいので,

$[P\cdot] = (k_i/k_{tc})^{1/2}[M]$ (3)

式(3)を(1)に代入。

$-r_M = k_p(k_i/k_{tc})^{1/2}[M]^2$ (4)

式(2·45)は第2項のみになり

$r_p = (k_{tc}/2)[P\cdot]^2 = (k_{tc}/2)(k_i/k_{tc})[M]^2$
$= (k_i/2)[M]^2$

瞬間数平均重合度 $\bar{p}_n$ は式(2·47)より

$\bar{p}_n = (-r_M)/r_p = 2k_p(k_i k_{tc})^{-1/2}$

動力学鎖長 ν は式(2·48)より

$\nu = (-r_M)/r_i = k_p(k_i k_{tc})^{-1/2}$

2·9 反応速度式:$r = r_P = k_3[ES]$ (1)

ES と EI に定常状態近似を適用すると

$[ES] = k_1[E][S]/(k_2+k_3)$ (2)
$[EI] = (k_4/k_5)[E][I]$ (3)

全酵素濃度:$[E_0] = [E] + [ES] + [EI]$ (4)

式(2),(3)を式(4)に代入して $[E]$ について解く。それを式(2)に代入して $[ES]$ を $[S]$ によって表わして式(1)に入れると

$r = \dfrac{k_3 k_1[S]}{k_2+k_3}$

$\cdot \dfrac{[E_0]}{1+\{k_1/(k_2+k_3)\}[S]+(k_4/k_5)[I]}$

$= \dfrac{V_{max}[S]}{[S] + K_m(1+[I]/K_I)}$,

$V_{max} = k_3[E_0]$, $K_m = (k_2+k_3)/k_1$, $K_I = k_5/k_4$

2·10 反応速度式:$r = r_P = k_3[ES]$ (1)

ES, EI, ESI に定常状態近似を適用すると

$[ES] = \{k_1/(k_2+k_3)\}[E][S]$ (2)
$[EI] = (k_4/k_5)[E][I]$ (3)

$[ESI] = k_4 k_1/\{k_5(k_2+k_3)\}[E][S][I]$ (4)

全酵素濃度$[E_0]$の物質収支は

$[E_0] = [E] + [ES] + [EI] + [ESI]$ (5)

式(2),(3),(4)を式(5)に代入して $[E]$ について解く。$[E]$ を式(2)に代入して $[ES]$ を得る。$[ES]$ を式(1)に代入して整理すると r_P が得られる。

$r_P = \dfrac{V_{max}[S]}{(K_m+[S])(1+[I]/K_I)}$ (6)

ただし,$V_{max} = k_3[E_0]$,$K_m = (k_2+k_3)/k_1$,$K_I = k_5/k_4$

2·11 $COCl_2$の生成速度は式(4)から

$r = k_3[CO][Cl_3\cdot]$ (5)

式(2),(3)は平衡状態にあるから

$r_2 = k_1[Cl_2] - k_1'[Cl\cdot]^2 = 0$ (6)
$r_3 = k_2[Cl\cdot][Cl_2] - k_2'[Cl_3\cdot] = 0$ (7)

式(6),(7)を解くと

$[Cl\cdot] = \{(k_1/k_1')[Cl_2]\}^{1/2} = \{K_1[Cl_2]\}^{1/2}$
$[Cl_3\cdot] = (k_2/k_2')[Cl\cdot][Cl_2] = K_2[Cl\cdot][Cl_2]$

これら2つの式を式(5)に代入すると,

$r = k_3[CO]K_2\{K_1[Cl_2]\}^{1/2}[Cl_2]$
$= k_3 K_1^{1/2} K_2[CO][Cl_2]^{3/2}$

ただし,$K_1 = k_1/k_1'$,$K_2 = k_2/k_2'$

2·12 (a) 表面反応律速:反応速度 r は式(2)より

$r_r = k_r \theta_A \theta_V - k_r' \theta_C \theta_D$ (5)

A, C, D の吸着過程は平衡状態にあるから

$\theta_A = K_A p_A \theta_V$,$\theta_C = K_C p_C \theta_V$,$\theta_D = K_D p_D \theta_V$ (6)

活性点の収支から

$\theta_A + \theta_C + \theta_D + \theta_V = 1$ (7)

式(6)を式(7)に代入し,まず θ_V を求めると

$\theta_V = 1/(1+K_A p_A + K_C p_C + K_D p_D)$ (8)

式(6),(8)を式(5)に代入すると反応速度 r は

$r = r_r = \dfrac{k(p_A - p_C p_D/K)}{(1+K_A p_A + K_C p_C + K_D p_D)^2}$ (9)

ここに $k = k_r K_A$,$K = K_r K_A/K_C K_D$,$K_r = k_r/k_r'$

(b) A の吸着律速:A の吸着速度 v_A が反応速度 r に等しくなる。式(1)から

$r = v_A = k_A p_A \theta_V - k_A' \theta_A$ (10)

A に対しては反応平衡の次式が適用できて

$r_r = k_r \theta_A \theta_V - k_r' \theta_C \theta_D = 0$

$\therefore \theta_A = k_r' \theta_C \theta_D / k_r \theta_V$ (11)

解　答

活性点の収支式(7)に式(11)と式(6)のθ_Cとθ_Dを代入してθ_vを表わす式(12)を得る。
$$\theta_v = 1/[1+(K_C K_D/K_r)p_C p_D + K_C p_C + K_D p_D] \quad (12)$$

$$\therefore\ r = v_A = \frac{k_A(p_A - p_C p_D/K)}{[1+(K_C K_D/K_r)p_C p_D + K_C p_C + K_D p_D]} \quad (13)$$

ここに $K = K_A K_r / K_C K_D$

(c) 初期反応速度では $p_C, p_D \to 0$, $p_A \to P_t$（全圧）の関係が成立して，式(9)と式(13)にこの関係を代入すると，
　(a) 表面反応律速：$r_0 = k_r K_A P_t/(1+K_A P_t)^2$
　(b) Aの吸着律速：$r_0 = k_A P_t$
となり，初期反応速度は(a)の場合は最大値をもつ曲線になり，(b)の場合は直線になる。

2·13
$$A + \sigma \underset{k_A'}{\overset{k_A}{\rightleftharpoons}} A\sigma \quad (1)$$

$$H_2 + 2\sigma \underset{k_H'}{\overset{k_H}{\rightleftharpoons}} 2H\sigma \quad (2)$$

$$A\sigma + 2H\sigma \xrightarrow{k_r} C\sigma + 2\sigma \quad (3)$$

$$C\sigma \underset{k_C}{\overset{k_C'}{\rightleftharpoons}} C + \sigma \quad (4)$$

式(3)の表面反応過程が律速であるから
$$r = r_r = k_r \theta_A \theta_H^2 \quad (5)$$
式(1)と式(4)は平衡状態にあるから
$$\theta_A = K_A p_A \theta_v,\ \ \theta_C = K_C p_C \theta_v \quad (6)$$
$$r_{H_2} = k_H p_H \theta_v^2 - k_H' \theta_H^2 = 0$$
$$\therefore\ \theta_H = \sqrt{K_H p_H} \cdot \theta_v \quad (7)$$
$$\theta_v + \theta_A + \theta_H + \theta_C = 1 \quad (8)$$
式(6), (7)を式(8)に代入してθ_vとθ_Hを出し式(5)に代入すると，
$$r = \frac{k_r K_A K_H p_A p_H}{(1 + K_A p_A + \sqrt{K_H p_H} + K_C p_C)^3} \quad (9)$$

2·14 (a) Arrheniusの式 $k = k_0 e^{-E/RT}$ に，与えられたデータを代入して得られる2つの式を辺々割ると $E = 1.224 \times 10^5\,\mathrm{J \cdot mol^{-1}}$, $k_0 = 25.39\,\mathrm{s^{-1}}$
(b) 過渡状態説：$k = k_0' T \cdot e^{-E'/RT}$。(a)と同様に計算すると，$E' = 1.125 \times 10^5\,\mathrm{J \cdot mol^{-1}}$, $k_0' = 7.854 \times 10^{-3}\,\mathrm{s^{-1}}$。

(c) (b)の結果を用いると，
Arrheniusの式：$k = 3.751 \times 10^{-4}\,\mathrm{s^{-1}}$
過渡状態説の式：$k = 3.763 \times 10^{-4}\,\mathrm{s^{-1}}$

2·15 $k = k_0 e^{-E/RT}$ の両辺の自然対数をとると，
$$\ln k = \ln k_0 - (E/R)(1/T)$$
表の数値から $\ln k$ 対 $1/T$ のプロットを行なうと右下がりの直線が得られ，切片 $\ln k_0 = 35.66$, 傾き $E/R = 2.35 \times 10^4$
$\to k_0 = 3.063 \times 10^{15}\,\mathrm{m^{3/2} \cdot mol^{-1/2} \cdot s^{-1}}$, $E = 195.3 \times 10^3\,\mathrm{J \cdot mol^{-1}}$

2·16 $k_m = k_0 e^{-E/RT}$ の両辺の自然対数をとると，$\ln k_m = \ln k_0 - (E/R)(1/T)$
$\ln k_m$ 対 $1/T$ のプロットを行なうと右下がりの直線が得られ，切片 $\ln k_0 = 15.94$, 傾き $E/R = 6.286 \times 10^3$ $\to k_0 = 8.368 \times 10^6\,\mathrm{mol \cdot g^{-1} \cdot h^{-1}}$, $E = 5.226 \times 10^4\,\mathrm{J^{-1} \cdot mol^{-1}}$

2·17 式(2·44)から
$$-r_M = k_p (2k_d f/k_t)^{1/2} [I]^{1/2} [M] \quad (1)$$
$k_p = k_{p0} e^{-E_p/RT}$, $k_d = k_{d0} e^{-E_d/RT}$, $k_t = k_{t0} e^{-E_t/RT}$
を式(1)に代入して，温度に依存する項のみ取り出してまとめると
$$k_p (k_d/k_t)^{1/2} = k_{p0}(k_{d0}/k_{t0})^{1/2}$$
$$\cdot \exp[-(E_p + E_d/2 - E_t/2)/RT] \quad (2)$$
見掛けの活性化エネルギー E は
$$E = E_p + E_d/2 - E_t/2 = 32.6 + 125.5/2 - 10/2$$
$$= 90.35\,\mathrm{kJ \cdot mol^{-1}}$$

3·1 $SO_2 = A$, $O_2 = B$, $SO_3 = C \Rightarrow 2A + B \to 2C$, $\delta_A = -0.5$, $y_{A0} = 0.25$, $\varepsilon_A = \delta_A y_{A0} = -0.125$, $C_{A0} = P_t y_{A0}/RT = 115.0\,\mathrm{mol \cdot m^{-3}}$
$C_A = C_{A0}(1-x_A)/(1+\varepsilon_A x_A) = 115(1-x_A)/f(x_A)$, $C_B = 115(0.63-0.5x_A)/f(x_A)$, $C_C = 115 x_A/f(x_A)$, $C_I = 272.6/f(x_A)$, $f(x_A) \equiv 1 - 0.125 x_A$

3·2 反応開始時 A の 1 mol を基準。$B = 1/2 \times 1.5 = 0.75\,\mathrm{mol}$, $I = 1\,\mathrm{mol}$, $y_{A0} = 0.364$, $\delta_A = -1$, $\varepsilon_A = \delta_A y_{A0} = -0.364$, 式(3·31)から C_A を求めて速度式に代入する。
$$r = k C_A C_B$$
$$= \frac{4 \times 10^6 k (1-x_A)(0.75 - 0.5 x_A)}{(1 - 0.364 x_A)^2}$$
$$[\mathrm{mol \cdot m^{-3} \cdot s^{-1}}]$$

3・3 $F_{A0}=2\,\mathrm{mol\cdot s^{-1}}$ を基準, $F_{B0}=1$, $F_{I0}=(2+1)\times 0.5=1.5$, $F_{t0}=F_{A0}+F_{B0}+F_{I0}=4.5\,\mathrm{mol\cdot s^{-1}}$, $\theta_B=F_{B0}/F_{A0}=1/2$, $\theta_I=1.5/2$, $y_{A0}=2/4.5=0.444$, $\delta_A=-0.5$, $\varepsilon_A=0.444\times(-0.5)=-0.222$,
$$C_{A0}=\frac{P_t y_{A0}}{RT}=\frac{(2\times 1.013\times 10^5)(0.444)}{(8.314)(400)}$$
$$=27.06\,\mathrm{mol\cdot m^{-3}}$$
式(3・31)より
$$C_A=\frac{C_{A0}(1-x_A)}{(1+\varepsilon_A x_A)}\cdot\frac{T_0}{T}$$
$$=\frac{(27.06)(0.2)}{1+(-0.222)(0.8)}\cdot\frac{400}{500}$$
$$=5.27\,\mathrm{mol\cdot m^{-3}}$$
同様に $C_B=2.63$, $C_C=C_D=10.5$, $C_I=19.7\,\mathrm{mol\cdot m^{-3}}$

3・4 (a) $F_{A0}=1\,\mathrm{mol\cdot s^{-1}}$ を基準にとる。$F_{B0}=3\times 3=9$, $F_{C0}=0$, $\delta_A=-3$, $y_{A0}=0.1$, $\varepsilon_A=-0.3$, 式(3・20)を用いて, $y_A=0.05$ になる。x_Aを求めると, $x_A=0.588$ を得る。
(b) $x_A=0.588$ に対応するBとCのモル分率 y_B を式(3・20)から計算すると $y_A=0.05$, $y_B=0.879$, $y_C=0.0714$
(c) $C_{A0}=P_t y_{A0}/RT=2.58\,\mathrm{mol\cdot m^{-3}}$,
(A) 定容回分反応器には式(3・24)が適用できる。$C_A=C_{A0}(1-x_A)=2.58(1-0.588)=1.06\,\mathrm{mol\cdot m^{-3}}$, $C_B=18.6$, $C_C=1.52$
(B) 定圧 BR, CSTR, PFR にはすべて式(3・31)が適用できる。(A)の結果を利用すると $C_A=C_{A0}(1-x_A)/(1+\varepsilon_A x_A)=1.29\,\mathrm{mol\cdot m^{-3}}$, $C_B=22.6$, $C_C=1.84$
(d) 定容回分反応器内の圧力: 式(3・27)で, $V=V_0$, $T=T_0$ とおくと $P_t/P_{t0}=1+\varepsilon_A x_A=1-(0.3)(0.588)=0.824$, $P_{t0}=1\,\mathrm{atm}$ であるから $P_t=0.824\,\mathrm{atm}$

3・5 定容回分反応器に対しては式(3・37)と $C_A=p_A/RT$ の関係を用いると,
$$-r_A=-\mathrm{d}C_A/\mathrm{d}t=-(1/RT)(\mathrm{d}p_A/\mathrm{d}t)\quad(2)$$
式(1)を式(2)に代入すると
$$-r_A=-(1/RT)(-k_p p_A^2)=k_p RT C_A^2$$
$$\equiv kC_A^2$$
上式から濃度基準の反応速度定数 $k=k_p RT$ によって与えられる。

$$k=k_p RT=\frac{(5)(8.314)(423.2)}{(1.013\times 10^5)(3600)}$$
$$=4.82\times 10^{-5}\,\mathrm{m^3\cdot mol^{-1}\cdot s^{-1}}$$
$$\therefore\ -r_A=4.82\times 10^{-5}C_A^2 \quad(3)$$
式(2・2-a)から
$$r=r_C=r_B=-r_A/2$$
$$=2.41\times 10^{-5}C_A^2\,\mathrm{[mol\cdot m^{-3}\cdot s^{-1}]}$$

3・6 $-r_A=k_1 C_A C_B-k_2 C_D C_E$
$$=k_1 C_{A0}^2[(1-x_A)^2-x_A^2/K]\quad(2)$$
式(3・45)に式(2)を代入して $\tau_m=1/S_v$ から
$$\tau_m=\frac{C_{A0}x_A}{-r_A}=\frac{x_A}{k_1 C_{A0}[(1-x_A)^2-x_A^2/K]}$$
$$\frac{S_v}{x_A}=k_1 C_{A0}\left[\frac{(1-x_A)^2}{x_A^2}-\frac{1}{K}\right]\quad(3)$$
2組のデータを式(3)に代入して得られる2つの式を辺々割ると
$$\frac{1-1/K}{2.25-1/K}=\frac{0.066}{0.1691}=0.390\quad\therefore\ K=5.0$$
一方, 平衡状態では, 式(2)は $-r_A=0$ であるから
$$(1-x_{A\infty})^2=x_{A\infty}^2/K=x_{A\infty}^2/5.0$$
上式を解くと, 平衡反応率 $x_{A\infty}=0.691$

3・7 $\delta_A=1.0$, $y_{A0}=0.5\to\varepsilon_A=0.5$,
$$C_{A0}=\frac{P_t y_{A0}}{RT}=\frac{(5)(1.013\times 10^5)(0.5)}{(8.314)(493)}$$
$$=61.8\,\mathrm{mol\cdot m^{-3}}$$
反応速度の逆数 $1/-r_A(x_A)$ を反応率 x_A に対してプロットすると曲線が得られる。
(a) PFR:
$$\tau_p=C_{A0}\int_0^{0.8}\frac{1}{-r_A(x_A)}\,\mathrm{d}x_A=(61.8)S$$
x_Aの刻み $\Delta x_A=0.1$ にとって Simpson の公式で定積分値 S の値を求めると $S=0.0515$。
$$\tau_p=(61.8)(0.0515)=3.18\,\mathrm{s}$$
(b) CSTR: 出口反応率 x_{Af} における反応率はグラフから $-r_A(x_{Af})=6$ であり, 式(3・45)から
$$\tau_m=\frac{C_{A0}\cdot x_{Af}}{-r_A(x_{Af})}=\frac{(61.8)(0.8)}{6}$$
$$=8.24\,\mathrm{s}$$

3・8 (a) 表から $1/(-r_A)$ 対 C_A のプロットを行ない, $C_A=0.2$ から $C_{A0}=2$ まで刻み $\Delta C_A=0.2$ で図積分(台形公式)すると, 式(3・38)から反応時間 $t=2.29\,\mathrm{h}$
(b) 出口濃度 $C_{Af}=(1)(1-0.8)=0.2\,\mathrm{kmol\cdot}$

解　答　　　337

m^3, 体積流量 $v=F_{A0}/C_{A0}=2\,m^3\cdot h^{-1}$, 曲線を $C_A=0.2$ から 1.0 まで積分すると $S=1.044$, 式(3・53) から $V=2S=\underline{2.09\,m^3}$

(c) 出口濃度 $C_{Af}=1.5(1-0.5)=0.75$ kmol·m^{-3} → 図から, $1/(-r_A)=1.1$ mol·m^{-3}. 式(3・45) → $V=F_{A0}x_{Af}\cdot[1/(-r_{Af})]=(3)(0.5)(1.1)=\underline{1.65\,m^3}$

4・1 表3・1から2次反応に対して
$\ln\{(\theta_B-bx_A)/\theta_B(1-x_A)\}=C_{A0}(\theta_B-b)kt$ 　(1)

$\theta_B=100/80=1.25$, $b=1$, $x_A=0.75$, $t=2000\,s$ を式(1)に代入, $\underline{k=1.175\times10^{-5}\,m^3\cdot mol^{-1}\cdot s^{-1}}$

4・2 1次反応を仮定すると, 表3・1から $-\ln(1-x_A)=kt$ が適用できる. 2つのデータから k の値を出したが, 一致しなかった. 次に2次反応を仮定すると, 表3・1から $k=(1/C_{A0}t)[x_A/(1-x_A)]$ の関係が成立. k の値を算出すると一致した値 $k=8.33\times10^{-6}$ mol$^{-1}\cdot m^3\cdot s^{-1}$ が得られる. よって, $\underline{r=kC_A^2}$ の2次反応.

4・3 表3・1から $A+2B\to C$ に対して
$\ln[(\theta_B-bx_A)/\theta_B(1-x_A)]=C_{A0}(\theta_B-b)kt$,
$\theta_B=C_{B0}/C_{A0}=3$, $b=2$
$\to\ln[(3-2x_A)/3(1-x_A)]=70kt$ 　(1)

データから式(1)の左辺を時間 t に対してプロットすると, 原点を通る直線が得られ, その傾きは $70k=8.266\times10^{-3}$ min^{-1}. $k=1.18\times10^{-4}\,m^3\cdot mol^{-1}\cdot min^{-1}=\underline{1.97\times10^{-6}\,m^3\cdot mol^{-1}\cdot s^{-1}}$

4・4 $A+2B\to C+2D$: 量論関係から $C_{A0}-C_A=C_C-C_{C0}$, $C_{C0}=0$ であるから
$$C_A=C_{A0}-C_C$$
1次反応に対して表3・1より
$-\ln(C_A/C_{A0})=\ln[C_{A0}/(C_{A0}-C_C)]=kt$

上式の左辺を右辺の t に対してプロットしたところ, 原点を通る直線が得られた. 直線の傾きは k であるから $\underline{k=4.51\times10^{-4}\,s^{-1}}$

4・5 $A\rightleftharpoons D$: $-r_A=kC_A-k'C_D$
$\qquad -r_A=kC_{A0}[1-(1+1/K_c)x_A]$ 　(1)

ただし $K_c=k/k'$. 平衡時の A と D の濃度は
$C_{A\infty}=C_{A0}(1-x_{A\infty})=500(1-x_{A\infty})=200$
$C_{D\infty}=C_{A0}x_{A\infty}=500x_{A\infty}=300$

平衡時 $-r_A=0$, $x_{A\infty}=0.6$ を式(1)に代入すると $1/K_c=0.667$ を得る.

1次可逆反応の BR に対する設計方程式は表3・1から (θ_c を θ_D に変える)

$$\ln\left[\frac{1-\theta_D/K_c}{(1-\theta_D/K_c)-(1+1/K_c)x_A}\right]$$
$$=k(1+1/K_c)t$$

上式に $\theta_D=0$, $1/K_c=0.667$, $t=3600\,s$, $x_A=0.48$ を代入すると
$\underline{k=2.68\times10^{-4}\,s^{-1}}$, $\underline{k'=k/K_c=1.79\times10^{-4}\,s^{-1}}$

4・6 A(マルトース) $\to$ 2C(グルコース): 反応率 x_A のとき C の濃度は $2C_{A0}x_A$ となり, 表から x_A が求まる. 式(4・4)に従い, t/x_A 対 $[(1/x_A)\ln\{1/(1-x_A)\}-1]$ のプロットを行なうと, 直線が得られる. 切片 $a=4606\,s$, 傾き $b=2379\,s$. 式(4・5)より $\underline{V_{max}=4.49\times10^{-4}\,mol\cdot m^{-3}\cdot s^{-1}}$, $\underline{K_m=1.07\,mol\cdot m^{-3}}$. 酵素濃度 $[E_0]$ を10倍にすると, $V_{max}=k_3[E_0]$ の関係より $V_{max}'=V_{max}\times10=4.49\times10^{-3}$ mol·m$^{-3}\cdot s^{-1}$. 基質 A が50%反応する時間 t は上記の数値を式(4・3)に代入して $\underline{t=277\,s}$. そのときの C の濃度は
$C_C=2C_{A0}x_A=(2)(1)(0.5)=\underline{1\,mol\cdot m^{-3}}$

4・7 $A\to 2C+D$: $\delta_A=2$, $y_{A0}=p_{A0}/P_{t0}=(182.6-3.1)/182.6=0.9830$, $\varepsilon_A=(2)\times(0.9830)=1.966$. 式(4・13-a)を用いて全圧変化を反応率に変換し, さらに $-\ln(1-x_A)$ を計算する. 1次反応を仮定すると, 定容反応器に対しては $-\ln(1-x_A)=kt$ が成立する. $-\ln(1-x_A)$ 対 t のプロットから原点を通る直線が得られ, その傾きが k を与える.
$\underline{k=8.69\times10^{-3}\,min^{-1}=1.45\times10^{-4}\,s^{-1}}$

4・8 $-r_A=kC_A^{1/2}=kC_{A0}^{1/2}(1-x_A)^{1/2}$ を式(3・40)に代入して積分すると
$t=(2C_{A0}^{1/2}/k)[1-(1-x_A)^{1/2}]$ 　(1)
$C_{A0}=100\,mol\cdot m^{-3}$, $t=40\,min$, $x_A=0.5$ を式(1)に代入して $\underline{k=0.1464\,m^{1.5}\cdot mol^{-1/2}\cdot min^{-1}}$. 半減期 $t_{1/2}$ は式(1)より $t_{1/2}\propto C_{A0}^{1/2}$ から,
$t_{1/2}'=(2)^{1/2}t_{1/2}=1.414\times40=\underline{56.6\,min}$

4・9 定容気相反応　$A\to C+D$
式(3・27)に, $V/V_0=1$, $T/T_0=1$, $\varepsilon_A=\delta_Ay_{A0}=1$, $P_t/P_{t0}=324/203=1.6$ を代入すると, $\underline{x_A=0.6}$

気相定容回分反応器で1次反応を行なうとき表3・1から，$-\ln(1-x_A)=kt$ が適用できて，$k=3.55\times10^{-4}\,\mathrm{s}^{-1}$

4・10 1次反応と仮定すると，表3・2より
$k\tau=(1+\varepsilon_A)\ln[1/(1-x_A)]-\varepsilon_A x_A=F(x_A)$, $\varepsilon_A=\delta_A y_{A0}=0.7$，$F(x_A)$ 対 τ のグラフを作成したところ原点を通る直線が得られる。1次反応の仮定が正しく，その直線の傾きが k の値を与えるから，$k=5\times10^{-4}\,\mathrm{s}^{-1}$

4・11 A → C+D：表3・2より
$$k\tau=(1+\varepsilon_A)\ln[1/(1-x_A)]-\varepsilon_A x_A \quad (1)$$
Run 11について計算例を示す。$\delta_A=1$，$y_{A0}=p_{A0}/P_t=0.33/13.5=0.0244$，$\varepsilon_A=0.0244$，$x_A=0.205$，$\tau=1.06\,\mathrm{s}$。式(1) → $k=0.2170\,\mathrm{s}^{-1}$。他のデータからも k を求め，$\ln k=\ln k_0-(E/R)\cdot(1/T)$
を用いると，$\ln k$ 対 $1/T$ のプロットから，$\ln k_0=28.91$，$E/R=1.808\times10^4$ → $\underline{k_0=3.593\times10^{12}\,\mathrm{mol\cdot m^{-3}\cdot s^{-1}}}$，$\underline{E=1.503\times10^5\,\mathrm{J\cdot mol^{-1}}}$

4・12 A → C+D，$y_{A0}=6.8/(6.8+77.6)=0.08057$，$\delta_A=1$，$\varepsilon_A=\delta_A y_{A0}=0.08057$，
$$C_{A0}=\frac{P_t y_{A0}}{RT}=\frac{(1\times1.013\times10^5)(0.08057)}{(8.314)(376+273.2)}$$
$=1.512\,\mathrm{mol\cdot m^{-3}}$，
気相1次反応の速度式：
$$-r_A=\frac{kC_{A0}(1-x_A)}{(1+\varepsilon_A x_A)}$$
CSTRの設計式(3・45)に代入して k について解く。$v_0=F_{A0}/C_{A0}$ の関係を用いると
$$k=\frac{x_A(1+\varepsilon_A x_A)}{(1-x_A)}\cdot\frac{(F_{A0}/C_{A0})}{V} \quad (1)$$
反応器出口でのAとCとの濃度比は反応率 x_A を用いると，$C_C/C_A=x_A/(1-x_A)=0.0283$ で表わされる。それを解くと $x_A=0.02752$ となる。この数値を式(1)に代入すると
$$\underline{k=3.89\times10^{-4}\,\mathrm{s}^{-1}}$$

4・13 反応速度式は次式で表わせる。
$$-r_A=kC_A^{1/2}=\frac{kC_{A0}^{1/2}(1-x_A)^{1/2}}{(1+\varepsilon_A x_A)^{1/2}} \quad (1)$$
これを式(3・45)に代入して k について解くと

$$k=\frac{C_{A0}^{1/2}x_{Af}(1+\varepsilon_A x_{Af})^{1/2}}{\tau(1-x_{Af})^{1/2}} \quad (2)$$

① $T=515.2\,\mathrm{K}$：$\varepsilon_A=0.194$，$C_{A0}=0.230$，$x_{Af}=0.216$，$\tau=5.7\,\mathrm{s}$ を式(1)に代入。$k=2.095\times10^{-2}\,\mathrm{mol^{1/2}\cdot m^{-1.5}\cdot s^{-1}}$

② $T=523.2\,\mathrm{K}$：同様にして $k=4.310\times10^{-2}$

③ 反応速度定数 k が Arrhenius の式で表わされると $\ln k=\ln k_0-(E/R)\cdot(1/T)$ (3)
先に求めた k の値を式(3)に代入すると次の式が得られる。
$$-3.8656=\ln k_0-2.3346\times10^{-4}E \quad (4)$$
$$-3.1442=\ln k_0-2.2989\times10^{-4}E \quad (5)$$
この連立方程式を解くと，k_0 と E が求まり
$\underline{k=6.489\times10^{18}\exp(-2.021\times10^5/RT)}$
$\underline{[\mathrm{mol^{1/2}\cdot m^{-1.5}\cdot s^{-1}}]}$

4・14 定容型PFRの設計方程式は，BRの反応時間 t をPFRの空間時間 τ と置き換えれば転用できる。この場合式(4・3)が導かれ，それを変形すると式(4・4)が得られる。
$$\frac{\tau}{x_A}=\frac{C_{A0}+K_m}{V_{max}}+\frac{K_m}{V_{max}}\left(\frac{1}{x_A}\ln\frac{1}{1-x_A}-1\right) \quad (1)$$
$Y=\tau/x_A$，$X=(1/x_A)\ln[1/(1-x_A)]-1$ とおくと式(1)は直線の方程式(2)に転換できる。
$$Y=a+bX, \quad a=(C_{A0}+K_m)/V_{max},$$
$$b=K_m/V_{max} \quad (2)$$
X と Y を算出しプロットすると直線が得られ，切片 $a=7.700\,\mathrm{min}^{-1}$，傾き $b=1.261\,\mathrm{min}$ → 式(2)から
$V_{max}=C_{A0}/(a-b)=\underline{0.0777\,\mathrm{mol\cdot m^{-3}\cdot min^{-1}}}$，
$K_m=V_{max}b=\underline{0.0980\,\mathrm{mol\cdot m^{-3}}}$

4・15 基質Sの物質収支(1)を書き，速度式(2)にM-M式(2・54)を用いると
$$vC_{S0}-vC_{Sf}-(-r_S)V=0, \quad (1)$$
$$-r_S=\frac{V_{max}C_{Sf}}{K_m+C_{Sf}} \quad (2)$$
両式を結合して得られる式の両辺の逆数をとり整理すると次式が得られる。
$$\frac{V}{v(C_{S0}-C_{Sf})}=\frac{1}{V_{max}}+\frac{K_m}{V_{max}}\cdot\frac{1}{C_{Sf}} \quad (3)$$
式(3)に $V=1.2\times10^{-3}\,\mathrm{m}^3$，$C_{S0}=5\,\mathrm{mol\cdot m^{-3}}$ を代入し，縦軸に式(3)の左辺，横軸に $1/C_{Sf}$ をとりデータをプロットすると直線が得ら

解　答　　339

れる。切片 $1/V_{max}=397.7$, 傾き $K_m/V_{max}=443.1$。
→ $V_{max}=2.514\times10^{-3}$ mol·m^{-3}·s^{-1}
　$K_m=1.114$ mol·m^{-3}

4·16 反応速度式を反応率 x_A を用いて表わし，[例題3·8]の式(d)の積分を行なうと
$$W/v_0=(1/2k_2)\ln[\theta_B/(\theta_B-2x_A)]$$
$$+(1/2k_1)\ln[1/(1-x_A)] \quad (1)$$
式(1)を直線を表わす式に変形するために，両辺を $\ln[1/(1-x_A)]$ で割ると次式を得る。
$$Y=1/2k_1+(1/2k_2)\cdot X, \quad (2)$$
$$Y=\frac{W/v_0}{-\ln(1-x_A)},$$
$$X=\frac{\ln[\theta_B/(\theta_B-2x_A)]}{-\ln(1-x_A)} \quad (3)$$
データから Y 対 X のプロットを行なうと，右上がりの直線が得られ，切片と傾きが
$1/2k_2=610.1$, $1/2k_1=2.330\times10^4$。これより
　$\underline{k_1=8.195\times10^{-4}\text{ m}^3\cdot\text{kg}^{-1}\cdot\text{s}^{-1}}$
　$\underline{k_2=2.146\times10^{-5}\text{ m}^3\cdot\text{kg}^{-1}\cdot\text{s}^{-1}}$

5·1 (a) $A+B\to C: -r_A=kC_AC_B$　表3·1から
$\ln[(\theta_B-bx_A)/\theta_B(1-x_A)]=C_{A0}(\theta_B-b)kt$,
$\theta_B=1.25$, $C_{A0}=80$, $x_A=0.75$, $t=3600$ s を代入すると，$\underline{k=6.53\times10^{-6}\text{ m}^3\cdot\text{mol}^{-1}\cdot\text{s}^{-1}}$
(b) $C_{A0}=C_{B0}$ の場合：$-r_A=kC_A^2$　表3·1から $x_A/(1-x_A)=kC_{A0}t$ となり，$\underline{x_A=0.825}$

5·2 (a) 定容BR：$-r_A=k_0=0.333$ mol·m^{-3}·s^{-1}。式(3·52)を積分すると，$t=C_{A0}x_{Af}/k_0=5.105\times10^3$ s $\underline{=85.1$ min$}$
(b) 定圧BR：式(3·42)を用いる。$\varepsilon_A=\delta_A y_{A0}=0.5$, $-r_A=k_0$, $C_{A0}=2\times10^3$, 積分の結果，$t=4.254\times10^3$ s $\underline{=70.9$ min$}$

5·3 式(3·45)を用いる。流量 v_0 のとき，$x_{Af}=0.5$, $C_{A0}=2$, $\theta_B=3$ の条件から，
$$\tau_m=V_m/v_0=1/4k \quad (1)$$
反応率 $x_{Af}=0.75$ のときの流量を v_0' とおく。
$\tau_m'=V_m/v_0'$
$=0.75/k(2)(1-0.75)(3-2\times0.75)$
$=1/k \quad (2)$
式(1)/式(2)から $\underline{v_0'=v_0/4}$

5·4 式(3·45)に反応速度式を代入すると
$kC_{A0}\tau_m x_A^2-(kC_{A0}\tau_m+kC_{A0}\tau_m\theta_B+1)x_A$
$+kC_{A0}\tau_m\theta_B\equiv Ax_A^2+Bx_A+C=0 \quad (1)$

係数は $A=6.005$, $B=-16.013$, $C=9.008$。式(1)を解くと $\underline{x_A=0.806}$。
C の生産速度 $=v_0C_C=v_0C_{A0}x_A=\underline{2.02\text{ mol}\cdot\text{s}^{-1}}$

5·5 (a) C の年産10 ton は $F_C=51.14$ mol·s^{-1} となり，対応するAの供給速度は $F_{A0}=F_C/x_{Af}=56.83$ mol·s^{-1}。Aの体積流量 $v_A=F_{A0}/C_{A0}=56.83/60\times10^3=9.47\times10^{-4}$ m^3·s^{-1}。Bの供給速度はAに等しいから，原料反応液の体積流量 $v=2v_A=2(F_{A0}/C_{A0})=1.894\times10^{-3}$ m^3·s^{-1}。CSTRの設計方程式(4·20)から
$$\tau_m=\frac{C_{A0}x_{Af}}{kC_{A0}(1-x_{Af})}=\frac{0.9}{(5\times10^{-3})(0.1)}$$
$=1800$ s
$\therefore V=v\cdot\tau_m=(1.894\times10^{-3})(1800)$
　　$=\underline{3.40\text{ m}^3}$
(b) 同一体積のCSTRを2台直列に連結したときは，式(5·6)が適用できて，
$1-x_{Af}=0.1=[1/(1+k\tau)]^2$, $k=5\times10^{-3}$ s^{-1}
上式を τ について解くと，空間時間 $\tau=V/v=432.5$ s となり，1台の反応器体積 $V=0.819$ m^3。2台の合計体積$=2\times0.819=\underline{1.64\text{ m}^3}$ となる。(a)と(b)を比較すると，2台直列の反応器体積が小さくなる。

5·6 (a) 液相管型反応器(PFR)：定容回分反応器の時間 t を空間時間 τ とおいた表3·1の次式が適用できる。
$$\ln\left[\frac{\theta_B-bx_A}{\theta_B(1-x_A)}\right]=C_{A0}(\theta_B-b)k\tau \quad (1)$$
$b=1/2$, $\theta_B=C_{B0}/C_{A0}=6/2=3$, $x_A=0.7$, $k=5\times10^{-5}$ m^3·mol·min^{-1}, $v_0=2.5\times10^{-2}$ m^3·min^{-1} を式(1)に代入 → $\tau=V_p/v_0=4.32$ min
$\therefore \underline{V_p=\tau v_0=(4.32)(2.5\times10^{-2})=0.108\text{ m}^3}$
(b) CSTR 1 槽：反応速度式は
$-r_A=kC_AC_B=kC_{A0}^2(1-x_A)[\theta_B-(1/2)x_A]$
　　　　　　　　　　　　　　　　(2)
式(3·45)から
$V_m=\dfrac{v_0C_{A0}x_A}{kC_{A0}^2(1-x_A)[\theta_B-(1/2)x_A]}\underline{=0.220\text{ m}^3}$
(c) CSTR 3 槽直列：式(2)を C_A を用いて書き直すと，
$-r_A=2.5\times10^{-5}C_A(10^4+C_A) \quad (3)$

反応率 $=0.7 \to C_{Af}=C_{A0}(1-0.7)=600$ mol·m^{-3}。$-r_A(C_A)$ 対 C_A のプロットを行ない、図 5.4 を参照して $C_{A0}=2000$ から出発して $C_{Af}=600$ で終わる 3 本の平行な操作線を作図した結果、操作線の傾き $-v_0/V_1 = -0.5672$ となった。

∴ $V_1=(2.5\times10^{-2})/0.5672=0.0441$ m^3
3 槽全体の体積 $V=3V_1=3\times0.0441=\underline{0.132\ m^3}$

5·7 反応速度式が未凝縮域(区間-1)と凝縮域(区間-2)で異なるから、それぞれの区間で空間時間 τ を計算して合計する。

①区間-1: 反応率 $x_A=0$ から $x_A^*=0.333$、$\varepsilon_A=-0.5$, $k=2$ s^{-1}, $C_{A0}=10$ mol·m^{-3}。表 3·2 の 1 次反応の設計式を用いて

$$k\tau_1=(1+\varepsilon_A)\ln[1/(1-x_A^*)]-\varepsilon_A x_A^*$$
$$=0.3690 \to \tau_1=0.3690/2=0.1845\ s$$

②区間-2: 反応率 $x_A=0.333$ から $x_{Af}=0.80$、反応速度 $-r_A=kC_A^*=16$ mol·m^{-3}·s^{-1} と一定値であるから式(3·53)から

$$\tau_2=C_{A0}(1/16)(x_{Af}-x_A^*)=0.2919\ s$$

反応器全体の空間時間 $\tau=\tau_1+\tau_2=0.4764$ s
$\tau=V/v_0=V/(F_{A0}/C_{A0})$ の関係を用いると
$V=(0.2/10)(0.4764)=\underline{9.53\times10^{-3}\ m^3}$

5·8 表 3·2 の 1 次反応の積分式に $x_A=0.75$, $\varepsilon_A=0.7$ を代入すると

$$k\tau=(1+\varepsilon_A)\ln[1/(1-x_A)]-\varepsilon_A x_A=1.832 \quad (1)$$

次に原料の体積流量を 2 倍にし、不活性ガスを 5% 加えた場合 $\tau'=\tau/2$, $\varepsilon_A'=\delta_A y_{A0}'=0.95$ になり式(2)が得られる。

$$k(\tau/2)=(1+0.95)\ln[1/(1-x_A')]-0.95 x_A' \quad (2)$$

式(1)の $k\tau=1.832$ を式(2)に代入すると、
$$0.9158=1.95\ln[1/(1-x_A')]-0.95 x_A' \quad (3)$$
トライアルで式(3)を解くと、$\underline{x_A'=0.513}$

5·9 (a) $k=k_0 e^{-E/RT} \to k_0=k e^{E/RT} = (3.33\times10^{-4})\exp[10^5/(8.314)(313.2)]=1.588\times10^{13}$ s^{-1}
353.2 K では $\underline{k=0.02578\ s^{-1}}$ となる。

(b) A $\to$ 2C: C の生産速度 $=2F_{A0}x_A M_C\times 3600=500$ kg·h$^{-1}\to \underline{F_{A0}=2.661\ mol\cdot s^{-1}}$

(c) 表 3·2 の 1 次反応の式
$kC_{A0}/F_{A0}=(1+\varepsilon_A)\ln[1/(1-x_A)]-\varepsilon_A x_A$

$\varepsilon_A=0.8$, $x_A=0.9 \to kC_{A0}V/F_{A0}=3.425$,
$C_{A0}=P_t y_{A0}/RT=138.0$ mol·m$^{-3}\to$ 反応器体積 $V=\underline{2.56\ m^3}$, 反応管 1 本の体積 $V_{tube}=(\pi/4)d_t^2 L=1.472\times10^{-3}$ m^3, 反応管の本数 $N=V/V_{tube}=2.56/1.472\times10^{-3}=\underline{1740\ 本}$

5·10 表 3·2 の 2 次反応 $(-r_A=kC_A^2)$ に対する次式を使用する。

$$k\tau C_{A0}=2\varepsilon_A(1+\varepsilon_A)\ln(1-x_A)+\varepsilon_A^2 x_A$$
$$+(1+\varepsilon_A)^2\cdot x_A/(1-x_A) \quad (1)$$

$\varepsilon_A=-0.5$, $x_A=0.6$, $v_0=5$ m$^3\cdot$h$^{-1}=1.389\times10^{-3}$ m$^3\cdot$s^{-1}, 反応管 1 本の体積 $V_{tube}=(\pi/4)d_t^2 L=9.813\times10^{-4}$ m^3, $\tau=V_{tube}/v_0=0.7065$ s, $C_{A0}=P_t y_{A0}/RT=58.67$ mol·m^{-3} を式(1)に代入し $k=0.02372$ m^3·mol$^{-1}\cdot$s^{-1} を得る。次に $v_0=320$ m$^3\cdot$h$^{-1}=0.0889$ m$^3\cdot$s^{-1}, $x_A=0.8$, $\varepsilon_A=(-0.5)(0.8)=-0.4$, $C_{A0}=P_{t0}y_{A0}/RT=312.8$ mol·m^{-3} を式(1)に代入して、反応器体積 $V=0.02804$ m^3, 反応管の本数 $N=V/V_{tube}=0.02804/9.813\times10^{-4}=28.6\underline{=29\ 本}$

5·11 反応速度式は

$$-r_A=\frac{kC_{A0}}{(1+\varepsilon_A x_A)}\left[(1-x_A)-\frac{4C_{A0}x_A^2}{K_c(1+\varepsilon_A x_A)}\right] \quad (1)$$

平衡反応率 $x_{A\infty}$ は $-r_A=0$ とおいた次式から
$-(K_c+4C_{A0})x_{A\infty}^2+K_c(\varepsilon_A-1)x_{A\infty}+K_c=0$
各係数を計算して求めると
$x_{A\infty}=0.7238$, 反応率 $x_{Af}=0.7 x_{A\infty}=0.5066$.
式(1)を PFR の設計式(3·52)に代入すると

$$\tau_p=(1/k)\int_0^{0.5066}f(x)dx=(1/k)S \quad (2)$$
$$f(x)=(1+0.4x)^2/(1-0.6x-1.080x^2) \quad (3)$$

上式の定積分値 S を Simpson の公式により数値積分で求めると $S=0.8872$。式(2)から反応器体積 V_p は

$$\underline{V_p=\frac{SF_{A0}}{kC_{A0}}=\frac{(0.8872)(2.5\times10^3/3600)}{(1.6\times10^{-3})(17.01)}}$$
$$=2.26\ m^3$$

解析解からの値は $V_p=2.261$ m^3 である。

5·12 CSTR:

$$\tau_m=\frac{C_{A0}x_A}{-r_A}=\frac{C_{A0}x_A}{kC_{A0}(1-x_A)}=\frac{0.2}{k\cdot0.8}=\underline{\frac{0.25}{k}} \quad (1)$$

解　答

PFR を CSTR に接続したときの必要体積 V_p は

$$\tau_p = \int_{0.20}^{0.85} \frac{dx}{kC_{A0}(1-x_A)} = \frac{1.674}{k} \quad (2)$$

式(2)/式(1) → $\tau_p/\tau_m = V_p/V_m = 1.674/0.25 = 6.7$ 倍

5・13 (a) 表3・1で時間 t を空間時間 τ_p で置き換えた次式が利用できる。

$$\tau_p = \frac{1}{k(1+1/K_c)} \cdot \ln\frac{1/(1+1/K_c)}{1/(1+1/K_c) - x_A} \quad (1)$$

$K_c = 5.8, x_A = 0.55 \rightarrow \tau_p = 0.8827/k \quad (2)$

PFR のあとに同一体積の CSTR を直列に接続するときの設計方程式は

$$\tau_m = \frac{C_{A0}(x_{Af}-x_{A1})}{-r_A(x_{Af})} = \frac{1}{k} \cdot \frac{x_{Af}-0.55}{(1-1.172 x_{Af})} \quad (3)$$

$\tau_p = \tau_m$ に注意して式(2)と式(3)を辺々割ると 1次式が得られ，解くと $x_{Af} = 0.704$

(b) PFR 出口に分離器を接続してCを取り出し，未反応の A を CSTR に供給する。入口には体積流量が $0.45 v_0$ の未反応の A が供給される。CSTR の物質収支式は

$$0.45 v_0(C_{A0} - C_{Af}) - k(C_{Af} - C_{Cf}/K_c) V = 0 \quad (5)$$

C_{Cf} は量論的関係から

$$C_{A0} - C_{Af} = C_{Cf} \quad (6)$$

式(5)と式(6)より C_{Af} を算出する式を導くと

$$C_{Af} = \frac{C_{A0}[1 + k\tau_m/(0.45 K_c)]}{1 + (1+1/K_c)(k\tau_m/0.45)} \quad (7)$$

$k\tau_m = k\tau_p = 0.8827$ から

$$C_{Af}/C_{A0} = 0.4055$$

系全体としての反応率 x_{Af} は

$\underline{x_{Af} = (v_0 C_{A0} - 0.45 v_0 C_{Af})/v_0 C_{A0} = 0.818}$

5・14 反応速度式は x_A を用いて

$$-r_A = kC_{A0}[1-(1+1/K_c)x_A] \quad (1)$$

と書けて，式(3・52)に代入して積分すると

$$\tau_p = \frac{1}{k} \cdot \frac{1}{(1+1/K_c)} \cdot \ln\frac{1}{1-(1+1/K_c)x_{Af}^\circ} \quad (2)$$

$K_c = 5, x_{Af}^\circ = 0.7$ を代入し整理すると，

$$\tau_p = 1.527/k \quad (3)$$

リサイクルがある場合は式(5・25)が成立する。

$$\frac{V}{F_{A0}} = \frac{V}{v_0 C_{A0}} = \frac{\tau_p}{C_{A0}} = \frac{1}{x_{Af}} \int_0^{x_{Af}} \frac{dx_A}{-r_A} \quad (4)$$

ここで x_A は反応器入口を基準にしている。しかるにリサイクル流れも A のみからなり，入口での A の濃度は原料中の A の濃度に等しいから，式(1)がそのまま適用できる。式(2)を参照すると式(4)は

$$\tau_p = \frac{1}{kx_{Af}} \cdot \frac{1}{(1+1/K_c)} \ln\frac{1}{1-(1+1/K_c)x_{Af}} \quad (5)$$

式(3)を式(5)に代入すると

$$\frac{1.527}{k} = \left(\frac{1}{kx_{Af}}\right)\left(\frac{1}{1.2}\right)\ln\left[\frac{1}{1-1.2 x_{Af}}\right]$$

上式の両辺の k は消去できて，x_{Af} のみの関数となりトライアルで $\underline{x_{Af} = 0.5}$ を得る。

(b) リサイクルなしの C の生産速度

$$F_C^\circ = F_{A0} x_A^\circ \quad (6)$$

リサイクルありのときの C の生産速度

$$F_C = F_{A1} x_{Af} = (F_{A0}/x_{Af}) x_{Af} = F_{A0} \quad (7)$$

$$\therefore \ F_C/F_C^\circ = F_{A0}/F_{A0} x_A^\circ = 1/x_A^\circ = 1/0.7 = 1.43 \text{ 倍}$$

5・15 PFR に対する $\tau_p(x_A)$ は表3・2から

$$\tau_p(x_A) = [2\varepsilon_A(1+\varepsilon_A)\ln(1-x_A) + \varepsilon_A^2 x_A + (1+\varepsilon_A)^2 x_A/(1-x_A)]/kC_{A0} \quad (1)$$

リサイクル反応器に対して式(5・19-b)から

$$\tau_r = (1+\gamma)[\tau_p(x_A) - \tau_p\{\gamma x_A/(1+\gamma)\}] \quad (2)$$

$\varepsilon_A = -0.5, x_{Af} = 0.6, \gamma = 1, \gamma x_A/(1+\gamma) = 0.3$ を式(1)と式(2)に代入すると $\tau_r = 1.245/kC_{A0}$ が得られる。管型反応器とリサイクル反応器の $\tau = V/v_0$ は等しいから，リサイクルを中止した管型反応器に対しては，式(1)の左辺 $= 1.245/kC_{A0}$ とおいた式が成立する。それをトライアルで求めると，管型反応器の出口反応率 x_{Af} は $\underline{0.674}$ になった。

5・16 $-r_A = kC_A C_C = kC_{A0}^2(1-x_A)(\theta_C + x_A), \theta_C = 0.1, C_{A0} = 1000 \ \text{mol} \cdot \text{m}^{-3}, v_0 = 2.778 \times 10^{-3} \ \text{m}^3 \cdot \text{s}^{-1}$。

$d(-r_A)/dx = kC_{A0}^2[(1-\theta_C) - 2x_A] = 0$ から $x_{A,\max} = 1/2(1-\theta_C) = 0.45$ で $-r_A$ は最大値，$C_{A0}/(-r_A)$ は最小値をとる。$C_{A0}/(-r_A)$ 対 x_A のグラフは $\underline{x_{A,\max} = 0.45}$ で最小値787.1をとる曲線となり，[例題5・7]と同様に CSTR と PFR を直結する方式が最小の滞留時間を与える。

CSTR: $\tau_m = [C_{A0}/(-r_{A,\max})] x_{A,\max}$
      $= (787.1)(0.45) = 354.2 \ \text{s}$

PFR：式(3・52)に反応速度式を代入して積分すると，
$$\tau_p = \frac{1}{kC_{A0}(1+\theta_C)} \ln\left[\frac{\theta_C+x_A}{1-x_A}\right]_{0.45}^{0.8} = 325.5\,\text{s}$$
各反応器の体積は $V=\tau v_0$ から，
$$\underline{V_m=0.984\,\text{m}^3}, \quad \underline{V_p=0.904\,\text{m}^3}$$

5・17 $r = \dfrac{kC_{A0}(1-x_A)}{[(1+K_AC_{A0}(1-x_A))]^2}$

x_A で微分し 0 とした式を解くと，$x_{A,\text{max}}=0.6$，$r_{\text{max}}=3\,\text{mol}\cdot\text{m}^{-1}\cdot\text{s}^{-1}$．$C_{A0}/r$ 対 x_A の曲線 0.6 で最小値をとる．$x_A=0.6$ までは CSTR，以後は PFR を直列に接続する反応器が最適．
$$\tau_m = V_m/v_0 = C_{A0}\cdot x_{A,\text{max}}/r_{\text{max}} = (5\times10^3)\cdot(0.6)/3 = 1000\,\text{s}, \quad \underline{V_m=1.0\,\text{m}^3}$$
PFR の式(3・52)の積分式を求めると
$$\tau_p = (1/k)[-\ln(1-x_A)+2K_AC_{A0}x_A + K_A^2C_{A0}^2x_A - (K_A^2C_{A0}^2/2)x_A^2]_{0.6}^{0.8} = 344.7\,\text{s},$$
$$\underline{V_p=(344.7)(10^{-3})=0.345\,\text{m}^3}$$

5・18 半径位置 r と $r+dr$ で挟まれた微小な円筒(高さ h)を考える．その中の触媒質量を dW，触媒質量基準の反応速度を r_{Am} とすると，A の物質収支式は
$$F_A - [F_A + (dF/dW)\cdot dW] + r_{Am}\cdot dW = 0$$
上式は[例題 3・8]の管型触媒反応器の式(a)と同一であり，PFR の積分式で V を W に，$W=\pi(r_2^2-r_1^2)h\rho_b$，$\underline{\varepsilon_A=0.8}$ とすればよい．
$$\frac{k_mC_{A0}W/F_{A0}}{=(1+\varepsilon_A)\ln[1/(1-x_{Af})]-\varepsilon_Ax_{Af}}$$

5・19 微小区間での物質収支式は図から
$(v_0+qz)C_A + q\,dz\cdot C_{A0} - (v_0+qz+q\,dz)\times(C_A+dC_A) - kC_AS\,dz = 0$
式を展開し $dz\cdot dC_A$ の項を無視すると次の微分方程式を得る．
$$\frac{dC_A}{dz} + \frac{q+kS}{v_0+qz}C_A = \frac{qC_{A0}}{v_0+qz}, \quad z=0,\ C_A=C_{A0}$$
上式は $dy/dx+P(x)y=Q(x)$ 型の線形微分方程式．一般解を求め初期条件を入れると
$$\frac{C_A}{C_{A0}} = \frac{1}{1+kS/q} + \frac{kS/q}{1+kS/q}\cdot\left(\frac{v_0}{v_0+qz}\right)^{(1+kS/q)}$$
反応器出口 $v=L$ では $C_A=C_{Af}$，$v_0+qL=v_t$，
$$\frac{C_A}{C_{A0}} = \frac{1}{1+kS/q} + \frac{kS/q}{1+kS/q}\cdot\left(\frac{v_0}{v_t}\right)^{(1+kS/q)}$$
反応率 $x_{Af}=1-C_{Af}/C_{A0}$ より
$$x_{Af} = \frac{kS/q}{1+kS/q}\left[1-\left(\frac{v_0}{v_t}\right)^{(1+kS/q)}\right]$$
上式で $v_0=0$ とおくと
$$x_{Af} = \frac{kS/q}{1+kS/q} = \frac{k\cdot SL/v_t}{1+kSL/v_t} = \frac{kV/v_t}{1+kV/v_t}$$
$$= \frac{k\tau}{1+k\tau}$$
$\tau=V/v_t$ であり，<u>この式は CSTR の式に等しく，CSTR の反応率に一致する．</u>

5・20 (a) CSTR の定常操作では
$$C_{Af} = C_{A0}/(1+k\tau_m),\quad \tau_m=V_0/v$$
(b) $t=0$ 以降は非定常操作になるから
$$0 - vC_A - kC_AV = d(VC_A)/dt$$
$$= V(dC_A/dt) + C_A(dV/dt)$$
$$= V(dC_A/dt) + C_A(-v)$$
$$\therefore\ dC_A/dt = -kC_A$$
上式で反応器内の液体積の増加速度 $dV/dt=-v$ の関係を使用している．初期条件：$t=0$ で $V=V_0$，$C_A=C_{Af}$ で上式を解くと
$$C_A = C_{Af}e^{-kt} = C_{A0}\frac{e^{-kt}}{1+k\tau_m} \quad (0<t<V_0/v)$$

5・21
$t=0:\ n_{A0}=V_0C_{A0}\ [\text{mol}]$
$t=t:\ V(t)=V_0+vt\ [\text{m}^3]$,
$$C_A = \frac{n_A}{V_0+vt},\quad C_C = (vt)\cdot\frac{C_{C0}}{V_0+vt}$$
A の物質収支式
$$\frac{dn_A}{dt} = -kC_AC_CV = -kn_AvC_{C0}\frac{t}{V_0+vt}$$
積分して
$$\ln\left(\frac{n_A}{n_{A0}}\right) = -kC_{C0}\left[t-\left(\frac{V_0}{v}\right)\ln\left\{1+\left(\frac{v}{V_0}\right)t\right\}\right]$$
反応率 $x_A = 1-n_A/n_{A0} = 1-\underline{\exp[-kC_{C0}\{t-(V_0/v)\ln(1+(v/V_0)t)\}]}$

5・22 (a) 2・3・3 項の諸式において連鎖移動がないことから k_f,k_f' を含む項を削除し，停止反応では再結合反応の r_1，k_{tc} を残し不均化反応 k_{td} を削除すると式(2・43)は
$$\sum[P_n\cdot]=[P\cdot]=\{(2k_df/k_{tc})[I]\}^{1/2}\quad (3)$$
重合体の生成速度(2・45)は
$$r_p = 0 + (k_{tc}/2)[P\cdot]^2 + 0$$
$$= (k_{tc}/2)\cdot(2k_df/k_{tc})[I]$$

解　答

$$\therefore \quad r_P = k_d f[I] \tag{4}$$

単量体の反応速度 r_M の式 $(2\cdot44)$ は

$$-r_M = k_p (2k_d f/k_{tc})^{1/2}[I]^{1/2}[M] \tag{5}$$

(b-1) 開始剤 I の物質収支と反応速度式は

$$F_{I0} - 0 + r_I V = 0, \quad r_I = r_d = k_d[I]$$
$$\therefore \quad \underline{F_{I0}} = (3.2 \times 10^{-6})(40)(4)$$
$$= 5.12 \times 10^{-4} \text{mol} \cdot \text{s}^{-1}$$

(b-2) スチレン M の物質収支式は

$$dC_M/dt = r_M = -k[M] \tag{6}$$

$$k = k_p \left(\frac{2k_d f}{k_{tc}}\right)^{1/2} [I]^{1/2} = (0.176)\left[(2)(3.2 \times 10^{-6})(0.6) \times \frac{40}{3.6} \times 10^4\right]^{1/2} = 1.15 \times 10^{-5}$$

式(4)を積分すると,
$$\underline{C_M} = 8.5 \times 10^3 \exp[-1.15 \times 10^{-5} \times 200 \times 60]$$
$$= 7.40 \times 10^3 \text{mol} \cdot \text{m}^{-3}$$

反応率 $x_M = (C_{M0} - C_M)/C_{M0} = (8.5 - 7.4)/8.5 = \underline{0.129}$

重合体 P の濃度 C_P は式(4)より
$$dC_P/dt = r_P = k_d f[I] = 7.68 \times 10^{-5}$$
$$\therefore \quad \underline{C_P} = (7.68 \times 10^{-5})(200 \times 60)$$
$$= 0.922 \text{mol} \cdot \text{m}^{-3}$$

平均重合度 $\overline{P_n}$ は式 $(2\cdot47\text{-a})$ の分母・分子のそれぞれを時間 t で積分した式から
$$\underline{\overline{P_n}} = (C_{M0} - C_M)/(C_P - C_{P0})$$
$$= (8.5 \times 10^3 - 7.4 \times 10^3)/(0.922 - 0)$$
$$= \underline{1193}$$

6·1

(a)
$$A = \begin{bmatrix} A_1 & A_2 & A_3 & A_4 \\ 1 & 1/2 & -1 & 0 \\ 0 & 1 & 2 & -2 \\ 0 & 0 & 0 & 0 \end{bmatrix} \begin{matrix} ① \\ ② \\ ③ \end{matrix}$$

rank $A = 2$, A_1, A_2 が鍵成分, 量論式①と②が独立

(b)
$$A = \begin{bmatrix} A_1 & A_2 & A_3 & A_4 & A_5 & A_6 \\ 1 & 5/4 & 0 & -6/4 & 0 & -1 \\ 0 & 1 & 1 & 0 & 0 & -2 \\ 0 & 0 & 1 & 0 & 2 & -4 \\ 0 & 0 & 0 & 0 & 0 & 0 \\ 0 & 0 & 0 & 0 & 0 & 0 \\ 0 & 0 & 0 & 0 & 0 & 0 \end{bmatrix} \begin{matrix} ① \\ ② \\ ④ \\ ⑥ \\ ③ \\ ⑤ \end{matrix}$$

rank $A = 3$, A_1, A_2, A_3 が鍵成分, 量論式①,②,④が独立

6·2

(a) 量論式①,②が独立なのは明らか。鍵成分として A と C を選び, 量論式の反応進行度を ξ_1, ξ_2 として式 $(6\cdot13)$ を書く。

$$n_A - n_{A0} = -\xi_1 - \xi_2 \tag{1}$$
$$n_C - n_{C0} = 2\xi_1 - \xi_2 \tag{2}$$
$$n_B - n_{B0} = -\xi_1 \tag{3} \quad n_D - n_{D0} = \xi_2 \tag{4}$$

式(1),(2)を解くと,
$$\xi_1 = -\frac{1}{3}(n_A - n_{A0}) + \frac{1}{3}(n_C - n_{C0}) \tag{5}$$
$$\xi_2 = -\frac{2}{3}(n_A - n_{A0}) - \frac{1}{3}(n_C - n_{C0}) \tag{6}$$

式(5),(6)を式(3),(4)に代入し, 反応混合物の体積 V (一定) で割ると濃度で表わせる。

$$C_B - C_{B0} = \frac{1}{3}(C_A - C_{A0}) - \frac{1}{3}(C_C - C_{C0})$$

$$C_D - C_{D0} = -\frac{2}{3}(C_A - C_{A0}) - \frac{1}{3}(C_C - C_{C0})$$

(b) 式①と式②は正反応と逆反応の関係で互いに独立ではない。式①と式③を独立な反応, 成分 A と B を鍵物質とする。

$$n_A - n_{A0} = -3\xi_1 \tag{7}$$
$$n_B - n_{B0} = 2\xi_1 - \xi_2 \tag{8}$$
$$n_C - n_{C0} = -2\xi_1 \tag{9} \quad n_D - n_{D0} = \xi_2 \tag{10}$$

式(4)と式(5)を解くと
$$\xi_1 = -\frac{1}{3}(n_A - n_{A0}),$$
$$\xi_2 = -\frac{2}{3}(n_A - n_{A0}) - (n_B - n_{B0})$$

これらを式(7),(8)に代入し, 反応混合物の体積 V で割ると濃度 C になる。

$$C_C - C_{C0} = \frac{4}{3}(C_A - C_{A0}) + 2(C_B - C_{B0}),$$

$$C_D - C_{D0} = -\frac{2}{3}(C_A - C_{A0}) - (C_B - C_{B0})$$

(c) 3つの量論式が独立で, 鍵成分として A, B, C を選ぶ。式 $(6\cdot13)$ より,

$$n_A - n_{A0} = -\xi_1 - \xi_2 \tag{11}$$
$$n_B - n_{B0} = \xi_1 - \xi_3 \tag{12}$$
$$n_C - n_{C0} = \xi_2 - 2\xi_3 \tag{13}$$
$$n_D - n_{D0} = \xi_3 \tag{14}$$

式(11),(12),(13)を解き, 式(14)に代入して

$$C_D - C_{D0} = -\frac{1}{3}[(C_A - C_{A0}) + (C_B - C_{B0}) + (C_C - C_{C0})]$$

6·3

(a) [例題 $6\cdot2$] の解答の各成分の n

[mol]を F [mol·s^{-1}]に置き換えて F_B, F_D と全成分の F_t を鍵成分の F_A と F_C で表わすと

$$F_B = F_{B0} + \frac{1}{3}(F_A - F_{A0}) - \frac{1}{3}(F_C - F_{C0}),$$

$$F_D = F_{D0} - \frac{2}{3}(F_A - F_{A0}) - \frac{1}{3}(F_C - F_{C0}),$$

$$F_t = F_{t0} + \frac{2}{3}(F_A - F_{A0}) + \frac{1}{3}(F_C - F_{C0})$$

各成分の濃度は上式を用いて次式で表わせる。

$$C_A = C_{t0}(F_A/F_t), \quad C_B = C_{t0}(F_B/F_t),$$
$$C_C = C_{t0}(F_C/F_t), \quad C_D = C_{t0}(F_D/F_t)$$

(b) n を F に置き換えると

$$F_C = F_{C0} + \frac{4}{3}(F_A - F_{A0}) + 2(F_B - F_{B0}),$$

$$F_D = F_{D0} - \frac{2}{3}(F_A - F_{A0}) - (F_B - F_{B0}),$$

$$F_t = F_{t0} + \frac{5}{3}(F_A - F_{A0}) + 2(F_B - F_{B0})$$

式(6·19)を用いると各成分の濃度は
$$C_A = C_{t0}F_A/F_t, \quad C_B = C_{t0}F_B/F_t,$$
$$C_C = C_{t0}[F_{C0} + \frac{4}{3}(F_A - F_{A0}) + 2(F_B - F_{B0})]/F_t,$$
$$C_D = C_{t0}[F_{D0} - \frac{2}{3}(F_A - F_{A0}) - (F_B - F_{B0})]/F_t$$

(c) 鍵成分 A, B, C の F を用いて D および全成分の F [mol·s^{-1}]は次のように書ける。

$$F_D = F_{D0} - \frac{1}{3}[(F_A - F_{A0}) + (F_B - F_{B0}) + (F_C - F_{C0})],$$

$$F_t = F_{t0} + \frac{2}{3}[(F_A - F_{A0}) + (F_B - F_{B0}) + (F_C - F_{C0})]$$

各成分の濃度は,
$$C_A = C_{t0}(F_A/F_t),$$
$$C_B = C_{t0}(F_B/F_t),$$
$$C_C = C_{t0}(F_C/F_t),$$
$$C_D = C_{t0}[F_{D0} - \frac{1}{3}\{(F_A - F_{A0}) + (F_B - F_{B0}) + (F_C - F_{C0})\}]/F_t$$

6·4
$$dC_A/dt = -(k_1 + k_2)C_A \tag{1}$$
$$dC_R/dt = 2k_1 C_A \tag{2}$$
$$dC_S/dt = k_2 C_A \tag{3}$$

(1)から $C_A/C_{A0} = \exp[-(k_1+k_2)t]$ (4)
半減期は $C_A/C_{A0} = 0.5$, $t_{1/2} = 40 \times 60 = 2400$ s。式(4)に代入すると
$$\ln(0.5) = -(k_1 + k_2)(2400)$$
$$\therefore k_1(1+\kappa) = 2.888 \times 10^{-4}\,\text{s}^{-1} \tag{5}$$

式(2)と式(3)を辺々割り,積分すると $C_S/C_R = 1/3 = (1/2)\kappa \to \kappa = 2/3$。これを式(5)に代入すると $k_1 = 1.73 \times 10^{-4}\,\text{s}^{-1}$, $k_2 = k_1\kappa = 1.16 \times 10^{-4}\,\text{s}^{-1}$

6·5 式(6·37)より A, R, S の物質収支式は
$$C_A - C_{A0} = \tau(-k_1 C_A - 2k_2 C_A)$$
$$= -k_1\tau(1+2\kappa)C_A \tag{1}$$
$$C_R - C_{R0} = \tau(2k_1 C_A) \tag{2}$$
$$C_S - C_{S0} = \tau(k_2 C_A) \tag{3}$$

式(1)の両辺を C_{A0} で割り x_A を用いると
$$x_A = k_1\tau(1+2\kappa)(C_A/C_{A0})$$
$$= k_1\tau(1+2\kappa)(1-x_A) \tag{4}$$

$x_A = 0.8$, $\tau = 50 \times 60$ s を式(4)に代入すると
$$k_1(1+2\kappa) = 1.333 \times 10^{-3}\,\text{s}^{-1} \tag{5}$$

式(2), (3)において, $C_{R0} = C_{S0} = 0$ であり,
$$C_S/C_R = k_2/2k_1 = (1/2)\kappa = 1/3$$
$$\therefore \kappa = 2/3 \tag{6}$$

式(6)を式(5)に代入すると
$k_1 = 5.71 \times 10^{-4}\,\text{s}^{-1}$, $k_2 = k_1\kappa = 3.81 \times 10^{-4}\,\text{s}^{-1}$

6·6 各成分に式(6·34)を適用すると,
$$dC_A/dt = -(k_1+k_2+k_3)C_A C_B = -kC_A C_B \tag{1}$$
$$dC_B/dt = -(k_1+k_2+k_3)C_A C_B = -kC_A C_B \tag{2}$$
$$dC_R/dt = k_1 C_A C_B \tag{3}$$
$$dC_S/dt = k_2 C_A C_B \tag{4}$$
$$dC_T/dt = k_3 C_A C_B, \quad k_1+k_2+k_3 = k \tag{5}$$
$$C_B = C_{B0} - (C_{A0} - C_A) = 1000 + C_A \tag{6}$$

上式を式(1)に代入して積分すると
$$t = \frac{1}{1000k}\ln\left(\frac{C_{A0}}{C_A} \cdot \frac{C_A + 1000}{C_{A0} + 1000}\right) \tag{7}$$

$t = 120\,\text{min} = 7.2 \times 10^3\,\text{s}$, $C_{A0} = 500$, $x_A = 0.5$ → $C_A = 250$, $k = 7.095 \times 10^{-8}\,\text{m}^3\cdot\text{mol}^{-1}\cdot\text{s}^{-1}$

式(3)/式(1) より,$dC_R/dC_A = -k_1/k$。積分すると
$$C_R - C_{R0} = (k_1/k)(C_{A0} - C_A) \tag{8}$$
$$C_S - C_{S0} = (k_2/k)(C_{A0} - C_A) \tag{9}$$
$$C_T - C_{T0} = (k_3/k)(C_{A0} - C_A) \tag{10}$$
$$\frac{k_1}{C_R} = \frac{k_2}{C_S} = \frac{k_3}{C_T} = \frac{k_1+k_2+k_3}{C_R+C_S+C_T}$$

解　答

$$= \frac{k}{C_R + C_S + C_T} \quad (11)$$

$C_R = 58.8$, $C_S = 4.4$, $C_T = 36.8$ と k の値を式(11)に代入。$k_1 = 4.17 \times 10^{-8}$, $k_2 = 3.12 \times 10^{-9}$, $k_3 = 2.61 \times 10^{-8}\,\mathrm{m^3 \cdot mol^{-1} \cdot s^{-1}}$

6・7　CSTR の設計方程式 (6・37) より
$$C_A - C_{A0} = -\tau_m (k_1 C_A + 2 k_2 C_A^2) \quad (1)$$
$C_{A0} = 2 \times 10^3$, $\underline{C_A = C_{A0}(1 - x_{Af}) = 800\,\mathrm{mol \cdot m^{-3}}}$ を式(1)に代入して, $\underline{\tau_m = 5.07 \times 10^3\,\mathrm{s} = 84.5\,\mathrm{min}}$

他成分の出口濃度は式 (6・37) から
$\underline{C_R = \tau_m (2 k_1 C_A) = 1620\,\mathrm{mol \cdot m^{-3}}}$,
$\underline{C_S = \tau_m (k_2 C_A^2) = 195\,\mathrm{mol \cdot m^{-3}}}$
$\underline{Y_R = C_R / \nu_R C_{A0} = 1620/(2)(2000) = 0.405}$
$\underline{S_R = Y_R / x_A = 0.05/0.6 = 0.675}$

6・8　$dC_A/dt = -k_1 C_A C_B - k_2 C_A \quad (1)$
$dC_B/dt = -k_1 C_A C_B \quad (2)$
式(2)/式(1)　$dC_B/dC_A = 1/(1 + \kappa/C_B) \quad (3)$
ここで $\kappa = k_2/k_1$. 変数分離して上式を積分すると
$\kappa(\ln C_B - \ln C_{B0}) = C_A - C_{A0} - (C_B - C_{B0}) \quad (4)$
$C_{A0} = 4$, $C_{B0} = 2$, $C_A = 1.96$, $C_B = 1\,\mathrm{kmol \cdot m^{-3}}$ を式(4)に代入すると,
$$\underline{\kappa = \frac{1.96 - 4 - (1 - 2)}{\ln 1 - \ln 2} = 1.50\,\mathrm{m^3 \cdot kmol^{-1}}}$$

6・9　$dC_A/dt = -k_1 C_A - 2 k_2 C_A^2 \quad (1)$
$dC_R/dt = k_1 C_A \quad (2)$
式(1)を積分すると
$\ln \dfrac{C_{A0}}{C_A} - \ln \dfrac{1 + \kappa C_{A0}}{1 + \kappa C_A} = k_1 t$, $\kappa = 2 k_2/k_1 \quad (3)$
式(2)/式(1)
$dC_R/dC_A = -1/(1 + \kappa C_A) \quad (4)$
上式を積分すると
$C_R - C_{R0} = (1/\kappa) \ln [(1 + \kappa C_{A0})/(1 + \kappa C_A)] \quad (5)$
式(3)の左辺第2項を式(5)を用いて $(C_R - C_{R0})$ に書き換えると
$\dfrac{\ln(C_{A0}/C_A)}{C_R - C_{R0}} = \kappa + k_1 \dfrac{t}{C_R - C_{R0}} \quad (6)$
上式の左辺 Y を右辺の $t/(C_R - C_{R0})$ に対してプロットすると直線が得られ, 切片 $\kappa = 2 k_2/k_1$ と傾き k_1 が求まり, k_1 と k_2 の値が決定できる. グラフは直線になり, 傾き 5.56×10^{-4}, 切片 1.99×10^{-4}. これより $\underline{k_1 =}$

$\underline{5.56 \times 10^{-4}\,\mathrm{s^{-1}}}$, $\underline{k_2 = 5.53 \times 10^{-8}\,\mathrm{m^3 \cdot mol^{-1} \cdot s^{-1}}}$

6・10　(a)　まず R の物質収支から
$v_0 C_{R0} - v_0 C_R + k_1 C_A^m V = 0 \rightarrow C_R/\tau_m = k_1 C_A^m \quad (1)$
$\ln(C_R/\tau_m) = \ln k_1 + m \cdot \ln C_A \quad (2)$
データから $\ln(C_R/\tau_m)$ 対 $\ln C_A$ のプロット. 傾き $\underline{m = 2}$ の直線 $\rightarrow \underline{2\text{次反応}}$.
切片 $\ln k_1 = -6.928 \times 10^{-1} \rightarrow \underline{k_1 = 0.5\,\mathrm{m^3 \cdot kmol^{-1} \cdot min^{-1}}}$.
S の生成量 C_R は A の反応量から R の生成量を差し引いた量になる.
$C_S = (C_{A0} - C_A) - C_R \quad (3)$
R と同様なプロットから直線が得られ, 切片 $\ln k_2 = 3.34 \times 10^{-4} \rightarrow \underline{k_2 = 1.0\,\mathrm{min^{-1}}}$, 傾き $\underline{n = 1\,\text{の1次反応}}$

(b)　CSTR：式 (6・37) から
$C_{A0} - C_A = \tau_m (k_1 C_A^2 + k_2 C_A) \quad (4)$
$0 - C_R = \tau_m (-k_1 C_A^2) \quad (5)$
$0 - C_S = \tau_m (-k_2 C_A) \quad (6)$
式(5)/式(4)
$C_R/(C_{A0} - C_A) = C_A/(C_A + \kappa)$, $\kappa = k_2/k_1$
$C_{A0} = 20\,\mathrm{kmol \cdot m^{-3}}$, $x_A = 0.8$, $C_A = C_{A0}(1 - x_A) = 4\,\mathrm{kmol \cdot m^{-3}}$ を上式に代入. $\underline{C_R = 10.7\,\mathrm{kmol \cdot m^{-3}}}$, 量論関係から
$\underline{C_S = (C_{A0} - C_A) - C_R = 5.3\,\mathrm{kmol \cdot m^{-3}}}$
PFR：設計方程式 (6・39)
$dC_A/d\tau = -k_1 C_A^2 - k_2 C_A \quad (7)$
$dC_R/d\tau = k_1 C_A^2 \quad (8)$
式(8)/式(7)
$$\dfrac{dC_R}{dC_A} = \dfrac{-k_1 C_A^2}{k_1 C_A^2 + k_2 C_A} = -\dfrac{C_A}{C_A + k_2/k_1}$$
$$= -\dfrac{C_A}{C_A + 2} \quad (9)$$
式(9)を積分すると
$\underline{C_R = (C_{A0} - C_A) + (k_2/k_1)[\ln(C_A + k_2/k_1)]_{C_{A0}}^{C_A}}$
$= (20 - 4) + 2 \ln[(4 + 2)/(20 + 2)]$
$\underline{= 13.4\,\mathrm{kmol \cdot m^{-3}}}$
$\underline{C_S = (C_{A0} - C_A) - C_R = 2.6\,\mathrm{kmol \cdot m^{-3}}}$

6・11　PFR の設計方程式 (6・39) を用いると
$dC_A/d\tau = -C_A - 2(0.5) C_A^2 = -C_A(1 + C_A) \quad (1)$
$dC_R/d\tau = 2 C_A \quad (2)$
式(1)を積分すると
$\ln[C_A(1 + C_{A0})/C_{A0}(1 + C_A)] = -\tau$

$C_{A0}=5\,\mathrm{kmol\cdot m^{-3}}$, $\tau=0.5\,\mathrm{h}$ を上式に代入して
$\underline{C_A=1.02\,\mathrm{kmol\cdot m^{-3}}}$, $\underline{x_A=(5-1.02)/5=0.796}$

式(2)/式(1) → $dC_R/dC_A=-2/(1+C_A)$, 積分すると
$$C_R/2=-\ln[(1+C_A)/(1+C_{A0})]$$
$$=-\ln(2.02/6)$$
$\underline{C_R=2.18\,\mathrm{kmol\cdot m^{-3}}}$, $Y_R=C_R/\nu_R C_{A0}=\underline{0.218}$
$\underline{S_R}=Y_R/x_A=0.218/0.796=\underline{0.274}$

量論関係から $\underline{C_S}=-(1/2)(C_A-C_{A0})-(1/4)(C_R-C_{R0})=\underline{1.45\,\mathrm{kmol\cdot m^{-3}}}$

6·12　　　　$A \rightarrow B+C : \xi_1$　　　(1)
　　　　　　　$A \rightarrow 2D : \xi_2$　　　(2)

A と D を鍵成分に選び, 式(6·13)の n を F に置き換えた式を適用すると
$$F_A-F_{A0}=-\xi_1-\xi_2 \quad (3)$$
$$F_D-F_{D0}=2\xi_2 \quad (4)$$
$$F_B-F_{B0}=\xi_2 \quad (5) \quad F_C-F_{C0}=\xi_1 \quad (6)$$

全成分については式(6·14)が適用できて, その中の係数 ν は式(6·15)から求まる.
$\nu_1=-1+1+1=1$, $\nu_2=-1+2=1$,
$$F_t-F_{t0}=\nu_1\xi_1+\nu_2\xi_2=\xi_1+\xi_2 \quad (7)$$

式(3)と式(4)を連立して解き, それを式(3)～(7)に代入すると
$$\xi_1=-(F_A+F_{A0})-0.5(F_D-F_{D0}),$$
$$\xi_2=0.5(F_D-F_{D0}),$$
$F_B-F_{B0}=F_C-F_{C0}=-(F_A-F_{A0})-0.5(F_D-F_{D0})$, $F_t=F_{t0}-(F_A-F_{A0})$

鍵成分の A と D の PFR 設計方程式は
$$dF_A/dV=-(k_1+k_2)C_A,$$
$$dF_D/dV=2k_2 C_A$$

C_A を F_A と F_D を用いて表わすと
$$C_A=\frac{F_A}{v}=\frac{F_A}{v_0(F_t/F_{t0})}=\frac{F_{t0}F_A}{v_0 F_t}$$
$$=\frac{F_{t0}}{v_0}\cdot\frac{F_A}{F_{t0}+F_{A0}-F_A}$$

これを用いると次の微分方程式を得る.
$$\frac{dF_A}{dV}=-(k_1+k_2)\left(\frac{F_{t0}}{v_0}\right)\cdot\frac{F_A}{F_{t0}+F_{A0}-F_A}$$

積分して反応率 $x_A=1-F_A/F_{A0}$ を用いると
$$\tau_p=\frac{y_{A0}}{k_1+k_2}\cdot\left[-\left(1+\frac{1}{y_{A0}}\right)\ln(1-x_A)-x_A\right],$$
$y_{A0}=0.8$, $k_1+k_2=6.5$, $x_A=0.7 \rightarrow \underline{\tau_p=24.7\,\mathrm{s}}$

設計方程式を辺々割ると次式を得る.
$$dF_D/dF_A=-2k_2/(k_1+k_2)=0.4$$
積分すると
$F_D/(F_A-F_A)=(F_D/F_{A0})/x_A=0.4$, $x_A=0.7$, $F_D/F_{A0}=0.28$. 式(6·24) から D の収率 Y_D は, $\nu_D=2$, $F_{D0}=0$ を用いて
$\underline{Y_D}=(F_D-F_{D0})/F_{A0}\nu_D=0.28/2=\underline{0.14}$

6·13　A と B を鍵成分として量論関係式
$F_A-F_{A0}=-\xi_1$, $F_B-F_{B0}=-\xi_2$, $F_C-F_{C0}=\xi_1$, $F_D-F_{D0}=\xi_2$, $F_E-F_{E0}=\xi_2$,
式(6·14)から $F_t-F_{t0}=\xi_2=F_{B0}-F_B$
設計方程式：
$$dF_A/dV=-k_1C_A, \quad dF_B/dV=-k_2$$
$$\therefore \quad dF_B/dF_A=k_2/k_1C_A$$

C_A は式(6·19)から
$$C_A=C_{t0}y_A=C_{t0}(F_A/F_t)$$
$$=C_{t0}\cdot F_A/(F_{t0}+F_{B0}-F_B)$$
$$\therefore \quad dF_B/dF_A=(k_2/k_1C_{t0})(F_{t0}+F_{B0}-F_B)/F_A$$

上式を積分すると次式が得られる.
$$\frac{k_2}{k_1C_{t0}}\ln\frac{F_A}{F_{A0}}=\ln\frac{1}{1+F_{B0}/F_{t0}-F_B/F_{t0}}$$

上式の F_B を以下で求める.
$$C_{t0}=\frac{P_{t0}}{RT}=\frac{506.6\times 10^3}{(8.314)(473.2)}$$
$$=128.8\,\mathrm{mol\cdot m^{-3}}=0.1288\,\mathrm{kmol\cdot m^{-3}}$$
$$\frac{k_2}{k_1C_{t0}}=\frac{2.5}{(50)(0.1288)}=0.3882,$$

反応器入口では $F_A/F_{A0}=F_B/F_{B0}=0.5$, $F_{t0}=5\,\mathrm{kmol\cdot s^{-1}}$. これらの数値を上式に代入して整理すると,
$$\frac{1}{(1.5-F_B/5)}=0.7641$$
$$\rightarrow F_B=0.9562\,\mathrm{mol\cdot s^{-1}}$$

反応器体積は B に対する設計方程式を積分
$$\rightarrow k_2V=-\int_{F_{B0}}^{F_B}dF_B=F_{B0}-F_B$$
$$=5/2-0.9567=1.544$$
$$\therefore \quad \underline{V=1.544/k_2=1.544/2.5=0.6176\,\mathrm{m^3}}$$

反応器出口での C のモル流量 F_C は
$F_C=F_{A0}-F_A=2.5-0.9567=1.543\,\mathrm{mol\cdot s^{-1}}$
C の収率 Y_C は式(6·24)から $F_{C0}=0$ だから
$\underline{Y_C}=(F_C-F_{C0})/\nu_C F_{A0}=1.544/(1)(2.5)$
$=\underline{0.618}$

解　　答

6・14 (a) $r_A = -k_1C_A$, $r_R = k_1C_A - k_2C_R$ (1)
第1槽 $v_0C_{A0} - v_0C_{A1} - k_1C_{A1}V = 0$ (2)
$0 - v_0C_{R1} + (k_1C_{A1} - k_2C_{R1})V = 0$ (3)
第2槽 $v_0C_{A1} - v_0C_{A2} - k_1C_{A2}V = 0$ (4)
$v_0C_{R1} - v_0C_{R2} + (k_1C_{A2} - k_2C_{R2})V = 0$ (5)
式(2) → $C_{A1} = C_{A0}/(1+k\tau)$　$(\tau = V/v_0)$ (6)
式(4) → $C_{A2} = C_{A1}/(1+k\tau) = C_{A0}/(1+k\tau)^2$ (7)
式(3), (6) → $C_{R1} = k_1C_{A0}\tau/(1+k_1\tau)(1+k_2)$ (8)
式(5), (7) → $k_1 = k_2$,
$C_{Rf} = 2k_1C_{A0}\tau/(1+k_1\tau)^3$ (9)
(b) $dC_{Rf}/d\tau = [2k_1C_{A0}/(1+k_1\tau)^4]\cdot[(1+k_1\tau) - 3k_1\tau] = 0$ (10)
∴ $\underline{\tau = 1/2k_1 = 1/(2)(0.2) = 2.5\text{h}}$,
$\underline{V = v_0\tau = (0.2)(2.5) = 0.5\text{m}^3}$
式(7), (10) → $C_{Af} = 6.67\times 10^3$, $C_{Rf} = 4.44\times 10^3\text{mol}\cdot\text{m}^{-3}$, $\underline{Y_R = 0.296}$, $\underline{x_{Af} = 0.555}$, $\underline{S_R = 0.533}$

6・15 (a) 成分 A と R に対して式(6・37)は
$C_A - C_{A0} = \tau(-k_1C_AC_B)$ (1)
$C_R - C_{R0} = \tau(k_1C_AC_B - k_2C_RC_B)$ (2)
式(2)を式(1)で辺々割り，得られた式の分母・分子を C_{A0} で割り，R の収率 Y_R と A の反応率 x_A を導入すると次式を得る．
$Y_R = \dfrac{x_A(1-x_A)}{[1+(\kappa-1)x_A]}$, $k_2/k_1 = \kappa$ (3)
(b) 式(3)を x_A で微分した式を 0 とおくと
$(\kappa-1)x_A^2 - 2x_A + 1 = 0$
∴ $x_{A,\max} = 1/(1+\sqrt{\kappa})$ (4)
式(4)を式(3)に代入．R の収率の最大値は
$Y_{R,\max} = \left[\dfrac{1}{1+\sqrt{\kappa}}\right]^2 = (x_{A,\max})^2$ (5)
(c)
A: $A+B \to R+T$; $\xi_1 \to F_A - F_{A0} = -\xi_1$ (6)
R: $R+B \to R+S$; $\xi_2 \to F_R - F_{R0} = \xi_1 - \xi_2$ (7)
B: $F_B - F_{B0} = -\xi_1 - \xi_2$ (8)
式(6), (7)を解き，式(8)に代入すると
$F_B - F_{B0} = (F_{A0} - F_A) - [(F_A - F_{A0}) - (F_R - F_{R0})] = 2(F_A - F_{A0}) + (F_R - F_{R0})$
上式を流量 v_0 で割ると濃度になる．
$C_B - C_{B0} = 2(C_A - C_{A0}) + (C_R - C_{R0})$ (9)
上式を C_{A0} で割り x_A と Y_R で表わすと
$C_B/C_{A0} = \theta_B - 2x_A + Y_R$, $\theta_B = C_{B0}/C_{A0}$ (10)
式(1)の両辺を C_{A0}^2 で割ると
$x_A/C_{A0} = \tau\cdot k_1(1-x_A)(\theta_B - 2x_A + Y_R)$ (11)
(d) 収率が最大値をとるとき，$\underline{x_{A,\max} = 0.586}$,
$\underline{Y_{R,\max} = 0.343}$ であり，$\theta_B = 2$, $C_{A0} = 2\times 10^3$,
$k_1 = 2.5\times 10^{-7}$ を式(11)に代入すると
$\underline{\tau_{\max} = 2417.5\text{s} = 40.3\text{min}}$

6・16 $C_A - C_{A0} = \tau(-2k_1C_A^2 - k_2C_A)$ (1)
$C_R - C_{R0} = \tau(k_1C_A^2)$ (2)
$C_S - C_{S0} = \tau(k_2C_A)$ (3)
式(2)/式(1)
$\dfrac{C_R}{C_{A0} - C_A} = \dfrac{k_1C_A^2}{2k_1C_A^2 + k_2C_A} = \dfrac{C_A}{2C_A + \kappa}$
∴ $C_R = (C_{A0}C_A - C_A^2)/(2C_A + \kappa)$, (4)
$\kappa = k_2/k_1$
$dC_R/dC_A = (-2C_A^2 - 2\kappa C_A + \kappa C_{A0})/(2C_A + \kappa)^2$, $dC_R/dC_A = 0$, $\kappa = 100 \to C_A = 179\text{mol}\cdot\text{m}^{-3}$, $x_A = (1000-179)/1000 = \underline{0.821}$,
式(4)より $C_R = 321$,
$\underline{Y_R = C_R/\nu_RC_{A0} = 321/(1/2)(10^3) = 0.642}$。
式(2) → $\tau = (C_R - 0)/k_1C_A^2 = C_R/k_1C_A^2$
$= 321/(10^{-5})(179)^2 = 1002\text{s} = \underline{16.7\text{min}}$
式(3) → $\underline{C_S} = \tau(k_2C_A) = \tau(\kappa k_1)C_A = (1002)(1\times 10^{-5})(100)(179) = \underline{179\text{mol}\cdot\text{m}^{-3}}$

6・17 1h 当たりの全利益 P [円$\cdot$h^{-1}] は次式 $P =$ (R の販売利益) $-$ (操作費用) $-$ (原料 A 消費費用) $-$ (S の処理費) $= 2000F_R - (5000 + 200F_{A0}) - 200(-r_A)V - 300F_S$
各成分の設計式は
$vC_{A0} - vC_A - (k_1+k_2)C_AV = 0$,
$-vC_R + k_1C_AV = 0$, $vC_S + k_2C_AV = 0$
これらの式を解くと
$C_A = vC_{A0}/f(v)$, $C_R = k_1C_{A0}/f(v)$, $C_S = k_2C_{A0}/f(v)$, $(-r_A)V = (k_1+k_2)C_AV$, ここで $f(v) \equiv v + (k_1+k_2)V$, $F_{A0} = vC_A$, $F_R = vC_R$, $F_S = vC_S$ であり，$k_1 = 4\text{h}^{-1}$, $k_2 = 1\text{h}^{-1}$, $C_{A0} = 5\text{kmol}\cdot\text{m}^{-3}$, $V = 1\text{m}^3$ を P に入れると v の関数となる．
$P = vC_{A0}V(1800k_1 - 500k_2)/f(v) - 5000 - 200vC_{A0} = 33500v/(v+5) - 5000 - 1000v$

P を v で微分して 0 とおいた式を解くと $v=7.942\,\mathrm{m^3\cdot h^{-1}}$, 空間時間 $\tau_\mathrm{m}=V/v=1/7.942=0.126\,\mathrm{h}$, 反応率 $x_\mathrm{A}=1-0.6137=0.386$, 利益 $P=7615\,\mathrm{円\cdot h^{-1}}$

6·18 (a) 設計方程式は

$$\mathrm{d}C_\mathrm{A}/\mathrm{d}\tau=-(k_1+k_3)C_\mathrm{A} \quad (7)$$
$$\mathrm{d}C_\mathrm{R}/\mathrm{d}\tau=k_1 C_\mathrm{A}-k_2 C_\mathrm{R} \quad (8)$$

式(7)を積分すると,
$$C_\mathrm{A}/C_\mathrm{A0}=1-x_\mathrm{A}=e^{-(k_1+k_3)\tau} \quad (9)$$

式(8)を式(7)で辺々割ると
$$\frac{\mathrm{d}C_\mathrm{R}}{\mathrm{d}C_\mathrm{A}}=\frac{-k_1}{k_1+k_3}+\frac{k_2}{k_1+k_3}\cdot\frac{1}{C_\mathrm{A}}\cdot C_\mathrm{R} \quad (10)$$

式(10)は次式の 1 階線形微分方程式である。
$$\mathrm{d}y/\mathrm{d}x+P(x)y=Q(x) \quad (11)$$

$Q(x)=0$ とおいた同次方程式の 1 つの解を $u(x)$ とすると, 式(11)の一般解は
$$y=u(x)\int[Q(x)/u(x)]\mathrm{d}x+K \quad (12)$$

K は初期条件 $C_\mathrm{A}=C_\mathrm{A0}$ で $C_\mathrm{R}=C_\mathrm{R0}=0$ から求めると, 式(3)が得られる。

(b) $Y_\mathrm{R}=C_\mathrm{R}/C_\mathrm{A0}$ の最大値を与える反応率 x_A は式(3)を微分して $\mathrm{d}Y_\mathrm{R}/\mathrm{d}x_\mathrm{A}=0$ とおいた以下の式から求まる。
$$(1-x_\mathrm{A})^{(\kappa_2-1-\kappa_3)/(1+\kappa_3)}=(1+\kappa_3)/\kappa_2 \quad (13)$$

上式の対数をとり, $\kappa_2=0.7$, $\kappa_3=0.25$ を代入すると $\underline{x_\mathrm{A,max}=0.732}$。それを式(3)に代入して x_A を求め, それを再度式(3)に代入すると, R の収率の最大値が $\underline{Y_\mathrm{R,max}=0.382}$ となる。

空間時間 τ は式(3)に反応率 $x_\mathrm{A}=1-C_\mathrm{A}/C_\mathrm{A0}=0.732$ を代入して $\underline{\tau=V/v_0=2/v_0=105.3\,\mathrm{s}}$ ∴ $\underline{v_0=0.0190\,\mathrm{m^3\cdot s^{-1}}=1.14\,\mathrm{m^3\cdot min^{-1}}}$

7·1 $\Delta H_\mathrm{R}^\circ(298.2)$ は $\Delta H_\mathrm{f}^\circ$ のデータから
$\Delta H_\mathrm{R}^\circ(298.2)=\Delta H_\mathrm{f,SO_3}^\circ-\Delta H_\mathrm{f,SO_2}^\circ-1/2\Delta H_\mathrm{f,O_2}^\circ$
$=-395.18-(-296.83)-0$
$=-98.35\,\mathrm{kJ\cdot mol^{-1}}$

温度 723.2 K では式(7·9)から
$\Delta H_\mathrm{R}^\circ(723.2)=\Delta H_\mathrm{R}^\circ(298.2)+[\bar{C}_\mathrm{p,SO_3}-\bar{C}_\mathrm{p,SO_2}-(1/2)\bar{C}_\mathrm{p,O_2}](723.2-298.2)=\underline{-97.1\,\mathrm{kJ\cdot mol^{-1}}}$

7·2 $\Delta H_\mathrm{R}^\circ(T_0)=\Delta H_\mathrm{f,H_2O}^\circ-\Delta H_\mathrm{f,H_2}^\circ-(1/2)\cdot \Delta H_\mathrm{f,O_2}^\circ=-241.8-0-0=-241.8\,\mathrm{kJ\cdot mol^{-1}}$
$T_0=298.2$ の反応原料を基準にとり, 473 K の反応原料と 973 K の反応生成物のエンタルピー H_1 と H_2 を計算する。

$$H_1=\int_{298.2}^{473}[C_\mathrm{p1}+(1/2)C_\mathrm{p2}]\mathrm{d}T \quad (1)$$
$$C_\mathrm{p}=\alpha+\beta T+\gamma T^2 \quad (2)$$

各成分の式(2)を, 式(1)に代入して積分すると
$$H_1=(\alpha_1+\alpha_2/2)(T_1-T_0)+(\beta_1+\beta_2/2)(T_1^2/2-T_0^2/2)+(\gamma_1+\gamma_2/2)(T_1^3/3-T_0^3/3) \quad (3)$$

$$H_2=\Delta H_\mathrm{R}^\circ(T_0)+\int_{T_0}^{T_2}C_\mathrm{p3}\,\mathrm{d}T$$
$$=\Delta H_\mathrm{R}^\circ(T_0)+\alpha_3(T_2-T_0)+(\beta_3/2)(T_2^2-T_0^2)+(\gamma_3/3)(T_2^3-T_0^3) \quad (4)$$

表から各成分の α, β, γ の値を式(3), (4)に代入し $T_1-T_0=174.8\,\mathrm{K}$, $T_2-T_0=674.8$ であるから
$H_1=7.713\times10^3\,\mathrm{J}$, $H_2=-2.167\times10^5\,\mathrm{J}$
∴ $\Delta H=H_2-H_1=-2.244\times10^5\,\mathrm{J}=-224.4\,\mathrm{kJ\cdot mol^{-1}}$。発熱反応であり, 発生熱は $\underline{224.4\,\mathrm{kJ\cdot mol^{-1}}}$

7·3 (a) A $\rightleftarrows$ C+D, 分圧を反応率 x_A を用いて $p_\mathrm{A}=(1-x_\mathrm{A})P_\mathrm{t}/(1+x_\mathrm{A})$, $p_\mathrm{C}=p_\mathrm{D}=x_\mathrm{A}P_\mathrm{t}/(1+x_\mathrm{A})$, 式(7·24-b)で, $\delta_\mathrm{A}=1$, $P^\circ=P_\mathrm{t}=1\,\mathrm{atm}$, $x_\mathrm{A}=0.8$

$$\rightarrow K_2=\frac{p_\mathrm{C}p_\mathrm{D}}{p_\mathrm{A}}\left(\frac{1}{P^\circ}\right)^{\delta_\mathrm{A}}=\frac{x_\mathrm{A}^2}{1-x_\mathrm{A}^2}\left(\frac{P_\mathrm{t}}{P^\circ}\right)=1.778 \quad (1)$$

一方, 標準温度 $T_1=298.2\,\mathrm{K}$ での平衡定数 K_1 を式(7·17)と式(7·15)から求める。
$\Delta G_T^\circ=68.12+0-(-32.93)=101.05\,\mathrm{kJ\cdot mol^{-1}}=101.05\times10^3\,\mathrm{J\cdot mol^{-1}}$. 式(7·15)に代入すると
$101.05\times10^3=-RT\ln K_1$
$=-(8.314)(298.2)\cdot\ln K_1$
$\rightarrow K_1=e^{-40.759}=1.990\times10^{-18}$

式(7·19)を適用するために, 反応エンタルピー ΔH_R を標準生成エンタルピー $\Delta H_\mathrm{f}^\circ(298.2)$ を用いて計算すると,
$\Delta H_\mathrm{R}=\Delta H_\mathrm{fC}^\circ+\Delta H_\mathrm{fD}^\circ-\Delta H_\mathrm{fA}^\circ=136.98\,\mathrm{kJ\cdot mol^{-1}}$。これらの値を式(7·19)に代入する。
$\ln(1.778/1.990\times10^{-18})=41.334=(136.98\times10^3/8.314)\cdot(-1/T_2+3.3535\times10^{-3})$
$\rightarrow \underline{T_2=1184\,\mathrm{K}=910.8\,°\mathrm{C}}$

(b) 式(1)で $P_t/P° = 0.5$ と変更すると
$x_A^2/(1-x_A^2) \times 0.5 = 1.778 \rightarrow \underline{x_A = 0.883}$ を得る。

7・4 量論式を $A \rightleftharpoons C + (1/2)D$ (1)
と書き換える。式(3・20)の反応率 x_A を用いた各成分のモル分率 y を平衡定数 K を表わす式(7・24-c)に代入する。ただし $\delta_A = 0.5$, $y_{A0} = 1$, $\varepsilon_A = 0.5$, $\theta_C = \theta_D = 0$, $P_t = 2$ atm, $P° = 1$ atm。次式が得られる。

$$K = \frac{x_A \cdot (0.5x_A)^{1/2}}{(1-x_A)(1+0.5x_A)^{1/2}} \cdot (P_t/P°)^{1/2} \quad (2)$$

上式に $x_A = 0.3$, $P_t = 2$ atm を代入して K_1 (500 K; 1 atm) $= 0.2189$ を得る。
次に600 K での平衡定数 K_2 を式(7・19)から求める。量論式(1)の逆反応は成分 A の生成反応を表わし,標準生成エンタルピーが -50 kJ·mol^{-1} であるから量論式(1)の標準反応エンタルピー $\Delta H_R°$ は符号を変えた 50 kJ·mol^{-1} となる。$\Delta \bar{C}_P = \bar{C}_{PC} + 1/2 \bar{C}_{PD} - \bar{C}_{PA} = 0$ であり式(7・9)から ΔH_R の温度変化が無視できるから $\Delta H_R(T) = \Delta H_R° = 50$ kJ·mol^{-1}, 式(7・19)から

$$\ln(K_2/K_1) = (-\Delta H_R/R)(1/600 - 1/500)$$
$$= 2.005$$
$$\rightarrow K_2 = K_1 e^{-2.005} = (0.2189)(7.424)$$
$$= 1.625$$

が得られる。この K_2 の値と圧力 $P_t = 1$ atm を再度式(2)に代入して,600 K, 1 atm での平衡反応率 x_A の値をトライアル計算すると $x_A = 0.756$。この結果は,Le Chatelier の原理より,温度の上昇と圧力の低下により平衡反応率が上昇することと合致している。

7・5 式(7・55)に,既知の数値を代入すると
$$20.7 - 15 = \frac{(216)(-\Delta H_R)}{(1050)(3.77 \times 10^3)} \cdot (0.5)$$
$$\therefore \Delta H_R = 2.09 \times 10^5 \text{ J·mol}^{-1}$$
$$\Delta T_{ad} = \frac{C_{A0}(-\Delta H_R)}{\rho \bar{c}_{pm}} = \frac{(216)(2.09 \times 10^5)}{(1050)(3.77 \times 10^3)}$$
$$= 11.4°C$$
$$\rightarrow T = T_0 + \Delta T_{ad} = 26.4°C = \underline{299.6 \text{ K}}$$

7・6 エンタルピー収支式は式(7・66-b)の右辺を q_h で置き換えた式が,物質収支式は式(7・67-b)が適用でき,両式から反応速度項を消去すると,

$$F_t \bar{C}_{pm}(dT/dz) + F_{A0} \Delta H_R(dx_A/dz) = q_h \quad (1)$$

上式を z について積分すると
$$F_t \bar{C}_{pm}(T - T_0) + F_{A0} \Delta H_R(x_A - 0) = q_h \cdot z \quad (2)$$
$$\therefore x_A = \frac{q_h}{F_{A0}\Delta H_R} \cdot z - \frac{F_t \bar{C}_{pm}}{\Delta H_R F_{A0}} \cdot (T - T_0)$$
$$= 0.15z - 20 \times 10^{-4}(T - 326.8) \quad (3)$$

T と z を代入すると反応率 x_A が計算できる。

z [m]	0	0.225	0.541	0.919	2.04	3.22	5.42
x_A [—]	0	0.060	0.120	0.180	0.340	0.500	0.779

7・7 断熱反応では T と x_A は式(7・55)より
$$T - T_0 = \frac{C_{A0}[-\Delta H_R(T_0)]}{\rho \bar{c}_{pm}} \cdot x_A$$
$$= 6.698 x_A \quad (1)$$

PFR の設計方程式(7・58)
$$t = C_{A0} \int_0^{0.8} \frac{dx_A}{k_0 e^{-E/RT}[C_{A0}(1-x_A)]^{1.5}} \quad (2)$$

式(2)に式(1)を代入すると被積分関数は x_A のみの関数となり,数値積分により反応時間 $\underline{t = 24979 \text{ s} = 6.94 \text{ h}}$

7・8 気相反応でモル熱容量のデータが使用できるので,式(7・76)が適用できる。
$\Delta \bar{C}_p = -\bar{C}_{pA} - \bar{C}_{pB} + \bar{C}_{pC} + \bar{C}_{pD} = -36.6$,
$\sum \theta_j \bar{C}_{pj} = \bar{C}_{pA} + \theta_B \bar{C}_{pB} + \theta_C \bar{C}_{pC} + \theta_D \bar{C}_{pD} + \theta_I \bar{C}_{pI} = 3611.6$ J·mol^{-1}·K^{-1}
$\Delta H_R(T_0) = \Delta H_R° + \Delta \bar{C}_p(T_0 - 298.2)$
$= -107.0 \times 10^3$ J·mol^{-1}

これらの式を式(7・76)に代入すると,
$$T = 593.2 + \frac{(107.0 \times 10^3 x_A)}{(3611.6 - 36.6 x_A)} \quad (1)$$
$$k = 9.469 \times 10^{10} \exp(-1.721 \times 10^4/T) \quad (2)$$

式(7・77)で $\varepsilon_A = 0$, $n = 1$ とおけて,式(1), (2)を代入し数値積分すると,$\underline{\tau_p = 24.7 \text{ s}}$

7・9 各成分のモル熱容量のデータを用いてエンタルピー収支式(7・82)を計算する。
$\Delta \bar{C}_p = \bar{C}_{pC} + \bar{C}_{pD} - \bar{C}_{pA} = 12.6 + 12.6 - 16.7 = 8.5$, $\Delta H_R(320) = \Delta H_R(298.2) + \Delta \bar{C}_p(320 - 298.2) = -1.674 \times 10^3 + (8.5)(21.8) = -1.4887 \times 10^3$ J·mol^{-1}。$\sum \theta_j \bar{C}_{pj} = \bar{C}_{pA} + \theta_C \bar{C}_{pC} + \theta_D \bar{C}_{pD} + \theta_I \bar{C}_{pI} = 16.7 + 0 + 0 + (0.5/0.5)(20.8) = 37.6$ J·mol^{-1}K^{-1}。

$T_0 = 320$ K, $x_A = 0.8$, $U = 0$ を式(7・82)に代入して,反応器出口温度 $\underline{T = 346.8 \text{ K}}$ を得

る。そのときの反応速度定数 $k=k_0 e^{-E/RT}=1.607\times 10^{-3}\,\mathrm{s}^{-1}$ となり反応器体積 V は式(7・86)より

$$V=\frac{vC_{A0}x_A}{kC_{A0}(1-x_A)}$$
$$=\frac{(4/3600)(0.8)}{(1.607\times 10^{-3})(0.2)}=\underline{2.766\,\mathrm{m}^3}$$

この操作条件が安定であるか否かを図7.9にならってチェックする必要がある。1次反応であるから,式(7・88)が適用できて,$\tau_m=V/v=2.489\times 10^3\,\mathrm{s}$, $k_0=7.23\times 10^{14}\,\mathrm{s}^{-1}$, $\tau_m k_0=1.800\times 10^{18}$, $E/R=1.41\times 10^4$ を式(7・88)に代入すると Q_c 曲線の方程式は

$$x_A=\frac{1.800\times 10^{18}\exp(-14.1\times 10^3/T)}{1+1.800\times 10^{18}\exp(-14.1\times 10^3/T)} \tag{1}$$

一方,断熱操作であるから式(7・82)で $U=0$ とおき式(7・82)を整理すると Q_r 曲線は,

$$x_A=\frac{(\sum\theta_j C_{pj})(T-T_0)}{-\Delta H_R(T_0)-\Delta C_p(T-T_0)}$$
$$=\frac{(37.6)(T-T_0)}{1.489\times 10^3-(8.5)(T-T_0)} \tag{2}$$

を用いて計算できる。Q_c 曲線と Q_r 曲線は温度 $T=346.8\,\mathrm{K}$, $x_A=0.8$ の一点で交わり,それが安定操作点であることが確認できる。

7・10 式(3・39)を適用すると,

$$C_{A0}\,\mathrm{d}x_A/\mathrm{d}t=kC_{A0}(1-x_A)$$
$$=k_0 C_{A0}\,e^{-E/RT}(1-x_A) \tag{4}$$

式(4)に式(2)を代入すると

$$\frac{\mathrm{d}x_A}{\mathrm{d}t}=k_0\exp\left[-\frac{E}{R}\left(\frac{1}{T_0}-at\right)\right](1-x_A)$$

$$\therefore \int_0^{x_A}\frac{\mathrm{d}x_A}{1-x_A}=k_0 e^{-E/RT_0}\int_0^t e^{aEt/R}\,\mathrm{d}t$$

$$\ln\frac{1}{1-x_A}=\frac{k_0 R}{aE}\cdot e^{-E/RT_0}[e^{aEt/R}-1] \tag{5}$$

上式の右辺に式(2)を代入すると

$$\ln\frac{1}{1-x_A}=\frac{k_0 R}{aE}[e^{-E/RT}-e^{-E/RT_0}]$$
$$\cong\frac{k_0 R}{aE}e^{-E/RT}$$

(b) 式(3)の両辺で対数をとると

$$\ln\left(\ln\frac{1}{1-x_A}\right)=\ln\frac{k_0 R}{aE}-\frac{E}{R}\cdot\frac{1}{T} \tag{6}$$

式(6)の左辺を $1/T$ に対してプロットすると右下がりの直線が得られる。傾き $E/R=4797.3$, 切片 $\ln(k_0 R/aE)=2.790\times 10^3$ から $E=3.988\times 10^4\,\mathrm{J\cdot mol^{-1}}$, $k_0=1.338\times 10^4\,\mathrm{s}^{-1}$

7・11 (a) 回分反応器のエンタルピー収支式は式(7・40)と式(7・41)から次式となる。

$$\sum_{j=1}^s n_j\frac{\mathrm{d}H_j}{\mathrm{d}t}+\sum_{j=1}^s\frac{\mathrm{d}n_j}{\mathrm{d}t}\cdot H_j=UA(T_s-T) \tag{5}$$

複合反応の物質収支式は式(6・33)で表わせる。

$$\frac{\mathrm{d}n_j}{\mathrm{d}t}=V\sum_{i=1}^m a_{ij}r_i \tag{6}$$

式(5)の左辺第1項は式(7・45)より

$$\sum_{j=1}^s n_j\frac{\mathrm{d}H_j}{\mathrm{d}t}=V\rho\bar{c}_{pm}\frac{\mathrm{d}T}{\mathrm{d}t} \tag{7}$$

式(5)の左辺第2項を式(6)を用いて変形すると

$$\sum_{j=1}^s\frac{\mathrm{d}n_j}{\mathrm{d}t}\cdot H_j=\sum_{j=1}^s\left(V\sum_{i=1}^m a_{ij}r_i\right)H_j$$
$$=V\sum_{j=1}^s\sum_{i=1}^m a_{ij}r_i H_j=V\sum_{i=1}^m r_i\sum_{j=1}^s a_{ij}H_j \tag{8}$$

しかるに次式の関係式が成立する。

$$\sum_{j=1}^s a_{ij}H_j=a_{i1}H_1+a_{i2}H_2+\cdots+a_{is}H_s=\Delta H_{r,i} \tag{9}$$

上式を用いると式(8)は

$$\sum_{j=1}^s\frac{\mathrm{d}n_j}{\mathrm{d}t}\cdot H_j=V\sum r_i\cdot\Delta H_{r,i} \tag{10}$$

となり,式(9)を式(5)に代入すると次式を得る。

$$V\rho\bar{c}_{pm}\frac{\mathrm{d}T}{\mathrm{d}t}+V\sum_{i=1}^m r_i\cdot\Delta H_{r,i}=UA(T_s-T) \tag{11}$$

上式では各反応の反応エンタルピー項が合計された形になっている。

(b) 管型反応器:式(7・66-a)の反応エンタルピー項を各反応の合計の形にすると設問の式(2)を得る。

(c) 連続槽型反応器:単一反応のエンタルピー収支式は

$$v\rho\bar{c}_{pm}(T-T_0)+Vr_A\Delta H_R=UA(T_s-T)$$

で表わされ,それを(b)と同様に複合反応に拡張すると設問の式(3)を得る。

7・12 (a) 図7.9で,Q_r 曲線は変わらないが,入口温度が310Kに変わる Q_c 曲線は,横軸との交点を $T_0=300\,\mathrm{K}$ から310Kに平行移動すればよい。両者の交点から,出口温度

解　答

$T=421$K, 反応率 $x_A=0.925$ となる。
(b) A の入口濃度 C_{A0} が0.9倍になるから, Q_c 曲線の傾きは式(7・85)から
$\rho \bar{c}_{pm}/C_{A0}(-\Delta H_R) \to \rho \bar{c}_{pm}/(0.9C_{A0}\cdot(-\Delta H_R))=1.11$ 倍になる。
Q_r 曲線に対しては[例題7・5]の式(e)のパラメータ a' は $a'=\tau_m'C_{A0}k_0 e^{-E/RT}=(V/0.9v_0)(0.9C_{A0})e^{-E/RT}=a$ となり, Q_r 曲線は同一である。したがって Q_c 曲線のみを変更すればよい。両者の交点は $T=386$K, $x_A=0.80$ となる。

7・13 非断熱操作に対する Q_c 曲線は, 式(7・84)から得られる。[例題7・5]のデータを用いて

$$x_A = \frac{v\rho \bar{c}_{pm}+UA}{vC_{A0}[-\Delta H_R(T_0)]} \cdot T - \frac{v\rho \bar{c}_{pm}T_0+UAT_S}{vC_{A0}[-\Delta H_R(T_0)]}$$
$$= 9.028 \times 10^{-3}T - 2.743$$

Q_r 曲線は[例題7・5]の曲線がそのまま使用できる。両者の交点より, $T_H=401$K, $x_{AH}=0.87$ を得る。安定操作点である。

7・14 $\Delta \bar{C}_p = 2\bar{C}_{pC}-(\bar{C}_{pA}+\bar{C}_{pB}) = 6$ J・mol^{-1}・K^{-1}
$\Delta H_R(623) = \Delta H_R^\circ(298.3)+\Delta C_p(623-598.3)$
$= -6.41 \times 10^4$ J・mol^{-1}

断熱反応器に対して式(7・56)と式(7・55)は
$\Delta T_{ad} = (-\Delta H_R)C_{A0}/\rho \bar{c}_{pm} = 40.0$ K
$T = T_0 + 40.1 x_A = 623 + 40.0 x_A$ (1)

式(7・58)から反応時間 t は
$$t = C_{A0} \int_0^{0.8} \frac{e^{E/RT} dx_A}{k_0 C_{A0}^2(1-x_A)(\theta_B-x_A)} \quad (2)$$
$$= \frac{1}{(1.6 \times 10^8)(10^3)} \times \int_0^{0.8} \frac{\exp(2.165 \times 10^4/T)}{(1-x_A)(2-x_A)}dx_A \quad (3)$$

式(3)の T に式(1)を代入して数値積分すると $t=3017$ s

7・15 逐次反応に対する物質収支式は
成分 A : $vC_{A0} - vC_A - k_1 C_A V = 0$,
成分 R : $0 - vC_R + (k_1 C_A - k_2 C_R)V = 0$
$C_A = C_{A0}/(1+k_1\tau)$ (1)
$C_R = k_1\tau C_{A0}/(1+k_1\tau)(1+k_2\tau)$ (2)
CSTR での複合反応の熱収支式は問題[7・

11]の式(3)が適用できる。断熱反応であるから $UA=0$, $r_1=k_1 C_A$, $r_2=k_2 C_R$ に式(1)と式(2)を代入し整理すると次式が得られる。

$$T-T_0 = \frac{\tau}{\rho \bar{c}_{pm}}[k_1 C_A(-\Delta H_{r,1})+k_2 C_R(-\Delta H_{r,2})] \quad (3)$$

上式の左辺は T 軸を T_0 で横切る直線であり除熱速度を表わす。右辺はS字上の曲線となり2つの反応の合計の発熱速度を表わす。式(3)のプロットは図7・6と同様になる。直線と曲線の交点が反応器の温度 T を与える。本問では2つの交点があるが, $T=500$ K が求める安定な反応器温度である。

8・1
(a) $W = v\int_0^\infty C_L(t)dt = v \times 50 \times 200 = 1$ mol
∴ $v = 1 \times 10^{-4}$ m^3・s^{-1},
$Q = \int_0^\infty C_L(t)dt$
$= 50 \times 200 = 1 \times 10^4$ mol・min・m^{-3},
$E(t) = C_L(t)/Q = 50/1 \times 10^4 = 5 \times 10^{-3}$ s^{-1}
$\bar{t} = \int_0^\infty tE(t)dt = 5 \times 10^{-3} \int_0^{200} t\,dt$
$= 5 \times 10^{-3} \times (200)^2/2 = 100$ s,
∴ $V = \bar{t}v = (100)(10^{-4}) = 10^{-2}$ m^3,
$E(\theta) = \bar{t}E(t) = 100 \times 5 \times 10^{-1} = 0.5$

(b) 指数関数を $C_L(t) = Ae^{-\alpha t}$ とおく。
$t=0$ で $C_L(t) = 3 \to A=3$, $t=4$ で $C_L(t) = 1.1 \to 1.1 = 3e^{-9\alpha} \to \alpha = 0.25$, $C_L(t) = 3e^{-0.25t}$ が得られる。
$Q = \int_0^\infty C_L(t)dt = \int_0^\infty 3e^{-0.25t}dt = 12$,
$E(t) = C_L(t)/Q = 0.25e^{-0.25t}$,
$\bar{t} = \int_0^\infty tE(t)dt = \int_0^\infty 0.25te^{-0.25t}dt = 4$ (部分積分利用), $v = V/\bar{t} = 0.02/4 = 5 \times 10^{-3}$ m^3・min^{-1}, $W = v\int_0^\infty C_L(t)dt = vQ = 0.06$ mol,
$E(t) = C_L(t)/Q = 0.25e^{-0.25t}$,
$E(\theta) = \bar{t}E(t) = (4)(0.25)e^{-0.25 \times 4\theta} = e^{-\theta}$

(c) $Q = \int_0^\infty C_L(t)dt = (1/2)(1/3)(12)$
$= 2$ (三角形の面積),
$C_L(t) = 12 - 36t$,
$E(t) = C_L(t)/Q = 6 - 18t$,

$\bar{t} = \int_0^{1/3} tE(t)\,dt = \int_0^{1/3} t(6-18t)\,dt = \underline{1/9\,h}$,
$\underline{V = 0.5\,m^3}$,
$\underline{v} = V/\bar{t} = 0.5/(1/9) = \underline{4.5\,m^3 \cdot h^{-1}}$,
$\underline{W} = vQ = (4.5)(2) = \underline{9\,mol}$,
$\underline{E(\theta)} = \bar{t}E(t) = \underline{(2/9)(3-\theta)}$ ($\theta \leqq 3$),
$\underline{E(\theta) = 0}$ ($\theta > 3$)

8·2 図8·16を式で表わす。
① $0 \leqq t \leqq 10$: $C_L(t) = 0$, ② $10 < t \leqq 20$:
$C_L(t) = 0.3(t-10)$, ③ $20 < t \leqq 30$:
$C_L(t) = -0.3(t-30)$, ④ $t > 30$: $C_L(t) = 0$
式(8·10)より,
$Q = \int_0^\infty C_L(t)\,dt = (30-10)(3)/2 = 30$,
平均滞留時間 $\bar{t} = 20\,min$ であることは図8·16から明らか。
$\theta = t/\bar{t} = t/20$,
$E_\theta = \bar{t}E(t) = \bar{t}C_L(t)/Q = (2/3)C_L(t)$
① $0 \leqq \theta \leqq 0.5$: $\underline{E_\theta = 0}$,
② $0.5 < \theta \leqq 1.0$: $\underline{E_\theta = 4\theta - 2}$,
③ $1 < \theta \leqq 1.5$: $\underline{E_\theta = -2(2\theta - 3)}$,
④ $\theta > 1.5$: $\underline{E_\theta = 0}$
① $0 \leqq \theta \leqq 0.5$: $\underline{F_\theta = 0}$,
② $0.5 < \theta \leqq 1.0$: $\underline{F_\theta = \int_{0.5}^\theta E_\theta\,d\theta}$
$= 2\theta^2 - 2\theta + 0.5$,
③ $1.0 < \theta \leqq 1.5$: $\underline{F_\theta = \int_1^\theta E_\theta\,d\theta}$
$= -2\theta^2 + 6\theta - 3.5$,
④ $\theta > 1.5$: $\underline{F_\theta = 1.0}$

8·3 CSTRのインパルス応答濃度 $C_L(t)$ は
$C_L(t) = C_0 e^{-t/\bar{t}} = (w/V)e^{-t/\bar{t}}$
両辺の対数 → $\ln(C_L) = \ln(w/V) - (1/\bar{t}) \cdot t$
(1)
左辺を t に対してプロットすると右下がりの直線になり, 切片 $\ln(w/V) = 3.0$, 傾き $1/\bar{t} = 0.20$ を得る。→ $w/V = e^{3.0} = 20.1$, $w = 0.2\,mol$, $\underline{V = 0.2/20.1 = 0.01\,m^3}$。
$\bar{t} = 1/0.2 = \underline{5\,min} = V/v \to \underline{v} = V/5 = 0.01/5 = 2 \times 10^{-3}\,m^3 \cdot min^{-1}$,
$\underline{E(t) = (1/\bar{t})e^{-t/\bar{t}} = (1/5)e^{-t/5}}$,
$\underline{E(\theta) = e^{-\theta}}$

8·4 $F(t)$ の図を式で表わし, $E(t) = dF(t)/dt$ の関係を用いて

$F(t) = \begin{cases} 0 & (0 \leqq t \leqq 1) \\ 1/2(t-1) & (1 < t \leqq 3) \\ 1 & (3 < t) \end{cases}$ (1)

$E(t) = \begin{cases} 0 & (0 \leqq t \leqq 1) \\ 1/2 & (1 < t \leqq 3) \\ 0 & (3 < t) \end{cases}$ (2)

平均滞留時間 $\bar{t}$ は
$\bar{t} = \int_1^3 E(t)\,dt = \int_1^3 (1/2)t\,dt = 2\,min$
$\theta = t/\bar{t} = t/2$, $E_\theta = \bar{t}E(t) = 2E(t)$
これらの関係式を用いて

$E_\theta = \begin{cases} 0 & (0 \leqq \theta \leqq 0.5) \\ 1 & (0.5 < \theta \leqq 1.5) \\ 0 & (1.5 < \theta) \end{cases}$

式(1)に $\theta = t/2$, すなわち $t = 2\theta$ の関係を代入。

$F_\theta = \begin{cases} 0 & (0 \leqq \theta \leqq 0.5) \\ \theta - 1/2 & (0.5 < \theta \leqq 1.5) \\ 1 & (1.5 < \theta) \end{cases}$

8·5 (a) 式(8·12-a)と式(8·16)から
$\bar{t} = \int_0^\infty tE(t)\,dt$ (1) $E(t)\,dt = dF$ (2)
式(2)を式(1)に代入し変数 t を $F(t)$ に変えると次式が得られる。 $\bar{t} = \int_0^1 t\,dF$ (3)
これは, 図8·4の $F(t)$ 曲線の縦軸を横軸に, 横軸を縦軸に交互に交換して, 縦軸の0から1のあいだで囲まれた曲線の面積が $\bar{t}$ に等しいことを表わしている。
(b) 式(3)を用いる。$F(t)$ 対 t のグラフを作り, 縦軸の $F(t) = 0$ から1.0を10等分して対応する t の値をグラフから読み取る。Simpsonの積分公式により式(3)から t の値を計算すると $\underline{\bar{t} = 70\,s}$ となる。

8·6 (a) まず近似式(8·36)を用いて
$2D_z/uL = \sigma_P^2/\bar{t}_P^2 = 0.54/1.2^2 = 0.375 \to D_z/uL = 0.188$。式(8·35)を用いてより正確な値をトライアルで求めると $\underline{D_z/uL = 0.248}$。
(b) 図8.10で $D_z/uL = 0.25$ の曲線を選択。
$kC_{A0}\tau = kC_{A0}\bar{t}_P = (0.0347)(2.0)(1.2 \times 60) = 5.0$ であり, 対応する縦軸の値は
$1 - x_A = 0.245$, $\underline{x_A = 0.755}$

8·7 (a) CSTR単独の $F(t)$ は式(8·26)から

解　答

$$F(t) = 1 - e^{-t/\bar{t}_m}, \quad \bar{t}_m = V_m/v \quad (1)$$

この曲線は $t=0$ から立ち上がり，1.0 に漸近する上に凸な曲線を表わす．PFR → CSTR の場合は時間軸が PFR の滞留時間分 $V_p/v = \bar{t}_p$ だけ右に移動した形になり，式(1) の t を $(t-\bar{t}_p)$ で置き換えた次式で表わされる．

$$F(t) = 1 - \exp[-(t-\bar{t}_p)/\bar{t}_m] \quad (2)$$

CSTR → PFR の場合でも同様である．このように両システムの $F(t)$ 曲線は一致する．$E(t) = dF(t)/dt$ を式(2)に適用すると

$$E(t) = 0 \quad (t \leq \bar{t}_p) \quad (3)$$
$$E(t) = \exp[-(t/\bar{t}_m - \bar{t}_p/\bar{t}_m)]/\bar{t}_m \quad (t > \bar{t}_p) \quad (4)$$

(b) 2つのシステムのミクロ混合状態は異なるが，マクロ混合を表わす $F(t)$ と $E(t)$ は同一になった．これはマクロ混合の特性が同一でもミクロ混合状況は異なることを示している．

8・8 (a) 1次反応：PFR → CSTR

PFR： $\tau_p = C_{A0} \int_0^{x_1} \dfrac{dx_A}{k_1 C_{A0}(1-x_A)}$

$= \dfrac{1}{k_1} \ln \dfrac{1}{1-x_A}$

$\rightarrow 1 - x_{A1} = e^{-k_1 \tau_p} \quad (1)$

CSTR： $\tau_m = C_{A0} \dfrac{x_{Af} - x_{A1}}{k_1 C_{A0}(1 - x_{Af})}$

上式を式(1)に代入して x_{Af} について解くと

$$x_{Af} = 1 - \dfrac{e^{-k_1 \tau_p}}{1 + k_1 \tau_m} \quad (2)$$

CSTR → PFR

$\tau_m = \dfrac{C_{A0} x_{A1}'}{k_1 C_{A0}(1-x_{A1}')} \quad \therefore \quad x_{A1}' = \dfrac{k_1 \tau_m}{1+k_1 \tau_m} \quad (3)$

$\tau_p = C_{A0} \int_{x_{A1}'}^{x_{Af}'} \dfrac{dx_A}{k_1 C_{A0}(1-x_A)} = \dfrac{1}{k_1} \ln \dfrac{1-x_{A1}'}{1-x_{Af}'}$

$\therefore \dfrac{1-x_{A1}'}{1-x_{Af}'} = e^{k_1 \tau_p}$

式(3)を上式に代入して x_{Af}' について解くと

$$x_{Af}' = 1 - \dfrac{e^{-k_1 \tau_p}}{1 + k_1 \tau_m} \quad (4)$$

式(2)と式(4)を比較すると，同一の反応率を与えている．1次反応の場合はミクロ混合の影響を受けずに，マクロ混合状態によって反応器の性能は決定されることを示している．
(b) 2次反応：PFR → CSTR

$$x_{Af} = \dfrac{\{(1+2k_2 C_{A0}\tau_m) - [(1+4k_2 C_{A0}\tau_m/(1+k_2 C_{A0}\tau_p)]^{1/2}\}}{2k_2 C_{A0}\tau_m} \quad (5)$$

CSTR → PFR

$$x_{Af}' = \dfrac{2k_2 C_{A0}\tau_m + (k_2 C_{A0}\tau_p - 1)[1+4k_2 C_{A0}\tau_m]^{1/2} - 1}{2k_2 C_{A0}\tau_m + k_2 C_{A0}\tau_p\{[1+4k_2 C_{A0}\tau_m]^{1/2} - 1)\}} \quad (6)$$

式(5)と式(6)とは異なっている．2次反応の場合は反応器の連結の順序で反応率が異なっている．このように，1次反応の場合とは異なり，2次反応ではマクロ混合が同一でも，ミクロ混合特性によって反応性能は違ってくる．

8・9 (a) 図解法：PFR で気相1次反応を行なう場合，表3・2 から $k\tau = -\ln(1-x_A) = k\tau = (5)(0.6) = 3 \rightarrow x_A = 0.950$ であるが，0.90 となったのは，押出し流れからの偏倚が原因である．図 8・9 で横軸 $k\tau = 3$，縦軸 $(1-x_A) = 1 - 0.9 = 0.1$ の交点を通る曲線を探すと $D_z/uL = 0.20$ が該当する．次いで，この曲線が縦軸 $1-x_A = 0.05$ を通過する横軸の値は $k\tau' = 4.2$．原料流量 v は $k\tau$ に逆比例するから，

$$v'/v = k\tau/k\tau' = 3/4.2 = 0.714$$

→ 原料流量を当初の設定値の 71.4% に減少すればよい．
(b) 解析式利用：式(8・44)から，未反応率 $1-x_A$ は，$k\tau$ と D_z/uL の関数である．$k\tau = 3.0$，$1-x_A = 0.95 \rightarrow$ トライアル計算で $D_z/uL = 0.153$ を得る．次にこの値と $1-x_A = 0.05$ を代入して

$$k\tau' = 4.18 \rightarrow v'/v = 0.717$$

→ 流量を設定の 71.7% にする．(a)の図解法で概略値を得て，その周辺で(b)の解析解を用いたトライアル計算を行なうのがよい．

8・10 完全混合流れ部のトレーサーの物質収支式は

$$V_m (dC_m/dt) = v_m C_0 - v_m C_m, \quad t=0, \quad C_m = 0 \quad (1)$$

解は[例題 8・7]の式(g)が適用できる．

$$C_m/C_0 = 1 - \exp(-v_m t/V_m) \quad (2)$$

バイパス流れと完全混合部の合流点での物質収支式は

$$v_m C_m + v_b C_0 = v C_F(t) \quad (3)$$

式(2)に式(3)を代入し，$F(t) = C_F(t)/C_0$ から

$$F(t) = \frac{C_F(t)}{C_0} = \frac{v_b}{v} + \frac{v_m}{v}\left[1-\exp\left(-\frac{v_m}{V_m}\cdot t\right)\right] \quad (4)$$

式(4)は $t=0$ で v_b/v からゆるやかに増加し $t=\infty$ で1に漸近する曲線を表わす。

8·11 $v_m = v\beta = (0.025)(0.7) = 0.0175\,\text{m}^3\cdot\text{min}^{-1}$, $V_m = V\alpha = (1)(0.8) = 0.8\,\text{m}^3$
$\tau_m = V_m/v_m = 0.8/0.0175 = 45.7\,\text{min}$
$\therefore x_{Am} = k\tau_m/(1+k\tau_m) = 0.578$

反応器出口での物質収支式は
$$v_b C_{A0} + v_m C_{Am} = v C_{Af}$$
$$\frac{C_{Af}}{C_{A0}} = \frac{v_b}{v} + \frac{v_m}{v}\cdot\frac{C_{Am}}{C_{A0}} = (1-\beta) + \beta(1-x_{Am})$$
$$= 1 - x_{Am} = 0.595$$
$$\therefore \underline{x_{Af} = 1 - C_{Af}/C_{A0} = \beta x_{Am} = 0.405}$$

8·12 回分並列反応には式(6·45)と式(6·47)が成立。$C_A/C_{A0} = e^{-(k_1+k_2)t}$,
$C_R/C_{A0} = [k_1/(k_1+k_2)][1 - e^{-(k_1+k_2)t}]$,
$C_S/C_{A0} = [k_2/(k_1+k_2)][1 - e^{-(k_1+k_2)t}]$

マクロ流体に対して式(8·62)で $E(t) = 1/2$ とおいた式が適用できる。
$$\frac{\bar{C}_A}{C_{A0}} = \int_0^2 e^{-(k_1+k_2)t}\cdot\frac{1}{2}\,dt = 0.317$$
$$\to \underline{x_A = 0.683}$$
$$\frac{\bar{C}_R}{C_{A0}} = \int_0^2 \frac{k_1}{(k_1+k_2)}[1-e^{-(k_1+k_2)t}]\cdot\frac{1}{2}\,dt$$
$$= 0.456$$
$$\therefore \bar{C}_R = (1000)(0.456) = \underline{456\,\text{mol}\cdot\text{m}^{-3}}$$
$$\bar{C}_S = (\bar{C}_R/C_{A0})\cdot(k_2/k_1)$$
$$= (0.456)(0.5/1.0) = \underline{228\,\text{mol}\cdot\text{m}^{-3}}$$

8·13 表3·1から0次反応では $C_{A0} - C_A = kt$ ($t < C_{A0}/k$), $C_A = 0$ ($t \geq C_{A0}/k$)
層流反応器の $E(t)$ は
$$E(t) = 0 \quad (0 \leq t < \bar{t}/2),$$
$$E(t) = \bar{t}^2/(2t^3) \quad (t \geq \bar{t}/2)$$
これらの関係式をマクロ流体の式(8·62)に代入して積分するが、次の2つのケースに分ける必要がある。
(1) 通常の場合($\bar{t}/2 \leq C_{A0}/k$): 積分区間 $[0 \sim \bar{t}/2]$ で $E(t) = 0$, 区間 $[C_{A0}/k \sim\ ]$ で $C_A = 0 \to$ 式(8·62)の積分区間の下限を $\bar{t}/2$, 上限を C_{A0}/k にして積分すると次式を得る。
$$1 - \bar{x}_A = \int_{\bar{t}/2}^{C_{A0}/k}\left(1 - \frac{k}{C_{A0}}t\right)\frac{\bar{t}^2}{2t^3}\,dt$$

$$= 1 - 2\frac{k\bar{t}}{2C_{A0}} + \left(\frac{k\bar{t}}{2C_{A0}}\right)^2$$
$$= \left[1 - \frac{k\bar{t}}{2C_{A0}}\right]^2$$

(2) 反応が迅速な場合($\bar{t}/2 > C_{A0}/k$): 反応が入口部で終了して、それ以後は $C_A = 0$ となり、式(8·62)の被積分関数が0となるから
$$\underline{1 - \bar{x}_A = 0}$$

9·1 式(9·28)より
$$r_e = \frac{\varepsilon}{S_g \rho_p} = \frac{(2)(0.35)}{(200\times 10^3)(1500)}$$
$$= 2.33\times 10^{-9}\,\text{m} = 23.3\,\text{Å}$$
式(9·17)より Knudsen 拡散係数 D_{KA} は
$D_{KA} = 3.067\,r_e\sqrt{T/M_A} = (3.067)(2.33\times 10^{-9})\times\sqrt{660/84\times 10^{-3}} = 6.33\times 10^{-7}\,\text{m}^2\cdot\text{s}^{-1}$
式(9·21)から $D_N = 5.643\times 10^{-7}\,\text{m}^2\cdot\text{s}^{-1}$
式(9·27)から
$$\underline{D_{eA} = (\varepsilon/\tau)D_N = (0.35/4)(5.643\times 10^{-7})}$$
$$= 4.94\times 10^{-8}\,\text{m}^2\cdot\text{s}^{-1}$$

9·2 式(9·61)から
$$F_{A0}(dx_A/dz) = S\rho_b(-r_{Am})$$
$$= S\rho_b\eta k C_{A0}(1-x_A) \quad (1)$$
積分すると
$$\ln[1/(1-x_A)] = (S\rho_b k C_{A0}/F_{A0})\cdot\eta \quad (2)$$
2つの触媒で式(2)を適用して比をとると拡散律速であるから次式が成立する。
$$\frac{\ln[1/(1-x_{A1})]}{\ln[1/(1-x_{A2})]} = \frac{\eta_1}{\eta_2} = \frac{1/\phi_1}{1/\phi_2} = \frac{1/R_1}{1/R_2} = \frac{R_2}{R_1}$$
$$= \frac{6}{3} = 2$$
$$\frac{\ln[1/(1-0.6)]}{\ln[1/(1-x_{A2})]} = \frac{0.9163}{\ln[1/(1-x_{A2})]} = 2$$
$$\to \underline{x_{A2} = 0.368}$$

9·3 図9·3より, $\eta \geq 0.95$ になるために $\phi \leq 0.3$ にする必要がある。
$$\phi = (R/3)\sqrt{\rho_p k_{m1}/D_{eA}} = (R/3)\sqrt{k_{v1}/D_{eA}}$$
$$\leq 0.3 \quad (1)$$
k_{m1} は触媒質量当り, k_{v1} は触媒体積当りの反応速度定数, $\rho_p k_{m1} = k_{v1}$ を満たす。反応律速状態での反応速度が $1.8\,\text{mol}\cdot\text{m}^{-3}\cdot\text{s}^{-1}$ であるから, $-r_{Av} = k_{v1}C_A$ が成立して,
$$C_A = \frac{p_A}{RT} = \frac{(0.8)(1.013\times 10^5)}{(8.31)(673)}$$
$$= 14.5\,\text{mol}\cdot\text{m}^{-3}$$

解　　答

→ $k_{v1} = 1.8/14.48 = 0.124\,\text{s}^{-1}$
k_{v1} と $D_{eA} = 2 \times 10^{-7}\,\text{m}^2\cdot\text{s}^{-1}$ を式(1)に代入すると触媒粒径は，$d_p = 2R \leq 2.3 \times 10^{-3}\,\text{m}$
→ 2.3 mm 以下。

9・4 2次反応を拡散律速下で行なったとき見掛けの反応速度は
$$(-r_{Am})_{obs} = k_{m2}C_{As}^2 \eta = k_{m2}C_{As}^2 \cdot (1/m) \quad (1)$$
m は式(9・48)で定義される一般化 Thiele 数であり反応次数 $m=2$, $V_p/S_p = R/3$ とおくと
$$m = (R/3)[(3/2)\rho_p k_{m2} C_{As}/D_{eA}]^{1/2} \quad (2)$$
式(2)を式(1)に代入すると
$$(-r_{Am})_{obs} = \sqrt{6}/R \cdot k_{m2}^{1/2} \rho_p^{-1/2} D_{eA}^{1/2} C_{As}^{1.5}$$
$$\therefore\ k_{obs} = \sqrt{6}/R\,(k_{m2}/\rho_p)^{1/2} D_{eA}^{1/2} \quad (3)$$
与えられた数値を式(3)に代入すると
$$1.73 \times 10^{-5} = (\sqrt{6}/5 \times 10^{-3})(3 \times 10^{-6}/1200)^{1/2}$$
$$\times D_{eA}^{1/2}$$
$$\therefore\ D_{eA} = 5.0 \times 10^{-7}\,\text{m}^2\cdot\text{s}^{-1}$$

9・5 (a) 定常状態において
$$4\pi R^2 k_c(C_{Ab} - C_{As}) = (4/3)\pi R^3 \rho_p k_{m0} \eta \quad (1)$$
0次反応の一般化 Thiele 数は式(9・48)から
$$m = \frac{R}{3}\left[\frac{(0+1)k_{m0}\rho_p}{2D_{eA}C_{As}}\right]^{1/2},\quad \eta = 1/m \quad (2)$$
式(2)を式(1)に代入し整理すると，
$$a + b\sqrt{a} - 1 = 0 \quad (3)$$
$a = C_{As}/C_{Ab}$, $b = (2D_{eA}k_{m0}\rho_p/k_c^2 C_{Ab})^{1/2}$ (4)
さらに $\beta = k_{m0}\rho_p D_{eA}/k_c^2 C_{Ab}$ とおき，式(3)を2次式として解くと
$$a = C_{As}/C_{Ab} = 1 + \beta[1 - (1+2/\beta)^{1/2}] \quad (5)$$
(b) 式(1)の左辺より
$$-r_{Am} = \frac{3k_c C_{Ab}}{R\rho_p}\beta[(1+2/\beta)^{1/2} - 1]$$
$$= (3k_{m0}D_{eA}/k_c R)[(1+2/\beta)^{1/2} - 1] \quad (6)$$

9・6 (a) $(-r_{Am})_{obs} = 0.0728\,\text{mol}\cdot\text{kg}^{-1}\cdot\text{s}^{-1}$, $D_{eA} = 3.25 \times 10^{-7}\,\text{m}^2\cdot\text{s}^{-1}$, $\rho_p = 1250\,\text{kg}\cdot\text{m}^{-3}$, $P_t = 152\,\text{kPa}$, $y_{A0} = 0.8$, $T = 423.2\,\text{K}$, $R = 6.5 \times 10^{-4}\,\text{m}$, $C_{As} = P_t y_{A0}/RT = 34.58\,\text{mol}\cdot\text{m}^{-3}$. 式(9・55)に上記の数値を代入。
$$\Phi_1 = (-r_{Am})_{obs} R^2 \rho_p / 9 D_{eA} C_{As}$$
$$= (0.0728)(1\times 10^{-3})^2 (1250)/(9)(3.25\times 10^{-7})(34.56) = 0.900$$
図9・3の点線の曲線(η 対 Φ)から $\eta = 0.60$，対応する実線の曲線(η 対 ϕ)から $\phi = 1.2$ を得る。式(9・35)から $1.2 = (R/3)(k_{m1}\rho_p/D_{eA})^{1/2}$ → $k_{m1} = \phi^2(3/R)^2 D_{eA}/\rho_p = 3.379 \times 10^{-3}\,\text{m}^3\cdot\text{kg}^{-1}\cdot\text{s}^{-1}$

(b) Thiele 数 ϕ は R に比例するから新しい触媒の $\phi_2 = 1.2 \times 2\,\text{mm}/1\,\text{mm} = 2.40$。式(9・45)から新触媒の η_2 は
$$\eta_2 = \frac{1}{2.40}\left[\frac{1}{\tanh(3\times 2.4)} - \frac{1}{3\times 2.4}\right] = 0.359$$
PFR には式(9・61)が適用でき
$$\frac{S\rho_b L}{F_{A0}} = \frac{W}{F_{A0}} = \int_0^{x_A} \frac{dx_A}{k_{m1}C_{A0}\eta(1-x_A)}$$
$$= \frac{-\ln(1-x_A)}{k_{m1}C_{A0}\eta}$$
$$= \frac{\ln[1/(1-0.8)]}{(3.379\times 10^{-3})(34.58)(0.359)}$$
$$= 38.4\,\text{kg}\cdot\text{s}\cdot\text{mol}^{-1}$$

9・7 [例題3・8]の式(d)と表3・2の1次反応の場合の式から次式が導ける。
$$\frac{W}{F_{A0}} = \frac{1}{k_m\eta C_{A0}}\left[(1+\varepsilon_A)\ln\frac{1}{1-x_A} - \varepsilon_A x_A\right] \quad (1)$$
$\varepsilon_A = \delta_A y_{A0} = -0.2$, $C_{A0} = p_t y_{A0}/RT = 9.298\,\text{mol}\cdot\text{m}^{-3}$, $W/F_{A0} = 9.91\,\text{kg}\cdot\text{s}\cdot\text{mol}^{-1}$
触媒粒子1：$d_p = 0.25\,\text{mm}$, $x_A = 0.35$
式(1)から $k_m\eta_1 = 4.504 \times 10^{-3}\,\text{m}^3\cdot\text{s}^{-1}\cdot\text{kg}^{-1}$ (2)

触媒粒子2：$d_p = 1.25\,\text{mm}$, $x_A = 0.2$
式(1)から $k_m\eta_2 = 2.374 \times 10^{-3}\,\text{m}^3\cdot\text{s}^{-1}\cdot\text{kg}^{-1}$ (3)

Thiele 数 ϕ は粒子径に比例するから
$$\phi_2/\phi_1 = R_2/R_1 = 1.25/0.25 = 5 \quad (4)$$
有効係数 η の比は式(2)と式(3)から
$$\eta_2/\eta_1 = 2.37 \times 10^{-3}/4.5 \times 10^{-3} = 0.527 \quad (5)$$
9・3・4項の(b)粒径変化法によって有効係数 η の推定を行なう。① 小粒子の $\eta_1 = 0.9$ と仮定 → 式(5)から $\eta_2 = 0.474$ → 図9・3から $\phi_2 = 1.7$ → 式(4)から $\phi_1 = \phi_2/5 = 1.7/5 = 0.34$ → $\eta_1 = 0.93$ となり仮定値の0.90と異なる。② $\eta_1 = 0.93$ と仮定して①の計算をやり直すと $\eta_1 = 0.93$ が得られ仮定値と一致する。したがって

　　粒子1：$\underline{\eta_1 = 0.93}$, $\phi_1 = 0.34$
　　粒子2：$\underline{\eta_2 = 0.49}$, $\phi_2 = 1.7$
η が決まると式(2)と式(3)から k_m の値が計算でき，いずれも $k_m = 4.84 \times 10^{-3}\,\text{m}^3\cdot\text{s}^{-1}\cdot\text{kg}^{-1}$
式(9・35)から $D_{eA} = R^2 k_m \rho_p / 9\phi^2$ → D_{eA} が計算できる。
粒子1：$D_{eA} = 8.73 \times 10^{-8}\,\text{m}^2\cdot\text{s}^{-1}$

粒子2：$D_{eA} = 8.72 \times 10^{-8} \, \text{m}^2 \cdot \text{s}^{-1}$
平均値：$D_{eA} = 8.73 \times 10^{-8} \, \text{m}^2 \cdot \text{s}^{-1}$

9・8 反応速度が粒径により変化しているから反応律速ではない。粒内拡散律速の場合，見掛けの反応速度は式(9・49)で
$$n=1, \quad V_p/S_p = R/3,$$
$$-r_{Am} = (3/R)(D_{eA}k_{m1}/\rho_p)^{1/2} C_{As} \quad (1)$$
と書けて，$(-r_{Am})$ 対 $1/R$ のプロットが原点を通る直線になり，その傾きが $3(D_{eA}k_{m1}/\rho_p)^{1/2} C_{As} = 3.7 \times 10^{-5} \, \text{mol} \cdot \text{m} \cdot \text{kg}^{-1}$ となる。$C_{As} = p_A/RT = 4.32 \, \text{mol} \cdot \text{m}^{-3}$ を上式に代入して
$$\underline{k_{m1} = 0.0489 \, \text{m}^3 \cdot \text{kg} \cdot \text{s}^{-1}}$$

9・9 [例題3・8]の式(d)と表3・2の1次反応の場合の式から次式が導ける。
$$\frac{W}{F_{A0}} = \frac{1}{k_{m1}\eta C_{A0}} \left[(1+\varepsilon_A)\ln\frac{1}{1-x_A} - \varepsilon_A x_A \right] \quad (1)$$
$\varepsilon_A = 0.6$，$C_{A0} = P_t y_{A0}/RT = 43.88 \, \text{mol} \cdot \text{m}^{-3}$，$x_A = 0.65$ を式(1)に代入すると
$$k_{m1}\eta = k_{obs} = 4.297 \times 10^{-3} \quad (2)$$
$$\Phi_1 = k_{obs} R^2 \rho_p / 9 D_{eA} = 7.162$$
図9・3の点線の曲線から $\eta = 0.13$，$\phi = 7.16$。
$$\therefore \quad \underline{k_{m1} = k_{obs}/\eta = 0.0331 \, \text{m}^3 \cdot \text{kg}^{-1} \cdot \text{s}^{-1}}$$
次に粒径 $d_p = 2.5 \times 10^{-3}$ m の触媒を用いると
$$\phi' = \frac{R}{3}\left(\frac{k_{m1}\rho_p}{D_{eA}}\right)^{1/2} = 3.714$$
図9・3から $\eta' = 0.24$ となる。触媒量は η に逆比例するから
$$\underline{W'/W = \eta/\eta' = 0.13/0.24 = 0.542 = 54.2\%}$$

9・10 [例題3.8]の式(d)と表3・2の1次反応の場合の式から次式が導ける。
$$\frac{W}{F_{A0}} = \frac{1}{k_{m1}\eta C_{A0}} \left[(1+\varepsilon_A)\ln\frac{1}{1-x_A} - \varepsilon_A x_A \right] \quad (1)$$
$\varepsilon_A = \delta_A y_{A0} = 0.6$，$F_{A0}/C_{A0} = v_0 = 32.7 \times 10^{-6} \, \text{m}^3 \cdot \text{s}^{-1}$，$W = 10.4 \times 10^{-3}$ kg，$x_A = 0.155$ を式(1)に代入。
$$\rightarrow k_{m1}\eta = 5.549 \times 10^{-4} \, \text{m}^3 \cdot \text{kg}^{-1} \cdot \text{s}^{-1} \quad (2)$$
D_{eA} を求める。式(9・28)から平均細孔径 $r_e = 2V_g/S_g = 4 \times 10^{-9} \, \text{m} = 40 \, \text{Å}$，式(9・17)から $D_{KA} = 3.067 r_e \sqrt{T/M_A} = 1.123 \times 10^{-6} \, \text{m}^2 \cdot \text{s}^{-1}$，空隙率 $\varepsilon = V_g \rho_p = 0.638$。粒内有効拡散係数は Knudsen 拡散が支配的 $\rightarrow D_{eA} = \varepsilon D_{KA}/\tau = 1.79 \times 10^{-7} \, \text{m}^2 \cdot \text{s}^{-1}$。式(9・55)より

$$\Phi_1 = \frac{(k_{m1}\eta) R^2 \rho_p}{9 D_{eA}} = 1.17$$
→ 図9・3より，$\underline{\eta = 0.52}$
これを式(2)に代入 → $k_{m1} = (5.549 \times 10^{-4})/0.52 = \underline{1.07 \times 10^{-3} \, \text{m}^3 \cdot \text{kg}^{-1} \cdot \text{s}^{-1}}$

9・11 CSTR での A の物質収支式は
$$F_{A0} - F_{A0}(1-x_A) + r_{Am}W = 0$$
$$\therefore (-r_{Am})_{obs} = F_{A0} x_{Af}/W$$
$$= F_{A0} x_{Af}/50 \times 10^{-3} \quad (1)$$
反応器入口と出口での A の濃度は
$$C_{A0} = \frac{P_t y_{A0}}{RT} = \frac{(608 \times 10^3)}{(8.314)(500)}$$
$$= 146.3 \, \text{mol} \cdot \text{m}^{-3},$$
$$C_{Af} = \frac{C_{A0}(1-x_A)}{1+\varepsilon_A x_A} = \frac{146.3(1-x_{Af})}{1-0.5 x_A} \quad (2)$$
本実験での粒内拡散の影響を知るために，式(9・58)から n 次反応の Φ_n を計算する。
$$\Phi_n = \frac{n+1}{2} \cdot \frac{R^2 \rho_p (-r_{Am})_{obs}}{9 D_{eA} C_{Af}}$$
$$= \frac{n+1}{2} \cdot 833.3 \frac{(-r_{Am})_{obs}}{C_{Af}} \quad (3)$$
上式によって $\Phi_1(n=1)$ と $\Phi_2(n=2)$ を計算したところ，いずれの値も5以上であり，粒内拡散律速の状況下にあり，式(9・50)が成立し，$\ln[(-r_{Am})_{obs}]$ と $\ln C_{Af}$ をプロットすると，傾きが $n_{obs} = (n+1)/2$ の直線を与える。式(1)と式(2)から計算値を用いて上記のプロットを行なったところ，傾きが1.51の直線が得られた。これより $n_{obs} = (n+1)/2 = 1.51$ となり，$n=2$ すなわち2次反応である。粒内拡散が律速段階のとき $\eta = 1/m = 1/\Phi_2$ となるから
$$(-r_{Am})_{obs} = k_{m2} \eta C_{Af}^2 = k_{m2} C_{Af}^2 / \Phi_2$$
$$\therefore k_{m2} = (-r_{Am})_{obs} \Phi_2 / C_{Af}^2 \quad (4)$$
式(4)から k_{m2} を各 Run について算出し，平均値を求めると
$$\underline{k_{m2} = 3.05 \times 10^{-3} \, \text{m}^6 \cdot \text{mol}^{-1} \cdot \text{s}^{-1} \cdot \text{kg}^{-1}}$$

9・12 (a),(b) 反応速度 $(-r_{Am})_{obs}$ を C_A で割ると見掛けの反応速度定数 $(k_m)_{obs}$ が得られる。
$$(k_m)_{obs} = (-r_{Am})_{obs}/C_A \quad (1)$$
Run 1 と Run 2 は触媒粒径 d_p も小さく，$(k_m)_{obs}$ の値も一致しており反応律速下にある。反応速度定数は，

解　答

$k_{m1}=0.05714\,\mathrm{m^3\cdot kg^{-1}\cdot s^{-1}}$ 　(2)
Run 3, 4 の $(-r_{Am})_{obs}$ を式(2)で割ると有効係数 η が 0.551 と 0.143 となる。式(9·45)から対応する ϕ が 1.37 と 6.65 になる。粒内有効拡散係数 D_{eA} は式(9·35)から，Run 3, 4 の ϕ を用いて求まり，両者の平均値 $\underline{D_{eA}=1.56\times 10^{-7}\,\mathrm{m^2\cdot s^{-1}}}$ を採用する。

(c) PFR に対して式(9·35) → $\phi=1.75$ → 式(9·45)で $\eta=0.463$，$C_{t0}=P_t/RT=1.013\times 10^5/(8.314)(673.2)=18.09\,\mathrm{mol\cdot m^{-3}}$，$y_{A0}=C_{A0}/C_{t0}=0.553$，$\varepsilon_A=\delta_A y_{A0}=0.5525$。PFR の設計：表 3·2 の 1 次反応の式で $V=W$，$k=k_{m1}\eta$ と置き換えた次式が適用できる。
$W/F_{A0}=1/(k_{m1}\eta C_{A0})\cdot[-(1+\varepsilon_A)\ln(1-x_A)-\varepsilon_A x_A]$
$x_A=0.95$, $F_{A0}=5.0\,\mathrm{mol\cdot s^{-1}}$,
$k_{m1}=0.05714$, $\eta=0.463$ を上式に代入
　→ $\underline{W=78.0\,\mathrm{kg}}$

9·13 (a) $k_m(30\,\text{日後})/k_m(\text{開始時})=k_m^\circ \exp(-k_d\times 30\times 24)/k_m^\circ=\exp(-720 k_d)=1/2$ → $\underline{k_d=9.627\times 10^{-4}\,\mathrm{h^{-1}}}$
(b) 60 日後の $k_m=1.5\times 10^{-2}\exp(-9.627\times 10^{-4}\times 60\times 24)=3.75\times 10^{-3}\,\mathrm{m^3\cdot kg^{-1}\cdot s^{-1}}$。式(9·35)から Thiele 数 $\phi=1.50$，式(9·45)から有効係数 $\eta=0.5187$，見掛けの速度定数
$k_{eff}=k_m\eta=1.945\times 10^{-3}\,\mathrm{m^3\cdot kg^{-1}\cdot s^{-1}}$
反応開始時において，
$\phi^\circ=(R/3)\sqrt{k_m^\circ \rho_p/D_{eA}}=3 \to \eta^\circ=0.2963$,
$k_{eff}^\circ=k_m^\circ \eta^\circ=(1.5\times 10^{-2})(0.2963)$
$=4.45\times 10^{-3}$
PFR の設計方程式
$t=0:\dfrac{W}{F_{A0}}=\dfrac{1}{k_{eff}^\circ}\ln\dfrac{1}{1-x_{Af}^\circ}$
$\qquad\quad =\dfrac{1}{4.445\times 10^{-3}}\ln\dfrac{1}{1-0.9}$
$\qquad\quad =518.0$
$t=t:\dfrac{W}{F_{A0}}=\dfrac{1}{k_{eff}}\ln\dfrac{1}{1-x_{Af}}$
→ $\ln\dfrac{1}{1-x_{Af}}=\dfrac{Wk_{eff}}{F_{A0}}=518.0\times 1.945\times 10^{-3}$
$\qquad\qquad\qquad =1.008$
　→ $\underline{x_{Af}=0.635}$

9·14 流量 $v_{t0}=F_{t0}RT/P_{t0}=6.421\times 10^{-4}\,\mathrm{m^3\cdot s^{-1}}$，ニトロベンゼン物質量流量 $F_{A0}=v_{t0}C_{A0}=3.211\times 10^{-4}\,\mathrm{mol\cdot s^{-1}}$，触媒層の断面積 S と伝熱面積 A_h は
$S=(\pi/4)(3^2-0.9^2)\times 10^{-4}=6.432\times 10^{-4}\,\mathrm{m^2}$,
$A_h=\pi(3\times 10^{-2})=9.425\times 10^{-2}\,\mathrm{m^2/m}$。触媒層 $1\,\mathrm{m^3}$ について，
$$(-r_{Am})\rho_b=(-r_A')\varepsilon_b \quad (1)$$
式(9·63)と式(9·62)に与えられた数値と上記の数値を代入し，式(1)で $-r_A'=r$ とおくと
$\mathrm{d}T/\mathrm{d}x_A=387.8-21.22(T-T_s)/r$
$\qquad\equiv f(x_A,T)$ 　(2)
$\mathrm{d}z/\mathrm{d}x_A=1.7774/r\equiv g(x_A,T)$ 　(3)
C_A と反応速度 r を，x_A と T を用いて表わすと
$C_A=C_{A0}(1-x_A)\cdot (T_0/T)$
$\quad\,=213.8(1-x_A)/T$ 　(4)
$r=1.216\times 10^5[(1-x_A)/T]^{0.578}\cdot e^{-2958/T}$ 　(5)
$\Delta x_A=0.05$ にとり，式(2), (3), (5)を改良 Euler 法(付録参照)で解く(下表参照)。

z [cm]	0	1.453	2.665	3.722	4.673	5.546
x_A [—]	0	0.05	0.1	0.15	0.2	0.25
T [K]	427.5	444.7	458.8	471.1	482.1	492.2
z [cm]	6.361	7.134	7.877	8.609	9.315	10.03
x_A [—]	0.3	0.35	0.4	0.45	0.5	0.55
T [K]	501.4	510	517.8	525	531.5	537.1
z [cm]	10.76	11.51	12.3	13.17	14.15	15.31
x_A [—]	0.6	0.65	0.7	0.75	0.8	0.85
T [K]	541.9	545.6	547.9	548.5	546.7	541.4
z [cm]	16.8	19.3	21.45			
x_A [—]	0.9	0.95	0.975			
T [K]	530.6	508.2	491.1			

9·15 (a) $N_A=k_c a_L(C_A-0)=k_c a_L C_A$ 　(1)
(b) $uSC_A-uS[C_A+(\mathrm{d}C_A/\mathrm{d}z)\cdot \mathrm{d}z]-k_c a_L C_A\cdot \mathrm{d}z=0$
$\quad \therefore\; -uS(\mathrm{d}C_A/\mathrm{d}z)-k_c a_L C_A=0$ 　(2)
(c) $ha_L(T_S-T_G)=N_A(-\Delta H_R)$
$\qquad =k_c a_L C_A(-\Delta H_R)$ 　(3)
(d) $uS\rho_G c_p T_G-uS\rho_G c_p[T_G+(\mathrm{d}T_G/\mathrm{d}z)\mathrm{d}z]+ha_L(T_S-T_G)\mathrm{d}z=0$
$\quad \therefore\; -uS\rho_G c_p(\mathrm{d}T_G/\mathrm{d}z)+ha_L(T_S-T_G)=0$ 　(4)

(e) 式(2)を解くと
$$C_A/C_{A0}=\exp(-k_C a_L z/uS) \quad (5)$$
式(4)に式(3)と式(5)を代入して整理すると
$$\frac{dT_G}{dz}=\frac{k_C a_L(-\Delta H_R)C_{A0}}{uS\rho_G c_p}\cdot\exp\left(-\frac{k_C a_L}{uS}\cdot z\right)$$
積分すると
$$T_G=T_{G0}+\frac{C_{A0}(-\Delta H_R)}{\rho_G \rho_p}\left[1-\exp\left(-\frac{k_C a_L}{uS}\cdot z\right)\right]$$
$$=T_{G0}+\Delta T_{ad}\left[1-\exp\left(-\frac{k_C a_L}{uS}\cdot z\right)\right] \quad (6)$$
式(6)を式(3)に代入し,さらに C_A に式(5)を代入し,断熱温度上昇 ΔT_{ad} を用いると
$$T_S=T_G+\frac{k_C a_L C_A(-\Delta H_R)}{h a_L}\cdot$$
$$C_{A0}\exp\left[-\frac{k_C a_L}{uS}\cdot z\right]$$
$$=T_G+\frac{k_C \rho_G c_p}{h}\cdot\frac{(-\Delta H_R)C_{A0}}{\rho_G c_p}\exp\left[-\frac{k_C a_L}{uS}z\right]$$
$$=T_G+\frac{k_C \rho_G c_p}{h}\cdot\Delta T_{ad}\cdot\exp\left[-\frac{k_C a_L}{uS}z\right] \quad (7)$$

10・1 図 10・3 で,縦軸の反応率が 0.5 に対応する横軸の値は $t_{1/2}/t^*$ と書ける。
① ガス境膜内拡散律速: $t_{1/2}/t^*=0.5$
② 表面反応律速: $t_{1/2}/t^*=0.205$
③ 生成物槽内拡散律速: $t_{1/2}/t^*=0.11$
  実験値: $t_{1/2}/t^*=1/4.9=0.204$
実験値と理論値との比較から,② <u>表面反応律速</u>。

10・2 式(10・16) → $(1-x_B)^{1/3}=0.75/1.5=0.5$,式(10・26) → $12/t^*=1-3(1-x_B)^{2/3}+2(1-x_B)=1-3(0.5)^2+2(0.5)^3=0.5$
→ $t^*=12/0.5=24\,\text{min}=1440\,\text{s}$
式(10・25)から $D_{eA}=\rho_B R^2/6bt^* C_{Ab}$ (1)
$C_{Ab}=P_t y_{A0}/RT=2.56\,\text{mol}\cdot\text{m}^{-3}$ を式(1)に代入。
$$D_{eA}=\frac{(4\times10^4)(1.5\times10^{-3})^2}{(6)(1)(1440)(2.56)}$$
$$=4.07\times10^{-6}\,\text{m}^2\cdot\text{s}^{-1}$$

10・3 (a) ① ガス境膜拡散律速: 式(10・23)から t^* を算出し式(10・22)から t^*/R の値が粒径に依存しなければガス境膜拡散律速。
$R_1=1.5\,\text{mm} \to x_B=0.46$,
$t^*=2/0.46=4.35\,\text{h}$
$R_2=0.5\,\text{mm} \to x_B=0.913$,
$t^*=2/0.913=2.19\,\text{h}$
$(t^*/R)_1=\underline{2.90}$, $(t^*/R)_2=\underline{4.38}$ ⇒ 粒径に依存 ⇒ ガス境膜拡散律速ではない。
② 生成物層内拡散律速: 式(10・26)から t^* を計算して,式(10・25)から t^*/R^2 を各粒子について算出すると $(t^*/R^2)_1=3.712$, $(t^*/R^2)_2=13.67$ となり,粒径に依存 ⇒ 生成物層内拡散律速ではない。
③ 表面反応律速: 式(10・29)から t^* を計算して,式(10・28)により $(t^*/R)_1=7.24$, $(t^*/R)_2=7.24$ となり,粒径に依存しない。
⇒ <u>表面反応律速</u>である。
(b) $R_3=1\,\text{mm}$ の粒子に対しても $(t^*/R)_3=7.24$ の関係が成立 → $\underline{t_3^*=(7.24)(1)=7.24\,\text{h}}$

10・4 式(10・14)で $1/k_C$ の項を無視し,数値を代入すると,
$$t^*=\frac{\rho_B}{bC_{Ab}}\left(\frac{1}{6D_{eA}}R^2+\frac{1}{k_s}R\right)$$
$$=(\rho_B/bC_{Ab})(3.333\times10^4 R^2+50R) \quad (1)$$
$R_1=3\times10^{-3}\,\text{m}$ のとき $t^*=120\,\text{min}$ であるから $(\rho_B/bC_{Ab})=266.7$,この値は $R_2=6\,\text{mm}$ 粒子にも適用できて,式(1)から $\underline{t_2^*=400\,\text{min}}$。次に式(10・18)で $1/k_C$ の項を省略して,数値を代入すると
$t_2/t_2^*=1-125/250=0.5$
→ $\underline{t_2=(0.5)(400)=200\,\text{min}}$

10・5 式(10・14)の右辺第1項を省略し R で割ると
$$\frac{t^*}{R}=\frac{\rho_B}{bC_{Ab}k_s}+\frac{\rho_B}{6bC_{Ab}D_{eA}}\cdot R \quad (1)$$
t^*/R 対 R のプロットを行なうと直線が得られ,傾き $\rho_B/6bC_{Ab}D_{eA}=9.867\times10^8\,\text{s}\cdot\text{m}^{-2}$,切片 $\rho_B/bC_{Ab}k_s=1.034\times10^6\,\text{s}\cdot\text{m}^{-1}$
これらの数値から,$\underline{D_{eA}=3.38\times10^{-6}\,\text{m}\cdot\text{s}^{-1}}$, $\underline{k_s=1.934\times10^{-2}\,\text{m}\cdot\text{s}^{-1}}$

10・6 生成物層拡散律速の場合は,式(10・26)の右辺 $=f_A(x_B)$ を t に対してプロットすると原点を通る直線が得られる。表面反応律速の場合は,式(10・29)の右辺 $=f_B(x_B)$ 対 t のプロットを行なう。前者は直線になったが,後者は直線でなかった。→ <u>生成物層拡散律速</u>である。$C_{Ab}=p_A/RT=0.9572\,\text{mol}\cdot\text{m}^{-3}$。直線の傾きは $1/t^*=6bC_{Ab}D_{eA}/\rho_B R^2=3.3\times10^{-3}\,\text{min}^{-1}$。

解　答

$$D_{eA} = \frac{(3.3 \times 10^{-3}/60)(\rho_B R^2)}{6bC_{A0}}$$
$$= 2.44 \times 10^{-6} \, \text{m}^2 \cdot \text{s}^{-1}$$
$$\underline{t^* = 1/(2.44 \times 10^{-6}) = 303 \, \text{min}}$$

10・7 グラファイトの燃焼反応では生成物層が形成されない。10・3節の諸式を採用。式(9・9)より，$\text{Sh} = k_{C0}d_p/D_{Am} = 2$，$k_{C0} = 2D_{Am}/d_p = 3.58 \, \text{m} \cdot \text{s}^{-1}$，$\rho_B = \rho_p/M_B = 2200/(12 \times 10^{-3}) = 1.833 \times 10^5 \, \text{mol} \cdot \text{m}^{-3}$，$C_{Ab} = P_ty_{A0}/RT = 2.01 \, \text{mol} \cdot \text{m}^{-3}$，$R = d_p/2 = 5 \times 10^{-5}$ m，$k_s = 0.7 \, \text{m} \cdot \text{s}^{-1}$，$b = 1 \rightarrow \rho_B R/bC_{Ab} = 4.560 \rightarrow$ 式(10・42)に数値を代入。

$$t^* = \frac{\rho_B R}{bC_{Ab}}\left(\frac{1}{2k_{C0}} + \frac{1}{k_s}\right)$$
$$= (4.560)(0.140 + 1.429) = \underline{7.15 \, \text{s}}$$

$t_{1/2}$ は式(10・39)で $r/R = 0.5$ とおけばよい。

$$t_{1/2} = \frac{\rho_B R}{bC_{Ab}}\left[\frac{1}{2k_{C0}}(1 - 0.5^2) + \frac{1}{k_s}(1 - 0.5)\right]$$
$$= (4.560)(0.1044 + 0.714) = \underline{3.73 \, \text{s}}$$

10・8 図10・7より40%の反応のとき $\bar{t}_1/t^* = 0.195$ であり，80%のとき $\bar{t}_2/t^* = 1.05$ である。$\rightarrow \bar{t}_2/\bar{t}_1 = 1.05/0.195 = \underline{5.4 \, \text{倍}}$

10・9 2 mm 粒子：図10・3より，$x_B = 0.8$ のときの $\bar{t}/t^* = 0.42 \rightarrow t^* = 10/0.42 = 23.8$ min，図10・7で $\bar{x}_B = 0.8$ のときの $\bar{t}/t^* = 1.05 \rightarrow \bar{t} = 1.05 t^* = (1.05)(23.8) = \underline{25 \, \text{min}}$
3 mm 粒子の $t^{*\prime}$ は式(10・28)より表面反応律速の場合は $t^* \propto$ (粒径 R) であるから
$t^{*\prime} = t^* \times 3/2 = 23.8 \times 3/2 = 35.7$ min，
$\bar{t}^\prime = (1.05)t^{*\prime} = (1.05)(35.7) = \underline{37.5 \, \text{min}}$

10・10 表面反応律速の式(10・29)を利用。$d_p = 2 \, \text{mm}$ (添え字 1)：$t_1/t_1^* = 1 - (1 - x_{B1})^{1/3} = 1 - (1 - 0.875)^{1/3} = 0.5$，$t_1 = 4$ min $\rightarrow t_1^* = 8$ min
$t^* \propto$ (粒径) だから $d_p = 1 \, \text{mm}$ の $t_2^* = 4$ min
平均滞留時間 $\bar{t} = 24$ min $\rightarrow \bar{t}/t_1^* = 24/8 = 4$ min，$\bar{t}/t_2^* = 24/4 = 6$ min，流動層反応器に対して式(10・53)を適用する。

$$\bar{x}_B = 3(\bar{t}/t^*) - 6(\bar{t}/t^*)^2 + 6(\bar{t}/t^*)^3[1 - e^{-t^*/\bar{t}}]$$

$\bar{x}_{B1} = 3(3) - 6(3)^2 + 6(3)^3(1 - e^{-1/3}) = 0.9219$
$\bar{x}_{B2} = 3(6) - 6(6)^2 + 6(6)^3(1 - e^{-1/6}) = 0.9597$
粒子1と2が50%ずつ含まれているから
平均反応率 $\bar{x}_B = (\bar{x}_{B1} + \bar{x}_{B2})/2 = \underline{0.941}$

10・11 (a) $t_1^* = 90$ min と仮定すると，$\bar{t}/t_1^* = 180/90 = 2$，式(10・28)から $t^* \propto R$ であるから $t_2^* = t_1^*(4/2) = 180$ min $\rightarrow \bar{t}/t_2^* = 180/180 = 1$。図10・7から各粒子の反応率が算出できる。$\bar{x}_{B1} = 0.88$，$\bar{x}_{B2} = 0.79$ となり，両粒子が等量含まれているマクロ流体であるから装置出口の反応率は $(0.88 + 0.79)/2 = 0.835$ となる。実測値の0.825とは合致しないから，$t_1^* = 100$ min として式(10・53)を用いて再計算すると，$\bar{x}_{B1} = 0.8752$，$\bar{x}_{B2} = 0.7741$ が得られ，装置出口では $\bar{x}_B = 0.8247 \cong 0.825$ となる。$\rightarrow \underline{t_1^* = 100 \, \text{min}, \ t_2^* = 200 \, \text{min}}$

(b) 表面反応の速度定数 k_s は式(10・28)から計算。$C_{A0} = 2.843 \, \text{mol} \cdot \text{m}^{-3}$，$t_1^* = \rho_B R/bC_{As}k_s$，

$$\underline{k_s} = \frac{\rho_B R}{bC_{Ab}t_1^*} = \frac{(5 \times 10^4)(1 \times 10^{-3})}{(2/3)(2.843)(100 \times 60)}$$
$$= \underline{4.40 \times 10^{-3} \, \text{m} \cdot \text{s}^{-1}}$$

10・12 (a) $\bar{x}_B = 95\%$ の場合：式(10・28)から反応完了時間 t_i^* は，粒子径に比例するから，$t_3^* = 2$ h $\rightarrow$ 粒子1：$t_1^* = 2(1/4) = 0.5$ h，粒子2：$t_2^* = 2(2/4) = 2$ h。式(10・29)を変形した次式 $1 - x_B = (1 - t/t^*)^3$ に粒子の質量分率をかけた式の総和が装置の反応率 $\bar{x}_B$ を与える。
$1 - \bar{x}_B = (1 - t/0.5)^3(0.3) + (1 - t/1)^3(0.3)$
$\qquad + (1 - t/2)^3(0.4) = 1 - 0.95 = 0.05$
滞留時間 t をトライアルで求める。$\underline{t = 1 \, \text{h}}$

(b) $\bar{x}_B = 100\%$ の場合：粒子の滞留時間最大の粒子径の反応完了時間に等しくする。$\underline{t = 2 \, \text{h}}$

10・13 (a) 表から粒子半径 R と反応時間 t^* との関係をみると，$t^* \propto R^2 \Leftarrow$ 式(10・25)から生成物層内拡散律速とみなせる。

(b) 各粒子の反応率 x_{Bi} を図10・3の生成物層拡散律速の曲線から求める。
$R_1 = 0.005$ cm：$t_p/t_1^* = 16/5 = 3.2$
$\rightarrow x_{B1} = 1.0$
$R_2 = 0.010$ cm：$t_p/t_2^* = 16/20 = 0.8$
$\rightarrow x_{B2} = 0.98$
$R_3 = 0.015$ cm：$t_p/t_3^* = 16/45 = 0.356$
$\rightarrow x_{B3} = 0.78$
$\rightarrow 1 - \bar{x}_B = (1 - 1)(0.3) + (1 - 0.98)(0.6)$

$$+ (1-0.78)(0.1) = 0.034$$
$$\bar{x}_B = 1 - 0.034 = \underline{0.966}$$

10·14 式(10·29)より
$$t/t^* = 1 - (1-x_B)^{1/3}$$
$$= 1 - (1-0.784)^{1/3} = 0.4$$
$$\therefore \quad t^* = t/0.4 = 30/0.4 = 75 \text{ min}$$

図10·9から $(80-0) \cdot E(t) = 1.0 \rightarrow$ 滞留時間分布関数 $E(t) = 0.0125 \text{ min}^{-1}$ ($0 \leq t \leq 80$) 流動層に対して式(10·46)が適用できて，反応律速のときは

$$[1-x_B(t)]_{BR} = (1-t/t^*)^3,$$
$$1 - \bar{x}_B = \int_0^{t^*} [1-x_B(t)]_{BR} \cdot E(t)\,dt$$
$$= \int_0^{75} (1-t/t^*)^3 (0.0125)\,dt$$

$1 - t/t^* = 1 - t/75 = u$ とおくと $-dt = 75\,du$ であり $t = 0 \rightarrow u = 1-0/75 = 1$, $t = 75 \rightarrow u = 1-75/75 = 0$

$$1 - \bar{x}_B = \int_1^0 u^3 (0.0125)(-75\,du)$$
$$= [-0.9375 \cdot u^4/4]_1^0$$
$$= 0.234 \rightarrow \bar{x}_B = 1 - 0.234 = \underline{0.766}$$

10·15 入口濃度 $C_{A1} = p_A/RT = 20.94 \text{ mol} \cdot \text{m}^{-3}$. 式(10·64)：表面反応律速の反応速度 $-r_{Bb}$ は

$$-r_{Bb} = \frac{3b(1-\varepsilon_b)}{R} \cdot$$
$$\frac{C_{A1} + (G_s w_B/bM_B u_G)(x_B-x_{B1})}{(1/k_s)(1-x_B)^{-2/3}} \quad (1)$$

$$G_s = \frac{(3/3600)}{(\pi/4)(0.2)^2} = 0.02654 \text{ kg}\cdot\text{m}^{-3}\cdot\text{s}^{-1}$$

$$\frac{G_s w_B}{bM_B u_G} = \frac{(0.02654)(1)}{(1/4)(231 \times 10^{-3})(150/3600)}$$
$$= 11.03$$

式(1)に数値を代入して逆数をとる。$x_{B1} = 0.8$ であるから

$$\frac{1}{-r_{Bb}} = \frac{R}{3b(1-\varepsilon_b)k_s} \cdot$$
$$\frac{(1-x_B)^{-2/3}}{20.94 + 11.03(x_B - 0.8)}$$
$$= 14.25 \cdot \frac{(1-x_B)^{-2/3}}{x_B + 1.099} \quad (2)$$

式(2)を式(10·65)に代入すると

$$Z = \frac{G_s w_0}{M_B} \int_0^{x_{B1}} \frac{dx_B}{-r_B}$$

$$= 1.683 \int_0^{0.8} \frac{(1-x_B)^{-2/3}}{x_B + 1.099}\,dx_B \quad (3)$$

式(3)の積分を $\Delta x_B = 0.1$ にとり Simpson の公式で行なう。$\underline{Z = (1.68)(0.139) = 1.37 \text{ m}}$

11·1 (a) $C_{BL} = 5000 \text{ mol}\cdot\text{m}^{-3}$：式(11·12) から $(C_{BL})_c = (bD_A k_G/D_B k_L)p_A = 250 \text{ mol}\cdot\text{m}^{-3}$ $\rightarrow C_{BL} > (C_{BL})_c$, 式(11·13) から
$$-r_{AL} = (-r_{As})a = k_G a p_A$$
$$= 5 \times 10^3 \text{ mol}\cdot\text{m}^{-3}\cdot\text{h}^{-1}$$

(b) $(C_{BL})_c = 2500 > 200 = C_{BL} \rightarrow$ 式(11·11-a) が適用できて，$1/K_G a = 1/k_G a + H_A/k_L a = 1.26 \times 10^{-3} \rightarrow K_G a = 794$,
$$-r_{AL} = (-r_{As})a$$
$$= K_G a [p_A + (H_A D_B/bD_A)C_{BL}]$$
$$= 4367 \text{ mol}\cdot\text{m}^{-3}\cdot\text{h}^{-1}$$

11·2 $-r_{As}$ 対 C_{BL} のプロットは右上がりの直線と水平な直線が結合された折れ線になる。これは瞬間反応を表わす式(11·11-a)と式(11·13)から計算される線図と同形である。両式から

$$C_{BL} \leq (C_{BL})_c = bD_A k_G p_A/D_B k_L :$$
$$-r_{As} = K_G [p_A + (H_A D_B/bD_A)C_{BL}] \quad (1)$$
$$C_{BL} > (C_{BL})_c : -r_{As} = k_G p_A \quad (2)$$

式(2)と折れ線の図を比較して，$-r_{As} = k_G p_A = 250 \text{ mol}\cdot\text{m}^{-3}\cdot\text{h}^{-1} \rightarrow \underline{k_G = (250/0.2)/3600 = 0.347 \text{ mol}\cdot\text{m}^{-1}\cdot\text{s}^{-1}\cdot\text{atm}^{-1}}$。直線の切片 $K_G p_A = 57 \rightarrow \underline{K_G = 0.0792 \text{ mol}\cdot\text{m}^{-2}\cdot\text{s}^{-1}\cdot\text{atm}^{-1}}$, 直線の交点の横軸 $(C_{BL})_c = 2D_A k_G p_A/D_B k_L = 900 \text{ mol}\cdot\text{m}^{-3} \rightarrow \underline{k_L = 2.313 \times 10^{-4} \text{ m}\cdot\text{s}^{-1}}$
傾き $K_G H_A D_B/bD_A = 5.96 \times 10^{-5} \text{ m}\cdot\text{s}^{-1}$
$\rightarrow \underline{H_A = 2.26 \times 10^{-3} \text{ atm}\cdot\text{m}^3\cdot\text{mol}^{-1}}$

11·3 式(11·11-b)の右辺第1項を省略した式を(11·11-a)に代入すると

$$-r_{As} = (k_L/H_A)[p_A + (H_A D_B/bD_A)C_{BL}] \quad (1)$$

半回分式の気液反応器の物質収支式は

$$-V_L \frac{dC_B}{dt} = S(-r_{As}) = \frac{k_L S}{H_A}\left(p_A + \frac{H_A D_B}{bD_A}C_B\right) \quad (2)$$

Henry の式が成立するから $p_{Al} = H_A C_{Al}$ (3) しかし，ガス境膜抵抗が無視できるから $p_{Al} = p_A$ となり，式(3)は $p_A = H_A C_{Al}$ (4) と書ける。これを式(2)に代入すると

$$\frac{dC_B}{dt} = -\frac{k_L S}{V_L} C_{Al}\left(1 + \frac{D_B}{bD_A C_{Al}} \cdot C_B\right) \quad (5)$$

解　　答

積分すると
$$\frac{bD_A}{D_B}\ln\frac{1+(D_B/bD_A C_{Ai})C_B}{1+(D_B/bD_A C_{Ai})C_{B0}} = -\frac{k_L S}{V_L}\cdot t \quad (6)$$
$C_{Ai} = p_A/H_A = 1.664\times10^2\,\mathrm{mol\cdot m^{-3}}$,
$D_B/bD_A C_{Ai} = 3.858\times10^{-3}$, $D_A/D_B = 1.558$,
$k_L S/V_L = 7.8\times10^{-5}$,
$C_B = C_{B0}(1-x_B) = 20\,\mathrm{mol\cdot m^{-3}}$
式(5)に数値を代入すると $t = 1382\,\mathrm{s} = 23\,\mathrm{min}$

11・4 液成分の物質収支式は
$F_{B0} - F_{B0}(1-x_{Bf}) + r_{BL}V_L = 0$
$\to F_{B0}x_{Bf} = (-r_{BL})V_L = (-r_{AL}/3)V_L$
$\therefore\ C_{Ai}/(-r_{AL}) = (V_L C_{Ai}/3F_{B0}x_{Bf}) = 4 \quad (1)$
図11・5は $C_{Ai}^*/(-r_{AL})$ 対 $1/m$ のプロットであり，$C_{Ai}^*/(-r_{AL})=4$ に対応する $1/m$ の値は図から $1/m = 0.535 \to \underline{m = 1.87\,\mathrm{kg\cdot m^{-3}}}$

11・5 (a) 省略
(b), (c) $-r_{AL} = k_L a_b(C_{Ai} - C_{AL}) \quad (1)$
$\underline{a_b = 6\varepsilon_g/d_b(1-\varepsilon_g)}$
$\quad = k_p a_p(C_{AL} - C_{As}) \quad (2)$
$\underline{a_p = 6m/\rho_p d_p}$
$\quad = k_{m1}\eta C_{As}m \quad (3)$
固体触媒内は拡散律速 → 式(9・47)から
$\eta = 1/\phi = (6/d_p)\sqrt{D_{eA}/k_{m1}\rho_p} \quad (4)$
式(4)と式(3)より
$-r_{AL} = \sqrt{k_{m1}\rho_p D_{eA}}\cdot a_p C_{As} \quad (5)$
上記の諸式を等置し加比の理から
$-r_{AL} = \dfrac{C_{Ai} - C_{AL}}{1/k_L a_b} = \dfrac{C_{AL} - C_{As}}{1/k_p a_p}$
$\quad = \dfrac{C_{As}}{1/\sqrt{k_{m1}\rho_p D_{eA}}\cdot a_p}$
$\quad = \dfrac{C_{Ai}}{1/k_L a_b + [1/k_p + 1/\sqrt{k_{m1}\rho_p D_{eA}}](1/a_p)}$
上式の逆数をとり，a_p を式(2)から m に置き換えると，次式のように変形できる。ただし $C_A^* = p_A/H_A$ (p_A: A の分圧，H_A: Henry 定数)
$$\frac{C_A^*}{-r_{AL}} = \frac{d_b}{k_L}\cdot\frac{(1-\varepsilon_g)}{6\varepsilon_g}$$
$$+ \frac{\rho_p d_p}{6}\left(\frac{1}{k_p} + \frac{1}{\sqrt{k_{m1}\rho_p D_{eA}}}\right)\cdot\frac{1}{m}$$

11・6 気液ともに塔底から供給される。塔底を添字1，塔頂を2で表わし，塔全体の物質収支を書くと
$(G_M/P_t)(p_{A1} - p_{A2}) = (L_M/b\rho_M)(C_{B1} - C_{B2})$
$\quad\quad\quad\quad\quad\quad\quad\quad\quad\quad\quad\quad (1)$

微小区間 dz での A の物質収支式は
$-(G_M/P_t)(dp_A/dz) = (-r_{As})a_b$
積分すると
$$Z = \frac{G_M}{P_t a_b}\int_{p_{A2}}^{p_{A1}}\frac{dz}{(-r_{As})} \quad (2)$$
$(-r_{As})$ は，瞬間反応の反応速度式(11・11-a)で $C_{BL} = C_{B2}$ とおき，式(1)を利用すると
$(-r_{As}) = K_G(p_A + \nu)$ と書けて
$\nu = \dfrac{H_A D_B}{b D_A}C_{B1} - \dfrac{H_A D_B G_M}{D_A P_t(L_M/\rho_M)}(p_{A1} - p_{A2}) \quad (3)$
式(3)を式(2)に代入して積分すると
$$Z = \frac{G_M}{P_t a_b}\cdot\frac{1}{K_G}\int_{p_{A2}}^{p_{A1}}\frac{dp_A}{(p_A + \nu)}$$
$$= \frac{G_M}{K_G a_b P_t}\ln\frac{p_{A1}+\nu}{p_{A2}+\nu} \quad (4)$$

11・7 (a) 11・4・2 項と 11・4・3 項を参照し式を展開すると
$(G_M/P_t)(p_{A2} - p_A) = (L_M/b\rho_M)(C_{B2} - C_B) \quad (1)$
$(G_M/P_t)(p_{A2} - p_{A1}) = (L_M/b\rho_M)(C_{B2} - C_{B1})$
$\quad\quad\quad\quad\quad\quad\quad\quad\quad\quad\quad\quad (2)$
$-(G_M/P_t)\cdot dp_A = -(L_M/b\rho_M)dC_B$
$\quad = (-r_{As})a\cdot dz \quad (3)$
$\therefore\ Z = \dfrac{G_M}{P_t}\int_{p_{A1}}^{p_{A2}}\dfrac{dp_A}{(-r_{As})a}$
$\quad = \dfrac{L_M}{b\rho_M}\cdot\int_{C_{B1}}^{C_{B2}}\dfrac{dC_B}{(-r_{As})a} \quad (4)$
瞬間反応：$-r_{As} = K_G[p_A + (D_B H_A/bD_A)C_B] \quad (5)$

これらの式を用いて積分すると
$$Z = \frac{G_M}{K_G a P_t}\cdot\frac{1}{\alpha'}\ln\frac{\alpha'p_{A2} + P_t\lambda'}{\alpha'p_{A1} + P_t\lambda'} \quad (6)$$
$\alpha' = 1 + \dfrac{D_B}{D_A}\cdot\dfrac{H_A G_M}{P_t(L_M/\rho_M)}$
$\lambda' = \dfrac{D_B}{D_A}\cdot\dfrac{H_A C_{B2}}{P_t b} - \dfrac{D_B}{D_A}\cdot\dfrac{H_A G_M}{P_t^2(L_M/\rho_M)}\cdot p_{A2} \quad (7)$
(b) 式(2)より $C_{B1} = 0.03\,\mathrm{mol\cdot m^{-3}}$
塔頂：$(D_A/D_B)(bk_G a/k_L a)p_{A2} = 0.64$
$\quad\quad\quad\quad\quad\quad\quad\quad\quad > C_{B2} = 0.05$
塔底：$(D_A/D_B)(bk_G a/k_L a)p_{A1} = 0.128$
$\quad\quad\quad\quad\quad\quad\quad\quad\quad > C_{B1} = 0.03$
塔頂，塔底ともに式(11・48)の関係が成立しているから，塔内の濃度分布は常に図11・1-(a)の状態にある。$\alpha' = 1.065$, $\lambda' = 6.5\times10^{-4}$, $K_G a = 12\,\mathrm{kmol\cdot m^{-3}\cdot h^{-1}\cdot atm^{-1}}$。
式(6)に代入すると $\underline{Z = 5.49\,\mathrm{m}}$

11·8 [例題11.3]の計算途中の数値を一部利用する。
(a) 塔全体の物質収支式(11·40)から塔底では $C_{B1}=0.18\,\text{kmol}\cdot\text{m}^{-3}$, 式(11·12)から $C_{Bc}=0.64$ で $C_{B1}<C_{Bc}$ となり液境膜濃度分布は図11·1-(a), 塔頂で $C_{Bc}=0.128<C_{B2}=0.2$ が成立して図11·1-(b)の状態になる。液境膜内濃度分布は塔高の途中で変化する。その境界での C_{Bc} は式(11·12)から

$$C_{Bc}=(bD_Ak_G/D_Bk_L)\,p_{Ac} \tag{1}$$

塔上部(ゾーン1)での物質収支式は

$$(G_M/P_t)(p_{Ac}-p_{A2})=(L_M/b\rho_M)(C_{B2}-C_{Bc}) \tag{2}$$

式(1)を式(2)に代入して p_{Ac} を求めると

$$p_{Ac}=\frac{p_{A2}+P_tC_{B2}(L_M/\rho_M)/bG_M}{1+P_t\cdot D_Ak_G(L_M/\rho_M)/D_Bk_LG_M} \tag{3a}$$

$$=0.003083\,\text{atm} \tag{3b}$$

式(3b)を式(1)に代入すると,

$$C_{Bc}=0.1973\,\text{kmol}\cdot\text{m}^{-3} \tag{4}$$

ゾーン1:反応速度式 $(-r_{As})=k_Gp_A$ を式(11·44)に代入して積分すると

$$Z_1=\frac{G_M}{P_tk_Ga}\ln\frac{p_{A1}}{p_{A2}}=\frac{50}{(1)(32)}\ln\frac{0.003083}{0.002}$$
$$=0.676\,\text{m}$$

ゾーン2:式(11·46),(11·47)で $p_{A2}=p_{Ac}$, $C_B=C_{Bc}$ として α,λ を計算する。$\lambda=5.3302\times10^{-3}$, α, K_Ga の値は[例題11.3]の場合と同一であり,$\alpha=0.935$, $K_Ga=12$ kmol·m^{-3}·h^{-1}·atm^{-1}。式(11·47)にこれらの数値を入れると,$Z_2=2.59\,\text{m}$。
塔高 $Z=Z_1+Z_2=0.6762+2.588=\underline{3.26\,\text{m}}$

11·9 式(11·53)で $m=1$, $n=0$ とおくと

$$-r_{As}=\sqrt{kD_A}\cdot C_{Al}\quad[\text{mol}\cdot\text{m}^{-3}\cdot\text{s}^{-1}]$$

$$\therefore\ (-r_{AL})=(-r_{As})a_b=\sqrt{kD_A}\cdot C_{Al}a_b$$
$$(-r_{AL})/C_{Al}=a_b\sqrt{kD_A}$$

→ $(-r_{AL})/C_{Al}$ 対 $\sqrt{kD_A}$ のプロットを行なうと原点を通る直線が得られ,傾きから a_b が求まる。$\underline{a_b=7.081\times10^3\,\text{m}^2\cdot\text{m}^{-3}}$

11·10 式(11·49)で $a_bV_L=S$ とおくと

$$-V_L(dC_B/dt)=b(-r_{As})S \tag{1}$$

式(11·53)で $m=1$, $n=2$ とおくと

$$-r_{As}=\sqrt{kD_A}\cdot C_{Al}C_B \tag{2}$$

式(2)を式(1)に代入して積分すると

$$\ln(C_{B0}/C_B)=[bS\sqrt{kD_A}\cdot(C_{Al}/V_L)]t$$

$C_{Al}=p_A/H_A$ →

$$kD_A=\left[\frac{V_L\ln(C_{B0}/C_B)}{bSC_{Al}t}\right]^2=4.539\times10^{-13}$$

$$\therefore\ \underline{k}=4.539\times10^{-13}/D_A$$
$$=4.539\times10^{-13}/1.54\times10^{-9}$$
$$=\underline{2.95\times10^{-4}\,\text{m}^6\cdot\text{mol}^{-2}\cdot\text{s}^{-1}}$$

11·11 擬1次迅速反応領域では式(11·23)が成立する。$-r_{As}=C_{Al}\sqrt{kC_{BL}D_A}=C_{Al}\sqrt{kC_BD_A}$ 液成分Bについて回分操作 $(r_{BS}=r_{As})$ →

$$-V_L(dC_B/dt)=(-r_{As})S=C_{Al}\sqrt{kC_BD_A}\cdot S$$

上式を積分すると

$$2[\sqrt{C_{B0}}-\sqrt{C_B}]=a_bC_{Al}\sqrt{D_A}\sqrt{k}\cdot t$$
$$2[\sqrt{100}-\sqrt{100(1-0.5)}]=(35)(0.5)\sqrt{25}\times 10^{-8}\sqrt{k}\cdot(360)\to k=345.8\,\text{m}^3\cdot\text{mol}^{-1}\cdot\text{s}^{-1}$$

パラメーターの γ と q の値が反応の開始・終了時ともに表11·1の条件(d)を満足することを確認する。
(1) $x_{B0}=0$(反応開始時)

$$\gamma=\frac{\sqrt{kC_BD_A}}{k_L}$$
$$=\frac{[(345.8)(100)(2.5\times10^{-9})]^{1/2}}{3\times10^{-4}}$$
$$=31.0>5$$

$$q=\frac{D_BC_{BL}}{bD_AC_{Al}}=\frac{(2.5\times10^{-9})(100)}{(2\times10^{-9})(0.5)}$$
$$=250>5\gamma=155$$

条件(d)を満足している。
(2) $x_{B0}=0.5$(反応終了時)
(1)と同様に γ と q の値を計算すると
$\gamma=21.9>5$, $q=125>5\times21.9=109.5$
となり,条件(d)を満足している。擬1次迅速反応の条件は反応開始時から終了時まで満足されている。

11·12 液相中の成分Bの物質収支式から

$$v_L(C_{B0}-C_B)+r_{BS}S=0,\quad -r_{As}=-r_{BS}$$
$$\therefore\ -r_{As}=v_L(C_{B0}-C_B)/S \tag{1}$$

一方,擬 m 次反応速度式は式(11·53)から

$$-r_{As}=[\{2/(m+1)\}kD_A]^{1/2}C_{Al}^{(m+1)/2}C_B^{n/2} \tag{2}$$

$m=0$, $n=1$ を上式に代入すると

$$-r_{As}=(2kD_A)^{1/2}C_{Al}^{1/2}C_B^{1/2} \tag{3}$$

式(1)=式(3)とおき,両辺を2乗すると

$$[(v_L/S)(C_{B0}-C_B)]^2=2D_Ak\cdot[C_{Al}C_B] \tag{4}$$

式(4)の左辺を縦軸 Y, 右辺の $[C_{Al}C_B]$ を横

解　答

軸 X としてプロット → 原点を通る直線 → 傾き $2D_Ak=4.245\times10^{-8}$ → $\underline{k=7.635\,\mathrm{s}^{-1}}$ となる。式(11・51)より
$$\gamma=(2kD_AC_B/C_{Al})^{1/2}/k_L=4.12\sqrt{C_B/C_{Al}}$$
各 Run の γ の値：95.2, 41.5, 60.1 となる。

11・13　式(11・53)より，擬 m 次反応の速度は
$$-r_{As}=[2/(m+1)kD_A]^{1/2}C_{Al}^{(m+1)/2}C_{BL}^{n/2} \quad(1)$$
両辺の対数をとり，表11・4のデータから $\ln(-r_{As})$ 対 $\ln C_{Al}$ プロット → 傾きが1の直線を得る。→ $(m+1)/2=1$, $\underline{m=1}$ となる。同様に表11・5のデータを用い $\ln(-r_{As})$ 対 $\ln C_{BL}$ のプロットを行なうと傾き 0.5 の直線 → $\underline{n=1}$。式(1)は
$$-r_{As}=\sqrt{kD_A}\cdot C_{Al}C_{BL}^{1/2} \quad(2)$$
縦軸 $Y=-r_{As}$，横軸 $X=C_{Al}C_{BL}^{1/2}$ をとり，表11・4と表11・5のデータを同時にプロットすると，原点を通り，傾き $\sqrt{kD_A}=3.549\times10^{-3}$ のグラフが得られる。$D_A=2.08\times10^{-9}$ であるから $\underline{k=6.055\times10^3\,\mathrm{m}^3\cdot\mathrm{mol}^{-1}\cdot\mathrm{s}^{-1}}$

11・14　ガス A に 0 次，液 B に 1 次で，液濃度が高いから反応速度は式(11・54)で $m=0$, $n=1$ とおいた式が成立し，成分 B の設計方程式は
$$-dC_B/dt=a_b(2kD_AC_{Al})^{1/2}\sqrt{C_B} \quad(1)$$
となり積分して数値を代入すると
$$2(\sqrt{C_B}-\sqrt{C_{B0}})=\sqrt{2kD_AC_{Al}}\cdot a_b t$$
$$\therefore\quad \sqrt{C_B}=7.07-6.91\times10^{-5}a_b\cdot t \quad(2)$$
$\sqrt{C_B}$ 対 t のプロットは右下がりの直線になり，傾き $-6.91\times10^{-5}a_b=-2.12\times10^{-3}$
$$\to \underline{a_b=30.7\,\mathrm{m}^2\cdot\mathrm{m}^{-3}}$$

11・15　図11・7の微小層高 dz の物質収支から
$$-v_L(dC_B/dz)+r_{Bs}Sa=0 \quad(1)$$
$m=0$, $n=1$ の液高濃度迅速反応の反応速度は式(11・53)が適用できて
$$-r_{As}=-r_{Bs}=\sqrt{kD_A}\cdot C_{Al}^{1/2}\sqrt{C_B} \quad(2)$$
式(2)を式(1)に代入して積分すると
$$\sqrt{C_{B0}}-\sqrt{C_B}=(Sa/2v_L)\sqrt{2kD_AC_{Al}}\cdot Z \quad(3)$$
$C_{B0}=58$, $S=(\pi/4)D^2$ などの数値を式(3)に代入すると $C_B=6.68\,\mathrm{mol}\cdot\mathrm{m}^{-3}$，反応率＝$(58-6.68)/58\underline{=0.885}$

12・1

元素	%	灰分 free の wt%	
C	47	47×(100/92)	51.09
O	31	31×(100/92)	33.70
N	7.5	7.5×(100/92)	8.15
H	6.5	6.5×(100/92)	7.07
	92		100.01
灰分	8		
合計	100		

元素	物質量比	C 基準の比	組成式
C	4.258	1	C_1
O	2.106	0.495	$O_{0.495}$
N	0.5821	0.1367	$N_{0.137}$
H	7.07	1.6604	$H_{1.66}$
菌体の組成式			
灰分	$CH_{1.66}O_{0.495}N_{0.137}$		
合計			

灰分 8% を除いて各元素の wt% を計算し，それを各元素の原子量で割り物質量比にする。さらに炭素原子数が 1 になるように表わすと菌体の組成式＝$\underline{CH_{1.66}O_{0.495}N_{0.137}}$

12・2　式(12・5)　$Y_C=Y_{X/S}(\gamma_X/\gamma_S) \quad(1)$
で $Y_C=0.6$, $Y_{X/S}=0.5\,\mathrm{kg}\cdot\mathrm{kg}^{-1}$，グルコース $C_6H_{12}O_6$ の組成式は CH_2O。式(12・6-a)から $\gamma_S=12/(12+2+16)=0.4$。式(1)から $\gamma_X=0.48$。菌体中の C の含有分率が決まった。基質がエタノール $C_2H_6O=2CH_3O_{1/2}$ に変えると
$$\gamma_S'=12/(12+3+16/2)=0.52,$$
$$\underline{Y_{X/S}^*}=Y_C(\gamma_S'/\gamma_X)=(0.6)(0.52)/0.48$$
$$\underline{=0.65\,\mathrm{kg}\cdot\mathrm{kg}^{-1}}$$

12・3　式(12・4)に対応する量論式は
$$CH_2O+aNH_3+bO_2\to Y_C\,CH_{1.62}O_{0.48}N_{0.2}$$
$$+Y_P\,CH_3O_{0.5}+(1-Y_C-Y_P)CO_2+dH_2O \quad(1)$$
グルコース 1 mol に対し O_2 が 2 mol 消費されるから量論式の左辺は次式のように書ける。
$$C_6H_{12}O_6+2O_2\to 6CH_2O+2O_2$$
$$\to CH_2O+(2/6)O_2 \quad(2)$$

式(1)と式(2)を比較→ $b=2/6=0.333$, $Y_C=0.4$。
各元素の収支より N：$a=Y_C(0.2)=0.08$,
H：$2+3a=1.62Y_C+3Y_P+2d$
$\quad\quad\quad=1.62\times 0.4+3Y_P+2d$
$\quad\quad\to 2+3\times 0.08=0.648+3Y_P+2d$
$\quad\quad\to d=0.796-1.5Y_P$
O：$1+2(1/3)=0.48Y_C+0.5Y_P$
$\quad\quad\quad\quad+2(1-Y_C-Y_P)+d$,
$\quad\quad\to \underline{Y_P=0.174}$
$\quad\quad\to d=0.796-1.5\times 0.174=0.535$
$\Rightarrow a=0.08, b=1/3, Y_C=0.4, Y_P=0.174, d=0.535$
式(1)は $CH_2O+0.08NH_3+0.333O_2$
$\to 0.4CH_{1.62}O_{0.48}N_{0.2}+0.174CH_3O_{0.5}$
$\quad +0.426CO_2+0.535H_2O \quad\quad (3)$

12・2・2項では菌体 X に注目して Y_C と $Y_{X/S}$ の関係を求めた。それにならい生成物 P に注目して Y_P と $Y_{P/S}$ の関係を求める。
$Y_P = \dfrac{(\text{生成 P 量})}{(\text{消費炭素源})} \cdot \dfrac{(\text{P 中の C 分率})}{(\text{炭素源中の C 分率})}$
$\quad = Y_{P/X} \dfrac{\gamma_P}{\gamma_S}$,
$\gamma_S = \dfrac{12}{12+l+16m}$, $\gamma_P = \dfrac{12}{12+\gamma+16s+14t}$,
$Y_P = \dfrac{12+l+16m}{12+\gamma+16s+14t} \cdot Y_{P/S} \quad\quad (4)$

式(12・4)と式(3)を比較すると
$l=2, m=1, \gamma=3, s=0.5, t=0, \underline{Y_P=0.174\,kg\cdot kg^{-1}}$ →式(4)に代入して $Y_{X/S}$ を求めると, $\underline{Y_{P/S}=0.133\,kg\cdot kg^{-1}}$

12・4 $t=0$：$C_{X0}V=5\times 10^5$ 個, $t=300$ min：$C_X V=3.5\times 10^7$ 個, $t_d=40$ min：式(12・25)から
$\quad \mu_{max}=0.693/t_d=0.693/40=0.01733$
指数増殖期では式(12・23)が成立する。誘導期が存在しない場合の反応時間は
$\quad t=\dfrac{(C_X/C_{X0})}{\mu_{max}}=\dfrac{\ln(3.5\times 10^7/5\times 10^5)}{0.01733}$
$\quad\quad =245\,min$
実際の反応時間は 300 min であったから誘導期は存在し、その値は $300-245=\underline{55\,min}$

12・5 $\ln(C_X/C_{X0})=\mu_{max}t \quad\quad (1)$
$\quad \ln(14/0.2)=4.248=\mu_{max}(24)$
$\quad\to \mu_{max}=0.177\,h^{-1}$
式(1)から $C_X=C_{X0}\exp(\mu_{max}t)=$
$(0.2)\exp(0.177\times 10)=1.174\,kg\cdot m^{-3}$
式(12・20-a)から $C_X-C_{X0}=Y_{X/S}(C_{S0}-C_S)$
$\to 1.174-0.2=(0.5)(10-C_S)$
$\quad\quad\quad\therefore \underline{C_S=8.05\,kg\cdot m^{-3}}$

12・6 式(12・21)から
$C_{Xf}=C_{X0}+Y_{X/S}C_{S0}=1+(0.3)(10)=4$,
$K_S Y_{X/S}/C_{Xf}=(0.025)(0.3)/4=1.875\times 10^{-3}$,
$C_{X0}=1, \mu_{max}=0.27\,h^{-1}, t=5\,h$
上記の数値を式(12・22)に代入し整理すると
$\quad \ln C_X-1.872\times 10^{-3}\ln(4-C_X)=1.348 \quad (1)$
上式の左辺第 2 項を無視すると, $\underline{C_X=3.850}$ $\underline{kg\cdot m^{-3}}$ の近似値を得る。その周辺でトライアル計算をしたところ, $\underline{C_X=3.837\,kg\cdot m^{-3}}$ を得る。
式(12・20-b)より,
$\quad C_S=(C_{Xf}-C_X)/Y_{X/S}=(4-3.837)/0.3$
$\quad\quad =\underline{0.543\,kg\cdot m^{-3}}$,
$Y_{P/S}=(C_P-0)/(C_{S0}-C_S)=0.4$
$\to \underline{C_P=(0.4)(10-0.543)=3.783\,kg\cdot m^{-3}}$

12・7 連続操作では式(12・29)が成立し,
$S_V=\mu_{max}C_S/(K_S+C_S)=0.15$
$\quad\quad\to \underline{\mu_{max}=0.45\,h^{-1}}$
$Y_{X/S}=(C_X-C_{X0})/(C_{S0}-C_S)$
$\quad =(2.5-0)/(5-0.1)=\underline{0.510\,kg\cdot kg^{-1}}$

12・8 (a) $S_V=1/\tau$ と式(12・29)と式(12・30)から
$$\tau=\dfrac{1}{\mu_{max}}+\dfrac{K_S}{\mu_{max}}\cdot\dfrac{1}{C_S} \quad\quad (1)$$
データから τ 対 $1/C_S$ のプロットをすると, 切片 $1/\mu_{max}=2.113$, 傾き $K_S/\mu_{max}=0.3027$ の直線 → $\mu_{max}=1/2.11=\underline{0.473\,h^{-1}}$, $\underline{K_S=0.143\,kg\cdot m^{-3}}$
次に式(12・33)から維持係数 m を求める。
$$\dfrac{1}{Y_{X/S}}=\dfrac{1}{Y_{X/S}^*}+\dfrac{m}{S_V}=\dfrac{1}{Y_{X/S}^*}+m\tau \quad (12.23)$$
$Y_{X/S}=\Delta C_X/\Delta C_S=C_X/(C_{S0}-C_S)\to 1/Y_{X/S}=(C_{S0}-C_S)/C_X$ の関係を用いて, データから上式のプロットをすると水平線が得られる。
上式から $m=0, 1/Y_{X/S}=1/Y_{X/S}^*=16.68$
$\quad\quad\therefore \underline{Y_{X/S}=Y_{X/S}^*=0.060\,kg\cdot kg^{-1}}$
(b) $C_S=C_{S0}(1-x_S)=120(1-0.8)$
$\quad\quad =24\,kg\cdot m^{-3}$

解　　答

$C_X = Y_{X/S}(C_{S0} - C_S) = (0.06)(120 - 74)$
　　$= 5.76 \text{ kg}$

式(12・29) から

$v = V \cdot \dfrac{\mu_{max} C_S}{K_S + C_S} = \dfrac{(100)(0.473)(24)}{0.143 + 24}$
　　$= 47.0 \text{ m}^3 \cdot \text{h}^{-1}$

12・9 式(12・30) の両辺の逆数をとると

$$\dfrac{1}{S_v} = \dfrac{1}{\mu_{max}} + \dfrac{K_S}{\mu_{max}} \cdot \dfrac{1}{C_S} \quad (1)$$

式(12・33) の左辺の $1/Y_{X/S}$ は

$$\dfrac{1}{Y_{X/S}} = \dfrac{C_{S0} - C_S}{C_X - C_{X0}} = \dfrac{45 - C_S}{C_X} = \dfrac{1}{Y_{X/S}^*} + m \cdot \dfrac{1}{S_v} \quad (2)$$

式(1) のプロット：切片 $1/\mu_{max} = 3.191 \to \mu_{max} = 0.313 \text{ kg} \cdot \text{kg}^{-1} \cdot \text{h}^{-1}$，傾き $K_S/\mu_{max} = 0.238 \to \underline{K_S = 0.0745 \text{ kg} \cdot \text{m}^{-3}}$

式(2) のプロット：切片 $1/Y_{X/S}^* = 2$ から $\underline{Y_{X/S}^* = 0.5 \text{ kg} \cdot \text{kg}^{-1}}$，傾き $\underline{m = 0.0096 \text{ kg} \cdot \text{kg}^{-1} \cdot \text{h}^{-1}}$

12・10 菌体の濃縮分離リサイクル連続培養操作の生産性は，式(12・47-b) の両辺に $S_v = v/V$ をかけた次式で表わせる．

$$\dfrac{vC_{Xf}}{V} = S_v C_{Xf} = S_v Y_{X/S}\left[C_{S0} - \dfrac{K_S S_v \omega}{\mu_{max} - S_v} \right] \quad (1)$$

$\omega = 1 - \gamma(\beta - 1)$，菌体は濃縮されないので $\beta = 1$，その場合 $\omega = 1$ となり 循環比 γ の影響はない．

12・11 (a) CSTR のウォッシュアウトの空間速度 $S_{v,w}$ は，［例題 5.2］の式(h)に，$\mu_{max} = 0.3 \text{ kg} \cdot \text{kg}^{-1} \cdot \text{h}^{-1}$，$K_S = 0.2 \text{ kg} \cdot \text{m}^{-3}$，$C_{S0} = 0.482 \text{ kg} \cdot \text{m}^{-3}$ を代入すると

$S_{v,w} = \mu_{max} C_{S0}/(K_S + C_{S0}) = 0.212 \text{ h}^{-1}$ (1)

しかるにこの CSTR の空間時間は

$S_v = v/V = 0.08/0.12 = 0.667 \text{ h}^{-1}$ (2)

$S_v > S_{v,w} \to$ CSTR はウォッシュアウトの状態であり，安定操作は不可能である．
(b) 菌体を濃縮・リサイクルする場合，式(12・49) が成立し $S_{v,w}$ の値を式(1) の $1/\omega$ 倍 ($\omega<1$) に大きくできるので，式(2) の 0.667 にとると，$0.212/\omega = 0.667 \to \omega = 0.318$．式(12・37-a) で $\gamma = 1$ であるから，$0.318 = 2 - \beta \to \beta = 1.682$．分離装置で菌体濃度を $\underline{\beta = C_{X3}/C_{X2} = 1.682}$ 倍以上に濃縮する．

12・12 式(12・32) の両辺にそれぞれ $v/V = S_v$ をかける．

左辺 $= S_v C_X = (v/V) C_X = (v C_X)/V$，パン酵母の生産速度 $v C_X = 1 \text{ kg} \cdot \text{h}^{-1}$，反応器体積 $V = 1 \text{ m}^3$ より 左辺 $= 1/1 = 1$．式(12・32) は

$1 = S_v \cdot Y_{X/S}[C_{S0} - K_S S_v/(\mu_{max} - S_v)]$ (1)

右辺の $Y_{X/S}$ は式(12・33) で表わせる．

$1/Y_{X/S} = 1/Y_{X/S}^* + m/S_v$ (12・33)

上式を式(1)に代入すると次式を得る．

$S_v[C_{S0} - K_S S_v/(\mu_{max} - S_v)] = 1/Y_{X/S}^* + m/S_v$ (2)

数値を代入すると式(3) が得られる

$S_v^2 [30 - 0.025 S_v/(0.4 - S_v)] = 2 S_v + 0.03$ (3)

上式の左辺第2項は出口基質濃度であり小さいとして無視すると2次方程式になり，それを解くと $S_v = 0.0793 \text{ h}^{-1}$．この値を用いて第2項を計算すると $C_S = 4.94 \times 10^{-3} \ll C_{S0} = 30$ となり上記の近似は妥当．さらにこの周辺でトライアル計算を行ない上記近似値が採用できることを確認．$\underline{S_v = 0.0793 \text{ h}^{-1}}$

12・13 式(12・48) の両辺に S_v を乗じて，題意から $v C_{Xf} = 10 \text{ kg} \cdot \text{h}^{-1}$，$V = 1 \text{ m}^3$ であるから

$$S_v \cdot Y_{X/S}\left[C_{S0} - \dfrac{K_S S_v \omega}{\mu_{max} - S_v \omega} \right] = S_v C_{Xf} = 10 \quad (1)$$

式(12・48) $\to 1/Y_{X/S} = 1/Y_{X/S}^* + m/S_v \omega$ (2)

式(1) の左辺第2項は反応器出口での基質 S の濃度であり，入口濃度 C_{S0} と比較すると小さいとして無視すると，式(1) と式(2) より

$3 S_v^2 = 2 S_v + 0.03/\omega$ (3)

式(12・37-a) $\to \omega = 1 - \gamma(\beta - 1)$ (4)

$\beta = C_{X3}/C_{X2} = 5$，$\omega = C_{Xf}/C_{X2} = 0.1$ を式(4) に代入すると $\gamma = 0.225$．これを式(3) に代入して解くと $S_v = 0.793$．式(1) の左辺第2項を算出すると，$C_{S2} = 6.18 \times 10^{-3} \ll C_{S0} = 30 \to$ 仮定は許される．$\underline{S_v = 0.793 \text{ h}^{-1}}$

12・14 リサイクルを含む菌体 X の物質収支

$v_0 C_{X0} - (v_f C_X + v_s \times 0) + r_X V = 0$ (1)

$C_{X0} = 0$，$r_X = \mu C_X$ を式(1)に代入すると

$- v_f C_X + \mu C_X V = 0$
∴ $\mu = v_f/V = (v_0/V)(v_f/v_0) = S_v \alpha$ (2)

ただし $\alpha = v_f/v_0$ (3)
$\mu = \mu_{max} C_S/(K_S + C_S)$ を式(2)に代入すると
$$\mu_{max} C_S/(K_S + C_X) = S_v \alpha \quad (4)$$
$$\to C_S = K_S S_v \alpha/(\mu_{max} - S_v \alpha) \quad (5)$$
次に S の物質収支をとる．
$$v_0 C_{S0} - (v_f + v_S) C_S + r_S V = 0 \quad (6)$$
$$v_f + v_S = v_0, \quad -r_S = r_X/Y_{X/S} = \mu C_X/Y_{X/S} \quad (7)$$
式(7)を式(6)に代入
$$v_0 (C_{S0} - C_S) = V \mu C_X / Y_{X/S}$$
式(2)を代入
$$S_v (C_{S0} - C_S) = (1/Y_{X/S})(S_v \alpha) C_X$$
$$\therefore C_X = Y_{X/S}(C_{S0} - C_S)/\alpha$$
$$C_X = \frac{Y_{X/S}}{\alpha}\left(C_{S0} - \frac{K_S S_v \alpha}{\mu_{max} - S_v \alpha}\right)$$

12·15 式(12·57)から
$$V_0 C_{X0} \cdot \exp(\mu_{max} \cdot t) = V_0(C_{X0} + Y_{X/S} C_{S0}) + Y_{X/S} \cdot v_0 C_{S,in} \cdot t \quad (12.57)$$
$V_0 = 10\,\mathrm{m^3}$, $C_{X0} = 0.1\,\mathrm{kg \cdot m^{-3}}$, $v_0 = 30\,\mathrm{kg \cdot h^{-1}}$, $\mu_{max} = 0.43\,\mathrm{h^{-1}}$, $K_S = 0.025\,\mathrm{kg \cdot m^{-3}}$, $Y_{X/S} = 0.5\,\mathrm{kg \cdot kg^{-1}}$, $m = 0$, $C_{S0} = 30\,\mathrm{kg \cdot m^{-3}}$
上記の数値を式(12·57)に代入すると
$$\exp(0.43t) = 151 + 15t \quad (1)$$
トライアルで t を求めると，$\underline{t = 13.66\,\mathrm{h}}$

12·16 反応器の液体積が近似的に初期から変化しないとすると式(12·50)の解は
$$dC_X/dt = \mu C_X \to C_X = C_{X0} e^{\mu t} \quad (1)$$
基質濃度 C_S が一定値に保持される条件から式(12·51)で，$V = V_0$ かつ $dC_S/dt = 0$ とおけて
$$\frac{dC_S}{dt} = \frac{v_0 C_{S,in}}{V_0} - \frac{1}{Y_{X/S}}\mu C_X = 0 \quad (2)$$
積分するとグルコースの供給速度 $v_0 C_{S,in}$ は
$$v_0 C_{S,in} = \frac{V_0}{Y_{X/S}} \cdot \frac{\mu_{max} C_S}{K_S + C_S} \cdot C_{X0} \exp\left(\frac{\mu_{max} C_S}{K_S + C_S}t\right) \quad (3)$$
$C_S = 1\,\mathrm{kg \cdot m^{-3}}$ に保持したい場合，式(3)に $V_0 = 10$, $C_{X0} = 0.1$, $\mu_{max} = 0.43$, $Y_{X/S} = 0.5$, $C_S = 1\,\mathrm{kg \cdot m^{-3}}$ の数値を代入して，基質 S の供給速度は
$$\underline{v_0 C_{S,in} = 0.839 \exp(0.420 t)\ [\mathrm{kg \cdot h^{-1}}]}$$
となる．

12·17 定容系リサイクル反応器の式(5·20)を適用．
$$\frac{V}{v_0} = -(1+\gamma)\int_{C_{SK}}^{C_{Sf}}\frac{dC_S}{(-r_S)} \quad (1)$$
ただし C_{SK} はリサイクル混合点 K での S の濃度であり，次式で与えられる．
$$C_{SK} \equiv (C_{S0} + \gamma C_{Sf})/(1+\gamma) \quad (2)$$
基質 S の反応速度式は式(2·78)で $C_{X0} = 0$ とおくと
$$-r_S = \frac{\mu_{max} C_S(C_{S0} - C_S)}{(K_S + C_S)} \quad (3)$$
式(3)を式(1)に代入して積分すると
$$\frac{V}{v_0} = \frac{(1+\gamma)}{\mu_{max}}\left[\frac{K_S}{C_{S0}}\ln\frac{(C_{S0} - C_S)}{C_S}\right.$$
$$\left. + \ln(C_{S0} - C_S)\right]_{C_{SK}}^{C_{Sf}}$$
$$= \frac{(1+\gamma)}{\mu_{max}}\left[-\frac{K_S}{C_{S0}}\ln C_S\right.$$
$$\left. + \left(1 + \frac{K_S}{C_{S0}}\right)\ln(C_{S0} - C_S)\right]_{C_{SK}}^{C_{Sf}}$$
$$= \frac{(1+\gamma)}{\mu_{max}}\left[\frac{K_S}{C_{S0}}\ln\frac{C_{S0} + \gamma C_{Sf}}{(1+\gamma)C_{Sf}}\right.$$
$$\left. + \left(1 + \frac{K_S}{C_{S0}}\right)\ln\frac{1+\gamma}{\gamma}\right]$$
$$\underline{\frac{\mu_{max}}{1+\gamma}\cdot\frac{V}{v_0} = \frac{K_S}{C_{S0}}\ln\frac{C_{S0} + \gamma C_{Sf}}{(1+\gamma)C_{Sf}}}$$
$$\underline{+ \left(1 + \frac{K_S}{C_{S0}}\right)\ln\frac{(1+\gamma)}{\gamma}}$$

12·18
O_2 の収支：$k_L a V(C_{O_2}{}^* - C_{O_2}) = q_{O_2} C_X V$ (1)

Henry の式：$p_{O_2} = H_{O_2} C_{O_2}{}^*$ (2)
式(2)より
$$C_{O_2}{}^* = \frac{p_{O_2}}{H_{O_2}} = \frac{(1.013 \times 10^5)(0.21)}{0.75 \times 10^5}$$
$$= 0.2836\,\mathrm{mol \cdot m^{-3}}$$
培養液中での必要な O_2 の濃度
$$C_{O_2} = 0.05 C_{O_2}{}^* = 4.54 \times 10^{-4}\,\mathrm{kg \cdot m^{-3}}$$
式(1)に $q_{O_2} = 0.2\,\mathrm{kg \cdot kg^{-1} \cdot h^{-1}}$, $C_X = 4.5\,\mathrm{kg \cdot m^{-3}}$, $C_{O_2}{}^*$, C_{O_2} を代入すると
$$k_L a = \frac{q_{O_2} C_X}{C_{O_2}{}^* - C_{O_2}} = \frac{0.2 \times 4.5}{9.08 \times 10^{-3} - 4.54 \times 10^{-4}}$$
$$= \underline{104.3\,\mathrm{h^{-1}} = 0.0290\,\mathrm{s^{-1}}}$$

索　引

あ　行

亜硫酸ナトリウムの酸化反応　293, 296
Arrhenius の式　33
RTD 関数　176
安定操作点　166, 172
維持定数　305, 311
一方拡散　210
移動層型気固触媒反応装置　231
移動層型気固反応装置　259, 264, 266
インパルス応答法　177, 180
ウェーク　239
ウォッシュアウト (wash out)　86, 316
液側容量係数　291
液境膜内迅速気液反応　272, 275
SI　327, 332
エネルギー収支式　152
F 曲線　179, 180, 184, 192, 202
エマルション相　239
エンタルピー収支式（熱収支式）　154
　　　回分反応器の──　154
　　　管型反応器の──　159
　　　連続槽型反応器の──　162
Euler 法　328
　　　改良──　168, 328
　　　繰返し──　169, 328
押出し流れ　9, 185
押出し流れ反応器　9, 182
遅い気液反応　273, 278

か　行

開始剤効率　22
開始反応　18, 20
回分操作　5
回分培養操作　310
回分反応器　8
　　　──による反応速度解析　62～71
　　　──の設計　82, 167

──の設計方程式　50, 122
化学反応の分類　2, 4
化学平衡定数　148
鍵成分　113, 115, 121, 123
撹拌槽　7, 287, 291
過剰反応成分　39
ガス境膜内拡散律速　253, 262, 269
活性化エネルギー　33, 34, 38, 224
活性中間体　3, 15, 16, 24
活性点　27
管型反応器　8
　　　──による速度解析　72, 75
　　　──の基礎式の積分形　57
　　　──の設計　89
　　　──の設計方程式　55
完全混合流れ　9, 182, 185
灌流培養　309
　　　──消費速度　305
擬 1 次迅速気液反応　276
気液界面積　278, 292, 296
気液固触媒反応　281, 283, 295
気液反応装置　285
気液反応装置　285
気液反応速度式　274
　　　──の成立条件　279
擬 m 次迅速気液反応　291, 296, 297
気固触媒反応装置　227
気固反応機構の推定　257
気固反応装置　259
基　質　24
　　　──阻害　37
希釈率　85, 313, 321
気体定数　327
拮抗型阻害剤　36
　　　非──　37
擬定常状態の近似　249, 291
気泡相　239
気泡発生開始速度　238

気泡モデル　239
気泡塔　287, 295
　　　　懸濁——　283, 287
吸　着　27
吸着熱　35
吸着平衡定数　28, 35
吸着律速　29
境膜説　271
境膜伝熱係数　211
境膜物質移動係数　206
気流型気固反応装置　259
気流層　238
均一反応　4
菌　体
　　　　——の呼吸速度　319
　　　　——の生成速度　32
　　　　——の増殖曲線　309
　　　　——の増殖形態　299
　　　　——の増殖速度　304
　　　　——の濃縮リサイクル　314, 315
菌体濃度　85, 311
空間時間　54, 58, 122, 176
空間速度　58, 85, 313, 321
空隙率：
　　　　固体粒子の——　216, 219, 226
　　　　固定層，移動層の——　245, 267
空時収量　86, 121
屈曲係数　217
Knudsen 拡散係数　214
組合せモデル　194, 195
クラウド　239
closed vessel　177
嫌気性菌　299
嫌気培養　307
限定反応成分　39
原料成分　11
好気性菌　299
好気性微生物反応器　319
好気培養　317, 321
酵素反応　24, 37
酵素-基質複合体　24
国際単位系(SI)　327, 332
固体触媒反応　26, 37
固定化酵素　21, 307
固定化生体触媒　307
固定層触媒反応装置　228

——の 1 次元的設計法　231
外部熱交換式——　231
自己熱交換式——　229
断熱式——　229, 235
混合拡散係数　185
　　　　——の推定法　185
混合拡散モデル　185
　　　　——と槽列モデルの関係　191
　　　　——による反応装置の設計　188

さ　行

細孔半径　217, 218
最小二乗法　67
　　　　非線形——　67, 123
最適温度分布　234
3 相流動層　287
酸素消費（供給）速度　306, 320
酸素消費に関する維持定数　306
残余濃度曲線法　179
CSTR　10
CSTR の設計：
　　図解法　86
　　代数的解法　84
j_H 因子　211
j_D 因子　208
自触媒反応　29, 31, 98
指数増殖期　309, 312
Sherwood 数　208
重合速度　21
重合度　23
　　　　平均——　23
重合反応　20, 36, 38
充填塔　285
　　　　気液向流——　287, 289
　　　　気液並流——　295, 297
収　率　120, 136, 138
収率係数　31, 85
Schmidt 数　208
瞬間気液反応　272, 274, 280, 289
循環流れを伴う反応器　90
循環比　92, 94
状態方程式　44
常微分方程式の数値解法　168, 328
触媒反応速度式　28
触媒有効係数（有効係数）　222, 225
Thiele 数：

索　引

　　　一般化された——　223
　　　　変形——　221
真の増殖収率　305
Simpson の積分公式　167
深部培養　307
図的表現（設計方程式の）　52, 56
図上微分法　66, 69
ステップ応答法　179, 183, 192
スプレー塔　287
スラッギング　238
スラリー反応　281
生成物成分　11
生成物層内拡散律速　253, 262
生長反応　18, 20
生長ラジカル　21
生物化学反応装置　307
生体触媒の固定化　307
積分反応器　61, 71, 72
積分法　61, 62, 64, 70
セグリゲーション　198
世代時間　312
全圧追跡法　68
全域反応モデル　248, 256
遷移状態説　33
選択率　119, 121, 135
槽型反応器　7, 287, 291
総括の増殖収率　305
総括物質移動係数　275, 279
総括容量係数　328
増殖収率　301, 302, 303
　　　酸素消費を基準にした——　301, 303
相変化を伴なう反応系の量論関係　47
粗粒流動層　238
槽列モデル　185, 191, 193
阻害剤　37
素反応　3

た　行

代謝産物
　　　——収率係数　85
　　　——生成速度　306
　　　——反応速度　32
対数増殖期　312
滞留時間分布　175
　　　押出し流れ反応器の——　182

　　　完全混合流れ反応器の——　182, 199
　　　層流管型反応器の——　183
滞留時間分布関数　176
多管型反応器　8, 89, 229
多段断熱反応装置　228, 236
　　　——の最適操作　236
多段翼槽型反応器　8
多段炉　260
ダブリングタイム　312
単一反応　2
単位の換算　331
炭素に関する増殖率　302
段　塔　287
断熱反応器の設計：
　　　回分反応器　158
　　　気相管型反応器　161, 165
　　　連続槽型反応器　163, 170, 173
単量体　22
逐次反応：
　　　——の速度解析　129
チャネリング　238
中間的気液反応領域　272
直列連続槽型反応器　8, 84, 87, 185, 191
定圧系　43
　　　——の濃度　45
定圧平衡式（van't Hoff の）　148
T-x_A 線図　163, 234
DO　319
停止反応　18, 21
定常状態の近似　15, 19, 22, 24, 36, 37
定容回分反応器　50
　　　——の設計方程式の積分形　52
定容系　43
　　　——での濃度と分圧　43, 44
伝播反応　18
等モル向流拡散　210
動力学的鎖長　23, 36

な　行

Newton-Raphson 法　84
熱移動速度　211
熱的安定性（CSTR の）　155
熱天秤式反応器　227
熱容量　155, 159, 160

　　　　比——　155, 160
　　　　モル——　146, 147, 331
濃厚相　239

は　行

パラメーター推定法　66
半回分培養操作　317
半回分操作　6, 102, 110
半減期法　71
反応器性能の比較　53, 57, 99, 101
反応器の物質収支式　49, 51, 54, 55
反応吸収　271
反応係数　275, 276
反応工学　1
反応混合物　11
反応次数　14
反応進行度　114, 118
反応成分　11, 111
反応装置：
　　　　——の型式　7
　　　　——の操作法　5
　　　　——のプロセス設計　1
　　　　——の分類　5
反応速度：
　　　　——の温度依存性　33
　　　　——の定義　11
　　　　活性中間体の正味の——　16
　　　　不均一反応の——　14
　　　　複合反応の——　13, 121
反応速度解析法　62
　　　　等反応速度曲線　239
反応エンタルピー　144
　　　　任意の温度での——　146
　　　　標準——　145
反応の分子数　14
反応率　40, 41
反応を伴なう場合の物質移動係数　208
反復回分操作法　311
PFR　10
比呼吸速度　319
比酸素消費速度　306
ピストン流れ反応器　9
微生物タンパク SCP　299
微生物濃縮比　316
微生物の分類　298

微生物反応　31, 85, 90
比増殖速度　85, 304
非素反応　3
$P(t)$ 曲線　178
非定容系　38, 42
非定容系 (気相反応) での濃度と分圧　44
非等温反応器の設計：
　　　　回分反応器　154, 167
　　　　管型反応器　159, 167
　　　　連続槽型反応器　162, 170
微分反応器　61, 75
微分法　61, 65
微粉流動層　238
標準自由エネルギー変化　148, 151
標準生成自由エネルギー　148, 329
標準生成エンタルピー　145, 329
標準燃焼エンタルピー　145
表面培養　307
表面反応律速 (気固反応)　254, 262, 269
非理想流れ反応器　10, 185
頻度因子　33
不安定操作点　166, 171
不均一反応　4, 205
不均一反応装置　5, 228, 260, 286
複合反応　2, 111
　　　　——の設計方程式　121
　　　　——の速度解析　123
　　　　——の反応器設計　136
　　　　——の量論関係　111
物質移動の影響　222
物質量　40, 114
物質量流量　41, 118
物理吸収　274
Prandtl 数　211
分散 ($P(t)$ 曲線の)　186
分子拡散係数　215
分子衝突説　33
平均自由行程　214
平均滞留時間　59, 176
平衡状態 (部分的な)　26
平衡組成　149
平衡定数　148
平面接触撹拌槽　280
並列細孔モデル　216

索　引

並列反応：
　　——の速度解析　127, 128
　　——の反応器設計　136, 138
　　——の反応器選定　133
ベンゼンの水素添加反応　46, 211, 232
飽和定数　32, 305, 311

ま　行

膜型反応器　307
マクロ流体　198
　　——の設計方程式　199
Michaelis 定数　25
Michaelis-Menten の式　25
　　——のパラメーター決定法　63, 67
ミクロ混合の影響　201
ミクロ流体　198
未反応核モデル　245, 249
　　生成物層のない——　255
Monod の式　32, 304
Monod の増殖速度式　32
モル分率　42

や　行

有効拡散係数：
　　毛管内の——　214
　　粒子内の——　205
有効係数（触媒有効係数）　222, 225
有効分子拡散係数　207
誘導期　309
溶鉱炉　259
溶存酸素濃度　319, 321
容量係数　320

ら　行

Langmuir の吸着等温式　28

乱流流動層　238
Lineweaver-Burk のプロット　67
リサイクル操作　90
リサイクル反応器　91, 92
　　——の設計方程式の図的表現　95
リサイクル比　316
理想流れ反応器　10
流体停滞部　193
流通式操作　5
流通反応器　9
　　——による反応速度解析　71
流動化開始速度　238
流動層型気固触媒反応装置　229
流動層型気固反応装置　259, 260, 263
粒内拡散の影響　223
量論関係　39, 111
量論係数　111
　　——の行列　112
　　総括的な——　120
量論式　39, 111
Lindemann 機構　17
Reynolds 数　205, 225
連鎖移動反応　20
連鎖の長さ　21
連鎖反応　18
　　非分岐型の——　19
連続槽型反応器　8, 77
　　——の設計　84
　　——の設計方程式　53
　　——による速度解析　77
連続操作　5
連続培養操作　313
連続反応装置　9
ロータリーキルン　260

橋本健治 略歴
（はし もと けん じ）

1958年　京都大学工学部化学機械学科
　　　　卒業
1999年　京都大学名誉教授
　　　　工学博士

Ⓒ　橋　本　健　治　2019

1979年10月15日	初　版　発　行
1993年 3月20日	改　訂　版　発　行
2019年 5月22日	改訂増補版発行
2025年 4月22日	改訂増補6刷発行

反　応　工　学

著　者　橋　本　健　治
発行者　山　本　　格

発行所　株式会社　培風館
東京都千代田区九段南4-3-12・郵便番号102-8260
電話(03)3262-5256(代表)・振替 00140-7-44725

中央印刷・牧　製本

PRINTED IN JAPAN

ISBN 978-4-563-04634-7　C3043